각종 산업로의
열관리, 열정산 및 설계요령, 열수지계산

부록 : 열관련기술자료

각종 산업로의 열관리, 열정산 및 설계요령, 열수지계산

발행일   2015년 11월 2일

지은이   강 대 용
펴낸이   손 형 국
펴낸곳   (주)북랩
출판등록 2004. 12. 1(제2012-000051호)
주소   서울시 금천구 가산디지털 1로 168, 우림라이온스밸리 B동 B113, 114호
홈페이지 www.book.co.kr
전화번호 (02)2026-5777   팩스 (02)2026-5747

ISBN   979-11-5585-783-0 93550(종이책)   979-11-5585-784-7 95550(전자책)

각종 산업로의
열관리, 열정산 및
설계요령, 열수지계산

{ 열관련기술자료 첨부 }

강대용 지음

북랩 book Lab

머리말

　이 저서는 열관리 실무자와 이공대학생, 기술 행정직, 각종 공업용 로爐 생산업체의 실무자에게 조금이나마 도움이 되고자 저술한 것이다. 특히 열관리기술수험생을 위한 참고서로도 좋은 자료가 된다고 보며, 많은 예제와 해답을 써서 이해가 빠르게 힘썼다.

　이 책에는 많은 도표를 실었으나 그중 열관리관계제량일람표(표 1.1) 개체열료시험일람도(도 4.1) 및 연료연소경과일람표(표 5.1과 표 5.2)는 이것들에 관련된 계산을 할 때 극히 편리하다고 생각한다. 특히 연소문제에서는 연료의 성분, 화학반응, 연소 가스 성분 등의 관계가 혼란되기 쉬우나, 표 5.1 또는 표 5. 2와 대조하면서 계산할 때는 일목요연해서 혼란이 생기지 않는다.

　이 책을 발간하게 된 동기는 많은 후배와 대기업의 젊은 엘리트 사원들이 공업용 로의 설계와 플랜트 프로젝트를 수행하면서 프로세스 중의 핵심이 되는 로의 난해함 때문에 여러 외서를 구독하기 어려워 본인에게 조속히 우리말 참고서를 저술하도록 충동한 데 원인이 있고, 본인이 대학생활과 연구소 생활을 거쳐 산업로 업계에 종사한 지도 어언간 삼십여 년이 되어 그동안 경험한 것들을 토대로 이 저술을 하게 된 것이다.

목차

제1편

열관리에 의한 제 계산법

제1편 열관리에 관한 제 계산법

제1장 열관리 관계 제량

열관리관계제량(계수를 포함함)의 주된 명칭, 단위 및 본서에 사용에 기호 등을 표기하면 표 1.1과 같다. 단위는 국내적으로는 계산법으로 정해 있으며, 동표 '상용단위'란에 표시한 것은 이에 속한다. 그러나 때로는 한편 영국단위 도 사용되므로 그 명칭도 병기하였다. 더욱이 '수치 간의 관계'란에는 상호 간 환산율을 표시했다. 주의할 일은 여기에 표시한 것은 제량을 각각의 단위 에 의하여 표시할 경우의 수치 간의 관계이며 단위의 크기 관계이지는 않다 는 것이다. 예를 들면 단위의 m는 ft의 3.2808배 길이다. 따라서 같은 길이를 m 눈금자로 잰 수치는 ft눈금자로 잰 수치의 3.2808분의 1, 즉 0.3048배가 된 다. 이처럼 여기에 표시한 환산율은 단위 크기 비의 역수임을 주의해야 한다. 더구나 제량 중에는 동종량 간의 비가 다수 있다. 이 같은 종류의 양은 비를 취하는 양에 동일단위를 사용하는 한 그 수치는 사용단위에 관계없다. 이러한 종류의 양은 일일이 표에 나타내지 아니한다.

예제

[예제 1.1] 480°F를 섭씨 도로 환산하라.

답 $\frac{5}{9}(480-32) = 248.89\,℃$

[예제 1.2] 500℃는 화씨 몇 도인가?

답 $\frac{9}{5} \times 500 + 32 = 932\,°F$

[예제 1.3] 1000°K를 °R로 환산하라.

답 $\frac{9}{5} \times 1000 = 1800\,°R$

[예제 1.4] 2300°R를 °K로 환산하라.

답 $\frac{5}{9} \times 2300 = 1277.78\,°K$

[예제 1.5] 2850 B.I.U.를 kcal나 C.H.U.로 환산하라.

답 $2850 \times 0.2520 = 718 Kcal$

$2850 \times \dfrac{5}{9} = 1583.38$ C.H.U.

[예제 1.6] 5200kcal를 B.T.U.와 C.H.U.로 환산하라.

답 $5200 \times 3.968 = 20,638.6$ B.T.U

$5200 \times \dfrac{1}{0.4586} = 11,463.8$ C.H.U.

[예제 1.7] 863 C.H.U.는 몇 kcal인가?

답 $863 \times 0.4586 = 342$ kcal

[예제 1.8] 어느 중유의 발열량 10,300kcal/kg이라면 영국제 단위로 환산하라.

답 $10,300 \times \dfrac{9}{5} = 18,540$ B.T.U./1b

[예제 1.9] 어느 석탄의 발열량 12,600B.T.U.이라면 몇 kcal/kg인가?

답 $12,600 \times \dfrac{5}{9} = 7,000 \text{kcal/kg}$

[예제 1.10] 어느 발생로 가스 발열량이 1,300kcal/Nm³이다. B.T.U./ft^3로 환산하라.

답 $1300 \times \left(\dfrac{3.968}{35.31331846} = 0.1123655672 \right) = 146.075$ B.T.U./ft^3

[예제 1.11] 어느 소성 가스의 비열이 0.35kcal/Nm³C이라면 영국제 단위로 얼마인가?

답 $0.35 \times 0.11 = 0.038$ B.T.U./$ft^3 °$F

[예제 1.12] 질소의 비열이 0.255kcal/kg℃이라면 영국제 단위로 얼마인가?

답 B.T.U. Lb°F를 사용한다면 수치는 같다. 즉
0.255 B.T.U/Lb℃이다.

[예제 1.13] 온도 155℃의 건포화증기의 엔탈피는 657.2kcal/kg이다. 이를 영국제 단위로 환산하라.

답 $657.2 \times \dfrac{9}{5} = 1,182.96$ B.T.U/Lb

[예제 1.14] 압력 160mmHgabs.에서의 물의 증발열 538.8kcal/kg을 C.H.U.단위로 환산하라.

답 kcal/kg를 B.T.U/Lb로 고쳐도 수치는 불변이다.

즉 538.8B.T.U/Lb이다.

[예제 1.15] 어느 상태에서의 증기의 ENTROPY 1,227.3kcal/kg°K를 영국제 단위로 환산하라.

답 ENTROPY의 수치는 변하지 않는다. 즉 1,227.3 B.T.U./Lb이다.

[예제 1.16] 어느 가스의 가스정수가 55.15ft Lb/°R Lb이라면, 상용단위로서는 얼마인가?

답 $55.15 \times 0.5486 = 30.26 \, \text{kgm}/°\text{Kkg}$

[예제 1.17] 어느 연와(BRICK)벽의 열전도율이 0.5kcal/mh℃이라면, 몇 B.T.U./ft h°F인가?

답 $0.5 \times \dfrac{1}{1.488} = 0.336 \, \text{B.T.U./fth}°\text{F}$

[예제 1.18] 열전도율 2.1 B.T.U./fth°F를 상용단위로 고쳐라.

답 $2.1 \times 4.882 = 10.25 \, \text{kcal/m}^2\text{h}℃$

[예제 1.19] 어느 물체의 표면 흑도가 0.806이라면, 그 방사정수를 영국제 단위로 구하라.

답 이 물체의 방사정수는 상용단위로

$0.806 \times \ell C = 0.806 \times 4.88 = 3.98 \, \text{kcal/m}^2\text{h}°K^4$

따라서 영국제 단위로서는

$3.93 \times \dfrac{1}{28.48} = 0.138 \, \text{B.T.U.}/ft^2h°\ R^4$

[예제 1.20] 어느 고체의 선팽창계수가 화씨도 기준으로 0.05×10^{-4}이라 한다. 섭씨 도로서는 얼마이고, 또 이 재료가 그 부피 팽창계수는 얼마인가?

답 선팽창계수는 $0.05 \times 10^{-4} \times \dfrac{9}{5} - 0.09 \times 10^{-4}/°\text{F}$

부피 팽창계수는 실용적으로

$0.05 \times 10^{-4} \times 3 = 0.15 \times 10^{-4}/°\text{F}$

또는 $0.09 \times 10^{-4} \times 3 = 0.27 \times 10^{-4}/℃$

[예제 1.21] 압력 20kg/㎠abs의 건포화증기의 비용적은 0.1016㎥/kg이다. 영국제 단위로 얼마인가?

답 선팽창계수는 $0.05 \times 10^{-4} \times \dfrac{9}{5} = 0.09 \times 10^{-4}/℃$

부피 팽창계수는 실용적으로

$0.05 \times 10^{-4} \times 3 = 0.15 \times 10^{-4}/°F$

또는 $0.09 \times 10^{-4} \times 3 = 0.27 \times 10^{-4}/℃$

답 $0.1016 \times \dfrac{1}{0.0624} = 1.628 \, ft^3 \diagup 1b$

[예제 1.22] 공기의 비중량은 $1.2928 g \diagup l$ (표준상태에서)이다.

이것을 $1b \diagup ft^3$ 으로 환산하라.

답 $1.2928 \times 0.0624 = 0.0807 \, 1b \diagup ft^3$

[예제 1.23] 어느 기체의 비용적이 $0.77 Nm^3 \diagup kg$ 이라면 영국제 단위로서는 얼마인가?

답 $0.77 \times \dfrac{1}{0.0624} = 12.8 \, ft^3 \diagup 1b$

[예제 1.24] 어느 연료가스의 비중량이 $0.075 \, 1b \diagup ft^3$ 이라면, 이것을 상용단위로 고치라.

답 $0.075 \times 16.02 = 1.2 \, kg \diagup m^3$

[예제 1.25] $30 kg \diagup cm^2$ 의 압력을 $kg \diagup m^2$ 및 $mmHg$ 로 환산하라.

답 $30 \times 10^4 = 300,000 kg \diagup m^2$

$30 \times 735.6 = 22,068 mmHg$

[예제 1.26] 어느 Boiler의 증기압력이 120lb/in2이라면, 상용단위로는 얼마인가?

답 $120 \times \dfrac{1}{14.22} \cong 8.5 kg/in2$

[예제 1.27] 어느 증기원동소의 복수기의 진공이 28in이라면, 몇 $mmHg$ 가 되느냐, 또 절대압력으로 나타내면 몇 $kg \diagup cm^2$ 며 몇 $1b \diagup ∈^2$ 인가?

답 $mmHg$ 로 고치면

$28 \times 25.4 = 711.2 mmHg \cong 711 mmHg$

진공 몇 mm 또는 몇 in라는 것은 대기압 이하의 가르치는 도수이므로 이것을 절대압력으로 고치려면 엄밀히 말하자면, 계획했을 때의 대기압력이 걸려 있지 않으면 안 된다.

그러나 특히 그 지시가 없을 때는 대기압력을 표준 치 $760\,mmHg$로 취해서 계산하는 것이 보통이다.

그래서 절대압력은

$760 - 711 = 49\,mmHg$

이것을 kg/cm^2로 고치면

$49 \times \dfrac{1}{735.6} \cong 0.067\,kg/cm^2$

영국식단위로서는

$49 \times \dfrac{1}{735.6} \times 14.22 \cong 0.95\,1bin^2$

[예제 1.28] 6,000ft1b/s의 동력을 kgm/s, int KW, PS 및 HP로 표시하라.

답 $6,000 \times 0.1383 = 830\,kgm/s$

$830 \times 0.981 \times 10^{-2} = 8.14 \int KW$

$830 \times \dfrac{1}{75} = 11.1\,PS$

$6,000 \times \dfrac{1}{550} = 10.9\,HP$

[예제 1.29] 관중의 증기속도가 $100ft/s$라면, 상용단위로 얼마인가?

답 $100 \times 0.3048 = 30.48m/s$

[예제 1.30] 어느 노즐을 통해서 나가는 증기의 유량이 $30kg/s$이라면, 몇 $1b/s$인가?

답 $30 \times 2.205 = 66.15\,1b/s$

[예제 1.31] 어느 보일러를 격자연소율이 $321b/ft^2h$로 연소하고, 大 격자열 부하가 $186,000\,B.T.U./ft^2h$이라면,

상용단위로 각각 환산하라.

답   연소율은 $32 \times 4,883 \cong 156\,kg/m^2h$

열부하는 $186,000 \times 2,718 = 505,000\,Kcal/m^2h$

[예제 1.32] 어느 중유연소 보일러에서 연소실열부하가 $200,000 \, Kcal/m^3h$ 이라면, 영국제 단위로 환산하라.

답 $200,000 \times \dfrac{1}{8905} \cong 22.500 \, B.T.U./ft^3h$

표 1.1 관리 관계 체량 일람표 (其1)

열량칭		기호	정의	상용단위 명칭	상용단위 기호	영국제 단위B.T.U 명칭	영국제 단위B.T.U 기호	(단위기호)는 그 단위로 재었을 때의 수치를 나타낸 것임 — 임제 상호간	각제내
온도	보통	t, θ	도(도 또는 섭씨도)	섭씨도	℃	섭씨도	°F	$(℃) = \dfrac{5}{9}[(°F)-32]$ $(°F) = \dfrac{9}{5}(℃)+32$	
	절대	T	도(섭씨 눈금)		°K	도(섭씨 눈금)	°R	$(°K) = (℃)+273$ $(°R) = (°F)+460$	
열량		Q	(중량)×(온도차)×(비열)	kcal	kcal	영국열량단위 (British Thermal Unit) 섭씨도열량단위 (Centigrade Heat Unit)	B.T.U C.H.U.	$(kcal) = (B.T.U)×0.2520$ $(B.T.U) = (kcal)×3.968$ $(C.H.U) = (kcal)×\dfrac{1}{0.4536}$	$(C.H.U) = (B.T.U)×\dfrac{5}{9}$
발열량 (연료의)		H	$\dfrac{(열량)}{(중량)}$ $\dfrac{(열량)}{(용적)}$	kcal/kg kcal/m³			B.T.U/lb B.T.U/ft3	$(kcal/kg) = (B.T.U/lb)×\dfrac{5}{9}$ $(kcal/m³) = (B.T.U/ft3)×8.905$	
비열		c	$\dfrac{(열량)}{(중량)×(온도차)}$ $\dfrac{(열량)}{(용적)×(온도차)}$	kcal/kg℃ kcal/m³℃			B.T.U/1b°F B.T.U/ft3°F	$(kcal/kg℃) = (B.T.U/1b°F)$ $(kcal/m³℃) = (B.T.U/ft3°F)×16.02$	
엔탈피		i	$\dfrac{(열량)}{(중량)}$	kcal/kg			B.T.U/1b	$(kcal/kg) = (B.T.U/1b)×\dfrac{5}{9}$	
ENTROPY		s	$\dfrac{(열량)}{(중량)×(절대온도)}$	kcal/kg°K			B.T.U/1b°R	$(kcal/kg°K) = (B.T.U/1b°R)$	
가스정수		R	$\dfrac{(일)}{(중량)×(절대온도)}$	kgm/°Kkg			ft1b/°R1b	$(kgm/°Kkg) = (ft1b/°R1b)×0.5486$	
열전도율		λ	$\dfrac{(열량)}{(면적)×(시간)×(온도차)}$	kcal/mh℃			B.T.U/fth°F	$(kcal/mh℃) = (B.T.U/fth°F)×1.488$	
열관류율		α	$\dfrac{(열량)}{(면적)×(시간)×(온도차)}$	kcal/m2h℃			B.T.U/ft2h°F	$(kcal/m2h℃)=(B.T.U/ft2h°F)×4.882$	
방사정수		C	$\dfrac{(열량)}{(면적)×(시간)×(절대온도)^4}$	kcal/m2h°K4			B.T.U/ft2h°R4	$(kcal/m2h°K4)=(B.T.U/ft2h°R4)×28.48$	

양 명칭	기호	정의	실용계 단위 명칭	실용계 단위 기호	영국제 단위 명칭	영국제 단위 기호	수치 간의 관계 양제 상호간	국제내
열팽창계수 (선과 체)	α(선) β(체)	$\dfrac{(\text{팽창길이[또는체적]})\cdot}{(\text{길이[또는체적]})}$ $\dfrac{(1)}{(\text{온도차})}$		1/℃		1/F	$(1\,℃) = \dfrac{9}{5}(1/°F)$	
길 이	ι(일반) δ(열전도 방향의 길이) $\left.\begin{array}{c}d\\D\end{array}\right\}$ h(높이)	(길이)	미터 센티미터 밀리미터	m cm mm	피트 인치	ft in	(m) = (ft)×0.3048 (mm) = (in)×25.4 (cm) = (in)×2.54	$(\text{m}) = (\text{cm})×\dfrac{1}{10^3} = (\text{mm})×\dfrac{1}{10^3}$ $(\text{ft}) = (\text{in})×\dfrac{1}{12}$
면 적	F	(길이)2	평방미터 평방센티미터 평방밀리미터	m² cm² mm²	평방 피트 평방 인치	ft2 in2	(m²) = (ft2)×0.0929 (cm²)=(in2)×6.4516	$(\text{in2}) = (\text{cm}²)×\dfrac{1}{10^4} = (\text{mm}²)×\dfrac{1}{10^6}$ $(\text{ft2}) = (\text{in2})×\dfrac{1}{12^2} = (\text{in2})×\dfrac{1}{144}$
체적 용적	V	(길이)3	입방미터 리터 입방센티미터	m³, Nm³ (1) ℓ cm³	입방 피트 입방 인치	ft3 in3	(m³) = (ft3)×0.0283 (cm³) = (in3)×16.39	$(\text{m}³) = (\iota)×\dfrac{1}{10^3} = (\text{cm}³)×\dfrac{1}{10^6}$ $(\text{ft3}) = (\text{in3})×\dfrac{1}{12^3} = (\text{in3})\dfrac{1}{1728}$
比용적	v	$\dfrac{(\text{용적})}{(\text{중량})}$		m³/kg		ft3/1b	(m³/kg) = (ft3/1b)×0.0624	
중량	G	(중량)	킬로그람 톤	kg t	파운드 톤	1b t 영	(kg) = (1b)×$\dfrac{1}{2.205}$ (t 영) = (t 미)×0.984	$(\text{t}) = (\text{kg})×\dfrac{1}{1,000}$ $(\text{t 영}) = (1\text{b})×\dfrac{1}{2,240}$ $(\text{t 미}) = (1\text{b})×\dfrac{1}{2,000}$
比중량	γ	$\dfrac{(\text{중량})}{(\text{용적})}$		kg/m³ g/ℓ		1b/ft3	(kg/m³) = (1b/ft3)×16.02	(kg/m³) = (g/ℓ)
압 력	p	$\dfrac{(\text{역})}{(\text{면적})}$		kg/cm²(2) kg/m²(2) mm/Hg(2) mm/Aq(2)		1b/in2 (2) 1b/ft2 (2) in Hg (2) inAq (2)	(kg/cm²) = (1b/in2)×$\dfrac{1}{14.22}$ (kg/m²) = (1b/ft2)×4.883 (mm/Hg) = (in Hg)×25.4 (mm/Aq) = (in Aq)×25.4	(kg/m²) = (kg/cm²)×10⁴ (mmHg) = (kg/cm²)×735.6 (mmAq) = (kg/m²) (1b/in2) = (1b/ft2)×144 (inHg) = (1b/in2)×2.04 (inAq) = (1b/in2)×27.7

(1) Nm는 표준상태(온도 0℃, 압력 760 mm Hg abs.)에 있어서 기체의 용적을 나타내는 데 사용한다.

(2) 압력이 계기압력(속 X)밀폐에서 대기압력을 뺀 값)이 아니고, 흡×압력을 나타낸 것임을 특히 나타낼 때는 이들 기호의 다음에 abs.를 덧붙이 쓴다.　　　　(p.4~p.5)

별명칭	기호	정의	상용단위 명칭	상용단위 기호	국제 단위 명칭	국제 단위 기호	수치간의 관계 (단위기호는 그 단위로 제있을 때의 수치를 나타낸 것임) 환제내
일	w	(역) x (길이)	킬로그램 미터	kg m	훗트 파운드	ft lb	$(kg\ m) = (ft\ lb)\times0.1383$
동력	w	$\dfrac{(일)}{(시간)}$	국제 킬로그램으트 마력 (미터)	kg m/s int kW PS	마력(영국제)	ft lb/s	$(kg\ m/s) = (ft\ lb/s)\times0.1383$ $(PS) = (ft\ lb/s)\times0.986$ $(HP) = (ft\ lb/s)\times\dfrac{1}{550}$ $(int\ kW) = (kg\ m/s)\times0.981\times10^{-2}$ $(PS) = (kg\ m/s)\times\dfrac{1}{75}$ $(HP) = (ft\ lb/s)\times\dfrac{1}{550}$
열도	w	$\dfrac{(길이)}{(시간)}$		m/s m/h		ft/s ft/h	$(m/s) = (ft/s)\times0.3048$ $(m/h) = (ft/h)\times0.3048$ $(m/h) = (m/s)\times3,600$ $(ft/h) = (ft/s)\times3,600$
유량	G	$\dfrac{(중량)}{(시간)}$		kg/s kg/h t/h		lb/s lb/h t 英/h	$(kg/s) = (lb/s)\times\dfrac{1}{2.205}$ $(kg/h) = (lb/h)\times\dfrac{1}{2.205}$ $(t/h) = (t\ 英/h)\times\dfrac{1}{0.984}$ $(kg/h) = (kg/s)\times3,600$ $(t/h) = (kg/h)\times\dfrac{1}{1,000}$ $(lb/h) = (lb/s)\times\dfrac{1}{3,600}$ $(t\ 英/h) = (lb/h)\times\dfrac{1}{2,240}$
유량		$\dfrac{(용적)}{(시간)}$		m³/s m³/h ℓ/h		ft3/s ft3/h	$(m³/s) = (ft3/s)\times0.283$ $(m³/h) = (ft3/h)\times0.283$ $(m³/h) = (m³/s)\times3,600$ $(ℓ/h) = (m³/h)\times10^3$
연소율		$\dfrac{(중량)}{(면적)\times(시간)}$		kg/m²h		lb/ft2h	$(kg/m²h) = (lb/ft2h)\times4.883$
연소율		$\dfrac{(중량)}{(용적)\times(시간)}$		kg/m³h		lb/ft3h	$(kg/m³h) = (lb/ft3h)\times16.02$
火격자 열부하		$\dfrac{(열량)}{(면적)\times(시간)}$		kcal/m²h		B.T.U./ft2h	$(kcal/m²h) = (B.T.U./ft2h)\times2.713$
연소실 열부하		$\dfrac{(열량)}{(용적)\times(시간)}$		kcal/m³h		B.T.U./ft3h	$(kcal/m³h) = (B.T.U./ft3h)\times8.905$

제2장 열과 증기

기호 팽창

α ·········· 선팽창계수		J ·········· 열의 일당량
β ·········· 체적팽창계수		A ·········· 일의 열당량
ι ·········· 길이		U ·········· 내부 에너지
V ·········· 부피(용적)		문 ·········· 엔탈피
ν ·········· 비용적		S ·········· 엔트로피
π ·········· 온도		χ ·········· 건조도(습 포화열기의)
T ·········· 절대온도		h ·········· 절대습도(습도기의)
G ·········· 중량		φ ·········· 상대습도(습도기의)
γ ·········· 」비중량		ψ ·········· 비교습도(포화도)(습공기의)
g ·········· 중력의 가속도		ω ·········· 유속
p ·········· 압력		F ·········· 넓이(면적)
R ·········· 가스정수		H ·········· 연료의 발열량
K ·········· 일반가스정수		K ·········· 기체의 단열지수
c ·········· 일비열		ρ ·········· 핵산율(말광 노즐의)
k ·········· 비열의 비		η ·········· 변율
Q ·········· 열량		W ·········· 일(Work)

2.1 열에 의한 물체의 팽창

1) 고체 길이 $ι0$ 의 고체가 t℃의 온도상계에 의하여 길이 $ι$로 되었다고 하면

$$ι = ι_0 + \int_0^t αι_0 dt \quad\text{······················ (2·1)}$$

또는

$$ι = ι_0 + \int_0^t αι_0 dt \quad\text{······················ (2·2)}$$

여기에서 $α$ =온도t에 있어서 선팽창 계수

$αm$ =온도범위에 대한 평균선팽창계수

표 2·1(22혈)는 각종 물질의 $αm$ 의 값(치)을 나타낸다.

각종 $ν_0$의 고체가 t℃ 의 온도상승에 의하여 용질$ν$로 되었다고 하면

같이 하여 $\nu = \nu_0 + \int_0^t \beta \nu_0 dt$ ································· (2·3)

또는 $\nu = \nu_0 + (1 + Bmt)$ ································· (2·4)

여기서 $\beta =$ 온도 t 에 있어서 체팽창계수

$\beta m =$ 온도범위 t 에 대한 평균 체팽창계수

등방질의 물체에 있어서는

$\beta \cong 3\alpha$ ································· (2·5)

2) 액체: 액체에 대해서는 체팽창계수만이 문제가 되어 식(2·3) 또는 (2·4)를 적용시킬 수 있다. 표2·2(23혈)는 각종의 액체의 체팽창계수의 값(치)을 나타낸다.

3) 기체: 2·2(완전가스의 특성식 및 가스정수)에서 기술한다.

2.2 완전가스의 특성식열 및 가스정수

완전가스에 대해서는 다음 2 법칙이 적용된다.

1) Gay · Lussac의 법칙

일정 압력 아래에서 온도가 0℃에서 t℃까지 상계하여 그 용적이 V_0 에서 V 까지 증가하였다면,

$$\left.\begin{array}{l} \dfrac{V}{T} = \dfrac{V_0}{T_0} \\[2mm] V \propto T \end{array}\right\} ·················· (2·6)$$

혹은

여기에 $T = t$℃에 대한 절대온도 $= (t + 273) °K$

$T = 0$℃에 대한 절대온도 $= 273 °K$

2) Boyle의 법칙 일정압력하에 있어서 압력 P_1, 비용적 V_1 에서 압력 P_1, 비용적 V_2 로 변화했다고 하면

$P_1 V_1 = P_0 V_2$ ································· (2·7)

3) 완전가스의 특성식과 가스정수

Gay-Lussac의 법칙과 Boyle의 법칙을 싸 모으면

$P_1 V = RT$ ································· (2·8)

$MPV = RT$ ································· (2·9)

여기에 P, V, T 는 임의의 상태에서는 압력, 비용적(단위중량의 용적) 및 절대온도, M는 분자량이다. R는 각 구의 가스의 고유의 정수로서 가스정수라 한다.

R는 일반 가스정수로서 가스의 종류에 관계없이 $848kgm/K°Km$이(영식 단위에서는 1,544ft Lb/oRmol)이다. 식(2·8)을 완전가스의 특성식이라 한다. 완전가스는 실존하지 않는다. 그러나 실존의 기체, 예를 들면 O_2, N_2, H_2, CO_2 등은 통상의 온도범위에서는 완전가스라고 보아도 사실상 상관없다. 표 2·3(23항)은 각종 실존 가스의 가스정수의 값(치)을 나타낸다. 분자량을 알고 있을 때는 가스정수 R은 다음식에서 구할 수 있다.

$$R = \frac{848}{M} kgm/°Kkg \quad \text{...} \quad (2·10)$$

(예제 2·3, 2·4, 2·5 참조)

4) 부기

   ⅰ) 압력은 공업상에서는 보통 참값(진의 치)에서 대기압력을 뺀 값(치)을 나타낸다. 이것을 계기압력이라고 한다. 보통의 계압기에 나타나는 것은 이 계기압력이다. 이것에 대하여 진의 압력치를 절대압력이라 하고 필요에 따라 압력단위 기호 다음에 abs.를 써서 나타낸다. 공업상에서 단순히 압력 얼마란 것은 계기압력을 말한다. 본서에서는 일반으로 계기압력을 사용한다. 계산에서는 절대압력이 필요하다. 보통

     절대압력(kg/cm^2)＝계기압력(kg/cm^2)+1이다.

   ⅱ) 표준상태($T = 273°K, P = 760mmHgabs.$)에 있어서 기체의 용적 m^3를 나타내려면 Nm^3이란 기호를 사용한다.(제1장 참조)

2.3 가스와 증기

상기와 같이 완전가스라고 할 수 있는 기체를 통칭 '가스'라 하고, 그 압력에 대한 액화점에 비교적 가까운 온도에 있는 기체에서는 완전가스의 특성식을 적용할 수 없다.

이와 같은 상태에 있는 기체를 통칭 '증기'라 하고, 각각의 증기의 종류에 응해서 독특의 특성식을 설정하지 않으면 안 된다. 공업상 가장 보편적으로 사용되는 증기는 물(수)의 증기로서 이것을 특히 '증기'로 표기할 수도 있다.

2.4 비열

어느 물체의 단위중량(기체의 경우에는 또 때로는 단위용적)의 온도를 1℃만 상승시키는 데 필요한 열량을 그 물체의 비열이라 하고 일반적으로 C로 나타낸다.

1) 고체와 액체의 비열은 그 온도에 따라 변한다. 실제의 계산에는 주어진 온도범위에 대한 평균치를 사용한다. 표 2·4(23혈)와 표 2·5(23혈)는 각종의 고체와 액체의 평균비열의 값(치)을 나타낸다.

2) 기체의 비열에는 일정압력하에 있어서와 일정용적하에 있는 것의 2종이 있다. 전자를 정압비열(CP), 후자를 정용비열(Cv)라 하고, 그 비를 K로 나타낸다.

$$K = \frac{CP}{CV} \cong 1.66 \ \ (1원자기체)$$

$$\cong 1.40 \ \ (2 \ 원자기체)$$

$$\cong 1.30 \ \ (3 \ 원자이상의 \ 기체)$$

완전가스에 있어서는

$$CP - CV = \frac{R}{J} \ \text{..} (2·11)$$

여기에 J=열의 일당량 (2.6 열역학의 2법칙 참조)

또 $M(CP-CV) = \dfrac{R}{J} = 1.985$ ....(2·12)

여기에 Mcp=정압분자열, Mcv=정용분자열

실재의 가스의 비열은 일반적으로 압력과 온도와의 관수이다. 연소로관계의 문제에서는 압력은 겨우 1at 이므로 온도만의 관수로 해서 주어진 온도범위에 대한 평균치를 사용함이 보통이다. 표 2.6~2.8(24혈)는 각종 가스의 1at에 있어서 평균정압비열의 값(値)을 나타낸다. 완전가스의 비열은 온도와 관계없이 일정하다.

2.5 혼합가스

1) Dalton의 법칙

n종의 각기 다른 가스의 혼합물의 용적을 V, 압력을 P라 하고, 각 가스가 단독으로 그 온도 하에 용적V를 나타낸 경우의 압력을 $P_1 + P_2 + P_3 + \cdots\cdots Pn$ 라 하면 이것들의 가스가 혼합으로 서로 화학반응을 일으키지 않는 한

$$P = P_1 + P_2 + P_3 + \cdots\cdots Pn \quad\cdots\cdots\cdots\cdots (2\cdot13)$$

P를 전압, $P_1 + P_2 + P_3 + \cdots\cdots Pn$를 분압이라 한다.

이 법칙이 엄밀히 적용할 수 있는 것은 완전가스만이나, 실재의 가스에도 사실상 적용할 수 있다. 또 가스와 증기와의 혼합물의 경우에도 일정의 제한을 두고 적용할 수 있다. 각 가스가 그 온도에 있어서 전압 P하에 용적 V를 나타내고 있는 용적을 각각 $V_1, V_2, V_3, \cdots\cdots V_n$라 하면 이 법칙에서

$$P_1 = P\cdot\frac{V_1}{V}, P_2 = P\frac{V_2}{V}, P_3 = P\frac{V_3}{V} \cdots\cdots P_n = P\frac{V_n}{V}$$

$$\cdots\cdots\cdots\cdots\cdots\cdots\cdots\cdots\cdots\cdots\cdots\cdots (2\cdot14)$$

혼합가스의 조성은 용적비 V_n/V로 주어짐이 보통이므로 이 조성에서, 식 (2·14)에 의하여 분압을 구할 수 있다.

2) 비열

각 가스의 비열 $Kcal/Nm^3℃$를 $vC_1, vC_2, vC_3, \cdots\cdots vCn$, 혼합가스의 비열 kcal /N℃를 $Kcal/Nm^3℃$라 하면

$$vC = \frac{V_1}{V}vC_1 + \frac{V_2}{V}vC_2 + \frac{V_3}{V}C_3 + \cdots\cdots + \frac{V_n}{V}C_n = \quad\cdots\cdots\cdots\cdots (2.15)$$

각 가스의 비열 kcal/kg℃를 $qC_1, qC_2, qC_3 \cdots\cdots qC_n$,혼합가스의 비열 kcal/kg℃를 qC라 하면

$$qC = \frac{G_1}{G}qC_1 + \frac{G_2}{G}qC_2 + \frac{G_3}{G}qC_3 + \cdots\cdots + \frac{G_n}{G}qC_n \quad\cdots\cdots\cdots\cdots (2.16)$$

여기서, $G_1, G_2, G_3, \cdots\cdots G_n$,는 각 가스의 중량, G는 혼합가스의 전중량이다. 연소관계의 문제에서는 비열kcal/N℃ 편을 많이 사용하는 식 (2.15)을 잘 사용한다.

2.6 열역학의 2법칙

1) 제일법칙

기계적인 일(WORK) W를 소비하여 발생하는 열량을 Q라 하면

$$\left.\begin{array}{l} W = JQ \\ Q = AW \end{array}\right\} \quad\cdots\cdots\cdots\cdots (2\cdot17)$$

또는

여기서 $\qquad J=$열의일 당량$=427kgm/Kcal$

$$A=\text{일의 열당량}=\frac{1}{427}Kcal/kgm$$

2) 에너지의 기본법칙

물체가 열 dQ를 받아서 압력 P하에서 용적이 dv만 증가했다고 하면, 이 팽창 때문에 외부에 한 일 dw는

$$dw = pdv \hspace{3cm} (2\cdot18)$$

열량dQ는 이 외부일에 소비되는 것만이 아니고 일부는 물체의 내부에도 계량할 수 있다. 물체의 내부 에너지의 증가를 du라 하면

$$dQ = du + Aduw = du + Apdu \hspace{2cm} (2.19)$$

3) 제법이칙

여러 가지 표현법이 있으나, 다음에 2례를 나타낸다.

ⅰ) 물체가 가지는 열을 일로 바꾸는 것은, 이것보다 더 저온도의 물체로 열이동을 허용하지 않으면 불가능하다.

ⅱ) 열물은 그 자신으로서는 저온도물체에서 고온도물체로 옮겨갈 수가 없다.

　　[Clausis의 표현법]

2.7 엔탈피와 ENTROPY

엔탈피식이란

$$i = U + Apv \hspace{3cm} (2.20)$$

에 의하여 정의되는 i를 말한다. 이 양을 사용하면

$$dQ = di - Avdp \hspace{2.5cm} (2.21)$$

ENTROPY는 다음식에 의하여 정의된다.

$$ds = \frac{dQ}{T} \hspace{3cm} (2.22)$$

여기서 ds는 절대온도 T의 물체에 열량dQ를 가했을 때의 ENTROPY의 증가량이다.

엔탈피, ENTROPY, 내부에너지와 함께 물체의 단위중량에 첨해서 생각한다.

2.8 단열변화와 등압변화

1) 단열변화

물체의 외부에서 열을 줄 때 또는 외부에 열을 빼앗아갈 수 없을 때의 변화로써, 이 경우 마찰을 동반하지 않으면 변화 중 ENTROPY는 일정하다. 증기원동기 내열기관등에 있어서 동작유체의 이상적 변화는 ENTROPY의 단열변화이다.

기체의 단열변화에 있어서 P와 v와의 관계는 일반적으로

$$Pv^k = C \dotfill (2.23)$$

로 나타낸다. 여기서 k, C는 다 정수로서, 완전가스에 있어서는

$$K = k = \frac{Cp}{Cv} \dotfill (2.24)$$

가 된다.

2) 등압변화

압력 일정 하에서의 변화이며, 증기보일러, 각종 가열기 내의 이상적 변화는 등압변화로써, 이 변화 중의 가열량은 입구와 출구에서 엔탈피의 차로서 주어진다.

2.9 수증기

증기에는 포화증기와 과열증기가 있다. 포화증기란 동온도의 물과 공존하는 증기이며 그 온도를 포화온도, 포화온도 하에 있는 물을 포화수라 한다. 포화증기의 온도와 압력과의 사이에는 일정한 관계가 있어 온도가 정해지면 압력도 자연히 정해진다. 이 압력을 포화압력이라 한다. 포화증기는 일반적으로 수분을 함유하고 있다. 이것을 습한 포화증기라 하고, 수분이 전혀 없는 포화증기를 말른(건)포화증기라고 한다. 과열증기란 동일압력의 포화증기보다 고온도에 있는 증기이며 그 온도와 포화온도와의 차를 과열도라 한다.

1) 수증기표

수증기에 관한 실용적 계산을 할 때는 증기표를 사용함이 가장 좋다. 권말의 증기표는 1950년 8월 일본기계학회에서 발간한 "개정증기표 및 선도"의 정수를 뽑은 것이다. 현재 일본은 물론 우리나라에서도 이 개정증기표의 수치를 많이 이용하고 있다. (또한 1963년 10월 NEW YORK에서 제6회 국제증기성질회의가 열려 가까운 장래에 그 결의에

기초를 두고 새로운 증기표가 만들어질 것으로 본다.) 표준 기계설계도표편람개신 증보판에서 메틸클로라이드, 공기(저고), 암모니아, 탄산가스, 아황산가스, 메틸렌클로라이드의 엔트로피 선도를 발췌했다. 본서 예제의 해법에는 원칙으로서 이 개정증기표 및 선도를 사용하였으나, 특히 수치를 주어져 이것을 사용해서 해답한 것도 있다.(열관리사 시험문제에 그 예가 많다.)

증기표에 사용한 기호

t; 온도°C   T; 온도°K

p; 압력 kg/cm²abs

v; 비용적 m³/kg

i; ENTHALPY kcal/kg   포화수에 대해서 ′을 건포

s; ENTROPY kcal/kg°K   화증기에대해서 ″를 붙인다

y; 증기열 kcal/kg

2) 포화증기

습 포화증기 1kg 중의 건증기량을 $x$kg, 수분량을 $(1-x)$kg이라고 할 때 x를 습 포화증기의 건도(마른 정도)라 하고, 습 포화증기의 비용적, 엔탈피, ENTROPY를 각각 v, i, s라 하면

$$v = v' + x(v'' - v') \quad\text{(2.25)}$$

$$i = i' + x(i'' - i') = i' + xr \quad\text{(2.26)}$$

$$s = s' + x(s'' - s') = s' + x\frac{r}{T} \quad\text{(2.27)}$$

일반적으로 v'는 v''에 비해 극히 작으므로 식(2.25)의 대신으로

$$v = xv'' \quad\text{(2.28)}$$

로 해서 계산해서도 실용상의 목적은 충분하다.

건 포화증기에 대해서는 $x=1$로 하고

$$i'' = i' + r \quad\text{(2.29)}$$

$$s'' = s' + \frac{r}{T} \quad\text{(2.30)}$$

증기보일러 중에 있어서 가열은 일정압력 하에 행해진다.

따라서 가열소요열량 Q는 엔탈피의 차로 표시된다. 즉

$$Q = (i' - i_0) + xr \quad\text{(2.31)}$$

여기에 i_o'는 급수의 온도 t_0에 있어서 포화수의 엔탈피이다.

따라서 건 포화증기를 발생할 경우에는

$$Q = (i' - i_0') + r = i'' - i_0' \quad \cdots\cdots\cdots\cdots\cdots\cdots\cdots (2.32)$$

물의 엔탈피 i', i_0' 의 값(치)은 물론 증기표에서 구할 수 있으나 약산적으로는 그의 비열을 1.0 ㎉/㎏℃로 취하여 수치적으로

$$i' \text{ 또는 } i_0' = t \text{ 또는 } t_0 \quad \cdots\cdots\cdots\cdots\cdots\cdots\cdots (2.33)$$

로 되는 경우가 많다. 또 물의 비용적도 자료가 없는 경우는 한 방법으로

$$v' = 0.001\,\text{㎥}/\text{㎏} \quad \cdots\cdots\cdots\cdots\cdots\cdots\cdots (2.34)$$

를 취하는 예가 있다. 예를 들면 증기표가 가까이 있어도 계산의 목적 여하에 따라서는 상기 약산으로 충분하다.

약산에 의한 값과 증기표에 의한 진의 값을 발수대조하면 아래 표와 같다. 즉 고온으로 올라갈수록 오차가 크므로 고온대에 있어서는 약산을 해서는 안 된다.

t (℃)	v' (㎥/㎏)		i' (㎉/㎏)	
	진 치	약 산 치	진 치	진 치
10	0.0010004	0.0010000	10.04	10.00
50	0.0010121	〃	49.95	50.00
100	0.0010435	〃	100.04	100.00
150	0.0010906	〃	150.92	150.00
200	0.0011565	〃	203.49	200.00
250	0.0012512	〃	259.23	250.00
300	0.0014036	〃	320.98	300.00
374.15	0.00318	〃	505.8	374.15

3) 과열증기

과열증기의 엔탈피는

$$i = i'' + Cp(t_s - t) \quad \cdots\cdots\cdots\cdots\cdots\cdots (2.35)$$

로 계산할 수 있다. 여기서

i'' =그 과열증기와 동일압력의 건포화증기의 *ENTHALPY*

t =그 과열증기의 압력에 상당하는 포화온도

t_0 =그 과열증기의 온도

$t_s - t$ =과열도

Cp=온도범위 $(t_s - t)$ 에 대한 과열증기의 평균정압비열

그렇지만 이 식을 사용하려면 Cp의 값을 적당히 정하지 않으면 안 된다. 실제로는 이와 같은 식에 의하지 않고 대개 증기표에 의하여 각종의 값을 찾음이 보통이다. 그러나 다만 연소 가스 중의 수분(이것은 과열증기 형태로 존재함)의 보유열량을 계산해야할 경우는 이것을 조성가스의 1종으로 보고 그 평균정압비열을 적당히 상정해서 산출하는 정도로 충분하다.

과열기중의 가열은 등압하에 행해진다. 따라서 소요열량 Q는 ENTHAPY의 차이다. 즉

$$Q = iu - (i' + xr) \quad \cdots\cdots\cdots\cdots\cdots\cdots\cdots\cdots\cdots\cdots\cdots\cdots\cdots\cdots \text{(2.36)}$$

여기서 iu ; 과열기를 나오는 증기의 엔탈피

$i' + xr$; 과열기에 들어가는 습, 포화증기의 엔탈피

과열기에 들어가는 증기가 건 포화증기일 때는

$$Q = iu - i'' \quad \cdots\cdots\cdots\cdots\cdots\cdots\cdots\cdots\cdots\cdots\cdots\cdots\cdots\cdots\cdots\cdots\cdots \text{(2.37)}$$

4) Mollier 선도

Mollier 교수가 제안한 선도로서 세로 좌표에 엔탈피, 가로 좌표에 ENTROPY를 취하여 증기상태를 나타낸 것이다. 이 선도에서는 단열마찰변화는 수직선으로 나타난다. 또 2개의 상태矣의 사이의 수직거리가 바로 엔탈피의 변화량,

즉 열락차를 많이 사용한다. 선도상에는 다음의 제선을 꺼내서 사용편리하도록 하고 있다.

등압력선	등비용적선
등습도선	등ENTROPY선(수직선)
포화선	등엔탈피선(수평선)
등건조도선	

권말의 도는 Mollier선도(일본기계학회개정증기표의 치)

2.10 습한 공기

습한 공기 중의 수분은 보통 저압과열증기의 상태로 존재하고 냉각에 따라서 과열도가 낮아져, 노점에 달했을 때 건조한 포화상태로 되고 다시 냉각 수분을 함유한 공기를 무입공기라 한다. 이같이 공기가 '습해 있다'고 하는 것과 그 중의 증기자신의 건습과는 별개 문제임에 주의를 요한다. 습한 공기

에 대해서는 다르톤의 법칙을 적용할 수 있다. 즉

$$P = Pa + Pw \quad \text{(2.38)}$$

여기서 P,습한공기의압력

        Pa;습한공기중의건조

        P,습한 공기 중의 공기의 분주

1) 습도

상대습도(관계습도) $\varphi = \dfrac{Pw}{Ps}$ (2.39)

(2.39)식을 (2.38)식에 대입하면

$\therefore P = Pa + \varphi Ps$ (2.40)

여기서 Ps; 공기의 습도에 상당하는 증기의 포화압력 $\varphi = 1$로 되었을 때의 공기를 포화습공기라 하고 그 온도를 노점이라 한다. 노점에 있어서는

절대습도 $P = Pa + Ps$ (2.41)

혹은 $\left.\begin{array}{l} h = \dfrac{Gw}{Ga} = \dfrac{Ra}{Rw}\dfrac{\varphi Ps}{P - \varphi Ps} = 0.622\dfrac{Ps}{P - Ps} \\[3mm] \varphi = \dfrac{hp}{Ps(0.622 + h)} \end{array}\right\}$ (2·42)

포화습도($\varphi = 1$의 경우), $h = 0.622\dfrac{Ps}{P - Ps}$ (2·43)

위의 제식중 Gw;습한공기 1kg 중의 증기의 중량kg

          Ga;습한공기1kg중의 건조공기중량kg

          Ra;공기의 가스정수 $= 29.27 \mathrm{kgm/°Kkg}$

          Rw;증기를가스로보았을때의가스정수 $= 47.05 \mathrm{kgm/°Kkg}$

다음은 비교습도(포화도)

$$\varphi = \frac{h}{hs} = \varphi\frac{P - Ps}{P - \varphi Ps} \quad \text{(2.44)}$$

혹은 $\varphi = \varphi\dfrac{P}{P - (1 - \varphi)Ps}$ (2.45)

2) 습한 공기의 엔탈피와 비열

온도 $t℃$, 절대습도 h의 습한 공기의 단위중량의 엔탈피를 i, 비열을 C 라고 하면

$$i = \frac{0.24t + (596 + 0.46t)h}{1 + h} \quad \text{kcal/kg} \quad \cdots\cdots (2.46)$$

$$c = \frac{0.24 + \left(\dfrac{596}{t} + 0.46\right)h}{1 + h} \quad \text{kcal/kg℃} \quad \cdots\cdots (2.47)$$

표 2.9는 포화습한 공기표이다

3) 습한 공기의 등압냉각

습한 공기 1kg를 온도 t에서 노점 ts까지 냉각함에 있어 소비되는 열량은

$$Q = \frac{0.24 + 0.46h}{1 + h}(t - ts) \quad \cdots\cdots (2.48)$$

다음에 노점으로부터 온도 t'까지 냉각할 때 소비되는 열량은

$$Q_2 = 0.24Ga(t_s - t') + 0.46Gw(t_s - t') = (0.24Ga + 0.46Gw)(t_s - t') \quad (2.49)$$

다음에 Vs, Ps를 각각 포화습한 공기의 상태에 있어서 전용적과 증기의 분압, V', P'를 각각 온도 t'인 노입 공기의 전용적과 증기의 분압이라 하면

$$V = \frac{P - Ps}{P - P'} - \frac{T'}{T_S} Vs \quad \cdots\cdots (2.50)$$

습한 공기의 등압냉각의 경과에 대해서는 예제 2.32에서 실례수자로 해설한다.

2.11 관내의 유동에 의한 압력강하

가스 또는 증기가 관내를 유동할 때의 압력강하는 관의 길이와 속도의 2승에 정비례하고, 관 내경에 역비례 한다. 이것을 식으로 표시하면

$$\Delta P = \frac{入}{v} \frac{L}{D} \frac{W^2}{2g} \quad \cdots\cdots (2.51)$$

여기서 ΔP=압력강하 L=관의 길이
     D=관의 내경 W=일정하다고 생각한 유속
     v=일정하다고 생각한 비용적

입=마찰계수

마찰계수입는 실험에 의하여 구할 수 있다. 공장에서 관중의 압력강하를 산정하기 위해서 여러 가지 실험식이 만들어져 있으나, 상식중의 $\lambda/2g = \beta$라 해서

여기에서 $\Delta P = \dfrac{B}{v}\dfrac{L}{D}W^2$ .... (2.52)

$$\beta = \dfrac{5.56}{10^8}\left(1 + \dfrac{0.0914}{D}\right)$$ .... (2.53)

가 사용된다.

여기서 ΔP의 단위는 kg/cm², L와 D의 단위는 m, W는 ㎧, v는 ㎥/kg이다.

우리나라에 있어서 증기관에 대한 실험에 의하면 ΔP kg/cm²는 다음식에서 주어진다.

여기서 $\Delta P = K\dfrac{G^2 vL}{D^5}\left(1 + \dfrac{9}{D}\right)$ .... (2.54)

G = 증기유량 t/h L = 관의 길이 m

D = 관의 내경 ㎝ v = 증기의 비용적 ㎥/kg

$K = 105 \sim 158$

K는 관내면의 오손정도에 따라, 상기범위내에서 적당한 수치를 선택한다. 실제의 관계열에서는 변, 관의 굴곡 등에 의한 저항이 압력강하에 큰 부분을 차지한다. 다음 표는 이들 저항을 관의 길이로 환산하는 한 가지 표준이 된다.

변 굴곡 등의 저항(표준길이 m)

관경 mm	50	100	150	200	250	300	400	500
직각굴곡 $r = 3D$	1.5	2	3.5	4.5	6	7	11	14
직각굴곡 주 물	3.5	7.5	12	18	23	28	42	55
U 굴곡 계 수	4	9.5	14.5	20	27	33	48	64
ANGLE VALVE (주변)	10	18	27	40	60	75	110	150
BALL VALVE (구변)	13	30	50	70	100	130	200	270
SLUICE VALVE	0.5	1	2	2.5	3.5	4.5	7	10

단 x는 굴곡반경, D는 관경이다.

2.12 조름絞

기체가 갑자기 좁은 통로를 통과하기 위하여, 압력이 강하하는 현상을 조름이라 한다. 조름 변 라비링스박킹 등은 조름 현상을 이용한 장치이나, 또 2.11 관내의 유동에 의한 압력강하에 기한 관계 중의 변에 의한 압력강하와 같은 것은 극력 낮추고 싶은 조름이다. 조름의 기초식은 다음과 같다.

$$\frac{A}{2g}(w_2^2 - w_1^2) = i_1 - i_2 \text{ ·· (2.55)}$$

여기서 w_1과 w_2는 조름 전과 조름 후의 기체의 속도 i_1과 i_2는 조름 전과 조름 후의 엔탈피, A는 일의 열당량이다. 조름에 의하여 압력이 떨어지고, 속도 에너지가 증가한 만큼 엔탈피가 감소한다. 그러나 실제로는 조름 후의 운동 에너지는 난류 때문에 열로 변하여 $w_2 = w_1$으로 되어 차분히 가라앉음이 보통이다. 따라서

$$i_2 = i_1 \text{ ··· (2.56)}$$

Joule Thomson 효과

완전가스에 있어서는 그의 엔탈피는 온도만의 관수이므로 빠름에 의한 온도변화는 없다.

실제의 가스에서는 빠름에 의하여 온도가 어느 정도 저하한다.

이것을 Joule Thomson 효과라 한다. 그 실험식은

$$\Delta t = a(P_1 - P_2)\left(\frac{273}{T_1}\right)^2 \text{ ·································· (2.57)}$$

여기서 Δt = 온도저하량℃

P_1, P_2 = 빠름 전후의 압력 kg/cm^2

T_1 = 빠름 전온의 절대 온도°K

a의 값(치)는 다음과 같다.

	Joule Thomson	Vogel
공기	0.271	0.268-0.00086p
산소	0.333	0.313-0.00085p
탄산가스	1.35	

조름 Calorimeter

습한 증기는 조름에 의하여 건조도를 증가시키고, 잇달아 과열증기로 된다. 이것을 이용하여 조름 전후에 있어서 엔탈피가 같다는 조건에 의하여 최초의 건조도를 측정한 장치가 조름 Calorimeter이다. r_1을 증발열, r_2를 조름 후의 과열증기의 엔탈피라 하면 최초의 건조도 x_1은 다음식으로 주어진다.

$$x_1 = \frac{i_2 - i_1}{r_1} \quad\text{...} (2.58)$$

2.13 증기 Accumulator

증기 Accumulator란 여분의 증기가 있을 때 이 속에 비축해 두었다가 필요할 때 이 증기를 뽑아 사용할 수 있도록 만들어진 축열기이다.

Accumulator 내에 증기를 송입할 때는 그 보유열이 기내의 물에 흡수되어 그 온도와 압력이 상승하고, 반대로 증기를 변을 열 때는 기내의 압이 강하하며, 물의 일부가 증발해서 증기가 발생한다.

지금 기내의 압력을 P_1kg/㎠, 수량을 G_1kg이라 하고, 증기 빼는 변을 열었기 때문에 기내의 압력이 P_2kg/㎠로 떨어졌다고 한다. 이 압력강하에 의한 기내의 물의 일부가 증기로 변하고 이것이 빠져 나옴으로써 기내의 수량이 G_2kg로 감소했다고 한다. 압력 P_1에 상당하는 포화수의 엔탈피를 i_1',kcal/kg 압력 P_2에 상당하는 포화수의 엔탈피를 i_2', kcal/kg, 발생증기 손실이 없다면 다음 관계가 성립한다.

$$G_1, i_1' = G_2, i_2' + (G_1 - G_2)i$$

따라서 수량 1kg 당의 증기발생량 $\triangle G$는

$$\triangle G = \frac{G - G_2}{G_1} = \frac{i_1' - i_2'}{i - i_2} \quad\text{...} (2.59)$$

다음에 증기를 충전할 때는 충전 전의 기내의 압력과 수량을 Pi kg/㎠와 $G_1 kg$, 충전 후의 압력과 수량을 P₂ kg/㎠와 G₂ kg이라 하면

$$G_2, i_2' = G_1, i_1' + (G_2 - G_1)i$$

여기서 i_1'와 i_2'는 각각 압력 P_1과 P_2를 근거로 한 포화수의 엔탈피, i는 충전 증기의 엔탈피이다.

$$\triangle G = \frac{G_2 - G_1}{G_1} = \frac{i_2' - i_1'}{i - i_2} \quad\text{...} (2.60)$$

2.14 열효율

Q를 공급열량, Q를 유효이용열량이라 하면, 열효율 η는

$$\eta = \frac{Q}{Q} \quad\text{..}\quad (2.61)$$

1) 증기 보일러

G_f를 연료의 사용량(kg/h), H를 연료의 발열량(kcal/kg)

G를 발열량(kg/h), i_s를 발생증기의 엔탈피(kcal/kg),

iw를 급수 엔탈피(kcal/kg)라 하면

$$\eta = \frac{(i_s - i_w)\,G}{HG_f} \quad\text{..}\quad (2.62)$$

2) 가열로

G_f를 연료의 사용량(kg), H를 연료의 발열량(kcal/kg), H를 연료의 발열량(kcal/kg), G를 피가열물의 중량(kg), C를 피가열물의 비열(kcal/kg), t_1나 t_2를 피가열물의 최초와 최후의 온도(℃)라 하면

$$\eta = \frac{CG(t_2 - t_1)}{HG_f} \quad\text{..}\quad (2.63)$$

3) 증기 가열기

G_s를 가열용수증량(kg), i를 가열용증기의 엔탈피(kcal/kg), iw실온의 물의 ENTHAPY(kcal/kg), C, G, t_1, t_2를 피가열물의 비열(kcal/kg℃), 피가열물의 중량(kg), 피가열물의 최초의 온도와 최후의 온도(℃)라 하면

$$\eta = \frac{iG(t_2 - t_1)}{(i - iw)\,G_f} \quad\text{..}\quad (2.64)$$

그러나 피가열물이 액체 또는 젖은 고체일 때는 그 액체의 증발열을 계산에 넣어야 한다.

4) 증기 원동소

a) 원동기의 열효율

i_1, i_2를 각각 원동기입구와 출구의 증기의 엔탈피(kcal/kg), iw를 실온에서의 물의 엔탈피(kcal/kg)라 하면

$$\eta = \frac{i_1 - i_2}{i_1 - i_w} \quad\text{..}\quad (2.65)$$

b) 원동소 전체로서의 열효율

$$\eta = \frac{(i_1 - i_2)\,G}{HG_f} \quad\cdots\cdots (2.66)$$

그러나 G, H, G_f는 1)번과 같은 의미로 본다.

표 2.1 평균선팽창계수($a_m \times 10^4$)

물 질	0°~100°	0°~200°	0°~300°	0°~400°	0°~500°	0°~600°	0°~700°
ALUMINIUM	0.238	0.247	0.256	0.256	0.274	0.278	
청동(포금)	0.175	0.179	0.183	0.188	0.192		
황동(놋쇄)	0.184	0.192	0.201	0.210			
주 철	0.104	0.110	0.115	0.120	0.126	0.132	
연 철	0.120	0.125	0.131	0.136	0.141	0.146	0.152
강	0.117	0.123	0.128	0.133	0.138	0.143	0.149
동	0.165	0.169	0.173	0.177	0.181	0.185	
NICKEL			0.145	0.148	0.151	0.154	0.158
콘스단탄(60cu1,40N1)	0.152	0.156	0.160	0.163	0.168		
MAGNESIUM	0.259	0.269	0.279	0.288	0.298		
백직금각	0.090	0.091	0.093	0.094	0.095	0.097	0.098
도 기	0.030	0.033	0.034	0.035	0.036	0.037	0.038
련 와	0.055						
CONCRET	0.10~0.14						
석영유리	0.005	0.0060	0.0063	0.0063	0.0062	0.0060	0.0057
내열유리	0.030						
관 유 리	0.100~0.110(20°~500°)						

표 2.2 액체의 팽창계수(실온) ($\beta \times 10^4$)

물 질	팽창계수	물질	팽창계수	물질	팽창계수
ALCOHOL	11.0	GLYCELINE	5.0	수	1.8
ETHER	16.0	TERPINE유	10.0	수 은	1.8
METNNOL	12.2	PARAFFINE유	7.6	류 산	5.5
BENZOL	12.5	석탄 TAR	6.	초 산	10.7
석 유	9.2~10.0	PENTAN	15.9	CHLOROFORM(CHC13)	12.6
OLIVE유	4.2	ANILINES	8.5	사온화탄표	12.3

표 2.3 가스정수 (kg m/K° kg)

공 기	산 소	질소	수소	일산화 탄소	탄소가스	아류산 가스	MEJHAN
29.27	26.50	30.62	42.06	30.29	19.27	13.24	52.90

표 2.4 가스정수 (kg m/K° kg)

물 질	비열	물 질	비열	물 질	비열	물 질	비열
아 연	0.094	백금	0.032	아스팔트	0.22	목재	0.6
ALUMINI	0.22	창연	0.030	에보나이트	0.34	목탄	0.20
UM	0.05	MAGNESI	0.25	유리	0.20	회	0.20
ANTIMON	0.031	UM	0.12	COKES	0.20	련와	0.20
금	0.056	MAGAN	0.035	석 탄	0.31	CONCRET	0.27
은	0.094	수은	0.098	석회석	0.21	콜크	0.40
동	0.031	콘스.탄	0.092	도 기	0.26	SLATE	0.18
연	0.056	황강	0.095	운 모	0.21	GUM	0.27~0.48
석	0.11	린청강	0.087	MORTAR	0.21	PARAFFINE	0.7
NICKEL	0.115	양은	0.121	화강암	0.20	랍	0.32
철, 강		NICKEL 강				견	

표 2.5 액체의 평균비열 kcal/℃(0~100℃)

물 질	비열	물 질	비열	물 질	비열	물 질	비열
ALCOHOL	0.58	BENZOL	0.40	OLIVE유	0.40	염 산	0.60
ETHER	0.54	휘 발 유	0.70	PARAFFINE유	0.52	초 산	0.51
CHLOROFORM	0.23	석 유	0.50	TERPINE유	0.42	류 산	0.34
GLYCERINE	0.58	기 계 유	0.40	NAPTALINE	0.31	해 수	0.94

표 2.6 가스의 평균정압비열 (0~t℃) kcal/kg ℃

온 도	탄산가스	수증기	산소	질소 일산화탄소	공기	수소질	아유산 가스
0	0.202	0.462	0.218	0.249	0.241	3.445	0.139
200	0.217	0.466	0.221	0.252	0.244	3.940	0.149
400	0.232	0.470	0.224	0.255	0.247	3.534	0.159
600	0.243	0.476	0.226	0.259	0.250	3.579	0.167
800	0.253	0.484	0.229	0.262	0.253	3.624	0.174
1,000	0.260	0.495	0.232	0.265	0.256	3.668	0.179

온 도	탄산가스	수중기	산소	질소 일산화탄소	공기	수소질	아유산 가스
1,200	0.265	0.506	0.235	0.269	0.260	3.713	0.182
1,400	0.270	0.520	0.238	0.272	0.263	3.758	0.186
1,600	0.275	0.535	0.240	0.275	0.266	3.802	0.189
1,800	0.280	0.554	0.243	0.279	0.269	3.847	0.192
2,000	0.283	0.578	0.246	0.282	0.272	3.891	0.195
2,200	0.286	0.603	0.249	0.285	0.275	3.936	0.197
2,400	0.289	0.629	0.252	0.289	0.278	3.981	0.199
2,600	0.291	0.655	0.255	0.292	0.281	4.025	0.200
2,800	0.294	0.683	0.257	0.295	0.284	4.070	0.202
3,000	0.296	0.713	0.260	0.299	0.288	4.115	0.203

표 2.7 가스의 평균정압비열 (0~t℃) kcal/N㎥℃

온도℃	탄산가스 아유산가스	수중기	산소,질소 공기,수소 일산화탄소	온도 ℃	탄산가스 아유산가스	수중기	산소,질소 공기,수소 일산화탄소
0	0.397	0.372	0.312	1,600	0.541	0.430	0.344
200	0.426	0.375	0.316	1,800	0.550	0.446	0.348
400	0.456	0.378	0.320	2,000	0.556	0.465	0.352
600	0.477	0.383	0.324	2,200	0.562	0.485	0.356
800	0.497	0.389	0.328	2,400	0.568	0.505	0.360
1,000	0.511	0.398	0.332	2,600	0.572	0.527	0.364
1,200	0.521	0.407	0.336	2,800	0.577	0.549	0.368
1,400	0.530	0.418	0.340	3,000	0.581	0.573	0.372

표 2.8 산화수소의 평균정압비열 (0~t℃) kcal/N㎥℃

온도℃	METHANE	ETHILEN	ETHHAN	가스OLINE
0	0.386	0.447	0.505	0.876
100	0.428	0.474	0.540	1.004
200	0.471	0.501	0.575	1.131
300	0.513	0.529	0.609	1.259
400	0.556	0.556	0.644	1.387
500	0.598	0.583	0.678	1.514
600	0.641	0.611	0.713	1.642

온도℃	METHANE	ETHILEN	ETHHAN	가스OLINE
700	0.683	0.638	0.747	1.770
800	0.726	0.665	0.782	1.898
900	0.768	0.693	0.816	2.025
1,000	0.811	0.720	0.851	2.153

표 2.9 포화 습한 공기표

온도℃	포화압력 mmHg	포화습도 kg/kg	엔탈피 kcal/kg	온도℃	포화압력 mmHg	포화습도 mmHg	엔탈피 kcal/kg
-20	0.772	0.000654	-4.42	40	55.32	0.0506	40.6
-19	0.850	0.000720	-4.14	41	58.34	0.0536	42.7
-18	0.935	0.000792	-3.86	42	61.50	0.0568	45.0
-17	1.027	0.000870	-3.57	43	64.80	0.0601	47.3
-16	1.128	0.000955	-3.28	44	68.26	0.0637	49.8
-15	1.238	0.001048	-2.98	45	71.88	0.0674	52.2
-14	1.357	0.001150	-2.68	46	75.65	0.0714	55.0
-13	1.486	0.001260	-2.37	47	79.60	0.0755	57.9
-12	1.627	0.001379	-2.06	48	83.71	0.0799	60.8
-11	1.780	0.001509	-1.75	49	88.02	0.0846	64.0
-10	1.946	0.001650	-1.43	50	82.51	0.0895	67.3
-9	2.125	0.001801	-1.10	51	97.20	0.0947	70.8
-8	2.321	0.001969	-0.76	52	102.1	0.1003	74.6
-7	2.532	0.002149	-0.41	53	107.2	0.1061	78.4
-6	2.761	0.002343	-0.05	54	112.5	0.1123	82.6
-5	3.008	0.002552	+0.31	55	118.0	0.1189	87.0
-4	3.276	0.002781	0.69	56	123.8	0.1259	91.9
-3	3.566	0.003030	1.08	57	129.8	0.1333	96.5
-2	3.879	0.00330	1.48	58	136.1	0.1412	101.7
-1	4.216	0.00359	1.89	59	142.6	0.1495	107.2
0	4.579	0.00390	2.32	60	149.4	0.1585	113.0
1	4.93	0.00420	2.74	61	156.4	0.1680	119.2
2	5.29	0.00451	3.17	62	163.8	0.1783	126.0
3	5.69	0.00485	3.61	63	171.4	0.1888	132.8
4	6.10	0.00520	4.06	64	179.3	0.2005	140.6
5	6.54	0.00558	4.50	65	187.5	0.2129	148.6
6	7.01	0.00598	5.01	66	196.1	0.2260	157.0

온도℃	포화압력 mmHg	포화습도 kg/kg	엔탈피 kcal/kg	온도℃	포화압력 mmHg	포화습도 mmHg	엔탈피 kcal/kg
7	7.51	0.00642	5.52	67	205.0	0.2403	166.4
8	8.05	0.00688	6.04	68	214.2	0.2559	196.5
9	8.61	0.00736	6.57	69	223.7	0.2721	187.2
10	9.21	0.00788	7.13	70	233.7	0.2897	198.4
11	9.84	0.00844	7.70	71	243.9	0.3086	211
12	10.52	0.00902	8.30	72	254.6	0.329	224
13	11.23	0.00964	8.91	73	265.6	0.352	238
14	11.99	0.01030	9.56	74	277.2	0.376	255
15	12.79	0.01100	10.2	75	289.1	0.403	272
16	13.63	0.01174	10.9	76	301.4	0.432	290
17	14.53	0.01254	11.6	77	314.1	0.463	311
18	15.48	0.01337	12.4	78	327.3	0.499	333
19	16.48	0.01425	13.2	79	341.0	0.538	358
20	17.54	0.01519	14.0	80	355.1	0.580	386
21	18.65	0.01618	14.8	81	369.7	0.628	417
22	19.83	0.01724	15.7	82	384.9	0.683	452
23	21.07	0.01833	16.6	83	400.6	0.741	491
24	22.38	0.01951	17.6	84	416.8	0.813	535
25	23.76	0.02077	18.6	85	433.6	0.894	587
26	25.21	0.02209	19.6	86	450.9	0.986	646
27	26.74	0.02347	20.7	87	468.7	1.093	715
28	28.35	0.02493	21.9	88	487.1	1.219	795
29	30.04	0.02649	23.1	89	506.1	1.373	894
30	31.82	0.02814	24.3	90	525.8	1.559	1,014
31	33.70	0.02988	25.6	91	546.1	1.794	1,164
32	35.66	0.03169	27.0	92	567.0	2.092	1,355
33	37.73	0.03364	28.4	93	588.6	2.491	1,610
34	39.90	0.03569	29.9	94	610.9	3.05	1,970
35	42.18	0.0379	31.5	95	633.9	3.88	2,500
36	44.56	0.0401	33.2	96	657.6	5.25	3,380
37	47.07	0.0425	34.9	97	682.1	7.94	5,100
38	49.69	0.0451	36.7	98	707.3	15.60	10,010
39	52.44	0.0478	38.6	99	733.2	198.2	126,900

[예제 2.1] 일반 가스정수 $R = 848\,kgm/{}^{\circ}Kkmol$ 을 깨우쳐 산소(O_2), 질소(N_2), 탄산가스(Co_2)와 일산화탄소(Co)의 Gas 정수를 구하라.

해 각 가스의 가스정수 $= \dfrac{\text{일반가스정수}}{\text{분자량}}$ 이므로

$$O_2 : R = \frac{848}{32} = 26.5\,\text{kgm/°Kkg} \quad CO_2 : R = \frac{848}{44} = 19.3\,\text{kgm/°Kkg}$$

$$N_2 : R = \frac{848}{28} = 30.3\,\text{kgm/°Kkg} \quad CO : R = \frac{848}{28} = 30.3\,\text{kgm/°Kkg}$$

$$H_2 : R = \frac{848}{2} = 424\,\text{kgm/°Kkg}$$

[예제 2.2] 20ℓ의 본베 내일에 들어있는 수소의 120kg/㎠abs, 온도가 10℃일 때 이것을 0℃, 760mmHg abs.의 상태에서 다른 용기에 넣는다고 하면, 그 용기의 크기를 얼마로 하면 좋은가?

해 760mmHg abs.의 압력은 1,033kg/㎠abs,에 해당한다. 따라서 구하려는 용기의 용적은

$$20 \times = \frac{120}{1,033} \times \frac{273}{10+273} = 2240\ell \quad 1$$

[예제 2.3] $1kg$ 의 공기가 압력 1kg/㎠abs. F에서 등 압팽창해서 그 용적이 처음 용적보다 2배로 불어났다고 하고 처음 온도를 20℃라 하면,

(ㄱ) 팽창 후의 온도

(ㄴ) 팽창하는 동안에 외부에 한 일(work)

(ㄷ) 팽창하는 동안에 외부로부터 흡수한 열량은 각각

  얼마이냐

해 팽창 전과 팽창 후에 압력, 용적과 온도를 각각 P_1, P_2, v_1, v_2, $T_1(t_1+273)$, $T_2(t_2+273)$

이라 하면 완전가스의 특성식(2.8)에 의하여

$$P_1 v_1 = RT_1 \quad \cdots\cdots\cdots\cdots\cdots\cdots\cdots\cdots\cdots\cdots\cdots\cdots\cdots\cdots\cdots\cdots\cdots (1)$$

$$P_2 v_2 = RT_2 \quad \cdots\cdots\cdots\cdots\cdots\cdots\cdots\cdots\cdots\cdots\cdots\cdots\cdots\cdots\cdots\cdots\cdots (2)$$

(ㄱ) 식(1)과 (2)에서

---

1) 본 장의 예제는 완전가스, 혼합가스, 증기, 습한 공기, 유동, 조름, 열효율의 순서로 배열했다.

$$\frac{T_2}{T_1} = \frac{P_2 v_2}{P_1 v_1} \quad \cdots\cdots\cdots\cdots\cdots\cdots\cdots\cdots\cdots\cdots\cdots\cdots\cdots\cdots\cdots (3)$$

그러나 제의에 따라

$$P_1 = P_2, \ \frac{v_2}{v_1} = 2, \ T_1 = 20 + 273 = 293 \degree K$$

따라서 식(3)은 $\dfrac{T_2}{293} = 2$

즉 $T_2 = 293 \times 2 = 586 \degree K$ $\therefore t_2 = 586 - 273 = 313℃$

(ㄴ) 외부일 W는 식(2.18)에 의하여

$$W = \int_{v_1}^{v_2} P dv$$

P는 일정하므로

$$W = P_1 \int_{v_1}^{v_2} dv = P_1 (v_2 - v_1) = P_1 (2v_1 - v_1) = P_1 v_1$$

식(1)에 의하여 $P_1 v_1 = RT_1 = 29.3 \times 293 = 8,585$

즉 $W = 8585 kgm/kg$

(ㄷ) 흡수열량 Q는

$$Q = Cp \times (t_2 - t_1) = 0.24 \times (313 - 20)$$
$$= 0.24 \times 293 = 70.4 kcal/kg$$

답 (ㄱ)313℃, (ㄴ)8585kgm/kg, (ㄷ)70.4㎉/kg

주 기체의 종류를 공기라 하고, 그 가스정수치를 주어졌으므로 계산상으로는 필요 없다. 어떤 가스라도 완전가스의 특성식(2.8)을 적용할 수 있는 즉, 답은 동일하다.

[예제 2.4] A, B 2개의 용기에 압축공기가 충전되어 있는데, A는 용적 2.5㎥, 압력 7kg/㎠abs., 온도80℃, B는 용적1㎥, 압력 10kg /㎠abs., 온도 30℃이다. 이 양, 용기를 관으로 연결해서 압력과 온도가 평형상태에 달했을 때 양용기의 압력과 온도는 각각 얼마나 되나? 다만 평형상태로 될 때까지 10㎉의 열손실이 있었다고 하고, 공기의 가스정수를 29kgm/kg°K, 정용비열을 0.17㎉/kg℃로 하고, 연결관의 내용적은 무시한다.

해 공기의 압력, 용적, 중량을 각각 P, V, W, 온도를 T(°K)와 t(℃)로 표시하고, 또, 용기 A 내의 공기에 대해서 C를 붙여 구별하면 다음 관계가 성립한다.

$$P_a v_a = W_a R T_a \quad\text{(1)}$$

$$P_b V_b = W_b R T_b \quad\text{(2)}$$

$$P_c(V_a + V_b) = (W_a + W_b) R T_c \quad\text{(3)}$$

여기서 R는 공기의 가스정수이다.

식(1)에서

$$W_a = \frac{P_a V_a}{R T_a}$$

제의에 따라

$$P_a = 7kg/cm^2 = 7 \times 100^2 kg/m^2$$

$$V_a = 2.5m^3$$

$$T_a = 80 + 273 + 353\,°K$$

$$R = 29kgm/kg\,°K$$

이므로

$$W_a = \frac{700 \times 100^2 \times 2.5}{29 \times 353} \cong 17.1kg$$

같이하여 위 식(2)에서

$$W_b = \frac{P_b V_b}{R T_b} = \frac{10 \times 100^2 \times 1}{29 \times (30 + 273)} + 11.4kg$$

양용기를 연결했을 때, 최종온도 t_c로 평형될 때까지 용기 A의 공기가 방출하는 열량은 $C_v W_a(t_a - t_a)$, 용기 B의 공기가 흡수하는 열량 $C_v W_b(t_c - t_b)$ 이다. 여기서 C_v는 공기의 열손실이 있으므로

$$C_v W_a(t_a - t_c) - C_v W_b(t_c - t_b) = 10$$

이것을 t_c에 관해서 풀면

$$t_c = \frac{c_v(w_a t_a + w_b t_b) - 10}{c_v(w_a + w_b)}$$

$$= \frac{0.17 \times (17.1 \times 80 + 11.4 \times 30) - 10}{0.17(17.1 + 11.4)} = 58℃$$

즉

$$T_c = 58 + 273 = 331\,K$$

따라서 식(3)에서

$$P_c = \frac{(w_a + w_b)RT_c}{V_a + V_b} = \frac{(17.1 + 11.4) \times 29 \times 331}{2.5 + 1}$$

$$= 78,000 kg/m^2 = 7.8 kg/cm^2$$

답 압력 $7.8kg/cm^2 abs$. 온도58℃

[예제 2.5] 냉각기로서 Glycerine을 100℃에서 30℃로 냉각했을 때에 냉각수는 10℃에서 20℃로 데워졌다. 물의 사용량이 100kg이라면 Glycerine의 양은 얼마인가? 단지 Glycerine의 비열은 0.58㎉/ kg ℃라 하고 냉각기로부터 외부에의 열손실은 200㎉라 한다.

해 구하려는 Glycerine의 양을 x, kg라 하면 Glycerine이 방출한 열량은

$0.58 \times x \times (100 - 30)$

이다. 물이 흡수한 열량은 그 평균비열을 1㎉/kg℃를 잡아

$1 \times 100 \times (20 - 10)$

이다. 따라서 제의에 따라

$0.58 \times x \times (100 - 30) = 100 \times (20 - 10) + 200$

다시 고쳐 쓰면 $40.6x = 1,200$

$$\therefore x = \frac{1,200}{40.6} \cong 29.6 kg 1$$

[예제 2.6] 수평인 Screen(Net) Conveyer의 한끝에서 직경 약 5mm 정도의 다량의 수분을 함유한 입상의 혼윤 재료를 250kg/h의 비율로 얇은 층상을 이루어 Conveyor 상에 공급되고 있다. 이 입자층은 Conveyer와 함께 이동하고, 그동안에 80℃의 열풍에 의하여 건조되어 수분 대부분이 날아간 후 Conveyer의 다른 끝으로 제품이 되어 100kg/h의 비율로 송출되고 있다. 열풍은 Conveyer의 하면 전체에 걸쳐서 고르게 입자층에 유입되고, 입자층 내를 통과하는 동안에 입자를 건조함과 동시에 열풍 스스로 온도를 낮춰 입자층의 상면에서 평균 37℃로 배출된다.

습윤입자를 건조해서 제품으로 하기 위해 사용되는 열량과 열풍건조에 필요한 열량은 재료로부터 소실된 물 1kg 당 평균 600㎉라 하고 재료에 남은 수분과 재료 자신의 가열에 필요한 열량은 무시한다. 또 공기의 평균 비열은 0.25㎉/kg℃

해 사용된 열량은 재료의 가열과 재료에 남은 수분을 무시하므로 증발한 수분의 증발열만이다. 습윤재료가 250kg/h의 비율로 공급되고, 이것이 건조

되어 제품이 되어 100kg/h의 비율로 송출됨으로 증발 수량은 250-100 = 150kg/h이다.

물의 증발열은 600kcal/kg이므로, 건조에 사용된 열량 Q는

$$Q = 600 \times 150 = 90,000 kcal/h$$

건조에 사용된 열량 Q는 열풍의 온도가 80℃에서 37℃로 강하된다 하므로, 사용된 공기량을 A kg/h, 그 비열을 Ckcal/kg℃라고 하면

$$Q = cA(80-37)$$

Q는 90,000kcal/h, C=0.25kcal/kg℃이므로

$$A = \frac{Q}{C \times (80-37)} = \frac{90,000}{0.25 \times (80-37)} = 8,372 kg/h$$

답 사용열량 90,000kcal/h, 사용공기량 8,372kg/h

[예제 2.7] 다음 표수와 같은 조성의 석탄가스의 겉보기 분자량, 가스정수와 비용적을 구하라. 또 각 조성가스의 비열이 다음 표에 나타낸 것과 같을 때 이 석탄 가스의 비열은 얼마인가?

	H_2	Q_2	N_2	CO_2	CH_4	C_2H_4	CO_2
조성(용적%)	31.9	3.8	28.0	6.3	22.3	3.9	3.8
비열(kcal/Nm³℃)	0.312	0.312	0.312	0.312	0.386	0.447	0.397

더욱이 일반가스정수 R=8.18kgm/°K kmol을 취한다.

해 주어진 수치 등에 의하여 다음 표를 만들고 이것에 의하여 계산한다.

	용적조성	겉보기 분자의 계산		비열의 계산	
	V%	분자량 M	MV	비열 c kcal/Nm³℃	cV
H2	31.9	2	63.8	0.312	
O2	3.8	32	121.6	0.312	21.84
N2	28.0	28	784.0	0.312	
CO	6.3	28	176.4	0.312	3.61
CH4	22.3	16	356.8	0.385	1.74
C2H4	3.9	28	109.2	0.447	1.51
CO2	3.8	44	167.2	0.397	
계	100.0	-	1,779.0	-	33.70

$$\text{겉보기 분자량} = \frac{\sum(MV)}{100} = \frac{1,779.0}{100} = 17.79$$

$$\text{가스정수} = \frac{R}{\text{겉보기 분자량}} = \frac{848}{17.79} = 47.7 kgm/°Kkg$$

답

$$\text{비용적} = \frac{22.4}{\text{겉보기 분자량}} = \frac{22.4}{17.79} = 1.26 Nm^3/kg$$

$$\text{비열} = \frac{\sum(cV)}{100} = \frac{33.70}{100} = 0.337 kcal/Nm^3℃$$

[예제 2.8] 공기의 가스정수를 구하라. 단 일반 가스정수를 8148kgm/°Kkmol로 하고, 공기의 용적조성을 O2=N2=21: 79로 한다.

해 공기의 겉보기 분자량 Ma를 구하면

$$Ma = \frac{\sum(MV)}{100} = \frac{32 \times 21 + 28 \times 79}{100} = 28.84$$

$$\therefore R = \frac{R}{Ma} = \frac{848}{28.84} = 29.4 kgm/° K \ kg \ 1$$

[예제 2.9] 공기의 10kg과 수증기 1kg이 혼합되어 용적 10㎥의 용기 중에 들어 있을 때, 지금 이 혼합가스의 온도를 100℃라고 하면 기벽에 미치는 전 압력은 얼마인가? 또 이 혼합가스에 외부에서 100kcal의 열량을 공급한다 고 하면 혼합가스의 온도는 몇 도가 되느냐? 단, 공기와 수증기의 가스 정수는 각각 29.27kgm/kg。K, 47.06kgm/kg。K, 또 정용비열은 각각, 0.17kgm/kg℃, 0.34kgm/kg℃로 하고, 공기와 수증기를 완전가스라 생각 한다.

해 공기의 중량, 분압 및 가스정수를 각각 Ga, Pa와 Ra 증기의 그것들을 각각 Gs, Ps와 Rs로 하고 그 온도를 T。K, 용기의 용적을 V라 하면

$$PaV = GaRaT, \ PsV = GsRsT$$

제의에 따라

$$Ga = 10, \quad Gs = 1, \quad Ra = 29.27, \quad Rs = 47.06$$

$$V = 10, \quad T = 100 + 273 = 373$$

$$\therefore Pa = \frac{GaRaT}{V} = \frac{10 \times 29.27 \times 373}{10} = 10,900 kg/m^2$$

$$= 1,09 kg/cm^2$$

$$\therefore Ps = \frac{GaRaT}{V} = \frac{1 \times 47.06 \times 373}{10} = 1,750 kg/m^2$$

$$= 1,175 kg/cm^2$$

다르톤의 법칙에 의하여 전압 P는

$$P = Pa + Ps = 1.09 + 0.175 = 1,265 kg/cm^2$$

다음에 공기와 수증기의 정용비열을 각각 Ca, Cs라 하고 혼합물의 정용비열을 c라 하면 식(2.16)에 의하여

$$c = Ca \frac{Ga}{G} + CS \frac{Gs}{G}$$

여기서 $G = Ga + CS = 10 + 1 = 11$

$Ca = 0.117, \ cs = 0.34$

$$\therefore c = 0.19 \times \frac{10}{11} + 0.34 \times \frac{1}{11} = 0.186 kcal/kg℃$$

외부로부터 100kcal의 열량을 공급했을 때의 온도 상승을 t℃라 하면 100=C.G.T

$$\therefore t = \frac{100}{C.G} = \frac{100}{0.186 \times 11} = 49℃$$

따라서 가열 후의 온도는

100+49=149℃

답 전압력 1,265kg/㎠abs, 가열 후의 온도 149℃

[예제 2.10] 압력 1,265kg/㎠abc의 포화증기(건조열기의 ENTHAPY 650.8 kcal/kg, 포화수의 엔탈피 133.3kcal/kg)를 통과시키는 1inch 가스 관내경 27.6mm이 있다. 보온표면에서 그 통과증기량에 상관없이 관내벽면적 1m²에 대해서 시간당 500kcal의 열이 방출된다고 하면 그 관의 길이 100m당이 관내에서 복수 되는 증기량은 얼마나 되나? 또 이 양을 증기량의 10% 내로 정지시키려면 얼마만큼 증기를 통과시켜야 하나?

해 이 관 10m 길이의 내벽 면적은

$$\pi = \frac{27.6}{100} \times 10 = 0.867 m^2$$

그러므로 방열량은 제의에 따라

500×0.867=433.5kcal/kg

이 증기의 잠열은 650.8-133.3=517.5kcal/kg

이므로 상기 방열량에 의한 복수량은

$$\frac{433.5}{517.7} = 0.838 kg/h$$

이 양을 10% 이내로 정지시키기 위한 통기량은

$$\frac{0.838}{0.1} = 8.38kg/h$$

해 복수량 0.838kg/h, 통기량 8.38kg/h 이상

[예제 2.11] 절대압력 10기압, 온도 0℃의 물 100kg을 압력을 같이해서 300℃의 과열증기로 만드는 데 필요한 열량을 구하라. 단, 물과 증기의 비열은 각각 1.0과 0.5kcal/kg℃, 이 압력에 있어 증기열은 482kcal/kg, 포화온도는 179℃라 한다.

해 물 1kg 대해서 생각하면 절대압력 10기압 하에서 온도를 20℃에서 포화온도 179℃까지 올리는 데 필요한 열량 Q_1은

$$Q_1 = 1.0 \times (179 - 20) = 159kcal/kg$$

다음에 이 포화온도와 압력 하에서 물 전부를 건조, 포화증기로 변화시키는 데 필요한 열량 Q_2는 그 증발열이다. 즉,

$$Q_2 = 482kcal/kg$$

이 건조포화증기를 압력 하에서 300℃까지 가열하는 데 필요한 열량 Q_3는

$$Q_3 = 0.5 \times (300 - 179) = 60/5kcal/kg$$

따라서 소요 총열량은

$$Q = Q_1 + Q_2 + Q_3 = 159 + 482 + 60.5 = 701.5kcal/kg$$

그러므로 물 100kg에 대한 소요열량은

$$701.5 \times 100 = 70,150kcal$$ **답**

[예제 2.12] 압력 4kg/㎠, 처음 포화도 0.98의 포화증기를 지니고 있는 가열장치에서 배출 복수의 온도가 60℃, 증기의 소비량이 10kg/h라 하면 매시 어느 정도의 열량이 이론적으로 이용되나?

해 증기표를 가지고 압력 4kg/㎠(5kg/㎠abs.), 포화도 0.98의 증기 엔탈피를 구하면

$$i_1 = 152.04 + 504.1 \times 0.98 = 646.06kcal/kg$$

온도 60℃의 물의 엔탈피는

$$i_2 = 59.94kcal/kg$$

따라서 구하는 열량은

$$(i_1 - i_2) \times 10 = (646.06 - 59.94) \times 10 = 5861kcal/kg$$ **답**

[예제 2.13] 압력 10kg/㎠abs. 건조도포 0.49의 습한 포화증기 1kg이 정압으로서 꼭 그 용적이 2배 되는 열을 받았다고 하면 전달된 열량은 얼마나 되나? 또 그때의 건조도는 얼마인가? 단, 압력 10kg/㎠abs.에서의 건조포화증기의 비용적과 열발열은 각각 0.1981㎥kg이라 한다.

해 습한 포화증기의 비용적 v를 약산식(2.28)에 의하여

$$v = xv''$$

를 사용한다. 즉 일정 압력 하에서는 증기가 포화의 범위에 있는 한 그 용적 v는 건조도 x에 정비례한다. 그러므로 처음 건조도 0.49의 증기가 2배의 용적이 되면, 그 건조도는 0.49×2=0.98이다. 그러므로 이 상태변화 하는 동안에 증발한 수량은

0.98-0.49=0.49kg/kg이며 그 증발열은

482.0×0.49=236kcal/kg

답 열량 236kcal/kg, 건조도 0.98kcal/kg

주 상기 해답과 같이 습한 포화증기의 비용적을 약산에 의하여 풀면 문제에 주어진 건조포화증기의 비용적의 값은 필요 없다. 염려지하에 정밀식(2.25)

$$v = v' + x(v'' - v')$$

에 의하여 증기표를 사용하여 계산해보면 그 결과는 다음과 같다.(이 계산은 독자의 연구에 맡긴다)

열량 239kcal/kg, 건조도 0.98kcal/kg

그러므로 약산에 의한 오차율은

$$열량; \quad \frac{239 - 236}{239} = 0.0125 = 1.25\%$$

$$건조도; \quad \frac{0.986 - 0.980}{0.986} = 0.0061 = 0.61\%$$

[예제 2.14] 압력 1kg/㎠abs.의 포화수의 엔탈피는 $i' = 99kcal/kg$, 같은 압력의 건조포화증기의 엔탈피 $i'' = 639kcal/kg$이라 하면, 이 압력에 있어서 건조도 $x = 0.85$의 습한 포화증기의 엔탈피를 계산하라. 또 압력 1kg/㎠abs.에서의 증발열은 얼마인가?

해 구하려는 엔탈피 i는 식(2.26)에 의하여

$$i = i' + x(i'' - i') = 99 + 0.85 \times (639 - 99) = 558kcal/kg$$

답 엔탈피 558kcal/kg, 증발열 540kcal/kg

[예제 2.15] 용적 5m³의 용기 중에 온도 150℃의 증기와 물의 혼합물이 들어 있을 때 물이 용기 용적의 1/100을 채워져 있다고 하면 혼합물의 건조도와 그 용기 중에 보유하고 있는 엔탈피의 총량은 얼마인가? 단, 온도 150℃에 있어서 포화수와 건조포화증기의 비용적과 엔탈피는 각각

$$v' = 0.00109 m^3/kg, \quad i' = 150.9 kcal/kg$$
$$v'' = 0.393 m^3/kg, \quad i'' = 665.8 kcal/kg$$

라 한다.

해 먼저 이 혼합물의 1kg에 대해서 생각한다. 식(2.25)에 의하여

$$v = v' + x(v'' - v') = xv'' + (1-x)v' m^3/kg$$

제의에 의하여

물의 용적$= (1-x)v' = \dfrac{1}{100}v$

증기의 용적$= xv'' = (1 - \dfrac{1}{100})v = \dfrac{99}{100}v$

$$\therefore \frac{xv''}{(1-x)v'} = \frac{99}{100} / \frac{1}{100} = 99$$

즉 $v''x = 99v'(1-x)$

이것에서 x를 구하면

$$x = \frac{99v'}{v'' + 99v'}$$

주어진 v'와 v''의 수치를 대입하여

$$x = \frac{99 \times 0.00109}{0.393 + 99 + 0.00109} = 0.215$$

$$\therefore v = v' + x(v'' - v') = 0.00109 + 0.215 \times (0.393 - 0.00109)$$
$$= 0.0859 m^3/kg$$

용기의 용적은 5m³이므로 이것으로 미루어보아 혼합물의 중량은

$$\frac{5}{0.0854} = 58.6 kg$$

혼합물 1kg의 엔탈피는 식(2.26)에 의하니

$$i = i' + x(i'' - i')$$

i'과 i''에 주어진 수치를 대입하여

$$i = 150.9 + 0.215 \times (655.8 - 150.9) = 259.4 kcal/kg$$

따라서 용기 가득 찬 혼합물의 엔탈피는

$$259.4 \times 58.6 = 15,200 kcal$$

답 건조도 0.215, 엔탈피 15,200kcal

[예제 2.16] 압력 760mmHg abs.의 건조포화증기 10kg을 등압하에서 50℃의 물로 변화시킬 때에 발생하는 열량과 같은 열량으로 50℃의 공기 몇 kg을 등압하에서 100℃로 상승시킬 수 있나? 다만 압력 760mmHg abs.에 있어서 물의 증기열을 539kcal/kg, 공기의 정압비열을 0.24kcal/kg℃라 한다.

해 물의 평균비열을 1kcal/kg℃라 하면 압력 760mmHg abs.의 건조포화증기의 엔탈피는 온도가 100℃이므로 100+539 kcal/kg이다. 또 같은 압력에서 50℃의 물의 엔탈피는 50kcal/kg이다. 그러므로 그 차는

$$(100+539)-50=589 kcal/kg$$

이것이 압력 760mmHg abs.의 건조포화증기 1kg을 등압하에서 50℃의 물로 변할 때 방출하는 열량이다. 그러므로 10kg의 증기에서는

$$589 \times 10 = 5,890 kcal$$

로 된다. 이 열량으로 50℃의 공기 G kg을 등압하에서 100℃로 상승시킬 수 있다고 하면

$$5890 = 0.24 \times G \times (100-50)$$

$$\therefore G = \frac{5890}{0.24 \times (100-50)} \cong 491kg$$ **답**

[예제 2.17] 압력 30kg/cm²abs., 온도 500℃의 과열증기에 온도 25℃의 물을 혼합해서 증기의 온도를 400℃로 냉각시키기 위해서는 증기 1kg에 대해서 물 몇 kg을 혼합할 필요가 있느냐? 다만 압력 30kg/cm²abs.에 있어서 증기의 포화온도를 233℃, 열 발열을 430kcalkcal/kg, 과열증기의 평균정압비열을 0.54kcal/kg℃라 한다.

해 구하려는 물의 양을 $x\,kg$라 하면 25℃의 물에서 30kg/cm² abs., 400℃의 과열증기의 평균정압비열을 0.54kcal/kg℃라 한다. 물의 평균비열을 1kcal/kg℃로 하면

$$[(233-25)+430+0.54(400-233)]x=728,2x \ kcal$$

30kg/cm²abs., 500℃의 과열증기 1kg이 압력에서 400℃의 과열증기로 변화시키기 위해서 방출하는 열량

$$0.54 \times (500-400)=54 kcal이다$$

답 $$\therefore 728.2x = 54 \quad x = \frac{54}{728.2} = 0.0742kg$$

[예제 2.18] 매시 10℃의 물 200kg을 100℃의 건조포화증기로 하는 배열 보일러가 있다. 가스온도는 입구에서 600℃, 출구에서 200℃, 보일러 효율이 60%일 때의 매 시의 통과가스양을 0.25kcal/kg℃로 해서 계산하라.

해 100℃의 건조포화증기의 엔탈피 i_1는 식(2.29)에 의하여

$$i_1 = i_1' + r$$

10℃의 물의 엔탈피 i_2는

$$i_2 = i_2'$$

그러므로 그의 차

$$i_1 - i_2 = (i_1' - i_2') + r$$

은 이 물 1kg에 주어지지 않으면 안 되는 열량이다.

물의 엔탈피가 주어지지 않았기 때문에 약산식(2.33)에 의하여

$$i_1' = t_1, \quad i_2' = t_2$$

로 취하면

$$i_1' - i_2' = t_1 - t_2$$

여기서 t_1은 증기의 온도 즉 100℃, t_2는 물의 온도, 즉 10℃이다.

또 r 즉 물의 증기열은 제의에 의하여 540kcal/kg이다.

$$\therefore i_1 - i_2 = (100 - 10) + 540 = 630 kcal/kg$$

따라서 200kg의 물에 대해서는

$$630 \times 200 = 126,000 kcal/h$$

가스는 보일러수에 매시 이 만큼의 열량을 주지 않으면 안 된다.

매시의 통과 가스양을 Gkg/h라 하면 제의에 의하여

$$0.25 \times G \times (600 - 200) \times \frac{60}{100} = 126,000$$

이것에서

$$G = \frac{126,000}{0.25 \times (600 - 200) \times \dfrac{60}{100}} = 2,100 kg/h$$

[예제 2.19] 내용적 3㎥의 Tank에 하기 상태의 증기를 각각 충전한다고 하면 몇 kg의 증기를 넣을 수가 있을까?

(ㄱ) 압력 9kg/㎠, 온도 250℃의 과열증기

(ㄴ) 압력 6kg/㎠, 건조도 0.96의 습한 포화증기 다만 압력 9kg/㎠, 온도

250℃의 과열증기의 비용적은 0.238㎥/kg, 압력 6kg/㎠의 건조포화증기의 비용적은 0.278㎥/kg이라 한다.

해 (ㄱ) 구하려는 양은

$$\frac{3}{0.238} = 12.6kg$$

(ㄴ) 습구한 증기의 비용적은 약산식 $v = xv''$ 에 의하여

$$0.96 \times 0.278 = 0.267 m^3/kg$$

그러므로 구하려는 양은

$$\frac{3}{0.267} = 11.2kg$$

답 (ㄱ) 12.6kg, (ㄴ) 11.2kg

[예제 2.20] 압력 2kg/㎠, 온도 350℃의 과열증기에 압력 2kg/㎠의 포화수를 주입해서 동일압력의 건조포화증기로 변화시킬 경우에 1kg의 과열증기에 주입해야만 되는 수량을 구하라. 다만 압력 2kg/㎠(2kg/㎠abs.), 온도 350℃의 과열증기의 엔탈피는 758kcal/kg, 라 하고 동압력에 있어서 포화수의 엔탈피는 133kcal/kg, 증발열은 517kcal/kg이라 한다.

해 구하려는 수량을 G kg이라 하면 과열증기 1kg에 대하여

혼합 전

　과열증기의 엔탈피=758kcal

　포화수의 엔탈피=133G kcal

혼합 후

　혼합물(건조포화증기)의 엔탈피

　=(133+517)(1+G)

　=650(1+G)kcal

∴ 758+133G=650(1+G)

　G=0.209kg

답 0.209kg 과열증기kg

[예제 2.21] 매시 2,152kcal의 열을 필요로 하는 가열기에 압력 1.1kg/㎠ abs.의 증기(=의 엔탈피는 635kcal/kg)를 수송복수를 83℃로 대기 중에 방출시킬 경우의 소요 증기량을 계산하라. 단 방열손실은 없는 것으로 본다.

해 제의의 증기 1kg이 온도 83℃의 물로 변할 때까지 방출하는 열량은 물의

평균비열을 1kcal/kg℃로 잡아서

635-83=552kcal/kg

그러므로 소요증기량은

답 $\dfrac{2,152}{552} = 3.9 kg/h$

[예제 2.22] A, B, 2개의 용기에 증기가 있다. A는 용적 20㎥, B는 용적 12㎥ 이다. A 내의 증기는 압력 16kg/㎠abs., 건조도 0.96, B 내의 증기는 압력 5kg/㎠abs., 온도 250℃이다. 양기를 관으로 연결하고, 평형상태로 되었을 때의 압력과 온도(혹은 건조도)를 구하라. 다만 연결관의 내용적을 무시하고, 또 혼합에 있어서 열의 손실은 없는 것으로 본다. 계산에 필요한 수치는 본서 권미의 열기표와 선도를 사용하여 구하라.

해 증기의 압력, 비용적, 건조도, 엔탈피, 내부 엔탈피,

중량, 용적을 각각 P, v, x, i, u, W, V로 표시하고, 이 용기 A 내의 증기에 대해 접미자 a, B 내의 증기에 대하여 b, 양기 A 내의 증기에 대해 대하여 C를 붙여 구별한다.

(1) 용기 A 내의 증기: 식(2.28)을 사용하여

$$va'' = 0.1262 m^3/kg$$

$$\therefore v_a = 0.1262 \times 0.96 = 0.1212 m^3/kg$$

또 제에 의하여

$$v_a = 20 m^3$$

$$\therefore w_a = \frac{v_a}{v_a} = \frac{20}{0.1212} = 165 kg$$

증기표에서 식(2.26)에 의하여

$$i_a = i_a' + x_a r_a = 203.96 + 463.1 \times 0.96 = 648.54 kcal/kg$$

식(2.20)에서

$$u_a = i_a - AP_a v_a = 648.54 \frac{16 \times 100^2 \times 0.1212}{427} = 603.1 kcal/kg$$

전 내부 에너지는

$$u_a w_a = 603.1 \times 165 = 99.500 kcal$$

(2) 용기 B 내의 증기: 과열증기표에서

$$v_b = 0.4840 m^3/kg$$

$$i_b = 707.3 kcal/kg$$

또 $V_b = 12m^3$ 와

$$u_b = i_b - AP_b v_b = 707.3 \frac{5 \times 100^2 \times 0.4840}{427} = 650.6 kcal/kg$$

전 내부 에너지는

$$u_b w_b = 650.6 \times 24.8 = 16,100 kcal$$

(3) 양용기 연결 후의 증기: 양용기를 연결해서도 전 용적은 변하지 않으므로 양용기 내의 증기 전체로서는 외부 일을 하지 않는다. 그러므로 내부 에너지의 열량에 변화는 없는 것이다. 즉 $u_c w_c = u_a w_a + u_b w_b$

그래서

$$W_c = W_a W_b = 165 + 24.8 \simeq 190 kg$$

$$\therefore u_c = \frac{u_a w_a + u_b w_b}{w_a w_b} = \frac{99,500 + 16,100}{190} = 609 kcal/kg$$

또 연결 후의 비용적은

$$\therefore v_c = \frac{v_c}{w_c} = \frac{V_a + V_b}{W_a + W_b} \frac{20 + 12}{190} = 0.1685 m^3/kg$$

이 u_c와 v_c가 연결 후의 증기의 상태를 주어지는 것이다. 이로부터 압력과 온도(혹은 건조도)를 구하는 실제적인 방법으로서는 Moller 선도와 증기표를 이용함이 좋다. 첫째 Mollier 선도 상에 $v = 0.1685$인 등비용적선을 구한다. 공교롭게도 이 수치의 선은 그어있지 않으므로, 목측으로 $v = 0.16$선과 $v = 0.18$선 사이에 긋는다. 연결 후의 증기의 상태는 압력 16~5kg/㎠, 온도 250℃~건조도 0.96의 안의 범위에 있음이라 하므로, 이 범위의 지역에서 $u = 0.1685$선과 등압선과 등온선(혹은 등건조도선)과의 교점 수종을 구하고, 그중에서 $u = 609$의 점을 발견되면 그것이 구하려는 증기의 상태를 나타낸 것이다.

이것은 여러 차례의 시산으로 만들어진다. 구한 결과를 표시하면 다음과 같다.

$$P_c = 11.6 kg/cm^2, \ x_c = 0.98$$

검산 상기압력과 건조도의 숫자로부터 건조증기표에 의하여

$$v_c'' = 0.1722 (내삽법에 의한다)$$

$$v_c = x_c v_c'' = 0.1722 \times 0.98 = 0.1688 m^3/kg$$

(이는 0.1685와 거의 일치된다.)

$$\left.\begin{array}{l} i_c' = 188.02kcal/kg \\ r_c = 476.5kcal/kg \end{array}\right\} \text{(내법에 의한다)}$$

$$\therefore i_c = i_c' + c_c r_c = 188.02 + 476.5 \times 0.98 = 655.0kcal/kg$$

$$\therefore u_c = i_c' - A_{pc}v_c = 655.0 - \frac{11.6 \times 100^2 \times 0.1688}{427} = 609.1kcal/kg$$

다시 말하면 계산한 u_c의 값은 잘 일치한다.

답 압력 11.6kg/㎠abs. 건조도 0.98

[예제 2.23] 건조도 0.96, 압력10kg/㎠abs.의 습한 증기 5kg가 증기보일러의 증기부에 들어 있다고 하면, 이 증기부의 용적은 몇 ㎥인가? 단, 압력 10kg/㎠ abs.의 건조포화증기의 비용적을 0.198㎥/kg이라 한다.

해 식(2.28)을 사용하여 이 습한 증기의 비용적은

0.198×0.96=0.190㎥/kg

그러므로 구하려는 용적은

0.190×5=0.95㎥ **답**

주 식(2.25)을 사용해도 사실상 동일의 결과를 얻을 수 있다.

단, 그 계산에는 포화수의 비용적 v'의 값을 필요로 하고, 이것은 문제에 주어지지 않으므로 일부로 증기표를 사용해서까지 정밀계산을 할 필요는 없다.

[예제 2.24] 내용적 10㎥의 보일러 내에서 물과 증기를 합해서 4,000kg 들어 있다. 이것을 밀폐한 채로 압력 P를 2kg/㎠abs.에서 50kg/ ㎠abs.로 상승시키려면 얼마만치 열량을 가해야 할 필요가 있나 단 P_1=2kg/㎠abs.와 P_2 =50kg/㎠abs.에 있어서 포화수('를 붙여서 나타낸다.) 아울러 건조포화증기("를 붙여서 나타낸다.)의 비용적 $v(m^3/kg)$와 내부 에너지 $u(kcal/kg)$는 각각 다음과 같다.

$$v_1' = 0.00106 \qquad v_2' = 0.001283$$

$$v_1'' = 0.9018 \qquad v_2'' = 0.04026$$

$$u_1' = 119.8 \qquad u_2' = 272.7$$

$$v_1'' = 603.8 \qquad u_2'' = 620.5$$

해 이 내용물식의 비용적을 v라 하면 제의에 따라

$$v = \frac{10}{4000} = 0.0025 m^3/kg$$

이며 이것은 가열의 전후에 있어서 변하지 않는다. 가열전과 후의 상태에 대해서 식(2.25)을 사용하면

$$v = v_1' + x_1(v_1'' - v_1') \cdots\cdots\cdots\cdots\cdots\cdots\cdots\cdots\cdots\cdots\cdots\cdots\cdots\cdots\cdots (1)$$

$$= v_2' + x_2(v_2'' - v_2') \cdots\cdots\cdots\cdots\cdots\cdots\cdots\cdots\cdots\cdots\cdots\cdots\cdots (2)$$

여기서 x_1과 x_2는 각각 가열전과 후에 있어서 내용물 1kg 중에 있는 증기 내부의 중량(kg)이다[2)

식(1)에서

$$x_1 = \frac{v - v_1'}{v_1'' - v_1'} = \frac{0.0025 - 0.00106}{0.9018 - 0.00106} = 0.0016$$

식(2)에서

$$x_2 = \frac{v - v_2'}{v_2'' - v_2'} = \frac{0.0025 - 0.001283}{0.04026 - 0.001283} = 0.031$$

가열은 제의에 따라 일정용적하에서 행해짐으로 내용물은 외부 일을 하지 않는다. 그러므로 가해진 열량은 전부 그대로 내부 에너지의 증가로 된다. 바꾸어 말하면 내부 에너지의 증가량이 가해진 열량을 표시한다. 내부 에너지는 식(2.26)과 같은 형의 식으로 나타낼 수 있다. 즉

$$u_1 = u_1' + x_1(u_1'' - u_1')$$

$$u_2 = u_2' + x_2(u_2'' - u_2')$$

x_1과 x_2에 위에서 얻은 대입하여 계산할 것 같으면

$$u_1 = 119.8 + 0.0016 \times (603.8 - 119.8) = 120.6 kcal/kg$$

$$u_2 = 272.7 + 0.031 \times (620.5 - 272.7) = 283.5 kcal/kg$$

그러므로

$$u_2 - u_1 = 283.5 - 120.6 = 162.9 kcal/kg$$

그래서 전 내용물에 대해서는

$$162.9 \times 4,000 = 651,600 \ \blacksquare$$

---

2) 이 내용물의 상태는 동온동압하에 있는 포화증기와 포화수의 혼합체이나 일반적으로 수분의 율이 크고, 여러(모든) 습한 포화증기의 부류에는 들지 않고 약산식(2.28)을 사용할 수 있다.

[예제 2.25] 온도 25℃의 물 200kg이 들어있는 욕조에 압력 $2kg/cm^2$의 건조포화 증기를 혼입해서 45℃의 온탕을 만들려면, 이 증기를 대략 몇 kg 혼입하면 될까. 단, 압력 $2kg/cm^2$의 건조포화증기의 엔탈피는 $646kcal/kg$이고, 열손실은 없는 것으로 본다.

해 혼입해야 할 증기량을 Wkg라 한다. 열 손실이 없을 때는 200kg의 물이 25℃에서 45℃로 되는데 필요한 엔탈피는 같으므로

$$200 \times (45-25) = W(646-45)$$

W=6.65kg **답**

[예제 2.26] 어떤 가열작업을 하는 데에는 전기에 의한 방법과 180℃의 포화증기를 사용하는 방법이 있다. 만약 전기요금을 2월/kWh라 할 때, 이것과 경제상 부합되는 증기단가(원/ton)와 증기 발생에 필요한 비용을 연료비만으로 고려했을 때의 석탄단가(원/ton)는 얼마인가?

다만 가열장치의 열효율은 양자 모두 동일하다고 본다. 증기에 의한 가열은 그 증발열만이 유효하다고 하고, 보일러의 효율을 75%, 급수온도를 80℃, 석탄의 저위발열량을 5,500㎉/kg, 180℃에서의 포화수의 엔탈피 와 증발열을 각각 182.2와 481.2 ㎉/kg으로 한다. 또 1kWh는 860㎉이다.

해 전기가열과 포화증기가열이 같은 효율로 작업할 수 있다고 하면 같은 작업량에 대해서는

전기공급열량 = 포화증기의 유효공급열량, 전기 1kWh는 860㎉에 상당하며, 180℃의 포화증기 1kg의 유효열량은 481.2㎉이므로 전력 1kWh에 상당하는 열기량은

860÷481.2=1,787kg

설비가각비도 전부 같다고 하면 경제상 부합되는 증기단가는 증기량 1ton에 대해서

2원÷1,787×1000=1,119원

효율 75%의 보일러에서 증기 1ton당의 석탄소요량은

$$\frac{[(182.2+481.2)-80] \times 1000}{5,500 \times 0.75 \times 1,000} = 0.1414t$$

그러므로 석탄단가는

1,119÷0.1414=7,914원

답 증기단가 1,119원/ton, 석탄가 7,914원/ton

[예제 2.27] 압력 $10kg/cm^2$, 400℃의 과열증기의 엔탈피(0℃ 기준)는 780kcal/kg, 증발열은 482kcal/kg, 증발온도는 179℃로 하고 물의 비열은 1.0kcal/kg℃로 한다.

해 주입한 수량을 x kg이라 하면

$$780 \times 50 + 20x = (179 + 482 \times 0.98) \times (50 + x)$$

$$(651 - 20)x = (780 - 651) \times 50$$

$$x = \frac{129 \times 50}{681} = 10.22kg$$

답 10.22kg

[예제 2.28] 내경 68mm, 외경 76mm, 길이 50m의 철관이 최초에는 차가운 상태(온도 18℃)에 있다. 이것에 압력 $5kg/cm^2$의 포화증기를 통과시킬 때, 처음에 철관을 데우기 위하여 증기가 응축하는 양(kg)을 구하라. 단 외부로 빠지는 열손실은 없는 것으로 하고 철의 비열을 0.12kcal/kg℃, 철의 비중량을 $7.8g/cm^3$, 물의 $5kg/cm^2$에 대한 포화온도를 151℃, 증발열을 $504kcal/kg$라 한다.

해 철관의 전중량을 W라 하면

$$W = \frac{\pi}{4}(7.6^2 - 6.8^2) \times 5,000 \times 7.8 = 352.7 \times 10^3 g = 352.7kg$$

이 철관을 18℃에서 151℃까지 가열하는 데 필요한 열량 Q는

$$Q = 0.12 \times 352.7 \times (151 - 18) = 5630kcal$$

그리고 응축하는 증기량을 G라 하면

$$Q = \frac{5630}{504} = 11.2kg$$ 답

[예제 2.29] 압력 $10kg/cm^2$, 온도 350℃의 과열증기에 온도 25℃의 물을 주입해서 같은 압력에서 건조도 0.95의 습한 열기를 만든다고 하면 과열증기 1kg당 주입해야 할 수량은 얼마인가?

단, 압력 $10kg/cm^2$에 있어서 350℃의 과열증기, 건조포화증기와 포화수의 엔탈피는 각각 754.3kcal/kg, 663.2kcal/kg과 181.2kcal/kg으로 한다.

해 과열증기 1kg에 대해서 생각하여 주입해야 할 수량을 Wkg이라 하면 생기는 습한 증기의 양은 (1+W)kg이다. 과열증기, 물과 습한 증기의 엔탈피를 각각 i_s, i_w와 i kcal/kg이라 하면, 혼합에 의하여 생기는 습한 증기의

엔탈피 I는

$\quad$ I=$i(1+w)=i_s+i_w w$=754.3+25W kcal이다.

한편 습한 포화증기의 엔탈피 i는, 공건조도를 x, 건조포화증기의 엔탈피를 i'', 포화수의 엔탈피를 i'라 하면 식(2.26)에 의하여 $i=i'+(i''-i')x$로 주어진다. 그러므로 다음과 같은 관계가 성립한다.

$$I=i(1+w)=[i'+x(i''-i')](1+w)$$
$$=[181.2+0.95(663.2)](1+w)=639.1(1+w)$$
$$=754.3+25w$$

이 식에서 w를 구하면

$$W=\frac{754.3-639.1}{639.1-25}=0.188kg \quad \text{답}$$

[예제 2.30] 밀폐실 중에 건조포화증기 0.1kg, 포화수 0.9kg과 공기 1.5kg이 혼합되어 들어있어, 그 온도는 95℃이다. 이 밀폐실의 용적과 압력은 얼마나 되나? 또 이 물을 전부 증발시키는 데 필요한 온도와 그때의 압력을 구하라. 단, 공기는 물에 용해하지 않는 것으로 가정하고, 공기의 가스정수는 $29.3kgm/kg°K$로 하고, 또 증기표의 일부를 발췌하면 다음과 같다.

압력 kg/cm^2	포화온도 ℃	건포화증기의 비용적 m^3/kg	포화수의 비용적 m^3/kg
0.862	95.0	1.982	0.00104
8	169.6	0.245	0.00111
9	174.5	0.219	0.00112
10	179.0	0.198	0.00113
11	183.2	0.181	0.00113

(신 13)

해 밀폐실 내에 있어서 증기는 제의에 의하여 포화증기이므로 그 온도는 포화온도이다. 그러므로 실내의 압력은 온도 95℃에 상당하는 포화압력으로서, 증기표에 의해서 $0.862kg/cm^2$임을 알 수 있다.

밀폐실의 용적을 $V m^3$라 하면 이것은 실내에서 공기가 찬(채운) 용적(분용적) $V_a m^3$과 습한 포화증기(건조포화증기와 포화수와의 혼합)가 찬 용적 $V_s m^3$와의 합계이다. 즉

$\quad V=V_a+V_s$

공기가 찬 용적 V_a는 식(2.8)에서 구할 수 있다. 즉

$$V_a = \frac{G_a R_a T}{P}$$

여기서 G_a는 공기의 중량kg, R_a는 공기의 가스정수$kgm/kg\,°K$ T는 공기의 절대온도 즉 밀폐실 내의 절대온도。K, P는 공기의 압력 즉 밀폐실내의 압력 kg/m^2이며 각각 G_a=1.5kg, R_a=29.3$kgm/kg\,°K$, T=273+95=368。K, P=0.862$\times 10^4 kg/m^2$이다. 그러므로

$$v = 0.00104 + 0.1 \times (1.982 - 0.00104)$$

$$= 0.199 m^3/kg$$

$$\therefore\ V_S = 0.199 = 2.08 m^3$$

그러므로 밀폐실의 용적 V는

$$V = 1.88 + 0.199 = 2.08 m^3$$

포화수를 증발해서 건조포화증기로 변화시키기 위해서 외부로부터 가열해서도 밀폐용기 내이므로, 공기의 용적은 변하지 않는다. 따라서 건조포화증기로 되었을 때의 증기의 용적은 최초의 습한 증기의 용적과 같다. 또 이 건조포화증기의 중량은 시초의 습한 증기의 중량과 같다. 그러므로 이때의 건조포화증기의 비용적 v''는

$$v'' = \frac{V_s}{G_s} = \frac{0.199}{1.0} = 0.199 m^3/kg$$

$v'' = 0.199 m^3/kg$에 대응하는 포화온도와 포화압력이 물을 전부 증발시키기에 필요한 온도와 그때의 압력이며, 증기표로부터 구하면 다음과 같다.

온도 $t = 179.0 - (179 - 174.5) \times \dfrac{0.199 - 0.198}{0.219 - 0.198} = 178.8℃$

압력 $p = 10 - (10 - 9) \times \dfrac{0.199 - 0.198}{0.219 - 0.198} = 9.95 kg/cm^2$

> **답** 밀폐실의 용적 $2.08 m^3$, 최초의 압력 $0.862 kg/cm^2$, 물을 전부 증발시키는 데 필요한 온도 178.8℃, 공압력 $9.95 kg/cm^2$

[예제 2.31] 상압, 200℃에서 절대습도 20%의 습한 공기를 동일압력 그대로 0℃까지 서서히 냉각시킬 때에 수증기는 어떠한 변화를 하는가? 또 그때에 있어서 복수열 발생의 상태를 아울러서 설명하라.

> **해** 2.10 절의 기호를 사용하면 제의에 의한 습한 공기의 최초상태는

$$h = \frac{Gw}{Ga} = 0.20$$

로 써서 나타낼 수 있다. 먼저 이 상태에 있어서 공기와 증기의 분압을 구한다. 200℃에 대한 증기의 포화압력은 증기표에 의하여

$$P_S = 15.856 kg/cm^2 abs. \cong 15.9 kg/cm^2 abs.$$

또 공기는 상압이므로

$$P = 1.000 kg/cm^2 abs.^{3)}$$

그러므로 공기의 분압은

$$P_{ao} = 1 - 0.006228 = 0.993772 kg/cm^2 abs.$$

그때의 건조공기와 증기의 양은 각각

$$G_{ao} = \frac{P_{ao} V_o}{R_a T_o} \text{와} \quad G_{wo} = \frac{P_{wo} V_o}{R_w T_o}$$

이다. 여기서

$V_o = 0℃$ 에 있어서 습한 공기의 용적

$R_a =$ 공기의 가스정수 $= 29.27 kg/m_o$ K kg

$R_w =$ 증기의 가스정수 $= 47.05 kg/m_o$ K kg

그러므로 이때의 절대습도는

$$h_o = \frac{G_{wo}}{R_w T_o} = \frac{P_{wo} V_o}{R_w T_o} / \frac{P_{wo} V_o}{R_a T_o} = \frac{P_{wo}}{P_{ao}} \cdot \frac{R_a}{R_w}$$

$$= \frac{0.006228}{0.993772} \times \frac{29.27}{47.05} = 0.004$$

즉 약 20%는 복수로서 물방울이 되어 있게 된다.

노점 이하로 될 때 복수의 단위 중량당 방출하는 열량, 즉 잠열은 증기표에서

$$t_s = 64℃ \text{에서} \quad r = 560.6 kcal/kg$$

이 잠열은 온도의 저하와 함께 차차 증가하며

$$t_s^{'} = 0℃ \text{에서} \quad r = 597.1 kcal/kg \text{ 로 된다.}$$

그래서 노점에 달할 때까지 사이에 이 습한 공기 1kg에서 사라지지 않으면 안 될 열량은 식(2.48)에 의하여

---

3) 증기에 대한 완전가스의 법칙을 통용하는 습한 공기의 문제에 있어서는 이 정도의 개수치로 충분하다.

$$Q_1 = \frac{1}{1+h}(0.24+0.46h)(t-t_s)$$

$$= \frac{1}{1+0.2} \times (0.24+0.46 \times 0.2) \times (200-64) = 37.6 kcal/kg$$

노점으로부터 0℃까지의 사이에 이 이슬 섞인 공기 1kg으로부터 사라지지 않으면 안 될 열량은 식(2.49)에 의하여

$$Q_2 = \frac{0.24 \times (64-0)+0.20 \times (i_{ts}-i_t')}{1+0.20}$$

증기표에서

$$i_{ts} = 624.6 kcal/kg$$

i_2'는 식(2.26)에 의하여

i_t'=(0℃ 물의 엔탈피)+(0℃에 있어서 잠열)×(증기건조도)

=0+597.1×(증기건조도)

증기건조도의 계산은

G_{wo}=0℃에 있어서 증기로서 존재하는 양=(건조공기량)×h_o

G_w=최초의 상태로 존재한 증기량=(건조공기량)×h_o

$$\therefore \text{건조도} = \frac{G_{wo}}{G_w} = \frac{h_o}{h} = \frac{0.004}{0.2} = 0.02$$

$$\therefore i_t' = 597.1 \times 0.02 = 11.94 kcal/kg$$

그러므로

$$Q_2 = \frac{0.24 \times 64+0.20 \times (624.6-11.94)}{1.20} = 114.9 kcal/kg$$

열량총계는

$$Q = Q_1 + Q_2 = 37.6+114.9 = 152.5 kcal/kg$$

[예제 2.32] 절대습도 0.1, 압력 1 기압(절대)의 습한 공기의 노점은 몇 도인가? 또 이 공기 중의 산소가 전부 탄산가스로 치환되었다고 하면, 노점은 몇 도로 변하느냐.

해 식(2.42)에 있어서 φ=1이라 하면

$$h = \frac{R_a}{R_w} \cdot \frac{P_s}{P-P_S}$$

여기서 포화압력 P_s를 구하면

$$P_s = \frac{\dfrac{R_w}{R_a} P_h}{1 + \dfrac{R_w}{R_a} h}$$

한편 식(2.10)에 의하여 가스정수 R은 분자량 M에 반비례하므로

$$P_s = \frac{\dfrac{M_a}{M_w} P_h}{1 + \dfrac{M_a}{M_w} h} = \frac{M_a ph}{M_w + M_{ah}}$$

여기서 M_a, M_w는 각각 공기와 수증기의 분자량을 표시한다.

제의에 의하여 h=0.1, p=1, 기압=$1.033 kg/cm^2$abs.이다. 따라서

$$P_s = \frac{1.033 \times 0.1 \times M_a}{M_w + 0.1 \times M_a}$$

물의 분자량은

$$M_w = 18$$

또 통상의 공기 분자량은

$$M_a = 28.84$$

이다 (예제 2.9 참조)

$$\therefore P_s = \frac{1.033 \times 0.1 \times 28.84}{18 + 0.1 \times 28.84} = 0.143 kg/cm^2$$

이 압력(절대)에 대한 포화온도, 즉 노점은 증기표로부터 내삽법에 의하여

$$t_s \cong 52.6\,℃$$

다음에 공기 중의 산소가 전부 탄산가스로 치환되었을 때는 그 용적조성은 $CO_2 : N_2 = 21 : 79$로 되고, 그 분자량은

$$M_a' = \frac{44 \times 21 + 28 \times 79}{100} = 31.36$$

로 된다. 그러므로

$$P_s = \frac{1.033 \times 0.1 \times M_a'}{M_w + 0.1 \times M_a'} = \frac{1.033 \times 0.1 \times 31.36}{18 + 0.1 \times 31.36} = 0.153 kg/cm^2$$

이 압력(절대)에 대한 포화온도는 증기표에서

$$t_s = 54\,℃$$

즉 통상의 공기의 노점보다 1℃ 높아진다.

답 통상의 공기의 경우 52.6℃

산소 전부를 탄산가스로 치환했을 때 54.0℃

[예제 2.33] 기압 760mmHg, 온도 25℃의 습한 공기의 노점을 측정했을 때 20℃였다. 이 습한 공기의 절대습도(습한 공기 중의 수분과 건조공기의 중량화), 상대습도(수증기의 분압과 그 온도에 상당한 수증기의 포화압력과의 비)와 $1m^3$의 용적에 함유되는 수증기 중량을 구하라.

해 습한 공기의 절대습도는 식(2.42)에 의하여

$$h = \frac{G_w}{G_a} = \frac{R_a}{R_w} \cdot \frac{P_w}{P - P_w} = \frac{29.3}{47.1} \cdot \frac{17.5}{760 - 17.5} \, ^{4)}$$

=0.0147 kg/kg 건조공기

다음에 상대습도는 식(2.39)에 의하여

$$\phi = \frac{P_w}{P_s} = \frac{17.5}{23.8} \, ^{5)} = 0.736$$

습한 공기 $1m^3$중에 함유하는 수증기의 중량은

$$\frac{G_w}{V} = \frac{R_w}{R_w} \cdot \frac{1}{T} = \frac{17.5}{760} \times 1.033 \times 10^4 \times \frac{1}{47.1} \times \frac{1}{273 + 25}$$

=$0.01693 kg/m^3$

답 절대습도 0.0147kg/kg 건조공기, 상대습도 73.6%

수증기의 중량 $0.01693 kg/m^3$ 습한 공기

[예제 2.34] 압력 $5kg/cm^2$의 건조포화증기를 통과시키는 내경 150mm, 길이 140mm의 관이 있다. 압력강하량을 $0.3kg/cm^2$로 보지하려면 1시간의 유량은 얼마인가, 다만 압력강하량은 다음의 실험식에 주어지는 것으로 한다.

$$\triangle P = 1.58 \frac{G^2 v L}{D^5} \left(1 + \frac{9}{D}\right)$$

여기서 $\triangle P$ = 압력강하량(kg/cm^2)　　L=관의 길이(m)

　　　　G = 증기유량(t/h)　　　　　　D=관의 길이(cm)

　　　　v = 증기비용적(m^3/kg)　　　D=관의 길이(cm)

---

4) P의 단위는 kg/m^2이나 공히 압력이므로 그 단위에는 무관계이다.(다음 항 2째줄의 5)과 동일하다)

해 제의에 의하여

$\triangle P = 0.3 kg/cm^2$ L=140m   D=15cm

압력 5+1=6kg/cm^2abs.의 건조포화증기의 비용적은 증기표로부터

$\qquad v = 0.3215 m^3/kg$

이것들의 값(치)를 주어진 식에 대입하여 계산하면

$$G = \sqrt{\triangle P \times \frac{D^5}{158 \times vL\left(1+\dfrac{9}{D}\right)}}$$

$$= \sqrt{0.3 \times \frac{15^5}{158 \times 0.3215 \times 140\left(1+\dfrac{9}{15}\right)}} = 4.47 t/h \quad \text{답}$$

[예제 2.35] 보일러 출구에서 증기압력이 $16 kg/cm^2$으로 건조포화증기가 1본의 증기관으로 터빈에 수송된다. 터빈의 축마력이 2,300HP이며 증기소비량은 1축마력 시간당 5.5kg이다. 증기관의 길이는 도중의 굴곡, 변 등의 저항을 환산가산해서 75m라 하면 보일러에서 타·빈에 이르는 사이의 압력 강하량을 초압력의 10% 이내에 보지하려면 관의 내경을 얼마로 하면 좋으냐. 또 그때의 증기속도는 얼마나 되나? 다만 압력강하량은 다음의 실험식에서 주어진다고 하면

$$\triangle P = 132 \frac{G^2 vL}{D^5}\left(1+\frac{9}{D}\right)$$

여기서 $\triangle P$ = 압력강하량(kg/cm^2) G = 증기유량(t/h)

$\qquad v$ = 증기비유용적(m^3/kg)   L=관의 길이(m)

$\qquad$ D=관의 내경(cm)

해 제의에 의하여

$\triangle P = 16 \times \dfrac{10}{100} = 1.6 kg/cm^2$ G=$\dfrac{5.5 \times 2,300}{1,000} = 12.65 kg/cm^2$

16+1=17kg/cm^2abs.의   건조포화증기의   비용적은   증기표로부터
$v = 0.1190 m^3/kg$

이것들의 값을 주어진 식에 넣으면

$$1.6 = 132 \times \frac{12.65^2 \times 0.119 \times 75}{D^5}\left(1+\frac{9}{D}\right)$$

이것을 정리하면

$$1.6 \times 10^{-10} D^5 - 19D - 170 = 0$$

이 방정식을 풀어서 D가 구해질 수 있으나, 정면으로부터의 해법은 곤란하므로 계산의 방법을 사용한다. D의 견해를 쉽게 하기 위해서 증기속도를 가정해 본다. 증기속도를 w라 하면 일반적으로

$$F = \frac{G_v}{w}$$

의 관계가 있다. 여기서 가령 $w = 35m/s$라고 취해서 F를 계산해 보기로 한다. 이 계산에는 단위를 통일시키기 위해

$$G = \frac{12.65 \times 1,000}{60 \times 60} = \frac{12,650}{3,600} kg/s$$

로 하지 않으면 안 된다.

$$F = \frac{12.650}{3,600} \times \frac{0.119}{35} = 0.012m^2$$

그러므로

$$D = \sqrt{\frac{0.012}{\frac{2}{4}}} = 0.123m = 12.3cm$$

가령 D=12로 해서 상기 방정식의 왼쪽에 대입하면

$$1.6 \times 10^{-4} \times 12^6 - 19 \times 12 - 170 \cong 82 > 0$$

다음에 D=11이라고 해보면

$$1.6 \times 10^{-4} \times 11^6 - 19 \times 11 - 170 \cong 96 > 0$$

즉 D의 참값은 11과 12의 사이에 있다는 것을 알 수 있다. 그의 더욱 확실한 값은 내삽법에 의하여

$$D = 11 + \frac{96}{82 + 96} = 11.54 \cong 11.5cm$$

로 함이 좋을 것이다. 그러므로 증기속도는

$$w = \frac{G_v}{F} = \frac{12,650}{3,600} \times \frac{0.119}{\frac{\pi}{4} \times 11.5^2} \cong 40m/s$$

답 관의 내경 11.5cm, 증기속도 40m/s

주 상기는 문제의 요건을 만족시키기 위한 근사치의 값이며, 실제의 설계문제로서는 이것에 적당한 여유(관경은 이것보다 약간 크게, 속도는 약간 적게)을 두는 것이 바람직하다.

[예제 2.36] 압력 $10kg/cm^2abs.$까지 졸랐을 때의 증기의 온도는 110℃였다. 처음의 증기의 건조도 x와 엔탈피 $i$kcal/kg을 구하라. 단 $1kg/cm^2abs.$, 110℃의 과열증기의 엔탈피는 644kcal/kg, 또 $10kg/cm^2abs.$에서의 포화수와 건조포화증기의 엔탈피는 각각 181과 663kcal/kg이다. (구 5)

해 잘 보온되었을 때의 조름(絞)이므로, 조름 전후에 있어서 엔탈피는 조름 후와 같다.

$$i = 644kcal/kg$$

이 증기의 건조도를 x라 하면 식(2.26)에 의하여

$$i = i' + x(i'' - i') \quad \therefore x = \frac{i - i'}{i^{ii} - i'}$$

제의에 의하여 $i = \dfrac{644 - 181}{663 - 181} = 0.96$

답 건조도 0.96, 엔탈피 644kcal/kg

[예제 2.37] 압력 $10kg/cm^2$, 건조도 0.98의 포화증기를 개개 몇 kg/cm^2까지 졸르면 건조포화상태로 되느냐, 또 $1kg/cm^2abs.$까지 졸랐을 때의 온도(또는 건조도)는 얼마인가? 이 조름 염업(擴業)에 수반되는 온도와 엔탈피의 변화상황을 나타내라.

답 처음 상태(압력 $11kg/cm^2abs.$, 건조도 0.98)의 증기의 엔탈피는 증기표에서

$$i_1 = i'_1 + x(i'' - i') = 185.55 + 0.980.98 \times (664.1 - 1.185.55)$$

$$= 654.5kcal/kg$$

또 엔탈피는

$$s_1 = s'_1 + x(s''_1 - s') = 0.5182 + 0.98 \times (1.5667 - 0.5182)$$

$$= 1.5457kcal/kg$$

조름 전후에 있어서는 엔탈피의 값은 변화 없음으로, 건조포화상태로 되는 압력은 건조포화증기의 엔탈피 i''가 꼭 상기의 654.5의 값이 되는 압력을 증기표에서 찾으면 된다. 이 포화증기표를 보면 다음과 같다.

P	t	i''	s''
4.2	144.64	654.2	1.6443
4.4	146.38	654.7	1.6406

결국 이 증기의 압력 $4.2kg/cm^2$와 $4.4kg/cm^2$와의 사이의 어느 압력으로 건조포화로 되는 것을 알 수 있다. 그 압력치는 내삽법에 의하여

$$4.2 + (4.4 - 4.2) \times \frac{654.5 - 654.2}{654.7 - 654.2} \cong 4.3 kg/cm^2 \quad \text{답}$$

이것에 대한 포화온도는 내삽법에 의하여

$$144.64 + (146.38 - 144.64) \times \frac{4.3 - 4.2}{4.4 - 4.2} \cong 145.53℃$$

같이해서 엔탈피

$$1.6443 - (1.6443 - 1.6406) \times \frac{4.3 - 4.2}{4.4 - 4.2} = 1.6424 kcal °Kkg$$

최종상태(압력 $1kg/cm^2 abs.$)에서 증기는 과열된다. 과열증기표에서 압력 kg/cm^2인 엔탈피 654.5를 끼는 그 점을 찾으면 다음과 같다.

t	p=1	
	i	s
130	653.6	1.7976
140	658.4	1.8094

상기의 값에서 $i = 654.5$에 대한 값을 내삽법에 의하여 구하면

$$t = 130 + (140 - 130) \frac{654.5 - 653.6}{658.4 - 653.6} = 131.87℃ \quad \text{답}$$

과 s=1.7976+(1.8094-7976)$\times \frac{654.5 - 653.6}{658.4 - 653.6} = 1.7998 kcal/°Kkg$

이상에서 본문의 계산은 전부 되었으나 실제로는 Mollier 선도를 사용해서 간단히 해답할 수 있다. 위도에 표시하는바와 같이 P=11의 등압선과 $x = 0.98$의 등건조도선의 교점 A는 증기의 최초상태를 표시한다.

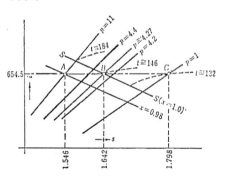

A로부터 점선 나타내는 수평선(즉 등 엔탈피 선)을 그으면, 이것으로 조름 변화가 추적된다.[5]

---

5) 단 조름 변화는 이 수평선을 따라 진행하지는 않는다. 조름의 과정은 열 엔탈피, 한차례 운동에너지로 변하고, 이것이 다시 열 에너지로 다시 되돌아 가는 것이므로 Mollier 선도상 일종의 지그제그 경로를 걷는다. 그저 조름의 배후에 있어서 엔탈피에 변화가 없다는 뜻에서 편의상 수평선을 긋는다.

엔탈피 kcal/kg	압 력 $kg/cm^2 abs.$	온도 ℃	건조도	ENTROPY $kcal/kg \cdot K$
654.5 (654.5)	11.0	183.20 (184)	0.98	1,5457 (1,546)
	4.3 (4.27)	145.53 (146)	1.00	1,6424 (1,642)
	1.0	131.87 (132)	(온열)	1,7998 (1,798)

(표중 괄호내 수자는 선도에서 구한 값이고, 괄호가 없는 것은 계산치 또는
주어진 값이다.)

위의 표에서 졸림의 경과를 잘 알 수 있다. 즉 졸림에 의하여 엔트로피는
반드시 증가한다. 이것은 증기가 가지는 에너지 중 유효하게 이용할 수
없는 부분이 증가함을 의미한다. 또 불완전가스인 증기 Joule Thomson
효과도 잘 나타내고 있다.

[예제 2.38] 압력$10kg/cm^2 abs.$ 온도200℃의 증기의 흐름을 압력$2kg/cm^2 abs.$ 까지
졸랐을 때, 증기는 어떤 상태로 되느냐. 다만 증기표 또는 Mollier 선도가
주어진다고 한다. (구 10)

압력($10kg/cm^2 abs.$)	엔탈피(kcal/kg)	
	170℃	180℃
2	671.2	676.1

즉 졸린 후의 증기온도는 170와 180℃의 사이에 있다. 그 값을 내삽법으
로 구하면

$$170 + 10 \times \frac{675.7 - 671.2}{676.1 - 671.2} = 170 + 10\frac{45}{49} \cong 179℃$$

포화온도는 압력 10에 있어서 179℃, 압력도는,

졸림 전: 200-179=21℃

졸림 후: 179-119.6≅59℃

이다. 즉 졸림에 의하여 증기의 온도는 좀 떨어지나, 과열도는 크게 증가
함을 알 수 있다.

Mollier 선도(본서 권말의 축쇄판)를 사용하여 $100kg/cm^2 abs.$의 등압선을
200℃ 등온선과의 교점에서 우로 수평선을 그어 $2kg/cm^2 abs.$의 등압선과

마주치게 하면 그 교점은 180℃의 등온선의 거의 그 위에 있음을 알 수 있다. 더 큰 선도를 사용하면 좀 더 정밀하게 온도가 나타날 것이다.

[예제 2.39] 압력$10kg/cm^2abs.$의 포화수가 증기 Trap에서 압력 770mmHg의 대기 중에 방출될 때, 포화수 1kg당 몇 kg의 증기가 발생하느냐. 다만 압력 10 $kg/cm^2abs.$에 상당하는 포화온도를 179℃라 하고, 또 760mmHg에서의 증발열을 539kcal/kg. 물의 비열을 1kcal/ kg℃라 한다.

해 방출 전의 포화수의 엔탈피는 제의에 의하여 1×179kcal /kg.이다. 방출할 때 포화수 1kg당 $x$kg가 증발한다고 하면 방출 후의 온도는 압력 760mmHg에 상당하는 온도 즉 100℃이므로 방출 후의 기수혼합물의 엔탈피는(1×100+539x)kcal /kg이다. 이 방출은 일종의 졸림 작용이고, 방출 전후의 엔탈피는 같으므로

$$100+539x=179$$
$$x=\frac{179-100}{539}=0.146kg \quad \boxed{답}$$

[예제 2.40] 압력$10kg/cm^2abs.$의 보일러에서 포화수를 압력$kg/cm^2abs.$의 대기 중에 불어낼 때, 불어내는 관의 표면으로부터 대기 중에 방산되는 열손실을 관내를 흐르는 물 1kg당 50kcal라 하면 불어내는 관출구로부터 대기 중에 유출할 때의 증기와 물의 중량비는 얼마인가?

단 압력$10kg/cm^2$와 $1kg/cm^2$에 있어서 포화수의 엔탈피는 각각 181.2와 99.1cal/kg, $1kg/cm^2$에서의 증발열은 539.4kcal/kg이라 한다.

해 이것은 졸림 문제로서 패출관 전후의 운동 에너지의 차를 무시하면, 열손실이 없으면 엔탈피는 변화 없다. 그러나 이 문제에서도 50kcal/kg의 열손실이 있으므로 다음과 같은 식이 성립된다.

$$181.2-50=99.1+539.4x$$

여기서 x는 패출관 출구의 증기의 건조도이다. 이 식에서 x를 구하면

$$x=0.0595$$

따라서 증기와 물의 중량비는

$$\frac{x}{1-x}=\frac{0.0595}{1-0.0595}=0.0633=0.0595$$

답 0.0633

[예제 2.41] 졸림 Calorimeter로 압력 $5kg/cm^2$의 습한 증기를 $0.8kg/cm^2$까지 졸렸을 때, 그 온도는 107℃가 되었다. 도중의 도관과 열량계의 주위로부터의 열손실은 이 경우의 열기의 유량 30kg/h에 대하여 9kcal/h였다고 하여, 처음의 습한 증기의 건조도를 구하라. 단 압력 $5kg/cm^2$에 있어서의 포화수의 엔탈피와 증발열은 152.0kcal/kg과 504.1kcal/kg이고, $0.8kg/cm^2$, 107℃의 과열증기의 엔탈피는 643.0kcal/kg이라 한다.(신 8)

해 졸림에 의하여 엔탈피는 변화하지 않으므로 처음의 습한 증기가 가지고 있던 엔탈피는 최후 상태의 증기의 엔탈피와 방열손실의 합계와 같다. 따라서 최초의 건조도를 x라 하면

$$152.0 + 504.1x = 640.0 + \frac{9}{30}$$

$$x = 0.974 \quad \text{답}$$

[예제 2.42] 압력 $13.0kg/cm^2$의 포화수를 감압변으로 졸라서 압력을 $1.0kg/cm^2$로 하였을 때 얻어지는 증기의 건조도와 비용적(m^3/kg)의 개략치를 구하라. 단, 증기표에서 다음 치가 판명되었다.

압력 $13.0kg/cm^2$의 포화수의 엔탈피 193.5kcal/kg

압력 $1.0kg/cm^2$의 포화수의 엔탈피 99.1kcal/kg

압력 $1.0kg/cm^2$의 건조포화증기의 엔탈피 638.5kcal/kg

압력 $1.0kg/cm^2$의 포화수 비용적 $0.001043m^3/kg$

압력 $1.0kg/cm^2$의 건조포화증기의 비 용적 1.725kcal/kg

또 졸림 동안의 열손실은 무시한다.

해 졸림 전후의 엔탈피는 같으므로 압력 $13.0kg/cm^2$의 포화수의 엔탈피와 압력 $1.0kg/cm^2$의 증기의 엔탈피는 같다. 압력 $13.0kg/cm^2$의 포화수의 엔탈피는 증기표에 의하여 193.5kcal/kg이다. 졸린 다음의 증기의 건조도를 x라 하면 그 엔탈피 i는

$$i = i' + x(i'' - x')$$

로 주어진다 i'와 i''는 졸린 후의 압력 즉 압력 $1.0kg/cm^2$에서의 포화수와 건조포화증기의 엔탈피이며, 증기표에 의하여 $i' = 99.1$kcal/kg, $i'' = 638.5$kcal/kg이다. 따라서 다음과 같은 관계가 성립된다.

$$13.5 = 99.1 + x(v'' - v')$$

로 주어진다. v'와 v''는 압력 $1.0kg/cm^2$의 포화수와 건조포화증기의 비용

적으로서

$v'=0.001043m^3/kg, \quad v''=1.725m^3/kg$이다.

$\therefore v=0.001043+0.175(1,725\text{-}0.001043)$

$=0.303m^3/kg$

답 건조도 17.5%, 비용적 $0.303m^3/kg$

[예제 2.43] 잘 보온된 Accumulator(완충장치) 내의 압력 $10kg/cm^2abs$로 감압할 때 10^5kg의 포화수에서 발생하는 증기량을 계산하라. 단 10과 9 kg/cm^2abs에 있어서의 포화수의 엔탈피를 각각 181.2와 176.4kcal/kg, 증발열을 각각 481.7과 485.6kcal/kg이라 한다.

해 압력 $10kg/cm^2abs$의 포화수 1kg을 $9kg/cm^2abs$로 감압할 때 발생하는 증기량을 $x\ kg$라 하면 감압 후의 엔탈피는 식(2.26)에 의하여

176.4+485.6x kcal/kg

이다. 또 감압전의 엔탈피는 181.2kcal/kg이다.

이 조작은 일종의 졸림 조작으로서 이 장치는 잘 보온된 것이므로 변화 전후의 엔탈피에 변화는 없다.

따라서

$181.2=176.4+485.6x$

$\therefore x = \dfrac{181.2-176.4}{485.6} = 988.5 \times 10^{-5}kg$

그러므로 10^5kg의 물로부터는

$(988.5\times 10^{-5})\times 10^5 = 988.5\times 988.5kg$ **답**

의 증기를 발생한다.

[예제 2.44] 압력 $10kg/cm^2$, 포장수량 10kg의 증기 Accumulator내에 압력 1.5 kg/cm^2의 포화증기 10^3kg을 취입했다고 하면, Accumulator내의 압력은 가령 얼마나 될까. 단, 압력 $15kg/cm^2$의 포화증기의 엔탈피는 663kcal/kg, Accumulator 증기부의 증기의 보유열량은 무시하고, 이 주위에서의 방열 손실은 없는 것으로 한다.

또한 포화수의 엔탈피는 다음과 같다.

압력(kg/cm^2)	10	11	12
엔탈피(kcal/kg)	181.2	185.6	189.7

해 취입 후의

수량은 $10^5 + 10^3 = 101 \times 10^3 kg$

수량은 $181.2 \times 10^5 + 1663 \times 10^3 = 187.8 \times 10^5 kcal$

그러므로 포화수의 엔탈피

$$187.8 \times 10^5 \div (101 \times 10^3) = 186.0 kcal/kg$$

이때의 증기압력은

$$1i + \frac{186.0 - 185.6}{189.7 - 185.6} \times 1 = 11.1 kg/cm^2$$

답 $11.1 kg/cm^2$

[예제 2.45] 압력 $40 kg/cm^2$, 온도 350℃의 과열증기를 어느 1조의 Turbine에 넣어 709mmHg의 진공(절대압력 51mmHg)까지 팽창시켰을 때 배기의 건조도는 실측의 결과 0.85였다. 증기의 소비량을 36t/h라 하면 증기가 이 터빈 내에서 발생한 동력은 몇 마력인가? 또 이 마력의 95%가 축을 돌리는 유효동력("축마력")이 된다고 하면 축마력은 얼마인가? 또 1축마력 시간당의 증기소비량을 계산하라. 단, 1마력(P.S)=$75 kg\,m/s$

열의 일 당량, J=427kg m/kcal

해 초증기의 압력은 $40 kg/cm^2$이므로 절대압력은 $41 kg/cm^2$이다. 증기표로부터 다음과 같은 것을 알 수 있다. 절대압력 $41 kg/cm^2$, 온도 350℃의 과열증기의 엔탈피는

i_1=738.5kcal/kg

절대압력 51mmHg에 있어서의 엔탈피는

포화수 i_2'=38.45kcal/kg,

건조포화증기 i_2''=613.8

그러므로 팽창 후의 증기(습 포화)의 엔탈피는 식(2.26)에 의하여

$$i_2 = i_2' + x(i_2'' - i_2') = 38.45 + 0.85 \times (613.8\text{-}38.45) = 527.50 kcal/kg$$

$$\therefore i_1 - i_2 = 738.5\text{-}527.5 = 211.0 kcal/kg$$

증기의 소비량은

$$36t/h = 36,000 kg/h = \frac{36,000}{60 \times 60} kg/s = 10 kg/s$$

그러므로 1초간의 이용열량은

211.0×10=2.110kcal/s

이다. 이러한 열량이 증기의 팽창에 의하여 동력으로 변하는 까닭에 이것을 동력으로 환산하면

2,110j=2,110×427=900,970kg m/s

이것을 마력으로 고치면

$$\frac{900,970}{75}=12,000ps$$

축마력은 12,000×0.95=11,400ps

1축마력 시간당의 증기소비량은

$$\frac{36,000}{11,400}=3,16kg/ps\,h$$

답 증기의 발생동력 12,000 ps

터빈의 축마력 11,400ps,

증기소비량 3.16kg/ps h

[예제 2.46] 압력 7.0kcal/cm²의 습한 증기를 0.9kg/cm²로 졸랐을 때 온도기 110℃로 되었다. 열손실은 없는 것으로 보고, 처음 증기의 건조도와 비용적을 구하라.
단 압력 7.0kg/cm²의 포화수의 엔탈피 166kcal/kg

압력 $7.0kg/cm^2$의 증발열의   494kcal/kg

압력 $7.0kg/cm^2$의 포화수의 비 용적 $0.00110m^3/kg$

압력 $7.0kg/cm^2$의 건조포화증기의 비 용적 $0.278m^3/kg$

압력 $0.9kg/cm^2$, 온도110℃의 과열증기의 엔탈피 645kcal/kg
라 한다.

해 처음 증기의 건조도를 x, 포화수의 엔탈피를 i_1', 증발열을 r, 졸림 후의 상태의 과열증기의 엔탈피 i_2'라 하면, 졸림 전후에 있어서 엔탈피는 같으므로 다음식이 성립된다.

$$i_1'+xr=i_2$$

그러므로

$$x=\frac{i_2-i_1'}{r}=\frac{645-166}{494}=0.970$$

다음에 처음 증기의 비용적 v는

$$v=v'+x(v''+v')=0.00110+0.970(0.278-0.00110)$$

$$= 0.270 m^3/kg$$

답 건조도 97%, 비용적 $0.270 m^3/kg$

[예제 2.47] 압력 10kg/㎠의 포화수의 엔탈피를 i_1'라 하고, 압력 1kg/㎠의 건조포화
증기와 포화수의 엔탈피를 i_2''와 i_2'이라 하면 구하려는 자기발열량 x_2는 열
손실이 없으므로 식(2.56)에 의하여 다음식으로 구할 수 있다.

$$i_2' = i_2' + x_2(i_2'' - i_2') \quad \therefore x_2 = \frac{i_1' - i_2'}{i_2'' - i_2'}$$

본서 권말의 증기표의 포화표(2)에 의하여(압력 10kg/㎠, 1kg/㎠)

i_1'=181.19㎉/kg, i_2'=99.12㎉/kg, i_2''=638.5㎉/kg

$$\therefore x_2 = \frac{181.19 - 99.12}{638.5 - 99.12} = \frac{82.07}{539.38} = 0.152 kg/kg$$

다음의 졸림의 문제도 같이 엔탈피 일정의 조건에서 졸린 후의 엔탈피를
i_2라 하면

$$i_2 = i_1' + x_1(i_1'' - i_1')$$

의 관계가 있다. 여기에 i_1''는 압력 10kg/㎠의 건조포화증기의 엔탈피로서
증기표에서 663.2㎉/kg, x_1은 최초의 건조도로 0.97, i_1'는 압력kg/㎠의 포
화수의 엔탈피로써 181.19㎉/kg이다. 따라서

i_2=181.19+0.97(663.2-181.19)

=648.74㎉/kg

본서 권미 증기표 압력 1kg/㎠에서 엔탈피가 648.74 ㎉/kg로 되는 온도를
구하면 120℃일 때 648.8㎉/kg로서 거의 같으므로, 졸림 후의 증기온도
는 120℃이다.

답 0.152kg/kg 120℃

[예제 2.48] 압력 760mmHg, 온도 32℃, 상대습도 65%의 습한 공기가 매초 $20 m^3$
의 비율로 공기 세정기에 들어가 물로 세정된 후, 160℃의 포화공기로
되어 나온다고 하면, 공기세정기에서 응축한 수량은 매초 몇 kg인가?
단 공기가 증기는 이상기체로서 가스정수는 각각 29.3kg m/kg°k와 47.1
kg m/kg°k이고, 16℃와 32℃에 있어서의 물의 포화압력은 각각
13.6mmHg와 35.7mmHg이다.

해 공기세정기로 응축한 수량은 공기세정기의 입구에서 공기 중에 함유되어 있는 수량과 출구에서 공기중에 함유되어 있는 수량의 차이다. 세정기의 입구에 있어서의 상태에는 첨자1.을, 출구에 있어서의 상태에는 첨자를 붙이고 또 건조공기에 대해서는 첨자w를 붙여서 구별한다.

세정기의 입구에 있어서 상대온도는 식(2.39)에 의하여

$$\varphi_1 = P_{w1}/P_{s1}$$

$$\therefore P_{w1} = \varphi_1 P_{si} = 0.65 \times 35.7 = 23.2 mmHg$$

그러므로 공기의 압력 P_{a1}은

$$P_{a1} = P_1 - P_{w1} = 760 - 23.2 = 736.8 mmHg$$

세정기의 입구에 있어서 습한 공기량은 $V_1 = 20 m^3/s$

이므로, 이 중에 함유되는 건조공기의 중량 G_{a1}은,

이상기체의 상태식에서

$$G_{a1} = \frac{P_{a1} V_1}{R_a T_1} = \frac{(736.8/760) \times 1.033 \times 10^4 \times 20}{29.3 \times (32 + 273)} = 22.4 kg/s \text{이다.}$$

세정기의 입구에 있어서 절대습도 h_1은 식(12.42)에 의하여

$$h_1 = 0.622 \frac{\varphi_1 P_{s1}}{P_1 - \varphi_1 P_{S1}} = 0.622 \times \frac{23.2}{736.8} = 0.0196 kg/kg$$

그러므로 입구에 있어서 공기 중의 수증기의 양 G_{w1}은

$$G_{w1} = h_1 G_{a1} = 0.0196 \times 22.44 = 0.439 kg/s$$

세정기출구에 φ있어서 절대습도 h_2는

$$h_2 = 0.622 \frac{\varphi_2 P_{s2}}{P_2 - \varphi_2 P_{S2}} = 0.622 \times \frac{1 \times 1.36}{760 - 13.6}$$

$$= 0.0113 kg/kg$$

건조공기량은 $G_{a2} = G_{a1} = 22.4 kg/s$이므로, 이 중의

수증기량 Q_{w2}는

$$G_{w2} = 0.0113 \times 22.4 = 0.253 kg/s$$

그러므로 세정기로 응축한 수증기량은

$$4G_w = G_{w1} - G_{W2} = 0.439 - 0.253 = 0.186 kg/s$$

답 0.186kg/s

제3장 전열계산

기호

Q	전열량(통상 매시의)	θ, t	온도
λ	전열계산	T	절대온도
a	온도전도율	E	방사능
α	열전도율	A	흡수율
K	열관류율(총괄열전도율)	C	방사정수
F	전열면적	ϵ	방사율, 방사흑도
x	거난	c	비열
δ	두께(열전도방향의)	γ	비중량
d	직경	ω	유속
ι	길이		

3.1 열전도

열전도란 열이 물체 내로 전파되어, 한쪽에서 다른 한쪽으로 옮기는 현상이다.

1) 열전도의 기본식

전도열량, $Q = -\lambda F \dfrac{d\theta}{dx}$ ································ (3·1)

표3.1~3.3은 주요재료의 열전도율λ의 값을 나타낸다.

또 온도전도율(온도확산율), $a = \dfrac{\lambda}{cr}$ ································ (3·2)

2) 다층평면판

예로서 2층의 경우를 도시하면 도3.1과 같다. 층의 수를 n라 하면 각 층마다

$$Q = \frac{\lambda_1}{\delta_1} + (\theta_1 - \theta')F$$

$$Q = \frac{\lambda_2}{\delta_2} + (\theta - \theta'')F$$

$$= \frac{\lambda_3}{\delta_3}(\theta' - \theta'')F$$

$$= \frac{\lambda_n}{\delta_n} + (\theta^{(n-1)} - \theta^n)F \qquad \Bigg\} \quad \cdots\cdots\cdots\cdots\cdots (3\cdot3)$$

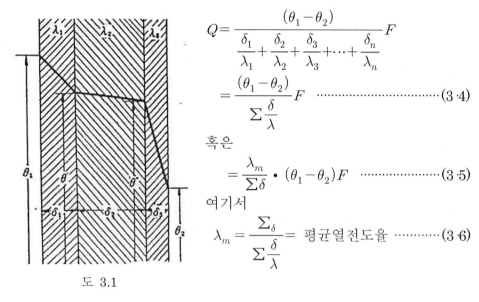

도 3.1

$$Q = \frac{(\theta_1 - \theta_2)}{\dfrac{\delta_1}{\lambda_1} + \dfrac{\delta_2}{\lambda_2} + \dfrac{\delta_3}{\lambda_3} + \cdots + \dfrac{\delta_n}{\lambda_n}}F$$

$$= \frac{(\theta_1 - \theta_2)}{\sum \dfrac{\delta}{\lambda}}F \qquad \cdots\cdots\cdots\cdots\cdots (3\cdot4)$$

혹은

$$= \frac{\lambda_m}{\sum \delta} \cdot (\theta_1 - \theta_2)F \qquad \cdots\cdots\cdots\cdots (3\cdot5)$$

여기서

$$\lambda_m = \frac{\sum_\delta}{\sum \dfrac{\delta}{\lambda}} = 평균열전도율 \quad \cdots\cdots\cdots (3\cdot6)$$

δ/λ는 열전도저항이다.

열전도율λ가 일정하지 않고 온도의 개수일 경우는 식이 조금 복잡해진다. 보통의 문제에서는 일정한 것으로 취급한다.

λ에 $kcal/mh\,℃$, δ에 m, F에 m^2, θ에 $℃$를 사용하면 Q는 $kcal/h$가 된다. 특별한 경우로서 1층의 경우는 $n = 1$ 이므로

$$Q = \frac{\lambda}{\delta}(\theta_1 - \theta_2)F \qquad \cdots\cdots\cdots\cdots\cdots\cdots\cdots (3\cdot7)$$

3) 다층엔관

　예를 들어 3층의 경우를 도시하면 도 3.2와 같다. 열전도가 관축에 직각방향 만 일어나는 경우를 생각한다. 층의 수를 n라 하면 각 층마다

$$Q = \frac{2.729(\theta_i - \theta_1)}{\dfrac{1}{\lambda_1} log \dfrac{d_1}{d_i}}$$

$$= \frac{2.729(\theta_1 - \theta_2)l}{\dfrac{1}{\lambda_2} log \dfrac{d_2}{d_1}}$$

$$= \frac{2.729(\theta_2 - \theta_3)l}{-\dfrac{1}{\lambda_3} - log \dfrac{d_3}{d_2}}$$

$$= \quad \cdots\cdots\cdots\cdots\cdots\cdots$$

$$= \frac{2.729(\theta_0 - \theta_{n-1})l}{-\dfrac{1}{\lambda_n} log - \dfrac{d_0}{d_{n-1}}}$$

$\left. \right\}$ ··············· (3·8)

전층에서는

$$Q = \frac{2.729(\theta_i - \theta_0)l}{\sum \dfrac{1}{\lambda_1} log \dfrac{d'}{d}} \quad \cdots\cdots\cdots\cdots\cdots (3\cdot9)$$

도 3.2

단지 d'는 내경 d의 층의 외경이다. 상기 제식 중 l는 관의 길이다.

혹은 각층의 두께 δ와 그 평균전열면적, 즉

$$F_m = \pi \frac{d + d'}{2} l \quad \cdots\cdots\cdots\cdots\cdots\cdots\cdots\cdots (3\cdot10)$$

와를 사용하면

$$F_m = \frac{(\theta_i - \theta_0)}{\sum \varphi \dfrac{\delta}{\lambda Fm} 2} l \quad \cdots\cdots\cdots\cdots\cdots\cdots\cdots (3\cdot11)$$

계수 φ의 치는 차표와 같다.

d'/d	φ	d'/d	φ	d'/d	φ	d'/d	φ
1.0	1.000	1.4	1.010	2.0	1.040	2.8	1.087
1.1	1.001	1.5	1.014	2.2	1.051	3.0	1.099
1.2	1.003	1.6	0.018	2.4	1.068	3.5	1.128
1.3	1.006	1.8	0.029	2.6	1.075	4.0	1.155

특별한 경우로서 단관의 경우는 $n = 1$ 이므로

$$Q = \frac{2.729(\theta_i - \theta_0)l}{\sum \frac{1}{\lambda_1} log \frac{d_0}{d_i}} \quad \text{..} \quad (3 \cdot 12)$$

식(3.8)~(3.13)의 분모는 어느 것이나 열전도저항을 나타낸다.

3.2 열전달

열전달이란 고체벽과 이에 접하는 유체와의 사이의 열의 이동으로서 일반적으로는 전도, 대류와 방사의 합성한 것이다. 방사에 대해서는 방사에 대해서는 별개로 방사하고 본 절에서는 전도와 대류의 합성으로서 논한다.

 1) 열전달의 기본식

　　온도는 전열면에 따라 변화하는 것이 일반적이다.

　　전달열량

$$\left.\begin{array}{l} = dQ = \alpha(\theta - \theta')dF \\ = \alpha \triangle \theta dF \end{array}\right\} \quad \text{...............................} \quad (3 \cdot 13)$$

　　여기서

θ ················고체표면온도　　　　　θ ···························열전달률

θ' ················유체온도　　　　　　　dF ······고체와 유체와의 접촉면적

$\triangle \theta$ ························$\theta - \theta'$

 2) 열전달률

　　열전달률의 값은 실험적으로 결정할 수밖에 없으므로 여러 번의 실험을 하여, 그 결과가 발표되어 있다. 아래 그 수례를 나타낸다.

　　공기(정지 상태)　　　　　　$\alpha = 3 \sim 30 \, kcal/m^2 h℃$

　　공기(유동 상태)　　　　　　$\alpha = 10 \sim 500 \, kcal/m^2 h℃$

　　물 （유동 상태)　　　　　　$\alpha = 200 \sim 2,000 \, kcal/m^2 h℃$

　　물 （비등 상태)　　　　　　$\alpha = 4,000 \sim 6,000 \, kcal/m^2 h℃$

　　증기(복수중의 경우)　　　　$\alpha = 7,000 \sim 12,000 \, kcal/m^2 h℃$

　　계산식으로서 다음과 같은 것이 있다.

 1) 자연대류(공기와 연소가스에 대해서)

　　상향수평 평면판　　$\alpha = 2.8 \sqrt[4]{\triangle t}$ ··································· (3·14)

　　하향수평 평면판　　$\alpha = 1.5 \sqrt[4]{\triangle t}$ ··································· (3·15)

　　단일수평관　　　　$\alpha = 1.1 \sqrt[4]{\triangle t/d}$ ······························· (3·16)

수직평면판 수직관　　$\cdots\cdots\cdots\cdots\cdots\cdots\cdots\cdots\cdots\cdots\cdots\cdots\cdots\cdots\cdots$ (3·17)

여기서 $\triangle t$는 공기온도와 벽면온도와의 차℃, d는 관의 외경 m, α는 열전달률 $kcal/m^2℃$ 이다.

2) 강제대류

　평면벽의 경우

$$\alpha = a + bw^n \, kcal/m^2h℃ \quad \cdots\cdots\cdots\cdots\cdots\cdots\cdots\cdots\cdots\cdots\cdots\cdots (3·18)$$

a, b와 n의 값은 공기 또는 연소가스에 대해서 다음과 같다.

벽면	$w < 5m/s$			$5 < w < 30m/s$		
	a	b	n	a	b	n
평활면	4.83	3.36	1.0	0	6.15	0.78
조　면	5.32	3.68	1.0	0	6.52	0.78

엔관 내의 유동[샤크 (Schack)의 식]

$$\alpha = (a + bt) \frac{w_0^{0.75}}{d^{0.25}} \, kcal/m^2h℃ \quad \cdots\cdots\cdots\cdots\cdots\cdots\cdots\cdots (3·19)$$

여기서 w_0는 표준용적일 때의 유동속도(m/s), t는 유체의 온도(℃), d는 관의 내경(m)이다. 정수 a와 b는 다음과 같다.

	공기	연소 가스	수증기
a	3.55	3.60	3.62
b	0.00168	0.0022	0.0030

관외를 이것에 평행으로 유동할 경우는 d 대신에 유체평균 직경 $d' = 4F/U$를 사용하면, 상식이 통용된다. 여기서 F는 통로의 단면적 (m^3), U는 통로 F에 대해 열교환이 일어나는 주위 길이(m)이다.

엔관 군에 직각의 유동[Reiler의 식]

$$\alpha = K \frac{\lambda}{d} \left(\frac{w_m dp}{M} \right)^n kcal/m^2h℃ \quad \cdots\cdots\cdots\cdots\cdots\cdots\cdots\cdots (3·20)$$

　여기서 Wm=최대속도(통로의 가장 좁은 것에 있어서의 속도)m/s

　　　P=공기의 밀도 $kg\,s^2/m^4$

　　　M=공기의 점성 계수 $kg\,s/m^2$

　　　λ=공기의 열전도율 $kcal/mh℃$

　　　d=관외경　　m

정수 n와 K의 값은 아래 표와 같다.

	n	흐름 K			
		흐름 방향의 관열수			
		2	3	4	5
비눈 배관	0.654	0.122	0.126	0.129	0.131
간조 배관	0.690	0.100	0.113	0.123	0.131

3.3 열관류

열관류 또는 고체벽의 일측에 있는 유체로부터 이 벽을 통해서 선측에 있는 유체로의 열의 이동으로서 열전도와 열전달을 합성한 것이다.

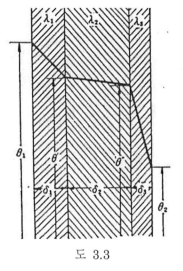

도 3.3

1) 열관류의 기본식 열관류의 경우는 양유체의 온도가 전열면에 따라 변화하는 것이 보통이다.

관류열량, $dQ = k(\theta_1 - \theta_2)dF$ .... (3.12)

여기서

θ_1, θ_2＝양류체의 온도

F＝전열면적

k＝열관류율

2) 다층평면벽 예를 들어 3층의 경우를 도 3.3에 표시한다. 층의 수를 n 라 하면 각 층마다

$$
\begin{aligned}
dQ &= \alpha_1(\theta_1 - \theta_1')dF \\
&= \frac{\lambda_1}{\delta_1}(\theta_1' - \theta')dF \\
&= \frac{\lambda_2}{\delta_2}(\theta' - \theta')dF \\
&= \frac{\lambda_s}{\delta_s}(\theta'' - \theta''')dF \\
&= \cdots\cdots\cdots\cdots \\
&= \frac{\lambda_{n-1}}{\delta_{n-1}}(\theta^{(n-2)} - \theta^{(n-1)})dF \\
&= \alpha^2(\theta_2' - \theta_2)dF
\end{aligned}
\left.\rule{0pt}{15em}\right\} \cdots\cdots\cdots (3.22)
$$

전층에서는 $dQ = \dfrac{\theta_1 - \theta_2}{\dfrac{1}{\alpha_1} + \sum \dfrac{\delta}{\lambda} + \dfrac{1}{\alpha_2}} dF$ ································· (3·23)

식(3.21)과 식(3.23)에서

$$\frac{1}{k} = \frac{1}{\alpha_1} + \sum \frac{\delta}{\lambda} + \frac{1}{\alpha_2}$$ ································· (3·24)

$1/k$은 열관류저항이다. 벽 양면과 아울러 각 접촉면 온도는

$$\left. \begin{aligned} \theta' &= \theta_1 - \frac{1}{\alpha_1} - \frac{dQ}{dF} \\[2mm] \theta' &= \theta_1 - \left(\frac{1}{\alpha_1} + \frac{\delta_1}{\lambda_1} \right) \frac{dQ}{dF} \\[2mm] \theta'' &= \theta_1 - \left(\frac{1}{\alpha_1} + \frac{\delta_1}{\lambda_1} + \frac{\delta_2}{\lambda_2} \right) \frac{dQ}{dF} \\[1mm] &= \cdots \\[2mm] \theta_2'' &= \theta_1 - \left(\frac{1}{\alpha_1} + \sum \frac{\delta}{\lambda} \right) \frac{dQ}{dF} \end{aligned} \right\}$$ ··········· (3.25)

3) 중공평면벽 도3.4에 표하는 바와 같이 양 벽 사이에 중공층이 있고, 이것이 움직이지 않을 때

$$\frac{1}{k} = \frac{1}{\alpha_1} + \frac{1}{\alpha_2} + \frac{1}{k} + \frac{\delta_1}{\lambda_1} + \frac{\delta_2}{\lambda_2}$$ ································· (3·26)

여기서 k는 중공층의 전열률이다. 도 3.5은 중공층이 공기일 때의 P. Nicholls에 의한 k의 값을 나타낸다.

4) 직선엔관 도 3.6에 나타내는 바와 같은 직선엔관의 길이dl의 부분에 있어서는

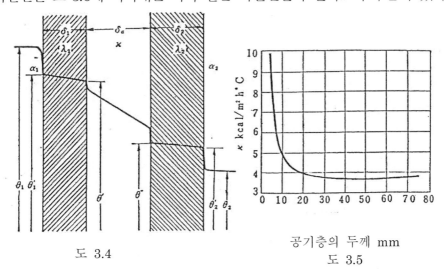

도 3.4

공기층의 두께 mm

도 3.5

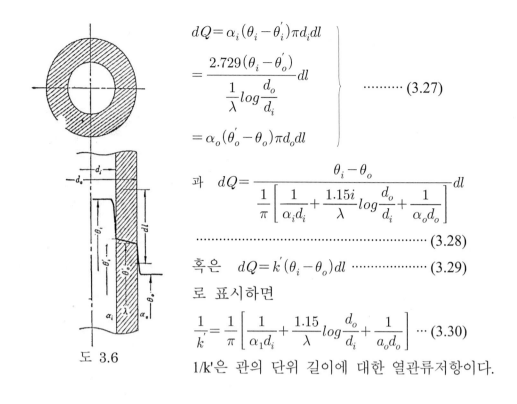

$$dQ = \alpha_i (\theta_i - \theta_i')\pi d_i dl$$

$$\left. \begin{array}{l} = \dfrac{2.729(\theta_i - \theta_o')}{\dfrac{1}{\lambda}\log\dfrac{d_o}{d_i}}dl \\[4mm] = \alpha_o(\theta_o' - \theta_o)\pi d_o dl \end{array}\right\} \cdots\cdots (3.27)$$

과 $$dQ = \dfrac{\theta_i - \theta_o}{\dfrac{1}{\pi}\left[\dfrac{1}{\alpha_i d_i} + \dfrac{1.15i}{\lambda}\log\dfrac{d_o}{d_i} + \dfrac{1}{\alpha_o d_o}\right]}dl$$

$$\cdots\cdots\cdots (3.28)$$

혹은 $$dQ = k'(\theta_i - \theta_o)dl \cdots\cdots (3.29)$$

로 표시하면

$$\frac{1}{k'} = \frac{1}{\pi}\left[\frac{1}{\alpha_1 d_i} + \frac{1.15}{\lambda}\log\frac{d_o}{d_i} + \frac{1}{a_o d_o}\right] \cdots (3.30)$$

1/k'은 관의 단위 길이에 대한 열관류저항이다.

도 3.6

전열금속벽 열전도저항 $(1.151/\lambda)$ $\log(d_o/d_i)$은 양면의 열전도저항 1/$(\alpha_i d_i)+1/(\alpha_o d_o)$에 비해서 무시할 수 있을 때가 많다. 이 경우에는

$$\frac{1}{k'} = \frac{1}{\pi}\left(\frac{1}{\alpha_1 d_i} + \frac{1}{a_o d_o}\right) \cdots\cdots (3.31)$$

같이해서 관의 다층으로 이루어져 있을 때는

$$\frac{1}{k'} = \frac{1}{\pi}\left[\frac{1}{\alpha_i d_i} + 1.151\sum\frac{1}{\lambda}\log\frac{d_o'}{d_i'} + \frac{1}{a_o d_o}\right] \cdots\cdots (3.32)$$

로 해서 식(3.29)을 적용할 수 있다. 여기서 d_o'와 d_i'는 임의의 층의 외경과 내경을 나타낸다. 관면에 각종의 부착물(보온재 또는 탕구 등)이 있을 때는 이 식을 사용하여 계산하면 좋다.

5) 열교환기에서는 일반적으로 열을 부여한 유체 I과 열을 받은 유체 II가 전열벽면을 따라 서로 유동하는 사이에 양자 간에 열관류가 생기고, 양자의 온도는 각 유체의 유입 끝에서 유출 끝으로 감에 따라서 점차 변화한다. 양 유체의 단위 시간의 유량을 G_1, G_2, 비열을 G_1, G_2, 입구와 출구 온도를 유체 I에 대해서 θ_1, θ_2, 유체 II에 대해서 θ_1', θ_2'

라 하고, 방열 기타의 열손실이 없는 것으로 하면 일반적으로
단위시간의 전열량,

$$Q = c_2 G_1 (\theta_1 - \theta_2) \\ = c_2 G_1 (\theta_1' - \theta_2') \Bigg\} \quad \cdots\cdots\cdots\cdots (3.33)$$

a) 양 유체의 온도가 변화할 때

(i) 병류식열교환기 류체 I과 II가 동일방적으로 흐를 경우이며 그 상황이 도 3.7에 나타난다.

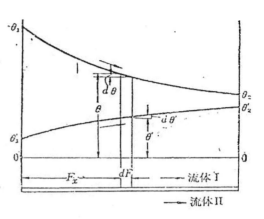

$$Q = k \triangle \theta_m F \cdots\cdots\cdots\cdots (3.34)$$

여기서

$$\triangle \theta_m = \frac{(\theta_1 - \theta_1') - (\theta_1 - \theta_2')}{2.303 \log \dfrac{\theta_1 - \theta_1'}{\theta_2 - \theta_2'}} \quad \cdots\cdots (3.35)$$

$\triangle \theta_m$는 대수평균온도차이다.

표 3.7

또 식(3.33)과 식(3.34)에서 필요전열면적

$$\triangle \theta_m = \frac{(\theta_1 - \theta_1') - (\theta_1 - \theta_2')}{2.303 \log \dfrac{\theta_1 - \theta_1'}{\theta_2 - \theta_2'}} \quad \cdots\cdots\cdots\cdots\cdots\cdots\cdots\cdots\cdots\cdots\cdots\cdots\cdots\cdots\cdots (3.36)$$

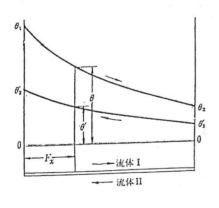

도 3.8

(ii) 향류식열교환기 류체 I과 II가 서로 반대방향으로 흐를 경우이며 그의 상황가 도3.8에 나타난다.

전열량은 식(3.34)에 의하여 계산할 수 있다. 다만 대수평균온도차의 값으로서

$$\triangle \theta_m = \frac{(\theta_1 - \theta_2') - (\theta_2 - \theta_1')}{2.303 \log \dfrac{\theta_1 - \theta_2'}{\theta_2 - \theta_1'}} \cdots (3.37)$$

b) 한 유체의 온도가 일정할 때

(i) 유체 I (고온유체)의 온도가 일정할 때

이 실례는 증기 Turbine의 복수기 또는 증기가열기에서 볼 수가 있다.

이 일정한 온도를 θ_o라 하고, 식 3.35 또는 식 3.37에 있어서 $\theta_1 = \theta_2 = \theta_o$ 라 하면

$$\triangle \theta_m = \frac{\theta_2' - \theta_1'}{2.303 \log \dfrac{\theta_0 - \theta_1'}{\theta_0 - \theta_2'}} \quad \cdots\cdots\cdots\cdots\cdots\cdots\cdots\cdots\cdots\cdots\cdots\cdots \quad (3.38)$$

이 값을 식(3.34)에 대입해서 관류열량을 계산할 수 있다.

또 $\quad F = 2.303 \dfrac{c_2 C_2}{k} log \dfrac{\theta_0 - \theta_1'}{\theta_0 - \theta_2'} \quad \cdots\cdots\cdots\cdots\cdots\cdots\cdots\cdots\cdots\cdots \quad (3.39)$

(ii) 유체 II (저온유체)의 온도가 일정할 때

그 실례의 하나는 열기 보일러의 증발부이다. 이 일정한 온도를 θ_o'라 하면(i)과 같이해서 다음 제식을 얻을 수 있다.

$$\triangle \theta_m = \frac{\theta_1 - \theta_2}{2.303 \log \dfrac{\theta_1 - \theta_0'}{\theta_2 - \theta_0'}} \quad \cdots\cdots\cdots\cdots\cdots\cdots\cdots\cdots\cdots\cdots\cdots \quad (3.40)$$

$$F = 2.303 \frac{c_1 C_1}{k} log \frac{\theta_1 - \theta_0'}{\theta_2 - \theta_0'} \quad \cdots\cdots\cdots\cdots\cdots\cdots\cdots\cdots\cdots\cdots\cdots \quad (3.41)$$

3.4 열방사

열방사란 고온도의 물체에서 따로 떨어진 물체로 도중의 개재물(介在物)을 열 주는 일 없이 열의 전파하는 현상으로서 열은 전자파로서 전파한다.

1) 고체의 열방사

한 개의 물체에서의 방사 에너지가 다른 물체의 표면에 입사하면 일부는 반사되고, 일부는 흡수되며, 나머지는 투과한다.

흡수된 에너지만이 그 물체의 온도를 상승시킨다. 입사 에너지를 전부 흡수해서 조금도 반사 또는 투과하지 않는 물체를 완전 흑체, 입사 에너지의 전부를 반사하는 것을 완전백체라 한다. 완전흑체, 완전백체 모두 가상적인 것이며 실재의 물체는 양자의 중간에 있다.

물체의 단위 표면적에서 단위시간에 방사하는 방사 에너지를 그 표면

의 방사능, 입사 에너지에 대한 흡수, 방사와 투과에너지의 비율을 각각 흡수율, 반사율, 투과율이라 한다.

Kirch hoff의 법칙 어느 온도에 있어 임의의 물체의 방사능을 E, 흡수율을 A, 완전흑체의 그를 각각 E_b와 A_b라 하면

$$\frac{E}{A} = \frac{E_b}{A_B} = E_b \ \ (\because A_b = 1) \quad\text{(3.42)}$$

Stefan-Bolt2mann의 법칙

$$E_b = C_b\left(\frac{T}{100}\right)^4 \quad\text{(3.43)}$$

여기서 T는 완전흑체의 절대온도, C_b는 완전흑체의 방사정수이며

$$C_b = 4.88 kcal/m^2 h \cdot k^4 \quad\text{(3.44)}$$

실재의 물체에서는

$$E = C\left(\frac{T}{100}\right)^4 \quad\text{(3.45)}$$

여기서 C는 물체의 방사정수이며

$$\varepsilon = \frac{C}{C_b} \quad\text{(3.46)}$$

을 그 물체의 방사흑체 또는 방사율이라 한다. 그러므로

$$E = 4.88\varepsilon\left(\frac{T}{100}\right)^4 \quad\text{(3.47)}$$

또 $\quad \varepsilon = \frac{E}{E_b} = A \quad\text{(3.48)}$

항상 $\varepsilon < 1$이다.

표 3.4는 실재물체의 방사정수와 흑도를 표시한 것이다.

2) 방사에 의한 전열량

방사에 의하여 열을 교환하는 두 물체(Ⅰ과 Ⅱ)의 표면적을 각각 F_1과 F_2 ㎡, 표면온도를 각각 T_1과 T_2。K, 방사정수를 각각 C_1과 C_2라 하면 물체Ⅰ의 표면에서 물체Ⅱ로 전파하는 방사열량은

$$Q_r = CF_1\left[\left(\frac{T_1}{100}\right)^4 - \left(\frac{T_2}{100}\right)^4\right] kcal/h \quad\text{(3.49)}$$

여기서 C는 양표면 간의 유효 방사정수이다.

일반적으로

$$\frac{1}{C} = \frac{1}{C_1} + \frac{F_1}{F_2}\left(\frac{1}{C_2} - \frac{1}{C_b}\right) \cdots\cdots\cdots\cdots\cdots\cdots (3.50)$$

두 면이 접근해서 평행하고 주도의 영향을 무시할 수 있을 때는 $F_1 \cong F_2$ 그러므로

$$\frac{1}{C} = \frac{1}{C_1} + \frac{1}{C_2} - \frac{1}{C_B} \cdots\cdots\cdots\cdots\cdots\cdots\cdots (3.51)$$

Ⅰ의 면에 비해서 Ⅱ의 면이 매우 클 때는 $F_1/F_2 \cong 0$ 그러므로

$C = C_1$

또
$$\left.\begin{aligned}Q_r &= C_1 F_1\left[\left(\frac{T_1}{100}\right)^4 - \left(\frac{T_2}{100}\right)^4\right] kcal/h \\ &= \epsilon_1 C_b F_1\left[\left(\frac{T_1}{100}\right)^4 - \left(\frac{T_2}{100}\right)^4\right] kcal/h\end{aligned}\right\} \cdots\cdots (3.52)$$

여기서 ϵ_1은 물체 Ⅰ의 표면의 흑도이다.

식(3.52)는 고체표면에서 사주의 공간으로의 열방사의 경우에 적용된다.

3) 상당열전달률

방사전열량에 대해서 열전달의 식의 형을 적용해서

$$Q_r = \alpha_r (T_1 - T_2) F \cdots\cdots\cdots\cdots\cdots\cdots\cdots\cdots (3.53)$$

라고 했을 때 α_r을 상당열전달률이라 한다. 그러므로

$$\alpha_r = \frac{C}{T_1 - T_2}\left[\left(\frac{T_1}{100}\right)^4 - \left(\frac{T_2}{100}\right)^4\right] \cdots\cdots\cdots\cdots\cdots (3.54)$$

3.5 전열 관계의 문제

전열 관계의 문제로서 보통 나오는 것은 상기의 전도, 전달, 관류, 방사 또는 그것들을 합성한 것이다. 어떠한 경우라도 어느 한 개의 물체 또는 계체 내에 있어서 전열량(단위시간 외)은 그것이 전도, 전달, 관류, 방사 때로는 그것들의 합성의 어느 것에 의해서도 물체 또는 계체 내 어느 점에 있어서도 전열의 방향에 따라 동일하다는 것이며 이것이 문제해법의 근본이다.

표 3.1 열전도율 (λkcal/m h℃)

재 료	λ	재 료	λ	재 료	λ
ALUMINIUM	175	콘스단탄	20	중유수	0.51
연	30	유리	0.5~0.8	ALCOHOL	0.51~0.20
철	40~50	벽 돌 벽	0.4~0.8	석유	0.10~0.11
금	265	CONCRET	0.6~0.7	수은	6.5
동	300~340	석 탄	0.12~0.15	유동PARAFFINE	0.11
NICKEL	50	SCAL	1~3	공기	0.02
황 동	75~100	주 석	0.06~0.1	탄산가스	0.013
포 금	35~55	ASBESTOR	0.15	일산화탄소	0.020
린청동	52	탄화 CORK	0.04	산소	0.021
1%C강	37	면	0.03	수소	0.153

표 3.2 보온재의 비중량과 열전도율

재 료	조 성	비중량 kg/m³	열전도율 kcal/mh℃	실용의온도 한도℃
ASBESTOR지제품	방수가공	219	0.0783	150
ASBESTOR(매설관리)	방수가공	136	0.0675	190
MAGNESIA	MENESIA 85% ASBESTOR 15%	232	0.680	320
ASBESTOR강목지		303	0.0825	370
유리 제품	섬유상유리 분	89	0.0631	550
FIBER FELT	장갈ASBESTOR와 규산SODA	326	0.0850	370
FIBER FELT	단백ASBESTOR와 규산SODA	635	0.161	550
ASBESTOR CEMENT	ASBESTOR 단비	1,066	0.198	550
〃	ASBESTOR와 점토	800	0.149	650
ASBESTOR 판	압 축	970	0.104	550
탄산석회	ASBESTOR와 같이 성형	378	0.0756	550
규조 토	ASBESTOR, Magnesia와 같이 점토와 같이 성형	416	0.132	900
〃	조 분	320	0.122	900
〃	세 분	275	0.110	900
BAUXITE	ASBESTOR와 점토와 같이 성형	528	0.149	900
PORTLANT CEMENT 와 화단 소규조토	か、소토 용적 4 CEMENT 1	990	3.48	1,000
화단소 규조 토	성형소	610	2.63	1,000

표 3.3 내화 연와의 열전도율 (kcal/mh℃)

온 도 ℃	규석연와	DINAS BRICK	SCHAMOTTE	MAGNESIA BRICK
0	0.41	0.64	0.43	1.08
100	0.48	0.69	0.47	1.12
200	0.56	0.74	0.51	1.15
300	0.64	0.78	0.55	1.18
400	0.72	0.84	0.59	1.22
500	0.80	0.88	0.62	1.25
600	0.88	0.93	0.66	1.29
700	0.96	0.98	0.70	1.32
800	1.03	1.03	0.74	1.36
900	1.11	1.08	0.78	1.40
1,000	1.19	1.13	0.82	1.43
1,100	1.27	1.18	0.86	1.47
1,200	1.35	1.23	0.90	1.50
1,300	1.43	1.28	0.94	1.54
1,400	1.51	1.33	0.98	1.58

표 3.4 방사 정수와 열도

재 료	표면상태	C	ε	온도
주철	조철기면	4.06	0.806	상온
〃	정반삭면	2.16	1.436	
철판	압정기면	3.3	0.67	상온
〃	연마후	1.2	0.24	
〃	연마후녹슨면	3.04	0.613	
〃	적녹슨면	3.4	0.69	
ALUMINIUM	조재	0.35	0.071	상온
황동	조면	1.0	0.20	
〃	압정기면	0.34	0.069	상온
〃	연마후	0.15~0.25	0.030~0.051	20~300℃
동	압정기면	3.1~3.6	0.63~0.73	
〃	조마면	0.6~0.8	0.12~0.16	50~280℃
〃	연마면	0.20~0.255	0.040~0.051	상온
NICKEL	연마면	0.3	0.06	〃

재　료	표면상태	C	ε	온도
〃	산화면	2.4	0.49	
유리	평활면	4.40~4.65	0.89~0.94	
ENAMEL 도료		4.45	0.897	
GUM	연질,조면,회색	4.26	0.859	상온
〃	경질,활면,흑색	4.69	0.945	
수	활면, 투명	4.75	0.958	
수		4.75	0.958	60℃
목재	대패질한 면	4.44	0.895	상온
벽돌	적, 조면	4.6	0.93	〃
칠식	조, 백색	4.5	0.90	40~250℃
사		1.4	0.28	
SLATE		3.3	0.66	
주석	흑색	4.6	0.93	

예 제 [6]

[예제 3.1] 어느 가열로에 있어서 노벽의 상태가 다음과 같다.

		평균방열면적 (m^2)	두께 (cm)	벽표면온도(℃) 내면	벽표면온도(℃) 외면
로	정	85.3	40	1,300	190
로	주	120.5	45	1,300	175

노벽을 통한 방열량 얼마인가? 다만 노벽 재질의 열전도율을 0.1kcal/mh℃로 해서 노저에서의 방열에서의 열은 없는 것으로 한다.

해 식(3.7)에 의하여

$$\text{노정방향에로의 방열량} = \frac{0.1 \times 85.3 \times (1,300 - 190)}{0.40} = 23.70\,\text{kcal/h}$$

$$\text{노정방향에로의 방열량} = \frac{0.1 \times 120.5 \times (1,300 - 175)}{0.45} = 29.500\,\text{kcal/h}$$

$$\therefore \text{총방열량} = 23,700 + 29,500 = 53,300\,\text{kcal/h}$$

[예제 3.2] 내경 300mm, 두께 8mm의 강관의 표면에 두께 25mm의 보온재를 감고 그 위에 다시 두께 3mm의 광목으로 피복하면 관관(裸管)의 경우에

---

6) 본 장의 예제는 열전도, 열전달, 열관류, 열방사의 순으로 배열했다.

비해서 열전도저항은 몇 배로 증가할까? 다만 열전도율의 치 (kcal/mh℃)는 다음과 같다.

강 40   보온재 0.1   범포 0.08

해 도 3.2을 이 문제에 적용하면 내통은 강관, 중간통은 보온재, 외통은 범포에 상당한다. 따라서 동도의 부호를 사용하면

$$d_l=300 \qquad\qquad \lambda_l=40$$
$$d_1=300+8\times2=366 \qquad \lambda_2=0.1$$
$$d_2=316+25\times2=366 \qquad \lambda_3=0.08$$
$$d_0=366+3\times2=372$$

따라서 식(3.8)에 의하여 열전도저항은

강 관 층: $\dfrac{1}{2.729}-\dfrac{1}{\lambda}log\dfrac{d_1}{d_l}=\dfrac{1}{2.729}\times\dfrac{1}{40}\times\log\dfrac{316}{300}=0.00021$

보온재층: $\dfrac{1}{2.729}-\dfrac{1}{\lambda}log\dfrac{d_2}{d_1}=\dfrac{1}{2.729}\times\dfrac{1}{0.1}\times\log\dfrac{366}{316}=0.234$

범 포 층: $\dfrac{1}{2.729}-\dfrac{1}{\lambda_3}log\dfrac{d_0}{d_2}=\dfrac{1}{2.729}\times\dfrac{1}{0.08}\times\log\dfrac{372}{366}=0.0321$

따라서 총저항은 0.00021+0.234+0.0321=0.26631

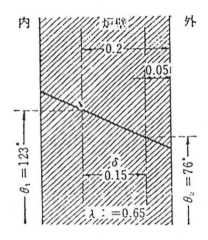

나관(裸管)저항과의 비는

답 $\dfrac{0.26631}{0.00021}\cong1.275$ 배

[예제 3.3] 노의 벽면에 진직인 소공을 만들어 표면에서부터 측정한 깊이 5cm와 20cm와의 개소에서 온도를 측정해서 각각 76℃와 123℃였다. 노 벽면으로부터의 열손실은 몇 kcal/mh℃로 한다.

해 제의를 도시하면 좌도와 같다.

따라서 노벽을 통해서의 전도열은

$$Q=\frac{\lambda}{\delta}(\theta_1-\theta_2)-\frac{0.65}{0.15}\times(123-76)=203\,\text{kcal}/\text{m}^2\text{h}$$

이것만의 열량은 노벽 외면에서 대기 중에 방산되고 있기 때문에 이것이 구하는 열손실량이다. **답** $203\text{kcal}/\text{m}^2\text{h}$

[예제 3.4] 두께 230mm의 내화 벽돌 115mm의 단열 벽돌과 115mm의 보통(적) 벽돌로 되어있는 노벽이 있다. 이것들의 열전도율을 각각 1.0, 0.06와 0.60kcal/m²h라 한다. 노내 벽면의 온도가 1,300℃, 외벽면의 온도가 146℃ 일 때 매시 벽면 1m²로부터의 손실열량을 구하라.

해 각 벽돌 열전도저항이

$$\text{내화 벽돌 층:} \quad \frac{\delta_1}{\lambda_1} = \frac{0.230}{1.20} = 0.192 \, \text{m}^2\text{h}℃/\text{kcal}$$

$$\text{단열 벽돌 층:} \quad \frac{\delta_2}{\lambda_2} = \frac{0.115}{0.06} = 0.190 \, \text{m}^2\text{h}℃/\text{kcal}$$

$$\text{보통 벽돌 층:} \quad \frac{\delta_3}{\lambda_3} = \frac{0.115}{0.6} = 0.192 \, \text{m}^2\text{h}℃/\text{kcal}$$

따라서 열통과량(즉 벽면으로부터의 손실열량)은 식(3.4)에 의하여

$$Q = \frac{\theta_1 - \theta_2}{\sum \dfrac{\delta}{\lambda}} = \frac{1,300 - 146}{0.192 + 1.920 + 0.192} = 502 \, \text{m}^2\text{h}℃/\text{kcal} \quad \boxed{\text{답}}$$

[예제 3.5] 넓은 평면을 표면으로 되어있는 고체에 있어서 표면으로부터 5cm와 1cm의 경우의 온도를 정확히 측정해서 150℃와 80℃의 값을 얻었다. 그의 치가 시간에 대해서 일정할 때 표면온도와 표면으로부터의 방열을 구하라. 단 고체의 열전도율은 2.0kcal/m²h℃라 한다

해 온도 구 배(配)를 직선적이라 할 때

$$\text{표면온도} = 80 - (150 - 80) \times \frac{1}{5-1} = 62.5℃$$

정상상태의 경우는 면에 평행한 단면을 통하는 열량과 방열량이 같다.

$$\text{방열량} = 2.0 \times \frac{150 - 80}{0.05 - 0.01} = 3,500 \text{kcal/m}^2\text{h}$$

답 표면온도 62.5℃, 방열량 3,5003,500kcal/m²h

[예제 3.6] 아래 그림에 표시하는 3층으로 되어있는 평면 벽의 평균열전도율과 상당열관류율을 구하라.

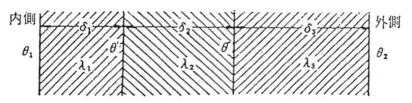

$$\delta_1 = 0.02\text{m} \qquad\qquad \delta_2 = 0.03\text{m}, \qquad\qquad \delta_3 = 0.04\text{m}$$
$$\lambda_1 = 0.8\text{kcal/mh℃} \qquad \lambda_2 = 1.2\text{kcal/mh℃}, \qquad \lambda_3 = 1.0\text{kcal/mh℃}$$

해 평균열전도율을 λ_m라 하면 식(3.6)에 의하여

$$\lambda_m = \frac{\sum \delta}{\sum \dfrac{\delta}{\lambda}} = \frac{0.02 + 0.03 + 0.04}{\dfrac{0.02}{0.8} + \dfrac{0.03}{1.2} + \dfrac{0.04}{1.0}} = \frac{0.09}{0.09} = 1.0\,\text{kcal/mh℃}$$

상당열관류율을 κ라 하면 전도량 Q(단위면적당)는

$$Q = \frac{\lambda_m}{\sum \delta}(\theta_1 - \theta_2) = \kappa(\theta_1 - \theta_2)$$

여기서 θ_1과 θ_2는 벽내면과 외면의 온도이다.

따라서 $\quad \kappa = \dfrac{\lambda_m}{\sum_\delta} = \dfrac{1.0}{0.02 + 0.03 + 0.04} = \dfrac{1.0}{0.09} = 11.1\,\text{kcal/mh℃}$

답 평균열전도율 1.0kcal/mh℃, 상당열관류율 11.1kcal/㎡h℃

[예제 3.7] 예제 3.6에 있어서 벽의 내외 양표면의 온도를 각각
$Q_1 = 1000℃$와 $Q_2 = 100℃$라 하면 벽내외측으로부터의 방열량은 얼마인가?
또 각 경계면의 온도는 얼마인가?

해 방열량을 Qkcal/㎡h℃라하면 이것은 벽을 통해서의 전열량과 같다. 즉

$$Q = \frac{\lambda_m}{\sum \delta}(\theta_1 - \theta_2) = \frac{1.0}{0.02 + 0.03 + 0.04} \times (1000 - 100) = \frac{1.0}{0.09} \times 900$$
$$= 10{,}000\text{kcal/㎡h}$$

각 경계면하의 온도를 θ'와 θ''라 하면

$$Q = \frac{\lambda_1}{d_1}(\theta_1 - \theta') \quad \cdots\cdots\cdots\cdots\cdots\cdots\cdots\cdots\cdots\cdots\cdots\cdots\cdots\cdots (1)$$
$$= \frac{\lambda_2}{d_2}(\theta' - \theta'') \quad \cdots\cdots\cdots\cdots\cdots\cdots\cdots\cdots\cdots\cdots\cdots\cdots (2)$$
$$= \frac{\lambda_3}{d_3}(\theta'' - \theta_2) \quad \cdots\cdots\cdots\cdots\cdots\cdots\cdots\cdots\cdots\cdots\cdots\cdots (3)$$

식(1)에서
$$\theta' = \theta_1 - \frac{\delta_1}{\lambda_1}Q = \frac{\delta_1}{\lambda_1}Q = 1{,}000 - \frac{0.02}{0.8} \times 10{,}000 = 750\,℃$$

식(2)에서
$$\theta'' = \theta'^1 - \frac{\delta_2}{\lambda_2}Q = 750 - \frac{0.03}{1.2} \times 10{,}000 = 500\,℃$$

이것들의 값을 식(3)에 대입하면 만족하므로 한가지 험산(驗算)이 된다.

답 방열량 10,000kcal/㎡h, 경계면온도 750℃, 500℃

[예제 3.8] 그림과 같은 재료로 만들어진 선재의 십자형이 있다. AX, BX, CX와 DX의 길이는 각각 15cm, 10cm, 10cm와 12cm이다. AX, BX와 CX의 단면적은 각각 2㎠, 2,5㎠와 3㎠이다.

A, B, C와 D의 온도는 각각 항상 60℃, 50℃, 40℃와 30℃로 유지되고, 선재의 표면에서의 방열은 없는 것으로 한다. 이 정상상태일 때의 X의 온도가 42℃였다. DX의 단면적을 구하라.

해 정상상태에서는 A와 B로부터 X로 흐르는 열량과 X에서 C와 D로 흐르는 열량이 같지 않으면 아니되므로 선재의 열전도율을 λ, DX의 단면적을 F라 하면 다음과 같은 관계가 성립한다.

$$\frac{\lambda(60-42)\times 2}{15}+\frac{\lambda(50-42)\times 2.5}{10}=\frac{\lambda(42-40)\times 8}{10}+\frac{\lambda(42-30)F}{12}$$

$$\therefore F=3.8㎠ \quad \text{답}$$

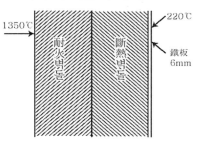

[예제 3.9] 다음 그림과 같이 3층으로 된 노벽이 있다. 제1층은 내화벽돌(평균열전도율 1.5kcal/㎡h℃, 최고사용 온도 1450℃), 제2층은 단열 연와(평균열전도율 0.3kcal/㎡h℃ 최고사용온 1100℃) 제3층은 보강용 철판(두께 6mm, 평균열전도율 35kcal/㎡h℃)로 구성되어 있다. 이 노벽의 내벽온도를 1350℃, 외벽온도(철판표면)를 220℃로 유지하고, 이 정상상태에서 노벽 전체의 두께가 최소로 될 수 있는 각 벽돌 벽의 두께를 구하라.

해 노벽의 두께는 관류열량과 온도차가 일정할 때는 열전도율에 비례한다. 그러므로 노벽의 두께를 최소로 줄이기 위해서는 열전도율이 작은 단열벽돌의 두께를 그 사용온도의 허용범위에서 크게 하면 된다.

단열벽돌의 최고사용온도는 1100℃이므로 내화벽돌과 단열벽돌의 경계면을 1100℃로 한다. 정상상태에 있어서는 내화벽돌과 철교를 통과하는 열량은 동일하여 4000kcal/m²h이다.

이 내화벽돌의 두께를 δ_1, 전열면적을 F, 열전도율을 λ_1, 고온측벽면온도를 t_1, 저온측벽온도를 t_2라 하면, 전열량 Q는 식(3.7)에 의하여 다음식으로 주어진다.

$$Q = \frac{\lambda_1}{\delta_1}(t_1 - t_2)F$$

위 식에 Q=4000kcal/m²h, λ_1=1.5kcal/mh℃, t_1=1,350℃

t_2=1,1100℃, F=1m²를 대입하면

$$\delta_1 = \frac{1.5}{4000}(1350\text{-}1100) = 0.094m = 94mm$$

단열벽돌과 철판과의 접촉면 온도는 미지이므로, 이 양층을 함께 생각하면 다음식이 성립된다.

$$Q = \frac{t_2 - t_3}{\dfrac{\delta_2}{\lambda_2} + \dfrac{\delta_3}{\lambda_3}}$$

여기서 t_2는 단열벽돌의 고온측벽면온도로서 1100℃이고 t_3는 철판의 저온측벽면온도로서 220℃, λ_2는 단열벽돌의 평균열전도율로서 0.3kcal/mh℃, λ_3는 철판의 평균열전도율로서 35kcal/mh℃, Q=4000kcal/mh℃ δ_3는 철판의 두께로서 6mm=0.006m이므로, 철판벽돌의 두께 d_2m는 다음식으로 구할 수 있다.

$$4000 = \frac{1100 - 220}{\dfrac{\delta_2}{0.3} + \dfrac{0.006}{35}}$$

$$\therefore \delta_2 = 0.3\left(\frac{880}{4000} - \frac{0.006}{35}\right) = 0.0659m$$

$$= 65.9mm \cong 66mm$$

답 내화벽돌의 두께 94mm, 단열벽돌의 두께 66mm

[예제 3.10] 내부에 압력 9kg/cm²의 건조포화증기(온도 179℃)를 통과시키는 외경 150mm, 길이 100m의 강관의 표면으로부터 손실되는 열량은 얼마나 되나? 다만, 이 관의 표면온도는 증기온도와 같다고 보고, 표면의 열전도율은 15kcal/mh℃이며 기온은 25℃라 한다. 다음에 관의 주도에 두께 2cm의 Glass wool 보온재(열전도율 0.03kcal/mh℃)를 감아 사는 것으로 하면 열

손실은 얼마나 감소되나? 또 이때 강관면과 보온재와의 접촉면에 있어서 전열저항은 없는 것으로 보고, 보온통외면에 있어서 열전도율은 나강통(裸鋼筒)면에 있어서와 같다고 본다.

나강통의 표면적은 $\pi \times 0.150 \times 100 = 47.1 \text{m}^2$

그러므로 나강통 표면으로부터 손실되는 열량은

$$Q_1 = 15 \times 47.1 \times (179 - 25) = 108,800 \text{kcal/h}$$

다음에 관에 보온재를 감았을 때 이 보온을 통한 전도열량은 식(3.12)에 의하여

$$Q_2 = \frac{2,729(Q_1 - Q_2)}{\frac{1}{\lambda} log \frac{d_0}{d_1}}$$

여기서 Q_1은 보온통내면온도로서 제의(題意)에 따라 강관 외면온도 179℃라 하고

또 Q_0=보온통외면온도

d_1=보온통내경=강관외경=0.150m

d_0=보온통외경=d_1+2×두께=0.150+2×0.02=0.190m

ι=관의 길이=100m

λ=보온재의 열전도율=0.03kcal/mh℃

$$\therefore Q_2 = \frac{2.729(179 - \theta_0) \times 100}{\frac{1}{0.03} log \frac{19}{15}} = 79.7 \times (179 - \theta_0) \quad \cdots\cdots\cdots\cdots (1)$$

보온통의 표면적은 $\pi d_0 \iota = \pi \times 0.190 \times 100 = 59.7 \text{m}^2$

보온통표면의 열전도율은 나강관표면의 그것과 같다. 하므로, 그 표면으로부터 대기로의 방열량은

$$\therefore Q_2 = 15 \times 59.7 \times (\theta_0 - 25) = 895.5(\theta_0 - 25) \quad \cdots\cdots\cdots\cdots (2)$$

식 (1)과 (2)로부터 79.7×(179-θ_0)=895.5(θ_0-25)

이것에서 θ_0=37.6℃ $\therefore Q_2 = 895.5 \times (37.6 - 25) = 11,280 \text{kcal/h}$

즉 보온재를 감음으로써 손실은 나관의 경우가 거의 1/10로 감소된다.

{ 나관의 경우 108,800kcal/h
{ 보온 후의 경우 11,280kcal/h

[예제 3.11] 온도 800℃의 평면에 밀접하는 열전도율 λ=0.90㎉/mh℃, 두께 40㎝
의 벽돌 벽이 있다. 그 벽 표면에 30℃의 공기를 평행으로 취입하여, 벽표
면을 100℃까지 강제냉각하기 위해서는 매사 몇 m의 유속의 공기를 유입
하면 된다. 여기에 대류전달류 α㎉/m²h℃와 유속 w m/s와의 사이에는 다
음과 같은 관계가 성립되는 것으로 보고 방사의 영향과 벽의 사(四) 주위의
열손실은 무시한다.

$\alpha = 5.32 + 3.68w$

해 도시 한 기호를 사용하여 벽돌 벽면적 1m²당 벽을 통해서
손실되는 열전도량은

$$Q = \frac{\lambda}{\delta}(\theta_1' - \theta_2')$$

대류에 의한 전열은

$$Q = \alpha(\theta_1' - \theta_2')$$

$$\therefore \frac{\lambda}{\delta}(\theta_1' - \theta_2') = \alpha(\theta_2' - \theta_2)$$

이것에서 $\alpha = \frac{\lambda}{\delta} \cdot \frac{\theta_1' - \theta_2'}{\theta_2' - \theta_2}$

$$= \frac{0.90}{0.40} \times \frac{800 - 100}{100 - 30} = 22.5 \, ㎉/mh℃$$

이것이 제시상태를 유지하는 데 필요한 대류전열률의 값이다. 따라서 그
것에 대한 필요한 공기의 유속은 풀어서 얻어진다.

즉 $22.5 = 5.32 + 3.68w$

답 $w = \frac{22.5 - 5.32}{3.68} = 4.67 m/s$

[예제3.12] 세로, 가로 높이가 각각 5m, 4m, 3m의 노벽이 공기온도 30℃의 넓은
실내에 있다. 지금 그 평균표면온도가 100℃였다고 하면 자연대류에 의한
열손실은 8시간에 몇kcal 되느냐. 다만 벽면의 자연대류에 의한 전열률은

$$직립각 \alpha_1 = 2.15(\triangle t)^{\frac{1}{4}} kcal/.m^2 h℃$$

$$상향수평면, \ \alpha_2 = 1.69(\triangle t)^{\frac{1}{4}} kcal/m^2 h℃ \ 라 \ 하고$$

저면의 자연대류에 의한 열손실은 없다고 본다.

($\triangle t$는 표면과 공기의 온도차 ℃)

해 직립각의 면적 F_1은　　$F_1=(5×3)×2+(4×3)×2=54\,\mathrm{m}^2$

상향수평면의 면적 F_2는　$F_2=(5×1)×1=20\,\mathrm{m}^2$

온도차 4t=100-30=70℃

대류전열률은 직립면,　$\alpha_1 = 2.15 \times (70)^{\frac{1}{4}} = 6.22\,kcal/m^2h℃$

상향수평면,　　　　　　$\alpha_2 = 1.69 \times (70)^{\frac{1}{4}} = 4.89\,kcal/m^2h℃$

그러므로 대류열손실은

직립면에 대해서　$Q_1 = \alpha_1 F_1 4t = 6.22 \times 54 \times 70 = 23.500\,kcal/h$

상향수평면에 대해서　$Q_2 = \alpha_2 F_2 4t = 4.89 \times 20 \times 70 = 6,850\,kcal/h$

　　합계손실은 $30350 \times 8 = 242,800\,kcal$　**답**

[예제 3.13] 판형공기예열기로 연소 가스로부터 공기로 전하는 열량이 전열면의 $1\,\mathrm{m}^2$당 매시 1,500kcal라 하면 매시 2,000kg의 연료를 연소시키는 데 필요한 공기를 25℃에서 200℃로 예열하려면 공기예열기의 면적을 얼마로 하면 좋으냐? 다만 공기의 정압비열을 0.24kcal/kg℃로 보고, 또 연료 1kg의 연소에 필요한 공기량을 20kg이라 한다.

해 매시소요공기량=20×2000=40,000kg/h

∴ 매시공기예열 소요열량=0.24×40,000×(200-25)=1,680,000kcal/h

∴ 소요공기예열면적=$\dfrac{1,680,000}{1,500}$=1,120$\,\mathrm{m}^2$　**답**

[예제 3.14] 내외 2층으로 된 연와벽 노가 있다. 내벽의 두께 200mm, 열전도율 0.8kcal/mh℃의 schamotte 연와, 외벽은 안전 사용온도 700℃, 열전도율 0.1kcal/mh℃의 단열연와로 되어 있다. 노벽의 내면온도가 1000℃일 때 시공 할 수 있는 연와의 최대 두께를 구하라. 다만 벽의 외측과 대기 사이의 열전도율은 방사를 포함해서 15kcal/mh℃, 대기온도는 50℃라 하고 노벽의 내면온도는 보온재의 두께와 무관하고, 벽의 열전도율은 온도에 따른 변화는 없다고 한다.

해 제의를 도시하면 다음 그림과 같이 된다. 노벽 $1\,\mathrm{m}^2$를 통해서 매시의 전도량 $Q(kcal/m^2)$는 식(3.22)에 의하여 schamotte 연와를 통해서

$$Q = \lambda_1 \frac{\theta'_1 - \theta'}{\delta_1} \quad \cdots\cdots\cdots\cdots\cdots (1)$$

단열 연와를 통해서

$$Q = \lambda_2 \frac{\theta' - \theta_2'}{\delta_2} \quad \cdots\cdots\cdots\cdots\cdots (2)$$

단열연와 외벽으로부터 대기로

$$Q = \lambda_2 (\theta_2' - \theta_2) \quad \cdots\cdots\cdots\cdots (3)$$

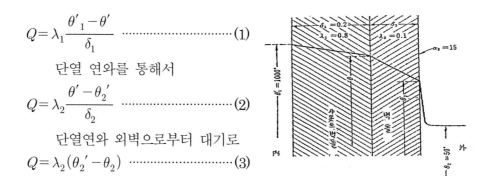

제의에 따라 $Q' = 700℃$, Q, Q_2', δ_2의 3량은 상기 3방정식을 풀어서 구할 수 있다. 식(1)에 수직을 대입하여

$$Q = 0.8 \times \frac{1,000 - 700}{0.2} = 1,200 \text{kcal/m}^2\text{h}$$

이 값을 식(3)에 대하여 $1,200 = 15 \times (\theta_2' - 50)$

이것에서 $\theta_2' = 130℃$ 이 값을 식(2)에 대입하여

$$1,200 = 0.1 \times \frac{700 - 130}{\delta_2}$$

이것으로부터 $\delta_2 = 0.0475\text{m} = 47.5\text{mm}$ 답

[예제 3.15] 열전도율이 각각 1.50, 1.16, 0.50kcal/m²h℃의 내화연와와 단열연와와 적연와로 되어 있는 넓은 평면노벽에서 내벽면의 온도가 1100℃ 단열연와의 안전사용온도가 1000℃ 적연와의 두께가 20㎝일 때, 벽관류열손실을 1000kcal/m²h로 고정 되도록 하기 위해서 시공할 수 있는 최소의 두께를 구하라. 다만 노외벽면에서의 대류와 방사에 의한 열전도율은 13kcal/m²h℃, 외기온도는 15℃라 한다.

해 그림 3.3을 그대로 본문에 부합시킬 수 있다. 좌층을 내화연와, 중간층을 단열연와, 우층을 적연와, 류본Ⅱ를 외기라 생각하면 된다. 그러므로 λ_1 =1.5 λ_2=0.16 λ_3=0.50 δ_3=0.20 θ_1'=1,100 θ'=1,000 θ_2=15 α_2=13 로, 이것에서 δ_1을 구하면 된다.

벽관류열량 Q kcal/m²h은 식(3.22)에 의하여

$$Q = \frac{\lambda_1}{\delta_1}(\theta_1' - \theta') \quad \cdots\cdots\cdots\cdots\cdots\cdots\cdots\cdots\cdots\cdots (1)$$

$$= \frac{\lambda_1}{\delta_2}(\theta' - \theta'') \quad \cdots\cdots\cdots\cdots\cdots\cdots\cdots\cdots\cdots\cdots (2)$$

$$= \frac{\lambda_3}{\delta_3}(\theta'' - \theta_2') \quad \cdots\cdots\cdots\cdots\cdots\cdots\cdots\cdots\cdots\cdots\cdots\cdots\cdots\cdots\cdots\cdots\cdots\cdots\text{(3)}$$

$$= \alpha_2(\theta_2' - \theta_2) \quad \cdots\cdots\cdots\cdots\cdots\cdots\cdots\cdots\cdots\cdots\cdots\cdots\cdots\cdots\cdots\cdots\cdots\cdots\cdots\text{(4)}$$

Q는 제의에 의하여 1,000 kcal/m²h이다.

먼저 식(4)에서 $\quad \theta_2' = Q_2 + \dfrac{Q}{\alpha_2} = 15 + \dfrac{1,000}{13} = 92$

식(3)에서 $\quad\quad \theta'' = \theta_2' + \dfrac{\delta_3}{\lambda_3}Q = 92 + \dfrac{0.20}{0.50} \times 1000 = 492$

식(2)에서 $\quad\quad \delta_2 = (\theta' - \theta'')\dfrac{\mu_2}{Q} = (1,000 - 492) \times \dfrac{0.16}{1,000} = 0.08$

식(1)에서 $\quad\quad \delta_1 = (\theta_1' - \theta')\dfrac{\lambda_1}{\alpha} = (1,100 - 1,000) \times \dfrac{1.50}{1,000} = 0.15$

그러므로 전노벽의 최소 두께는

$\quad\quad \delta_1 + \delta_2 + \delta_3 = 0.15 + 0.08 + 0.20 = 0.48\text{m} = 48\text{cm}$ 답

[예제 3.16] 승기 보일러의 전열면에 있어서 벽의 두께는 22mm, 열전도율은 50kcal/m h℃이다. 열전도율은 열가스측이 18kcal/m²h℃, 물 측이 5,200kcal/mh℃이다. 물 측에 평균 두께 1mm의 검정(열전도율0.1kcal/mh℃)이 부착했을 경우의 열전도율을 구하라. 다만 전열면은 평면으로 본다.

해 그림 3.3을 본제에 적용하면 유(流)Ⅰ은 가스, 유체Ⅱ는 보일러수, 좌층은 검정, 중간층은 전열면벽, 우층은 탕구에 해당한다. 그러므로, $\alpha_1 = 18$ $\alpha_2 = 5,200$ $\lambda_1 = 0.1$ $\delta_1 = 0.001$

$$\lambda_2 = 50 \quad \delta_2 = 0.022 \quad \lambda_3 = 1.8 \quad \delta_3 = 0.003$$

그럼으로 식(3.24)에 의하여

$$\frac{1}{k} = \frac{1}{\alpha_1} + \left(\frac{\delta_1}{\lambda_1} + \frac{\delta_2}{\lambda_2} + \frac{\delta_3}{\lambda_3}\right) + \frac{1}{\alpha_2}$$

$$= \frac{1}{18} + \left(\frac{0.001}{0.1} + \frac{0.022}{50} + \frac{0.003}{1.8}\right) + \frac{1}{5200} = 0.06790$$

$$\therefore k = \frac{\iota}{0.06790} = 14.7\text{kcal/mh℃}$$

전열면이 청정할 경우는 $\delta_1 = 0$, $\delta_3 = 0$이다. 그러므로

$$\frac{1}{k} = \frac{1}{18} + \frac{10.022}{50} + \frac{1}{5,200} = 0.05604 \quad \therefore k = \frac{1}{0.05604} = 17.8$$

두 가지 경우의 열관류율의 비는

$$\frac{14.7}{17.8} = 0.826$$

답 탕구와 검정(그을음)이 끼었을 때는 $k = 14.7$

청정의 경우는 $k = 17.8$, 양자의 비는 0.826

[예제 3.17] 예제 3.16에 있어서 열 가스는 온도 1,300℃로서 전열면에 들어가고, 300℃로서 연돌로 나가며, 보일러 수의 온도는 일정하여 210℃라 하면 두 가지 경우에 있어서 단위전열면적당 매시의 전열량은 얼마나 되나?

해 제의에 따라 식(3.40)에 있어서 $\delta_1 = 1300$ $\delta_2 = 300$ $\delta_0' = 210$

그래서 대수평균온도차는

$$\triangle \theta_m = \frac{1,300 - 300}{2,303 \log \dfrac{1,300 - 210}{300 - 210}} = \frac{1,000}{2,303 \log \dfrac{1,090}{90}} 401℃$$

그래서 식(3.12)에 의하여 구하는 전열량은

$$Q = k \triangle \theta_m$$

그러므로 탕구와 검정 끼었을 경우는

$$Q = 17.8 \times 401 \fallingdotseq 5,900 \text{kcal/㎡h}$$

청정할 때는 $Q = 17.8 \times 401 \fallingdotseq 7,140 \text{kcal/㎡h}$

답 탕구와 검정이 끼었을 때는 5,900kcal/㎡h

청정할 때는 7,140kcal/㎡h

[예제 3.18] 노내의 가스의 온도 1,000℃, 외기 0℃, 노벽의 두께 200mm, 열전도율 0.5kcal/㎡h℃의 노가 있다. 노내의 가스로부터 노벽으로의 열전도율은 1200kcal/㎡h℃, 노로부터 공기로의 열전도율은 10kcal/㎡h℃라 할 때 노벽 5㎡로부터 1일(하루)에 얼마나 열손실이 있나?

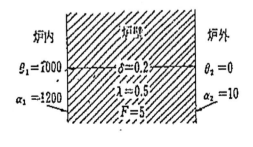

해 이 문제는 3.3 절2)의 층의 수를 1해서 풀면 된다. 이것을 도시하면 다음과 같이 된다. 따라서 식(3.24)을 이용하여

$$\frac{1}{k} = \frac{1}{\alpha_1} + \frac{\delta}{\lambda} + \frac{1}{\alpha_2}$$

$$= \frac{1}{1,200} + \frac{0.2}{0.5} + \frac{1}{10} = \frac{601}{1,200} \qquad \therefore k = \frac{1,200}{601} \text{kcal/㎡h℃}$$

$$\therefore Q = k(\theta_1 - \theta_2)F = \frac{1,200}{601} \times (1,000-0)5 \cong 10,000\,\text{kcal/h}$$

그러므로 1일에는 10,000×24=240,000kcal **답**

[예제 3.19] 어떤 가스가열기에서 매시 240kg의 온수를 사용하고 있다. 이 온수 가열기에 사용되는 가스는 매시 1,000kg, 물은 10℃로부터 40℃까지 가열하고 있다. 이때 물의 입구온도를 80℃, 총괄열관류율을 25kcal/m²℃라 할 때, 병류(並流)와 향류(向流)조작에 있어서 소요전열면적을 구하라. 단, 가스의 평균비열은 0.24kcal/kg℃라 하고, 가열기의 외부방열은 무시한다. 또 다음의 진수의 자연대수는 다음과 같다.

진 수	2	3	5	7
자연대수log[7]	0.6931	1,0986	1,6094	1,9459

해 식(3.33)을 본문에 적용시키면 제의에 따라 유체 Ⅰ은 온수, 유체 Ⅱ는 가스로서, $\theta_1=80$ $\theta_1'=10$ $\theta_2'=40$ $G_1=240$ $G_2=1000$ $C_1=1.00$(으로 한다) $C_2=0.24$ 이므로 $Q = C_1 G_1(\theta_1 - \theta_2)$

그러므로 $\theta_2 = \theta_1 - \dfrac{Q}{C_1 G_1} - 80 - \dfrac{7,200}{1 \times 240} = 50℃$

대수평균온도차는 가열기양단에 있어서 서로 같으므로 $4\theta_m = 40$으로 보아도 좋다. 소요전열면적은 식(3.36)에서 $k=25$로 해서 계산할 수 있다.

(1) 병류일 때는 $\triangle\theta_m$=30.8로 해서 $F = \dfrac{7,200}{25 \times 30.8} = 9.35\,\text{m}^2$

(2) 향류일 때는 $\triangle\theta_m$=40로 해서 $F = \dfrac{7,200}{25 \times 40} = 7.2\,\text{m}^2$

답 병류일 때 9.35m², 7.2m²

[예제 3.20] 이중관열교환기에 있어서 냉가스와 열가스가 각각 일정한 유량(질량속도)으로 향류열교환을 하고 있고, 그 온도는 다음과 같다.

　　　열 가스의 입구온도 250℃, 열 가스의 출구온도 150℃

　　　냉 가스의 입구온도 250℃, 열 가스의 출구온도 100℃

여기서 각각의 가스의 입구온도와 유량을 동일하게 유지해서, 얼 기스의 출구온도온도를 100℃로 하기 위해서는 열교환기의 관의 길이를 몇 배로

---

7) 이 책에서는 상용대수에 의한 계산에 사용하기 위하여 자연대수 대신으로 2,303log의 형으로 나타냈으나 본문과 같이 특히 자연대수의 값이 주어져 있을 때는 이것을 그대로 이용함이 편리하다.

하면 된다. 단, 이중관열교환기의 나온(倮溫)은 충분하며 관표면으로부터의 방열은 무시할 수 있다고 가정한다.

[해] 열 가스와 냉가스의 단위시간의 유량을 각각 G_1과 G_2kg/h 비열을 각각 C_1과 C_2(kcal/kg℃)라 하고 열가스의 입구와 출구온도를 각각 θ_1와 θ_2, 냉가스의 입구와 출구 온도를 각각 $\theta_1{'}$와 $\theta_2{'}$, 냉가스의 입구와 출구온도를 각각 $\theta_1{'}$와 $\theta_2{'}$라 하면 식(3.33)에서

최초의 전열량 $Q = C_1 G_1 (\theta_1 - \theta_2) = C_2 G_2 (\theta_2{'} - \theta_2{'})$

즉 $Q = C_1 G_1 (250 - 150) = C_2 G_2 (100 - 20)$

여기서 k=열관류율 kcal/m²℃ F=전열면적 $4\theta_m$=대수평균온도차

$$\triangle \theta_m = \frac{(\theta_1 - \theta_2{'}) - (\theta_2 - \theta_1{'})}{2.303 \log \dfrac{\theta_1 - \theta_2{'}}{\theta_2 - \theta_1{'}}} = \frac{(250 - 100) - (150 - 20)}{2.303 \log \dfrac{250 - 100}{150 - 20}}$$

$$= \frac{20}{2.303 \times 0.0626} = 1.39℃$$

다음에 열 가스의 출구온도를 100℃라 했을 때의 교환열량을 Q', 전열면적을 F', 냉 가스의 출구온도를 $\theta_2{''}$라 하면, 열관류율k는 일정하라고 하므로

$$Q' = C_1 G_1 (250 - 100) = C_2 G_2 (\theta_2{''} - 20) \cdots \cdots (3)$$

식(1)과 식(3)에서 $Q^1 = 150 \times \dfrac{Q}{100} = 1.5 Q \cdots \cdots (4)$

식(1),(3),(4) $\quad C_2 G_2 (\theta_2{''} - 20) = 1.5 C_2 G_2 (100 - 20)$

$$\therefore C_2{''} = 120 + 20 = 140℃$$

이때 평균온도차 $\triangle \theta_m{'}$는

$$\triangle \theta_m{'} = \frac{(250 - 140) - (100 - 20)}{2.303 \log \dfrac{250 - 140}{100 - 20}} = \frac{30}{0.318} = 94.4℃$$

또 $\theta' = k \triangle \theta_m{'} F' \cdots \cdots (5)$

식(2)와 식(5)에서 $Q = k \times 139 \times F$, $Q' = k \times 94.4 \times F$

식(4)에서 $\quad = 1.5 \times k \times 139 \times F$

$$\therefore \frac{F'}{F} = \frac{1.5 \times 139}{94.4} = 2.21$$

즉 전열면적이 2.21배로 되려면 관의 길이를 2.21배로 하면 된다.

[예제 3.21] 가열관의 내부를 10kg/s의 비율로 흐르고 있는 비열 0.5kcal/kg℃의 유체를 온도 200℃ 포화증기를 사용해서 50℃에서 80℃로 가열할 경우 m는, 이 가열관의 길이를 어느 정도로 하면 되느냐. 다만 가열관은 내경 100mm, 외경 110mm, 관의 열전도율은 12kcal/m²h℃라 한다. 또 유체라 가열관의 열전달률은 300kcal/m²h℃ 증기와 가열관의 열전달률은 10,00kcal/m²h℃라 하고, 가열관의 외측에 두께1mm의 Scal (열전도율 0.3kcal/m²h℃)이 붙어 있다고 한다.

해 유체를 50℃에서 80℃로 가열하는 데 필요한 열량은 0.5×10×3,600×(80-50)=540,000kcal/m²h℃ 과열증기와 유체의 평균온도차 $\triangle tm$는 식 (3.38)에 의하여

$$\frac{1}{k^1}=\frac{1}{\mu}[\frac{1}{300\times\alpha100}+\frac{2.303}{2\times12}log\frac{0.110}{0.100}+\frac{2.303}{2\times0.3}log\frac{0.112}{0.100}$$

$$+\frac{1}{10,000\times0.112}]=0.0217 \quad \therefore k'=46.1kcal/m²h℃$$

그러므로 $540,000=46.1\times134.4l$

$$l=87.15m\,(答)$$

[예제 3.22] 두께 20cm의 내화연와벽(열전도율 1.0kcal/m²h℃)의 외측에 다음과 같은 조건을 만족시키기 위해서 단열재(열전도율 0.1kcal/mh℃, 안전사용 온도 800℃)를 시공할 때, 그 단열재의 두께는 얼마나 되나 단, 노내벽온도는 1000℃, 외기온도는 0℃, 단열재로부터 외기로의 열전달률은 10kcal/m²h℃라 한다.

해 단열재의 안전사용온도는 800℃이므로 단열재와 내화와벽의

전열량은 $\dfrac{1.0\times(1000-800)}{0.20}=1,000kcal/m²h$

단열재의 두께를 sm라 하면 그 고온측의 면에서 외기까지의 열관류율 k는 다음식으로 구할 수 있다.

$\dfrac{1}{k}=\dfrac{S}{0.1}+\dfrac{1}{10}$ 그러므로 다음식이 성립된다.

$1,000=\dfrac{1}{\dfrac{S}{0.1}+\dfrac{1}{10}}(800-0) \quad \therefore S==0.07m=70mm=7cm$

답 단열재의 허용최대두께 7cm

[예제 3.23] 냉각수와 기름을 향류(向流)로 흐르는 유냉각기에 있어서 다음 표에서 제량을 내었다.

			유	수
유 량		kg/h	$G_1=100$	$G_2=200$
입 구 온 도		℃	$\theta_1=70$	$\theta_1'=20$
출 구 온 도		℃	$\theta_3=30$	
비 열		kcal/kg℃	$C_1=0.5$	$C_2=1.0$

물의 출구온도와 필요한 냉각면적을 구하라. 다만 전열벽의 열관류율 k 를 60kcal/m²h℃로 해서 냉각면 이외는 열의 방산은 없다고 한다.

해 전열량은 유(기름)의 쪽에서

$$Q=c_1 G_1(\theta_1-\theta_2)=0.5\times100\times(70-30)=3,000\,\text{kcal/h}$$

그래서 물의 출구온도 θ_2' 는 다음식에서

$$Q=c_2 G_2(\theta_2'-\theta_1')$$

$$\theta_2'=\frac{Q}{c_2 G_2}+\theta_1'=\frac{2,000}{1.0\times200}+20=10+20=30℃$$

다음에 전열의 쪽에서 식(3.34)에 의하여 $Q=k\triangle\theta m F$

여기서 $\triangle\theta m$는 대수평균온도차, F는 냉각면적이다.

$\triangle\theta m$는 다음식(3.37)에 의하여

$$\triangle\theta m=\frac{(\theta-\theta_2')-(\theta_2-\theta')}{2,303\log\frac{\theta_1-\theta_2'}{\theta_2-\theta_1'}}=\frac{(70-30)-(30-20)}{2,303\log\frac{70-30}{30-20}}21.6℃$$

$$\therefore F=\frac{Q}{k\triangle\theta m}=\frac{2,000}{60\times21.6}=1.55\,\text{m}^2$$

답 물의 출구온도 30℃, 냉각면적 1.55㎡

[예제 3.24] 11,200N㎥/h의 공기를 다수 병렬한 내경 50mm의 관내의 통과시켜, 관외로부터 110℃의 포화증기에 의해서 20℃로부터 70℃까지 가열을 하려고 하고 있다. 이때 관내구의 공기의 평균유입속도를 7m/s라 할 때, 병렬해야할 관의 수와 관의 소요길이를 구하라.

단, 공기의 압력은 대기압으로 보고, 또 공기의 평균정압비열을 0.32kcal/N㎥℃, 관내면에서의 열전달률을 30kcal/m²h℃라 한다. 또 전열에 유효한 평균온도차는 산술평균을 취한다.

해 20℃ lat의 공기 11,200Nm³/h을 7m/s의 속도로 흐르게 하는 데 필요한 관단면적은

$$\frac{11,200}{3,600} \times \frac{293}{273} \times \frac{1}{7} = 0.477\,㎡$$

내경 50mm의 관의 단면적은 $\frac{\pi}{4} \times 0.05^2 = 0.001961\,㎡$

그러므로 병렬로 하는 관의 수는 0.477/0.001961=243 본1,200Nm³/h의 공기는 20℃에서 70℃로 가열하는 데 필요한 열량 Q는

Q=0.32×(70-20)×11,200=179,200kcal/h

관동 1m당의 전열면적은 π×0.05×243=38.2㎡

관내외의 평균온도차는 $\dfrac{(110-20)+(110+70)}{2} = 65\,℃$

그러므로 관재료의 열전도와 증기측의 열전달이 공기측의 열전달에 비해서 현저히 양호하다고 생각하면, 열관류율은 공기측의 열전달률 30kcal/㎡ h℃와 같아지므로 관의 소요길이를 ι라 하면 다음식이 성립된다.

Q=30×65×38.2ι=179,200　　∴ι=2.41m

답 관렬수(管列數) 243, 관의 길이 2.41m

[예제 3.25] 향류열교환기가 있다. 영류체(令流體)는 25℃에서 80℃까지 가열되며, 열(熱)유체는 120℃에서 60℃까지 냉각되고 있다. 이때 양(兩)유체의 입구 온도와 영류체의 유량을 변화시키지 않고 전열량을 5% 증가시키려면 열유체의 유량을 대략 몇% 증가하면 되느냐?
다만 열관류율은 변하지 않는 것으로 한다.

해 이때 열관류율을 k, 전열면적을 F, 양유체의 평균온도차를 $\triangle t$라 하면 전열량 Q는 다음식으로 주어진다.

Q=$kF\triangle t$

평균온도차는 엄밀히는 대수평균온도차를 이용해야 하나
이런 경우는 산술평균온도차와의 차가 작음으로 간단히 산술평균온도차를 이용하면,

$$\triangle t = \frac{1}{2}\left[(120-80)+(90-25)\right] = 37.5$$

전열량을 증가하기 위해 열유체의 유량을 변화시킬 경우 양유체의 입구 온도와 열관류율은 변화하지 않으므로, 양유체의 출구온도가 변화해서 전열량의 변화와 동일량만큼 평균온도차가 변화한다. 그러므로 전열량이

6% 증가하기 위해서는 평균온도차는 37.5×1.05=39.4℃로 되지 않으면 안 된다.

한편 전열량이 5% 증가하고, 이 냉유체의 양은 변화하지 않으므로 냉유체의 온도상승이 최초의 온도상승의 1.05배로 된다. 그러므로 이 경우의 냉유체의 출구온도 t_c는

$$t_c=25+(80-25)\times1.05=82.8℃로 \ 된다.$$

열유체의 출구온도 t_h는 온도차가 39.4℃로 된다는 조건에서 구할 수 있다.

$$\frac{1}{2}[(120-82.8)+(t_h-25)]=39.4 \cdots\cdots\cdots\cdots \therefore t_h=25+78.8-37.2=66.6℃$$

열유체의 양을 최초는 G_1, 후에는 G_2라 하면

$$(120-60)cG_1\times1.05=(120-66.6)cG_2 \ 가 \ 성립된다.$$

여기서 c는 열유체의 비열이다.

$$\frac{G_2}{G_1}=\frac{(120-60)\times1.05}{120-66.6}=1.18$$

답 열유체의 증가량은 18%이다

[예제 3.26] 다수의 병렬 동관 내를 유동하는 냉각수에 의하여 관 외에 있는 포화증기를 응축하고 있는 수증기응축기가 있다. 이 동관의 관두께는 1.0mm, 열전도율은 330kcal/mh℃이고 열관류율은 측정에 의하여 3,000kcal/mh℃였다. 이 수증기 응축기에 있어서 동관 대신에 관두께 3.5mm의 동관(열전도율 450kcal/mh℃)를 사용하였다고 하면 그 열관류율은 대략 어느 정도가 되느냐. 다만 응축기의 조작조건은 양자 다 같이 동일하다고 한다.

해 엔관의 열관류율은 식(3.32)로 주어지나, 이 경우는 대력 값으로 만족되므로 식(3.24) 즉

$$\frac{1}{k}=\frac{1}{\alpha}+\frac{1}{\lambda}+\frac{1}{\alpha_1} \ 을 \ 사용하기로 \ 한다.$$

동관에 대해서는 $\quad \dfrac{1}{3000}=\dfrac{1}{\alpha}+\dfrac{0.001}{33.0}+\dfrac{1}{\alpha_2}$

$$\therefore \frac{1}{\alpha_1}+\frac{1}{\alpha_2}=\frac{1}{3,000}-\frac{0.001}{45}=4,081\times10^{-4}$$

동관에 대해서는 $\quad\cdots\cdots\cdots \dfrac{1}{k}=3,303\times10^{-4}+\dfrac{0.0035}{45}=4,081\times10^{-4}$

$$\therefore k=2,450$$

답 2,450kcal/㎡h℃

[예제 3.27] 온도 100℃, 비열 0.8kcal/kg℃의 액체 16t/h를 40℃까지 냉각시키고 있는 향류열교환기가 있다. 냉각에는 온도 15℃의 냉각수를 12t/h 사용하고 있다. 이 열교환기를 그대로 사용하여 냉각해야 할 액체의 양을 현재의 2배로 할 필요성이 생겼다. 다음 질문에 답하라.

(ㄱ) 현재의 상태에 있어서는 열교환기출구의 냉각온도(℃)와 이 열교환의 열교환량(kcal/h)은 각각 얼마나 되나?

(ㄴ) 냉각해야 할 액체의 출구온도를 변화시키지 않고 그 열량을 2배로 했을 때 사용해야 할 냉각수량(t/h)과 열교환기출구에 있어서 냉각수온도(℃)는 각각 얼마나 되나? 단, (ㄴ)의 경우는 유속증가 때문에 이 열교환기의 총괄열전달률(열관류율)은 1.5배로 된다고 하고, 또 계산에 필요한 평균 전열온도차에는 산술평균을 사용해도 좋다. (신9)

해 (ㄱ) 외부로의 방열손실이 없을 경우는 피냉각액체의 방출열량과 냉각수의 수열량은 같다. 피냉각액체의 방출열량 즉 교환열량 Q는

$$Q=16,000×0.8(100-40)=768,000kcal/h$$

냉각수는 열량에 의하여 온도가 상승하고, 열교환기의 출구에 t℃가 된다고 하면 $Q=768,000=12,000×(t-15)$

$$∴ t=\frac{768,000}{12,000}+5=79℃$$

(ㄴ) 피냉각액체의 출입구온도에는 변화가 없고, 유량만 2배로 되었기 때문에 그 방출열량은 2배 즉 $768,000×2=1,536×10^3kcal/h$로 된다. 열관류율은 유속증가 때문에 최초의 값(치의 1.5배로 된 것이기 때문에 먼저 최초의 열관류율 k를 생각한다. 이 열교환기의 전열면적을 Fm²라 하면 식(3.34)에 의하여 $Q=k\triangle tF$

온도차를 $\triangle t$라 해서 출입구온도차의 산술평균치를 사용하면

$$\triangle t \frac{(100-79)+(40-15)}{2}=23℃$$

그러므로 $k=\frac{Q}{\triangle tF}=\frac{768,000}{23F}=\frac{33,400}{F}$ kcal/m²h℃

그래서 열관류율 k'는

$$k'=1.5k=\frac{1.5×33,400}{F}=\frac{50100}{F} kcal/m²h℃$$

그러므로 냉각수 출구온도를 t'℃는

$$1{,}536\times10^3=\frac{50100}{F}\times\frac{(100-t')+(40-15)}{2}F \quad \therefore\ t'=63.7\text{℃}$$

이때의 냉각수량을 $\overline{\text{w}}$라 하면 $\overline{\text{w}}=\dfrac{1{,}536\times10^3}{63.7-15}=31.5\text{t/h}$

답 (ㄱ) 냉각수출구온도 79℃, 교환열량 768,000㎉/h

(ㄴ) 냉각수량 31.5t/h, 냉각수출구온도 63.7℃

[예제 3.28]　두께 30mm의 보온재를 시공한 외경 89mm, 길이 150m의 가스관에 의하여 어느 장치에 매시 300kg의 수증기를 120℃의 포화증기로 해서 보내고 싶다. 이때 관내에서 수증기의 응축이 일어나지 않게 하기 위해서는 송입하는 과열증기의 온도를 대개 몇 도하면 되느냐? 다만 관의 보온재의 외표면적에 기인되는 열관류율은 1.6㎉/㎡h℃ 대기온도는 15℃, 수증기의 평균비열은 0.5㎉/kg℃라 한다.

해　관으로부터의 방열량 Q는 식(3.34)에 의하여 $Q=k\triangle tmF$

여기서 k는 열관류율이며, $k=1.6$㎉/㎡h℃, ········F는 전열면적으로서

$F=\pi dl=3.14\times(0.089+0.030\times2)\times150=70.2\text{㎡}$

$\triangle tm$는 평균온도차로서 산술평균온도차를 사용하면

$$\triangle tm=\frac{(t-t_a)+(t_s-t_a)}{2}=\frac{t-t_s}{2}-t_a=\frac{t+120}{2}-15=\frac{t}{2}+45$$

여기서 t는 증기의 최초의 온도이다.

$$\therefore\ Q=1.6\times(\frac{1}{2}+45)\times70.2\text{㎉/h}$$

또 한편 300kg/h의 증기의 손실 열량은

$$\therefore\ Q=300\times0.5\times(t-120)$$

그러므로 다음식에 의하여 증기온도 t를 구할수 있다.

$$1.6\times\left(\frac{t}{2}+45\right)\times70.2=300\times0.5(t\text{-}120)$$

$$\therefore\ t=246\text{℃} \quad \text{답}$$

주　정확한 계산을 하려면 온도차로서는 대수평균온도차를 사용하여야 한다. 그러나 제의에서는 대개 몇 도로 하면 좋으냐 하므로 상기의 계산으로 족하다. 그래서 대수평균온도차를 사용하면 t=237℃이다.

[예제 3.29]　향류식의 열교환기에 의하여 1,200℃의 연소가스 3600N㎥/h를 사용하여 2500N㎥/h의 공기를 200℃에서 800℃까지 가열하고자 한다. 그때 필요한 전열면적과 교환기출구에 있어서 연소가스 온도는 대체로 얼마나

되나? 다만 공기측의 평균대류열전달률은 15kcal/m²h℃, 연소가스측의 평균 대류열전달률과 평균방사열전달률은 각각 13kcal/m²h℃와 17kcal/m²h℃라 하고 열교환기의 전열벽은 평면이며, 그 두께는 2cm, 벽의 열전도율은 1.2 kcal/m²h℃라 한다.

또 연소가스와 공기의 평균정압비열은 각각 0.33kcal/Nm³℃와 0.30kcal/Nm³℃라 한다.

해 외부로의 열손실이 없을 때는 연소가스가 방출한 열량과 공기가 얻은 열량은 같다. 이때 가스의 출구온도를 t라 하면 연소가스가 방출한 열량은

$0.33 \times 3{,}600 \times (1200-t) = 1.188 \times (1200-t)$kcal/h

한편 공기가 얻은 열량은 $0.33 \times 2{,}500 \times (800-200) = 450{,}000$kcal/h

$\therefore 1{,}188 \times (1{,}200-t) = 450{,}000 \qquad t = 821℃$

다음에 필요한 전열면적을 Fm^3라 하면 $Q = k \triangle tmF$

여기서 Q는 전달되어야 하는 열량으로서 450,000kcal/h

k는 열관류율 kcal/m²h℃, $\triangle tm$는 평균온도차 ℃이다.

열관류율 k는 식(3.24)에 의하여 $\dfrac{1}{k} = \dfrac{1}{\alpha_1} + \dfrac{\delta}{\lambda} + \dfrac{1}{\alpha_2}$로 주어진다.

α_1은 공기측의 열전달률로서 $\alpha_1 = 15$kcal/m²h℃

α_2는 연소가스측의 열전달률로서 대류에 의한 것과 방사에 의한 것의 합계로서 $\alpha_2 = 13+17 = 30$kcal/m²h℃, δ는 전열벽의 두께로서 $\delta = 0.02$m, λ는 벽의 열전도율로서 $\lambda = 1.2$kcal/m²h℃이다.

그러므로 $\dfrac{1}{k} = \dfrac{1}{15} + \dfrac{0.02}{1.2} + \dfrac{1}{30} = 0.1167 \qquad \therefore k = 8.57$kcal/m²h℃

평균온도차에 산술평균온도차를 사용하면

$$\triangle t_m = \frac{(1{,}200 - 800) + (821 - 200)}{2} = 510.5℃$$

만약 대수평균온도차를 사용하면

$$\triangle t_m = \frac{(1{,}200 - 800) + (821 - 200)}{2{,}303 \log \dfrac{1{,}200 - 800}{821 - 200}} = 496℃$$

이 문제에서는 전열면적의 개수치를 구해 있으므로 간단하기 때문에 산술평균치를 사용하기로 한다.

$$450{,}000 = 8.57 \times 510.5F \qquad \therefore F = \frac{450{,}000}{8.57 \times 510.5} = 103㎡$$

답 출구가스온도 821℃, 전열면적 103㎡

[예제 3.30] 압력 16kg/cm²의 다량의 건조포화증기로서 압력 2kg/cm², 온도40℃의 수 200kg/h을 가열해서 습한 증기로 하는 열교환기가 있다. 열교환면의 면적은 2m², 열관류율은 어느 곳이나 300kcal/m²h℃이다. 발생하는 증기의 건조도와 고압가열증기로부터 발생하는 Drain의 양은 어느 정도인가? 단, 수의비열은 1.00kcal/kg℃, 증기의 성질은 다음과 같다.

압력(kg/cm²)	포화온도(℃)	건조증기의 엔탈피(kcal/kg)	건조수의 엔탈피(kcal/kg)
2	120	646	120
16	200	667	204

또 열교환기에서 외부에로의 방열은 없는 것으로 한다. 또한 자연대수, 상용대수는 다음과 같다.

진 수	2	3	4	5	6	7	8	9	10
자연대수	0.693	1.099	1.386	0.610	1.792	1.946	2.079	2.197	2.303
상용대수	0.301	0.477	0.602	0.699	0.778	0.845	0.903	0.954	1.000

열량 Q_1에 의하여 비열 1.00kcal/kg℃의 물 200kg/h의 온도가 120℃로 되므로 $Q_1 = 1 \times (120-40) \times 200 = 16,000$kcal/h

열량 Q_1을 전열시키는 데 필요한 전열면적을 F_1이라 하면 식(3.34)에 의하여 $Q_1 = k \triangle \theta_m F_1$

k는 제의에 의하여 300kcal/kg℃, $\triangle \theta_m$는 식(3.38)에 의하여

$$\triangle \theta_m = \frac{\theta_2' - \theta_1'}{2.303 \log \frac{\theta_0 - \theta_1'}{\theta_0 - \theta_2'}}$$

여기서 $\theta_2' = 120$℃, $\theta_1' = 40$, $\theta_0 = 200$℃

$$\triangle \theta_m = \frac{120 - 40}{2.303 \log \frac{200 - 40}{200 - 120}} = \frac{80}{2.303 \log 2} = 115℃$$

$$\therefore F_1 = \frac{16,000}{300 \times 115} = 0.464 m^2$$

다음에 열량 θ_2에 의하여 포화수의 일부가 증발해서 습한 포화증기로 되는 것이므로, 그 건조도를 x라 하면

$Q_2 = 300 \times (200-120) \times (2.00-0.464) = 36,860$kcal/h

$$\therefore x = \frac{36,860}{105,200} = 0.35$$

발생 Draine의 양을 $\overline{w}$ kg/h라 하면

$$\overline{w} = \frac{Q_1 + Q_2}{i'' - i'} = \frac{16,000 + 36,860}{667 - 204} = 114.2 \text{kg/h}$$

답 건조도 35%, Drain량 114.2kg/h

[**예제 3.31**] 전열면적 4㎡의 다관식 열교환기에 있어서 가열유체로서 포화수증기를 사용하고, 그 복수됨에 있어서 토출하는 응축열에 의하여 공기를 가열하고 있다. 이때 온도 180℃의 포화수증기를 사용하고, 매시 8,370kg의 공기를 20℃에서 80℃까지 가열할 때는 이 열교환기의 수증기와 공기 간의 열관열률은 얼마인가?

다만 공기의 비열은 0.25㎉/kg℃라 한다.

해 이 열교환기에서는 수증기의 응축열에 의하여 공기를 가열하는 것이므로 증기측의 온도는 일정하여 180℃이며 공기측에서는 공기온도가 20℃에서 80℃까지 상승한다. 그러므로 전열량 Q㎉/kgh는 열관류율을 k ㎉/㎡h℃, 전열면적을 Fm^2, 온도차를 $\triangle tm$℃라 하면 식(3.34)에 의하여 다음과 같이 된다.

$$Q = k \triangle tm \text{F}$$

온도차 $\triangle tm$는 대수평균온도차를 사용하면

$$\triangle tm = \frac{\triangle t_1 - \triangle tm_2}{2.303 \log \frac{\triangle t_1}{\triangle t_2}} \quad \text{로 표시된다.}$$

여기서 $\triangle t_1$은 공기의 입구에 있어서 증기온도와 공기온도와의 차로서 $\triangle t_1 = 180\text{-}20 = 160$℃이며, $\triangle t_2$는 출구에 있어서 증기와 공기와의 온도차로서 $\triangle t_2 = 160\text{-}80 = 100$℃이다. 그러므로

$$\triangle tm = \frac{160 - 100}{2.303 \log \frac{160}{100}} = 128\text{℃}$$

외부로부터의 열손실이 없을 때는 전열량 Q㎉/h에 의하여 8,370kg/h의 공기의 온도가 20℃에서 80℃까지 상승하는 것이므로

$$Q = 0.25 \times 8,370(80\text{-}20) = 125,600 \text{kg/h 로 된다.}$$

그러므로 전열면적은 4㎡이므로 구하는 열관류율 k는

$$k = \frac{Q}{\triangle tmF} = \frac{125,600}{128 \times 4} = 245,3 \text{㎉/kg℃}$$ **답**

> **주** 대수표가 없을 때는 평균온도차로서 산술평균온도를 사용한다. 이때는
>
> $$\triangle tm = \frac{160+100}{2} = 130℃ 로 된다.$$
>
> 그러므로 열관류율 k는 $k = \frac{125,600}{130 \times 4} = 241.5\,\text{kcal/kg℃}$
>
> 또 이 문제와 동내용의 문제가 예제 2.10와 조합되어 일편 12회 시험에 출제되었다.

[예제 3.32] 4×4×1㎥의 실내에 1,450℃ 열가스가 있다. 피가열물은 4×4㎡의 바닥면에 1,000℃로 보지되어 있다.

그 가스로부터 피가열물로의 방사흑도 ϵ는 0.3이며 방사열 Q_r는 다음식으로 표시된다.

$$Q_r = 4.88\epsilon \left[\left(\frac{Tg}{100} \right)^4 - \left(\frac{Tc}{100} \right)^4 \right] FC$$

여기서 Tg와 Tc는 각각 가스와 피가열물의 온도(。K), Fc는 피가열물의 바다 면적(㎡)이다. 또 피류전열량 Qc는

$Qc = \alpha(Tg\text{-}Tc)Fc$ 로 표시되며 α는 대류전열율로서 많아도 10kcal/㎡h℃ 정도이다. 이런 경우 이 실에 있어서 전전열량은 얼마인가

> **해** 제의에 의하여 Tg=1,450+273=1,723。K,
>
> Tc=1,000+273=1,273。K ε=0.3 Fc=4×4㎡
>
> 그래서 주어진 공식으로부터 방사전열량
>
> $$Q_r = 4.88 \times 0.3 \times \left[\left(\frac{1,723}{100} \right)^4 - \left(\frac{1,273}{100} \right)^4 \right] \times 4 \times 4 = 1,414,000\,\text{kcal/h}$$
>
> 대류전열량의 계산에는 α의 값으로서 주어진 최고치 10을 취하면 대류전열량, Qc=10×(1,450-1,000)×4×4=72,000kcal/h 그러므로
>
> 전전열량의 최고치는 $Qr+Qc$=1,414,000+72,000=1,486,000kcal/h

> **답** $1,486 \times 10^3$kcal/h(최고치)

[예제 3.33] 외경의 온도가 100℃일 때에 그 벽으로부터의 방사 대류의 열손실이 870kcal/㎡h였다. 그 벽의 온도가 200℃로 되었을 때는 얼마만 한 열손실이 예상되느냐? 다만 외기의 온도를 30℃로 하고

열전달률은 $\alpha = 2.2(4t)^{\frac{1}{4}}$ 이 적용되는 것으로 한다.

> **해** 방사전달량은 식(3.49)에 의하여

$$Qr = c\left[\left(\frac{T_1}{100}\right)^4 - \left(\frac{T_2}{100}\right)^4\right] \mathrm{kcal/m^2 h}$$

또 대류전열량은 제의에 의하여

$$Qc = \alpha\triangle t = 2.2(\triangle t)^{\frac{1}{4}} \cdot \triangle t = 2.2(\triangle t)^{\frac{5}{4}}$$

제1의 경우는 $T_1 = 100 + 273 = 373。$ K, $\quad T_2 = 30 + 273 = 303。$ K

$$\triangle t = 100 \text{-} 30 = 70℃$$

$$\therefore Q_r = c\left[\left(\frac{373^4}{100}\right) - \left(\frac{303^4}{100}\right)\right]\left(\frac{373^4}{100}\right) - \left(\frac{303^4}{100}\right), \, Q_c = 2.2 \times (70)^{\frac{5}{4}}$$

그래서

$$Q_r + Q_c = c\left[\left(\frac{373}{100}\right)^4 - \left(\frac{303}{100}\right)^4\right]\left(\frac{373}{100}\right)^4 - \left(\frac{303}{100}\right)^4 + 2.2 \times (70)^{\frac{5}{4}} = 870$$

계산하면 $109.28C + 445.5 = 870$

이것에서 $C = \dfrac{870 - 445.5}{109.28} = 3.88$

제 2의 경우는 $T_1 = 200 + 273 = 473°k, \, T_2 = 30 + 273 = 303°k$

$$\triangle t = 200 - 30 = 170℃$$

$$\therefore Q_r + Q_c = c\left[\left(\frac{473}{100}\right)^4 - \left(\frac{303}{100}\right)^4\right] + 2.2(170)^{\frac{5}{4}} = c \times 416.49 + 1350$$

이 c에 제1의 경우에서 얻은 값을 대입하면

$$Q_r + Q_c = 3.88 \times 416.49 + 1,350 = 2,966 kcal/m^2h \, (答)$$

[예제 3.34] 노벽표면의 온도가 180℃였을 때, 그 열손실은 벽표면 1㎡당 1시간에 대개 얼마나 되나? 다만 대기온도는 30℃이며 벽은 대개 완전흑체에 가깝고, 대류전열은

자연대류의 정도(대류열전달률$\alpha = 2.2(4t)^{\frac{1}{4}}$ kcal/m²h℃와 한다.

해 방사손실은 식(3.49)에 의히어 $Q_r - c\left[\left(\frac{T_1}{100}\right)^4 - \left(\frac{T_2}{100}\right)^4\right]$ kcal/m²h

제의에 의하여

$C = C_6 = 4.88 kcal/m^2h°k^4$

$T_1 = 180 + 273 = °k \quad T_2 = 30 + 273 = 303°k$

$$\therefore Q_r = 4.88 \left[\left(\frac{453}{100} \right)^4 - \left(\frac{303}{100} \right)^4 \right] = 1,643 \, \text{kcal/m}^2\text{h}$$

대류손실은 $Q_c = \alpha \triangle t \, \text{kcal/m}^2\text{h}$

여기서 $\alpha = 2.2 (\triangle t)^{\frac{1}{4}} \, \text{kcal/m}^2\text{h}$

$$\therefore Q_c = 2.2 (\triangle t)^{\frac{5}{4}} = 2.2 \times 150^{\frac{5}{4}} = 1,155 \, \text{kcal/m}^2\text{h}$$

그러므로 열손실은 $Q_r + Q_c = 1,643 + 1,155 = 2,798 \, \text{kcal/m}^2\text{h}$ 답

[예제 3.35] 외기의 온도가 10℃일 때, 표면온도 50℃의 관의 표면으로부터의 방사에 대한 상당열전달률은 얼마나 되나? 다만 관의 방사흑도를 0.8로 한다.

해 상당열전달률 α_r는 식 (3.54)에 의하여

$$\alpha_r = \frac{c}{T_1 - T_2} \left[\left(\frac{T_1}{100} \right)^4 - \left(\frac{T_2}{100} \right)^4 \right]$$

또 식 (3.46)의하여

C=εC_6

방사습도ε는 0.8이므로

c=$0.8 \times 4.88 = 3.90 \, kcal/m^2h°k^4$

또 제의에 의하여

$T_1 = 50 + 273 = 323°k, \ T_2 = 10 + 273 = 283°k$

$T_1 - T_2 = t_1 - t_2 = 50 - 10 = 40°K$

$$\therefore \alpha_r = \frac{3.90}{40} \left[\left(\frac{323}{100} \right)^4 - \left(\frac{283}{100} \right)^4 \right] = 4.46 kcal/m^2h℃$$ 답

[예제 3.36] 온도 300℃, 습도 0.9의 수직벽이 30℃ 실내에 있다.

이런 경우의 자연대류열량과 방사열량의 비를 구하라. 다만 자연대류의

전열율은 $\alpha = 2.2 (\triangle t)^{\frac{1}{4}} \, \text{kcal/m}^2\text{h℃} \triangle t$는 온도차를 표시한다.

해 방사방열량은 식(3.52)에 의하여

$$Q_r = \epsilon C_6 \left[\left(\frac{T_1}{100} \right)^4 - \left(\frac{T_2}{100} \right)^4 \right] \, \text{kcal/m}^2\text{h}$$

여기서 ε=벽의 흑도=0.9

$T_1 = $벽면의 절대온도=300+273=573°K

$$T_2 = \text{실의 절대온도} = 30 + 273 = 303\,°K$$

$$C_b = \text{안전흑도의 방사정수} = .88\text{kcal/m}^2h\,°K^4$$

이들의 값을 상식에 대입하여 계산하면

$$Q_r = 0.9 \times 4.88 \times \left[\left(\frac{573}{100}\right)^4 - \left(\frac{303}{100}\right)^4\right] = 4,360\,\text{kcal/m}^2\text{h}$$

자연대류방열량은 제의에 의하여 $Qc = \alpha(t_1 - t_2)\,\text{kcal/m}^2\text{h}$

그래서 $\alpha = 2.2(\triangle t)^{\frac{1}{4}} = 2.2 \times (300 - 30)^{\frac{1}{4}} = 891\,\text{kcal/m}^2\text{h}℃$

$$\therefore Q_C = 8.91 \times (300\text{-}30) = 2,405\,\text{kcal/m}^2\text{h}$$

그러므로 구하는 비는

$$\frac{Q_C}{Q_r} = \frac{2,405}{4,360} = 0.552 \quad \text{답}$$

[예제 3.37] 온도 30℃의 실내에 표면온도 100℃의 표면벽이 있다. 이때 표면온도가 300℃로 상승했을 때 그 방사에 의한 열손실은 몇 배가 되나?

해 표면온도가 100℃일 때의 열손실은 식(3.49)에 의하여

$$Q_{r1} = C\left[\left(\frac{100+273}{100}\right)^4 - \left(\frac{30+273}{100}\right)^4\right] = C \times 109.3\,\text{kcal/m}^2\text{h}$$

표면온도가 300℃일 때의 열손실은 같은 방법으로

$$Q_{r2} = C\left[\left(\frac{100+273}{100}\right)^4 - \left(\frac{30+273}{100}\right)^4\right] = C \times 994.2\,\text{kcal/m}^2\text{h}$$

그러므로 그 비는

$$\frac{Q_{r2}}{Q_{r1}} = \frac{994.2}{109.3} = 9.1\,\text{배} \quad \text{답}$$

[예제 3.38] 온도 27℃의 실내에 수평으로 설치된 외경 20cm의 라증(裸蒸)기관이 있다. 관표면의 온도 227℃일 때 관면 1㎡로부터 매시의 방열량을 구하라. 다만 대류에 의한 열전달률은 식(3.16)에 의하기로 하고, 관면의 방사흑도를 0.6이라 한다.

해 식(3.16)에 의하여

$$\triangle t = 227\text{-}27 = 200 \quad d = 0.2$$

$$\therefore \alpha = 1.1\sqrt[4]{\frac{\triangle t}{d}} = 1.1 \times \sqrt[4]{\frac{200}{0.2}} = 6.19\,\text{kcal/m}^2\text{h}℃$$

그러므로 대류방열량은

$$Qc = \alpha \triangle t = 6.19 \times 200 = 1,238\,\text{kcal/m}^2\text{h}$$

방사방열량은 식(3.52)에 의하여

$$Qr = \epsilon\, C_b\left[\left(\frac{T_1}{100}\right)^4 - \left(\frac{T_2}{100}\right)^4\right]\text{kcal/m}^2\text{h}$$

제의에 의하여 ϵCb=0.6×4.88=2.98kcal/m²h $°\,K^4$

$$T_1 = \text{관면의 절대온도}=227+273=500\,°\,K$$

$$T_2 = \text{실내의 절대온도}=27+273=300\,°\,K$$

$$\therefore\ Qr = 2.93 \times \left[\left(\frac{500}{100}\right)^4 - \left(\frac{300}{100}\right)^4\right]=1,590\,\text{kcal/m}^2\text{h}$$

그러므로 총방열량은 ‥ $Q = Qc + Qr = 1,238 + 1,590 = 2,828\,\text{kcal/m}^2\text{h}$ 답

[예제 3.39] 표면온도가 300℃의 평활한 평면벽이 30℃의 넓은 실내에 있을 때 그 표면으로부터의 방열량이 6,370kcal/m²h이라 한다. 이때 이 벽면에 Aliminium 박판을 밀착시켰을 때 방열량이 2,923kcal/m²h로 감소되었다고 하면 자연대류의 전열량 α는 몇 kcal/m²h℃인가? 다만 Aluminium 박판의 표면의 방사흑도는 벽면의 흑도의 1/8로서 그 온도와 자연대류에 의한 열손실은 벽면과 같다고 한다.

해 우도에 나타낸 바와 같이 벽면이 로출해 있는 경우를 (Ⅰ)의 경우와 (Ⅱ)의 경우를 각각 접미부 1과 2로 구별한다.
방사방열량을 Qr, 자연대류에 의한 방열량을 Qc, 그 합계를 Q라 하면

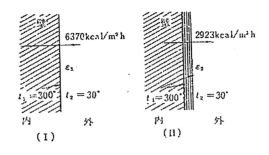

(Ⅰ)의 장합 $Q_1 = Q_{ri} + Q_{C1}$ (Ⅱ)의 장합 $Q_2 = Q_{r2} + Q_{C2}$

그래서 제의에 의하여 $Q_1 = Q_{r2} = Q_C$

그러므로

$$Q_1 = Q_{r1} + Q_C \quad\cdots\cdots\cdots\cdots\cdots\cdots\cdots\cdots\cdots(1)$$

$$Q_2 = Q_{r2} + Q_C \quad\cdots\cdots\cdots\cdots\cdots\cdots\cdots\cdots\cdots(2)$$

또 $\therefore\ Q_{r1}=\epsilon_1 C_b\left[\left(\frac{T_1}{100}\right)^4 - \left(\frac{T_2}{100}\right)^4\right],\ \ Q_{r2}=\epsilon_2 C_b\left[\left(\frac{T_1}{100}\right)^4 - \left(\frac{T_2}{100}\right)^4\right]$

$$\therefore \frac{Q_{r2}}{Q_{r1}} = \frac{\epsilon_2}{\epsilon_1}$$

그래서 $\therefore \dfrac{\epsilon_2}{\epsilon_1} =$ 흑도의 비 $=\dfrac{1}{8}$

$$\therefore \frac{Q_{r2}}{Q_{r1}} = \frac{1}{8} \quad \cdots\cdots\cdots\cdots\cdots\cdots\cdots\cdots\cdots\cdots(3)$$

(1)에서 $\qquad Q_c = Q_1 - Q_{r1} \quad \cdots\cdots\cdots\cdots\cdots\cdots\cdots\cdots\cdots\cdots(4)$

(2)에서 $\qquad Q_c = Q_2 - Q_{r2} \quad \cdots\cdots\cdots\cdots\cdots\cdots\cdots\cdots\cdots\cdots(5)$

(5)×8 $\ 8Q_c = 8Q_2 - 8Q_{r2}$ (3)에서 $8Q_{r2} = Q_{r1}$

$$\therefore 8Q_C = 8Q_2 - Q_{r1} \quad \cdots\cdots\cdots\cdots\cdots\cdots\cdots\cdots\cdots\cdots(6)$$

(6)-(4) $\qquad 7Q_C = 8Q_2 - Q_1 \quad \therefore Q_C = \dfrac{8Q_2 - Q_1}{7}$

제의에 의하여 $Q_1 = 6,370 \quad Q_2 = 2,923$

$$\therefore Q_C = \frac{8 \times 2,923 - 6,370}{7} = 2,430.6\,\text{kcal/m}^2\text{h}$$

또 $\ Q_C = \alpha(t_1 - t_2) = \alpha(300 - 30) = 270\alpha$

$$\therefore \alpha = \frac{Q_C}{270} = \frac{2,430.6}{270} = 9\,\text{kcal/m}^2\text{h}\,℃ \quad \boxed{\text{답}}$$

[예제 3.40] 발생로가스를 연소하는 연소가열실의 불꽃 평균온도가 1000℃일 때, 불꽃으로부터의 방사전열량을 2배로 하기 위해서는 불꽃의 평균온도를 몇 배까지 올릴 필요가 있나? 다만 피가열물의 평균온도는 400℃로서 불꽃의 방사흑도와 피가열물 표면의 방사흑도는 일정하고 한다.

[해] 가스 방사에 의한 전열량은 식(3.49)에 의하여

$$Q_r = C\left[\left(\frac{Tg}{100}\right)^4 - \left(\frac{Ts}{100}\right)^4\right]\text{kcal/m}^2\text{h}$$

여기서 Tg=불꽃의 절대온도

$\qquad Ts$=피가열물의 절대온도=400+273=673。 K

또 유효방사정수C는 제의에 의하여 일정하다.

$\qquad Tg$=1000+273=1,273℃일 때는

$$Q_r = C\left[\left(\frac{1,273}{100}\right)^4 - \left(\frac{673}{100}\right)^4\right] = C \times 24,205\,\text{kcal/m}^2\text{h}$$

전열량을 이것의 2배로 하기 위해서는 불꽃의 절대온도는

$$2 \times (C \times 24,205) = C\left[\left(\frac{T_2}{100}\right)^4 - \left(\frac{673}{100}\right)^4\right]$$ 를 만족하는

Tg의 치이다. 이 식을 풀어서 Tg=1,499。 K

그러므로 Tg=1,499-273=1,226℃ 답

[예제 3.41] 외측의 폭 5m, 길이 3m, 높이 3m의 상자형로로서, 그 저면이 온도 1,00
0℃의 수열면으로 되어 있다.

내부에 평균온도 1,200℃의 방사가스가 충만되어 있을 때 저면을 뺀(제외
한) 다른 노벽면을 전도되어 외부로 빠져나가는 열손실은 가스로부터 수열
면으로 전도되는 방사전열량의 몇 %에 해당되나? 다만 노벽내면은 방사가
스와 같은 온도이고 외기온도는 30℃, 노벽평균 두께는 50cm, 그의 평균열
전도율은 0.7kcal/mh℃, 외면의 열전도율(자연대류와 방사의 합계)은 10kcal/m²
h℃로서 방사전열량 $Q_r$kcal/h는 다음식으로부터 구할 수 있는 것으로 한다.

$$Q_r = 2.976\left[\left(\frac{t_1+273}{100}\right)^4 - \left(\frac{t_2+273}{100}\right)^4\right]F_1$$

여기에 t_1과 t_2는 각 각 방사 가스와 수열면의 습도 (℃), F_1는 수열면적
즉 12m²이다.

해 제의에 따라 수열면적 $F_1 = 3 \times 4 = 12m^2$

열전도노벽면적 내벽면적=(2.5×4+2.5×3)×2+(3×4)=47㎡

외벽면적=(3×5+3×4)×2+(4×5)=74㎡

평균면적, $F_2 = \frac{47+74}{2} = 60.5$ ㎡

열전달노벽면적, F_3 =외벽면적=74㎡

노벽을 통과하는 열전도량은

$$Q = \frac{\lambda}{\alpha_2}(\theta_1' - \theta_2')F_2 \text{kcal/h} \cdots (1)$$

노벽외면으로부터의 열전달량은

$$Q = \alpha_2(\theta_2' - \theta_2)F_3 \text{kcal/h} \cdots (2)$$

식(1)과 (2)에서 θ_2'를 소거하면 Q를
구할 수 있다. 즉 (1)에서

$$\theta_2' = \frac{\delta}{\lambda F_2}(\frac{\lambda}{\delta}\theta_1' F_2 - Q) \cdots (3)$$

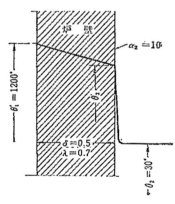

(2)에선 $\theta_2' = \frac{1}{\alpha_2 F_3}(Q + \alpha_2 \theta_2 F_3) \cdots (4)$

(3)과 (4)에서 $\dfrac{\delta}{\lambda F_2}\left(\dfrac{\lambda}{\delta}\theta_1{}' F_2 - Q\right) = \dfrac{1}{\alpha_2 F_3}\left(Q + \alpha_2 \theta_2 F_3\right)$

즉 $\left(\dfrac{1}{\alpha_2 F_3} \mp \dfrac{\delta}{\lambda F_2}\right) Q = \theta_1{}' - \theta_2$

수치를 대입하면 $\lambda = 0.7$, $\alpha_2 = 10$ $\delta = 0.5$, $F_2 = 60.5$, $F_3 = 74$

$\theta_1{}' = 1,200$. $\theta_2 = 30$ 이므로

$$\left(\dfrac{1}{10 \times 74} + \dfrac{0.5}{0.7 \times 60.5}\right) Q = 1,200 = 30$$

계산하면 $0.01315\,Q = 1,170$

$$\therefore Q = \dfrac{1,170}{0.01315} = 89.000\,\text{kcal/h}$$

다음에 수열면에서의 방사열전달은 주어진 식에 수치를 대입하여

$$Q_r = 2,976 \times \left[\left(\dfrac{1,200 + 273}{100}\right)^4 - \left(\dfrac{1,000 + 273}{100}\right)^4\right] \times 12 = 744,000\,\text{kcal/h}$$

그래서 방열손실과 방사수열량과의 비는

$$\dfrac{Q}{Q_r} = \dfrac{89,000}{744,000} = 0.12 = 12\% \quad \text{답}$$

[예제 3.42] 온도 30℃의 넓은 실내에 표면온도 230℃의 방열면이 있다. 방사에 의한 방열량은 자연대류에 의한 것에 비하여 몇 배가 되나? 다만 표면의 흑도는 0.9, 자연대류에 의한 열전도율은 12kcal/㎡h라 한다.

해 방열면 표면적 1㎡당 방사방열량 Q_r는 식(3.52)에 의하여

$$Q_r = \epsilon c_b \left[\left(\dfrac{T_1}{100}\right)^4 - \left(\dfrac{T_2}{100}\right)^4\right]$$

여기서 ε=방열량의 방사흑도=0.9

C_b=4.88kcal/㎡h, K^4

T_1=방열량의 절대온도=230+273=503。 K

T_2=실내의 절대온도=30+273=303。 K

$$\therefore Q_r = 0.9 \times 4.88 \times \left[\left(\dfrac{503}{100}\right)^4 - \left(\dfrac{303}{100}\right)^4\right] = 2,440\,\text{kcal/㎡h}$$

대류방열량 Q_c는 제의에 의하여 $Q_c = 12 \times (230 \text{-} 30) = 2,400\,\text{kcal/㎡h}$

$$\therefore \dfrac{Q_r}{Q_c} = \dfrac{2,440}{2,400} = 1.017 \text{배} \quad \text{답}$$

[예제 3.43] 예제3.42에 있어서 만약 방열면 이 외경 10cm, 표면온도 230℃의 수평엔(円)관이었다면 방사방열량과 자연대류방열량과의 비는 어떻게 되나? 다만 관표면의 흑도는 예제 3.42와 같다.

해 방사방열량은 예제 3.42에서와 같다.

$$\therefore Q_r = 2,440 \text{kcal/m}^2\text{h}$$

자연대류에 의한 열전달률은 식(3.16)에 의하여

$$\alpha = 1.1 \times \sqrt[4]{\frac{200}{0.10}} = 7.36 \text{kcal/m}^2\text{h}℃$$

또한 대류방열량은 $Q_c = 7.36 \times (230\text{-}30) = 1,472 \text{kcal/m}^2\text{h}$

$$\therefore \frac{Q_r}{Q_c} = \frac{2,440}{1,472} = 1.66 \text{배} \quad \text{답}$$

[예제 3.44] 완전흑체에 대하여 눈금 친 전방사고온계를 사용해서 어느 벽의 온도를 측정했던바 1,235℃를 나타냈다. 벽의 방사흑도가 0.9일 때는 벽의 온도는 몇 도인가? 다만 벽과 온도계와의 사이의 기체는 방사열을 흡수하지 않는다고 한다.

해 이 고온계에 감지된 방사열을 Q라 하면 제의와 식(3.43)에 의하여

$$Q = E_b = C_b \times \left(\frac{1235 + 273}{100}\right)^4 = \left(\frac{1508}{100}\right)^4$$

실제의 벽의 온도를 T=t+273。K라 하면

그 방사열은 식(3.45)에 의하여 $E = C \times \left(\frac{T}{100}\right)^4$

여기서 C는 방사정수이다. 제의에 의하여 Q=E

$$\therefore C_b \times \left(\frac{1,508}{100}\right)^4 = C \times \left(\frac{T}{100}\right)^4 \quad \therefore T^4 = \frac{C_b}{C} \times (1,508)^4$$

제의에 의하여 $\frac{C_b}{C} = \frac{1}{\epsilon} = \frac{1}{0.9} = 1.111$

$$\therefore T = \sqrt[4]{\frac{1}{\epsilon}} \times 1,508 = \sqrt[4]{1.111} \times 1,508 = 1,548。\text{K}$$

$$\therefore t = 1,548 - 273 = 1,275℃ \quad \text{답}$$

[예제 3.45] 동심이중엔관의 환상로를 열공기가 흐르고 있다. 관로의 어느 단면에 있어서 공기의 온도가 327℃이고, 내관의 표면(열공기에 쪼인 면)의 온도

가 127℃일 때, 내관표면에 받는 열량(kcal/m²h)을 계산하라. 다만 열공기에 쪼인 관표면에서의 대류열전달률은 6kcal/m²h℃이고, 방사흑도는 계산의 편의상 1.0으로 가정하고, 외관의 내경과 내관의 외경을 각각 40㎜와 20㎜라 하고 또 외관의 보온은 충분하여 열손실은 무시할 수 있다고 본다.

해 관의 길이 1m에 대하여 생각한다. 외관내면의 온도를 t℃라 하면 열공기로부터 외관내면으로의 전달열량은

$$Q_1=6×(327\text{-}t)×\pi×0.04\,\text{kcal/mh}$$

외관내면으로부터 내관외면으로의 방사열량은

$$Q_2=C_b\left[\left(\frac{t+273}{100}\right)^4-\left(\frac{127+273}{100}\right)^4\right]×\pi×0.02\,\text{kcal/mh}[8)]$$

여기서 C_b=완전흑체의 방사정수=4.88kcal/m²h。K4

그래서 외관으로부터 외계로의 열손실은 없으므로

$$Q_1=Q_2$$

즉 $6×(327\text{-}t)×0.04\pi=4.88\left[\left(\dfrac{t+273}{100}\right)^4-\left(\dfrac{127+273}{100}\right)^4\right]×0.02\pi$

이 식을 풀면 t를 알수 있다. 단, 이것은 t의 4차 방정식이며, 정면에서의 해법은 곤란하므로 t에 수종의 값을 주어 시산함이 실제적이다. 이 결과 $t\simeq208℃$ 임을 알 수 있다. 그러므로

$$Q_1=6×(327\text{-}t)×0.04\pi=6×(327\text{-}208)×0.04\pi=89\,\text{kcal/mh}=\theta_2$$

다음에 열공기로부터 내관외면으로의 전달열량은

$$Q_3=6×(327\text{-}127)×\pi×0.02=75.4\,\text{kcal/mh}$$

그래서 내관표면에 받는 총열량은 $Q_1+Q_3=89+75.4=164.4\,\text{kcal/mh}$

혹은 단위면적당으로 고치면

$$\frac{164.4}{\pi×0.02}=2,620\,\text{kcal/m²h}\ \text{답}$$

[예제 3.46] 온도 27℃의 대기 중에 세로, 가로, 높이 가다 2m의 입방체의 상자가 놓여 있다. 이 상자의 표면온도는 균일하여 127℃일 때 이 상자로부터 방사되는 열량(kcal/h)을 계산하라. 단 상자 표면의 방사흑도는 0.7, 상자 표면의 평균대류전달률은 5kcal/m²h℃, 완전흑체의 방사정수는 4.88kcal/m²h。K라 한다.

---

8) 엄밀히 말하면 이 방사열량에는 내외양관의 표면적이 관계되나 이에 대한 충분한 자료가 주어지지 않으므로, 근사적으로 내관의 면적만으로 계산한다.

상자의 전표면적은 $F = 2^2 \times 6 = 24 m^2$

방사열 Q_r는 식(3.52)에 의하여

$$Q_r = 0.7 \times 4.88 \times 24 \times \left[\left(\frac{127+273}{100} \right)^4 - \left(\frac{27+273}{100} \right)^4 \right] = 14,400 \, kcal/h$$

대류열 $Q_c = 5 \times (127\text{-}27) \times 24 = 12,000 kcal/h$

그러므로 방사전열량은

$$Q = Q_r + Q_c = 14,400 + 12,000 = 26,400 kcal/h \quad \boxed{답}$$

[예제 3.47] 내경100mm의 엔관의 중심에 따라 경1mm의 침금이 통해 있다. 관의 내면온도는 27℃, 침금의 외면온도 227℃이며 그 방사흑도는 0.6이다. 침금의 길이 1m당 침금외면으로부터 매시 방사하는 열량은 얼마인가? 또 만약 관 침금간에 가스가 충만되어 있고, 전도에 의해서도 열을 전달한다 고하면 전열량은 얼마나 증가하느냐. 다만 이 가스의 열 전도율을 0.03kcal/ ㎡h℃라 한다.

해 방사열량은 식(3.52)와 적용시켜

$$Q_r = 0.6 \times 4.88 \times \left[\left(\frac{227+273}{100} \right)^4 - \left(\frac{27+273}{100} \right)^4 \right] \times F$$

$$= 0.6 \times 4.88 \times (5^4 - 3^4) \times F = 1,590 \, kcal/h$$

여기서 F는 침금의 표면적(㎡)이며, 그 길이 1m에 대해서는

$Q_c = 8.2 kcal/h$ 그러므로 합계전열량은

$$Q_r + Q_c = 4.99 + 8.2 = 13.2 kcal/h$$

답 방사 5.0kcal/h

전도 8.2kcal/h

합계 13.2kcal/h

[예제 3.48] 예제 3.47에서 만일 관과 침금이 함께 그 경이 10배로 되었다 하면 방 사와 전도열량의 비율과 합계전열량은 어떻게 변하느냐?

해 침금과 관의 경이 10배로 되었을 때는 그 길이 1m에 대해

$$F = \pi \times 0.01 \times 1 = 0.0314 ㎡$$

그러므로 $Q_r = 1,590 \times 0.0314 = 49.9 kcal/h$ 즉, 앞 문제의 10배가 된다. 그러나 전도열량은 경의 비만에 의하므로 앞의 문제와 변동이 없음

$Q_c = 8,2 kcal/h$로서 합계 전열량은 $Q_c + Q_r = 49.9 + 8.2 = 58.1 kcal/h$

양열량의 비율은

전문의 경우 ; $\dfrac{Q_r}{Q_c} = \dfrac{5.0}{8.2} = 0.61$

본문은　　　　$\dfrac{Q_r}{Q_c} = \dfrac{49.9}{8.2} = 6.1$

[예제 3.49]　직경 2m의 도관 내를 고온연소가스(Co_2 12%, H_2 0.7%, N_2 81%)가 평균온도 927℃로서 거의 대기압 하에서 흐르고 있다. 이때 이 도관 내 벽면의 평면온도가 527℃였을 때는 내경면 1㎡당 1시간에 전달되는 열량은 얼마인가? 다만 가스로부터 내벽면으로의 방사전열능(총괄흑도)를 0.25, 대류열전달률(대류전열계수)를 8.0㎉/㎡℃라 한다. 또 이 연소가스 대신에 평균온도 927℃의 열공기가 동일조건으로 도관 내를 흐를 때는 내벽면의 수열량은 가스의 경우에 비해서 몇 %로 되느냐?
다만 공기의 대류열전달률도 8.0㎉/㎡℃라 한다. (신 4)

해　고온연소가스의 경우

방사전열량 $= 4.88 \times 0.25 \left[\left(\dfrac{927+273}{100} \right)^4 - \left(\dfrac{527+273}{100} \right)^4 \right]$
　　　　$= 20,300 ㎉/㎡h$

대류전열량 $= 8.0(927-527) = 3,200 ㎉/㎡h$
전열량합계 $= 20,300 + 3,200 = 23,500 ㎉/㎡h$

열공기의 경우

이 경우는 열공기 중에는 가스 방사를 하는 성분(Co_2, H_2O, 벽, 애(먼지) 등)을 함유하지 않으므로, 방사전열량은 무시할 수 있으므로 대류전열량 만을 고려하면 된다. 그러므로
전열량의 비는 $3,400 \div 23,500 = 0.136$

답　전열량 23,500㎉/㎡h℃
전열비 13.6%

[예제 3.50]　하도에 표시하는 바와 같이 2개의 평행면으로 형성된 공기층을 통해서, A면에서 B면으로 단위면적당에 전달되는 열량은 어느 정도가 되느냐? 단, 온도 t℃에 있어서 공기의 열전도율은 0.0204+0.000061t㎉/㎡ h℃, 벽면의 흑도는 양면 모두 0.5로 하고, 완전흑체의 방사정수는 4.9㎉/㎡h。K^4라 한다. 또 층 내의 공기의 대류는 없는 것으로 한다.

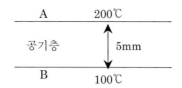

A   200℃

공기층 $\updownarrow$ 5mm

B   100℃

해 제의에 의하여 공기의 대류는 무시하므로 고온면 A에서 저온면 B로 전달되는 열량 Q는, A면에서 B면으로의 방사열량 Q_1과 공기층의 전도열량 Q_2와의 합계이다.

평행 2면간의 방사전열량 Q_1은 식(3.49)와 (3.51)에 의하여

$$Q_1 = CF_A \left[\left(\frac{T_A}{100} \right)^4 - \left(\frac{T_B}{100} \right)^4 \right] \text{kcal/h}$$

그런데 $\dfrac{1}{C} = \dfrac{C_b}{C_A} + \dfrac{C_b}{C_B} - 1 = \dfrac{1}{\epsilon A} + \dfrac{1}{\epsilon B} - 1$

그러므로 $F_A = 1 m^2$에 대해서 생각하면

$$Q_1 = \frac{C_b}{\dfrac{1}{\epsilon A} + \dfrac{1}{\epsilon B} - 1} \left[\left(\frac{T_A}{100} \right)^4 - \left(\frac{T_B}{100} \right)^4 \right] \text{kcal/}m^2\text{h}$$

이 식으로 C_b는 완전흑체의 방사정수로서 $4.88 \text{kcal/}m^2\text{h}K^4$

T_A와 T_B는 면 A와 B의 절대온도로서 T_A=273+200=473K,

    T_B=273+100=373K, ϵ_A와 ϵ_B는 면A와 면B의 흑도로서

    $\epsilon_A = \epsilon_B = 0.5$이다. 그러므로

$$Q_1 = \frac{4.88}{\dfrac{1}{0.5} + \dfrac{1}{0.5} - 1} \left[\left(\frac{473}{100} \right)^4 - \left(\frac{373}{100} \right)^4 \right] = 500 \text{kcal/}m^2\text{h}$$

공기층의 전도열량 Q_2는 식(3.7)에 의하여

$$Q_2 = \frac{\lambda}{\delta}(t_A - t_B)F \text{ kcal/h}$$

여기서 λ는 공기층의 열전도율로서 제의에 의하여 λ= 0.0204 + 0.000061t로 주어진다. 공기의 온도 t로서는 면A와 B의 평균온도를 취하면 t=(200+100)/2=150℃이므로

    λ=0.0204+0.000061×150=0.0204+0.0092=0.02955$\text{kcal/}m^2\text{h}$℃

    t_A=200℃, t_B=100℃이고, δ는 공기층의 두께로서 5mm=0.005m이므로

    F=1㎡에 대해서 생각하면

$$Q_2 = \frac{0.02955}{0.005}(200-100) = 591 \text{ kcal/m}^2\text{h}$$

그러므로 A면에서 B면에 전달되는 열량 Q는

$$Q = 500 + 591 = 1,091 \text{ kcal/m}^2\text{h} \quad \boxed{\text{답}}$$

주 위의 계산에서는 공기층의 열전도율은 평균온도를 사용해서 계산했으나 층중에 있어서 온도의 변화에 의한 λ의 변화를 고려하면 다음과 같이 된다. 식(3.1)에 의하여 F=1이라 하면

$$Q_2 = -\lambda \frac{dt}{dx}$$

$$\therefore \int_0^{0.005} Q_2 dx = -\int \lambda dt = -\int_{200}^{100}(0.0204 + 0.000061t)dt$$

$$= \left[0.0204t + 0.0000305t^2\right]_{100}^{200}$$

$$\therefore Q_2 = \frac{2.955}{0.005} = 591 \text{ kcal/m}^2\text{h}$$

[예제 3.51] 2매의 넓은 연와벽이 아주 작은 두께의 공기층을 사이로 상대해서 있고, 그 표면의 방사율은 다 같이 0.9 벽면온도는 각각 15℃와 10℃이다. 만약 이 공기층의 중간에 방사율이 양면 다 같이 0.1의 알루미늄 박판을 한 장(2판) 넣었다고 하면, 이 양벽면1 간의 열방사에 의한 전열량은 알루미늄 박판을 넣치 않았을 경우의 비교하여 어떻게 변하느냐? 또 알루미늄 박판의 온도도 구하여라.

단, 완전흑체의 방사정수를 $4.88 \text{kcal/m}^2\text{hK}^4$, 알루미늄 박판을 넣어도 연와벽의 표면온도는 변화하지 않는 것으로 본다. 또 공기층의 대류와 전도에 의한 전열은 무시한다.

해 이때 고온측연와벽의 온도를 $T_1\text{K}$, 저온측연와벽의 온도를 $T_2\text{K}$, 그의 방사율을 각각 δ_1과 δ_2라 하면 알루미늄 박판을 사용하지 않을 때의 방사전열량 $Q\text{kcal/m}^2\text{h}$는 식(3.49)와 (3.51)에서 다음과 같이 된다.

$$Q = \frac{C_b\left[\left(\dfrac{T_1}{100}\right)^4 - \left(\dfrac{T_2}{100}\right)^4\right]}{\dfrac{1}{\epsilon_1} + \dfrac{1}{\epsilon_2} - 1} = \frac{4.88\left[\left(\dfrac{273+15}{100}\right)^4 - \left(\dfrac{273+10}{100}\right)^4\right]}{\dfrac{1}{0.9} + \dfrac{1}{0.9} - 1}$$

$$= \frac{4.88 \times 4.66}{1.22} = 18.64 \text{ kcal/m}^2\text{h}$$

다음에 알루미늄 박판을 넣을 때의 방사전열량 Q kcal/m²h는 알루미늄 박판의 온도를 T_aK, 그의 방사율을 ϵ_a라 하면

$$Q = \frac{C_b\left[\left(\dfrac{T_1}{100}\right)^4 - \left(\dfrac{T_a}{100}\right)^4\right]}{\dfrac{1}{\epsilon_1} + \dfrac{1}{\epsilon_2} - 1} = \frac{C_b\left[\left(\dfrac{T_a}{100}\right)^4 - \left(\dfrac{T_2}{100}\right)^4\right]}{\dfrac{1}{\epsilon_a} + \dfrac{1}{\epsilon_2} - 1}$$

$\epsilon_1 = \epsilon_2$이므로

$$2\left(\frac{T_a}{100}\right)^4 = \left(\frac{T_1}{100}\right)^4 + \left(\frac{T_2}{100}\right)^4 = \left(\frac{273+15}{100}\right)^4 + \left(\frac{273+10}{100}\right)^4$$

$$T_a^4 = \frac{132.9}{2} \times (100)^4$$

$$T_a^4 = \sqrt[4]{6,645,000,000} = 286°\text{K} = 13\text{K}$$

그러므로 $\quad Q = \dfrac{4.88\left[\left(\dfrac{273+15}{100}\right)^4 - \left(\dfrac{286}{100}\right)^4\right]}{\dfrac{1}{0.9} + \dfrac{1}{0.1} - 1} = 0.918$ kcal/m²h

알루미늄박판을 넣었을 때와 넣지 않았을 때의 방사전열량의 비는

$$\frac{0.918}{18.64} = 0.049$$

답 알루미늄 박판을 넣으면 방사전열량이 약 0.049배로 감소한다. 알루미늄 박판의 온도는 13℃

[예제 3.52] 일정량의 보온재를 배분해서 n개의 서로 다른 열면(각각의 θ_1, θ_2, θ_3……, 외기온도 θ_0)에 전체의 열손실이 최소로 되게 시행하려면, 각 면의 면적의 대소에 관계 없고, 시공 두께 S_1, S_2, S_3……는 다음식에 의하여 구할 수 있다고 생각한다.

$S_1 \propto \sqrt{\theta_1 - \theta_0}$, $S_2 \propto \sqrt{\theta_2 - \theta_0}$, $S_3 \propto \sqrt{\theta_3 - \theta_0}$ ……

이때 면적 50㎡, 30㎡, 20㎡, 온도는 각각 300℃, 200℃, 100℃의 열면에 합계 3㎡의 보온재를 시공할 경우, 각 열면에 대한 보온시공 두께를 구하라. 다만 외기온도는 20℃라 한다.

해 제의에 따라 각층의 두께는 다음과 같이 된다.

$$S_1 = k\sqrt{\theta_1 - \theta_0} = k\sqrt{300 - 20} = 16.75k$$

$$S_2 = k \sqrt{\theta_2 - \theta_0} = k \sqrt{200 - 20} = 13.40k$$

$$S_3 = k \sqrt{\theta_3 - \theta_0} = k \sqrt{100 - 20} = 8.92k$$

그러므로 보온재의 전용적은

$3 = 50 \times 16.75k + 30 \times 13.40k + 20 \times 8.92k$

이 식에서 k를 구하면 $k = 0.00212$

그러므로

$$S_1 = 0.00212 \times 16.75 = 0.0356m \cong 36mm$$
$$S_2 = 0.00212 \times 13.40 = 0.0284m \cong 28mm$$
$$S_3 = 0.00212 \times 8.92 = 0.0189m \cong 19mm$$

[예제 3.53] 온도 800℃의 연소가스에 조인 넓은 금속평면(두께 15mm, 열전도율 50kcal/m²h℃)제의 TANK가 있어 그 내부에 온도 150℃의 비등수가 있다. 이때 이 평판의 내면에 두께 5mm의 Scale이 부착되었다고 하면 평판의 외면온도는 몇 도가 되나?

단, 열가스와 평판표면간의 열전달률은 15kcal/m²h℃, Scale의 열전도율은 1.5kcal/m²h℃였고, 평판외면은 열가스로부터 1.25×10^4 kcal/m²h의 방사열을 받고 있다. 이때 비등수측의 전열저항은 무시해도 좋다.

해 연소가스로부터 금속평판에 전달되는 열량 q_c와 방사전열량 q_r의 합계이다. 즉

$$q = q_c + q_r = \alpha(t_g - t_s) + 1.25 \times 10^4$$

여기서 α는 연소가스와 금속평판표면 간의 열전달률로서 제의에 따라 15kcal/m²h℃, t_g는 가스 온도로서 800℃이고, t_s는 구하려는 평판표면온도 이다.

한편 이 열량 q는 금속평판과 Scale층을 통해서 비등수로 전달되므로 금속평판과 Scale와의 경계온도를 t_1, Scale과 비등수의 경계온도를 t_2라 하면 다음과 같은 식이 이루어진다.

금속평판에 대해서 $q = \dfrac{\lambda}{\delta'}(t_s - t_1)$

Scale에 대해서 $q = \dfrac{\lambda}{\delta'}(t_1 - t_2)$

위 식에서 λ와 λ'는 금속평판과 Scale의 열전도율로서 $\lambda = 50$ kcal/m²h℃, $\lambda' = 1.5$ kcal/m²h℃, δ와 δ'는 금속평판과 Scale의 두께로서 $\delta = 0.015$m, δ'

=0.005m이다. 또 Scale과 비등수의 경계온도 t_2는 비등수측의 전열저항을 무시하므로 비등수의 온도와 같으므로 t_2=150℃이다. 이들의 값을 넣어서 상기의 3식을 정리하면 다음과 같은 관계식을 얻을 수 있다.

$$800 - t_s = \frac{q}{15} - \frac{1.25 \times 10^4}{15}$$

$$t_s - t_1 = \frac{q}{\dfrac{\lambda}{\delta}} - \frac{q}{\dfrac{50}{0.015}} = \frac{q}{3333}$$

$$t_1 - 150 = \frac{q}{\dfrac{\lambda}{\delta'}} - \frac{q}{\dfrac{50}{0.015}} = \frac{q}{300}$$

위 식에서 t_1을 소거하면 $q = \dfrac{t_s - 150}{\dfrac{1}{3333} + \dfrac{1}{300}} = \dfrac{t_s - 150}{0.00363}$

이것을 다시 위의 첫 식에 대입하면

$$800 - t_s = \frac{t_s - 150}{15 \times 0.00363} - \frac{1.25 \times 10^4}{15}$$

$$\therefore t_s = 226℃ \quad ▣$$

[예제 3.54] 온도 300℃의 평면벽에 열전도율 0.06kcal/㎡h℃의 보온재를 두께 50mm 시공하였을 때의 방사열량과 보온재의 표면온도를 구하여라.

단, 이때 보온재표면의 열전도율(방사를 포함)은 8kcal/㎡h℃로, 주위의 공기온도는 20℃로 한다.

다음에 보온재의 표면에 얇은 알루미늄판을 붙인 표면의 열전도율을 5kcal/㎡h℃로 낮추었을 때의 방사열량과 알루미늄판 표면온도를 구하라.

해 평면벽의 표면온도를 t_1℃, 보온재의 표면온도를 t_2℃, 보온재의 두께를 δ_m, 그의 열전도율을 λkcal/㎡h℃라 하면, 보온재의 표면에 전달되는 열량 Q kcal/㎡h는 다음식으로 주어진다.

$$Q = \frac{\lambda(t_1 - t_2)}{\delta}$$

보온재의 표면으로부터 공기에 전달되는 방사열량은 위 식의 Q와 동일하며 그 값은 보온재표면의 열전달을 α, 공기온도를 t_a라 하면 다음식으로 구할 수 있다.

$$Q = \alpha(t_2 - t_a)$$

이 양식으로, $t_1=300°C$, $\lambda=0.06$kcal/m²h°C, $\delta=50$mm=0.5m, $\alpha=8$kcal/m²h°C, $t_a=20°C$이므로

$$\frac{\lambda(t_1-t_2)}{\delta}=\alpha(t_2-t_a)$$

$$\therefore t_2=\frac{\lambda t_1+\alpha\delta t_a}{\alpha\delta+\lambda}=\frac{0.06\times300+8\times0.05\times20}{8\times0.05+0.06}=56.5°C$$

그러므로, $Q=8\times(56.5\text{-}20)=292$kcal/m²h°C 다음으로 알루미늄판은 얇으면서 그 열전도율은 크므로 알루미늄 표면온도는 보온재의 외면온도와 동일하다고 생각해도 좋다. 그러므로 상기의 t_2의 계산식에서 $\alpha=5$kcal/m²h°C를 이용하면

$$t_2=\frac{0.06\times300+5\times0.05\times20}{5\times0.05+0.06}=74.2°C$$

$$\therefore Q=5\times(74.2-20)=271\,\text{kcal/m²h}$$

답 알루미늄판이 없을 때 보온재 표면온도 56.5°C

방사열량 292kcal/m²h

알루미늄판이 있을 때 알루미늄판 표면온도 74.2°C

방사열량 271kcal/m²h

제4장 연료시험법

기호

M······착탄 또는 사용탄 1kg 중의 습분 kg 또는 그의 % W, A, V, F······공업분석에 있어서 연료 1kg 중의 수분, 회분, 휘발분과 고정탄소의 양 kg 또는 그의 % H_h, H_l······연료의 고위발열량과 저위발열량 $kcal/kg$ 또는 cal/g

G············중량

t············온도

연료시험에는 고체연료, 액체연료와 기체연료의 성분, 발열량 및 점성 등의 시험이 있으나, 계산문제로서는 고체연료의 공업분석, 원소분석과 발열량의 측정에 대하여 기술한다.

4.1 고체연료시험

고체연료의 표준시험법으로서는 **KS M 8811** 내지 8814-1963에 Sampling방법, 전수분과 습분측정법, 공업분석, 원소분석과 발열량측정법이 표시되어 있다. 이 시험방법은 석탄과 cockes에 적용된다. 다음에 그 요지를 기술한다.

(ⅰ) 착탄검사　도착한 그대로의 연료(즉 습분을 함유한 것)에 대하여 전수분과 습분의 %를 조사한다.

(ⅱ) 공업분석　습분을 제거한 것(수분은 아직 함유되어 있다.)에 대하여 수분, 회분, 휘발분 및 고정탄소의 %를 조사한다.

(ⅲ) 원소분석　연료 중의 각 원소 및 회분의 %를 측정하는 것으로서, 시료로서는 수분을 함유한 것을 사용하나 산출하는 %의 수치는 수분을 제거한 것에 대한 율이다.

(ⅳ) 발열량측정　수분을 함유한 연료 1kg의 발생열량을 산정한다.

이와 같이 율산출의 기본이 되는 양이 각각 다르므로 주의해야 한다. 실제로 노에 태우는 연료는 수분을 함유하고 있으므로, 발열량, 연소필요공기량, 연소가스양의 산정에는 원소분석의 결과 그대로 사용해서는 안 된다. 이것을 공업분석의 결과와 잘 조화시켜 수분을 함유한 연료의 % 조성으로 고치지 않으면 안 된다. 그림 4.1은 이 관계를 알기 쉽게 나타낸 것이다. 연료시험법에 관한 예제(본 장만이 아니고 타 장에도 문제를 푸는 필요상고 간의 계산례가 있다)의 해법은 이 그림을 참조함으로써 이해가 빠를 것이다.

도 4.1 고체연료시험일람도

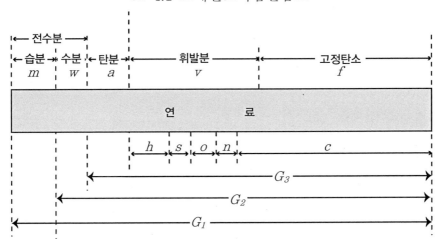

본도 각 기호는 각각의 중량치를 나타낸다.(단, s는 연소성 유황이라 함.)

(1) 착탄검사(시료 G_1)

습　분 $M\% = \dfrac{m}{G_1} \times 100,$

(2) 공업분석(시료 G_2)

수　분 $W\% = \dfrac{w}{G_2} \times 100,$ 회　분 $A\% = \dfrac{a}{G_2} \times 100,$

휘발분 $V\% = \dfrac{v}{G_2} \times 100,$ 고정탄소 $F\% = \dfrac{f}{G_2} \times 100,$

연료비 $= \dfrac{F}{V}$

(1) 착탄검사(시료 G_1)

습　분 $M\% = \dfrac{m}{G_1} \times 100,$

(2) 공업분석(시료 G_2)

수　분 $W\% = \dfrac{w}{G_2} \times 100,$ 회　분 $A\% = \dfrac{a}{G_2} \times 100,$

휘발분 $V\% = \dfrac{v}{G_2} \times 100,$ 고정탄소 $F\% = \dfrac{f}{G_2} \times 100,$

연료비 $= \dfrac{F}{V}$

전수분$\% = \dfrac{m+w}{G_1} \times 100$

(3) 원소분석(시료 G_2)

$$H\% = \frac{v}{G_3} \times 100, \quad S\% = \frac{s}{G_3} \times 100, \quad O\% = \frac{o}{G_3} \times 100,$$

$$N\% = \frac{v}{G_3} \times 100, \quad C\% = \frac{c}{G_3} \times 100, \quad A\% = \frac{a}{G_3} \times 100,$$

(4) 발열량원측정(시료 G_2)

$$발열량(kcal/kg) = \frac{발생열량(cal)}{G_2(g)}$$

4.2 전수분과 습분측정법(KS M 8811-1963)

시료가 심하게 물기가 많을 때는 실내에서 자연건조하거나 또는 건조장치로 35℃ 이하에서 예비건조한다.

이 감량에서 예비건조수분(%)을 구한다.

a) 전수분측정법(열)건조법), 예비건조수분을 측정한 시료를 3mm 이하로 분쇄하고, 시료(약 5g)를 규정의 온도(석탄은 107±2℃, cockes는 150±5℃)에서 항량(恒量)이 될 때까지 건조하고, 다음식으로 전수분을 산출한다.

$$전수분(\%) = 예비건조수분(\%) + 열건조감량(\%) \times \frac{100 - 예비건조수분(\%)}{100}$$

$$\cdots\cdots\cdots\cdots\cdots\cdots\cdots\cdots\cdots\cdots\cdots\cdots\cdots\cdots\cdots\cdots\cdots\cdots\cdots\cdots\cdots\cdots\cdots\cdots (4.1)$$

b) 습분측정법 상기의 3mm 이하로 분쇄한 시료(약 200g)을 실온에 있어서 항습기 중에 정치하여, 그 습도와 평형했을 때의 감량을 측정해서 다음식으로 구한다.

$$습분 M(\%) = 예비건조수분(\%) + 항습기열수분(\%) + 항습건기조중에서의 감량(\%)$$

$$\times \frac{100 - 예비건조수분(\%)}{100} \cdots\cdots\cdots\cdots\cdots\cdots\cdots\cdots\cdots\cdots\cdots\cdots (4.2)$$

또 이 습분은 전수분과 항습시료수분(공업분석)에서 다음식에 의하여 산출할 수 있다.

$$습분 M(\%) = \times \frac{100 - 항습시료수분(\%)}{100 - 항습시료수분(\%)} \times 100 \cdots\cdots\cdots\cdots\cdots\cdots\cdots (4.3)$$

4.3 공업분석(KS M 8812-1963)

공업분석은 수분, 회분, 휘발분을 정량하여, 합해서 고정탄소를 산출한다. 석탄의 경우는 항습Base cockes의 경우는 무수 Base로 표시한다.

a) 수분정량법, 시료(1g)를 소정의 용기로 채취하여 시료에 대한 %로서 수분으로 한다.

$$수분 \ W(\%) = \times \frac{건조함량(g)}{시료량(g)} \times 100 \quad\cdots\cdots\cdots\cdots\cdots\cdots\cdots\cdots\cdots (4.4)$$

b) 회분정량법, 시료(약 1g)을 소정의 용기에 넣고, 가열로 중에서 800±10℃에서 항량이 될 때까지 가열하여, 잔류하는 재(灰)의 양이 시료에 대한 %로서 회분으로 한다.

$$석탄의 \ 경우 \ 석탄 \ A(\%) = \frac{회량(g)}{시료(g)} \times 100 \quad\cdots\cdots\cdots\cdots\cdots\cdots (4.5)$$

c) 휘발분정량법, 시료(약 1g)을 특정의 백금도가니(Cucible)에 넣고, 925±20℃로 조정한 전기로 내에서 도분쇄 가열했을 때의 감량의 시료에 대한 %를 구하고, 이것으로부터 동시에 정량한 수분(%)을 감한 것을 휘발분으로 한다.

$$석탄의 \ 경우 \ 휘발분V(\%) = \frac{가열함량}{시료량} \times 100 - 水分(\%) \quad\cdots\cdots\cdots (4.6)$$

d) 고정탄소산출법

$$석탄의 \ 경우 \ 고정탄소F(\%) = 100 - (수분W\% + 회분A\% + 휘발분V\%) \cdots (4.7)$$
$$cockes의 \ 경우 \ 고정탄소 \ F(\%) = 100 - (회분A\% + 휘발분V\%) \quad\cdots\cdots\cdots\cdots (4.8)$$

무수무회탄의 합계를 보통 전수분이라 하고 그 양의 도착탄량에 대한 %를 전수분%라 한다. 그러므로 그림 4.1에서

$$전수분(\%) = M(\%) + W(\%) \times \frac{100 - M(\%)}{100} \quad\cdots\cdots\cdots\cdots\cdots\cdots\cdots\cdots (4.9)$$

4.4 원소분석(KS M 8813–1963)

원소분석은 탄소, 수소, 전유황, 불연성유황, 질소와 인을 정량하고, 산소를 산출한다. 회분, 탄소, 수소, 산소, 연소성 유황과 질소의 6성분을 무수 Base에 의하여 표시한다. 전유황과 인은 석탄의 경우는 항습Base, 불연성유황은 무수Base에 의하여 상기 6성분은 별도로 표시한다.

a) 탄소와 수소정량법

리-핏히 법 또는 세피-르트 고온법에 의한다.

(1) 리-핏히 법 800±20℃의 연소관 중에 30~40cc/min의 산소를 송입해서 시료(약 0.2g)를 연소시켜, 탄소를 탄산가스로 하고, 수소를 물로 변화해서, 각각의 흡수제에 흡수시켜서 정량한다.

$$\text{탄소C(\%)} = \frac{\text{탄산가스흡수관의 증량}(g)}{\text{시료}(g)} \times 27.29 \times \frac{100}{100 - \text{수분 } W(\%)} \cdots (4.10)$$

$$\text{수소H(\%)} = \frac{\text{수분흡수관의 증량}(g) - \text{시료}(g) \times \text{수분 } \overline{W}(\%)/100}{\text{시료}(g)} \times$$

$$11.19 \times \frac{100}{100 - \text{수분 } \overline{W}(\%)} \cdots\cdots\cdots\cdots\cdots\cdots\cdots (4.11)$$

(2) 세 피·르드 고온법, 1,350℃의 연소관에 300cc/min의 산소를 송입해 서 시료를 연소시켜 탄소를 탄산가스로 변화시키고, 수소를 물로 변화 시켜서, 각각의 흡수제에 흡수시켜 정량한다.

b) 전유황정량법

에슈카 법 또는 연소용량법에 의한다.

(1) 에슈카 법, 시료(약 1g)를 에슈카 분쇄(약 4g)와 함께 공기기류 중에서 가 열(800±25℃에서 1.5시간)하고 시료 중의 전유황을 유산염으로서 고정시키 고 염산으로 추출하고, 유산Barium의 침전으로서 정량한다.

석탄의 경우

$$\text{전유황(\%)} = \frac{\text{본정량의 } BaSO_4 - \text{공실험의 } BaSO_4(g)}{\text{시료}(g)} \times 13.74 \cdots (4.12)$$

(2) 연소용량법, 1,350℃의 연소관에 500cc/min의 산소를 송입해서 시료 중의 전유황을 산화시켜 가스화하고, 이것을 과산화수소용액에 흡수시 킨 후, Alkali 규정액으로 적정한다.

c) 불연소성 유황정량법, 중량법 또는 연소용량법에 의한다.

(1) 중량법, 시료를 회화하고, 유황화합물을 염산으로 추출하고, 유산 Barium의 침전으로 정량한다.

(2) 연소용량법 회화시료에 대해서 전유황의 연소용량법에 준해서 정량한다.

d) 연소성 유황산출법

석산의 경우

$$\text{연소성유황 S(\%)} = \text{전유황(\%)} \times \frac{100}{100 - \text{수분}(\%)} - \text{불연소성유황(\%)}$$

$$\cdots\cdots\cdots\cdots\cdots\cdots\cdots\cdots\cdots\cdots\cdots\cdots\cdots\cdots (4.13)$$

Cockes의 경우

연소성유황 S(%)=전유황(%)불연소성유황(%) $\cdots\cdots\cdots\cdots$ (4.14)

e) 질소정량법

(1) 석탄의 경우 케르다·르 법 또는 세미미크로케르·다 법에 의한다.

시료를 분해해서 질소를 유산 amonia로 하고 Alkali액으로 중화시키고 증류해서 Amonia를 유산규정액에 흡수시켜 그 소비량으로부터 정량한다.

$$질소N(\%)=\frac{본정량 N/10의\ 유산소비량(cc)-공시험의\ N/10유산소비량(cc)}{시료(g)}$$

$$\times 0.14 \times \frac{100}{100-수분\overline{w}(\%)} \quad\cdots\cdots\cdots (4.15)$$

(2) cockes의 경우 (1)의 방법으로는 분해하는데 장시간을 요하므로 세미 미크로 가스화법을 적용해서 분해하고, 유산에 흡수시켜 (1)과 같이 증유 해서 정량한다.

f) 산소산출법 , 무수Base의 탄소, 수소, 연소성류황, 질소와 회분의 합계를 100에서 빼서 산출한다.

$$산소0(\%)=100-[탄소C(\%)+수소H(\%)+연소성유황S(\%)+질소N(\%)+회분$$

$$A(\%)]\times \frac{100}{100-水分(\%)} \quad\cdots\cdots\cdots (4.16)$$

cockes의 경우는 100/[100-수분(%)]=1이다.

g) 인정량법, 시료를 회화하고, 적당히 처리한 후 인molylderum 산 Ammonium로서 침전시켜서, 이것을 수산화 Natrium의 규정액에 용해해서 과잉의 수산화 Natrium을 초산의 규정액으로 적정해서 정량한다.

4.5 발열량측정법(KS M 8814-1963)

본부 열량계에 의한다. 시료를 열량계(항용)에 의하여 연소시켜, 그동안의 온도상승을 측정하고, 시료 1g에 대한 Cal(20℃) 수를 구하여, 항습Base에 의한 총발열량을 발열량으로 한다. 시료는 공업분석과 같다.

석탄의 경우

$$H_h=\frac{(t_2-t_1+\triangle t)(G+E)-\triangle Q}{m} \quad\cdots\cdots\cdots (4.17)$$

여기서 G=내조수의 중량(g)

　　　　E=본부와 내조체의 수(물) 당량(g)

　　　　t_1=점화 직전의 내조수 온도(℃)

　　　　t_2=점화 후의 내조수 최고온도(℃)

　　　　$\triangle t$=외부와의 열교환에 의한 온도보정(℃)

m=시료의 중량(g)

$\triangle Q$=점화 전과 시료의 포지 등의 연소에 의한 발생열량(cal)

Hn=시료의 고위발열량(cal/g, kcal/kg)

수당량 E는 기지발열량의 표준시료(안식향산)을 이 장치를 사용하여 시험했을 때의 결과로부터 식(4.17)을 사용해서 역산한다. $\triangle Q$는 점화 전과 포지의 Deta에서 미리 정해 놓는다. $\triangle t$는 KS 소정의 계산식이 있으나 단열식 열량계를 사용할 때는 O를 취해도 된다. 고위발열량 H_h와 저위발열량 H_l와의 관계는 다음식으로 표시된다.

$$H_l = H_h - 600(9H + \overline{W}) \cdots\cdots\cdots\cdots\cdots\cdots\cdots\cdots\cdots\cdots (4.18)$$

[예제9) 4.1] 석탄의 분석결과(%)가 다음과 같다. 수분을 함유한 석탄의 조성을 구하라.

	수분	C	H	S(연소성)	O	N	회분	계
공업분석	3.2							
원소분석		61.3	6.2	0.6		9.3	1.2	21.4	100.0

해 구하는 조성(%)은 (도 4.1 참조)

$$C = 61.3 \times \frac{100 - 水分\%}{100} = 61.3 \times \frac{96.8}{100} = 59.3$$

$$H = 6.2 \times \quad '' \quad = 6.2 \times \quad '' \quad = 6.0$$

$$S = 0.6 \times \quad '' \quad = 0.6 \times \quad '' \quad = 0.6$$

$$O = 9.3 \times \quad '' \quad = 9.3 \times \quad '' \quad = 9.0$$

$$N = 1.2 \times \quad '' \quad = 1.2 \times \quad '' \quad = 1.2$$

$$회분 = 21.4 \times \quad '' \quad = 21.4 \times \quad '' \quad = 20.7$$

$$수분 \quad\quad\quad\quad\quad\quad\quad\quad = 3.2$$

$$계 \quad\quad\quad\quad\quad\quad\quad\quad 100.0$$

[예제 4.2] 석탄의 분석결과(%)가 다음과 같다. 수분을 함유하는 석탄의 조성을 구하라.

공업분석	수분	회분	휘발분	고정탄소	계
	3.00	15.28	32.52	49.20	100.00

원소분석	C	H	O	S(연소성)	N	회분	계
	67.18	4.42	10.46	0.27	1.92	15.76	100.00

---

9) 본장의 예제는 고체연료시험, 공업분석, 원소분석, 발열량의 순서로 배열했다.

해 구하는 조성(%)은 (도 4.1 참조)

$$C = 67.18 \times \frac{100 - 水分\%}{100} = 67.18 \times \frac{97}{100} = 65.18$$

$$H = 4.42 \times \quad '' \quad = 4.42 \times \quad '' \quad = 4.27$$

$$O = 10.46 \times \quad '' \quad = 10.46 \times \quad '' \quad = 10.15$$

$$S = 0.27 \times \quad '' \quad = 0.27 \times \quad '' \quad = 0.26$$

$$N = 1.92 \times \quad '' \quad = 1.92 \times \quad '' \quad = 1.86$$

회분$= 15.76 \times \quad '' \quad = 15.75 \times \quad '' \quad = 15.28$

수분 $\quad\quad\quad\quad\quad\quad\quad\quad\quad = 3.00$

계 $\quad\quad\quad\quad\quad\quad\quad\quad\quad\quad 100.0$

[예제 4.3] 석탄의 공업분석에서 다음과 같은 결과를 얻었다. 이것에서 수분, 회분, 휘발분과 고정탄소의 각 %를 구하라.

수분을 측정했을 때의 시료의 양이 1.0030g이고, 감량은 0.0234g,

회분을 측정했을 때의 시료의 양이 1.0030g이고, 감량은 0.8278g,

휘발분을 측정했을 때의 시료의 양이 0.9998g이고, 감량은 0.3333g였다.

해 $\quad$ 수 분 $= \dfrac{0.0234}{1.0030} \times 100 = 2.33\%$

$\quad$ 회 분 $= \dfrac{1.0070 - 0.8278}{1.0070} \times 100 = 17.8\%$

$\quad$ 휘발분 $= \dfrac{0.3333}{1.9998} \times 100 - 2.33 = 31.01\%$

$\quad$ 고정탄소 $= 100 - (2.33 + 17.8 + 31.01) = 48.86\%$

[예제 4.4] 석탄의 분석해서 다음과 같은 결과(%)를 얻었다.

수 분 2.14, 회 분 22.50, 휘 발 분 35.27,

전 류 황 0.26, 불연성류황 0.17, 탄 소 61.14,

수 소 3.92, 질 소 1.08,

이것으로부터 (ㄱ) 고정탄소, (ㄴ) 가연성분량, (ㄷ) 열료비 (ㄹ) 산소, (ㅁ)연소성유황을 구하라.

해 (ㄱ) 고정탄소(%) = 100-[수분(%)+회분(%)+휘발분(%)]

$\quad\quad = 100 - [2.14 + 22.50 + 35.27] = 40.09\%$

(ㄴ) 연료비 $= \dfrac{고정탄소}{휘발분} = \dfrac{40.09}{35.27} = 1.14$

(ㄷ) 연소성유황(%)=전유황(%)×$\dfrac{100}{100-수분(\%)}$-불연성유황(%)

$$=0.26\times\dfrac{100}{100-2.14}-0.17\cong 0.10\%$$

(ㄹ) 산소(%)=100-[탄소(%)+수소(%)+연소성유황(%)+질소(%)+

회분(%)×$\dfrac{100}{100-수분(\%)}$]

$$=100-\left[61.14+3.92+0.10+1.08+22.50\times\dfrac{100}{100-2.14}\right]$$

$$=100-89.24=10.76\%$$

(ㅁ) 가연성분량(%)=탄소(%)+[수소(%)-$\dfrac{산소(\%)}{8}$]+연소성유황(%)

(수분을 제외한 것에 대함)

$$=61.14+\left[3.92-\dfrac{10.78}{8}\right]+0.10=61.14+2.57+0.10=63.81\%$$

[예제 4.5] 수분 3.01%, 회분 15.28%의 석탄을 시료로 해서 그의 0.2000g를 사용하여 탄소와 수소를 정량했을 때 다음과 같은 결과를 얻었다. 탄소가스 흡수관의 증량 0.4778g, 수분흡수관의 증량 0.0832g 이것에서 탄소, 수소와 산소의 원소분석결과를 구하라. 다만 원소분석결과에 있어서 연소성유황은 0.27%, 질소는 1.92%였다.

해 식(4.10), (4.11)과 식(4.16)에 의하여

$$산소(\%)=100-\left(67.2+4.43+0.27+1.92+15.28\times\dfrac{100}{100-3.01}\right)=10.43\%$$

[예제 4.6] 석탄을 분석해서 다음의 결과를 얻었다.

시료 0.9998g을 사용하여 수분측정을 하였을 때의 감량 0.0039g

시료 0.9988g을 사용하여 회분측정을 하였을 때의 회량 0.1898g

시료 0.9999g을 사용하여 휘발분측정을 하였을 때의 가열감량 0.3597g

이것에서 (ㄱ)수분, (ㄴ)회분, (ㄷ)휘발분, (ㄹ)고정탄소를 구하여라

해 (ㄱ) 수분=$\dfrac{0.0039}{0.9998}\times 100=0.39\%$

(ㄴ) 회분=$\dfrac{0.1898}{0.9988}\times 100=19\%$

(ㄷ) 휘발분=$\dfrac{0.3597}{0.9999}$×100-수분(%)=35.97-0.39=35.58%

(ㄹ) 고정탄소=100-[수분(%)+회분(%)+휘발분(%)]

$\qquad$ =100-[0.39+19+35.58]=45.03(%)

[예제 4.7] 석탄 구입계약 중에 석탄의 수분에 대해서 다음과 같이 지정했다. 즉 도착시의 석탄의 전수분 7%를 기준으로 하고 기준의 석탄 1t가를 35,000엔으로 한다. 이 기준수분량 이상의 수분에 대해서는 1%(1% 미만은 고려하지 않음)를 증가할 때마다 값을 2%씩 빼기로 한다. 이때 석탄이 도착하여 분석한 결과가 다음 표와 같았다고 하면 1t에 대하여 얼마만큼의 값을 빼야 하나?

분　석　표(%)

습　분	수　분	회분	휘발분	고정탄소
5.28	6.73	15.62	39.89	37.76

해 식(4.9)에 의하여

도착탄의 전수분(%)=습분(%)+$\dfrac{100-濕分(\%)}{100}$×水分(%)

$\qquad$ =5.28+$\dfrac{100-5.23}{100}$×6.73=11.65%

기준탄전수분량에서의 초과량=11.65-7=4.65%

끝 수(數)버전 4%$\dfrac{2}{100}$분에 대해서 값을 뺀다. 값 뺀 액은

$\qquad$ 35,000××4=2800원/t **답**

[예제 4.8] 수분 2.11%, 회분 17.45%의 석탄을 시료로 해서 전유황을 측정하여 다음과 같은 결과를 얻었다. 석탄10,000g으로부터의 유산 Barium의 양은 0.0476g, 이때의 공실험의 유산Barium의 양은 0.0084g, 이것으로부터 전유황을 구하여라. 다만 산출식은 다음과 같다.

$$\dfrac{본\ 분석의\ 류산Barium(g)-공실험의\ 류산Barium(g)×13.74}{시료(g)}=전유황(\%)$$

해 주어진 식에 측정치를 대입하면

$$전유황(\%)=\dfrac{[0.0476-0.0084]×13.74}{1.0000}=0.539\%$$

주 문제에 수분과 회분의 %를 주어졌으나 이것은 단지 그러한 석탄을 시험

했다는 것뿐으로 본제의 계산에는 관계없다.

[예제 4.9] 석탄을 분석해서 결과를 얻었다. 시료 0.9995g를 사용하여 수분을 측정했을 때 가열 후 0.9488g, 시료 0.9993g를 사용하여 수분을 측정했을 때 완전회화 후 0.1789g, 시료 0.9997g를 사용하여 휘발분을 측정했을 때 가열 후 0.6598g가 되었다. 이것에서 (ㄱ)수분, (ㄴ)회분, (ㄷ)휘발분, (ㄹ)고정탄소, (ㅁ)연료비를 구하라.

해 (ㄱ) 수　분$=\dfrac{0.9995-0.9488}{0.9995}\times100=5.07\%$

(ㄴ) 회　분$=\dfrac{0.1789}{0.9993}\times100=17.9\%$

(ㄷ) 휘 발 분$=\dfrac{0.9997-0.6598}{0.9997}\times100-5.07=28.93\%$

(ㄹ) 고정산소$=100-[수분(\%)+회분(\%)+휘발분(\%)]$

$\qquad=100-[5.07+17.9+28.93]=48.10\%$

(ㅁ) 연 료 비$=\dfrac{고정탄소}{휘발분}=\dfrac{48.10}{28.93}=1.66$

[예제 4.10] 석탄의 습분측정을 했을 때 제일차습분측정시에는 석탄시료는 50kg에서 45kg로 감소했다. 제이차습분측정을 위해 이 건조한 시료를 축분해서 그 중의 1,200g를 따라 건조후항습조에 넣어, 하룻밤을 조용히 두었다가 저울에 재니 1,150g가 되었다. 이 석탄의 습분을 구하라.

해 제1차습분, $M_1=\dfrac{50-45}{50}\times100=10\%$

제2차습분, $M_2=\dfrac{1,200-1,150}{1,200}\times100=4.17\%$

그러므로 식(4.2)에 의하여

습분, $M=M_1+\dfrac{(100-M_1)\times M_2}{100}=10+\dfrac{(100-10)\times4.17}{100}=13.17\%$

[예제 4.11] 석탄을 분석해서 다음 결과를 얻었다.

성　분(%)

습　분	3.02	수　분	4.11	회　분	17.45
휘 발 분	30.66	전 유 황	0.32	불연성유황	0.15
탄　소	61.21	수　소	4.01	질　소	1.52

발열량 5,870㎉/kg

이것으로부터 (ㄱ)연료비, (ㄴ)연소성유황, (ㄷ)산소, (ㄹ)무수무회탄으로 발열량 (ㅁ)도착탄의 발열량을 구하라.

해 (ㄱ) 고정탄소(%)=100-[수분(%)+탄분(%)+휘발분(%)]

$$=100\text{-}[4.11+17.45+30.66]=47.78\%$$

$$\therefore 연료비=\frac{고정탄소}{휘발분}=\frac{47.78}{30.66}=1.56$$

(ㄴ) 연소성유황(%)=전유황(%)$\times\dfrac{100}{100-수분(\%)}$-불연성유황(%)

$$=0.32\times\frac{100}{100-4.11}-0.15=0.18\%$$

(ㄷ) 산소(%)=100-[탄소(%)+수소(%)+불연성유황(%)

$$+질소(\%)+탄분(\%)\times\frac{100}{100-수분(\%)}]$$

$$=100\text{-}[61.21+4.01+0.18+1.52+17.45\times\frac{100}{100-4.11}]$$

$$=100\text{-}85.12=14.88\%$$

(ㄹ) 무수무회탄의 발열량=5,870$\times\dfrac{100}{100-[수분(\%)+회분(\%)]}$

$$=5,870\times\frac{100}{100-[4.11+17.45]}=5,870\times\frac{100}{78.44}=7,480㎉/kg$$

(ㅁ) 도착탄의 발열량=5,870$\times\dfrac{100-습분(\%)}{100}$=5,870$\times\dfrac{100-3.02}{100}$

$$=5,870\times\frac{96.98}{100}=5,690㎉/kg$$

[예제 4.12] 석탄을 분석해서 다음의 결과를 얻었다.

습분   5.07%   수분   3.33%   회분   20.28%
휘발분   6,010㎉/kg

(ㄱ) 전수분, (ㄴ) 도착탄으로서의 발열량, (ㄷ)무수무회탄으로서의 발열량을 구하라.

해 (ㄱ) 전수분(%)=습분(%)+$\dfrac{100-습분(\%)}{100}\times$수분(%)

$$=5.07+\frac{100-5.07}{100}\times3.33=8.23\%\ \ [식(4.9)]$$

(ㄴ) 도착탄으로서의 발열량=발열량(규정)×$\dfrac{100-습분(\%)}{100}$

$$=6,010×\dfrac{100-5.07}{100}=5,700\text{kcal/kg}$$

(ㄷ) 무수무회탄으로서의 발열량=발열량(규정)×

$$\dfrac{100}{100-[수분(\%)+회분(\%)]}=6,010×\dfrac{100}{100-[3.33+20.28]}=7,870\text{kcal/kg}$$

[예제 4.13] 단열식열량계로 발열량을 측정해서 하기의 수치를 얻었다. 발열량은 몇 cal/g로 되나?

시료의 양	1g	수당량	480g
연소 전의 온도계의 눈금	1,453℃	내간수량	2,200g
연소 후의 온도계의 눈금	3,528℃		

해 식 (4.17)에 의하여 $H_h = \dfrac{(t_2-t_1)(G+E)}{m}$

(단열식계기이므로 동식 중의 $\triangle t = 0$, 또 점화전 및 포지의 연소에 의한 발생열량 $\triangle Q$를 무시한다.)

제의에 의해

t_2=3.528℃ t_1=1.458℃

G=2,200℃ E=480g $m = 1$g

$$\therefore H_h = \dfrac{(3.528-1.453)\times(2,200+480)}{1}=5,561\text{cal/g(고위순)}\ \boxed{답}$$

[예제 4.14] 석탄의 분석결과(%)와 발열량(kcal/kg)이 하기와 같다.

습 분	수 분	회분	휘발분	고정탄소	발열량
1.38	1.38	23.68	26.18	48.76	6,420

(ㄱ) 도착탄의 발열량이 6,330kcal/kg로 되었으나 정확한가. 계산식과 방법을 표시하라.

(ㄴ) 그 후습분이 변화해서 전수분이 2.50%으로 되었을 때의   (a)회분, (b)휘발분, (c)고정탄소, (d)발열량을 구하라.

해 (ㄱ)규정에 의한 발열량이란 습분을 제외한 석탄 1kg이 발생하는 열량이다. 그래서 습분을 함유한 도착탄의 발열량은

(규정에 의한 발열량)×$\dfrac{100-습분(\%)}{100}=6,420×\dfrac{100-1.38}{100}=6,330\text{kcal/kg}$

즉 제시와 같으며 정확하다.

(ㄴ) 전수분(%)=습분(%)+수분×$\dfrac{100-습분(\%)}{100}$ 제의에 의하여

이것이 2.5%로 되었다 하므로 2.5=습분(%)+수분(%)

×$\dfrac{100-습분(\%)}{100}$=습분(%)+1.38×$\dfrac{100-습분(\%)}{100}$

이것을 계산하면 습분=1.135%

습분은 이같이 변화했으나 석탄시험규정에 의한 회분, 휘발분, 고정탄소의 %와 발열량은 어느 것이나 습분을 제외한 석탄에 대해 말하는 것이므로 그 값은 변화하지 않는다. 그러나 만일 규정에 의하지 않고 습윤탄에 대해서 말한다면 다음과 같이 된다.

a) 회   분=23.68×$\dfrac{100-1.135}{100}$=23.4%

b) 휘 발 분=26.18× 〃   =25.9

c) 고정탄소=48.76× 〃   =48.2

d) 발 열 양=6,420× 〃   =6,340kcal/kg

[예제 4.15] 석탄구입할 때 전수분을 4,50%, 발열량을 무수기준으로 해서 6,000 kcal/kg로 계약했다. 수취한 석탄에서 시료를 채취해서 시험했던바 다음과 같은 결과를 얻었다.

습 분	수 분	회분	휘발분
2.01%	2.88%	23.70%	5,860kcal/kg

이것에서 전수분과 발열량(무수기준)을 계산해서 각각 계약치와의 차를 구하라.

해 도착탄에 대해서 계산하면

전수분(%)=습분(%)+$\dfrac{100-습분(\%)}{100}$×수분(%)

=2.01+$\dfrac{100-2.01}{100}$×2.88 = 4.83%

즉 계약보다도 4.83-4.50=0.33%만큼 많다. 다음에

발열량(무수기준)=발열량(규정)×$\dfrac{100}{100-수분(\%)}$

=5,860×$\dfrac{100}{100-2.88}$=6,0400kcal/kg

즉 계약에 비해서 6,040-6,000=40kcal/kg 만큼 크다. 또

$$발열량(도착탄)=발열량(규정)\times\frac{100-습분(\%)}{100}$$
$$=5,860\times\frac{100-2.01}{100}=5,740$$

[예제 4.16] 단열식 본부 열량계를 사용해서 연소찌꺼기의 발열량을 측정했던바 완전히 연소되지 않았다. 거기서 연소찌꺼기 1,0010g에 조연제 0.8000g 을 혼합해서 완전연소시켜서 결과를 얻었다.

연소 전의 온도계 눈금 2.003℃

연소 전의 〃 4.551℃

이때 연소 찌꺼기의 발열량은 몇 kcal/kg로 되나

다만 조연제 0.7980g만을 연소했을 때

연소 전의 온도계의 눈금 2.033℃

연소 전의 〃 4.092℃ 또 이들의 측정에 사용한 내조수의

양은 2,200g, 수당량은 455g였다.

해 먼저 조연제만의 시험결과에서 그의 발열량을 구하라 식(4.17)에 있어서

$$\left.\begin{array}{l} t_1=2.033 \\ t_2=4.092 \end{array}\right\} \quad t_2\text{-}t_1=2.059$$

$$\left.\begin{array}{l} G=2.200 \\ E=455 \end{array}\right\} \quad t_2\text{-}t_1=2.059$$

$m=0.7980$

$\triangle t=0$, 또 $\triangle Q=0$라 취한다.

$$\therefore H_h=\frac{(t_2-t_1)(C+E)}{m}=\frac{2.059\times2.655}{0.7980}=6.860\,\text{kcal/kg}$$

다음에 조연제를 가한 연소찌꺼기의 시험에 있어서 연소찌꺼기의 발열량을 H_h라 하면 $H_h{'}\times1.0010+H_h\times0.8000=(t_2-t_1)(G+E)$

$$\left.\begin{array}{l} t_1=2.003 \\ t_2=4.551 \end{array}\right\} \quad t_2\text{-}t_1=2.548$$

$$\left.\begin{array}{l} G=2.200 \\ E=455 \end{array}\right\} \quad \text{G+E=2.655(전と동じ)}$$

$$\therefore H_h{'}\times1.0010=(t_2-t_1)(C+E)-H_h\times0.8000$$

$$\therefore H_h = \frac{2.548 \times 2{,}655 - 6{,}860 \times 0.8000}{1.0010} = 1{,}275\,\text{kcal/kg} \ (\text{고위치}) \ \text{답}$$

[예제 4.17] 석탄의 분석결과가 다음과 같았다.

수　분　3.22%　　　　발열량　5,830kcal/kg

사용시에는 전수분이 변화해서 10.00%였다. 이때의 습분과 습한 석탄 1kg당의 발열량을 구하라.

해 도4.1에 의하여

수분
$$W = \frac{w}{G_2} = \frac{3.22}{100}$$

사용시의 전수분 $= \dfrac{m+w}{G_1} = \dfrac{10}{100}$　　　사용시의 습분 $M = \dfrac{m}{G_1}$

그래서　$\dfrac{m+w}{G_1} = \dfrac{m}{G_1} + \dfrac{w}{G_1} = M + \dfrac{w}{G_2} \cdot \dfrac{G_2}{G_1} = M + W \cdot \dfrac{G_2}{G_1}$

즉　　　$M + W \cdot \dfrac{G_2}{G_1} = \dfrac{10}{100}$ ································(1)

또 $G_1 = G_2 + m$　즉 $1 = \dfrac{G_2}{G_1} + \dfrac{m}{G_1} = \dfrac{G_2}{G_1} + M$ ····················(2)

식(2)에서　$\dfrac{G_2}{G_1} = 1 - M$ ·····································(3)

이것을 (1)에서 대입하여 계산하면

$$M = \frac{\dfrac{10}{100} - W}{1 - W} = \frac{\dfrac{10}{100} - \dfrac{3.22}{100}}{1 - \dfrac{3.22}{100}} \cong 0.07 = 7\%$$

다음에 습탄의 발열량은 $5{,}830 \times G_2/G_1$ 이다. 한편(3)에서

$$\frac{G_2}{G_1} = 1 - M = 1 - 0.07 = 0.93$$

그러므로 $5{,}830 \times \dfrac{G_2}{G_1} = 5{,}830 \times 0.93 = 5{,}420\,\text{kcal/kg}$

답 습분 7%, 발열량 5,420kcal/kg

[예제 4.18] 도착한 석탄을 분석해서 다음의 결과를 얻었다.

습 분	수 분	회분	휘발분
6.00%	5.00%	20.00%	6,000kcal/kg

이것에서 다음 각 항목의 값을 구하라 a) 도착전수분
b) 도착탄의 발열량 c)무수무회탄으로서의 발열량

[해] 도착탄에는 6%의 습분을 함유하고 있다. 공업분석은 이 습분을 제외한 것에 대해서 행하고 있으므로 5%, 회분 20%는 이 습분을 제거한 것에 대한 백분율이다.

다시 무수무회탄은 전수분과 회분을 제외한 석탄이다.

a) 도착탄전수분=$6+5\dfrac{100-6}{100}$=10.70%

b) 도착탄의 발열량=$6,000\times\dfrac{100-6}{100}$=5,640kcal/kg

c) 무수무회탄으로서의 발열량=$6,000\times\dfrac{100}{100-(5+20)}$=8,000kcal/kg

[예제 4.19] 석탄을 분석해서 다음의 결과를 얻었다.

공업분석(%): 수분 3.24 회분=10.79

원소분석(%): C=70.82 H=4.99 O=11.32 N=1.01 S(연소성)=0.52

총발열량 7050kcal/kg

이것으로부터 진발열량을 구하라.

[해] 진발열량은 식 (4.18)에 의하여

$H_l = H_h - 600(9H+W)$으로 구할 수 있다. 이 식 중의 H로서는 원소분석의 결과를 수분을 함유한 시료에 대한 것으로 환산한 것을 사용하지 않으면 안 된다. (도 4.1 참조)

H=$\dfrac{4.99}{100}\times\dfrac{100-3.24}{100}=\dfrac{4.83}{100}$ 또 $W=\dfrac{3.24}{100}$

그러므로 $H_l = 7,050 - 600\times\left(9\times\dfrac{4.83}{100}+\dfrac{3.24}{100}\right)$

=6,700kcal/kg **[답]**

[예제 4.20] 석탄의 분석결과 중에서 다음의 값을 알고 있다.

도착시의 전수분 (%) 5.67

공업분석(%) 수분 2.88, 회분 15.23, 휘발분 38.73

원소분석(%) 탄소 70.33, 수소 4.89, 연소성유황 0.99, 질소 1.03

총발열량(cal/g) 6,210

이것에서 다음 값을 구하라.

(ㄱ) 고정탄소 및 산소

(ㄴ) 도착시 진발열량

해 (ㄱ) 고정탄소량 F는 식(4.7)에 의하여

F(%)=100-[W(%)+A(%)+V(%)]=100-(2.88+15.23+38.73)43.16(%)

산소의 양 O는 식(4.16)에 의하여

$$O(\%)=100-\left[C(\%)+H(\%)+S(\%)+N(\%)+A(\%)\times \frac{100}{100-W(\%)} \right]$$

$$=100-\left[70.33+4.89+0.99+1.03+15.23\times \frac{100}{100-2.88} \right]=7.08(\%)$$

(ㄴ) 연료의 습분 M(%)은 전수분과 습분과 수분과의 관계식, 식(4.9)에

의하여 전수분(%)=M(%)+W(%)$\times \dfrac{100-M(\%)}{100}$

$$5.67=M(\%)+2.88\times \frac{100-M(\%)}{100} \qquad \therefore M(\%)=2.87(\%)$$

진발열량은 식(4.18)에서

$$진발열량 \ H_l=6,210-600\left(\frac{9\times 4.89+2.88}{100} \right)=5,929\,\text{cal/g}$$

그러므로, 도착 시의 진발열량은

$$=5,929\times \frac{100-M(\%)}{100}=5,929\times \frac{10-2.87}{100}\cong 5,750\,\text{cal/g}$$

[예제 4.21] 다음의 수치로부터 석탄의 습분, 수분 및 전수분을 각각 계산식을
써서 구하라.

(1) 습분정량용시료의 중량 970g

   건조후의 동상시료의 중량 850g

(2) 수분정량용시료의 중량 1,100g

   가열 후의 동상시료의 중량 1,031g

해 습분(%)=$\dfrac{시료(g)-건조후의 시료(g)}{시료(g)}\times 100$

$$=\frac{970-850}{970}\times 100=12.4\%$$

$$수분(\%)=\frac{시료(g)-가열후의\,시료(g)}{시료(g)}\times 100$$

$$=\frac{1,100-1,031}{1,100}\times 100=6.27\%$$

$$전수분(\%)=\frac{[100-습분(\%)]\times 수분(\%)}{100}$$

$$=12.4+\frac{(100-12.4)\times 6.27}{100}=17.9\%$$

[예제 4.22] 석탄의 분석결과는 다음과 같은 값(치)이었다.

수분 2.57%, 총발열량 5,860㎉/kg 또 이 석탄의 사용 시에 있어서 습분은 6.2%이었다. 석시와 사용 시의 진발열량을 구하라. 단, 원소분석의 수소는 4.27%이었다.

해 원소분석의 수소를 공업분석의 Base에서 환산하면

$$4.277\times\frac{100-2.57}{100}=4.16\%$$

분석시의 진발열량은 5,860-600(9×0.0416+0.0257)=5,620㎉/kg

사용시의 진발열량은 $5,620\times\dfrac{100-6.2}{100}$-600×0.062=5,234㎉/kg

답 분석시의 진발열량 5,620㎉/kg, 사용시의 진발열량 5,234㎉/kg

[예제 4.23] 보증 calorie(분석시) 5,500㎉/kg의 석탄의 습분 5%를 허용해서 100t, 45만원으로 구입 계약했다. 석탄의 도착시에 분석시료를 채취해서 분석과 시험을 하였던바 습분은 12%, 분석시의 총발열량은 5,400㎉/kg, 총중량은 110t이었다. 사용상 별 지장 없는 것으로 해서 총량계산으로 얼마나 지불하면 좋은가?

해 이 문제는 공업분석은 도착탄에서 습분을 제외한 것에 대하여 행하고, 발열량을 결정하는 것에 생각을 깨우치면 간단히 풀 수 있다. 1000㎉당의 계약가격

$$\frac{450,000\times 10^3}{5500\times(1-0.05)\times 100\times 10^3}=0.861244원$$

구입탄 110^t의 발열량 5,400×(1-0.12)×110×10^3=522,720×10^3원

그러므로 지구가격은 0.861244×522,720=450,189원 **답**

[예제 4.24] 석탄을 분석해서 다음과 같은 결과를 얻었다.

습분% 6.2

공업분석 %

수분	회분	휘발분	고정탄소
4.76	6.73	45.82	42.69

원소분석 %

회분	탄소	수소	산소	연소성유황	질소
7.07	71.54	5.79	12.87	1.58	1.15

발열량 kcal/kg 6,970 이들의 치에서 순탄의 발열량과 도착시의 진발열량을 구하라. 다만 회분의 보정률은 1.08이라 한다.

해 순탄발열량

$$6,970 \times \frac{100}{100 - (4.76 + 6.73 \times 1.08)} = 7,923\,\text{kcal/kg}$$

도착시의 진발열량

$$\{6,970 - 600[9 \times 0.0579 \times (1 - 0.0476)]\} \times (1 - 0.062) = 6,232\,\text{kcal/kg}$$

제5장 연소계산

기호

    $C, C_f, H, O, N, S, A, W, M, V$ ⋯⋯연료 1kg 중의 탄소, 고정탄소, 수소, 산소, 질소, 유황, 회분, 수분, 습분, 휘발분의 양(kg), 다만 특히 쓰기가 꺼림 직할 때는 이들의 성분의 % 수치 다만(C,H,O) 등을 화학방정식 중에 사용하였을 때는 화학기호로서의 고유의 의미를 지닌다.

H_h, H_1 ⋯⋯연료의 고위발열량, 저위발열량

$(CO)_v, (H_2)_v, (CH_4)_v$, 등⋯⋯기체연료 $1Nm^3$ 중의 이들의 분자식에 의하여 표시되는 성분 가스의 양(Nm^3)

L_{ov}, L_v, L_{ev} ⋯⋯연료 1kg 또는 $1Nm^3$의 연소에 필요한 이론공기, 실제공급되는 공기량, 과잉공기량(Nm^3)

O_{ov}, O_v, O_{ev} ⋯⋯ 연료 1kg 또는 $1Nm^3$의 연소에 필요한 이론산소량, 실제 공급되는 산소량, 과잉산소량(Nm^3)

μ ⋯공기과잉률(공기비)

$G_{ov}, G_{ov}', G_v, G_v', W_v \, W_g$ ⋯⋯ 연료 1kg 또는 $1Nm^3$의 연소에 필요한 이론산소량, 실제 공급되는 산소량, 과잉산소량(Nm^3), 수분량(kg)

$(CO)_v', (CO)_v', (N_2)_v'$, 등⋯⋯건조연료가스 $1Nm^3$ 중의 이들의 분자식에 의하여 표시되는 성분 가스의 양(Nm^3)

$(CO_2)_{v\,max}'$ ⋯⋯ 건조연료가스 $1Nm^3$ 중의 최대탄산가스(Nm^3)

5.1 연소의 기본반응식과 양적 관계

연료를 구성하는 주된 물질의 연소반응식과 그의 양적 관계 아울러 연소열은 다음과 같다. 식에 병기한 숫자(입체)는 중량(kg), 숫자(이탤릭체)는 용적(Nm^3)을 나타내고 또 $kcal/kmol$을 나타낸다.

탄   소: $C + O_2 = CO_2 + 97{,}200$ ⋯⋯⋯⋯⋯⋯⋯⋯⋯⋯(5.1)
(완전연소)
$$12 + \begin{cases} 32 = 44^{1)} \\ 22.4 \to 22.4 \end{cases}$$

탄　　소: $\quad C + \dfrac{1}{2} O_2 = CO + 97{,}200$ ·······································(5.2)

(불완전연소)

$$12 + \begin{cases} 16 = 28 \\ 22.2 \to 22.4 \end{cases}$$

또는 $\quad C + O_2 = CO + \dfrac{1}{2} O_2 + 29{,}200$ ···························(5.3)

$$12 + \begin{cases} 32 = 28 + 16 \\ 22.4 \to 22.4 + 11.2 \end{cases}$$

$$\left(\begin{array}{l} \text{식 (5.3)의 형태는 이론공기량에 의한 연료 } Gas \\ \text{의 양이나 조성을 논할 때에 편리하다.} \end{array} \right)$$

수　　소: $\quad H_2 + \dfrac{1}{2} O_2 = H_2 O + 57{,}600$ ·······························(5.4)

$$\begin{cases} 2 + 16 = 18 \\ 22.4 + 11.2 \to 22.4 \end{cases}$$

유　　황[11]: $\quad H_2 + \dfrac{1}{2} O_2 = H_2 O + 57{,}600$ ·······················(5.4)

$$\begin{cases} 2 + 16 = 18 \\ 22.4 + 11.2 \to 22.4 \end{cases}$$

ETHYLENE: $\quad C_2 H_2 + 3 O_2 = 2 CO_2 + 2 H_2 O + \begin{cases} 312{,}400 \, (\text{低}) \\ 334{,}000 \, (\text{高}) \end{cases}$ ···············(5.8)

$$\begin{cases} 28 + 96 = 88 + 36 \\ 22.4 + 67.2 \to 44.8 + 44.8 \end{cases}$$

BENZOLE: $\quad C_2 H_6 + 3\dfrac{1}{2} O_2 = 6 CO_2 + 3 H_2 O + \begin{cases} 739{,}100 \, (\text{低}) \\ 771{,}500 \, (\text{高}) \end{cases}$ ···········(5.9)

$$\begin{cases} 78 + 240 = 264 + 54 \\ 22.4 + 168.0 \to 134.4 + 67.2 \end{cases}$$

일반탄화수소: $\quad C_m H_n + \left(m + \dfrac{n}{4} \right) O_2 = m CO_2 + \dfrac{n}{2} H_2 O$ ·······························(5.10)

(완전연소)

---

10) 중량의 관계는 정밀한 각 원소의 원자량 (권말 부표, 316혈 참조)에 의하면 소수점 이하의 단수가 붙어 남을 것이나 연소에 관한 실용적 계산에 있어 이는 정도의 개수로 충분하다. 이하 동등

11) 연소성유황

$$\begin{cases} (12m+n)+32\left(m+\dfrac{n}{4}\right)=44m+9n \\ 22.4 \rightarrow 22.4\left(m+\dfrac{n}{4}\right) \rightarrow 22.4m+11.2n \end{cases}$$

일반탄화수소: $C_mH_n+\left(m+\dfrac{n}{4}\right)O_2=mCO+\dfrac{m}{2}O_2+\dfrac{n}{2}H_2O$ ·················(5.11)

(불완전연소)

$$\begin{cases} (12m+n)+32\left(m+\dfrac{n}{4}\right)=28m+16m+9n \\ 22.4 \rightarrow 22.4\left(m+\dfrac{n}{4}\right) \rightarrow 22.4m+11.2n+11.2n \end{cases}$$

(비고)   수소화합물의 연소열중상단(저위)은 발생한 H_2O가 증기로서 존재할 경우의 것, 하단(고위)은 H_2O가 복수로서 존재하는 경우의 것을 표시한다.

5.2 연료의 발열량

1) 고체와 액체연료 고체와 액체연료로서는 그 조성은 중량으로 주어지고 발열량은 다음식으로 계산한다. 식 중 C, H 등은 사용상태에 있어 연료(즉 일반적으로 다소의 수분을 함유하고 있다.)의 중량조성을 표시하는 것이므로 원소 분석의 결과가 주어져 있을 때는 이것을 공업분석의 결과와 잘 조화시켜 수분을 넣어 1.00이 되도록 수정한 값을 사용하지 않으면 안된다. (4장 참조)

$$H_h=8,100C+34,200\left(H-\dfrac{O}{8}\right)+2,500S\,kcal/kg \;\cdots\cdots\cdots\cdots\cdots (5.12)$$

$$H_l=8,100C+29,000\left(H-\dfrac{O}{8}\right)+2,500S-600W\,kcal/kg \;\cdots\cdots (5.13)$$

고위발열량 H_h와 저위발열량 H_l의 차는 이 양식으로부터

$$H_h-H_l=5,200\left(H-\dfrac{O}{8}\right)+600W \;\cdots\cdots\cdots\cdots\cdots\cdots\cdots (5.14)$$

이다. 그러나 H_h 또는 H_l의 어느 한쪽을 주어지고 다른 한쪽을 계산할 때는 가끔 상식 중의 $O/8$을 무시하여 또는

$$\left.\begin{aligned} H_l &= H_h-600(9H+W) \\ H_h &= H_l+600(9H+W) \end{aligned}\right\} \quad \cdots\cdots\cdots\cdots\cdots\cdots\cdots\cdots\cdots (5\cdot15)$$

로 한다. 보통의 조성의 고체 또는 액체연료에 있어서 이 약산에 의한 오차는 일반적으로 작고 증발열의 값으로서 개수치 $600kcal/kg$을 취할 정도의 계산에서는 허용된다. 본서예제에서도 이 약산을 사용했다. 약산에 의한 오차의 정도를 예시하자면, 이를테면 탄소 11.0%이란 조성의 석탄의 발열량은 식(5.2)과 (5.13)에 의하여

$$H_h = \frac{8,100 \times 72.0 + 34,200 \times \left(5.3 - \dfrac{8.9}{8}\right) + 2,500 \times 0.4}{100} = 7,270 kcal/kg$$

$$H_l = \frac{8,100 \times 72.0 + 29,000 \times \left(5.3 - \dfrac{8.9}{8}\right) + 2,500 \times 0.4 - 600 \times 0.9}{100}$$

$=7,055 kcal/kg$이다. 그래서 $0.1 H_h$의 값이 주어졌다고 보고

이것으로부터 H_l와 식 ·· (5.15)

을 사용하여 산출하면, $H_l = 7,270 - 600 \times \dfrac{9 \times 5.3 + 0.9}{100} = 6,978$이 되고,

H_t의 혈치와의 오차율은 $\dfrac{7,055 - 6,978}{7,055} = \dfrac{77}{7,055} = 0.011$ 즉 1.1%이다.

또 본서의 예제 6.32에 있어서 H_l의 혈치는 식(5,14)에 의하여

$$H_l = H_h - \left[5,200\left(H - \frac{O}{8}\right) + 600\,W\right] = 3,420 - \frac{5,200 \times \left(4 - \dfrac{11}{8} + 600 \times 42\right)}{100}$$

$=3,420\text{-}387=3,033 kcal/kg$이며 약산치의 오차율은

$\dfrac{3,033 - 2,952}{3,033} = \dfrac{81}{3,033} = 0.026$ 즉 2.6%이다.

고체연료에 대한 실험식 이상은 이론식이지만 고체연료의 공업분석의 결과로부터 발열량을 산출하는 실험식의 예를 다음에 든다.[12]

무연탄: $\quad H_h = 61.4\,V + 86.7\,C_f$ ······································· (5.16)

역청탄 (연료비[13] 1~4, 수분 6% 이내): $H_h = f[100 - (A + W)] \cdot$ (5.17)

여기서 $\quad W < 3\%$일 때는 $f = 89 - 2.3\,W$

$\qquad\qquad W < 3\%$일 때는 $f = 86 - 1.5\,W$

갈탄과 아탄: $\quad H_h = fV + 81\,C_f$ ································ (5.18)

---

12) 신정효: 연료와 연소, 13권 9호(소 21-9)
13) 무회무수탄에 있어서 고정탄소와 휘발분과의 비

여기서　　연료비 1이하, 수분 6% 이내일 때　$f = 86 - 2W$

　　　　　연료비 1이하, 수분 6% 이내일 때　$f = 76 - 0.7W$

cockes:　　$H_h = 81(V + C_f) = 81(100 - A - W)$ ·················· (5.19)

eoalite:　　$H_h = V(140 - 5V) + 81C_f$ ······························· (5.20)

이상의 제식 중 H_h는 kcal/kg, A, W, V, G_f는 어느 것이나 %로 표시한 수치이다.

2) 기체연료 기체연료에서는 그 조성은 통상용적으로 주어지고 발열량은 다음 식으로 계산된다. 더구나 C_2H_6, C_6H_6 등의 중탄화수소는 C_2H_4로 보아서 계산함이 보통이다.

$$H_h = 3{,}035(CO)_v + 3{,}055(H_2)_v + 9{,}530(CH_4)_v + 14{,}900(C_2H_4)_v \text{ kcal/Nm}^3 \text{ (5.21)}$$

$$H_h = 3{,}035(CO)_v + 2{,}570(H_2)_v + 8{,}570(CH_4)_v + 13{,}940(C_2H_4)_v \text{ kcal/Nm}^3 \text{ (5.22)}$$

각종 연료의 발열량의 실제 값은 표 5.3과 같다. (다음 혈)

5.3 연소에 필요한 공기량

1) 이론공기량과 산소량 고체와 액체연료에 대해서는

$$O_{ov} = 1.867C + 5.6H + 0.7S - 0.7O \, Nm_3/kg \text{ ·················· (5.23)}$$

$$L_{ov} = \frac{1.867C + 5.6H + 0.7S - 0.7O}{0.210} Nm_3/kg \text{ ·················· (5.24)}$$

$$\left(\text{上式中의 係數值는} \, 1.867 = \frac{22.4}{12}, 5,6 = \frac{11.2}{2}, 0.7 = \frac{22.4}{32} \right)$$

기체연료에 대해서는

$$O_{ov} = \frac{1}{2}[(H_2)_v + (CO)_v + 2(CH_4)_v + 3(C_2H_4)_v - (O_2)_v \, Nm^3/Nm^3$$

·· (5.25)

$$L_{ov} = \frac{\frac{1}{2}[(H_2)_v + (CO)_v] + 2(CH_4)_v + 3(C_2H_4)_v - (O_2)_v}{0.210} Nm^3/Nm^3$$

·· (5.26)

실험식 이상의 이론식이지만 외에 연료의 발열량에서 이론공기량을 산출하는 실험식은 많이 있다. 그 형은 어느 것이나

$$L_{ov} = \frac{aH_l + b}{1000} \quad \cdots\cdots (5.27)$$

H_l에 $kcal/kg$(고체와 액체연료) 또는 $kcal/Nm^3$(기체연료), L_{ov} Nm^3/kg(고체와 액체연료) 또는 Nm^3/Nm^3(기체연료)를 사용했을 때의 정수 a와 b의 값은 다음과 같다.

연구자와 연료 종류	a	b
로진-페링(Rosin-Fehling)		
고 체 연 료 $\begin{cases} H_l \geq 5{,}000 \\ H_l < 5{,}000 \end{cases}$	1.01 1.10	0.5 0
액 체 연 료	0.85	2.0
기 체 연 료 $\begin{cases} \text{저발열 } Gas \\ \text{고발열 } Gas \end{cases}$	0.875 1.09	0.8 -0.25
석 곡 씨 고체와 액체연료	1.05	0.10
설 악 씨 석 탄 공 업 Gas	1.09 1.10	-0.09 -0.32

2) 실제 공기량

$$\left. \begin{aligned} L_v &= L_{ov} + L_{ev} \\ &= \mu L_{ov} \\ L_{ev} &= (\mu - 1) L_{ov} \end{aligned} \right\} \quad \cdots\cdots (5\cdot28)$$

각종 연료의 소요공기량과 공기과잉률의 개수치는 표 5.4 기재와 같다.(145 혈) 또 베-레이(E.G.Bailey)의 연구 결과에 의한 보일러 로에 있어서 공기과 잉률의 적정치를 표 5.5에 표기한다.

5.4 연소가스양과 그 조성

연료 외 완전연소했을 때의 연소가스양과 그 조성은 다음의 제식으로 주어진다.

1) 고체와 액체연료

a) 연소가스양

$$G_v = 1.867C + (4.76\mu - 1)O_{ov} + 0.8N + 0.7S + (11.2H + 1.24W)\,Nm^3/kg$$

$$= 8.89\mu C + (4.76\mu - 1)(5.6H - 0.7O) + 0.8N$$

$$+ 3.33\mu S + (11.2H + 1.24W)\,Nm^3/kg = G_{ov} + (\mu - 1)L_{ov} \quad \cdots\cdots (5.29)$$

$$G_v' = 1.867C + (4.76\mu - 1)O_{ov} + 0.8N + 0.7S\,Nm^3/kg$$
$$= 8.89\mu C + (4.76\mu - 1)(5.6H - 0.7O) + 0.8N + 3.33\mu S\,Nm^3/kg$$
$$= G_v - W_v \quad\text{................................}\quad (5.30)$$

$$G_{ov} = 8.89C + 32.26H - 2.63O + 0.8N + 3.33S + 1.24W\,Nm^3/kg \quad\text{....}\quad (5.31)$$

$$G_{ov}' = 89C + 21.06H - 2.63O + 0.8N + 3.33S\,Nm^3/kg = G_{ov} - W_v \quad\text{....}\quad (5.32)$$

$$\left.\begin{array}{l} W_v = 11.2H + 1.24W\,Nm^3/kg \\ W_g = 9H + W\,kg/kg \end{array}\right\} \quad\text{................................}\quad (5.33)$$

b) 건비연소가스의 조성

$$(CO_2)_v' = \frac{1.867C}{G_v'} \quad\text{................................}\quad (5.34)$$

$$(O_2)_v' = \frac{(\mu - 1)O_{ov}}{G_v'} \quad\text{................................}\quad (5.35)$$

$$(SO_2)_v' = \frac{0.7S}{G_v'} \quad\text{................................}\quad (5.36)$$

$$(N_2)_v' = \frac{0.8S + 3.76\mu O_{ov}}{G_v'} \quad\text{................................}\quad (5.37)$$

$$(CO_2)_{v\,\max}' = \frac{1,867C}{G_{ov}'} \quad\text{................................}\quad (5.38)$$

$(CO_2)_v'$, $(O_2)_v'$, $(SO_2)_v'$, $(N_2)_v'$는 연소조건(μ의 다소)에 의하여 변하나, $(CO_2)_{v\,\max}'$은 연소조건에 관계없이 연료의 조성단에 의하여 정해지는 양으로서 그 연료의 한가지 특성이라 생각된다. 이것은 기체연료에 대해서도 마찬가지다.

2) 기체연료

a) 연소가스양

$$G_v = (CO)_v + 3(CH_4)_v + 4(C_2H_4)_v + (CO_2)_v + (N_2)_v + (H_2)_v + (4.76\mu - 1)O_{ov}$$
$$= (CO)_v + (CH_4)_v + (C_2H_4)_v + (CO_2)_v + (O_2)_v + (N_2)_v + (H_2)_v$$
$$+ \frac{\mu O_{ov}}{0.21} - \frac{1}{2}[(CO)_v + (H_2)_v] = G_{ov} + (\mu - 1)L_{ov} \quad\text{................}\quad (5.39)$$

$$G_v = 1 + L_{ov}[((CO)_v + (H_2)_v]\,Nm^3/Nm^3 \quad\text{................................}\quad (5.40)$$

$$G_v = (CO)_v + (CH_4) + 2(C_2H_4)_v + (CO_2)_v$$
$$+ (N_2)_v + (4.76\mu - 1)O_{ov}\,Nm^3/Nm^3 = G_v - W_v \quad\text{................}\quad (5.41)$$

$$G_{ov}' = (CO)_v + (CH_4)_v + 2(C_2H_4)_v + (CO_2)_v$$
$$+ (N_2)_v + 3.76 O_{ov} \, Nm^3/Nm^3 = G_{ov} - W_v \quad \text{......................} \quad (5.42)$$

$$W_v = (H_2)_v + 2(CH_4)_v + 2(C_2H_4)_v \, Nm^3/Nm^3 \quad \text{......................} \quad (5.43)$$

b) 건비연소가스의 조성

$$(CO_2)_v' = \frac{(CO)_v + (CO_2)_v + (CH_4)_v + 2(C_2H_4)_v}{G_v'} \quad \text{......................} \quad (5.44)$$

$$(O_2)_v' = \frac{(\mu - 1) O_{ov}}{G_v'} \quad \text{......................} \quad (5.45)$$

$$(N_2)_v' = \frac{(N_2)_v + 3.76\mu O_{ov}}{G_v'} \quad \text{......................} \quad (5.46)$$

$$(CO_2)_{v\,max}' = \frac{(CO)_v + (CO_2)_v + (CH_4)_v + 2(C_2H_4)_v}{G_{ov}'} \quad \text{......................} \quad (5.47)$$

각종 연료에 대한 $(CO_2)_{v\,max}'$의 개수치는 표 5.6과 같다.

실험식 이론연소 가스에 대해서는 상기이론식 외에 연료의 발열량에 근원을 둔 다음과 같은 실험식이 있다.

$$G_{ov} = \frac{aH_l}{1,000} + b \quad \text{......................} \quad (5.48)$$

H_l에 kcal/kg(고체와 액체연료) 또는 $kcal/Nm^3$(기체연료), G_{ov}에 Nm^3/kg (고체와 액체연료) 또는 Nm^3/Nm^3(기체연료)를 사용했을 때의 정수 a와 b의 값은 다음과 같다.

연구자와 연료종류		a	b
Rosin-Fehling		0.89	1.5
고 체 연 료	$H_l \geq 5,000$	1.1	0.4
	$H_l < 5,000$	1.11	0
액 체 연 료			
기 체 연 료	저발열 Gas	0.725	1.0
	고발열 Gas	1.14	0.25
석 곡 씨 고체와 액체연료		1.11	0.30
설 악 씨 석 탄		1.17	0.05
공 업 Gas		1.06	0.61

5.5 연소경과의 일반적 해석

5.4에 주어진 제연식료는 어느 것이나 연료가 완전연소할 때의 것으로서, 이들의 식에 수치를 끼어 맞추어 풀 수 있는 문제가 많다. 그러나 실제로는 다소의 과잉공기로서 더구나 이러한 탄소 일부는 불완전연소가 일어남이 일반적이다. 이러한 경우의 문제를 풀 때는 표 5.1과 표 5.2를 사용하면 연소경과를 재빨리 알 수 있어 해법이 쉽게 된다. 동표 중 '수치 간의 관계'에 주어진 제식도 표에서 스스로 유도할 수 있다. 이론공기에 의할 때와 아울러 완전연소할 때는 이 표의 특별한 경우로서 취급할 수가 있다. 더구나 5.6에 설명하는 것도 이 표로 인하여 이해가 쉽게 될 것이다.

이 표를 이용하여 문제의 수례(數例)는 본 장 기타의 예제 중에 기재되어 있다.

5.6 연소가스의 조성에 의한 연소상황의 판단

연소 가스 분석결과에 의해 연소가 완전한가. 또 공기과잉률이 얼마인지를 판정할 수 있다. 다음 기록하는 제식은 표 5.1과 표 5.2를 좀 더 상세히 함으로써 더욱 이해가 빨라진다. 더욱 독자의 이해를 돕기 위해 이, 삼의 예제해법 중에 이들의 식을 유도하며 경로를 설명한 데가 있으므로 주의해야 할 것이다.

1) 완전연소의 경우 연소가스 중 CO를 함유하지 않을 경우는 완전연소를 의미하는 것이다.[14) 이런 경우는 연소 가스 분석치와 $(CO_2)'_{v\,max}$와의 사이에는 일반적으로 다음과 같은 관계가 존재한다.

$$(CO_2)'_{v\,max} = \frac{0.21(CO_2)'_v}{0.21 - (O_2)'_v} \quad \text{.................................} (5.49)$$

a) 고체와 액체연료 공기과잉률은 다음식으로 주어진다.

$$\mu = \frac{1 + \dfrac{0.8N}{O_{ov}} - \dfrac{(O_2)'_v}{(N_2)'_v}}{1 - 3.76\dfrac{(O_2)'_v}{(N_2)'_v}} \quad \text{.................................} (5.50)$$

연료 중의 질소량은 통상적이므로 이것을 무시하면

---

14) 석탄의 경우와 같이 탄소 일부가 탄 찌꺼기 중에 낙하 숯으로 되어 비산퇴적하는 것도 넓은 의미로서는 불완전연소이다. 여기서는 탄소가 타서 CO로 되는 것만을 불완전연소의 의미로 한다.

$$\mu = \cfrac{1}{1-3.76\cfrac{(O_2)_v{}'}{(N_2)_v{}'}} = \cfrac{0.21(N_2)_v{}'}{0.21(N_2)_v{}'-0.79(O_2)_v{}'} \quad \text{(5.51)}$$

$(N_2)_v{}' \cong \cfrac{79}{100}$ 라 취하면 실용적으로는 $\mu = \cfrac{0.21}{0.21-(O_2)_v{}'}$ $\cdots\cdots$ (5.52)

혹은 또 유황의 함유량도 적음이 보통이므로 그런 경우는 CO의 함유비율을 사용하여

$$\mu = \cfrac{0.79(CO_2)_v{}'{}_{\max}}{1-(CO_2)_v{}'{}_{\max}} \times \cfrac{1-(CO_2)_v{}'}{(CO_2)_v{}'} + 0.21 \quad\cdots\cdots \text{(5.53)}$$

또는 $\mu = \cfrac{0.79}{(CO_2)_v{}'} \times \cfrac{(CO_2)_v{}'{}_{\max}}{1-(CO_2)_v{}'{}_{\max}} + \cfrac{0.21-(CO_2)_v{}'{}_{\max}}{1-(CO_2)_v{}'{}_{\max}} \quad\cdots\cdots \text{(5.54)}$

또는 근사적으로 $\mu \cong \cfrac{(CO_2)_v{}'{}_{\max}}{(CO_2)_v{}'}$ $\cdots\cdots$ (5.55)

라 할 수도 있다.

b) 기체연료 일반적으로는

$$\mu = \cfrac{0.21}{0.21-0.79\cfrac{(O_2)_v{}'}{(N_2)_v{}'}} \left[1 + \cfrac{(O_2)_v{}'}{(N_2)_v{}'} \cdot \cfrac{(N_2)_v}{O_{ov}} \right] \quad\cdots\cdots \text{(5.56)}$$

혹 질소함유량이 적을 경우는 식(5.51) 또는 (5.52)를 사용하여도 좋다.

2) 불완전연소의 경우 연소가스 중에 CO_2를 함유할 경우는 불완전연소의 현상으로서, 이런 경우에는 다음의 제식이 사용된다.

$$(CO_2)_v{}'{}_{\max} = \cfrac{0.21\left[(CO_2)_v{}' + (CO)_v{}'\right]}{0.21-(O_2)_v{}'+0.395(CO)_v{}'} \quad\cdots\cdots \text{(5.57)}$$

표 5.1 고체와 액체연료연소경과일람표

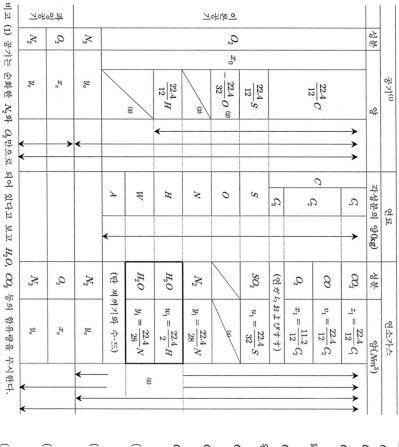

수치 간의 관계

$C_1 + C_2 + C_3 = C$

$C + S + O + N + H + W + A = 1$

$C_{ow} = x_0 = 22.4 \left[\dfrac{C}{12} + \dfrac{S}{32} + \dfrac{H}{5} - \dfrac{O}{32} \right]$

$y_0 = \dfrac{79}{21} x_0$ $L_{ow} = \dfrac{100}{21} x_0$ $x_e = (\mu - 1)x_0$, $y_e = (\mu - 1)y_0$ $L = \mu L_{ow}$

$C_{ov} = 22.4 \left[\dfrac{C - C_3}{12} + \dfrac{S}{32} + \dfrac{N}{28} + \dfrac{C_2}{24} + \dfrac{H}{2} + \dfrac{W}{18} \right] + y_0 + x_e + y_e$

완전연소의 경우는 $C_2 = 0$ (하기제식에 있어서도 같다.)

$G_v' = 22.4 \left[\dfrac{C - C_3}{12} + \dfrac{S}{32} + \dfrac{N}{28} + \dfrac{C_2}{24} \right]$

$G_{ov} = 22.4 \left[\dfrac{C - C_3}{12} + \dfrac{S}{32} + \dfrac{N}{28} + \dfrac{C_2}{24} + \dfrac{H}{2} + \dfrac{W}{18} \right] + y_0$

$G_{ow} = 22.4 \left[\dfrac{C - C_3}{12} + \dfrac{S}{32} + \dfrac{N}{28} + \dfrac{C_2}{24} \right] + y_0$

$(CO_2)_v' = \dfrac{\dfrac{22.4}{12} C_1}{G_v'}$

$(CO)_v' = \dfrac{\dfrac{22.4}{12} C_2}{G_v'}$ $(CO_2)_v' + (CO)_v' = \dfrac{\dfrac{22.4}{12}(C - C_3)}{G_v'}$

$(CO_2)_v' = \dfrac{\dfrac{22.4}{12} C_2}{G_v'}$ $(SO_2)_v' = \dfrac{\dfrac{22.4}{32} S}{G_v'}$

$(O_2)_v' = \dfrac{\dfrac{12.2}{12} C_2}{G_v'}$

$(N_2)_v' = \dfrac{\dfrac{22.4}{28} N + y_0 + y_e}{G_v'}$

$(CO_2)_{v\ \max}' = \dfrac{\dfrac{22.4}{12} C}{G_{ow}'}$

성분

공기[1]
량

O_2
$\dfrac{22.4}{12} C$ x_0
$-\dfrac{22.4}{32} O$ [2]
$\dfrac{22.4}{32} S$
$\dfrac{22.4}{12} C$
(3)
$\dfrac{22.4}{12} H$ (3)

N_2 y_0

연료
각 성분의 량(kg)

	C	C_1
		C_2
		C_3
	S	
	O	
	N	
	H	
	W	
	A	

연소가스
량(Nm^3)

성분	
CO_2	$z_1 = \dfrac{22.4}{12} C_1$
CO	$v_1 = \dfrac{22.4}{12} C_2$
O_2	$x_1 = \dfrac{11.2}{12} C_2$
(연소에 의함)	
SO_2	$u_1 = \dfrac{22.4}{32} S$
N_2	$y_1 = \dfrac{22.4}{28} N$
H_2O	$w_1 = \dfrac{22.4}{2} H$
H_2O	$y_1 = \dfrac{22.4}{28} N$
(단 재까기와 수분)	

응
용
기

N_2 y_0 N_2
O_2 x_e O_2 x_e
N_2 y_e N_2 y_e

비고 (1) 공기는 순화한 N_2와 O_2만으로 되어 있다고 보고 H_2O, CO_2 등의 함유량을 무시한다.

(2) 연료 중에 함유된 산소량은 연소용 산소량에서 빼어도 좋으므로 읽기호(-記號)를 부친다.

(3) 연료 중의 N, W와 A는 연소반응에 무관계한다.

(4) 연료 중의 O는 전부 연소에 사용된다고 생각한다.

(5) 건조 연소 가스를 생각할 때 배가 가능 있으므로 수분의 존재를 확실하게 하려고 굵은 선을 예각한다.

표 5.2 기체연료연소정과일람표

성분(공기)	공기 양(Nm³)	연료 성분	연료 량(Nm³)		연소가스 성분	연소가스 양(Nm³)
O_2	$\frac{1}{2}v_1$	CO	v_1	v_1' , v_1''	CO_2	v_1'
					CO	v_1''
					O_2	$\frac{1}{2}v_1''$
O_2	$\frac{1}{2}v_2$	H_2	v_2		H_2O	v_2
O_2	$2v_3$	CH_4	v_3	v_3' , v_3''	CO_2	v_3'
					CO	v_3''
					O_2	$\frac{1}{2}v_3''$
					H_2O	$2v_3$
O_2	$3v_4$	C_2H_4	v_4	v_4' , v_4''	CO_2	$2v_4'$
					CO	$2v_4''$
					O_2	v_4''
					H_2O	$2v_4$
O_2	(2) $-v_5$	O_2	v_5			
N_2	(3)	N_2	v_6		N_2	v_6
CO_2		CO_2	v_7		CO_2	v_7
이론공기 N_2	y_0				N_2	y_0
O_2	x_0	C_mH_n	v	v' , v''	O_2	x_e
기 실용공기 N_2	y_e				N_2	y_e
	x_0				CO_2	mv'
					CO	mv''
					O_2	$\frac{m}{2}v''$
					H_2O	$\frac{n}{2}v$

상표에서의 단화수소에 대해서는 아래 표의 일반항에 의하여 용적의 관계를 알 수 있다.

수지간의 관계

$v_1' + v_1'' = v_1, \; v_3' + v_3'' = v_3, \; v_4' + v_4'' = v_4,$ 일반적 $v' + v'' = v$

$v_1 + v_2 + v_3 + v_4 + v_5 + v_6 + v_7 = 1$

$C_{ov} = x_0 = \frac{1}{2}(v_1 + v_2) + 2v_3 + 3v_4 - v_5$

$y_0 = \frac{79}{21}x_0 \qquad L_{ov} = \frac{100}{21}x_0 \qquad x_e = (\mu-1)x_0 \quad y_e = (\mu-1)y_0 \quad L_v = \mu L_{ov}$

$G_v = (v_1 + v_3 + 2v_4 + v_6 + v_7 + y_0 + x_e + y_e) + \left(\frac{1}{2}v_1'' + \frac{1}{2}v_3'' + v_4''\right) + (x_2 + 2v_3 + 2v_4)$

상식중 제[1]의 괄호는 완전연소일 때의 전조연소가스양, 제[2]의 괄호는 탄소의 일부 불완전연소에 의한 연소가스 용적의 증가량, 제[3]의 괄호는 연소에 의한 수증기향이다.

$G_v' = (v_1 + v_3 + 2v_4 + v_6 + v_7 + y_0 + x_e + y_e) + \left(\frac{1}{2}v_1'' + \frac{1}{2}v_3'' + v_4''\right) + (x_2 + 2v_3 + 2v_4)$

$= G_v - (v_2 + 2v_3 + 2v_4)$

$G_{ov} = (v_1 + v_3 + 2v_4 + v_6 + v_7 + y_0) + \left(\frac{1}{2}v_1'' + \frac{1}{2}v_3'' + v_4''\right) + (x_2 + 2v_3 + 2v_4)$

$G_{ov}' = (v_1 + v_3 + 2v_4 + v_6 + v_7 + y_0) + \left(\frac{1}{2}v_1'' + \frac{1}{2}v_3'' + v_4''\right) + \left(\frac{1}{2}v_1'' + \frac{1}{2}v_3'' + v_4''\right)$

$= G_v' - (v_2 + 2v_3 + 2v_4)$

$(CO_2)_v' = \frac{v_1' + v_3' + 2v_4' + v_7}{G_v'} \qquad\qquad (CO_2)_v' + (CO)_v' = \frac{v_1 + v_3 + 2v_4 + v_1}{G_v'}$

$(CO)_v' = \frac{v_1'' + v_3'' + 2v_4''}{G_v'}$

$(O_2)_v' = \frac{\frac{1}{2}v_1'' + \frac{1}{2}v_3'' + v_4'' + x_e}{G_v'}$

$(N_2)_v' = \frac{v_6 + y_0 + y_e}{G_v'}$

$(CO_2)_{v\,max} = \frac{v_1 + v_3 + 2v_4 + v_7}{G_{ov}}$

비고 (1) 공기는 순화한 N_2와 O_2만으로 되어 있다고 보고 N_2O, CO_2 등의 함유량을 무시한다.

(2) 연료 중의 O_2의 양만은 연소용산소향에서 빼어도 좋으므로 일기호를 부호한다.

(3) 연료 중의 N_2는 연소반응에 무관계하다.

(4) 연료 중의 O_2는 전부 연소에 사용된다고 생각한다.

(5) 건조 연소 가스를 생각할 때가 가끔 있으므로 수분의 존재를 확실하게 하려고 굵은 선을 에워한다.

질소함유량이 적은 연료에 대한 공기과잉률의 식은

$$\mu = \cfrac{1}{1-3.76\cfrac{(O_2)_v{}'-0.5(CO)_v{}'}{(N_2)_v{}'}} = \frac{0.21(N_2)_v{}'}{0.21(N_2)_v{}'-0.79\left[(O_2)_v{}'-0.5(CO)_v{}'\right]}$$

$$\cdots\cdots\cdots (5.58)$$

또 질소, 유황, 모두 다 함유량이 적은 연료에 대해서는 식(5.53) 대신에

$$\mu = \frac{0.79(CO_2)_v{}'\max}{1-(CO_2)_v{}'} \times \frac{1-(CO_2)_v{}'-1.5(CO)_v{}'}{(CO_2)_v{}'+(CO)'} + 0.21 \cdots\cdots (5.59)$$

이 사용된다. 더욱 $(CO_2)_v{}'$와 $(CO)_v{}'$와 비율은 연료함유탄소 중 완전연소한 일부분과 불완전연소한 부분과의 중량비와 같다.

5.7 연소온도

$$t_g - t_s = \frac{nH_l(1-\sigma)+c_f(t_f-t_s)+c_a\mu L_{ov}(t_a-t_s)}{c_g\left[G_{ov}+(\mu-1)L_{ov}\right]} \cdots\cdots (5.60)$$

여기서 t_g=연소온도 η=연소의 평균효율

         c_g=연소가스의 평균비열 c_f=연료의 평균비열

         c_a=공기의 평균비열 σ=방사율=방사열량/전열량

         t_f=연료의 온도 t_a=공기온도

         t_s=기준온도

개수치는 c_f=0.22~0.26kcal/kg℃ (석탄)   =0.42~0.47kcal/kg℃ (중유)

            =0.31kcal/Nm$^{3℃}$ (기체연료)

σ=0.10~0.15 (전간수내화연와로 둘러싸여 있는 노의 경우)

σ=0.20~0.25 (노관보일러와 보통의 수관보일러와 같이 하화연소의 경우)

σ=0.25~0.40 (노관보일러와 같이 내화연소와 노벽에 수냉각관을 배치
          했을 경우

η=1, σ=0, μ=1일 때의 t_g의 값은 이론상 생각할 수 있는 최고연소온도로서 이론연소온도라 한다.

표 (5.3) (a) 고체연료의 저위발열량

연료의 종류	발 열 양
무 연 탄	7,300~8,000kcal/kg
역 청 탄	5,200~7,800kcal/kg
갈 탄	4,000~5,500kcal/kg
아 탄	2,000~4,000kcal/kg
연 탄	6,000~7,500kcal/kg
코 크 스	6,200~7,200kcal/kg
단 성 코 크 스	6,000~7,000kcal/kg
신 재	2,800~3,500kcal/kg
목 탄	6,700~7,500kcal/kg

표 (5.3) (b) 액체연료의 저위발열량

연료의 종류	발 열 양
휘 발 유	11,100~11,500kcal/kg
정 유	10,300~10,370kcal/kg
경 유	10,160~10,230kcal/kg
중 유	10,020~10,120kcal/kg
알 코 올 (90%)	~5,500kcal/kg
쉘 유	~9,700kcal/kg
탈 유	~9,100kcal/kg

표 (5.3) (C) 액체연료의 저위발열량

연료의 종류	발 열 양
천 연 가 스	8,400~13,300kcal/kg
석 탄 가 스	4,500~5,200kcal/kg
코 크 스 노 가 스	~7,000kcal/kg
발 생 노 가 스	1,000~1,300kcal/kg
수 성 가 스	2,600~2,800kcal/kg
반 수 성 가 스	3,000~3,500kcal/kg
용 광 노 가 스	850~900kcal/kg

표 (5.4) 연료의 소요공기량

연 료 의 종 류		이 론 공 기 량	공 기 과 잉 률
고체연료	무 연 탄	8.5~9.0　Nm3/kg	
	역 청 탄	6.0~8.5　　"	
	갈 탄	4.5~6.0　　"	
	연 탄	6.0~8.5　　"	1.4~2.0
	코 크 스	8.0~9.0　　"	
	목 탄	8.0~9.0　　"	
	신 재	3~4　　"	
액체연료	중 유	10.8~11.0　Nm3/kg	
	휘 발 유	11.3~11.5　　"	1.2~1.0
	알 코 올 (90%)	~7.0　　"	
	탈 유	~9.8　　"	
액체연료	석 탄 가 스	4.4~5.3　Nm3/kg	
	발 생 로 가 스	1.0~1.3　　"	1.15~1.2
	수 성 가 스	2.3~2.4　　"	
	용 광 로 가 스	~0.7　　"	

표 (5.5) 공기과잉률 적정치 (베-레)

연료 와 연소법	목층	쇄화격자 (자연통풍)	상입급탄기	손을떼는 화격자	쇄화격자 (압입통풍)	하입급탄기 (압입통풍)	징분탄	유바-나 (중기분유)	유바-나 (기계분유)	가스연료
실험수	27	294	265	155	401	1,877	135	307	236	70
μ	1.60	1.55	1.53	1.53	1.49	1.45	1.28	1.23	1.22	1.19

표 (5.6) 탄소가스 최대치

연 료	$(CO_2)'_{v\,max}$ %	연 료	$(CO_2)'_{v\,max}$ %	연 료	$(CO_2)'_{v\,max}$ %
무 연 탄	19~20	연 탄	18.6~19.8	석탄가스	11~12
역 청 탄	18.5~18.8	코크스	20.6	발생로가스	18~19
갈 탄	17.3~18.4	연료유	15~16	용광로가스	24

[예제[15] 5.1] 하기의 조성의 석탄을 자연통풍에 의하여 매시 240kg, 공기과잉률 1.4로 연소할 때, 면적 0.33㎡의 공기속도는 얼마인가? 다만 입구의 공기 온도는 30℃라 한다.

	C	H	O	S	N	회분	수분
석탄의 조성(중량%)	65.18	4.27	10.15	0.26	1.86	15.28	3.00 99.97

해 연소에 필요한 이론공기량은 식(5.24)에 의하여

$$L_{ov} = \frac{1.867C + 5.6H + 0.7S - 0.7O}{0.21}$$

$$= \frac{1.867 \times 65.18 + 5.6 \times 4.27 + 0.7 \times 0.26 - 0.7 \times 10.15}{100 \times 0.21} = 6.6 \text{N}\text{m}^3/\text{kg}$$

그래서 실제공기량은 $L_v = \mu L_{ov} = 1.4 \times 6.6 = 9.23 \text{N}\text{m}^3/\text{kg}$

1시간의 공기량은 $9.23 \times 240 = 2.215 \text{N}\text{m}^3/\text{kg}$

이것을 입구의 온도압력으로 계산한다. 온도는 30℃이다. 압력은 760mmHg로 보아도 사실상 아무 상관 없다. 그러므로 그 용적은 온도만에 대해서 환산하면 된다. 즉

$$용적 = 2.215 \times \frac{30 + 273}{273} = 2.460 \, \text{m}^3/\text{h}$$

$$공기속도 = \frac{2,460}{0.33} = 7,450 \, \text{m/h} = 2.07 \, \text{m/s} \quad \boxed{답}$$

[예제 5.2] 다음 조성(%)으로 된 아탄을 연소하였을 때 필요한 공기 1,000℃, 기압 768mm 하에서 아탄 1kg에 대해서 몇 ㎥이나? 다만 공기과잉률을 1.6라 하고, 탄소, 산소와 질소의 원자량을 각각 12, 1, 16과 14라 한다.

탄소	수소	산소	질소	회분	수분
35.6	3.0	18.0	0.5	33.5	10.0

해 이론공기량은 식(5.24)에 의하여

$$L_{ov} = \frac{1.867C + 5.6H + 0.7S - 0.7O}{0.21}$$

제의에 따라 $C = \frac{35.6}{100}, H = \frac{3}{100}, O = \frac{18}{100}, S = O$

---

15) 본 장의 예제 중에는 제4장의 연료시험에 개연이 있는 문제가 많이 있다. 배열순서는 공기량, 연소가스양과 그 조성, 연소상황의 판단, 연소온도이다.

$$\therefore L_{ov} = \frac{1.867 \times 35.6 + 5.6 \times 3 - 0.7 \times 18}{100 \times 0.210} = 3.37 \ \mathrm{N㎥/kg}$$

공기과잉률 $\mu = 1.6$ 이므로 실제의 공기량은

$$L_v = \mu L_{ov} = 1.6 \times 3.37 = 5.38 \ \mathrm{N㎥/kg}$$

이것을 온도 1,000℃, 기압 768mmHg에 있는 조건으로 고치면

$$5.38 \times \frac{1,000+273}{273} \times \frac{760}{768} = 24.85 \ \mathrm{㎥/kg} \ \text{답}$$

[예제 5.3] 어느 아탄을 전수분 20%의 상태에서 연소했을 때에 사용한 공기량은 4.8N㎥/kg이고, 그의 습한 아탄의 이론공기량의 1.2배에 해당한다. 이 아탄을 전수분 40%에서 떼었을 때 그의 습한 아탄에 대해 같이 이론공기량의 1.2배의 공기를 사용하였다고 하면 그의 공기량은 얼마나 되느냐.

해 전수분 20%의 아탄에 대한 이론공기량은 제의에 의하여

$\dfrac{4.8}{1.2} = 4 \mathrm{N㎥/kg}$ 그러므로 무수탄에 대한 이론공기량은

$4 \times \dfrac{100}{100-20} = 5 \mathrm{N㎥/kg}$ 그래서

전수분 40%의 아탄에 대한 이론공기량은 $5 \times \dfrac{100-40}{100} = 3 \mathrm{N㎥/kg}$

그러므로 구하려는 공기사용량은

$3 \times 1.2 = 3.6 \mathrm{N㎥/kg}$ 답

[예제 5.4] 가스발생로로부터 나온 발생로 가스/N㎥를 완전히 연소하기 위해서 필요한 공기량을 계산하라. 다만 이 가스/N㎥ 중에는 30g의 수분을 함유하고, 건조가스를 가스분석장치로 분석한 결과(%)는 다음과 같다.

CO_2	CO	CH_4	H_2	N_2
3.2	26.2	4.0	12.8	53.3

해 30g의 공적은 H_2O의 분자량이 18이므로

$$\frac{22.4}{18} \times \frac{30}{1,000} = 0.373 \mathrm{N㎥/kg}$$

주어진 가스분석결과를 이만한 수분을 함유한 가스에 대한 것에 환산하면 CO 26.2×(1-0.0373)=25.2

CH_4 4.0×(1-0.0373)=3.9

H_2 12.8×(1-0.0373)=12.3

그래서 완전연소에 필요한 이론공기량은 식(5.26)에 의하여

$$L_{ov} = \frac{1}{2}\left[(H_2)_v + (CO)_v\right] + 2(CH_4)_v$$

$$\frac{\frac{1}{2}\left[12.3 + 25.2\right] + 2 \times 3.9}{100 \times 0.21} = 1.26 Nm^3/Nm^3 \;\text{답}$$

[예제 5.5] 하기와 같은 조성(%)의 액체연료를 수분을 완전히 제거한 뒤 매시 5kg의 비율로 연소할 때에 필요한 이론공기량은 몇 Nm^3인지 계산하라.

　　C　84,　H　12,　수분　4

해 주어진 조성을 수분을 제거했을 때의 조성으로 고치면

$$C \quad 84 \times \frac{100}{100-4} = 87.5\%$$

$$H \quad 12 \times \frac{100}{100-4} = 12.5\%$$

계　　　　　　　100% 그러므로 이론공기량은 식(5.24) 의하여

$$L_{ov} \frac{1.867C + 5.6H}{0.210} = \frac{1.867 \times 87.5 + 5.6 \times 12.5}{100 \times 0.21} = 11.12 Nm^3/kg$$

따라서 매 시 필요량은 $11.12 \times 5 = 55.60 Nm^3/h$ 답

[예제 5.6] 다음과 같은 조성인 가스 $1Nm^3$을 연소하는 데 필요한 이론공기량은 몇 Nm^3인가?　　　CH_4 90%　O_2 5%　N_2 5%
다만 공기 중의 O_2는 21%라 한다.

해 식 (5.26)에 의하여 이론공기량은

$$L_{ov} = \frac{2(CH_4)_v - (O_2)_v}{0.210} = \frac{2 \times 90 - 5}{100 \times 0.210} = 8.34 Nm^3/Nm^3 \;\text{답}$$

[예제 5.7] cockes 노가스 $3,000 Nm^3/h$와 중유 600kg/h를 혼소하는 노가 있다. 이때 완전연소시키기 위하여 이론적으로 필요최소의 공기량을 구하라. 다만 연료의 조성은 다음과 같다.

코크스 노 가스 (용량%)	CO_2 2.1	C_2H_4 3.4	O_2 0.1	CO 6.6	CH_4 31.5	H_2 53.0	N_2 3.3
중 유 (중량%)	회분 0.2	C 88.1	H 10.7	O 1.0			

해 코크스 노 가스로서는 이론공기량

$$= \frac{1}{21}(3 \times 3.4 + 0.5 \times 6.6 + 2 \times 31.5 + 0.5 \times 53.0 - 0.1) = 4.9 \, Nm^3/kg$$

가스 중유로서는 이론공기량 =

$$\frac{1}{21}\left(88.1 \times \frac{22.4}{21} + 10.7 \times \frac{22.4}{2 \times 2} - 1 \times \frac{22.4}{32}\right) = 10.65 \, Nm^3/kg$$

1시간당의 이론공기량은 3,000×4.9+600×10.65=21,100 Nm^3/h

답 21,100 Nm^3/h

[예제 5.8] 다음과 같은 조성 (용적%)의 기체연료를 연소해서 건조연소가스 분석의 결과(용적%)는 다음과 같았다. 조성 1Nm^3당 공급된 공기량은 얼마인가?

	H_2	CO	CO_2	O_2	N_2
연료조성	13	25	4	1	57
かス분석	—	—	19	3	78

해 (5.2) 표를 참조해서 연소가스 중의 CO_2의 양=연료 중의 CO의 양+연료의 CO_2의 양임이 명백하다. 즉 연료 1Nm^3당 건조연료가스의 양을 G_v'라 하면

$$G_v' \times \frac{19}{100} = \frac{25}{100} + \frac{4}{100}$$

고로 $G_v' = \dfrac{25+4}{19} = 1.53 \, Nm^3/Nm^s$

다음에 연소가스 중의 N_2의 양=연료용공기 중의 N_2의 함유율이다. 상식에서 $1.53 \times \dfrac{78}{100} - \dfrac{57}{100} = \dfrac{79}{100}L_v$ ∴ $L_v = \dfrac{1.53 \times 78 - 57}{79}$

$= 0.785 \, Nm^3/Nm^3$ 답

[예제 5.9] 다음과 같은 조성 (%)을 가진 석탄완전연소에 필요한 이론공기량과 최대 탄소가스양(%)을 계산하라.

C	H	O	S	수분	회분
35	3	15	1	30	16

해 식 (5.24)에 의하여 $L_{ov} = \dfrac{1.867C + 5.6H + 0.7S - 0.7O}{0.21}$.

각종 산업로의 열관리, 열정산 및 설계요령, 열수지계산

$$= \frac{1{,}867 \times 35 + 5.6 \times 3 + 0.7 \times 1 - 0.7 \times 15}{0.21 \times 100} = 3.45\,\text{N}\text{m}^3/\text{kg}$$

식 (5.32)에 의하여 $G_{ov}{}' = 8{,}89C + 21.06H - 2.63O + 0.8N + 3.33S$

$$= \frac{8.89 \times 35 + 21.06 \times 3 - 2.63 \times 15 + 0.8 \times 0.33 \times 1}{100} = 3.38\,\text{N}\text{m}^3/\text{kg}$$

따라서 식 (5.28)에 의하여

$$(CO_2)'_{v\,\max} = \frac{1.867C}{G_{ov}{}'} = \frac{1.867 \times 35}{100 \times 3.38} = 0.193 = 19.3\%$$

답 $L_{ov} = 3.45\,\text{N}\text{m}^3/\text{kg}$, $(CO_2)'_{v\,\max} = 19.3\%$

[예제 5.10] 다음과 조성(%)의 석탄가스의 완전연소에 대한 이론공기량, 이론연소가스양과 최대 탄소가스양(%)을 구하라.

H_2	CO	CH_4	C_2H_2	CO_2	O_2	N_2
25.6	8.4	18.2	3.1	2.5	4.0	38.2

해 식(5.26)에 의하여

$$L_{ov} = \frac{\frac{1}{2}\left[(H_2)_v + (CO)_v\right] + 2(CH_4)_v + 3(C_2H_4)_v - (O_2)_v}{0.21}$$

$$= \frac{\frac{1}{2}\left[25.6 + 8.4\right] + 2 \times 18.2 + 3 \times 3.1 - 4.0}{0.21 \times 100} = 2.80\,\text{N}\text{m}^3/\text{N}\text{m}^3$$

식 (5.40)에 의하여 $L_{ov} = 1 + L_{ov} - \frac{1}{2}\left[(CO)_v + (H_2)_v\right]$

$$= 1 + 2.80 - \frac{1}{2} \times \frac{8.4 + 25.6}{100} = 3.63\,\text{N}\text{m}^3/\text{N}\text{m}^3$$

식 (5.43)에 의하여 $W_u = (H_2)_v + 2(CH_4)_v + 2(C_2H_2)_v$

$$= \frac{25.6 + 2 \times 18.2 + 2 \times 3.1}{100} = 0.68\,\text{N}\text{m}^3/\text{N}\text{m}^3$$

$$\therefore G_{ov}{}' = G_{ov} - W_v = 3.63 - 0.63 - 0.68 = 2.95\,\text{N}\text{m}^3/\text{N}\text{m}^3$$

식 (5.47)에 의하여

$$(CO_2)'_{v\,\max} = \frac{(CO)_v + (CO_2)_v + (CH_4)_v + 2(C_2H_4)_v}{G_{ov}{}'}$$

$$= \frac{8.4 + 2.5 + 18.2 + 2 \times 3.1}{100 \times 2.95} = 0.12 = 12\%$$

답 $L_{ov} = 2.80\,\text{N}\text{m}^3/\text{N}\text{m}^3$, $G_{ov} = 3.63\,\text{N}\text{m}^3/\text{N}\text{m}^3$, $G_{ov}{}' = 2.95\,\text{N}\text{m}^3/\text{N}\text{m}^3$

$$(CO_2)'_{v\,max} = 12\%$$

[예제 5.11] 다음의 조성(%)의 발생로가스를 15%의 과잉공기로서 완전연소했을 때의 습한 연소가스와 건조연소가스의 조성을 구하라.

CO	CH_4	H_2	CO_2	N_2	計
31.3	2.4	6.3	0.7	59.3	100.0

해 이론산소량과 이론공기량은 식 (5.25)와 (5.26)에 의하여

$$O_{ov} = \frac{1}{2}\left[(H_2) + (CO)_v\right] + 2(CH_4)_v$$

$$= \frac{\dfrac{1}{2}[6.3 + 31.4] + 2 \times 2.4}{100} = 0.236\,\mathrm{Nm^3/Nm^3}$$

$$L_{ov} = \frac{O_{ov}}{0.21} = \frac{0.236}{0.21} = 1.123\,\mathrm{Nm^3/Nm^3}$$

제의에 따라 $\mu = 1.15$이므로

$$L_{ov} = \mu L_{ov} = 1.15 \times 1.123 = 1.291\,\mathrm{Nm^3/Nm^3}$$

식 (5.39) 에 의하여

$$G_v = 1 + \mu L_{ov} - \frac{1}{2}\left[(CO)_v + (H_2)_v\right]$$

$$= 1 + 1.291 - \frac{1}{2} \times \frac{31.3 + 6.3}{100} = 2.103\,\mathrm{Nm^3/Nm^3}$$

그중 수증기의 양은

$$(H_2)_v + 2(CH_2)_v = \frac{6.3 + 2 \times 2.4}{100} = 0.111\,\mathrm{Nm^3/Nm^3}$$

CO_2의 양은

$$(CO)_v + (CO_2)_v + (CH_4)_v = \frac{31.3 + 0.7 + 2.4}{100} = 0.344\,\mathrm{Nm^3/Nm^3}$$

O_2의 양은 $(\mu - 1)O_{ov} = (1.15 - 1) \times 0.236 = 0.035\,\mathrm{Nm^3/Nm^3}$

N_2의 양은 $(N_2)_v + 3.76\mu O_{ov} = \dfrac{59.3}{100} + 3.76 \times 1.15 \times 0.236$

$$= 1.613\,\mathrm{Nm^3/Nm^3}$$

이상의 합계 $0.111 + 0.344 + 0.035 + 1.613 = 2.103\,Nm^3/Nm^3 = G_v$

또 건조연소가스의 양은 $G_v' = 2.103 - 0.111 = 1.993\,\mathrm{Nm^3/Nm^3}$

그러므로 연소가스조성 (%)은 다음과 같이 된다.

성분가스	습한 연소가스 조성 (%)	건조연소가스 조성 (%)
CO_2	$\dfrac{0.344}{2.103}\times100=16.40$	$\dfrac{0.344}{1.993}\times100=17.2$
O_2	$\dfrac{0.035}{2.103}\times100=1.7$	$\dfrac{0.035}{1.993}\times100=1.8$
N_2	$\dfrac{1.613}{2.103}\times100=76.6$	$\dfrac{1.613}{1.993}\times100=81.0$
H_2O	$\dfrac{0.111}{2.103}\times100=5.3$	————
계	100.0	100.0

[예제 5.12] 어느 석탄가스의 분석 결과 다음과 같은 조성 (%)임을 알았다.

H_2	CO	CH_4	C_2H_4	CO_2	O_2	N_2
31.9	6.3	22.3	3.9	3.8	3.8	28.0

이 가스를 연소할 때

(ㄱ) 건조연소가스 중의 탄산가스의 최대함유량 (%)

(ㄴ) 공기과잉률 (1.2)의 경우의 연소필요공기량

(ㄷ) 공기과잉률 (1.2)의 경우의 연소가스양(습, 건)

(ㄹ) 공기과잉률 (1.2)의 경우의 건조연소가스 중의 탄산가스
함유량 (%)를 구하라.

해 이론공기량은 식 (5.26)에 의하여

$$L_{ov}=\frac{\dfrac{1}{2}\times(31.9+6.3)+2\times22.3+3\times3.9-3.8}{100\times0.21}=3.41\,\mathrm{Nm^3/Nm^3}$$

(ㄱ) 이론공기에 의한 습한 연소가스양은 식 (5.40)에 의하여

$$G_{ov}=I+L_{ov}-\frac{1}{2}\left[(CO)_v+(H_2)_v\right]=1+3.41-\frac{1}{2}\times\frac{6.3+31.9}{100}$$

$$=4.22\,\mathrm{Nm^3/Nm^3}$$

연소가스 중의 수증기의 양은 식(5.43)에 의하여

$$W_v=(H_2)_v+2(CH_4)_v+2(C_2H_4)_v=\frac{31.9+2\times22.3+2\times3.9}{100}$$

$$=0.843\,\mathrm{Nm^3/Nm^3}\quad\therefore\ G_{ov}{}'=4.22-0.843=3.38\,\mathrm{Nm^3/Nm^3}$$

연소가스 중의 CO_2의 양은 $(CO)_v+(CH_4)_v+2(C_2H_4)_v+(CO_2)_v$

$$= \frac{6.3 + 22.3 + 2 \times 3.9 + 3.8}{100} = 0.402 \text{N}\text{m}^3/\text{N}\text{m}^3$$

$$\therefore (CO_2)'_{v \, \text{max}} = \frac{0.402}{3.38} = 0.119 = 11.9\%$$

(ㄴ) 연소필요공기량은 $L_v = \mu L_{ov} = 1.2 \times 3.41 = 4.09 \text{N}\text{m}^3/\text{N}\text{m}^3$

(ㄷ) 습한 연소가스양은 식(5.39)에 의하여

$$G_v = 1 + \mu L_{ov} - \frac{1}{2} \left[(CO)_v + (H_2)_v \right] = 1 + 4.09 - \frac{1}{2} \times \frac{6.3 + 31.9}{100}$$

$$G_v = 1 + \mu L_{ov} - \frac{1}{2} \left[(CO)_v + (H_2)_v \right] = 1 + 4.09 - \frac{1}{2} \times \frac{6.3 + 31.9}{100}$$

$$= 4.90 \text{N}\text{m}^3/\text{N}\text{m}^3$$

건조연소량은 $G_v' = G_v - W_v = 4.90 - 0.843 = 4.06 \text{N}\text{m}^3/\text{N}\text{m}^3$

건조연소가스 중의 $CO_2\%$는 $(CO_2)_v' = \frac{0.402}{4.06} = 0.099 = 9.9\%$

답 (ㄱ) 11.9% (ㄴ) 4.09N㎥/N㎥, (ㄷ) 습한가스양 4.90N㎥/N㎥, 건조가스조성(%)의 연료가스를 공기과속률 1.15로서 완전연소했을 때의 건조연소가스의 조성을 구하라.

Co	CH_4	C_2H_4	H_2	N_2	CO_2
16	5	2	20	48	9

해 식 (5.26)에 의하여

$$L_{ov} = \frac{\frac{1}{2} \left[(H_2)_v \times (CO)_v \right] + 2(CH_4)_v + 3(C_2H_4)_v - (O_2)_v}{0.21}$$

$$= \frac{\frac{1}{2} \left[20 + 16 \right] + 2 \times 5 + 3 \times 2 - 0}{100 \times 0.21} = \frac{0.34}{0.21} = 1.62 \text{N}\text{m}^3/\text{N}\text{m}^3$$

$$O_{ov} = 0.21 L_{ov} = 0.34 \text{N}\text{m}^3/\text{N}\text{m}^3$$

식 (5.39)에 의하여 $G_v = 1 + \mu L_{ov} - \frac{1}{2} \left[(CO)_v + (H_2)_v \right]$

$$= 1 + 1.15 \times 1.62 - \frac{1}{2} \times \frac{16 \times 20}{100} = 2.68 \text{N}\text{m}^3/\text{N}\text{m}^3$$

식 (5.43)에 의하여 $W_v = (H_2)_v + 2(CH_4)_v + 2(C_2H_4)_v$

$$= \frac{20 + 2 \times 5 + 2 \times 2}{100} = 0.34 \text{N}\text{m}^3/\text{N}\text{m}^3$$

$$\therefore G_v' = G_v - W_v = 2.68 - 0.34 = 2.34 \mathrm{Nm^3/Nm^3}$$

그래서 식 (5.44), (5.45), (5.46)에 의하여

$$(CO_2)_v' = \frac{(CO)_v + (CO_2)_v + (CH_4)_v + 2(C_2H_4)_v}{G_v'}$$

$$= \frac{16 + 9 + 5 + 2 \times 2}{100 \times 2.34} = 0.145 = 14.5\%$$

$$(O_2)_v' = \frac{(\mu - 1)O_{ov}}{G_v'} = \frac{(1.15 - 1) \times 0.34}{2.34} = 0.0218 = 2.2\%$$

$$(N_2)_v' = \frac{(N_2)_v + 3.76\mu O_{ov}}{G_v'} = \frac{\dfrac{48}{100} + 3.76 \times 1.15 \times 0.34}{2.34}$$

$$= 0.833 = 83.3\%$$

검산: $(CO_2)_v' + (O_2)_v' + (N_2)_v' = 14.5 + 2.2 + 83.3 = 100\%$

답 $(CO_2)_v' = 14.5\%, (O_2)_v' = 2.2\%, (N_2)_v' = 83.3\%$

[예제 5.14] 발열량 3,500kcal/kg의 아탄을 매시 50kg씩 수탄식으로 연소하여 식염의 자힐(煮詰=다림)을 하는 노가 있다. 노출구에 있는 Damper의 장소의 연소가스 온도가 900℃일 때 Damper의 개구를 통하는 연소가스의 속도를 구하라. 다만 아탄의 화학분석결과는 다음과 같고 공기과잉률을 1.8로 하고, Damper 개구의 단면적을 $0.08m^2$로 한다.

아탄의 분석결과 (%)

C	H	O	S	N	회분	수분
37.2	3.0	11.7	0.3	0.3	30.7	16.8

또 C, H_2, O_2, S, N_2의 분자량은 각각 12, 2, 32, 32, 28로 한다.

해 연소가스양은 식 (5.29)에 의하여

$$G_v = 8.89\mu C + (4.76\mu - 1)(5.6H - 0.7O) + 0.8N + 3.33\mu S$$

$$+ (11.2H + 1.24W) \text{ 제의에 따라 } C = \frac{37.2}{100}, H = \frac{3}{100},$$

$$O = \frac{11.7}{100}, S = \frac{0.3}{100}, N = \frac{0.3}{100}, W = \frac{16.8}{100}, \mu = 1.8 \text{이다.}$$

이것들의 값을 상식에 대입하면

$$G_v = \frac{1}{100} [8.89 \times 1.8 \times 37.2 + (4,76 \times 1.8\text{-}1)(5.6 \times 3\text{-}0.7 \times 11.7) + 0.8 \times 0.3$$

$$+3.33×1.8×0.3+(11.2×3+1.24×16.8)]$$

아탄의 연소량은 50kg/h이므로 매초의 연소가스양은

$$\frac{7.174×50}{60×60}=0.0996\,Nm^3/s$$

Damper의 장소에 있어서 연소가스의 용적은 그의 압력을 표준대기압(760mmHg)으로 보고 온도에 대해서

상기를 환산하면 $0.0996×\dfrac{900+273}{273}=0.428m^3/s$

그러므로 단면적 $0.08m^2$의 Damper 개구를

통과하는 가스 속도는 $\dfrac{0.428}{0.08}=5.35m^3/s$ 🔲답

부 이 문제에서 연료의 발열량이 주어져 있으나 이것은 상기의 계산에서는 필요 없다. 그러나 이것을 사용해서 근사적으로 연소가스양을 계산할 수도 있다.

즉 (5.48) 식에 의하여 $G_{ov}=\dfrac{aH_l}{1,000}+b$

a와 b에 Rosin-Fehling의 값을 채용하면 이 연료의 발열량은 5000㎉/㎏ 이하이므로

$a=1.1,\quad b=0.4\qquad\therefore\ G_{ov}=\dfrac{1.1×3,500}{1,000}+0.4=4.25$

그래서 식 (5.29)에 의하여

$$G_v=G_{ov}+(\mu-1)L_{ov}=4.25+0.8L_{ov}$$

L_{ov}은 식(5.27)에 의하여 $L_{ov}=\dfrac{aH_l}{1,000}+b$

a와 b에 Rosin-Fehling의 값을 채용하면 $H_l<5,000$에 대해

$a=1,\ 10,\ b=0$이므로 $L_{ov}=\dfrac{1.1×3,500}{1,000}=3.85\,Nm^3/kg$

이론치와의 오차는 $\dfrac{7.17}{7.17}×100=+2.23\%$

그러므로 가스 속도에도 같은 %의 오차를 발생한다.

[예제 5.15] 다음에 분석결과(%)의 아탄을 연소했을 때의 이론공기량과 그의 연소가스양을 계산하라.

공업분석 수분 14.70, 회분 25.10, 휘발분 34.99, 고정탄소 25.21

원소분석 회분 29.43, C 46.29, H 3.47, O 19.79, S 0.31, N 0.71

해 수분을 함유하는 아탄의 조성은 공업분석과 원소분석의 결과를 조합해서
(도4.1 참조)

$$C=46.29 \frac{100-\text{水分}(\%)}{100}=46.29 \times \frac{100-14.70}{100}=39.49\%$$

H= 3.47× " = 3.47× " = 2.96 "
O=19.79× " =19.79× " =16.88 "
S= 0.31× " = 0.31× " = 0.26 "
N= 0.71× " = 0.71× " = 0.61 "
수 분 = 14.70 "
회 분 = 25.10 "
계 = 100.00 "

그러므로 이론공기량은 식(5.24)에 의하여

$$L_{ov}=\frac{1,867C+5.6H+0.7S-0.7O}{0.210}$$

$$=\frac{1,867 \times 39.49+5.6 \times 2.96+0.7 \times 0.26-0.7 \times 16.88}{100 \times 0.210}=3.75\,\text{N㎥/kg}$$

연소가스양은 식(5.31)에 의하여

$$G_{ov}=8.89C+32.26H-2.63O+0.8N+3.33S+1.24W$$

$$=\frac{1}{10}(8.89 \times 39,49+32.26 \times 2.96-2.63 \times 16.88$$

$$+0.8 \times 0.61+3.33 \times 0.26+1.24 \times 14.7)=4.22\,\text{N㎥/kg}$$

답 이론공기량 3.75N㎥/kg, 연소가스양 4.22N㎥/kg

[예제 5.16] 다음의 성분의 석탄을 연소하였을 때에 CO_2 분석결과의 최고는 몇 %
까지 상승하느냐? 또 과잉공기 100%일 때는 어떻게 되나 석탄의 화학분석
결과(%) C=49, H=7, O=11, S=2, N=1

해 식(5.38)와 (5.32)에 의하여

$$(CO_2)'_{v\,max}=\frac{1,867C}{8.89C+21.06H-2.63O+0.8N+3.33S}$$

C, H, O, S와 N에 주어진 수치를 대입하여

$$(CO_2)'_{v\,max}=\frac{1,867 \times 49}{8.89 \times 49+21.06 \times 7-2.63 \times 11+0.8 \times 1+3.33 \times 2}$$

$$\times 100=16.3\%$$

과잉공기 100%일 때는 식(5.34)과 (5.30)에서

$$(CO_2)_v' = \frac{1,867C}{8.89\mu C + (4.76\mu - 1)(5.6H - 0.7O) + 0.8N + 3.33\mu S}$$

제의에 의하여 $\mu = 2$ $\therefore (CO_2)_2' =$

$$\frac{1,867 \times 49}{8.89 \times 2 \times 49 + (4.76 \times 2 - 1)(5.6 \times 7 - 0.7 \times 11) + 0.8 \times 1 + 3.33 \times 2 \times 2}$$

$\times 100 = 7.9\%$

답 CO_2의 최고 %는 16.3%, 과잉공기 100%일 때의 CO_2의 %는 7.9%

[예제 5.17] 다음과 같이 조성의 가스 10Nm^3를 이론공기량의 1.08배의 건조공기로서 완전연소하였다. 이 경우의 습한 연소가스양과 건조배가스 중의 탄산가스의 %를 계산하라.

연료가스의 조성(%)	CO_2	CO	H_2	N_2
	5	38	47	10

해 이 연료의 연소에 필요한 이론산소량과 이론공기량은 식(5.25)과 (5.26)에 의하여

$$O_{ov} = \frac{1}{2}[(H_2)_v + (CO)_v] = \frac{1}{2} \times \frac{38 + 47}{100} = 0.425\,\text{Nm}^3/\text{Nm}^3$$

$$L_{ov} = \frac{O_{ov}}{0.21} = \frac{0.425}{0.21} = 2.024\,\text{Nm}^3/\text{Nm}^3$$

그러므로 습한 연소가스양은 식(5.39)에 의하여

$$G_v = 1 + \mu L_{ov} - \frac{1}{2} \times [(CO)_v + (H_2)_v]$$

$$= 1 + 1.08 \times 2.024 - \frac{1}{2} \times \frac{38 + 47}{100} = 2.761\,\text{Nm}^3/\text{Nm}^3$$

그러므로 10Nm^3의 연료에서 발생하는 습한 연소가스양은

$$2,761 \times 10 = 27.61\,\text{Nm}^3$$

다음에 이 연료의 연소에 의하여 발생하는 수증기의 용적은 식(5.43)에 의하여 본제의 경우는 연료 중의 수소의 용적과 같다. 즉 $0.47\text{Nm}^3/\text{Nm}^3$이다. 그러므로 건조연소가스의 양은

$$G_v' = G_v - 0.47 = 2.761 - 0.47 = 2.291\,\text{Nm}^3/\text{Nm}^3$$

그래서 건조연소가스 중의 탄산가스%는 식(5.44)에 의하여

$$(CO_2)_v' = \frac{(CO)_v + (CO_2)_v}{G_v'} = \frac{0.38 + 0.05}{2.291} \times 100 = 18.8\%$$

답 습한 연소가스양 27.61Nm³, 탄산가스 18.8%

[예제 5.18] 다음의 조성(%)의 아탄을 50%의 과잉공기로 연소했을 때 연소배가스(습한) 중의 CO_2와 H_2O의 분압은 각각 몇 %로 되느냐? 다만 연소찌꺼기 중의 잔유탄소는 16%로 한다.

수분	회분	탄소	수소	산소	연소성유황	질소
34.4	19.3	30.4	2.3	13.0	0.2	0.4

 해 표시된 %를 합계하면 100이 된다. 이로 인하여 수분을 함유한 연료의 조성임이 명백하므로 환산할 필요는 없다. 연소찌꺼기 중의 잔유탄소량은 제의에 따라

$$\frac{16}{100-16} \times \frac{19.3}{100} = \frac{3.67}{100} \, \text{kg/kg}$$

그러므로 연소된 탄소량은 $C = \frac{30.4 - 3.67}{100} = \frac{26.7}{100} \, \text{kg/kg}$

그래서 습한 연소가스양은 식(5.29)에 의하여

$$G_v = 8.89\mu C + (4.76\mu - 1)(5.6H - 0.7O) + 0.8N + 3.33\mu S$$
$$+ (11.2H + 1.24W) \quad \text{제의에 의하여} \quad \mu = 1.5$$

$$\therefore G_v = 8.89 \times 1.5 \times \frac{26.7}{100} + (4.76 \times 1.5 - 1) \times \frac{5.6 \times 2.3 - 0.7 \times 13.0}{100}$$

$$+ 0.8 \times \frac{0.4}{100} + 3.33 \times 1.5 \times \frac{0.2}{100} + \frac{11.2 \times 2.3 + 1.24 \times 34.4}{100}$$

$$= 4.48 \, \text{Nm}^3/\text{kg}$$

연소가스 중의 탄산가스양에 대한 %는

$$CO_2 \quad \frac{0.499}{4.48} \times 100 = 11.1\% \quad\quad \text{수분} \quad \frac{0.683}{4.48} \times 100 = 15.2\%$$

분압의 비는 용적의 비와 같다. 그러므로

 답 CO_2 11.1% H_2O 15.2%

[예제 5.19] 다음의 조성(%)의 수성가스를 완전 건조한 공기로 연소시켰을 때 생성하는 습한 연소가스양은 수성가스 1Nm³ 당 몇 Nm³가 되느냐? 다만 공기과잉률을 1.30라 한다.

CO_2	O_2	CO	H_2	N_2
4.5	0.2	38.0	52.0	5.3

해 연소에 필요한 이론공기량은 (4.26)에 의하여

$$L_{ov} = \frac{\frac{1}{2}[(H_2)_v + (CO)_v] - (O_2)_v}{0.210} = \frac{\frac{1}{2}[52.0 + 38.0] - 0.2}{100 \times 0.21} = 2.13 \mathrm{Nm^3/Nm^3}$$

그래서 습한 연소가스양은 식(5.39)에 의하여

$$G_v = 1 + \mu L_{ov} - \frac{1}{2}[(CO)_v + (H_2)_v] \qquad \mu = 1.3 \text{이므로}$$

$$G_v = 1 + 1.3 \times 2.13 - \frac{1}{2} \times \frac{38.0 + 52.0}{100} = 3.32 \ \mathrm{Nm^3/Nm^3} \quad \boxed{\text{답}}$$

[예제 5.20] H_2=50%, CO=35%, CO_2=7%, N_2=8%의 용적조성의 기체연료를 매시 300Nm³의 비율로 완전연소할 때 발생하는 습한 연소가스양은 매시 몇 Nm³ 인가? 다만 연소에는 50%의 과잉공기를 사용한 것으로 한다.

해 연료 1Nm³ 당 이론공기량은 식(5.26)에 의하여

$$L_{ov} = \frac{\frac{1}{2}[(H_2)_v + (CO)_v] - (O_2)_v}{0.210} = \frac{\frac{1}{2}[50 + 35]}{100 \times 0.21} = 2.02 \mathrm{Nm^3/Nm^3}$$

그래서 습한 연소가스양은 식(5.39)에 있어서 $\mu = 1.5$로 하고

$$G_v = 1 + \mu L_{ov} - \frac{1}{2}[(CO)_v + (H_2)_v]$$

$$G_v = 1 + 1.5 \times 2.02 - \frac{1}{2} \times \frac{35 + 50}{100} = 3.605 \ \mathrm{Nm^3/Nm^3}$$

그러므로 매시의 습한 연소가스양은

$$G_v \times 300 = 3,605 \times 300 \cong 1,082 \mathrm{Nm^3/h} \quad \boxed{\text{답}}$$

[예제 5.21] 저위발열량 10,000㎉/kg의 액체연료(조성C=87%, H=13%)를 완전히 연소하여 발생하는 연소가스에 공기를 혼입해서 300℃의 혼합열가스를 만들 때 다음의 각 양은 얼마나 되나?

(ㄱ) 완전연소에 필요한 이론공기량

(ㄴ) 완전연소할 때에 발생하는 이론 연소가스양

(ㄷ) 혼합열가스양

(ㄹ) 사용한 전공기량

(ㅁ) 혼합열가스 중의 CO_2와 H_2O의 용적백분율

단, 연소실과 도관에 있어서 발열량의 15%에 상당하는 열손실이 있고, 이 열가스와 공기의 비열은 다 같이 0.32㎉/Nm³℃, 공기 중에는 용적으로 3%

의 수증기를 함유한다고 보고, 탄소와 수소의 원자량은 각각 12와 1로 하고 기준온도는 20℃로 한다.

해 (ㄱ) 연료의 완전연소에 필요한 이론공기량은 식(5.24)에 의하여

$$L_{ov} = \frac{1}{0.21}[1.867C + 5.6H + 0.7S - 0.7O]\,\text{kcal/kg}$$

이 문제의 연료에서는 C=87%, H=13%, S=0, O=0이므로

$$L_{ov} = \frac{1}{0.21}[1.867 \times 0.87 + 5.6 \times 0.13] = 11.20\,\text{kcal/kg}$$

이 공기량은 수증기를 함유하지 않는 건조공기량으로서, 실제의 공기 중에는 용적으로 $w = 3\%$의 증기를 함유하고 있다 하므로 이 함습공기의 이론량 L'_{ov}는 $L'_{ov} = \dfrac{L_{ov}}{1 - 0.03} = \dfrac{11.20}{0.97} = 11.55\,\text{Nm}^3\text{/kg}$

(ㄴ) 이론연소가스양은 식(5.31)에 의하여

$$G_{ov} = 8.89C + 32.26H - 2.63O + 0.8N + 3.33S + 1.24W$$

이 식에서 $C = 0.87, H = 0.13, O = 0, S = 0, N = 0, W = 0$라 하고

$$G_{ov} = 8.89C + 0.87 + 32.26 \times 0.13 = 7.73 + 4.19 = 11.92\,m^3/kg$$

이 G_{ov}는 건조공기　$w = 3\%$의 증기를 함유한 공기를 포함했을 때

$$\frac{w}{1-w}L_{ov} = \frac{0.03}{1-0.03} \times 11.20 = 0.346\,m^3/kg \text{ 증기가 이론열}$$

소가스양 G_{ov}=11.92+0.35=12.27Nm³/kg

(ㄷ) 혼합열가스양 G Nm³/kg는 열정산에서 다음과 같이 된다.

$$0.32(300\text{-}20)G = 10{,}000(1\text{-}0.15) \quad \therefore G = \frac{8{,}500}{0.32 \times 280} = 94.9\,\text{Nm}^3\text{/kg}$$

(ㄹ) 사용공기량 L_v는 연료의 연소에 필요한 이론공기 11.55Nm³/kg와 혼합공기량 94.9-12.27=82.63Nm³/kg와 합계이다.
따라서 L_v=11.55+82.63=94.18Nm³/kg이다.

(ㅁ) 혼합열가스중의 CO_2는 $CO_2 = \dfrac{22.4}{12}C$=1.867×0.87=1.624Nm³/kg

수증기의 양은 $H_2O = \dfrac{22.4}{12}H + 0.03L_v = 11.2 \times 0.13 + 0.03 \times 94.2$

$$= 1.456 + 2.826 = 4.282\,\text{Nm}^3\text{/kg}$$

그러므로 용적조성은 $CO_2 = \dfrac{1.624}{94.9} = 1.71\%$ ····· $H_2O = \dfrac{4.484}{94.9} = 4.51\%$

이론공기량　　　11.55N㎥/kg　…………… 이론가스양　　　12.27N㎥/kg
　　　생성가스양　　　94.9N㎥/kg　…………… 사용공기량　　　94.2N㎥/kg
　　　생성가스 중의 CO_2=1.71%, H_2O=4.51%

[예제 5.22] 저위발열량 6,000kcal/kg의 석탄을 300kg/h의 비율로 정상적으로 연소하고 있는 노가 있다. 연소에는 상온(0℃라 한다)의 공기를 사용하고 있고, 공기비(공기과잉률)는 1.50이다. 또 노로부터의 배가스 온도는 850℃이라 하면

a) 연소에는 매시 몇 N㎥의 공기가 소비되느냐
b) 연소배가스양은 매시 몇 N㎥가 되느냐
c) 피열물에 주어지는 열량은 매시 몇 kcal이냐

다만 노로부터의 방열손실은 전 발열량의 5.0%, 불완전연소에 의한 손실열은 무시할 수 있다고 보고 배가스의 평균비열은 0.33kcal/N㎥℃로 한다. 또 저위발열량을 $H_l$kcal/kg, 이론공기량을 L_{ov}N㎥/kg, 이론연소가스양을 G_{ov}N㎥/kg이라 하면 다음의 관계가 성립한다.

$$L_{ov} = \frac{1.01H_l}{1,000} + 0.50 \qquad G_{ov} = \frac{0.89H_l}{1,000} + 1.65$$

　　　 석탄 1kg당의 이론공기량은 상식에 의하여

$$L_{ov} = \frac{1.01 \times 6,000}{1,000} + 0.50 = 6.56N㎥$$

그러므로 매시 소비한 공기량은 1.5×6.56×300=2,952N㎥/h

다음에 이론연소가스양은 $G_o = 0.89 \times \dfrac{6,000}{1,000} + 1.65 = 6.99\,N㎥/kg$

그러므로 매시의 배가스양은 [6.99+(1.5-1)×6.56]×300=3,081N㎥/h
다음에 피열물에 주어진 열량은 발생열량에서 방열손실의 배가스 손실을 공제한 것이다.
불완전연소가 없으므로 발생열량은 6,000×300=1,800,000kcal/h
방열손실은 0.05×6,000×300=90,000kcal/h
배가스손실은 0.33×3,081×(850-0)=864,220kcal/h
그러므로 방열물에 주어진 열량은
1,800,000-90,000-864,220=845,220kcal/h

　　　 공기량 2,952N㎥/h, 배가스양 3,081N㎥/h,
　　　방열물에 주어진 열량 845,780cal/h

[예제 5.23] 어느 석탄을 분석해서 다음의 조성을 얻었다.

	전수분	회분	C	H	O
석탄 조성(%)	5.17	8.54	74.94	6.00	5.35

이 석탄을 공기에 의해 완전연소할 경우의 이론공기량($\mathrm{Nm^3/kg}$), 습한 연소가스양($\mathrm{Nm^3/kg}$) 아울러서 건조연소가스의 조성 (CO_2, O_2, N_2 의 %)을 구하라. 다만 공기 중에 함유되는 수증기의 양은 건조공기 $1\mathrm{Nm^3}$ 당 $0.0336\mathrm{Nm^3}$라 한다.

해 이론공기량은 식(5.24)에 의하여

$$L_{ov} = \frac{1.867\,C + 5.6H + 0.7S - 0.7O}{0.210}$$

제의에 의하여 $C = 0.7494, H = 0.06, S = 0, O = 0.0535$

$$\therefore L_{ov} = \frac{1.867 \times 0.7494 + 5.6 \times 0.06 + 0.7 \times 0.0535}{0.210} = 8.09\mathrm{Nm^3/kg}$$

공기 중의 수증기도 고려하면 $L_{ov}{}' = 8.09(1 + 0.0336) = 8.36\mathrm{Nm^3/kg}$

과잉공기가 30%일 때의 건조연소가스양은 식(5.30)에 의하여

$$G_v' = 1.867\,C + (4.76\mu - 1)\,O_{ov} + 0.8N + 0.7S$$

에 있어서 C=0.7494, μ=1.3, N=0, S=0

$$O_{ov} = 0.210\,L_{ov} = 0.210 \times 8.09 = 1.699$$

$$\therefore G_v' = 1.867 \times 0.749 + (4.76 \times 1.3 \text{-} 1) \times 1.699 = 10.21\mathrm{Nm^3/kg}$$

다음에 습함 연소가스양은 건조연소가스양과 수증기량과의 합계이다. 연소가스 중의 수증기량은 연료 중의 수소에서 생성하는 것.

$$\frac{22.4}{2} \times 0.06 = 0.672\mathrm{Nm^3/kg}$$

연료용공기 중에 함유되는 것 $0.0336 \times 1.3 \times 8.09 = 0.353\mathrm{Nm^3/kg}$

$\therefore$ 습한 연소가스양은 10.21+0.672+0.064+0.353=11.30$\mathrm{Nm^3/kg}$

건조연소가스의 조성은

$$(CO_2)_v' = \frac{1.867\,C}{G_v'} = \frac{1.867 \times 0.7494}{10.21} = 0.136\mathrm{Nm^3/kg}$$

$$(O_2)_v' = \frac{(\mu - 1)\,O_{ov}}{G_v'} = \frac{0.30 \times 1.699}{10.21} = 0.050\mathrm{Nm^3/kg}$$

$$(N_2)_v' = \frac{0.8N + 3.76\mu O_{ov}}{G_v'} = \frac{3.76 \times 1.3 \times 1.699}{10.21} = 0.813\mathrm{Nm^3/Nm^3}$$

이론공기량 8.09N㎥/kg

건조연소가스양 10.21N㎥/kg

습한 연소가스양 11.30N㎥/kg

건조연소가스의 조성 CO_2=13.6%, O_2=5.0%, N_2=81.3%

[예제 5.24] ProPane(C_3H_8)을 연소했던바 건조연소가스 중의 CO_2가 10%이었다. 미연분이 없을 경우 공기비는 어느 정도이냐?

해 ProPane C_3H_8가 완전연소를 할 경우의 연소반응식은 일반탄화수소에 대한 식(5.10)

$$C_mH_n + \left(m + \frac{n}{4}\right)O_2 = m\,CO_2 + \frac{n}{2}H_2O$$에 있어서 m=3, n=8를 대입하면

$$C_3H_8 + 5O_2 = 3CO_2 + 4H_2O$$

$$1Nm^3 \quad 5Nm^3 \quad 3Nm^3 \quad 4Nm^3$$

이 식에 의하여 ProPane $1Nm^3$의 연소에 필요한 산소의 양은 $5Nm^3$임을 알 수가 있다. 이것을 공기로 환산하면 $5 \div 0.21 = 23.8$N㎥가 된다. 즉 ProPane $1Nm^3$의 완전연소에 필요한 이론공기량 L_{ov}는 23.8N㎥이다. 이때 발생하는 건조연소가스양 즉 이론건조연소가스양 $G_{ov}{}'$는 $3Nm^3$의 CO_2와 공기 중의 질소량 0.79 L_{ov}=0.79×23.8=18.8N㎥와의 합계이다. 즉 $G_{ov}{}'$=3+18.8=21.8N㎥

그러나 실제로는 과잉공기를 공급해서 연소했으므로 실제의 건조가스양 $G_v{}'$는 $G_{ov}{}'$보다 많다. 그 양은 제의에 의하여 발생한 CO_2의 양 $3Nm^3$가 $G_v{}'$의 10.0%에 해당하는 것에서 구할 수 있다. 즉

$$G_v{}' = \frac{3}{0.10} = 30\text{N㎥}$$ $G_v{}'$와 $G_{ov}{}'$의 차는 과잉공기량이므로 이것을 L라 하면 L=30-21.8=8.2N㎥가 된다. 그러므로 구하는 공기비 μ는

$$\mu = \frac{L_{ov} + L}{L_{ov}} = \frac{23.8 + 8.2}{23.8} = 1.34 \quad \boxed{\text{답}}$$

[예제 5.25] 연소가스 중의 CO_2의 최대량이 18.2%인 석탄을 완전히 연소해서 그의 건조연소가스를 분석한 결과 CO_2가 13%이었다. 이때 그 가스 중의 O_2는 몇 %인가?

해 식(5.49)의 관계로부터 $(O_2)_v' = 0.21 \left[1 - \dfrac{(CO_2)_v'}{(CO_2)_{v\,max}'} \right]$

제의에 의하여 $(CO_2)_v' = 13\%$, $(CO_2)_{v\,max}' = 18.2\%$

$\therefore (O_2)_v' = 0.21 \left[1 - \dfrac{13}{18.2} \right] = 0.06 = 6\%$ **답**

[예제 5.26] 어느 석탄을 연소하는 보일러연도가스(건) 분석의 결과 다음의 조성이 었다. 공기과잉률과 그 석탄으로 얻어지는 최대탄산가스양 %를 구하라.

$CO_2 \ (SO_2)$ 12%, CO 4% O_2 4.2%를 함유함.

다만 이 석탄은 질소를 극히 미량함유하는 것으로 본다.

해 표 5.1을 사용하여 푼다. 이 문제는 과잉공기를 가지고 하는 불완전연소 의 경우이다. 동표로부터

과잉공기량, $Leu = \dfrac{x_e}{0.21} = \dfrac{(x_e + x_1) - x_1}{0.21} = \dfrac{(x_e + x_1) - 0.5 v_1}{0.21}$

$\qquad = \dfrac{(O_2)_v' G_v' - 0.5 (CO)_v' G_v'}{100 \times 0.21} = \dfrac{(O_2)_v' - 0.5 (CO)_v'}{21} G_v'$

이론공기량 $L_{ou} = \dfrac{y_o}{0.79}$ 다음에 $(N_2)_v' = \dfrac{y_1 + y_o + y_e}{G_v'}$

제의에 의하여 $y_1 = 0$로 보고 $(N_2)_v' = \dfrac{y_0 + y_e}{G_v'}$, $y_0 + y_e = (N_2)_v' G_v'$

$\therefore L_{ov} = \dfrac{y_o}{0.79} = \dfrac{y_0 + y_\epsilon - y_e}{0.79} = \dfrac{(N_2)_v' G_v - y_e}{0.79}$

그래서 $y_e = 0.79 L_{eu} = 0.79 \times \dfrac{(O_2)_v' - 0.5 (CO)_v'}{21} G_v'$

$\therefore L_{ov} = \dfrac{\dfrac{(N_2)_v'}{100} G_v' - 0.79 \times \dfrac{(O_2)_v' - 0.5 (CO)_v'}{21}}{0.79}$

$\qquad = \left[\dfrac{(N_2)_v'}{79} - \dfrac{(O_2)_v' - 0.5 (CO)_v'}{21} \right] G_v'$

또 총공기량 $L_v = L_{ov} + L_{ev} = \dfrac{y_o + y_e}{0.79} = \dfrac{(N_2)_v'}{79} G_v'$

$\therefore$ 공기과잉률, $\mu = \dfrac{L_v}{L_{ov}} = \dfrac{\dfrac{(N_2)_v{}'}{79}G_v{}'}{\left[\dfrac{(N_2)_v{}'}{79} - \dfrac{(O_2)_v{}' - 0.5(CO)_v{}'}{21}\right]G_v{}'}$

$\qquad = \dfrac{21(N_2)_v{}'}{21(N_2)_v{}' - 79[(O_2)_v{}' - 0.5(CO)_v{}']}$

$\qquad = \dfrac{1}{1 - 3.76\dfrac{(O_2)_v{}' - 0.5(CO)_v{}'}{(N_2)_v{}'}}$

제의에 의하여 $(O_2)_v{}' = 4.2,\ (CO)_v{}' = 4,\ (N_2)_v{}' = 100\text{-}(12+4+4.2) = 79.8$

$\therefore\ \mu = \dfrac{1}{1 - 3.76 \times \dfrac{4.2 - 0.5 \times 4}{79.8}} = 1.12$

다음에 최대탄산가스율 (아유산가스 포함)은 $(CO_2)_v{}'_{\max} = \dfrac{z_0 + u_1}{z_0 + y_0 + u_1}$

여기에 $z_0 = z_1 + v_1$ (다만 이 장합 $C_3 = 0$라 가정하자)

$z_0 = z_1 + u_1 = G_v{}' - (x_1 + x_e + y_e)\ \therefore (CO_2)_v{}'_{\max} = \dfrac{z_1 + v_1 + u_1}{G_v{}' - (x_1 + x_e + y_e)}$

그래서 $y_e = \dfrac{79}{21}x_e = \dfrac{79}{21}(x_e + x_1 - x_1) = \dfrac{79}{21}\left[(x_2 + x_1) - \dfrac{1}{2}v_1\right]$

$= \dfrac{79}{21}\left[\dfrac{(O_2)_v{}'}{100}G_v{}' - \dfrac{1}{2}\dfrac{(CO)_v{}'}{100}G_v{}'\right] = \dfrac{79}{21}\left[\dfrac{(O_2)_v{}'}{100} - \dfrac{1}{2}\dfrac{(CO)_v{}'}{100}\right]G_v{}'$

$\therefore (CO_2)_v{}'_{\max} = \dfrac{\left[\dfrac{(CO_2)_v{}'}{100} + \dfrac{(CO)_v{}'}{100}\right]G_v{}'}{G_v{}' - \left\{\dfrac{(O_2)_v{}'}{100} + \dfrac{79}{21}\left[\dfrac{(O_2)_v{}'}{100} - \dfrac{1}{2}\cdot\dfrac{(CO)_v{}'}{100}\right]\right\}G_v{}'}$

$= \dfrac{(CO_2)_v{}' + (CO)_v{}'}{100 - \dfrac{100}{21}(O_2)_v{}' + \dfrac{79}{42}(CO)_v{}'}$ (다만 상식의 $(CO_2)_v{}'$ 중에는 제의와 같이

SO_2의 %를 포함함) 제의의 수치를 대입하여

$(CO_2)_v{}'_{\max} = \dfrac{12 + 4}{100 - \dfrac{100}{21} \times 4.2 + \dfrac{79}{42} \times 4} = 0.183$

답 공기과잉률 1.12, 최대탄산가스양 18.3%

[예제 5.27] 고정탄소 78%의 cockes를 매시 300kg의 비율로 화격자연소하는 경우 배출하는 연소가스의 분석결과가 $(CO_2)_v'$=13%, $(O_2)_v'$=6%, $(CO)_v'$=0%이고, 이 일차공기량이 1,500Nm³/h일 때, 다음의 수치를 구하라.

(ㄱ) 이차공기의 양(Nm³/h)

(ㄴ) 일차공기에 의해 연소해서 생성하는 연소가스 중의 CO_2와 CO와의 분압비 단, cockes 중에는 휘발분은 없고, 이 고정탄소는 순탄소라고 가정한다.

해 cockes 1kg에서 생성하는 연소가스의 양을 $G_v Nm^3$라 하면 그 중의 CO_2의 양은 제의에 의하여 $0.13 G_v Nm^3$이다. 또 이 양은 cockes 조성에서 $0.78 \times 22.4/12 Nm^3$이어야 하기 때문이다. 그러므로

$$0.13 G_v = 0.78 \times \frac{22.4}{12}$$

$$\therefore G_v = \frac{0.78}{0.13} \times \frac{22.4}{12} = 11.2 Nm^3/kg$$

이 중의 O_2의 양은 제의에 따라

$0.06 G_v = 11.2 \times 0.06 = 0.672 Nm^3/kg$

이 O_2는 전부과잉공기에서 발생된 것임이 명백하므로 과잉공기의 양은

$$L_{ev} = \frac{0.672}{0.21} = 3.20 Nm^3/kg$$

다음에 이론산소의 양은 연료의 조성에서

$0.78 \times \frac{22.4}{12} = 1.46 Nm^3/kg$

그러므로 이론공기량은 $L_{ev} = \frac{1.46}{0.21} = 6.95 Nm^3/kg$

그래서 공기의 전량은 $L_v = L_{ov} + L_{ev}$=6.95+3.20=10.15Nm³/kg

매 시의 공기량은 10.15×300=3,045Nm³/h

그래서 일차공기량은 1,500Nm³/h이므로 이차공기량은

3,045-1,500=1,545Nm³/h

이 일차와 이차공기의 양을 연료 1kg 당으로 계상하면

일차공기 $\frac{1,500}{300} = 5 Nm^3/kg$

이차공기 $\frac{1,545}{300} = 5.15 Nm^3/kg$

이론공기량과 일차공기량과의 차

6.95·5=1.95Nm³/kg는 이차공기 중 연소에 사용한 양으로서 그 중의 O_2의 양은 1.95×0.21=0.41Nm³/kg이다.

그래서 일차공기와 이차공기에 의한 연소의 과정과 양적 관계는 다음과 같다. 일차공기에 의하여

C의 일부($x$kg)의 완전연소 $\begin{cases} C & + & O_2 & = & CO_2 \\ x\,kg & \dfrac{22.4}{12}x\,Nm^3 & & \dfrac{22.4}{12}x\,Nm^3 \end{cases}$

C의 잔부($y$kg)의 불완전연소 $\begin{cases} C & + & \dfrac{1}{2}O_2 & = & CO_2 \\ y\,kg & \dfrac{11.2}{12}y\,Nm^3 & & \dfrac{22.4}{12}y\,Nm^3 \end{cases}$

이차공기에 의하여

일차공기에 의하여 생성된 CO $\begin{cases} CO & + & \dfrac{1}{2}O_2 & = & CO_2 \\ \dfrac{22.4}{12}y\,Nm^3 & \dfrac{11.2}{12}y\,Nm^3 & \dfrac{22.4}{12}y\,Nm^3 \end{cases}$

상식에서 표시한 바와 같이 CO의 완전연소에 사용된 이차공기 중의 O_2의 양은 (11.2/12)y로서, 이것이 흡사 전기계산의 0.14로 될 것이다. 즉

$$\frac{11.2}{12}y = 0.41 \qquad \therefore y = 0.41 \times \frac{12}{11.2} = 0.44\,kg/kg$$

그러므로 $x = 0.78 - 0.44 = 0.34\,kg/kg$

일차공기에 의해 생성한 CO_2와 CO와의 용적비는 C중의 완전연소한 부분과 불완전연소한 부분과의 중량비와 같다. (5.6절), 또 용적비는 분압의 비와 같다.(2.5절)에서 결국 CO_2과 CO와의 분압의 비는

CO_2: CO=0.34: 0.44 =1: 1.3

답 (ㄱ) 1,545Nm³/h

(ㄴ) 1: 1.3

주 이론공기량을 본 해법에서 직접연료의 조성에서 산출하였으나, 이것은 또 연소가스의 분석결과로부터도 산정할 수 있다. 즉 연소가스 중의 N_2의 양은 $[1.00 - (0.13 + 0.06)]G_v = 0.81 \times 11.2 = 9.07\,Nm^3/kg$

이 N_2는 공급된 전 공기 중의 것이므로 전 공기의 양은

$L_v = \dfrac{9.07}{0.79} = 11.5\,Nm^3/kg$ 그러므로 이론공기량은

$$L_{ov} = L_v - L_{ev} = 11.5 - 3.2 = 8.3 \mathrm{N㎥/kg}$$

이것은 직접연료의 조성에서 산출한 값과 일치하지 않는다. 이 값을 이용하면 답은 현저히 달라진다. 문제에 주어진 수치 간에 어느 정도의 모순이 있다고 생각이 드나 일단 상기와 같이 풀었다.

[예제 5.28] 하기에 나타낸 조성의 석탄이 완전연소하였을 때 건조연소가스 중의 탄산가스(아유산가스를 포함)의 함량이 12.1%였다 한다. 공기과잉률은 얼마인가?

석탄의 조성(%)

C	H	S	O	N	회분	수분
59.3	6.0	0.6	9.0	1.2	20.7	3.2

해 이론산소량은 수분을 함유한 석탄의 조성과 식(5.23)에 의하여

$$O_{ov} = 1.867C + 5.6H + 0.7S - 0.7O$$

$$= \frac{1.867 \times 59.3 + 5.6 \times 6.0 + 0.7 \times 0.6 - 0.7 \times 9.0}{100} = 1.467 \mathrm{N㎥/kg}$$

건조연소가스 중의 $CO_2(SO_2$를 포함)의 율은 식(5.34), (5.36)과 (5.30)에 의하여

$$(CO_2)_v' + (SO_2)_v' = \frac{1.867C + 0.7S}{1.867C + 0.8N + 0.7S + (4.7\mu - 1)O_{ov}}$$

$$= \frac{\frac{1}{100}(1.867 \times 59.3 + 0.7 \times 0.6)}{\frac{1}{100}[1.867 \times 59.3 + 0.8 \times 1.2 + 0.7 \times 0.6 + (4.76\mu - 1) \times 1.467]}$$

$$= \frac{1.164}{1.17 + (4.76\mu - 1) \times 1.467}$$

제의에 의하여 $(CO_2)_v' + (SO_2)_v' = \dfrac{12.1}{100}$

$$\therefore \frac{12.1}{100} = \frac{1.164}{1.17 + (4.7\mu - 1) \times 1.467}$$

이 방정식을 풀어서 μ를 구하면

$$\mu = 1.42 \quad \text{답}$$

[예제 5.29] 최대탄산가스양 20%의 무연탄을 연소시켰던바 연도가스 분석의 결과 $(CO_2)_v' = 15.8\%$, $(CO)_v' = 0\%$이었다. 공기과잉률과 연도가스 중의

O_2의 %은 얼마인가?

해 연도가스는 CO를 함유하지 않으므로 완전연소의 경우임을 알 수 있다. 따라서 식(5.49)에 의하여

$$\frac{(CO_2)_v'}{(CO_2)_{v\,max}'}=\frac{0.21-(O_2)_v'}{0.21}$$

$$\frac{15.8}{20}=\frac{0.21-(O_2)_v'}{0.21}$$

$$(O_2)_v'=0.044=4.4\%$$

$$(N_2)_v'=1-[(CO_2)_v'+(O_2)_v']=1-\left[\frac{15.8}{100}+\frac{4.4}{100}\right]=0.798=79.8\%$$

석탄 중의 질소량을 무시하면 식(5.51)에 의하여

$$\mu=\frac{1}{1-3.76\dfrac{(O_2)_v'}{(N_2)_v'}}=\frac{1}{1-3.76\times\dfrac{4.4}{79.8}}=1.26$$

답 $\mu=1.26,\ (O_2)_v'=4.4\%$

[예제 5.30] 어느 석탄을 매시 200kg의 비율연소시키는 요로에서 연도가스의 분석결과(%)가

CO_2	O_2	CO	N_2
12.0	7.8	0.0	80.0

일 때 1시간의 사용공기량과 생성하는 연소가스양을 구하라. 다만 이 석탄에 있어서는 이론공기량의 7.0Nm³/kg, 이론공기량을 사용하였을 때의 연소가스양이 7.5Nm³/kg이고, 이 열찌꺼기 손실은 없다고 본다.

해 일산화탄소는 0이므로 식(5.58)에 있어서 $(CO)_v'=0$라 하고

$$\mu=\frac{1}{1-3.76\dfrac{(O_2)_v'-0.5(CO)_v'}{(N_2)_v'}}=\frac{1}{1-3.76\times\dfrac{7.8}{80}}=1.58$$

∴ 실제공기량, $L_v=\mu L_{ov}=7.0\times1.58=11.06\text{Nm}^3/\text{kg}$

연소가스양, $G_v=G_{ov}+(\mu-1)L_{ov}=7.5+7.0\times(1.58-1)=11.56\text{Nm}^3/\text{kg}$

그러므로 1시간에는

사용공기량=$200L_v$=11.06×200=2,212Nm³/h

연소가스양=$200G_v$=11.06×200=2,312Nm³/h

답 사용공기량 2,212N㎥/h, 연소가스양 2,312N㎥/h

[예제 5.31] 하기에 나타낸 조성의 액체연료를 매시 100kg 연소할 때의 연료배가
스의 분석결과(%)는 CO_2=12.5, O_2=3.7, N_2=83.8이었다. 이때 1시간 당
의 연소용공기량 (N㎥)을 구하라.
액체연료의 조성(%) C=86, H=14

해 액체연료 1kg의 연소에 필요한 이론공기량은 식(5.24)에 의하여

$$L_{ov} = \frac{1.867C + 5.6H}{0.210} = \frac{1.867 \times 86 + 5.6 \times 14}{100 \times 0.210} = 11.38 \text{N㎥/kg}$$

실제공기량 L_v는 식(5.28)에 의하여 $L_v = \mu L_{ov}$

여기 μ=공기과잉률로서 식(5.53)으로부터

$$\mu = \frac{0.79 \times (CO_2)_{v\ max}'}{1 - (CO_2)_{v\ max}'} \times \frac{1 - (CO_2)_v'}{(CO_2)_v'} + 0.21$$

이 식 중의 $(CO_2)_{v\ max}'$는 식(5.38)에 의하여

$$(CO_2)_{v\ max}' = \frac{1.867C}{G_{ov}'}$$

그래서 G_{ov}'는 식(5.32)에 의하여

$$G_{ov}' = 8.89C + 21.06H\text{-}2.63O + 0.8N + 3.33N$$

$$= \frac{8.89 \times 86 + 21.06 \times 14}{100}$$

$$= 10.59 \text{N㎥/kg}$$

이므로 $(CO_2)_{v\ max}' = \frac{1.867 \times 86}{10.59 \times 100} = 15.16(\%)$

그러므로 $\mu = \frac{0.79 \times 15.16}{100 - 15.16} \times \frac{100 - 12.5}{12.5} + 0.21$

$$= 1.198$$

$$\therefore L_v = 1.198 \times 11.38 = 13.63 \text{N㎥/kg}$$

그러므로 매초 100kg 연소할 때의 공기량은

$$13.63 \times 100 = 1,363 \text{N㎥/h}$$ 답

[예제 5.32] Ethylene(C_2H_4)을 이론산소량으로서 연소시켰던바 습한 연소가스양
에 4.3N㎥/N㎥이었다 한다. 불완전연소의 정도는 어느 정도인가?

해 Ethylene 1N㎥가 이론산소량으로서 완전연소를 하면 4N㎥의 습한 연소

가스를 생성하므로 또 불완전연소일 때 등량의 C_2H_4로부터 생성하는 CO_2의 CO와의 양은 상등하다. (표5.2) 그래서 차 4.3-4=0.3N㎥/N㎥는 불완전연소에 의한 잔유산소의 양(v_4'')으로서, 이것은 불완전연소를 한 Ethylene의 용적과 같다. 즉 Ethylene 1N㎥ 중 0.3N㎥가 불완전연소를 하고 나머지 0.7N㎥가 완전연소를 한 셈이 된다.

답 1N㎥ 중 0.7N㎥가 완전연소, 0.3N㎥가 불완전연소

[예제 5.33] 어느 단일의 탄화수소로 되어있는 기체연료 10N㎥의 연소가스를 분석한 CO_2 16N㎥, CO 4N㎥, H_2O 10N㎥이었다. 이 탄화수소는 무엇이냐?

해 표 5.2의 일반형탄화수소의 표에 있어서 제의에 의하여

$$mv'=16\cdots(1), \quad mv''=4\cdots(2), \quad \frac{n}{2}v=10\cdots(3)$$

이다 $v=10$N㎥이므로 식(3)으로부터

$$\frac{n}{2}=\frac{10}{v}=\frac{10}{10}=1 \quad \therefore n=2$$

(1)+(2) $\quad m(v'+v'')=20$

그러나 $v'+v''=v=10 \quad \therefore m=\frac{20}{v}=\frac{20}{10}=2$

그러므로 구하는 탄화수소의 분자식은 C_2H_2이다.

답 Acetylene(C_2H_2)

[예제 5.34] CO, H_2, CH_4과 C_2H_4 의 혼합가스가 공기과잉률 1.2로 완전연소했을 때 생성된 연소가스양은 혼합가스 $1Nm^3$에 대해 습한 가스 $6.36\,Nm^3$, 건조가스 $5.36\,Nm^3$이었다. 또 이 혼합가스의 완전연소에 필요한 이론공기량은 $4.76\,Nm^3/Nm^3$이라고 한다. 이 혼합가스의 조성 (%)을 구하라.

해 표 (5.2)의 부호를 사용하면

$$(CO)_v=v_1, (H_2)_v=v_2, (CH_4)_v=v_3, (C_2H_4)_v=v_4$$

이고 이 4량의 값을 구하라.

문제의 의미를 식으로 써서 나타내면

습한 연소가스양 $G_v=(v_1+v_3+2v_4+y_o+x_e+y_e)+(v_2+2v_3+2v_4)$

$$=v_1+v_2+3v_3+4v_4+y_o+x_e+y_e=6.36 \cdots\cdots\cdots\cdots(1)$$

건조연소가스양, $G_v'=v_1+v_3+2v_4+y_o+x_e+v_e=5.36 \cdots\cdots\cdots\cdots(2)$

이론공기량, $L_{ov} = \dfrac{100}{21} \times \left[\dfrac{1}{2}(v_1 + v_2) + 2v_3 + 3v_4 \right] = 4.76$ ················(3)

또 당연히 $v_1 + v_2 + v_3 + v_4 = 1$ ·····························(4)

식(1), (2), (3), (4)를 v_1, v_2, v_3, v_4의 연립방정식으로 풀면 된다.

그래서 $y_o = \dfrac{79}{100} L_{ov} = \dfrac{79}{100} \times 4.76 = 3.76$

와 $x_e + y_e = L_{ev} = (\mu - 1)L_{ov} = (1.2 - 1) \times 4.76 = 0.95$

그래서 (1)과 (2)는 $v_1 + v_2 + 3v_3 + 4v_4 + 3.76 + 0.95 = 6.36$

즉 $\qquad v_1 + v_2 + 3v_3 + 4v_4 = 1.65$ ·····················(5)

과 $\qquad v_1 + v_3 + 2v_4 + 3.76 + 0.95 = 5.36$

즉 $\qquad v_1 + v_3 + 2v_4 = 0.65$ ························(6)

(5)-(6) $\quad v_2 + 2v_3 + 2v_4 = 1.00$ ·····················(7)

또 (3)는 $\dfrac{1}{2}(v_1 + v_2) + 2v_3 + 2v_4 = 4.76 \times \dfrac{21}{100} = 1.00$

즉 $\qquad v_1 + v_2 + 4v_3 + 6v_4 = 2.00$ ·················(8)

(8)-(4) $\quad 3v_3 + 5v_4 = 1.00$ ·······················(9)

(4)-(6) $\quad v_2 - v_4 = 0.35$ ··························(10)

(7)×3 $\quad 3v_2 + 6v_3 + 6v_4 = 3.00$ ··················(11)

(9)×2 $\quad 6v_3 + 10v_4 = 2.00$ ·······················(12)

(11)-(12) $\quad 3v_2 - 4v_4 = 1.00$ ·····················(13)

(10)×3 $\quad 3v_2 - 3v_4 = 1.05$ ·······················(14)

$\qquad$ (14)-(13) $\quad v_4 = 0.05 = (C_2H_4)_v$

$\qquad \therefore$ (10) $v_2 = 0.35 = v_4 = 0.35 + 0.05 = 0.04 = (H_2)_v$

$\qquad$ 또 (9)에서 $v_s = \dfrac{1.00 - 5v_4}{3} = \dfrac{1.00 - 5 \times 0.05}{3} = 0.25 = (CH_4)_v$

$\qquad$ 그러므로 (4)에서

$\qquad v_1 = 1 - (v_2 + v_3 + v_4) = 1 - (0.40 + 0.25 + 0.05) = 0.30 = (CO)_v$

답 CO 30%, H_2 40%, CH_4 25%, C_2H_4 5%, 계 100%

[예제 5.35] 석탄을 공기로 연소하였을 때에 연도가스의 분석은 O_2=4.5%, CO_2 =12.5%란 결과를 얻었다. 이때의 공기과잉률은 얼마인가? 다만 그 석

탄 중에는 산소, 유황, 질소를 함유하는 일은 극히 적다.

해 제의를 표 5.1에 꿰어맞추어 풀면

$$(N_2)_v' = \frac{y_0 + y_e}{G'_v} = \frac{\frac{79}{100}L_v}{G_v'}$$

$$\therefore L_v = \frac{100}{79}(N_2)_v' \, G_v' \, \text{······················}(1)$$

또 $(O_2)_v' = \dfrac{x_e}{G_v'}$ ·····································(2

그러나 $x_e = \dfrac{21}{100}L_{ev} = \dfrac{21}{100} \cdot \dfrac{\mu-1}{\mu}L_v$

$$\therefore (O_2)_v' = \frac{\frac{21}{100} \cdot \frac{\mu-1}{\mu}L_v}{G_v'}$$

$$\therefore L_v = \frac{100}{21} \cdot \frac{\mu}{\mu-1}(O_2)_v' = \frac{100}{79}(N_2)_v'$$

$$\therefore \frac{\mu}{\mu-1} = \frac{21}{79} \cdot \frac{(N_2)_v'}{(O_2)_v'}$$

그러나 제의에 의하여

$$(O_2)_v' = \frac{4.5}{100}, \qquad (N_2)_v' = \frac{100-(4.5)+12.5}{100} = \frac{83}{100}$$

$$\therefore \frac{\mu}{\mu-1} = \frac{21}{79} \times \frac{83}{100} \times \frac{100}{4.5}$$

이것을 풀어서 μ를 산출하면 μ=1.26 답

[예제 5.36] 원소분석결과가 하기 %와 같은 아탄이 20%의 전수분을 가지고 화격자상에서 연소했을 때, 배가스의 분석결과는 CO_2 13.4%, CO 0.6%로서 그 온도는 330℃를 나타내었다. 이 아탄 1kg에 대해서 발생하는 건조 연소가스양과 습한 연소가스양은 이 습도에서 각각 몇 ㎥가 되나? 다만 연소찌꺼기 중의 12%로 하고 대기의 압력을 765mmHg로 한다.

회분	C	H	O	연소성S	N
35.78	42.35	3.37	18.00	0	0.50

해 우선 주어진 원소분석결과(%)를 20%의 전수분을 함유하는 것으로 환산

하면 다음과 같은 %로 된다.(도 4.1 참조)

C $42.35 \times \dfrac{100-20}{100} = 33.9$ N $0.50 \times \dfrac{100-20}{100} = 0.4$

H $3.37 \times$ '' $= 2.7$ 회분 $35.78 \times$ '' $= 28.6$

O $18.00 \times$ '' $= 14.4$ 수분 $= 20.0$

S $= 20.0$ 계 $= 100.0$

이 습한 아탄 1kg당 연소찌꺼기 중에 떨어진 탄소의 양은 제의에 의하여

$$\frac{28.6}{100} \times \frac{12}{100-12} = \frac{3.9}{100} \, \text{kg/kg}$$

그러므로 연소에 취급된 탄소량은

$$C = \frac{33.9 - 3.9}{100} = \frac{30.0}{100} \, \text{kg/kg}$$

이 아탄 1kg으로부터 생성되는 CO_2 와 CO의 양을 각각 z_1과 $v_1 \text{Nm}^3/\text{kg}$ 과 하면(표 5.1 참조)

$$(CO_2)_v' = \frac{z_1}{G_v'} \times 100 \quad (CO)_v' = \frac{v_1}{G_v'} \times 100$$

$$\therefore G_v' = \frac{z_1 \times 100}{(CO_2)_v'} = \frac{v_1 \times 100}{(CO_2)_v'} = \frac{z_1 + v_1}{(CO_2)_v' + (CO)_v'} \times 100$$

$$z_1 + v_1 = \frac{22.4}{12} \times C = 1.867 \times \frac{30.0}{100} \, \text{Nm}^3/\text{kg}$$

$$\therefore G_v' = \frac{1.867 \times 30.0}{(CO_2)_v' + (CO)_v'}$$

제의에 의하여 $(CO_2)_v' = 13.4$, $(CO)_v' = 0.6$이므로

$$G_v' = \frac{1.867 \times 30.0}{13.4 + 0.6} = 4 \, \text{Nm}^3/\text{kg}$$

다음에 아탄 1kg에 대하여 연소가스 중의 수분의 양은 식(5.33)에 의하여

$$W_v = 11.2H + 1.24W = \frac{11.2 \times 2.7 + 1.24 \times 20}{100} = 0.55 \, \text{Nm}^3/\text{kg}$$

그래서 습한 연소가스양은

$$G_v = G_v + W_v = 4 + 0.55 = 4.55 \, \text{Nm}^3/\text{kg}$$

이것을 330℃, 765mmHg의 상태에서 용적으로 환산하면

$$G_v' = 4 \times \frac{330 + 273}{273} \times \frac{760}{765} = 8.78 \, \text{m}^3/\text{kg}$$

$$G_v = 4.55 \times \quad '' \quad = 10.00 \, \text{m}^3/\text{kg}$$

[예제 5.37] 중유연소로에 있어서 배가스분석의 결과 $(CO_2)_v'$=11.5%, $(O_2)_v'$=5.1%, $(N_2)_v'$=83.4%를 얻었다. 중유는 C와 H로 되어 있다고 보고 중유의 조성과 중유 1kg당의 습한 배가스양을 구하라. 다만 연소에 사용한 공기는 완전히 건조되어 있다고 보고 공기과잉률을 1.3으로 한다.

해 배가스 분석결과로 보아 완전연소임을 알 수 있다. 따라서 표 5.1로부터 이 연료 1kg에 대한 연소가스 중의 각 성분의 양은

$$CO_2 : z_1 = \frac{22.4}{12} C\text{Nm}^3/\text{kg} \qquad O_2 : x_0 = (\mu-1)x_0$$

$$N_2 : y_0 + y_e = \mu y_0$$

그래서 $x_0 = 22.4\left(\frac{C}{22} + \frac{H}{4}\right)$

$$y_0 = \frac{79}{21} x_0 = \frac{79}{21} \times 22.4\left(\frac{C}{22} + \frac{H}{4}\right)$$

$$\therefore x_e = (\mu-1) \times 22.4\left(\frac{C}{22} + \frac{H}{4}\right)$$

$$y_0 + y_e = \mu \times \frac{79}{21} \times 22.4\left(\frac{C}{12} + \frac{H}{4}\right)$$

그러므로 제의에 의하여

$$(CO_2)_v' = \frac{\dfrac{22.4}{12} C}{G_v'} = 0.115 \quad\cdots\cdots\cdots\cdots\cdots\cdots\cdots\cdots\cdots\cdots(1)$$

$$(O_2)_v' = \frac{(\mu-1) \times 22.4\left(\dfrac{C}{12} + \dfrac{H}{4}\right)}{G_v'} = 0.051 \quad\cdots\cdots\cdots\cdots(2)$$

식(1)에서 $C = \dfrac{12}{22.4} \times 0.115 G_v'$ $\quad\cdots\cdots\cdots\cdots\cdots\cdots\cdots\cdots(3)$

(3)과 C의 값을 (2)에 대입하여

$$\frac{(\mu-1) \times 22.4\left[\dfrac{12}{22.4} \times 0.115 G_v' \times \dfrac{1}{12} + \dfrac{H}{4}\right]}{G_v'} = 0.051 \quad\cdots\cdots\cdots(4)$$

제의에 따라 μ=1.3, μ-1=0.3 이 값을 (4)에 대입해서 정리하면

$$H = \frac{0.0165 \times 4}{0.3 \times 22.4} G_v' \quad\cdots\cdots\cdots\cdots\cdots\cdots\cdots\cdots\cdots\cdots(5)$$

(3)과 (5)에서

$$\frac{C}{H} = \frac{\dfrac{12}{22.2} \times 0.115}{\dfrac{0.0165 \times 4}{0.3 \times 22.4}} = 6.27$$

그러므로 연료 1kg에 대해서는

$$C = \frac{6.27}{6.27+1} = 0.862\,\text{kg}, \quad H = \frac{1}{6.27+1} = 0.138\,\text{kg}, \quad \text{계}=1{,}000\,\text{kg}$$

다음에 습한 배가스양은

$$G_v = z_1 + x_e + y_0 + y_e + w_1$$

$$= \frac{22.4}{12}C + (\mu-1) \times 22.4\left(\frac{C}{12} + \frac{H}{4}\right) + \mu \times \frac{79}{21} \times 22.4\left(\frac{C}{12} + \frac{H}{4}\right) + \frac{22.4}{2}H$$

상식에서 C=0.862, H=0.138, μ=1.3을 대입하여 계산하면

$$G_v = 15.6\,\text{N}\text{m}^3/\text{kg}$$

답 중유의 조성 C=86.2%, H=13.8%, 습한 배가스양 15.6Nm³/kg

[예제 5.38] 다음과 같은 조성의 혼합가스가 있다. 이 가스 1Nm³를 완전연소시키는 데 필요한 이론공기량은 11.23Nm³이고, 이 가스의 진발열량은 10.450 kcal/Nm³이었다. CH_4, C_2H_6, C_2H_4의 %를 계산하라.

성분가스	진발열량(kcal/Nm³)	조성(용적%)
CH_4	8,550	
C_2H_6	15,370	95
C_2H_4	14.320	
O_2	-	2
N_2	-	3

해 식(5.26)에는 C_2H_6의 항이 없으나 C_2H_6의 완전연소에는 7/2Nm³/Nm³의 산소가 필요하다. 식(5.26)으로부터 이 식의 취지에 따라 이론공기량은

$$L_{ov} = \frac{2(CH_4)_v + 3.5(C_2H_6)_v + 3(C_2H_4)_v - (O_2)_v}{0.21}$$

그러나 제의에 의하여 L_{ov}=11.23Nm³/Nm³, $(O_2)_v$=2%이므로

$$11.23 = \frac{2(CH_4)_v + 3.5(C_2H_6)_v + 3(C_2H_4)_v - 2}{100 \times 0.21}$$

간단하므로 $(CH_4)_v = x$, $(C_2H_6)_v = y$, $(C_2H_4)_v = z$

라 쓰면 $11.23 = \dfrac{2x + 3.5y + 3z - 2}{21}$ ·······················(1)

다음에 이 연료가스의 진발열량은 각 성분가스의 양과 그 발열량으로부터

$$H_l = 8{,}550 \times \frac{x}{100} + 15{,}370 \times \frac{y}{100} + 14{,}320 \times \frac{z}{100}$$

제의에 의하여 $H_l = 10{,}450 \text{kcal/Nm}^3$ 이므로

$10{,}450 = 85.5x + 153.7y + 143.2z$ ·······························(2)

또 제의에 의하여 $x + y + z = 95$ ·······························(3)

식(1), (2), (3)을 x, y, z의 연립방정식으로 해서 풀면 된다.

(1)에서 $2x + 3.5y + 3z = 11.23 \times 21 + 2 = 238$ ·············(4)

(3)×2 $\quad 2x + 2y + 2z = 190$ ·······························(5)

(4)-(5) $\quad 1.5y + z = 48$ ·······························(6)

(3)×85.5 $\quad 85.5x + 85.5y + 85.5z = 95 \times 85.5 = 8{,}120$

(2)-(7) $(153.7 - 85.5)y + (143.2 - 85.5)z = 10{,}450 - 8{,}120$ ·········(7)

즉 $68.2y + 57.7z = 2{,}330$ ·······························(8)

즉 (6)×57.7 $\quad 68.55y + 57.7z = 2{,}770$ ·······················(9)

(9)-(8) $\quad 18.35y = 440$

$\qquad \therefore z = 48 - 1.5 \times 24 = 12 (C_2H_4)_v$

그러므로 (3)에서 $x = 95 - (y + z) = 95 - (24 + 12) = 59 = (CH_4)_v$

답 $(CH_4)_v$=59%, $(C_2H_6)_v$=24%, $(C_2H_4)_v$=12%, 계=95%

[예제 5.39] CO 50%, H_2 50%로 되어있는 혼합가스를 공기과잉률 1.15로 연소시켰을 때의 건조가스의 조성을 구하라. 다만 CO 50% 중 그의 95%가 연소하는 것으로 본다.

해 연료의 일부가 불완전연소를 할 경우이다. 표 5.2에 대하여 생각하면 주어진 수치로부터 다음과 같이 계산할 수 있다.

$$v_1 = \frac{50}{100} = 0.5, \ v_2 = \frac{50}{100} = 0.5$$

$$v_1{}' = \frac{50}{100} \times \frac{95}{100} = \frac{47.5}{100} = 0.475$$

$$v_1{}'' = v_1 - v_1{}' = \frac{50 - 47.5}{100} = \frac{2.5}{100} = 0.025$$

$$O_{ov} = \frac{1}{2}(v_1 + v_2) = \frac{1}{2} \times \frac{50 + 50}{100} = \frac{50}{100} = 0.5$$

$$y_0 = \frac{79}{21}x_0 = \frac{79}{21} \times \frac{50}{100} = 1.88 \qquad L_{ov} = x_0 + y_0 = 0.5 + 1.88 = 2.38$$

$$x_e = (\mu - 1)x_0 = (1.15 - 1) \times 0.5 = 0.075$$

$$y_e = (\mu - 1)y_0 = (1.15 - 1) \times 1.88 = 0.282$$

$$L_{ov} = x_e + y_e = 0.075 + 0.282 = 0.357$$

$$G_v' = v_1 \frac{1}{2}v_1'' + y_0 + x_e + y_e = 0.5 + \frac{1}{2} \times 0.25 + 1.88 + 0.357 \cong 2,750$$

$$\therefore (CO_2)_v' = \frac{v_1'}{G_v'} = \frac{0.475}{2,750} = 0.173 \quad (CO)_v' = \frac{v_1''}{G_v'} = \frac{0.025}{2,750} = 0.009$$

$$(N_2)_v' = \frac{y_0 + y_e}{G_v'} = \frac{1.88 + 0.282}{2,750} = \frac{2,162}{2,750} = 0.786$$

$$(O_2)_v' = \frac{\frac{1}{2}v_1'' + x_e}{G_v'} = \frac{\frac{1}{2} \times 0.025 + 0.075}{2,750} = \frac{0.0875}{2,750} = 0.032$$

계 $\qquad\qquad\qquad\qquad\qquad\qquad$ =1,000

답 CO_2, 17.3%, CO 0.9%, N_2 78.6%, O_2 3.2%, 계 100.0%

[예제 5.40] cockes를 공기로 완전연소시켜서, 그 연소가스의 분석을 했던바 CO_2 15.8%, O_2 4.9%, N_2 79.3%이었다. 이때 같은 cockes를 60%의 과잉공기로 완전연소시켰다고 하면 연소가스 (건)의 조성은 어떻게 되나? 다만 연소가스 중의 O_2와 N_2는 대부분 공기로부터 생긴 것으로 본다.

해 연소가스는 CO를 함유치 않으므로 완전연소됨이 명백하므로, 표 5.1에 대하여 고려하면 제의에 의하여 $\dfrac{z_1}{G_v'} \times 100 = (CO_2)_v' = 15.8$,

$$\frac{x_e}{G_v'} \times 100 = (O_2)_v' = 4.9 \qquad \frac{y_0 + y_e}{G_v'} \times 100 = 79.3 \quad \therefore y_0 + y_e = \frac{79.3}{100}G_v'$$

$$\therefore L_e = \frac{y_0 + y_e}{0.79} = \frac{79.3}{79}G_v' \cong 1 \times G_v' \, \text{Nm}^3/\text{kg}$$

또 과잉공기량은 $\qquad L_{ev} = \dfrac{x_e}{0.21} = \dfrac{4.9}{100} \times \dfrac{1}{0.21}G_v' = 0.233 G_v' \, \text{Nm}^3/\text{kg}$

그러므로 이론공기량은 $L_{ev} = L_v - L_{ev} = (1 - 0.233)G_v' = 0.767 G_v' \, \text{Nm}^3/\text{kg}$

즉, 과잉공기량은 30%이다.

과잉공기량을 60% 즉 상기의 2배로 하면 그 양은

$$L_{ev} = 2 \times 0.233\,G_v' = 0.466\,G_v'\ \mathrm{Nm^3/kg}$$

그러므로 $x_e = 0.12 \times 0.466\,G_v' = 0.098\,G_v'\ Nm^3/kg$

$$y_e = 0.79 \times 0.466\,G_v' = 0.368\,G_v'\ Nm^3/kg$$

또 $y_0 = 0.79 L_{ov} = 0.79 \times 0.767\,G_v' = 0.606\,G_v'\ Nm^3/kg$

$$\therefore y_0 + y_c = (0.606 + 0.368)i = 0.974\,G_v'\ Nm^3/kg$$

탄소가스의 양에는 변화가 없다. 즉

$$z_1 = \frac{15.8}{100}\,G_v'\ Nm^3/kg$$

그러므로 탄소가스의 조성할 합은

CO_2	O_2	N_2	계
15.8	9.8	97.4	123.0

상기의 계산에 있어서 G_v' 는 공기과잉률 1.3의 경우의 것을 사용한 것이므로 공기과잉률 1.6의 경우에는 명성분(%)의 합계가 100이 되지 않는다. 그러나 비율은 변화하지 않으므로 이것을 100이 되게 고친 것이 답이다. 즉

답
$$\begin{cases} CO_2\ 15.8 \times \dfrac{100}{123} = 12.8\% \\ O_2\ \ \ 9.8 \times'' \quad\ \ = 8.0\% \\ N_2\ 97.4 \times'' \quad\ \ = 79.2\% \\ \quad 계 \qquad\qquad\ \ = 100.0 \end{cases}$$

[예제 5.41] 순수한 탄화수소를 이론공기량으로 연소시켜 그 연소가스의 분석을 하였던바

가스조성	CO_2	O_2	N_2
(%)	11.7	0	88.3

이었다. 어떠한 조성의 탄화수소이었나를 표시하라.

해 연소가스는 CO나 O_2를 함유하지 않으므로 완전연소임을 알 수 있다. 표 5.2 중탄화수소의 일반형 $C_m H_n$에 대한 용적의 관계에서 다음의 것이 명백하다.

$$G_{ov}' = mv + y_0 = m + y_0$$

와 $\quad y_0 = \dfrac{79}{21} O_{ov} = \dfrac{79}{21}\left(m + \dfrac{n}{4}\right)v = \dfrac{79}{21}\left(m + \dfrac{n}{4}\right)$

또 $\quad (CO_2)_2' = \dfrac{mv}{mv + y_0} = \dfrac{m}{m + y_0}$

$\left. \right\} \quad v = 1$이므로

제의에 의하여

$$\frac{m}{m + y_0} = \frac{11.7}{100}$$

즉 $\quad \dfrac{m}{m + \dfrac{79}{21}\left(m + \dfrac{n}{4}\right)} = \dfrac{11.7}{100}$

또는 $\quad \dfrac{1}{1 + \dfrac{79}{21}\left(1 + \dfrac{1}{4}\dfrac{n}{m}\right)} = \dfrac{11.7}{100}$ 이것을 $\dfrac{n}{m}$에 대하여 풀면 $\dfrac{n}{m} \cong 4$

즉 탄화수소의 분자식은 C_2H_{4e}형의 것이며 통상의 실재 가스로서는 METHANE(CH_4)임을 추정할 수 있다.

[예제 5.42] CO_2, CO, H_2, N_2로 이루어진 기체연료를 이론량의 건조공기를 사용해서 연소시켰을 때 습한 연소가스의 조성(%)은 CO_2 17.9, H_2O 8.4, N_2 73.7이고, 연료 $1Nm^3$당 발생하는 습한 연소가스양은 $1.678Nm^3$이었다. 이 연료의 조성을 구하라.

해 표 5.2의 기호를 사용한다. 제의에 따라 완전연소이므로 $v_1'' = 0$, 그러므로 $v_1'' = v_1$, 또 주어진 조성은 습한 연소가스의 조성이므로 건조연소가스의 조성과 구별해서 이것을 $(\quad)v''$로 표시한다. 제의를 식으로 서술하면

$$(CO_2)_v'' = \frac{v_1 + v_1}{G_{ov}} = \frac{17.9}{100} \quad \cdots\cdots\cdots (1)$$

$$(N_2)_v'' = \frac{v_0 + y_0}{G_{ov}} = \frac{73.7}{100} \quad \cdots\cdots\cdots (2)$$

$$(H_2O)_v'' = \frac{v_2}{G_{ov}} = \frac{8.4}{100} \quad \cdots\cdots\cdots (3)$$

$$v_1 + v_2 + v_6 + v_7 = 1 \quad \cdots\cdots\cdots (4)$$

$$y_0 = \frac{79}{21} \times \frac{1}{2}(v_1 + v_2) \quad \cdots\cdots\cdots (5)$$

$$G_{ov} = 1.678 Nm^3 \quad \cdots\cdots\cdots (6)$$

식(6)에 의한 G_{ov}의 수치를 (1), (2), (3)에 대입하면 5개의 미지수 v_1, v_2,

v_6, v_7, y_0를 포함한 5개의 방정식(1), (2), (3), (4), (5)가 있어야 하므로, 이것을 연립방정식으로 풀면 이들의 미지수를 찾아낼 수가 있다. 이 산법은 독자의 연구에 맡기고 결과만을 서술하면

$v_1 = 0.219 \cdots\cdots (CO)_v$, $v_2 = 0.141 \cdots\cdots (H_2)_v$, $v_6 = 0.559 \cdots\cdots (N_2)_v$

$v_7 = 0.081 \cdots\cdots (CO_2)_v$, 계=1.000, ($y_0$는 해답에 들지 않는다.)

답 $(CO)_v$ 21.9%, $(H_2)_v$ 14.1%, $(N_2)_v$ 55.9%, $(CO_2)_v$ 8.1%, 계 100.0

[예제 5.43] 중유 (조성 C=88%, H=12%)를 연소하고 있는 노에 있어서, 연소배가스의 분석을 시켰던바 다음과 같은 2가지 분석치(%)가 제출되었다. 이 분석결과가 정확한지 아닌지를 비판하라.

	석회석	cockes	선철	가스
제1의 분석치	14.1	7.3	78.6	100.0
제2의 분석치	14.0	5.0	81.0	100.

해 간단하게 하기 위하여 CO_2, O_2와 N_2의 분석치(%)를 각각 a, b와 c로 표시하고, 모든 건조연소가스의 $100 Nm^3$에 대하여 고려하면 5.1로부터 다음의 것을 알 수 있다.

$$C = \frac{12}{22.4} \times a, \ x_c = b$$

$$y_0 + y_e = c, x_0 + x_e = \frac{21}{79}(y_0 + y_e)$$

$$x_0 = \frac{21}{79}(y_0 + y_e) - x_2 = \frac{21}{79}c - b$$

또 $x_0 = \frac{22.4}{12}C + \frac{22.4}{4}H$

$$\therefore H = \frac{4}{22.4}\left(x_0 - \frac{22.4}{12}C\right)$$

(1) 제1의 분석치를 상기 제식에 대입해서 계산하면

$$C = \frac{12}{22.4} \times 14.1$$

$$x_0 = \frac{21}{79} \times 78.6 - 7.3 = 13.6$$

$$H = \frac{4}{22.4} \times \left(13.6 - \frac{22.4}{12} \times \frac{12}{22.4} \times 14.1\right)$$

$$= \frac{4}{22.4} \times (13.6 - 14.1) < 0$$

즉, 수소의 함유량의 부(-)가 되므로, 이 분석치는 명백히 잘못되어 틀렸다.

(2) 제2의 분석치를 사용하면

$$C = \frac{12}{22.4} \times 14.0$$

$$x_0 = \frac{21}{79} \times 81.0 - 5.0 = 16.5$$

$$H = \frac{4}{22.4} \times \left(16.5 - \frac{22.4}{12} \times \frac{12}{22.4} \times 14.0 \right)$$

$$= \frac{4}{22.4} \times (16.5 - 14.0) = \frac{10}{22.4}$$

$$\therefore \frac{C}{H} = \frac{12 \times 14}{10} = 16.8$$

그래서 제시의 중유에 있어서는

$$\frac{C}{H} = \frac{88}{12} = 7.33$$ 이다. 그러므로 이 분석결과도 틀렸다고 생각된다.

[예제 5.44] 0℃의 수소를 상압 하에서 이론공기량으로서 연소했을 때 이론적으로 도달할 수 있는 최고온도를 계산하라. 다만 수소의 진발열량은 2,570 kcal/N㎥, 그 연소가스의 비열은 0.40kcal/N㎥℃로 하고, 연소가스는 전혀 열해난을 일으키지 않은 것으로 본다.

해 연소온도 t_g 은 식(5.60)에 있어서

연소의 효율, $\eta = 1$ 연소가스의 평균열 $c_g = 0.40$

방사율, $\sigma = 0$ 진발열량 $H_l = 2,570$

공기과잉률, $\mu = 1$

라 하고 또 기준온도, 실온도 같이 0℃라 하고

$$t_f = 0, \quad t_a = 0, \quad t_s = 0$$

그래서 $t_g = \dfrac{2,570}{0.40 G_{ov}}$

이론연소가스양 G_{ov} 은 표 5.2에서

$$G_{ov} = v_2 + y_0$$

그런데 $y_0 = \dfrac{79}{21} x_0 = \dfrac{79}{21} \times \dfrac{1}{2} v_2$

$$\therefore G_{ov} = v_2 + \frac{79}{21} \times \frac{1}{2} v_2$$

$v_2 = 1$라 하고 $G_{ov} = 1 + \frac{79}{21} \times \frac{1}{2} = 2.88 \, \mathrm{Nm^3/Nm^3}$

$$\therefore t_g = \frac{2,570}{0.40 \times 2.88} = 2,230 \, ℃ \; \text{답}$$

[예제 5.45] 다음의 조성(%) 발생가스(진발열량 1,460kcal/Nm³)를 20%의 과잉공기를 가지고 완전연소시켰을 때의 이론염온도를 구하라. 다만 공기와 가스는 0℃로 송입되고 연소가스의 평균열은 0.39kcal/Nm³라 한다.

CO_2	O_2	CH_4	CO	H_2	N_2
3.2	-	97.4	26.8	13.0	54.3

해 이 연료의 연소에 필요한 이론공기량은 식(5.26)에 의하여

$$L_{ov} = \frac{\frac{1}{2}\left[(H_2)_v + (CO)_v\right] + 2(CH_4)_v}{0.210}$$

$$= \frac{\frac{1}{2}[13.0 + 26.8] + 2 \times 3.0}{100 \times 0.210} = 1.23 \, \mathrm{Nm^3/Nm^3}$$

그래서 연소가스양은 식(5.39)에 의하여

$$G_v = 1 + \mu L_{ov} - \frac{1}{2}\left[(CO)_v + (H_2)_v\right]$$

$\mu = 1.2$ 그래서 $G_v = 1 + 1.2 \times 1.23 - \frac{1}{2} \times \frac{26.8 + 13.0}{100} = 2.28 \, \mathrm{Nm^3/Nm^3}$

0℃ 기준으로 생각한다. 공기와 가스는 0℃로 송입시키는 것이므로 그 습열은 0이다. 그러므로 이론염온도를 t_g℃라 하면 제의에 의하여

$0.39 \times G_v \times t_g = 1,460$

$0.39 \times 2.28 \times t_g = 1,460$

$$\therefore t_g = \frac{1,460}{0.39 \times 2.28} = 1,640 \, ℃ \; \text{답} \qquad [\text{식 (5.60) 참조}]$$

[예제 5.46] 저위발열량 6,000kcal/kg의 석탄을 30%의 과잉공기로 연소시켰을 때의 이론염온도를 구하라. 다만 습한 연소가스의 평균비열은 0.34kcal/Nm³℃이라 하고, 이론공기량은 6.6Nm³/kg, 이론공기량을 사용했을 때에 발생하는 습한 연소가스양은 7.5Nm³/kg이라 하고 기준온도를 20℃라 한다.

해 식(5.60)에 있어서 $\quad\quad H_l = 6,000 \quad\quad c_g = 0.34 \quad\quad G_{ov} = 7.5$

$$\mu = 1.3 \quad\quad L_{ov} = 6.6 \quad\quad t_s = 20$$

이상적일 때를 생각하므로 $\eta = 1$, $\sigma = 0$

실온도 20℃라 하고 공기를 여열하지 않는 것으로 하면

$$t_a = t_f = t_s$$

이 둘의 조건을 동식에 대입하면 $\quad t_g - t_s = \dfrac{H_l}{c_g[G_{ov} + (\mu-1)L_{ov}]}$

$$= \dfrac{6,000}{0.34 \times [7.5 + (1.3-1) \times 6.6]} = 1,860℃$$

$\therefore t_g = 1,860 + t_s = 1,860 + 20 = 1,880℃$ **답**

[예제 5.47] 순ETHYLEN(C_2H_4)을 공기과잉률 1.5로 완전연소시켰을 때 이론상도달할 수 있다. 연소가스의 최고온도를 구하라. 다만 연료는 실온(20℃)으로 공급되며 연소용공기는 80℃로 여열되어 있다고 보고, ETHYLENE 발열량(저위)은 13,940kcal/Nm³, 각 가스의 평균정압비열은 다음과 같다고 한다.

$\quad\quad CO_2$ 0.56kcal/Nm³℃ $\quad\quad\quad N_2$ 0.35kcal/Nm³℃

$\quad\quad H_2O$ 0.46 ″ $\quad\quad\quad\quad C_2H_4$ 0.75 ″

$\quad\quad O_2$ 0.35 ″

해 우선 표 5.2를 사용해서 연소가스양과 소요공기량을 구해보라.

ETHYLENE에 대하여 동표에서

$$G_v = 2v_4' + 2v_4'' + v_4'' + 2v_4 + y_0 + x_e + y_e$$

ETHYLEENE 1Nm³에 대해서는

$$v_4 = 1, \ v_4'' = 0(완전연소), \ \therefore v_4' = v_4 = 1$$

또 $\quad\quad x_0 = 3v_4 = 3, \quad\quad \therefore x_e = (\mu-1)x_0 = 3 \times (1.5-1) \times 3 = 1.5$

$$y_0 = \frac{79}{21}x_0 = \frac{79}{21} \times 3 = \frac{79}{7}$$

$$y_0 = \frac{79}{21}x_e = \frac{79}{21} \times 1.5$$

$$x_e + y_e \left(1 + \frac{79}{21}\right) \times 1.5 = \frac{50}{7}$$

$\therefore G_v = 2 \times 1 + 2 \times 0 + 1 \times 0 + 2 \times 1 + \dfrac{79}{7} + \dfrac{50}{7} = 22.4 \text{Nm}^3/\text{Nm}^3$

그의 비열은 각 성분가스의 양과 비열로부터

$$\frac{0.56 \times 2 + 0.46 \times 2 + 0.35 \times \left(\dfrac{79}{7} + \dfrac{50}{7}\right)}{22.4} = 0.38 \, \text{kcal/Nm}^3 \, ℃$$

또 $L_v = \mu(x_0 + y_0) = 1.5 \times \left(3 + \dfrac{79}{7}\right) = 21.4 \, \text{Nm}^3/\text{Nm}^3$

그래서 0℃를 기준으로 해서 연료 1Nm³에 대하여 이 노에 공급되는 열량은 다음과 같다.

(1) 연료의 발열량   =13,940 kcal/Nm³

(2) 연료의 현열=0.75×1×20   =15 kcal/Nm³

(3) 공기의 현열=0.35×21.4×80   =600 kcal/Nm³

           계   =14,555 kcal/Nm³

이 열량이 전부무손실로 연소가스의 온도상승에 사용된다고 생각하면, 제의의 최고온도를 얻을 수 있다. 즉 이것을 t_g라 하면

$$0.38 \times 22.4 \times t_g = 14,555$$

$$\therefore t_g = \frac{14,555}{0.38 \times 22.4} = 1,715 \, ℃ \quad \text{답} \quad [\text{식}(5.60) \ \text{참조}]$$

[예제 5.48] 다음의 조성을 대지 연료가스의 진발열량은 몇 kcal/Nm³인가? 또 이것을 20% 과잉의 건조한 공기를 사용해서 연소할 때의 이론염온도를 구하라. 다만, 실온을 0℃로 하고 과잉공기를 포함한 습한 연소가스의 비열을 0.33 kcal/Nm³℃라 하고 하기의 반응식이 주어져 있다.

연소가스조성(%)

CO_2	CO	H_2	CH_4	N_2
5.0	40.0	50.0	1.0	4.0

반응식(발열량은 CO, H_2, CH_4 각각 1Nm³ 당)

$$CO + \frac{1}{2}O_2 = CO_2 + 3,035 \, \text{kcal}$$

$$H_2 + \frac{1}{2}O_2 = H_2O(\text{수증기}) + 2,750 \, \text{kcal}$$

$$CH_4 + 2O_2 = CO_2 + 2H_2O(\text{수증기}) + 8,750 \, \text{kcal}$$

해 진발열량은 주어진 반응열로부터

$$H_l = 3,035(CO)_v + 2,750(H_2)_v + 8,750(CH_4)_v$$

$$= \frac{3,035 \times 40 + 2,750 \times 50 + 8,750 \times 1}{100}$$

$$= 2,676 \, \text{kcal/Nm}^3$$

발열온도는 식(5,60)에 있어서 제의에 의하여

$\eta=1$, $\sigma=0$, $t_f=0$, $t_a=0$ 이며 또 $t_s=0$로 취하면

$$t_g = \frac{H_l}{c_g G_v}$$

이 연료의 연소에 필요한 이론공기량은 식(5,26)에 의하여

$$L_{ov} = \frac{\frac{1}{2}[(H_2)_v + (CO)_v] + 2(CH_4)_v}{0.21}$$

$$= \frac{\frac{1}{2}[50+40] + 2 \times 1}{100 \times 0.21} \qquad = 2.24 \mathrm{Nm^3/Nm^3}$$

그래서 식(5.39)에 의하여

$$G_v = 1 + \mu L_{ov} - \frac{1}{2}[(CO)_v + (H_2)_v]$$

$$= 1 + 1.2 \times 2.21 - \frac{1}{2} \times \frac{40+50}{100} \qquad = 3.24 \mathrm{Nm^3/Nm^3}$$

그래서 차 식에 의하여

$$t_g = \frac{2,676}{0.33 \times 3.24} = 2,500\,℃$$

답 $2,676 \mathrm{kcal/Nm^3}$ $2,500\,℃$

[예제 5.49] 하기의 같은 조성의 석탄을 연소할 때

(ㄱ) 이론공기량(Nm³/kg) (ㄴ) 30%의 과잉공기를 사용할 때의 이론불꽃
온도를 구하라.

석탄의 조성(중량%)

수분=2, 회분=9, C=70, H=5, O=4, 진(저)발열량 6,500kcal/kg

다만, 수증기를 함유한 연소가스의 평균비열은 0.34kcal/Nm³℃, 계산의 기
준은 15℃라 한다. 또 탄소, 산소, 수소의 원자량은 각각 12, 16과 1이고,
표준 상태에 있어서 기체 1kmol의 용적은 22.4Nm³이다.

해 식(5.24)에 의하여

(ㄱ) 이론공기량= $\dfrac{1.357 \times 0.7 + 5.6 \times 0.05 - 0.7 \times 0.04}{0.21} = 7.42 \mathrm{Nm^3/kg}$

(ㄴ) 석탄 1kg당의 이론연소가스양은 다음과 같다.

$$CO_2 = 0.70 \times \frac{22.4}{12} = 1.317 \mathrm{Nm^3}$$

$$H_2O = 0.05 \times \frac{22.4}{2} + 0.02 \times \frac{22.4}{18} = 0.58$$

$$N_2 = 7.42 \times 0.79 = 5.86 \mathrm{Nm}^3$$

과잉공기=7.42×0.30=2.23Nm³   그러므로 조성가스양은 석탄 1kg당

1.31+0.58+5.86+2.23=9.98Nm³/kg 그래서   이론연소가스 온도는

$$\frac{6,500}{0.34 \times 0.98} + 15 = 1,980\,℃$$

답 이론공기량 7.42Nm³/kg, 이론불꽃온도 1,980℃

[예제 5.50] METHANE 가스(CH_4)를 80% 과잉공기를 사용해서 연소하고, 저발열량의 50%를 연소용공기의 여열에 사용할 경우, 다음의 제량을 구하라.
a: 사용공기량(Nm³/Nm³), b: 습한 연소가스 양(Nm³/Nm³), c: 공기여열온도(℃), d: 80% 과잉공기를 여열했을 때의 이론연소(염)온도(℃)
다만 다음의 식이 주어져 공기와 습한 연소가스의 평균비열이 각각 0.31 kcal/Nm³℃와 0.34kcal/Nm³℃, 기준온도가 20℃라 한다.
$$CH_4 + 2O_2 = CO_2 + 2H_2O + 8,570\,\text{kcal}/CH_4\mathrm{Nm}^3 \ (\text{저발열량})$$

해 연소의 식 $CH_4 + 2O_2 = CO_2 + 2H_2O + 8,570\,\mathrm{Nm}^3\,CH_4$
에 의하여 CH_4의 1kmol의 연소에는 2kmol의 산소가 필요하다. 그러므로 연소에 필요한 이론공기량은   2+0.21=9.524Nm³/Nm³ CH_4

a) 사용공기량은 9,524×(1+0.8)=17.14Nm³/Nm³ CH_4

b) 습한 연소가스양은 1+17.14=18.14Nm³/Nm³ CH_4

c) 공기여열온도 $20 + \dfrac{8,570 \times 0.5}{0.81 \times 17.14} = 827\,℃$

d) 이론연소온도는 METHANE 가스의 현점을 무시하면
$$\frac{8,570 + 0.31 \times 827 \times 17.14}{0.34 \times 18.14} \cong 2,100\,℃$$

답 사용공기량 17.14Nm³/Nm³
습한 연소가스양 18.14Nm³/Nm³
공기여열온도 2,100℃

[예제 5.51] 1Nm³의 METHANE(CH_4)가스를 공기를 사용하여 연소시킬 때
a) 이론공기량(Nm³),
b) 20%의 과잉공기를 사용했을 때의 습한 연소가스양(Nm³)

c) 저발열량(Nm³),

d) 20%의 과잉공기를 사용했을 때의 이론연소온도(℃)를 구하라.

다만 상온을 15℃로 하고 METHANE 가스의 고발열량은 9,500kcal/Nm³ 물의 증발잠열은 600kcal/kg, 연소가스의 평균정압비열은 0.34kcal/Nm³℃라 한다.

해 a) METHANE의 연소반응식은 식(5.6)에 의하여

$$CH_4 + 2O_2 = CO_3 + 2H_2O$$

그러므로 CH_4 가스의 1Nm³의 연소에는 2Nm³의 산소가 필요하다. 이것에 상당하는 이론공기량 L_{ov}는 $L_{ov} = \dfrac{2}{0.21} = 9.52 \text{Nm}^3/\text{Nm}^3$

b) 이론연소가스양 G_{ov}는 식(5.40)에 의하여

$(CO)_v = 0, \quad (H_2)_v = 0$ 라 두고 $G_{ov} = 1 + L_{ov} = 1 + 9.52 = 10.52$

그러므로 과잉공기가 20%일 때의 습한 연소가스양 G_v는 식(5.39)에 의하여

$$G_v = G_{ov} + (\mu - 1) L_{ov} = 10.52 + 0.2 \times 9.52 = 12.42 \text{Nm}^3/\text{Nm}^3$$

c) 저위발열량 H_l는 고위발열량 H_h로부터 생성수증기의 증발열을 뺀 것이다. METHANE의 연소식에 의하여 CH_4 1Nm³당의 H_2O는 2Nm³이다. 그 중량은

$$2 \times \frac{18}{22.4} = 1.61 \text{kcal/Nm}^3$$

그러므로 $H_e = 9,500 - 600 \times 1.61 = 8,534 \text{kcal/Nm}^3$

d) 이론연소온도를 t℃라 하면

$$8,534 = 0.34 \times 12.42 \times (t - 15)$$

$$\therefore t = \frac{8,534}{0.34 \times 12.42} + 15 = 2,035 ℃$$

답 이론공기량　　　　9.52Nm³/Nm³

습한 연소가스양　12.42Nm³/Nm³

저위발열량　　　　8,534kcal/Nm³

이론연소온도　　　2,035℃

[예제 5.52] 어느 중유연소노의 연소배가스의 조성은 CO_2 (SO_2를 포함함) 11.6%, CO 0%, O_2 6.0%, N_2 82.4%이었다. 중유의 분식결과는 민소 84.6%, 수소 12.9%, 유황 1.6%, 산소 0.9%이고 비중 0.92이었다.

이런 경우 다음의 각 항을 구하라.

(ㄱ) 연소용공기의 공기비

(ㄴ) 중유 1*l*당의 24℃, 760mmHg에 있어서 공급공기량

해 (ㄱ) 배가스 중에 CO가 없으므로 식(5.51)에 의하여 공기비 μ는

$$\mu = \frac{1}{1-3.76(O_2)_v/(N_2)_v'} = \frac{1}{1-3.76 \times 6.0/32.4} = \frac{82.4}{59.34} = 1.38$$

(ㄴ)이론공기량 L_{ov}는 식(5.24)에 의하여

$$L_{ov} = \frac{1}{0.21}[1.867C+5.6H+0.7S-0.7O]$$

$$= \frac{1}{0.21}[1.867 \times 0.846 + 5.6 \times 0.129 + 0.7 \times 0.016 - 0.7 \times 0.009] = 10.99 \text{Nm}^3/\text{kg}$$

그러므로 공급공기량 L_v는　　　$L_v = \mu L_{ov} = 1.38 \times 10.99 = 15.17 \text{Nm}^3/\text{kg}$

그러므로 중유(비중 0.924) $1l$당의 24℃에 있어서 공급공기량은

$$L_v = 15.17 \times 0.924 \times 1 \times \frac{273+24}{273} = 15.25 m^3/l \text{ 중유}$$

답 공기비 1.38 공급공기량 $15.25 m^3 l$ 중유

[예제 5.53] 탄소 87%, 수소 10%와 유황 3%의 중유의 $(CO_2)_{max}$는 얼마나 되나? 또 그의 중유를 50%의 과잉공기로 연소하여 그의 생성가스를 Creat 가스 분석기로 분석하면 (CO_2)%는 얼마나 되나?

해 이 문제의 $(CO_2)_{max}$는 식(5.38)의 $(CO_2)_{v\,max}'$이므로

$(CO_2)_{v\,max}' = 1.867C/G_{ov}'$

로 구할 수 있다. 이 식의 분모 G_{ov}'는 식(5.32)에 의하여

$G_{ov}' = 8.89C \times 21.06H\text{-}2.63O+0.8N+3.33S$로 구한다.

문제에 의하여 $C=0.87$, $H=0.10$, $S=0.03$이므로

$G_{ov}' = 8.89 \times 0.87 \times 21.06 \times 0.10 + 3.33 \times 0.03 = 7.73+2.11+0.10 = 9.94 \text{Nm}^3/\text{kg}$

$$\therefore (CO_2)_{max} = \frac{1.867 \times 0.87}{9.94} = \frac{1.624}{9.94} = 0.163$$

다음에 Creat 분석기로 CO_2의 함유율을 측정할 때는 KOH를 사용해서 이것을 흡수한다. KOH는 강알칼리성이므로 CO_2도 동시에 SO_2도 흡수한다. 그러므로 CO_2 함유율로서 나타나는 것은 실로 CO_2+SO_2의 함유율이다. 또 시료가스의 채취는 물과 치환해서 행하므로 연소가스 중의 수분은 계측되지 않는다. 고로 채취된 시료가스양은 건조가스이다. 이 등을 고려해서 구한다. (CO_2)%는 다음식으로 계산하여야 한다.

$$(CO_2)\% = \frac{1.867C+0.7S}{G_v'} \times 100$$

여기서 G_v' 는 건조연소가스양으로 식(5.30)에 의하여

$$G_v' = G_{ov}' + (\mu - 1)L_{ov}$$

L_{ov} 는 이론공기량으로서 식(5.24)에 의하여

$$L_{ov} = \frac{1.867C + 5.6H + 0.7S}{0.210} = 8.89C + 26.7H + 3.33S$$

$$= 8.89 \times 0.87 + 26.7 \times 0.1 \text{-} 3.33 \times 0.03 = 10.3 \text{Nm}^3/\text{kg}$$

$$\therefore G_v' = 9.94 + 10.3(1.5 - 1) = 15.09 \text{Nm}^3/\text{kg}$$

$$\therefore (CO_2)\% = \frac{1.867C + 0.7S}{15.09} \times 100 = \frac{1.867 \times 0.87 + 0.7 \times 0.03}{15.09} \times 100$$

$$= \frac{1.645}{15.09} \times 100 = 10.9\%$$

답 $(CO_2)_{max} = 0.163, \ (CO_2)\% = 10.9\%$

[예제 5.54] 어느 제유소에서 석유정제폐폐가스 1,000Nm³/h와 중유 500kg/h를 혼소하고 있는 보일러가 있다. 이 보일러의 습한 연소배가스의 현열량은 1시간당 몇 Kilocalory인가? 단, 중유의 조성(중량 %) $C = 85$, $H_2 = 15$

정제폐가스의 조성 (용적 %) $H_2 = 20$, $CH_4 = 80$

공급공기는 건조상태이며 이론공기의 30% 과잉 공급되고 있다.

연소배가스의 정압비열은 0.34kcal/Nm³℃

연소배가스 온도는 250℃ 기준온도는 25℃라 한다.

해 이 문제는 기체연료와 액체연료와의 혼합연료를 사용하는 것으로 그의 단위로서 kmol을 사용한다.

$$1\text{kmol} = 22.4\text{Nm}^3 = M\text{kg}$$

여기서 M은 분자량이다.

석유정제폐가스 1,000Nm³ 중의 수소량은

$$1,000 \times 0.20 = 200\text{Nm}^3 = 200/22.4 = 8.929\text{kmol}$$

METHANE량은

$$1,000 \times 0.80 = 800\text{Nm}^3 = 800/22.4 = 35.714\text{kmol}$$

수소량은

$$500 \times 0.15 = 75\text{kg} = 75/2 = 37.5\text{kmol}$$

그러므로 혼합연료의 성분은

$$H_2: 8.923 + 37.5 = 46.429\text{kmol} \quad CH_4: 5.714\text{kmol}$$

$$C: 35.417\text{kmol}로 된다.$$

연소반응식은 식(5.4), (5.6)과 (5.1)에 의하여

$$H_2 + \frac{1}{2}O_2 = H_2O \quad CH_4 + 2O_2 = CO_2 + 2H_2O \quad C + O_2 = CO_2$$

이므로 이 혼합연료의 연소에 필요한 이론공기량, 생성 CO_2량과 생성 H_2O량은 kmol 단위로서 각각 다음과 같다.

성분	O_2 양	CO_2 양	H_2O 양
H_2	$46.429 \times \frac{1}{2} = 23.215$	--	46.429
CH_4	35.714×2=71.428	35.714	35.714×=71.428
C	35.417	35.417	-
합계	130,060	71.131	117.857kmol

공기 중의 질소량은 산소량의 0.79/0.21배이고, 공기과잉률은 1.3이므로

연소배가스 중의 질소량은 $130,060 \times \frac{0.79}{0.21} \times 1.3 = 636.055 \text{kmol}$

연소배가스 중에 남는 산소량은 130,060×(1.3-1.0)=39.018kmol

연소배가스 중의 CO_2는 71.131kmol

연소배가스 중의 H_2O는 117.857kmol

로 되고 습한 연소배가스양은

636.055+39.018+71.131+117.857=867.061kmol

그러므로 습한 연소배가스의 현열은

864.061×22.4×(250-25)×0.34=1,481,000kcal/h 답

제6장 열정산

기호

L······연소에 의한 손실 (종류에 따라 적당한 첨자를 붙인다.)
c······비열 (종류에 따라 적당한 첨자를 붙인다.)
t······온도 (종류에 따라 적당한 첨자를 붙인다.)
η······연소효율
이상에 외에 제5장과 같은 기호를 사용한다.

6.1 연소효율

1) 탄소의 불완전연소에 의한 손실 L_1

$$L_1 = \frac{5,700(CO_v)'}{(CO_2)_v' + (CO)_v'}(C - C_3)\,\text{kcal/kg} \cdots\cdots\cdots (6.1)$$

여기서 C=연료 중의 총탄소량 kg/kg

C_3 =연료 중의 미연소탄소량 kg/kg

2) 미연소탄소에 의한 손실 L_2

$$\left.\begin{array}{l} L_2 = 8,100\,C_3\,\text{kcal/kg} \\ \quad = L_2' + L_2'' \end{array}\right\} \cdots\cdots\cdots (6.2)$$

여기서 $L_2' = 8,100\,C_3'\,\text{kcal/kg}$ $\cdots\cdots\cdots (6.3)$

와 $L_2'' = 8,100\,C_3''$ $''$ $\cdots\cdots\cdots (6.4)$

C_3'는 연료 1kg에 대한 재(회)받이에 떨어진 연소찌꺼기 중의 탄소량(kg),

C_3''는 연도로 비산하고, 또는 집진기 중에 퇴적되는 매연의 양(kg)이며

$$C_3 = C_3' + C_3'' \cdots\cdots\cdots (6.5)$$

3) 미연소가스에 의한 손실 L_s

$$L_s = [3,040(co)_v' + 2,570(H_2)_v' + 8,570(CH_4)_v'$$
$$+ 13,950(C_2H_4)_v']\,G_v\,\text{kcal/kg} \cdots\cdots\cdots (6.6)$$

다만 고체와 액체연료의 경우는 CO에 의한 손실 다시 말하면 $[3,040(CO)_v']\ G_v$에 해당하는 것은 L_1 중에 계상되어 있으므로 여기서 중복계상하지 않는다.

4) 연소효율 η

$$\eta = \frac{H_l - (L_1 + L_2 + L_3)}{H_l} \quad \cdots\cdots\cdots\cdots\cdots\cdots\cdots \text{(6.7)}$$

η의 개수치는

수동연소로 : η=80~90%

STOCKER노 : η=90~97%

징 분 탄 노
유 연 소 노 $\Big\}$: η=95~98%
가 스 노

6.2 열정산

1) 열정산의 의의 열정산이란 주어진 열장치(증기 보일러, 강괴가열로, 가열로, cockes로, 가스발생로, 반사로, 평로 등)에 있어서 공급된 열량(입열)과 소비된 열량(출열)과의 사이의 양적 관계를 명확하게 하는 것이다. 어떠한 경우일지라도 입열의 총량과 출열의 총량은 완전히 상등하나, 입열에 대한 출열을 구성하는 각종의 열의 분포가 어떠냐에 따라 그의 열장치에서 열의 경제적 이용의 정도를 판정할 수 있다. 계산의 단위는 kcal/h, kcal/제품 kg 또는 t_1 kcal/연료 kg 또는 Nm³ 혹은 백분율을 사용하고 기준온도는 0℃ 또는 상온(또는 18℃)을 취한다. 기준온도의 선택방법에 따라 정산의 숫자에 다소의 상위가 생긴다.

2) 열정산의 일반방법

A) 입열

(i) 연료의 발생열량(연소열)=(연료의 발열량)×(연료량)

연료의 발열량으로서는 보통사용 시의 저위발열량 H_l를 채택하나, 사용 시의 고위발열량을 채택하기도 하고 때에 따라서는 분석 시(항습 Base)의 발열량을 채택하기도 한다.

ⅰ) 석탄의 경우

$$H_h = H_0(1-M) \quad \cdots\cdots\cdots\cdots\cdots\cdots\cdots\cdots \text{(6.8)}$$

$$H_2 = H_0(1-M) - 600[9H(1-\overline{W})(1-M) + M + (1-M)\overline{W}] \quad \text{(6.9)}$$

$$H'_l = H_0 - 600[9H(1 - \overline{W})] \quad\cdots\cdots\cdots\cdots\cdots\cdots\cdots\cdots\cdots (6.10)$$

여기서 H_h는 사용 시의 고위발열량, H_l는 사용 시의 저위발열량, H'_l는 공업분석 시의 저위발열량, H_0는 항습시료의 고위발열량, M는 착탄시료 또는 사용시료의 습분, $\overline{W}$는 공업분석(항습시료)의 수분, H는 원소분석(무수시료)의 수소량이다.

b) 액체연료와 기체연료의 경우

$$H_l = H_h - 600(9H + \overline{W}) \quad\cdots\cdots\cdots\cdots\cdots\cdots\cdots\cdots\cdots (6.11)$$

여기 H와 $\overline{W}$는 분석 시(사용연료로 행한다)의 수소와 수분량이다.

(ii) 연료의 현열

수분을 함유할 경우에는 연료자체의 현열과 연료 중의 수분의 현열을 각각 산출한다.

연료현열=(연료의 비열)×(연료량)×(1-연료 외 수분)
×(연료 외 온도-기준온도)

연료 중의 수분의 현열=(물의 비열)×(연료량)×(연료 중의 수분)
×(연료의 온도-기준온도)

연료와 물의 비열로서는 그 온도 범위에 대한 평균정압 비열을 취한다. 연료를 여열하지 않을 경우 기준온도를 상온으로 취하면 현열은 O이다. 같은 경우 0℃ 기준이라도 상황에 따라서 무시할 수 있다. 연료의 비열은 연료의 종류와 성분에 따라 다르나 그 개산치는 상온의 석탄으로서 0.31kcal/kg℃, cockes는 0.23~0.26kcal/kg℃(비중0.80)이다.

(iii) 공기의 보유열량

연료용공기의 보유열은 건조공기의 현열과 공기 중의 수증기의 현열과 잠열의 합계이나, 저위발열량을 기준으로 할 때는 잠열은 계산하지 않는다.

건조공기의 현열=(공기의 비열)×(건조공기량)×(공기온도-기준온도)
공기 중의 수증기의 현열=(수증기의 비열)×(수증기량)×(공기온도-기준온도)
공기 중의 수승기의 잠열=(증발의 삼열)×(수증기량)

비열은 평균치, 증발잠열은 기준온도에 있어서의 값을 취한다. 공기 중의 수증기량은 습도에서 계산한다. 상대습도를 φ라 하면

$$수증기량=\frac{29}{22.4}\times(건조공기량)\times0.622\frac{\varphi P_S}{P-\varphi P_S} \cdots\cdots (6.12)$$

여기서 P는 대기압, P_S는 포화증기압이다.

공기 중의 수증기량은 적을 때가 많으므로 무시할 때가 많다.

(iv) 수증기의 보유열량=(공급온도에서 증기의 엔탈피

-기준온도에서 증기의 엔탈피)×(수증기량)

수증기가 다량으로 공급되거나, 또는 수증기로 가열할 때
이 열량을 계상한다.

(v) 피가열물의 보유열량=(피가열물의 비열)×(피가열물의 양)

×(피가열물의 온도-기준온도)

피가열물의 비열은 (ii), (iii)에 있어서와 같이 평균치를 사용한다.

피가열물이 상온에서 장입될 때는 이 열량을 생략해도 좋다. 또 상
황에 따라서는 따로 잠열을 가할 필요가 있다.

B) 출열

(vi) 피가열물이 반출하는 열량=(피가열물단위량당의 현열+잠열)

×(피가열물의 양)

이것이 유효열로서 (vii) 이하의 출열은 거의 손실열이다. 더구나 피
가열물이 장치에서 나와서 이용될 때까지의 사이에 상온까지 식어
버릴 경우는 현열의 대부분(상온기준의 경우는 계상된 현열의 전부)
은 유효열 중에 들지 않는다.

(vii) 화학반응열

피가열물이 가열될 때 화학반응이 일어나 그것에 반응열이 생길 때는
이것을 출열 중에 계상한다. 발열반응의 경우는 (−), 흡열반응의 부부
호 경우는 정부호(+)를 붙인다.

(viii) 배기손실

a) 연소가스의 현열에 의한 손실

=(연소가스의 비열)×(연소가스양)×(배기온도-기준온도)

비열은 (ii), (iii)와 같이 평균정압비열을 사용한다.

b) 연소가스의 잠열에 의한 손실

b_1) 배가스 중의 수증기의 잠열

=600(9H+W)×(연료량)kcal(고체와 액체연료)

$$=\frac{600}{1.67}[(H_2)_v+2(CH_4)_v+2(C_2H_4)_v]\times(연소가스양)\text{kcal} \qquad (기체연료)$$

다만 b_1는 연료의 발열량으로서 고위치 H_h를 사용했을 때만 계상한다.

b_2) 배가스 중의 연소성물질에 의한 손실

$$[3,040(CO)_v']+2,570(H_2)_v'+8,570(CH_4)_v'$$
$$+13,950(C_2H_2)_v']\times(연소가스양)\text{kcal}$$

b_3) 배가스 중의 매연에 의한 손실

$$=8,100\times(매연의 양)\text{kcal}$$

이 매연의 양은 식(6.4) 중의 G_3''에 해당한다.

(ix) 연소찌꺼기에 의한 손실

a) 연소찌꺼기의 현열손실

$$=(연소찌꺼기의 비열)\times(연소찌꺼기의 양)\times(연소찌꺼기의 온도-기준온도)$$

비열은 (ii), (iii)의 경우와 같이 평균치를 사용한다.

b) 연소찌꺼기의 잠열손실

$$=8,100\times(연소찌꺼기 중의 미연탄소의 양)\text{kcal}$$

이것은 식(6.3)에 의한 손실 L_2'에 해당한다.

(x) 노벽의 흡수열량

입열의 일부는 노벽에 흡수되나 안정된 연속작업 상태에서는 이 열량은 일정량의 열로 되어 노벽 중에 축적되어 있으므로 열정산에는 관계없게 된다. 그러나 조업개시시와 종업 시에는 축적열의 변화가 있으므로 그만큼의 열량을 + 또는 부의 기호로써 출열 중에 계상한다.

그 양은 일반적으로 (노벽의 평균비열)×(노벽의 중량)×(평균온도차)

(xi) 방열손실

$$=[(\text{i})+(\text{ii})+(\text{iii})+(\text{iv})+(\text{v})]-[(\text{vi})+(\text{vii})+(\text{viii})+(\text{ix})+(\text{x})]$$

이것은 치접계측 곤란할 때가 많으므로 위와 같이 차에 의하여 계상한다.

3) 열정산표 양식

열 정 산 표 (℃기준)

항 목	kcal/……		%	
	입 열	출 열	입 열	출 열
(1) ………………	………		………	
(2) ………………	………		………	
(3) ………………	………		………	
(4) ………………		………		………
(5) ………………		………		………
(6) ………………		………		………
(7) ………………		………		………
(8) ………………		………		………
계	………	………	100.0	100.0

6.3 물질정산

1) 물질정산의 의의 열정산을 함에 있어 공급물질 또는 생성물질 또는 생
성물질의 일부가 치접측정할 수 없을 때가 있다. 이 같은 경우 분석
때문에 이들의 물질 중에 있어서 탄소, 수소, 산소 등의 분배상태를
조사하여 열조작 전후에 있어서 질량불변의 법칙에 기초를 두고 계산
하면 공급물질과 생성물질의 양적 관계가 명백하게 되고, 직접측정 할
수 없었던 생성물의 양을 알 수 있다. 이것이 물질정산이다.

2) 탄소정산

a) 생성물질이 고체 또는 액체의 경우 원료 1kg에 대한 각 생성물의 양을
x_1, x_2 x_3……kg이라 하고 그 외 탄소함유율을 C_1, C_2, C_3……%라 하
면 원료 1kg에 대한 각 생성물 중의 탄소량 C_1, C_2, C_3……kg은

$$C_1 = \frac{C_1 x_1}{100}, \quad C_2 = \frac{C_2 x_2}{100}, \quad C_3 = \frac{C_3 x_3}{100} \cdots\cdots$$

로 되고 그의 합계는 $C = C_1 + C_2 + C_3 + \cdots\cdots$

원료 1kg 중에 있는 탄소량은 C에 유사하므로 상식으로 계산된다.
또는 생성물이 단 일종의 것일 경우는 예를 들면

$$C = C_1 = \frac{C_1 x_1}{100}$$

이 되고 C와 C_1이 측정되면 x_1이 계산된다.

b) 생성물질이 기체의 경우 원료 1kg당의 생성가스양을 $G_v \text{Nm}^3$라 하고 그 중의 탄소를 함유하는 각종 가스의 백분율을 $(CO_2)_v$, $(CO)_v$, $(CH_4)_v$, $(C_2H_4)_v$ 등이라 하면 가스 중의 탄소의 총량Ckg은

$$C = \frac{12}{22.4} \times \frac{G_v}{100}[(CO_2)_v + (CO)_v + (CH_4)_v + 2(C_2H_4)_v]$$

가 된다. 다른 한편 탄소를 함유한 생성물이 없다고 하면 원료 1kg 중에 있었던 탄소량은 C와 비슷하므로 상식으로 산정할 수 있다.

3) 수소정산

a) 생성물질이 고체 또는 액체의 경우 원료 1kg에 대한 각 생성물의 양을 y_1, y_2, y_3……kg이라 하고, 그 수소함유율을 각각 h_1, h_2, h_3……%라 하면 원료 1kg에 대한 각 생성물 중의 수소량 H_1, H_2, H_3……kg은

$$H_1 = \frac{h_1, y_1}{100}, \quad H_2 = \frac{h_2, y_2}{100}, \quad H_3 = \frac{h_3, y_3}{100} \cdots\cdots$$

로 되고, 그의 총량 H kg은

로 되며, 수소정산이 기체의 경우와 같이 정산할 수 있다.

b) 생성물질이 기체의 경우

$$H = \frac{2}{22.4} \times \frac{G_v}{100}[(H_2)_v + 2(CH_4)_v + 2(C_2H_4)_v]$$

에 의하여 탄소정산의 경우와 같은 산정을 할 수 있다.

c) 생성물질이 수분과 수증기의 경우 원료 1g에 대한 각 생성물질 중의 수분과 수증기 합계를 Wkg이라 하면

$$H = \frac{1}{9} W$$

에 의하여 원료 1㎏ 중에 있었던 수소량을 산정할 수 있다.

4) 산소정산

a) 생성물질의 고체 또는 액체의 경우 원료 1kg에 대한 각 생성물의 양을 z_1, z_2, z_3……kg이라 하고, 그의 산소함유율을 각각 o_1, o_2, o_3……%라 하면, 원료 1kg에 대한 각 생성물 중의 산소량 O_1, O_2, O_3……kg은

$$O_1 = \frac{o_1 z_1}{100}, \quad O_2 = \frac{o_2 z_2}{100}, \quad O_3 = \frac{o_3 z_3}{100}, \quad \cdots\cdots$$

이며 그의 총량 O는

$$O = O_1 + O_2 + O_3 + \cdots\cdots$$

로 되며, 탄소정산의 경우와 같이 산정할 수 있다.

b) 생성물질이 기체의 경우

$$O = \frac{32}{22.4} \cdot \frac{G_v}{100} [(CO_2)_v + (O_2)_v + 0.5(CO)_v]$$

에 의하여 탄소정산의 경우와 같이 산정할 수 있다.

c) 생성물질의 수분과 수증기의 경우

$$O = \frac{8}{9} W$$

에 의하여 수소정산의 경우와 같이 산정할 수 있다.

그 외에 문제의 조건에 따라 각종의 물질에 대하여 같은 방법에 의하여 정산할 수 있다.

5) 물질정산표 물질정산이 결과에서 열정산표에 의하여 물질정산표를 만들 수가 있다.

6.4 열정산의 문제

열정산의 요점은 상기와 같으나 열정산의 문제를 이 요점에까지 귀착시키기 위해서는 연소, 열, 증기, 전열, 연료시험법 등 열에 관한 전반적인 지식이 필요함과 아울러 각종 열장치의 구조와 기능에 관한 전문적 지식도 필요하다. 다시 말하면 열관리의 총결산이다. 그러므로 본 장의 문제에 들어가 전에 먼저 다른 각 장의 예제를 충분 해득해 둠이 유리하다.

예제 16)

[예제 6.1] 발열량 3,000kcal/Nm³의 연료가스를 사용하는 가열실이 있다. 가열실에서 배출하는 가스의 온도가 1000℃이었다고 하면, 가열실에는 전열량의 몇 %가 주어졌느냐(가열실의 열효율)? 다만 가스는 완전연소하였다고 하

---

16) 본 장의 예제는 연소효율 열정산, 물질정산의 순으로 배열한다.

고 그의 $1Nm^3$의 연소에 의하여 발생하는 연소가스양(습한)을 $4.64Nm^3/N$ m^3라 한다. 또 사용한 공기는 여열하지 않은 것으로 하고, 연소가스의 비열을 $0.3kcal/Nm^3℃$ 라 한다.

[해] 0℃를 기준으로 하고 실온을 0℃ 라 가정해서 사용연료 $1Nm^3$에 대해서 열정산을 한 입열은 연료의 발열량에 의한 것만 즉 $3,000kcal/Nm^3$이다.

출열

연료 $1Nm^3$에 대해서의 연소가스양은 $4.64Nm^3$이므로, 배출가스의 보유열량은

$$0.3 × 4.64 × 1,000 = 1392 kcal/Nm^3$$

이것이 즉 배기손실이다. 다른 열손실이 없다고 생각하면 가열실에 주어진 열량, 즉 유효열량은

$$3,000 - 1,392 = 1,608 kcal/Nm^3$$

그러므로 가열실의 열효율은

$$\frac{1608}{3000} = 0.536 = 53.6\%$$ **[답]**

[주] 0℃ 기준이라도 실온을 0℃로 하지 않을 경우는 연료와 연소용공기의 현열을 입열 중에 가산하지 않으면 안 되므로 실온 여하에 따라 가열실의 열효율은 약간 변한다. 다만 이 열효율을 연료의 발열량을 기준으로 한 것, 즉 (연료발열량-배가스보유열)/(연료발열량)이라 생각하면 실온에 관계 없게 되나 그 대신 기준온도의 선택 방법에 따라 변한다.

[예제 6.2] 발열량 $7,000kcal/kg$의 석탄을 완전히 연소시켰을 때의 연소가스양은 석탄 1kg당 $10Nm^3$이며, 같은 연소장치를 사용하여 발열량 $5,000kcal/kg$의 석탄을 완전연소시켰을 때의 연소가스양은 석탄 1kg당 $9Nm^3$이었다고 한다. 바로 가열을 끝내고 실외로 나오는 가스의 온도를 같이 800이라 하면, 후자의 석탄이 노에 주어진 열량은 전자의 그것에 대하여 몇 %에 해당하나? 다만 연소가스의 평균정압비열을 두 경우 다 $0.32kcal/Nm^3℃$로 하고 또 석탄과 아울러 연소용공기의 현열을 무시한다.

[해] 0℃ 기준으로 생각한다.

양자의 경우 석탄 1kg에 대한 연소가스의 가지고 나가는 열량은 각각

$$0.32 × 10 × 800 = 2,560 kcal/kg과 \quad 0.32 × 9 × 800 = 2,304 kcal/kg$$

이다. 그러므로 노에 주어진 열량은 각각

$$7,000 - 2,560 = 4,440 kcal/kg과 \quad 5,000 - 2,304 = 2,696 kcal/kg$$

그러므로 구하는 율은 $\frac{2,696}{4,440} = 0.607 = 60.7\%$ **[답]**

[예제 6.3] 석탄(총발열량 5,850kcal/kg, 수소 4.5%, 수분 4.5%, 회분 11.0%)을 연소하는 노가 있다. 그때 연소찌꺼기에 의한 손실된 전열량은 석탄의 진발열량에 대해 몇 %인가? 다만, 실온을 20℃로 하고 연소찌꺼기 중의 탄소량은 건조(무수)연소찌꺼기의 22.0% 연소찌꺼기를 꺼내있을 때의 평균 온도는 570℃, 그의 비열은 0.20kcal/kg℃

해 이 석탄의 진발열량은 $H_l = H_h - 600(9H + W) = 5,850 - 600(9H + W)$ kcal/kg 그래서 주어진 수소의 함유율은 특기가 없으므로 연료시험법에 의한 원소분석에 의한 율이라 해석함이 좋다. 그러므로 이것을 수분을 함유한 석탄에 대한 율로 고치면(도 4.1 참조)

$$H = \frac{4.5}{100} \times \frac{100 수분\%}{100} = \frac{4.5}{100} \times \frac{100 - 4.5}{100} = \frac{4.3}{100}$$

$$\therefore H_l = 5,850 - 600 \times \frac{9 \times 4.3 + 4.5}{100} = 5,850 - 259 = 5,591 \, \text{kcal/kg}$$

석탄 1kg에 대하여 연소찌꺼기 중의 미연탄소량을 C_3kg이라 하면 제의에 의하여

$$C_3 = \frac{11}{100} \times \frac{22}{100 - 22} = \frac{3.1}{100} \, \text{kg/kg}$$

이 미연탄소에 의한 열손실은 $8,100 \times C_3 = 8,100 \times \frac{3.1}{100} = 251.1 \, \text{kcal/kg}$

다음에 연소찌꺼기의 현열에 의한 열손실은 실온기준에서

$$0.20 \times (A + C_3) \times (570 - 20) = 0.20 \frac{11 + 3.1}{100} \times 550 = 15.51 \, \text{kcal/kg}$$

따라서 연소찌꺼기에 의한 전손실은 251.1+15.5=266.6kcal/kg

로서 진발열량에 대한 비율은 $\frac{266.6}{5,591} = 0.0477 = 4.77\%$(실온기준) **답**

[예제 6.4] 회분32%, 발열량 4,000kcal/kg의 석탄을 300kg 연소하는 화격자(stocker)가 있다. 분석에 의한 그 연소찌꺼기 중의 탄소는 24%임을 알았다. 이 노의 가열실에서 가열을 끝낸 연소가스의 온도가 850℃이었다고 하면 가열실에 주어진 열량(피열물에의 전열량과 벽으로부터의 열손실을 포함한다)은 얼마인가? 다만 이때의 연소가스양은 석탄 1kg당 8Nm³이며 연소가스의 비열은 0.33kcal/Nm³℃, 탄소의 발열량은 8,100kcal/kg이라 한다.

해 0℃ 기준으로 생각한다.

석탄 1kg에 대한 연소찌꺼기 중의 탄소량을 C_3kg이라 하면 제의에 따라

$$C_3 = 0.32 \div \frac{0.24}{1 - 0.24} = 0.10 \, \text{kg/kg}$$

이만한 탄소가 만약 완전히 연소하였다고 하면

$$8,100 \times 0.1 = 810 \text{kcal/kg}$$

배가스의 보유열량은

$$0.33 \times 8 \times 850 = 2,244 \text{kcal/kg}$$

그러므로 제시의 가열실에 주어진 열량은

$$3,190 - 2,244 = 946 \text{kcal/kg}$$

그래서 매시에는

$$946 \times 300 = 283,800 \text{kcal/h} \quad \boxed{\text{답}}$$

[예제 6.5] 총발열량 5,000kcal/kg의 석탄을 떼어서 증기보일러에서 증기를 발생하고 있다.

보일러 압력이 3.0kg/㎠, 증기온도기 143℃이며 습도가 4%일 때 증기발생을 위하여 사용된 열량은 석탄의 발열량에 대해서 몇 %에 해당하느냐? 다만 증기발생량은 석탄 1kg당 5kg, 급수온도는 15℃로 하고 증기의 증발열 510kcal/kg이라 한다.

[해] 물의 평균비열을 1kcal/kg℃이라 하면 제시의 증기발생에 사용된 열량은

$$(143 - 15) + \frac{100 - 4}{100} \times 510 = 618 \text{kcal/kg}$$

증기발생량의 석탄총발열량에 대한 비율은

$$\frac{3,090}{5000} = 0.618 = 61.8\% \quad \boxed{\text{답}}$$

[예제 6.6] 석탄을 완전건조공기로서 화격자상에서 연소하여 그때의 배가스의 평균온도 기준치를 0℃로 한다.

석탄의 화학분석결과(%)

수분(W)	회분(A)	C	H	O	S	N
18.0	34.4	37.3	3.2	11.5	0.1	0.5

[해] 주어진 석탄 1kg의 연소에 의하여 발생하는 수증기의 양은

$$W + 9H = \frac{13.0 + 9 \times 3.2}{100} = \frac{41.8}{100} \text{kg/kg}$$

그러므로 배가스 중의 수증기의 현열은 0℃ 기준에서

$$0.45 \times \frac{41.8}{100} \times 320 = 60.2 \text{kcal/kg}$$

석탄의 진발열량은

$$H_l = H_h - 600(W + 9H) = 3,900 - 600 \times \frac{41.8}{100} = 3,649 \text{kcal/kg}$$

그래서 구하려는 율은

$$\frac{0.2}{3,649} = 0.0165 = 1.65\% \quad \boxed{답}$$

[예제 6.7] 어느 연속가열로의 진발열량 10,000kcal/kg의 중유를 100kg/h 연소하고 있다. 이때 처음의 온도 30℃, 평균비열 0.1kcal/kg℃의 피가열물(무수)을 6,000kg/h의 비율로 송입했을 때 830℃까지 가열되며, 이 배출가스의 온도가 750℃이었다고 하면 노의 열효율, 벽에 의한 열손실은 각각 얼마나 되나? 다만 연소가스의 발생량은 중유 1kg에 대하여 13Nm³, 그의 비열은 0.34kcal/Nm³℃이라 한다.

> **해** 실온은 30℃로 하고 실온기준에서 매시의 양에 열정산을 한다.
> 입열은 연료의 발열량에 의한 것만으로서
> $$10,000 \times 100 = 1,000,000 \text{kcal/h}$$
> 출열은 피가열물의 흡수하는 열 (유효열)
> $$= 0.1 \times 6,000 \times (830-30) = 480,000 \text{kcal/h}$$
> 배출가스의 보유열=0.34×13×100×(750-30)=318,000kcal/h
> 이상의 합계=480,000+318,000=798,000kcal/h
> 이 합계와 입열과의 차는 노벽으로부터의 방열손실이라고 생각할 수 있다. 즉
> 방열손실=1,000,000-798,000=202,000kcal/h
>
> 그래서 노의 열효율은 $\dfrac{480,000}{1,000,000} = 0.48$
>
> 노벽으로부터의 방열손실률은

$$\frac{202,000}{1,000,000} = 0.202$$

> **답** 노의 열효율 48%, 노벽으로부터의 방열손실 202,000kcal/h, 동상률 20.2%

[예제 6.8] 발열량 5,000kcal/kg의 석탄을 연소가열실에서 배출하는 가스 온도가 400℃이었을 경우 이 실의 열효율을 구하라. 다만 석탄 1kg에 대하여 발생하는 연소가스는 8Nm³, 그 비열은 0.34kcal/Nm³℃으로 하고 이 미연손실, 벽으로부터의 열손실은 무시하기로 한다.

> **해** 실온을 0℃로 하고 0℃ 기준에서 생각한다. 석탄 1kg에 대하여 입열은

5,000kcal/kg이다. 출열은 제의에 의하여 가열에 이용된 열(유효열)과 배가스가 나가는 열과의 합계이다.

배가스의 열은 0.34×8×400=1,088kcal/kg

그러므로 유효열은 5,000-1,088=3,912kcal/kg

그래서 $\dfrac{3,912}{5,000} - 0.7824 = 78.24\%$ **답**

[예제 6.9] 다음과 같은 조성(%)의 석탄을 노에 떠어서 완전연소했을 경우에 배가스 중의 탄소가스 양(아유산가스 포함함)은 평균 8%이었다. 실제는 사용한 건조공기의 현열은 이 석탄 1kg에 대하여 몇 kg 칼로리로 되나? 다만 공기의 비열을 0.31kcal/Nm³℃, 그 온도를 25℃로 하고 연소찌꺼기 손실은 무시한다.

수분	회분	탄소	수소	산소	연소성유황	질소
16	20	48	4	8	4	0

해 식(5.34)와 (5.36)에 의하여 $(CO_2)_v' = \dfrac{1,867C}{G_v'}$, $(SO_2)_v = \dfrac{0.7S}{G_v'}$

$$\therefore (CO_2)_v' + (SO_2)_v' = \frac{1,867C}{G_v'}$$

$$= \frac{1,867 \times 48 + 0.7 \times 4}{100 \times G_v'} = \frac{92.4}{100 \times G_v'} \text{ Nm}^3/\text{Nm}^3$$

제의에 의하여 $(CO_2)_v' + (SO_2)_v' = \dfrac{8}{100}$

$$\therefore \frac{92.4}{100 \times G_v'} = \frac{8}{100} \qquad \therefore G_v' = \frac{92.4}{8} = 11.55 \text{ Nm}^3/\text{kg}$$

그리하여 식(5.30)에 의하여

$$G_v' = 1,867C + 0.8N + 0.7S + (4,76\mu - 1)O_{ov}$$

$$\therefore 1.867C + 0.8N + 0.7S + (4.76\mu - 1)O_{ov} = 11.55$$

C, N 등에 주어진 수치를 대입하면

$$\frac{1.867 \times 48 + 0.8 \times 0 + 0.7 \times 4}{100} + (4.76\mu - 1)O_{ov} = 11.55$$

이 식을 μ에 대해서 풀면

$$\mu = \frac{10.63 + O_{ov}}{4.76 O_{ov}}$$

그래서 O_{ov}는 식(5.23)에 의하여

$$O_{ov} = 1.867C + 5.6H + 0.7S - 0.7O$$

$$= \frac{1.867 \times 48 + 5.6 \times 4 + 0.7 \times 4 - 0.7 \times 8}{100} = 1.092 \text{Nm}^3/\text{kg}$$

와 $L_{ov} = \dfrac{100}{21} O_{ov} = \dfrac{100}{21} \times 1.092 = 5.2 \text{Nm}^3/\text{kg}$

$$\therefore \mu = \frac{10.63 + 1.09}{4.76 \times 1.09} = 2.25$$

그래서 실제 사용공기량은 $L_v = \mu L_{ov} = 2.25 \times 5.2 = 11.7 \text{Nm}^3/\text{kg}$

그러므로 그의 현열은 0℃ 기준으로

$0.31 \times 11.7 \times 25 = 90.8 \text{kcal/kg}$ 답

[예제 6.10] 매시 100kg의 석탄을 연소했을 경우에 그의 석탄 1kg에 대하여 연소에 취급한 탄소는 0.71kg이었다고 하면 불완전연소에 의하여 생성된 일산화탄소에 의한 손실열량은 매시 몇 kcal가 되느냐? 다만 건조배가스의 분석결과 (%)와 일산화탄소의 연소열은 하기와 같고 매연발생은 없는 것으로 한다.

CO_2	O_2	CO	N_2
11.0	5.0	0.6	84.4

$$CO + \frac{1}{2}O_2 = CO_2 + 68,400 \text{kcal/kmol}$$

해 표 5.1의 기호를 사용하여

불완전연소한 탄소량 $C_1 = \dfrac{12}{22.4} z_1 \text{kg/kg}$

불완전연소 된 탄소량 $C_2 = \dfrac{12}{22.4} v_1 \text{kg/kg}$

전탄소량 $C = C_1 + C_2$

$$= \frac{12}{22.4}(z_1 + v_1)$$

$$= 0.71 \text{kcal/kg}$$

$$C_1 = C \times \frac{v_1}{z_1 + v_1} = 0.71 \times \frac{v_1}{z_1 + v_1}$$

와 $C_2 = C \times \dfrac{v_1}{z_1 + v_1} = 0.71 \times \dfrac{v_1}{z_1 + v_1}$

그래서 $\dfrac{z_1}{G_v'} = (CO_2)_v'$ 와 $\dfrac{v_1}{G_v'} = (CO)_v'$

$$\therefore \frac{z_1}{z_1+v_1} = \frac{(CO_2)_v{}'}{(CO_2)_v{}' + (CO)_v{}'} \quad 와 \quad \frac{v_1}{z_1+v_1} = \frac{(CO)_v{}'}{(CO_2)_v{}' + (CO)_v{}'}$$

제의에 의하여 $(CO_2)_v{}' = \dfrac{11}{100}$, $(CO)_v{}' = \dfrac{0.6}{100}$

$$\therefore C_1 = 0.71 \times \frac{11}{11+0.6} = 0.673\,\text{kg/kg}$$

와 $C_2 = 0.71 \times \dfrac{0.6}{11+0.6} = 0.037\,\text{kg/kg}$

주어진 반응식에 의하여 CO의 탄소열은 그의 kmol에 대한 68,400kcal로써, 1kmol 즉 12kg에 대한 68,400kcal 만큼의 열손실이 있게 된다. 그래서 상기 C_2만의 탄소량에 상당하는 열손실은

$$68,400 \times \frac{C_2}{12} = 68,400 \times \frac{0.037}{12} = 210\,\text{kcal/kg}$$

매시 100kg의 연소량이므로 열손실은

$210 \times 100 = 21,000\,\text{kcal/h}$ 답

[예제 6.11] 저위발열량 1,400kcal/Nm³의 발생로가스를 상온의 공기를 사용하여 완전히 연소하는 노에서 연소가스의 온도가 850℃ 일 때 노의 열효율을 구하라. 다만 벽으로부터의 열손실은 발열량에 대해서 10%, 연소가스 비열은 0.34kcal/Nm³℃, 연소가스양은 연료가스 1Nm³당 2.5Nm³로 하고 이 열량계산의 기준을 상온 20℃로 한다.

해 연료 1Nm³에 대해서 20℃ 기준에서 열정산을 한다.

입열   연료의 발열량=1,400kcal/Nm³

연료(상온)의 현열=0, 공기(상온)의 현열=0

출열   연소가스의 현열=0.34×2.5×(850-20)=706kcal/Nm³

노로부터의 열손실=$1,400 \times \dfrac{10}{100} = 140\,\text{kcal/Nm}^3$

유효열량=$1,400 - (706+140) = 1,400 - 846 = 554\,\text{kcal/Nm}^3$

그래서 노의 열효율은

$\dfrac{554}{1,400} = 0.396 = 39.6\%$ 답

[예제 6.12] 하기조성과 발열량의 아탄을 함유수분 15%(건탄에 대해서), 공기과잉률 1.9로의 화격자상에서 연소시켰을 때 배가스(평균비열 0.34kcal/Nm³℃)

온도가 450℃이었다. 배가스에 의해 가지고 따라가는 열량은 아탄발열량의 몇 %에 상당하나? 다만 아탄 중에 함유하는 탄소의 9%가 연소찌꺼기 중에 잔유하고 배가스 중에 CO는 없다고 한다.

조성	C	H	O	S	N	회분
(%)	45.5	3.6	14.1	0.4	0.4	36.0

해 건조아탄 1kg에 대해 연소에 취급되는 탄소량은

$$\frac{45.5}{100} \times \frac{10-9}{100} = \frac{41.4}{100}$$

또 함유수분은 건조아탄 1kg에 대하여 15/100kg이므로 연소에 사용된 명성분의 양(kg)은 건조아탄 1kg에 대하여 다음과 같다.

C	H	O	S	N	A	W
$\frac{41.4}{100}$	$\frac{3.6}{100}$	$\frac{14.1}{100}$	$\frac{0.4}{100}$	$\frac{0.4}{100}$	$\frac{36.0}{100}$	$\frac{15}{100}$

그래서 건조아탄 1kg을 기준으로 한 연소가스양은 (5.29)에 의하여

$$G_v = 8.89\mu C + (4.76\mu - 1)(5.6H - 0.7O)$$

$$+ 0.8N + 3.33\mu S + (11.2H + 1.24W) \qquad \mu = 1.9$$

$$\therefore G_v = \frac{1}{100}[8.89 \times 1.9 \times 41.4 + (4.76 \times 1.9 - 1)$$

$$(5.6 \times 3.6 - 0.7 \times 14.1) + 0.8 \times 0.4]$$

$$+ 3.33 \times 1.9 \times 0.4 + (11.2 \times 3.6 - 1.24 \times 15)] = 8.417\text{Nm}^3\text{건조재 kg}$$

이 배가스에 의하여 가지고 달아나는 열량은 0℃ 기준에서

$$0.34 \times 8.417 \times 450 = 1,286\text{Nm}^3\text{건조탄 kg}$$

건조아탄의 발열량에 대한 열손실률은

$$\frac{1,286}{4,200} = 0.307 = 30.7\% \quad \text{답}$$

[예제 6.13] 회분 12%, 진발열량 5,500kcal/kg의 석탄 (건) 2,000kg을 연소해서 연소찌꺼기 300kg을 얻었다. 석탄 중의 회분은 전부연소찌꺼기로 되고 또 연소찌꺼기는 회분과 탄소로 된다고 했을 경우 연소찌꺼기의 미연손실은 석탄의 진발열량에 대하여 몇 %에 해당하나? 다만 탄소의 발열량은 8,100kcal/kg이라 한다.

해 1kg당 재의 양은 0.12kg/kg이다. 그 차 0.15-0.12=0.03kg/kg
는 연소찌꺼기 중의 탄소의 양이다. 그의 발열량은
8,100kcal/kg×0.03=243kcal/kg

이것이 다시 말하면 연소찌꺼기에 의한 미연손실이다. 그러므로 석탄의
진발열량에 대한 그의 율은

$$\frac{243}{5,500} - 0.0442 = 4.42\% \quad \boxed{답}$$

[예제 6.14] 석탄(발열량 5,100kcal/kg)을 공기로서 화격자상에서 연소시켜서 그의
배가스 분석을 했던바 다음과 같았다.

배가스 조성	CO_2	O_2	CO	N_2
(%)	11.8	6.7	1.7	80.4

이었다. 이때 생성하는 건조배가스양은 석탄 1kg당 7.0Nm³라고 하면 CO의
생성에 의하여 손실되는 열량은 석탄의 발열량에 대해서 몇 %로 되는가?
다만

$$CO + \frac{1}{2}O_2 = CO_2 + 68,000\,\text{kcal/kmol로 한다.}$$

해 연소가스 중의 CO의 양은 제의에 의하여

$$7.0 \times \frac{1.1}{100} = 0.077\,\text{Nm}^3/\text{kg}$$

CO의 발열량은 주어진 반응식에 의하여 그의 kmol 즉 22.4Nm³에 대한
68,000kcal이다. 그러므로 상기량에 대해서는

$$\frac{68,000}{22.4} \times 0.077 = 234\,\text{kcal/kg}$$

그래서 석탄의 발열량에 대한 손실률은

$$\frac{234}{5,100} = 0.046 = 4.6\% \quad \boxed{답}$$

[예제 6.15] 탄소 60%, 진발열량 6,000kcal/kg의 석탄을 연소해서 발생하는 배가스
의 조성(%)은 다음과 같았다.

CO_2	O_2	N_2
12.0	7.0	81.0

그 온도는 250℃이었다. 그때의 배가스 손실은 몇 %인가? 다만 습한 배
가스의 비열은 0.33kcal/Nm³℃, 상온은 30℃, 석탄은 완전히 연소한 것으
로 한다. 습한 배가스 1Nm³ 중에는 수분을 0.1Nm³ 함유히며 이 열정산
은 상온기준에서 진발열량을 사용하여 산정하는 것으로 한다.

해 식(5.34)에서 $\quad G_v' = \dfrac{1.867\,C}{(CO_2)_v'}$

제의에 의하여 $C = \dfrac{60}{100}$, $(CO_2)_v{}' = \dfrac{12}{100}$

$$\therefore\ G_v{}' = \frac{1.867 \times 60}{12} = 9.335\,\mathrm{Nm^3/kg}$$

습한 배가스양 G_v는 제의에 의하여 다음식으로 주어진다.

$$G_v{}' = (1 - 0.1)\,G_v = 0.9\,G_v$$

즉 $\ G_v = \dfrac{G_v{}'}{0.9} = \dfrac{9.335}{0.9} = 10.372\,\mathrm{Nm^3/kg}$

그래서 배가스 손실은 상온기준으로서

0.33×10.372×(250−30)=753kcal/kg

$$G_v = \frac{G_v{}'}{0.9} = \frac{9.335}{0.9} = 10.372\,\mathrm{Nm^3/kg}$$

구하는 손실률은

$$\frac{753}{6,000} = 0.1255 = 12.55\%\ \ \text{답}$$

[예제 6.16] 발열량 6,000kcal/kg의 석탄을 완전히 연소해서 연소가스 온도 900℃로 배출하는 노에서, 건조연소가스의 분석결과 $CO_2 = 12\%$, $O_2 = 6\%$, $N_2 = 82\%$ 일 때 전연소가스가 가지고 나가는 열량은 석탄의 발열량의 몇 %에 해당하나? 다만 이론공기를 사용했을 때의 습한 연소가스양은 7Nm³/kg이고, 연소가스의 평균비열은 0.34kcal/Nm³℃으로 하고 계산의 기준을 0℃로 한다.

해 우선 건조연소가스 1Nm³에 관해서 생각한다. (표)5.1 참조) 그 중의 O_2 의 양은 제의에 의하여 0.06Nm³이며, 완전연소이므로, 이것은 명백하게 과잉공기에 의한 것이다. 그러므로 과잉공기의 양은

$$0.06 \times \frac{100}{21} = 0.286\,\mathrm{Nm^3}$$

그 중의 N_2의 양은 $\ 0.286 \times \dfrac{79}{100} = 0.226\,\mathrm{Nm^3}$

이다. 그러나 연소가스 중의 N_2의 양은 0.82Nm³이므로 차

$$0.82 - 0.226 = 0.594\,\mathrm{Nm^3}$$

는 이론공기의 중에 존재한 N_2의 양이다.(다만 연료 중의 N의 함유량을 무시한다.) 그러므로 이론공기 중의 O_2의 양은

$$0.594 \times \frac{21}{79} = 0.158\,\mathrm{Nm^3}$$

이만한 양이 즉 연료 중의 C와 H의 연소에 사용된 셈이다. 그래서 연소가스 중의 CO_2의 양 0.12Nm³이므로 C의 연소에 사용된 O_2의 양은 반응식 $C + O_2 = CO_2$에 의하여 CO_2와 동용적, 즉 0.12Nm³이다. 그러므로 차만큼의 O_2가 H의 연소에 사용된 셈이다. 그러나 반응식 $2H_2 + O_2 = 2H_2O$에 의하여 생성된 H_2O의 용적은 O_2의 용적의 2배, 즉

0.038 × 2 = 0.076Nm³이다.

그래서 습한 연소가스양은

1+0.076=1.076Nm³이다.

다음에 이론습한 연소가스양은 이것에서 과잉공기량을 뺀 것 즉

1.076-0.286=0.790Nm³

이고, 연소가스양의 비

$$\frac{\text{실제습한 연소가스양}}{\text{이론습한 연소가스양}} = \frac{1.076}{0.790} = 1.36$$

이다. 한편 이론습한 연소가스양이 7Nm³/kg이라고 주어져 있기 때문에

실제 습한연소가스양=7×1.36=9.52kcal/kg

그래서, 이 연소가스에 의한 현열은 0℃ 기준에서

$0.34 \times 9.52 \times 900 = 2,910 \text{kg/kg}$

석탄발열량에 대한 그의 비는

$$\frac{2,910}{6,000} = 0.485 = 48.5\% \quad \boxed{답}$$

[예제 6.17] 하기조성(%)의 석탄을 60%의 과잉공기로 완전연소시켜 연돌가스에 의한 열손실률은 얼마인가? 다만 건조연소가스의 평균정압비열을 0.34/Nm³℃, 수증기의 평균정압비열을 0.45kcal/kg℃으로 하고, 기준온도를 15℃로 한다.

C	H	O	S	회분	수분	계
60	5	8	1	21	5	100

해 이 석탄의 고위발열량은 식(5.12)에 의하여

$$H_h = 8,100 \times 0.60 + 34,200 \times \left(0.05 - \frac{0.08}{8}\right) + 2,500 \times 0.01 = 6,253 \text{kcal/kg}$$

연소에 필요한 이론공기량은 식(5.24)에 의하여

$$L_{ov} = \frac{1.867 \times 0.60 + 5.6 \times 0.05 + 0.7 \times 0.01 - 0.7 \times 0.08}{0.21} = 6.45 \text{Nm}^3/\text{kg}$$

실제의 건조연소가스양은 식(5.24)에 의하여

$$G_{ov}' = 8.89 \times 0.60 + 21.06 \times 0.05 - 2.63 \times 0.08 + 3.33 \times 0.01 = 6.21 \, \text{Nm}^3/\text{kg}$$

실제의 건조연소가스양은 $G_v' = G_{ov}' + (\mu - 1)L_{ov}$

$\mu = 1.6$ 이므로 $G_v' = 6.21 + (1.6 - 1) \times 6.45 = 10.08 \, \text{Nm}^3/\text{kg}$

건조연소가스의 현열은 제시의 기준온도에 대하여

$$0.34 \times G_v' \times (250 - 15) = 0.34 \times 10.08 \times 235 = 805 \, \text{kcal/kg}$$

연소가스 중의 수증기의 양은 식(5.33)에 의하여

$$W_g = 9 \times 0.05 + 0.05 = 0.5 \, \text{kg/kg}$$

그의 현열은

$$0.45 \times W_g \times (250 - 15) = 0.45 \times 0.5 \times (250 - 15) = 53 \, \text{kcal/kg}$$

그의 잠열은 물의 수증기를 600kcal/kg이라 하고

$$600 \times W_g = 600 \times 0.5 = 300 \, \text{kcal/kg}$$

그래서 습한 연소가스의 총열량은

$$805 + 53 + 300 = 1,158 \, \text{kcal/kg}$$

그러므로 구하는 손실률은

$$\frac{1,158}{H_h} = \frac{1,153}{6,253} = 0.185 = 18.5\% \quad \text{답}$$

[예제 6.18] 300℃의 가열공기를 사용하는 연속식대류 (열풍) 함수율(건기저)이 20%의 습윤물질을 상온 20℃로 매시 1,000kg의 비율로 향류로 장입하여 건조하며 온도 60℃ 함수율(건기저) 3%에서 꺼내고, 배출공기의 온도가 90℃였다. 공기사용량(Nm³/h)과 열효율(수분증발에 사용된 열량과 가열공기의 현열과의 비)을 구하라.

다만, 벽으로부터의 관류열손실은 수분증발에 소비된 열량의 20%, 물의 증발열을 570kcal/kg으로 하고, 수증기와 공기의 평균비열을 각각 0.46kcal/kg℃와 0.31kcal/kg℃, 건조완성품의 비열을 0.35kcal/kg℃로 하고, 계산의 기준을 0℃라 한다.

해 제의에 의하여 원료기준의 건조 기준으로서 풀기로 한다.

원료 1,000kg 중의 건조부는

$$1000 \times \frac{100}{120} = 833 \, \text{kg}$$

이것은 일정하다 수분은

건조 전: $1,000 \times \frac{20}{120} = 167 \, \text{kg}$

건조 후: $1,000 \times \dfrac{100}{120} \times \dfrac{3}{100} = 25\,\mathrm{kg}$

증발시킬 수량은 167-25=142kg/h

건조물의 중량은 건조 전의 1,000kg에서 건조 후에는

833+25=858kg로 감소한다.

건조소요열량은 건조완성품의 가열에 대하여

$0.35 \times (60\text{-}20) \times 858 = 12,000\,\mathrm{kcal/h}$

수분의 증발과 가열에 대하여

$$\{570 + 0.46 \times (60 - 20)\} \times 142 = 83,600\,\mathrm{kcal/h}$$

합 계   12,000+83,600=95,600kcal/h

관류열손실[17] $95,000 \times \dfrac{20}{100} = 19,100\,\mathrm{kcal/h}$

총열량   95,000+19,100=114,700kcal/h

공기소요량을 $G\mathrm{Nm^3/h}$라 하면

$0.31(300\text{-}90) \times G = 114,700$

$$\therefore \ G = \frac{114,700}{0.31 \times 210} = 1,760\,\mathrm{Nm^3/h}$$

공급된 공기의 현열은

$0.31 \times 300 \times G = 0.31 \times 300 \times 1,760 = 164,000\,\mathrm{kcal/h}$

건조정미열량은 95,600kcal/h이므로 이 장치의 열효율은

$$\frac{95,600}{164,000} = 0.58 = 58\%$$

답 1,760Nm³/h 58%

[예제 6.19] 중유를 매시 500kg 연소하는 보일러가 있다. 이 보일러의 습한 연도
배가스의 현열량은 1시간당 몇 kcal인가?

(1) 중유의 분석결과(%)는 C=85, H=15이다.

(2) 연도배가스의 분석결과(%)는 다음과 같다.

$CO_2 = 13,\ CO = 0,\ O_2 + N_2 = 87$

(3) 중유의 1kg낭 0.30kg의 증기가 중유의 분무에 사용된다.

(4) 건조연도배가스의 비열은 0.34kcal/Nm³℃로 하고, 증기의 비열은

---

17) "수분증발에 사용된 열량"이란 말을 엄밀히 해석하면 570kcal/kg에 의한 열량만의 것으로
    생각되나 조금 광의로 취하면 수분의 증발과 가열에 요하는 열량83,600kcal/h로도 된다. 여기
    서는 실용적견지에서 다시 광의로 해석하여 "건조에 요하는 정미열량"의 뜻으로 택했다.

0.45kcal/kg℃라 한다.

(5) 연도배가스의 온도는 250℃이다.

(6) 공기 중의 습도는 0으로 한다.

(7) 기준온도는 15℃로 한다.

해 중유의 분석결과에서 중유 1kg을 연소해서 생성하는 건조연소가스양은 식(5.34)에 의하여

$$G_v' = \frac{1.867 \times 0.85}{0.13} = 12.2 \text{N}\text{m}^3/\text{kg}$$

또 1kg의 중유연소에 의해 생성되는 증기의 양은 식(5.33)에 의하여

$$W_g = 9H + W(kg) = 9 \times 0.15 + 0.30 = 1.65(\text{kg})$$

그러므로 이 보일러의 습한 연도연소가스의 현열량은 열정산에 의하여 다음식으로 구할 수 있다.

$$(12.2 \times 0.34 + 1.65 \times 0.45) \times (250\text{-}15) \times 500 = 574,600\text{kcal/h} \quad \boxed{\text{답}}$$

[예제 6.20] 발열량 6,000kcal/kg, 탄소 60%, $(CO_2)_{max}$(최대탄산가스양) 18%의 석탄(이상의 수치는 어느 것이든 도착시료에 대한 것임)을 사용하여 CEMENT를 소성하고 있는 회전요가 있다. 배가스가 다음과 같은 조성일 때, 건조배가스의 현열은 석탄의 입열에 대해서 몇 %가 되는가?

건조배가스 조성(%) $CO_2 = 28$, $O_2 = 3$, $CO = 0$, $H_2 = 0$, $N_2 = 69$

다만 (1) CEMENT의 소성을 할 때는 CO_2가 원료에서 발생한다.

(2) 석탄은 완전연소하는 것으로 한다.

(3) 배가스 온도는 1,000℃이다.

(4) 건조배가스의 비열은 0.35kcal/N㎥℃로 한다.

(5) 기준온도는 0℃로 한다.

해 건조연소가스 조성(%) 중 $CO_2 = 28\%$에는 CEMENT를 소성할 때 발생한 CO_2가 함유되어 있으므로 그때의 $(CO_2)_{v\,max}'$ 는

$$(CO_2)_{v\,max}' = 0.18 = \frac{(CO_2)_v'}{(CO_2)_v' + 0.69 - 0.03 \times \dfrac{1-0.21}{0.21}}$$

이것으로부터 $(CO_2)_v' = 0.127$

건조연소가스의 조성의 식(5.34)에서, 건조연소가스양을 구하면

$$G_v' = \frac{1.867\,C}{(CO_2)_v'} = \frac{1.867 \times 0.60}{0.127} = 8.82\text{N}\text{m}^3/\text{kg}$$

건조연소가스의 현열은 열정산에 의하여 0.35×8.82×(1,000-0)=3,087kcal/kg
그러므로 석탄의 입열에 대한 건조연소가스의 현열의 %는

$$\frac{3,087}{6,000} \times 100 = 51.4\% \ \text{답}$$

[예제 6.21] 고온도에서 정상상태로 있는 탄소립의 충전 층에 하부에서 공기를 연속적으로 송입해서 가스를 제조하고 있다. 이때 생성가스 중의 O_2=0.2%, CO_2=9.8%일 때 다음 물음에 답하라.

(ㄱ) 생성가스 중의 CO의 %

(ㄴ) 송입공기량에 대한 생성가스의 비율(표준상태)

(ㄷ) 송입공기량 1l에서 생성가스 중에 CO_2와 CO로서 가지고 나가는 탄소의 양(g) 다만, 탄소와 산소의 원자량은 각각 12와 16이라 한다.

해 생성가스 중의 CO를 x%라 하면 가스 100Nm³당의 산소의 양은

$$0.2 + 9.8 + \frac{1}{2}x = 10.0 + 0.5x \ \text{Nm}^3 \text{이다.}$$

이것에 상당하는 공기 중의 질소의 양은 $\frac{79}{21}(10.0 + 0.5x)$ Nm³

$$100 - 0.2 - 9.8 - x = \frac{79}{21}(10.0 + 0.5x)$$
$$\therefore \ x = 18.2\%$$

(ㄴ) 송입공기량에 대한 생성가스의 비율을 G라 하면

$$G \times (100 - 0.2 - 9.8 - 18.2) = 79$$
$$\therefore \ G = 1.1$$

(ㄷ) 송입공기 1l에서 생성된 CO_2와 CO와의 mol수는

$$\frac{(0.098 + 0.182) \times 1.1}{22.4} = 0.01375$$

CO_2와 CO의 1mol에 대한 탄소량은 12g이므로

12×0.01375=0.165g

답 (ㄱ) 18.2% (ㄴ) 1.1 (ㄷ) 0.165g

[예제 6.22] cockes를 사용해서 발생로가스를 제조하는 가스발생노에 있어서 송입공기는 수증기를 포화해서 50℃로 송입하여 하기의 조성의 가스를 얻었다. cockes 중 가스화되는 것은 탄소뿐이라 하면 송입한 수증기의 몇 %가 분해하였는지를 구하여라.

배가스 조성	CO_2	CO	H_2	N_2
(%)	3.8	30.4	6.3	59.5

다만 송입공기의 압력은 15mmHg (Gauge), 50℃의 포화증기압은 92.5mmHg, 대기압은 760mmHg 라 한다.

[해] 생성가스 중의 질소는 대부분 송입공기 중에 함유되어 있던 질소이다. 그러므로 생성가스양 100에 대해서 송입건조공기량은

$$\frac{59.5}{79} \times 100 = 75.3$$

송입건조공기량 100에 대한 수증기량은 분압의 관계에서

$$\frac{92.5}{760 + 15 - 92.5} \times 100 = 13.55$$

그러므로 생성가스양 100에 대한 송입수증기량은

$$75.3 \times \frac{13.55}{100} = 10.2$$

수증기와 이것이 분해해서 생성하는 수소와는 동용적이므로 분해한 수증기는 생성가스의 6.3%이다. 그러므로 분해한 수증기량은 송입한 수증기량에 대해서

$$\frac{6.3}{10.2} \times 100 = 61.8\%$$

[답] 61.8%

[예제 6.23] 수냉벽을 가진 보일러에 있어서 진발열량 5,600kcal/kg의 석탄을 연소하여 연소실출구에 있어서 가스 온도가 1,100℃, 그의 탄산가스함유량이 14.3%이었을 경우에 수냉벽관 등에 흡수된 열량의 비율은 대개 어느 정도인가? 다만, 석탄의 $(CO_2)_{max}$은 13.5%, 방연소손실과 노벽으로부터의 방열손실은 석탄이 가진 열량에 대해서 각각 1.3%와 1.2%로하고 배가스 중에는 불완전연소가스는 함유되지 않는 것으로 한다.

또 이론연소가스양$= 0.89\dfrac{H_l}{1,000} + 1.65\,\mathrm{N\,m^3/kg}$, 연소가스의 평균비열은 0.34 kcal/Nm³℃, 외기온도는 20℃로 한다.

[해] 연료 1kg당의 방연손실을 L_1이라 한다면

$$L_1 = 5,600 \times 0.013 = 72.8\,\mathrm{kcal/kg}$$

노벽으로부터의 방열손실을 L_2이라 하면

$$L_2 = 5,600 \times 0.012 = 67.2\,\mathrm{kcal/kg}$$

연소가스가 가지고 나가는 열량을 L_3라 하면

$$L_3 = G_v C_p (t_g - t_0)$$

여기서 G_v는 연소가스양이고 이론연소가스양을 G_{ov}, 공기과잉률을 μ,

이론공기량 L_{ov}이라 하면 $G_{ov} = 0.89 \dfrac{H_l}{1,000} + 1.65 = 0.89 \dfrac{5,600}{1,000} + 1.65$

$$= 6.63 \text{N}\text{m}^3/\text{kg}$$

공기과잉률 μ는 식(5.55)에 의하여 $\mu \cong \dfrac{(CO_2)_{max}}{CO_2} = \dfrac{18.5}{14.3} = 1.29$

이론공기량

L_{ov}는 식(5.27)에 의하여

$$L_{ov} = \frac{1.01 H_l}{1,000} + 0.5 = \frac{1.01 \times 5,600}{1.000} + 0.5$$

$$= 6.16 \text{N}\text{m}^3/\text{kg}$$

그러므로 $G_v = 6.63 + (1.29 - 1) \times 6.16 = 8.42 \text{N}\text{m}^3/\text{kg}$

그래서 $L_3 = 8.42 \times 0.34(1,100 - 20) = 3,092 \text{kcal}/\text{kg}$

그러므로 수냉벽관 등에 흡수된 열량의 비율은

$$\frac{5,600 - (72.8 + 67.2 + 3.092)}{5,600} \times 100 = 42.3\%$$

답   42.3

(주의) 이 문제에서는 이론연소가스양의 계산식만을 주어지고, 이론공기량의 계산식은 주어지지 않았다. 양식 다 주어지거나 또는 양식 모두 주어지지 않아야 할 것이다.

[예제 6.24] 공기에 산소를 혼입해서 cockes노가스의 중유와를 혼소하고 있는 평노가 있다. 이때 사용가능한 cockes노가스 2,000Nm³/h, 산소 600Nm³/h 가 있을 때 전열량[저](진)발열량]으로서 15,000,000kcal/h 공급하고자 할 때 중유와 연소용공기와는 각각 얼마나 공급하면 좋으냐?

다만 공급하는 전산소량은 이론연소산소량의 110%로 한다.

중유의 조성 (용량%)

C	H	N	S	O	회분	저발열량
86.50	10.00	0.84	1.21	1.39	0.06	9,960kcal/kg

cockes노 가스의 조성(용량%)

CO_2	C_2H_4	O_2	CO	CH_4	H_2	N_2	저발열량 4,700kcal/Nm³
2.2	3.3	0.5	5.6	31.8	51.8	4.8	

해 cockes 노가스로 공급할 수 있는 열량은

$$4,700 \times 2,000 = 9,400,000 \text{kcal/h}$$

그래서 중유의 사용량을 W kg/h라 하면

$$15,000,000 = 9,400,000 + 9,690\,W$$

$$\therefore W = 578 \text{kg/h}$$

다음에 연소용공기량을 구하기 위하여 cockes노가스와 중유의 이론연소산소량을 구한다.

먼저 cockes노가스의 이론산소량은 식(5.25)에 의하여

$$O_{ov} = \frac{1}{2}[(H_2)_v + (CO)_v] + 2(CH_4)_v + 3(C_2H_4)_v - (O_2)_v$$

$$= 0.5 \times 0.518 + 0.5 \times -0.056 + 2 \times 0.318 + 3 \times 0.033 - 0.005$$

$$= 1.017 \text{Nm}^3/\text{Nm}^3 \text{ cockes노가스}$$

다음에 중유의 이론산소량은 식(5.23)에 의하여

$$O_{ov} = 1.867C + 5.6H + 0.7S - 0.7O$$

$$= 1.867 \times 0.8650 + 5.6 \times 0.1000 + 0.7 \times 0.0121 - 0.7 \times 0.0139$$

$$= 2.174 \text{Nm}^3/\text{kg 중유}$$

그러므로 2,000Nm³/h의 cockes 노가스와 578kg/h의 중유를 완전히 연소시키기 위하여 필요한 이론산소량은 $1.017 \times 2,000 + 2.174 \times 578 = 3,291 \text{Nm}^3/\text{h}$ 제의에 의하여 전산소량은 이론산소량의 110%이며, 이 사용 가능한 산소량이 600Nm³/h이므로 공기에 의하여 공급하여야 할 산소량은

$$3,291 \times 1.1 - 600 = 3,020 \text{Nm}^3/\text{h}$$

그러므로 공급공기량은 $\dfrac{3,020}{0.21} = 14,380 \text{Nm}^3/\text{h}$

답 중유공급량 578kg/h, 공기공급량 14,380Nm³/h

[예제 6.25] 석탄과 중유의 혼소하고 있는 노에서 연소가스의 조성이 CO_2=12%, O_2=5%, CO=0%이었다. 석탄과 중유의 혼소비율을 구하여라.

다만 석탄과 중유의 연소에 관한 수치는 다음과 같다.

	$(CO_2)_{max}$ %	이론공기량 Nm³/kg	이론건조연소가스양 Nm³/kg
석탄	18.5	6.4	5.83
중유	15.3	10.5	9.75

해 연소가스의 분석결과로부터 $(CO_2)_{max}$를 구하는 식(5.57)에 의하여

$$(CO_2)_{\max} = \frac{0.21[(CO_2)_v' + (CO)_v']}{0.21 - (O_2)_v' + 0.395(CO)_v'}$$

에 있어서 $(CO_2)_v' = 0.12$, $(CO)_v' = 0$, $(O_2)_v' = 0.05$를 위 식에 대입하면

$$(CO_2)_{\max} = \frac{0.21 \times 0.12}{0.21 - 0.05} = 0.1575$$

한편 혼합연료 1kg당의 석탄사용량을 $x$kg이라 하면 중유사용량은 $(1-x)$kg가 된다. 그러므로 혼합연료 1kg에 대한 이론건조연소가스양은 $(1-x)$kg가 된다. 그러므로 혼합연료 1kg당의 이론연소생성 CO_2량은

$5.83x \times 0.185 + 9.75(1-x) \times 0.153 = 1.491 - 0.413x$

그러므로 $(CO_2)_{\max}$는

$$(CO_2)_{\max} = \frac{1.491 - 0.413x}{9.75 - 3.92x} = 0.1575$$

$$\therefore \frac{1.491 - 0.413x}{9.75 - 3.92x} = 0.1575$$

$$\therefore x = 0.218, \ 1 - x = 0.782$$

답 혼합비율은 석탄 21.8%, 중유 78.2%

[예제 6.26] 탄소86%, 수소13%, 산소1%, 발열량 10,000kcal/kg의 중유를 연소하여, 온도 200℃의 배가스를 얻었다. 상온이 15℃일 때 배가스 손실은 몇%인가? 다만 습한 배가스의 비열은 0.33kcal/N㎥℃라 하고, 가스 중의 CO_2는 14%, 미연분은 없는 것으로 한다.

해 배가스 중의 CO_2가 14%란 것은 건조가스 기준인지 명백하지 않으나, 상식에 의하여 건조배가스 기준이라 생각된다. 건조배가스양을 중유 1kg당 G_v' N㎥라 하면

$$0.14 G_v' = 0.86 \times \frac{22.4}{12}$$

$$\therefore G_v' = 11.47 \text{N㎥/kg}$$

연료 1kg당의 생성수증기량은 $0.13 \times \frac{22.4}{2} = 1.46 \text{N㎥/kg}$

그러므로 습한 배가스양 G_vN㎥/kg는

$$G_v = 11.47 + 1.46 = 12.93 \text{N㎥/kg}$$

배가스손실을 L%라 하면

$$L = \frac{0.33 \times 12.93 \times (200-15)}{10,000} \times 100 = 7.9\% \quad \text{답}$$

[예제 6.27] 저발열량 10,000kcal/kg의 중유를 사용해서 연속적으로 석회석($CaCO_3$)을 소성해서 생석회(CaO)을 제조하는 노가 있다. 다음과 같은 조건으로 석회석 1kg당 필요한 연료량을 구하여라.

다만, 연료 1kg당의 연소가스양(석회석으로부터 생성되는 CO_2는 포함하지 않는다)은 12.3N㎥이고, 노체로부터의 방사열은 무시하는 것이다. 또 기준온도는 20℃이다.

조건   1) 노출하는 석회석의 온도 1000℃

2) 노로부터 나가는 연소가스의 온도 1000℃

3) 석회석, 공기와 연료는 20℃로 노에 들어간다.

     석회석의 분해는 다음식으로 주어지며 석회석 1kg당의 분해열은 424 kcal, 생성 CaO은 0.56kg 생성 CO_2는 0.44kg이다.

$$CaCO_3 = CaO + CO_2 - 424 \text{ kcal/kg}$$

또 $CaCO_3$, CaO와 CO_2의 비열은 각각 0.290, 0.304와 0.275kcal/kg℃이고, 연소가스(석회석으로부터 발생하는 CO_2는 포함되지 않는다.) 1N㎥당의 비열은 0.34kcal/℃라 한다.

해   석회소성노에서 필요한 열량은 석회석의 분해에 필요한 열량, 배가스가 가지고 나가는 열량, 석회석이 가지고 나가는 열량과 노체로부터의 방사열의 합계이다. 이중 노체로부터의 방사열은 제의에 따라 무시할 수 있으므로 전 3자의 합계이다. 우선 석회석의 분해에 요하는 열량 Q_1은 제의에 의하여

$$Q_1 = 424 \text{kcal/kg 석회석}$$

다음에 석회석 1kg의 소성에 필요한 중유량을 $x$kg이라 하면 배가스양은 석회석 1kg당 $12.3x$ N㎥이고 그 비열은 0.34kcal/N㎥℃이므로, 이것이 가지고 나가는 열량 Q_2는

$$Q_2 = 0.34 \times 12.3x \times (100-20) = 4,100x \text{kcal/kg 석회석}$$

석회석 1kg의 분해에 의해 발생하는 CO_2
의 양은 0.44kg이므로, 이것이 가지고 나가는 열량 Q_3는

$$Q_3 = 0.275 \times 0.44 \times (1000-20) = 119 \text{kcal/kg 석회석}$$

생석회 외 생성량은 석회석 1kg당 0.56kg이므로, 이것이 가지고 나가는 열량 Q_4는

$$Q_4 = 0.304 \times 0.56 \times (1000 - 20) = 167 \text{kcal/kg} \text{ 석회석}$$

그러므로 석회석 1kg을 소성하기 위해 필요한 전열량 Q_2는

$$Q = Q_1 + Q_2 + Q_3 + Q_4 = 424 + 4100x + 119 + 167$$

$$= 4100x + 710$$

또 제의에 의하여

$$Q = 10,000x$$

$$\therefore 10,000x = 4100x + 710$$

$$x = 0.12 \text{kg} \quad \text{답}$$

[예제 6.28] 총열기부편가열노에 있어서 다음과 같은 작업실적을 표시했다. 이 열정산을 하라.

연료(발생로가스)

발열량(저위)	1,380kcal/N㎥
온도	400℃
평균정압비열	0.335kcal/N㎥
소비량	2,500N㎥/h

연소용공기

온도(환열기에 의한 여열)	250℃
평균정압비열	0.316kcal/N㎥℃
소비량	3,400N㎥/h

연소가스

연료 1N㎥당의 발생량	2.2N㎥/N㎥

환열기 통과 후의 온도	200℃
평균정압비열	0.354kcal/kg℃
가열량	10t/h

해 0℃ 기준으로 매시의 열량에 대하여 열정산을 한다.

입열

(1) 연료가스의 발생열량=0.380×2,500=3,450,000kcal/h

(2) 연료가스의 현열=10.335×2,500×400=335,000kcal/h

(3) 연소용공기의 현열=0.316×3,400×250=269,000kcal/h

출열

(4) 강편이 가지고 나가는 열량=0.164×10,000×1,350=2,210,000kcal/h

(5) 환열기의 회수열량=269,000㎉/h[(3)과 같다.]

(6) 배기손실=0.354×2.2×2,500×200=390,000㎉/h

(7) 방열손실=(1)+(2)+(3)−[(4)+(5)+(6)]=1,185,000㎉/h

이상을 표시하면 다음과 같다.

강편가열로열정산표(0℃기준)

항목	입열	출열	% 입열	% 출열
(1) 연료의 발생열량	3,450,000		8.5.1	
(2) 연료의 현열	335,000		8.3	
(3) 연소용공기의 현열	269,000		6.6	
(4) 강편이 가지고 나가는 열량		2,210,000		54.5
(5) 환열기의 회수열량		269,000		6.6
(6) 배기손실		390,000		9.6
(7) 방열손실		1,185,000		29.3
계	4,054,000	4,054,000	100.0	100.0

[예제 6.29] 증기 보일러에서 다음과 같은 열정산결과를 얻었다.

	석탄보유열	100.0%
입열	유효열	55.0
	열배가스의 현열	15.0

	배가스의 미연손실열	2.7%
출열	연소찌꺼기 손실열	13.3
	방열 손실	14.0

이때 건조배가스 성분은 (a)와 같았다. 만약 배가스 성분이 (b)와 같이 되어 증기발생량 이외의 제 조건이 (a)의 경우와 똑같았을 때의 열정산은 어떻게 달라지느냐?

배가스성분%	CO_2	CO	$O_2 + N_2$
(a)	10.3	0.6	89.1
(b)	12.0	0.3	87.7

해 (a)의 경우와 (b)의 경우와는 배가스성분이 틀리므로 배가스의 미연손실

열에 상위가 생긴다. 기타의 제손실열은 제의에 따라 변화 없는 것으로 생각된다. (엄밀히 말하자면 배가스 성분의 상위로 인하여 그 양과 비열이 다르다. 따라서 배가스의 현열이 달라지나, 이것을 계산하는데 만족한 자료가 주어져 있지 않고 그래서 이 정도의 성분의 상위로서는 사실상 문제 삼을 정도의 상위는 생기지 않는다고 생각된다) 그러므로 배가스 미연손실의 상위만이 유효열에 어떻게 영향을 끼치는지 계산하면 된다. 배가스의 미연손실열은 식(6.1)에 주어져 있다. 즉

$$L_1 = \frac{5,700(CO)_v{}'}{(CO_2)_v{}' + (CO)_v{}'}(C - C_3)$$

(a) 의 경우는 $\dfrac{(CO)_v{}'}{(CO_2)_v{}' + (CO)_v} = \dfrac{0.6}{0.3 + 0.6} = 0.055$

(a) 의 경우와 (b)의 경우와 상이한 것은 $(CO)_v{}'$와 $(CO_2)_v{}'$와의 값뿐이므로, 이것 만에 대하여 비교하면 된다.

(b) 의 경우는

$$\frac{(CO)_v{}'}{(CO_2)_v{}' + (CO)_v{}'} = \frac{0.3}{12.0 + 0.3} = 0.024$$

그래서 (b)의 경우의 배가스 미연손실열의 %는

$$2.7 \times \frac{0.024}{0.055} = 1.2$$

이며 (a)의 경우와 차 2.7-1.2=1.5%만큼 유효열이 증가한다. 다시 말하면 유효열의 %는

55.0+1.5=56.5

가 된다. 그러므로 (b)의 경우에 대한 열정산표는 다음과 같다.

입열	석탄보유열	100.0%

출열	유효열	56.5%
	열배가스의 현열	15.0%
	배가스의 미연손실열	1.2%
	연소찌꺼기 손실열	13.3%
	방열손실	14.0%

[예제 6.30] 어느 평노에 있어서 출강 1t당 장입물의 양은 평균 다음과 같았다. 용선 500kg, 설강 500kg, 기타의 원료와 탈산제 200kg 연료가스는 온도 400℃의 발생로가스고 소비량은 출강 1t당 500Nm³이며 그 조성(용적%)

은 다음과 같았다.

$(CO_2)_v' = 5.3$, $(CO)_v = 25.8$, $(H_2)_v = 12.0$

$(CH_4)_v = 13.4$, $(N_2)_v' = 53.5$, 계$=100.0$

Tar 함유량$=0.05\text{kg/Nm}^3$

배가스는 온도 750℃이고, 건조가스의 분석결과(%)는 다음과 같다.

$(CO_2)_v' = 14.0$, $(O_2)_v' = 5.2$, $(N_2)_v' = 80.8$, 계$=100.0$

이상의 실적에 기초를 두고 이 노의 열정산을 하라. 단

용선의 온도는 1400℃이고 그의 평균비열은 0.30kcal/kg℃

Tar의 발열량 8,200kcal/kg

용강의 온도는 1,600℃이고 그의 평균비열은 0.35kcal/kg℃

장입물의 총량과 출강량과의 차는 전부 강재가 된다.

강재의 온도는 1,600℃이고 그의 평균비열은 0.52kcal/kg℃

각종 가스의 평균정압비열은 표 2.7과 표 2.8에 의하기로 한다.

해 출강량 1t당 0℃ 기준에서 열정산을 한다.

입열

(1) 연료가스의 발생열량 연료가스의 발열량은 그의 조성에서 식(5.22)에 의하

여 $H_2 = 2,035(CO)_v + 2,570(H_2)_v + 8,570(CH_4)_v$

$$\frac{3,035 \times 25.8 + 2,570 \times 12.0 + 8,570 \times 3.4}{100} = 1,383\,\text{kcal/Nm}^3$$

이것에 Tar의 발열량

$$8,200 \times 0.05 = 410\,\text{kcal/Nm}^3$$

를 가한 합계

$$1,383 + 410 = 1,793\,\text{kcal/Nm}^3$$

그래서 출강 1t당으로는

$$1,793 \times 500 = 896,500\,\text{kcal/t}$$

(2) 연료가스의 현열 연료가스의 평균정압비열은 그의 조성가스의 평균정압비

열을 표 2.7과 표 2.8에 의하여

CO_2	0.456kcal/Nm³℃
CO, H_2, N_2	0.320kcal/Nm³℃
CH_4	0.556kcal/Nm³℃ 라 하여

$$\frac{0.456 \times 5.3 + 0.320 \times (25.8 + 12.0 + 53.5) + 0.556 \times 3.4}{100} = 0.335 \, \text{kcal/Nm}^3 \text{°C}$$

그러므로 그의 현열은

$$0.30 \times 500 \times 1,400 = 210,000 \, \text{kcal/t}$$

기타의 장입물과 연소용공기의 현열은 상온이므로 상기에 비교하여 보잘것없으므로 무시한다.

(4) 용강의 현열은 $0.35 \times 1,000 \times 1,600 = 560,000 \, \text{kcal/t}$

(5) 용재의 현열 용재량은 제의에 의하여

$$(500 + 500 + 200) \cdot 1,000 = 200 \, \text{kg/t}$$

(6) 배가스의 현열 이론산소량과 공기량은 식(5.25)와 식(5.26)에 의하여

$$O_{ov} = \frac{1}{2}[(H_2)_v + (CO)_v] + 2(CH_4)_v = \frac{\frac{1}{2}[12.0 + 25.8] + 2 \times 3.4}{100} = 0.257 \, \text{Nm}^3/\text{Nm}^3$$

$$L_{ov} = 0.257 \times \frac{100}{21} = 1,223 \, \text{Nm}^3/\text{Nm}^3$$

그래서 식(5.56)에 의하여

$$\mu = \frac{0.21}{0.21 - 0.79\frac{(O_2)_v'}{(N_2)_v'}}\left[1 + \frac{(O_2)_v'}{(N_2)_v'} \cdot \frac{(N_2)_v'}{O_{ov}}\right]$$

$$= \frac{0.21}{0.21 - 0.79\frac{5.2}{80.8}}\left[1 + \frac{5.2}{80.8} \cdot \frac{53.5}{100 \times 0.257}\right] = 1.49$$

$$\therefore L_v = \mu L_{ov} = 1,223 \times 1.49 = 1,822 \, \text{Nm}^3/\text{Nm}^3$$

그러므로 식(5.39)에 의하여

$$G_v = 1 + \mu L_{ov} - \frac{1}{2}[(CO)_v + (H_2)_v]$$

$$= 1 + 1,822 - \frac{1}{2} \times \frac{25.8 + 12.0}{100} = 2,633 \, \text{Nm}^3/\text{Nm}^3$$

연료가스양은 $500 \, \text{Nm}^3$/출강t이므로 출강t당의 배가스양은

$$G_v \times 500 = 2,633 \times 500 = \cong 1,320 \, \text{Nm}^3/\text{t}$$

배가스 중의 수분량은 식(5.43)에 의하여

$$W_v = (H_2)_v + 2(CH_4)_v = \frac{12.0 + 2 \times 3.4}{100} = 0.188 \, \text{Nm}^3/\text{연료Nm}^3$$

그러므로 건조배가스양은 $\quad G_v' = G_v - 0.188 - 2,633 - 0.188 = 2,445$

주어진 배가스 조성은 건조가스에 대한 것이므로 이것을 습한 가스에 대

한 것으로 환산하면

조성가스	Nm²/연료Nm²	습한 가스에 있어서의 %
CO_2	$2,445 \times \dfrac{14}{100} = 0.342$	13.0
O_2	$2,445 \times \dfrac{5.2}{100} = 0.127$	4.8
N_2	$2,445 \times \dfrac{80.8}{100} = 1,976$	75.1
수분	=0.188	7.1
계	=2,633	100.0

조성 각 가스의 평균정압비열을 표 2.7에서 다음과 같이 취한다.

$$CO_2 \qquad 0.497 \text{kcal/Nm}^3 \text{℃}$$
$$O_2, \ N_2 \qquad 0.328 \text{kcal/Nm}^3 \text{℃}$$
$$H_2O \qquad 0.389 \text{kcal/Nm}^3 \text{℃}$$

그러므로 습한 배가스의 비열은

$$\frac{0.497 \times 13.0 + 0.328 \times (4.8 + 75.1) + 0.389 \times 7.1}{100} = 0.354 \text{kcal/Nm}^3 \text{℃}$$

그래서 배가스가 가지고 나가는 열량은 0.354×1,320×750=350,000kcal/t

(7) 방열손실 이상의 출열의 합계를 입열의 합계에서 뺀 것을 방열손실로 한다면
   (896,500+67,000+210,000)−(560,000+166,400+350,000)=97,100kcal/t
   따라서 다음의 열정산표를 얻는다.

평로열정산표(0℃기준)

항 목	kcal/t		%	
	입열	출열	입열	출열
(1) 연료가스의 발생열량	896,500		76.4	
(2) 연료가스의 현열	67,000		5.7	
(3) 용선의 현열	210,000		17.9	
(4) 용강의 현열		560,000		47.7
(5) 용재의 현열		166,400		14.2
(6) 배가스의 현열		350,000		29.8
(7) 방열손실		97,100		8.3
계	1,173,500	1,173,500	100.0	100.0

[예제 6.31] 아래 것은 어느 중유연소선박용수관보일러의 시운전연소 성적의 반
   수이다. 보일러는 공기예열기만 있고 절탄기는 없다. 급수와 연료중유의
   여열은 별도의 가열장치에 의한다.

증기압력	$31\text{kg}/\text{cm}^2$	중유가열온도	90℃
증기온도	380℃	공기여열온도	97℃
증발량	48,015kg/h	급수가열온도	90℃
중유소비량	4,448kg/h	환돌저부에 있어서의 연소가스 온도	376℃

연소가스(건) 분석결과(%)

$$(CO_2)_v' = 12.3, \ (CO)_v' = 0, \ (O_2)_v' = 4.2, \ (N_2)_v' = 83.5, \ 계 = 100.0$$

중유조성(%)

C=85.59, H=11.75, O=0.63, N=0.45, S=0.41, 회분=0.07,

수분 W=1.10, 계=100.00

이 성적으로부터 이 보일러의 열정산을 하라. 또 보일러의 효율을 구하라. 다만 중유의 비열을 0.45kcal/kg℃로 하고 가스류의 비열은 표 2.7에 의하여 적당히 정하라.

또 압력 31kg/kg, 온도 380℃의 증기의 엔탈피를 760.2kcal/kg, 온도 90℃의 물의 엔탈피를 89.98kcal/kg이라 한다.

[해] 열정산의 항목은 다음과 같다.

입열

    (1) 연료의 발생열량   (3) 연소용공기의 현열

    (2) 연료의 현열   (4) 급수의 현열

출열

    (5) 발생증기의 보유열량   (7) 기타의 제손실

    (6) 공기여열기의 회수열량   (8) 기타의 제손실

이상 계산을 위해 필요한 제양은 다음과 같고, 우선 준비계산으로서 이것들의 양을 산정하지 않으면 안 된다.

(1) 연료의 발생열량산출을 위하여

    (i) 연료의 발열량(그의 조성으로부터)

(3) 연소용공기의 현열산출을 위하여

    (ii) 이론공기량(연료조성으로부터)

    (iii) 공기과잉률(연도가스분석결과로부터)

    (iv) 실제공기량(vi)과 (iii)로부터

(7) 배기손실산출을 위하여

    (v) 배가스양(연료조성으로부터)

(vi) 배가스비열(그 외 조성과 조성 각 가스 비열로부터)

준비계산

(1) 연료의 발열량

중유의 조성으로부터 식(5.13)에 의하여

$$H = 8,100\,C + 29,000\left(H - \frac{O}{8}\right) + 2,500\,S - 600\,W$$

$$= \frac{1}{100}\left[8,100 \times 85.59 + 29,000 \times \left(11.75 - \frac{0.13}{8}\right) + 2,500 \times 0.41 - 600 \times 1.10\right]$$

$$= 10,313.65\,\text{kcal/kg}$$

로 취한다.

(ii) 이론공기량

연료의 조성으로부터 식(5.24)에 의하여

$$L_{ov} = \frac{1.867\,C + 5.6\,H + 0.7\,S - 0.7\,O}{0.21}$$

$$= \frac{1,867 \times 85.59 + 5.6 \times 11.75 + 0.7 \times 0.41 - 0.7 \times 0.63}{100 \times 0.21} = 10.7\,\text{Nm}^3/\text{kg}$$

(iii) 공기과잉률

연료 중의 질소량을 무시하고 완전연소의 경우의 식(5.51)에 의하여

$$\mu = \frac{1}{1 - 3.76\dfrac{(O_2)_v'}{(N_2)_v'}} = \frac{1}{1 - 3.76 \times \dfrac{4.2}{80.5}} = 1.23$$

(iv) 실제공기량

(ii)과 (iii)으로부터 $L_v = \mu L_{ov} = 1.23 \times 10.7 = 13.2\,\text{Nm}^3/\text{kg}$

(v) 배가스양

습한 배가스양은 식(5.29)에 의하여

$$G_v = 8.89\mu C + (4.76\mu - 1)(5.6H - 0.7O) + 0.8N + 3.33\mu S + (11.2H + 1.24W)$$

$$= \frac{1}{100}[8.89 \times 1.23 \times 85.59 + (4.76 \times 1.23 - 1) \times (5.6 \times 11.75 - 0.7 \times 0.63)$$

$$+ 0.8 \times 0.45 + 3.33 \times 1.23 \times 0.41 + 11.2 \times 11.75 + 1.24 \times 1.10]$$

$$= 13.88\,\text{Nm}^3/\text{kg}$$

이 중의 수증기는 식(5.33)에 의하여

$$W_v = 11.2H + 1.24W = \frac{11.2 \times 11.75 + 1.24 \times 1.10}{100} = 1.33\,\text{Nm}^3/\text{kg}$$

그래서 건조배가스양은 $G_v' = 13.88 - 1.33 = 12.55\,\text{Nm}^3/\text{kg}$

습한 가스 중의 수증기의 율은 $\dfrac{1.33}{13.88} \times 100 = 9.6\%$

그래서 주어진 건조가스분석의 결과를 습한 가스에 대한 것으로 환산하면

$(CO_2)_v'' = 12.3 \times \dfrac{100 - 수분\%}{100} = 12.3 \times \dfrac{100 - 9.6}{100} = 11.1$

$(O_2)_v'' = 4.2 \times \qquad '' \qquad = 4.2 \times \qquad '' \qquad = 3.8$

$(N_2)_v'' = 83.5 \times \qquad '' \qquad = 83.5 \times \qquad '' \qquad = 75.7$

수분 $\qquad\qquad\qquad\qquad\qquad\qquad = 9.6$

계 $\qquad\qquad\qquad\qquad\qquad\qquad\quad = 100.0$

(vi) 습한 배가스 비열

배가스를 조성하는 각각의 가스의 평균정압비열을 온도범위를 생각해서 표 2.7로부터 다음과 같이 취한다.

CO_2	0.456kcal/Nm³℃	N_2	0.320kcal/Nm³℃
O_2	0.320 ''	H_2O	0.378 ''

그러므로 이 습한 배가스의 비열은 그의 조성으로부터

$$\dfrac{0.456 \times 11.1 + 0.320 \times 3.8 + 0.320 \times 75.5 + 0.378 \times 9.6}{100} = 0.344 \text{kcal/Nm}^3℃$$

열 정 산

매시의 출입량에 관해 0℃ 기준으로 한다.

(1) 연료의 발생열량=10,300×4,448=45,700,000kcal/h

(2) 연료(90℃)의 현열=0.45×4,448×90=180,000kcal/h

(3) 연소용공기 (97℃)의 현열

공기의 평균정압비열을 온도범위를 고려하여 표 2.7에서 0.314kcal/Nm³℃로 취하여 $0.314 \times L_v \times 4,448 \times 97 = 0.314 \times 13.2 \times 4,448 \times 97 = 1,790,000$kcal/h

(4) 급수(90℃)의 현열=48,015×89.98=4,320,000kcal/h

(5) 발생증기의 보유열량=760.2×48,015=36,500,000kcal/h

(6) 공기여열기의 회수열량=1,790,000kcal/h

[(3)과 같다]

(7) 배기(376℃)에 의한 손실=0.344×13.88×4,448×376=8,000,000kcal/h

(8) 그 이외의 제손실(주로 방열손실)

$\qquad\qquad = [(1)+(2)+(3)+(4)] - [(5)+(6)+(7)] = 5,700,000$kcal/h

이들을 표시하면 다음과 같다.

보일러 열정산표(0℃ 기준)

항목	kcal/h		%	
	입열	출열	입열	출열
(1) 연료의 발생열량	45,700,000		88.0	
(2) 연료의 현열	180,000		0.3	
(3) 연소용공기의 현열	1,790,000		3.4	
(4) 급수의 현열	432,000	0	8.31	
(5) 발생증기의 보유열량		36,500,000		70.2
(6) 공기여열기의 회수열량		1,790,000		3.4
(7) 배기손실		8,000,000		15.4
(8) 기타의 제손실		5,700,000		11.0
계	51,990,000	51,990,000	100.0	100.0

보일러의 효율의 위 표에서

$$\frac{(5)-(4)}{(1)} = \frac{70.2-8.3}{88.0} \times 100 = 70.4\%$$

답 열정산 위의 표와 같이 보일러 효율 70.4%

[예제 6.32] 아래 표는 상온을 기준으로 한 총발열량을 사용한 증기보일러의 열정산결과이다.

입 열 (%)		출 열 (%)	
아탄의 보유열	95	증기에 주어진 열	55
연소용공기의 수분의 잠열	5	연소찌꺼기에 의한 손실열	11
		배가스 중의 미연분에 의한 손실열	3
		배가스현열과 그 중의 수분의 잠열	22
		방열손실	9

이것을 진발열량을 사용한 열정산으로 환산하라. 단 이것에 사용한 아탄의 성상은 아래와 같으며 물의 증발량은 600kcal/kg, 연소찌꺼기는 회분과 탄소만으로 되어 있는 것으로 한다.

아탄의 성상	전수분 W	회분	C	H	O	N	발열량
	24%	11%	31%	4%	11%	1%	3,420kcal/kg

해 주어진 아탄의 조성(%)의 합계는 100이 되므로 본제의 계산에는 이것을 그대로 사용해도 좋다.

주어진 열정산 %를 실제의 열량으로 고치면

$$\text{열량} = \frac{3,420}{0.95}\,\text{kcal/kg} \times \frac{\text{열정산\%}}{100}$$

가 되므로 계산에 의하여 표시된다.

항목	입열(kcal/kg)	출열(kcal/kg)
(1) 아탄의 보유열	3,420	
(2) 연소용공기 중의 수분의 잠열	180	
(3) 증기에 주어진 열		1,980
(4) 연소찌꺼기에 의한 손실열		396
(5) 배가스 중의 미연분에 의한 손실열		108
(6) 배가스의 현열과 그 중의 수분의 잠열		792
(7) 방열손실		324
계	3,600	3,600

진발열량은

$$H_l = H_h - 600(9H + W)$$

$$= 3,420 - 600 \times \frac{9 \times 4 + 42}{100} = 3,420 - 468 = 2,952\,\text{kcal/kg}$$

진발열량기준의 경우는 연소가스 중에 있는 연료자신으로부터의 수분의 잠열 즉 상기 계산 중의 $600(9H+W)=468\text{kcal/kg}$는 감정에 들어가지 않으므로 출열 중의 배가스 보유열은 배가스의 현열과 연소용공기 중에서 들어간 수분의 잠열로 되어 그 양은

$$792 - 468 - 324\,\text{kcal/kg}$$

그러므로 진발열량에 기초한 열정산결과는 다음과 같이 된다.

항 목	kcal/kg		%	
	입열	출열	입열	출열
(1) 아탄의 보유열	2,952		94.3	
(2) 연소용공기 중의 수분의 잠열	180		5.7	
(3) 증기에 주어진 열		1,980		63.2
(4) 연소찌꺼기에 의한 손실열		396		12.7
(5) 배가스 중의 미연분에 의한 손실열		108		3.5
(6) 배가스의 현열과 그 중의 수분의 잠열		324		10.3
(7) 방열손실		324		10.3
계	3,132	3,132	100.0	100.0

[예제 6.33] 습분 2.4%, 수분3.2%, 수소4.4% (항습 Base), 고발열량 6,100kcal/kg의 석탄을 연소하는 보일러의 효율이 고발열량기준으로 78.0%가 되었다. 저

발열량기준의 효율을 구하라. 또 이때 열정산은 어떻게 변하느냐?

해 항습Base란 습분을 제외한 시료에 대한 것이다.

현장에서 사용하는 석탄은 습분을 함유하고 있으므로, 현장치와 항습 Base 치(공업분석치)와의 사이에는 다음 같은 관계가 있다.

현장치=공업분석치×(1-습분)

그러므로 문제에 주어준 공업분석치를 현장치로 환산하면

수　분=3.2×(1-0.024)=3.12%

전수분=2.4+3.12=5.52%

수　소=4.4×(1-0.024)=4.29%

현장의 고발열량을 H_l kcal/kg이라 하면

$$H_h = 6,100(1-0.024) = 5,954 \text{ kcal/kg}$$

현장의 저발열량을 H_l kcal/kg이라 하면

$$H_l = 5,954 - 600 \times (9 \times 0.0429 + 0.0552) = 5,689 \text{ kcal/kg}$$

고발열량기준의 Bolier 효력을 η_h, 저발열량기준의 보일러 효력을 η_l라 하고, 증기발생에 이용된 열량을 Q라 하면

$$\eta_h = \frac{Q}{H_h}, \ \eta_l = \frac{Q}{H_l}$$

$$\therefore \eta_l = \eta_h \frac{H_h}{H_l} = 78 \times \frac{5,954}{5,689} = 81.6\% \quad \textbf{답}$$

열정산표는 다음과 같이 된다.

	고발열량기준		저발열량기준	
	kcal/kg	%	kcal/kg	%
입　　열	5,954	100.0	5,689	100.0
출　　열				
증기의 보유열	4,644	78.0	4,644	81.6
생성수증기의 잠열	265	4.5	0	0
기　　타	1,045	17.5	1,045	18.4

입열 고발열량기준일 때에 고발열량, 저발열량기준일 때는 저발열량이다. 출열 중 증기의 보유열량 kcal/kg은 변함이 없으나, 백분율은 변화한다. 고발열량기준일 때는 석탄 중의 수분과 수소의 연소에 의하여 생기는 증기의 증발잠열이 있으나, 저발열량기준일 때는 이 잠열은 0으로 된다. 방사 전도 등에 의한 방열손실은 변하지 않는다.

[예제 6.34] 다음의 분석결과(%)를 나타내는 함수석탄을 원료로 해서 발생로가스를 제조했다.

$$\text{공업분석 (\%)} \qquad\qquad \text{수분 W=3.2}$$
$$\text{원소분석 (\%)} \qquad\qquad \text{C=613, 회분 A=21.4}$$

발생가스의 조성(%)은 다음과 같았다.
$$(CO_2)_v = 5.3, \quad (CO)_v = 25.8, \quad (H_2)_v = 12.0, \quad (CH_4)_v = 3.4$$
$$(N_2)_v = 53.5, \quad \text{계}=100.0$$

더욱이 노내연소찌꺼기 중에는 10%의 탄소를 함유하고 원료탄 1kg에서 생성되는 Tar의 양은 0.03kg이고 그중에는 81%의 탄소를 함유함을 알았다. 원료탄 1kg에서 얻어지는 발생로가스의 양을 계산하라.

해 수분을 함유한 원료탄의 조성(%)은 (표 4.1 참조)

$$C = 61.3 \times \frac{100 - W}{100} = 61.3 \times \frac{96.8}{100} = 59.3$$
$$A = 21.4 \times \quad'' \quad = 21.4 \times \quad'' \quad = 20.7$$

원료탄 1kg에서 생성되는 발생로가스양을 $G_f \mathrm{Nm^3}$라 하고 원료탄 1kg에 대한 탄소정산을 한다.

원료탄 중의 $C = \dfrac{59.3}{100}\,\mathrm{kg}$

발생로가스 중의 $C = \dfrac{12}{22.4}[(CO_2)_v + (CO)_v + (CH_4)_v]G_f\,\mathrm{kg}$

Tar 중의 $C = \dfrac{81}{100} \times 0.03\,\mathrm{kg}$

연소찌꺼기의 $C = \dfrac{10}{100-10} \times \dfrac{20.7}{100} = \dfrac{2.3}{100}\,\mathrm{kg}$

원료탄 중의 C=발생로가스 중의 C+Tar 중의 C+연소찌꺼기 중의 C

$$\therefore \frac{59.3}{100} = \frac{12}{22.4}[(CO_2)_v + (CO)_v + (CH_4)_v]G_f + \frac{81}{100} \times 0.03 + \frac{2.3}{100}$$

즉 $\dfrac{59.8}{100} = \dfrac{12}{22.4}[(CO_2)_v + (CO)_v + (CH_4)_v]G_f + \dfrac{81}{100} \times 0.03 + \dfrac{2.3}{100}$

이것을 G_f에 대해서 풀면

$$G_f = \frac{\dfrac{59.3}{100} - \left(\dfrac{81}{100} \times 0.03 + \dfrac{2.3}{100}\right)}{\dfrac{12}{22.4} \times \dfrac{5.3 + 25.8 + 3.4}{100}} = 2,95\,\mathrm{Nm^3/kg} \quad \text{답}$$

[예제 6.35] 수분 4.3%, 휘발분 37.6%, 고정탄소 45.8%, 회분 12.3%의 석탄을 연소해서 생성된 연소찌꺼기를 분석했던바 휘발분 6.1%, 고정탄소 21.8%, 회분 72.1%이었다. 석탄 1t으로부터 생성되는 연소찌꺼기의 양과 석탄 중의 고정탄소 중 연소찌꺼기에 손실되는 %를 구하라.

석탄 1t으로부터 생성되는 연소찌꺼기의 양을 xt라 하고 회분에 대해서 물질정산을 한다.

제의에 의하여   석탄 1t 중의 회분량 $= \dfrac{12.3}{100}t$

$$연소찌꺼기의\ xt\ '' = \dfrac{72.1}{100}xt$$

석탄 중의 회분은 탄가루에 섞여서 비산하는 것을 무시하면
전부 그대로 이행되고 있기 때문에

$$\dfrac{72.1}{100}x = \dfrac{12.3}{100} \qquad \therefore x = \dfrac{12.3}{72.1} = 0.171t/t$$

다음에 고정탄소의 양을 조사하기로 한다.

$$석 \qquad 탄\ 1t\ 중의\ 고정탄소량 = \dfrac{45.8}{100}t$$

$$연소찌꺼기\ 0.171t \qquad '' = \dfrac{21.8}{100} \times 0.171 = \dfrac{3.72}{100}t$$

다음에 고정탄소의 양을 조사하기로 한다.

$$석탄\ 1t\ 중의\ 고정탄소량 = \dfrac{45.8}{100}t$$

$$연소찌꺼기\ 0.171t \qquad '' \qquad \dfrac{21.8}{100} \times 0.171 = \dfrac{3.72}{100}t$$

즉 45.8t의 고정탄소 중 3.72t이 연소찌꺼기 중에 손실된 셈이 된다.

그래서 손실률은 $\dfrac{3.72}{45.8} = 0.0813 = 8.13\%$

연소찌꺼기의 양 0.171t/t, 고정탄소의 손실률 8.13%

[예제 6.36] 하기의 석탄을 가지고 하기와 같은 발생로가스를 제조했다. 그때 Tar의 취량은 석탄 1kg에 대해 0.06kg으로서 그 중의 탄소분은 75%이며, 꺼낸 재(회) 중의 탄소분은 8%이었을 때, 발생한 발생로가스의 연소열은 석탄의 발열량의 몇%에 해당하느냐? 단, 가스 제조에는 탄가루나 검정은 생성되지 않는다고 한다.

석탄화학분석결과(%)와 발열량(kcal/kg)

C	H	O	S	N	회분	수분	발열량
65.7	6.0	11.5	0.6	1.5	7.7	7.0	6,600

가스분석결과(%)와 발열량(kcal/Nm³)

CO_2	O_2	CO	CH_4	H_2	N_2	발열량
5.8	0.1	24.6	3.8	12.1	53.6	1,420

석탄 1kg에서 발생한 발생로가스의 양을 $G\mathrm{Nm^3}$라 하면 그의 연소열 H_g는

$$H_g = 1,240\,G\,\text{kcal/석탄kg}$$

석탄의 발열량 H_c는 $H_c = 6,600\,\text{kcal/kg}$

이므로 그의 비 $\dfrac{H_g}{H_c} = \dfrac{1,420}{6,600}\,G$

는 구하는 답이다. G는 탄소정산에 의하여 구한다. 즉 가스 제조할 때에 탄가루나 검정은 발생하지 않으므로 원탄 중의 탄소는 Tar와 회중에 배출한 것 외에는 전부 1kg 중에 옮겨졌다고 본다.

석탄 1kg에 대한 Tar 중의 탄소분은

$$0.06 \times \dfrac{75}{100} = \dfrac{4.5}{100}\,\text{kg/kg}$$

석탄 1kg에 대한 회중의 탄소분을 $C_3\,\text{kg}$이라 하면

$$C_3 = \dfrac{7.7}{100} \times \dfrac{8}{100-8} = \dfrac{0.67}{100}\,\text{kg/kg}$$

다음에 발생가스 1N㎥ 중의 CO_2, CO와 CH_4의 양(N㎥)을 각각 $(CO_2)_v$, $(CO)_v$와 $(CH_4)_v$라 하고, 그들 중에 함유되는 탄소량(kg)을 각각 C_{CO_2}, C_{CO}와 C_{CH_4}라 하면

$$C_{CO_2} = \dfrac{12}{22.4}(CO_2)_v = \dfrac{12}{22.4} \times \dfrac{5.8}{100} = \dfrac{3.11}{100}\,\text{kg/N㎥}$$

$$C_{CO} = \dfrac{12}{22.4}(CO)_v = \dfrac{12}{22.4} \times \dfrac{24.6}{100} = \dfrac{13.2}{100}\,\text{kg/N㎥}$$

$$C_{CH_4} = \dfrac{12}{22.4}(CH_4)_v = \dfrac{12}{22.4} \times \dfrac{3.8}{100} = \dfrac{2.04}{100}\,\text{kg/N㎥}$$

그러므로 석탄에서 가스 중에 옮겨진 탄소량

$$= \dfrac{65.7 - (4.5 + 0.67)}{100} = \dfrac{60.5}{100}\,\text{kg/kg}$$

발생가스 중의 탄소량 $= \dfrac{3.11 + 13.2 + 2.04}{100}\,G = \dfrac{18.4}{100}\,G\,\text{kg/석탄kg}$

$$\therefore \dfrac{60.5}{100} = \dfrac{18.4}{100}\,G \quad \therefore G = \dfrac{60.5}{18.4} = 3.3\,\text{N㎥/kg}$$

그러므로 $\dfrac{H_g}{H_c} = \dfrac{1,420}{6,600}\,G = \dfrac{1,420}{6,600} \times 3.3 = 0.71 = 71\%$ 답

[예제 6.37] 어느 노의 열정산을 함에 있어서 연소찌꺼기의 성분을 회분 85.0%, 탄소 15.0%라 가정해서 계산했던바, 가스 중의 미연분손실은 9.5%로 되었다. 그러나 실측의 결과에 의하면 연소찌꺼기는 회분 75.0%, 탄소 25.0%이었다. 배가스 중의 미연분손실은 몇 %임이 정확하냐? 또 이 연료의 분석결과(%)는

C	H	O	N	S	회분
68.0	3.4	2.4	1.0	0.2	25.0

이고 연소가스양은 탄소정산에서 계산한 바와 같이 가루나 검정은 생성되지 않는 것으로 한다.

해 가정에 의한 계산의 경우는 연료 1kg에 대한 연소찌꺼기 중의 탄소분은

$$C_3 = \frac{25.0}{100} \times \frac{15}{85} = \frac{4.4}{100} \text{ kg/kg}$$

그러므로 연소에 취급된 탄소분은 $\quad C - C_3 = \dfrac{68.0 - 4.4}{100} = \dfrac{63.6}{100} \text{ kg/kg}$

로 되기 때문이다. 이것에서 생기는 연소가스는 CO_2와 CO로서

표 5.1의 기호를 사용하면

CO_2의 양 $z_1 = \dfrac{22.4}{12} C_1$, CO의 양 $v_1 = \dfrac{22.4}{12} C_2$

와 $\qquad z_1 + v_1 = \dfrac{22.4}{12}(C_1 + C_2)$

그래서 $\quad C_1 + C_2 = C - C_3 = \dfrac{63.6}{100} \text{ kg/kg}$

$$\therefore z_1 + v_1 = \frac{22.4}{12} \times \frac{63.6}{100} \text{ kg/kg}$$

그러므로 $v_1 = (z_1 + v_1) \times \dfrac{v_1}{z_1 + v_1} = \dfrac{22.4}{12} \times \dfrac{63.6}{100} \times \dfrac{v_1}{z_1 + v_1} \text{ N㎥/kg}$

CO의 발열량을 H_{CO}kcal/N㎥라 하면 CO에 의한 열손실은

$$H_{CO}v_1 = H_{CO} \times \frac{22.4}{12} \times \frac{63.6}{100} \times \frac{v_1}{z_1 + v_1} \text{ kcal/kg}$$

같이해서 실측의 결과에 의한 계산의 경우는

$$C_3 = \frac{25}{100} \times \frac{25}{75} = \frac{8.3}{100} \text{ kg/kg}$$

$C - C_3 = \dfrac{68 - 8.5}{100} = \dfrac{59.7}{100} \text{ kg/kg}$

CO에 의한 열손실

$H_{CO}v_1 = H_{CO} \times \dfrac{22.4}{12} \times \dfrac{59.7}{100} \times \dfrac{v_1}{z_1 + v_1} \text{ kcal/kg}$

석탄의 발열량을 Hkcal/kg이라 하면 제의에 의하여 가정에 의한 계산의 경우는

$$H_{CO} \times \frac{22.4}{12} \times \frac{63.6}{100} \times \frac{v_1}{z_1 + v_1} = \frac{9.5}{100} H$$

배가스 중의 실의 미연손실률을 l%라 하면

$$H_{CO} \times \frac{22.4}{12} \times \frac{59.7}{100} \times \frac{v_1}{z_1 + v_1} = \frac{l}{100} H$$

이 2식으로부터

$$\frac{59.7}{63.6} = \frac{l}{9.5}, \quad \therefore \ l = \frac{59.7}{63.6} \times 9.5 = 8.92\% \quad \boxed{답}$$

[예제 6.38] CEMENT 원료 1,000kg에 대해 석탄 195kg을 사용하는 CEMENT 소성요가 있다. 이 소성요의 배가스를 분석한바 다음과 같은 결과(%)를 얻었다.

CO_2	O_2	CO	N_2
18.6	7.6	0	73.8

이 경우 배가스 손실은 몇 %인가?

다만 원료를 소성할 때 원료로부터도 원료 1,000kg 당 380kg의 CO_2를 발생한다. 또 석탄 중의 탄소는 65% 발열량은 6,000kcal/kg, 배가스의 비열과 온도는 각각 0.38kcal/Nm³℃와 320℃라 한다. 또 상온 (20℃)를 기준으로 하고 배가스 중의 수증기를 계산에 넣지 않는 것으로 한다.

[해] 석탄 1kg에 대하여 배가스의 양을 G_vNm³라 하고 우선 석탄 1kg에 대하여 탄소정산을 한다.

석탄 중의 탄소=0.65kg/kg

Cement 원료로부터의 $CO_2 = \dfrac{380}{195}$ kg/석탄kg

그 중의 탄소$= \dfrac{380}{195} \times \dfrac{12}{44} = 0.531$ kg/석탄kg

배가스 중의 $CO_2 = \dfrac{18.6}{100} G_v$Nm³석탄kg

그 중의 탄소$= \dfrac{18.6}{100} G_v \times \dfrac{12}{22.4} = 0.100 G_v$ kg / 석탄kg

$\therefore 0.65 + 0.531 = 0.100 G_v$

$\therefore G_v = \dfrac{0.65 + 0.531}{0.100} = 11.81$ Nm³석탄kg

그리하여 1kg에 대하여 당온 20℃를 기준으로 해서 다음의 열정산이 성립된다.

입열 석탄의 발생열량=6,000×1=6,000kcal

　　　공기 (상온)의 현열 = 0

　　　원료 (〃) 〃 = 0

출열 배가스현열=0.38×G_v×(320-20)

　　　　=0.38×11.81×300=1,345kcal

　　　기타의 제손실+유효열=6,000−1,345=4,655kcal

$$\therefore \text{ 배가스손실률} = \frac{1,345}{6,000} = 1.224 = 22.4\% \quad \boxed{\text{답}}$$

[예제 6.39] 어느 노의 배가스의 온도가 280℃, 비열의 0.34kcal/Nm³℃이며 성분(%)이

CO_2	O_2	CO	N_2
12.8	7.0	0.3	79.9

이었을 경우 배가스 손실은 몇 %인가? 다만 석탄 중의 탄소는 60%, 발열량은 5,500kcal/kg이라 한다. 또 온도는 30℃를 기준으로 하고, 연소찌꺼기 탄가루 등의 탄소손실은 없는 것으로 하고 또 배가스 중의 수증기는 계산에 넣지 않는다.

해 연소가스양을 석탄 1kg에 대하여 G_vNm³로 하고, 우선 석탄 1kg에 대하여 탄소정산을 한다.

$$\text{석탄 중의 탄소} = \frac{60}{100}\,\text{kg}$$

$$\text{연소가스 중의 } CO_2 \text{ 중의 탄소} = \frac{12.8}{100}\,G_v \times \frac{12}{22.4}\,\text{kg}$$

$$\quad'' \qquad CO \qquad '' \quad = \frac{0.3}{100}\,G_v \times \frac{12}{22.4}\,\text{kg}$$

$$\therefore \frac{60}{100} = \frac{12}{22.4} \times \frac{12.8 + 0.3}{100}\,G_v$$

이것에서 $G_v = 60 \times \dfrac{22.4}{12 \times 13.1} = 8.55\,\text{Nm}^3/\text{kg}$

그래서 석탄 1kg에 대하여 30℃를 기준으로 해서 다음의 열정산이 성립된다. 또 실온도 일단 30℃라 생각한다.

입열   석탄의 발생열량=5,500kcal

        석탄(실온)의 현열=0

        공기('')   '' =0

출열   배가스현열=0.34×8.55×(280−30)=726kcal

        기타의 손실+유효열=5,500−726=4,774kcal

그러므로   배가스손실률 $= \dfrac{726}{5,500} = 0.132 = 13.2\%$

만약 실온이 30℃가 아닐 때는 상기자는 석탄의 발열량에 대한 배가스 손실률을 표시한다.

답 13.2%

[예제 6.40] 석탄 1,000kg를 연소했을 때 화격자하의 연소찌꺼기의 양은 140kg Cinder(연소가스에 의하여 운반되는 연소찌꺼기)는 40kg이었다. Cinder에 의한 미연손실은 몇 %인가? 단, 탄소의 발열량은 8,100kcal/kg이라 하고 사용석탄과 화격자하의 연소찌꺼기에 대해서는 다음과 같다고 한다.

원소분석결과(%)

	회분	C	H	O	S	N
석 탄	15.65	59.64	4.97	17.50	1.05	1.19
화격자하연소찌꺼기	80.00	20.00	0	0	0	0

사용석탄의 습분 7.5%, 수분 8.2%, 발열량 5,320kcal/kg

또한 열정산은 연료의 발열량기준으로 시행할 것

해 제의에 의하여 습분을 함유한 석탄을 그대로 연소시켰다고 생각된다. 그래서 사용탄 1,000kg 중 습분을 제외하면

$$1,000 \times \frac{100-7.5}{100} = 925\,kg$$

그러므로 그 발생열량은 $\quad 5,320 \times 925 = 4,921,000\,kcal$

이것이 제의에 의한 입열이다.

다음에 사용탄 1,000kg에 대한 습분과 수분을 뺀 양은

$$1,000 \times \frac{100-7.5}{100} \times \frac{100-8.2}{100} = 850\,kg$$

그 중의 회분의 양은 $\quad 850 \times \frac{15.65}{100} = 133\,kg$

Cinder 중의 회분을 $x\%$라 하면 사용탄 1,000kg에 대하여 Cinder로 된 회분의 양은 40kg×x/100이다. 또 화격자하의 연소찌꺼기 중의 회분의 양은

$$140 \times \frac{80}{100} = 112\,kg$$

이다. 따라서 회분에 대하여 물질정산을 하면

$$133 = 40 \times \frac{x}{100} + 112$$

이것에서

$$x = \frac{133-112}{40} \times 100 = 52.5\%$$

그러므로 Cinder 중의 탄소량은

$$40 \times \frac{100 - 52.5}{100} = 19\,kg$$

이 발열량은 $8,100 \times 19 = 154,000\,kcal$

그래서 그의 입열에 대한 %는

$$\frac{154,000}{4,921,000} \times 100 = 3.14\%$$ 답

[예제 6.41] 회분 20%, 발열량 5,500kcal/kg의 석탄 1,000kg을 연소시켰을 때, 회분 80%, 탄소 20%의 화격자하연소찌꺼기 200kg을 얻었다. 연돌로부터 나온 Cinder 중의 회분이 50%, 탄소가 50%이고, 또 도중에 재(회)가 모이지 않을 때, Cinder에 의한 미연손실열은 몇 %인가? 단, 탄소의 발열량을 8,100kcal/kg로 하고, 열정산은 연료의 발열량기준으로 하는 것으로 한다.

해 석탄 1,000kg 중의 회분의 양은

$$1,000 \times \frac{20}{100} = 200\,kg$$

석탄 1,000kg에 대한 화격자하 연소찌꺼기 중의 회분의 양은

$$200 \times \frac{80}{100} = 140\,kg$$

그러므로 회분에 대해서 물질정산을 하면 Cinder 중의 회분의 양은 석탄 1,000kg에 대하여

$$200 - 160 = 160\,kg$$

Cinder 중의 회분은 50%이므로 Cinder의 총량은

$$\frac{40}{\frac{50}{100}} = 80\,kg$$

이고, 이중의 탄소량은 $80 \times \frac{50}{100} 40\,kg$

이며, 이것만큼의 탄소에 의한 발열량은

$8,100 \times 40 = 324,000\,kcal$

사용탄 1,000kg에 의한 발생열량은

$5,500 \times 1,000 = 5,500,000\,kcal$

제의에 의하여 이것이 입열이므로 Cinder에 의한 미연손실률은

$$\frac{324,000}{5,500,000} \times 100 = 5.9\%$$ 답

[예제 6.42] 석탄 10t/h과 중유 5t/h을 혼소하고 있는 연소장치에 있어서, 연료의 총발열량에 대한 연소배가스 손실은 몇 %인가? 단

a) 공기는 건조되어 있다.

b) 연료와 연소찌꺼기 분석결과(%)는

	전수분	회분	탄소	수소	산소	질소	유황	총발열량 kcal/kg
사용시의 석탄	10.0	19.0	54.0	4.5	9.6	0.9	2.0	4,500
사용시의 중유	0.0	0.0	86.0	12.0	1.0	0.0	1.0	10,000
연소찌꺼기	0.0	73.0	27.0					

c) 건조배가스의 분석결과(%)는

$CO_2 + SO_2$	CO	$N_2 + O_2$
13.0	1.0	86.0

d) 배가스의 온도는 300℃, 평균비열은 0.34kcal/N㎥℃

e) 정산기준온도를 0℃라 한다.

해 모든 것을 매시의 양에 대해서 계산한다.

(1) 연료의 연소열

연료의 연소량은 10,000+5,000=15,000kg/h

그 총발열량에 의한 발생열량은

4,500×10,000×10,000×5,000=95,000,000kcal/h

(2) 연소배가스 열량

우선 회분에 대해 물질정산을 한다.

연료 중의 회분은 10,000×19/100kg/h이다.

연소찌꺼기 중의 회분은 연소찌꺼기 양을 $x$kg/h라 하면

x×73/100kg/h이다, 그래서

$$10,000 \times \frac{19}{100} = x \times \frac{73}{100}$$

$$\therefore x = 10,000 = \frac{19}{73} = 2,600\,\text{kg/h}$$

그 중의 탄소량은 $2,600 \times \dfrac{27}{100} = 700\,\text{kg/h}$

다음에 탄소와 유황에 관해서 물질정산을 한다.

연료 중의 탄소는

$$10,000 \times \frac{54}{100} + 5,000 \times \frac{86}{100} = 9,700\,\text{kg/h}$$

실제 연소하는 탄소는 이것에서 연소찌꺼기 중의 탄소를 뺀 것

즉 $9,700 - 700 = 9,000\,\text{kg/h}$

연료 중의 유황은

$$10,000 \times \frac{2}{100} + 5,000 \times \frac{1}{100} = 50\,\text{kg/h}$$

이것으로부터의 연소에 의해 생성되는 가스의 양은

$$CO: \qquad (9,000의\ 一部) \times \frac{22.4}{12}\,\text{Nm}^3\text{/h}$$

$$CO_2: \qquad (9,000의\ 殘部) \times \frac{22.4}{12}\,\text{Nm}^3\text{/h}$$

그러므로 $(CO + CO_2):$ $9,000 \times \dfrac{22.4}{12}\,\text{Nm}^3\text{/h}$

또 $SO_2:$ $50 \times \dfrac{22.4}{32}\,\text{Nm}^3\text{/h}$

총량은 $9,000 \times \dfrac{22.4}{12} + 50 \times \dfrac{22.4}{32}\,\text{Nm}^3\text{/h}$

매시의 건조배가스양을 $E_v{}'$ 라 하면 가스 분석의 결과에서

$$(CO_2 + SO_2): E_v{}' \times \frac{13}{100}\,\text{Nm}^3\text{/h}$$

$$CO: E_v{}' \times \frac{1}{100}\,\text{Nm}^3\text{/h}$$

총량은

$$E_v{}' \times \left(\frac{13}{100} + \frac{1}{100}\right) = \frac{14}{100}E_v{}'\,\text{Nm}^3\text{/h}$$

그래서

$$9,000 \times \frac{22.4}{12} + 50 \times \frac{22.4}{32} = \frac{14}{100}E_v{}'$$

이것에서 $E_v{}' = \dfrac{22.4 \times \left(\dfrac{9,000}{12} + \dfrac{50}{32}\right)}{14} \times 100$

$$= 120,000\text{Nm}^3\text{/h}$$

연료 중의 수분은

$$10,000 \times \frac{10}{100} = 1,000\,\text{kg/h}$$

연료 중의 수소는

$$10,000 \times \frac{4.5}{100} + 5,000 \times \frac{12}{100} = 1,050 \, \text{kg/h}$$

그래서 이것에서 생성되는 수증기의 중량은

$$1,000 + 1,050 \times 9 = 10,450 \, \text{kg/h}$$

이고, 그 용적은 $\frac{22.4}{18} \times 10,450 = 13,000 \, \text{Nm}^3\text{/h}$

그러므로 습한 배가스양은

$$E_v = E_v' + 13,000 = 120,000 + 13,000 = 133,000 \, \text{Nm}^3\text{/h}$$

그 현열은 $0.34 \times E_v \times 300 = 0.34 \times 133,000 \times 300 = 13,600,000 \, \text{kcal/h}$

연료의 총발열량 기준이므로, 배가스 중의 수증기의 잠열을 가산하지 않으면 안 된다.

열은 물의 증발열 600kcal/kg로 취하여 $600 \times 10,450 = 6,270,000 \, \text{kcal/h}$

그러므로 연소배가스의 총열량은

$$13,600,000 + 6,270000 = 19,870,000 \, \text{kcal/h}$$

(3) 열정산

구하는 손실률은 $\frac{19,870,000}{95,000,000} = 0.21 = 21\%$ 답

[예제 6.43] 고온의 탄소립의 두꺼운 층에 공기를 통과시켜서 CO_2, CO, O_2와 N_2의 혼합가스를 얻었다. 가스 분석의 결과 CO_2와 O_3의 용적백분율이 각각 5%와 1%이라고 하면 CO와 N_2는 각각 몇 %가 되느냐? 또 이 반응층은 외계로부터 완전히 단열되어 있는 것이라면, 발생 직후의 가스온도는 몇 도가 되느냐? 단지 반응은 정상상태에 있고, 다음의 값이 주어져 있다고 한다.

$$C + O_2 = O_2 + 94,100 \, \text{kcal/kmol}$$

$$C + \frac{1}{2} O_2 = CO + 26,400 \, \text{kcal/kmol}$$

탄소, 산소와 수소의 원자량은 각각 12, 16과 1이고 기준상태에 있어서 기체 1kmol의 용적은 22.4Nm³이다.

또 발생가스의 평균비열은 0.33kcal/Nm³℃, 계산의 기준은 15℃로 한다.

해 생성가스 중의 CO를 $x\%$, N_2를 $y\%$라 하면

$$x + y + 5 + 1 = 100$$

반응이 정상상태라면, 송입한 공기와 생성된 가스와의 사이에는 산소원자와 질소원자는 증감이 없다. 그러므로 생성가스양은 $V \text{Nm}^3$라 하면

산소정산으로부터

$$21 = (5 + 1 + 0.5x)\,V$$

질소정산으로부터

$$79 = y\,V$$

이 2식에서 V를 소거하면

$$\frac{21}{6 + 0.5x} = \frac{79}{y}$$

이것과 최초의 식으로부터 x와 y를 구하면

$$x = 24.8, \quad y = 69.2$$

그러므로 $CO = 24.8\%$, $N_2 = 69.2\%$이다.

다음에 반응열은 생성가스 $1\mathrm{Nm}^3$에 대해서

$$CO_2 \text{ 의 } 94{,}000 \times \frac{0.05}{22.4} = 210\,\mathrm{kcal/Nm^3}$$

$$CO \text{ 의 } 26{,}400 \times \frac{0.248}{22.4} = 292\,\mathrm{kcal/Nm^3}$$

그러므로 발생열의 합계는 $\qquad 210 + 292 = 502\,\mathrm{kcal/Nm^3}$

그래서 발생 직후의 가스 온도는 $\dfrac{502}{0.33} + 15 = 1{,}536\,℃$

답 $CO = 24.8\%$, $N_2 = 69.2\%$, 가스온도 $= 1{,}536\,℃$

[예제 6.44] 사용을 시작한 후 수년 경과한 가열노의 열교환기가 있다. 그 전후에 있어서 배가스 분석을 했던바 다음과 같은 결과를 얻었다.

	$CO_2\%$	$O_2\%$	$CO\%$
열교환기 전	17.7	0.9	1.1
열교환기 후	15.9	3.0	0.2

이 열교환기의 공기누설률(열교환기전의 배가스양에 대한 것)을 구하라. 다만 배가스는 열교환기내에서도 연소가 행해지고 있다고 본다.

해 열교환기 전후의 건조배가스양을 각각 G와 G'라 하고, 건조배가스에 대해서 탄소정산을 한다.

$$\text{열교환기전} \quad C = \frac{12}{22.4} \times \frac{G}{100}(17.7 + 1.1) = \frac{12 \times 18.8}{22.4} \times \frac{G}{100}$$

$$\text{열교환기후} \quad C = \frac{12}{22.4} \times \frac{G'}{100}(15.9 + 0.2) = \frac{12 \times 16.1}{22.4} \times \frac{G'}{100}$$

탄소량은 변화하지 않으므로

$$\therefore \frac{12 \times 18.8}{22.4} \times \frac{G}{100} = \frac{12 \times 16.1}{22.4} \times \frac{G}{100}$$

$$\therefore G' = \frac{18.8}{16.1} G$$

그러므로 공기누설률은

$$\frac{G' - G}{G} = \frac{18.8}{16.1} - 1 = 1.168 - 1 = 0.168$$

답 공기누설률 16.8%

[예제 6.45] 회분 20%, 발열량 6,200kcal/kg의 석탄을 80kg/h로 연소했던바 10kg/h의 연소찌꺼기를 얻었다. 연소찌꺼기 중의 회분은 80%, 비진 중의 회분은 98% 이었다. 미연분 전부탄소(발열량 8,100kcal/kg)라 하면 미연손실은 몇 %인가?

해 제의에 의하면 미연분은 전부탄소이므로 미연손실을 구하려면 미연탄소의 양을 구할 필요가 있다. 미연탄소는 연소찌꺼기와 비진 중에 있다. 연소찌꺼기는 그 중량과 회분이 주어져 있기 때문에 그 중의 미연탄소의 양을 알 수 있으나 비진의 중량이 주어져 있지 않기 때문에 이것을 구하지 않으면 안 된다. 비진의 양을 구하려면 회분정산을 하여야 한다.

석탄 중의 회분은 $80 \times 0.20 = 16$kg/h

연소찌꺼기 중의 회분은 $10 \times 0.80 = 8$kg/h

비진의 양을 $x$kg/h라 하면, 그 회분은 $0.98x$kg/h

그러므로 다음의 관계가 성립된다. $16 = 8 + 0.98x$

$$\therefore x = \frac{8}{0.98} = 8.16 \text{kg/h}$$

다음에 연소찌꺼기 중의 탄소의 양은 $10 \times (1.00 - 0.20) = 2$kg/h

비진 중의 탄소의 양은 $8.16 \times (1.00 - 0.98) = 0.163$kg/h

그러므로 미연탄소의 양은 $2 + 0.163 = 2.163$kg/h

구하려는 미연손실은 $\dfrac{8,100 \times 2,168}{6,200 \times 80} \times 100 = 3.54\%$ **답**

[예제 6.46] 하기조성의 석탄 1kg당 10, 12Nm³의 건조공기를 사용하여 연소하고 있는 노의 건조연소가스의 분석결과는 다음과 같았다.

$CO_2 = 8.0\%$, $O_2 = 11.7\%$, $CO = 0.4\%$, $N_2 = 79.9\%$

이 결과로 보아서 석탄의 연소찌꺼기 중의 미연탄소는 대개 몇 %인가? 단지 비진에 의한 손실은 없는 것으로 하고, 탄소, 질소와 유황의 분자량은 각각 12, 28과 32라 한다.

석탄조성 (%)

전수분	회분	C	H	O	S(연소성)	N
11.0	27.1	46.5	3.8	9.2	1.8	0.6

해 건조연소가스양을 석탄 1kg당 G_v' N㎥라 하고 연소 전후의 질소의 양부터 구한다.

$$10.12 \times 0.79 + 0.006 \times \frac{22.4}{28} = 0.799\,G_v'$$

$$G_v' = \frac{7.9997}{0.799} = 10.01\,\text{N㎥/kg}$$

연소찌꺼기 중의 미연탄소의 양은 석탄 중의 탄소량과 연소한 탄소량과의 차로서 구할 수 있다.

연소한 탄소의 양은 $\dfrac{12}{22.4} \times (0.08 + 0.004) \times 10.01 = 0.450\,\text{kg/kg}$

연소찌꺼기 중의 탄소량은 0.465-0.450=0.015kg/kg

그러므로 연소찌꺼기 중의 탄소는

$$\frac{0.015}{0.271 + 0.015} \times 100 = 5.24\% \quad \text{답}$$

[예제 6.47] Methane 가스를 연료로 하는 가열노가 있어, 10N㎥/h의 연료에 100N㎥/h의 공기를 공급해서 연소하고 있다. 배가스 온도가 200℃였을 때의 배가스에 의한 열손실의 비율을 구하라. 다만 배가스 중에는 미연분이 없고, Methane 가스의 저발열량은 8,600kcal/N㎥, 배가스의 평균정압비열은 0.3kcal/N㎥℃, 기준온도는 0℃라 한다.

해 Methane의 연소식은 식(5.6)에 의하여

$$CH_4 + 2O_2 = CO_2 + 2H_2O$$

$$22.4 + 44.8 \rightarrow 22.4 + 44.8$$

이 식에의 의하여 연소 전후에 있어서의 용적의 변화는 없음을 알 수 있다. 연소 전에 있어서 용적은 연료가 10N㎥/h, 공기가 100N㎥/h이므로 연소가스의 용적은 10+100=110N㎥/h이다.

그러므로 배가스가 가지고 나가는 열량 Q는

$$Q = 100 \times 0.3 \times 200 = 6.600\,\text{kcal/h}$$

연소열은 $8,600 \times 10 = 86,000$ kcal/h이므로 연소열에 대한 손실열의 비율은

$$\frac{6,600}{86,000} \times 100 = 7.6\% \quad \text{답}$$

[예제 6.48] 어느 중유연소 보일러에서 연료사용량 10t/h일 때의 배가스는 200℃, 열감정 (열정산) 결과(연료의 저발열량에 대한 비율)는 다음과 같다.

발생증기 보유열	배가스 현열손실	배가스 미연손실	방열손실
78.5%	10.0%	0.3%	11.2%

이 보일러에서 연료사용량을 15t/h로 했을 때의 열효율(발생증기보유열의 비율)을 구하라. 단, 이때의 배가스의 조성과 비열 아울러 보일러 주벽으로부터 외부로 방산되는 열량은 전과 다름없는 것으로 하고 실온은 어느 경우도 20℃로 한다.

해 연료의 저발열량을 H_l kcal/t이라 하면

연료사용량 10t/h일 때

외부로의 방열손실은 $1.12H_l$ kcal/h

배가스의 현열손실은 $1.0H_l$ 〃

　〃 미열손실은 $0.03H_l$ 〃

연료사용량 15t/h일 때 외부로의 방열손실은 $1.12H_l$ kcal/h

배가스의 현열손실은 $1.0H_l \times \dfrac{15}{10} \times \dfrac{250-20}{200-20} = 1.92H_l$ kcal/h

　〃 미열손실은 $0.03H_l \times \dfrac{15}{10} = 0.05H_l$ kcal/h

연료의 발생열량은 $15H_l$ kcal/h

그러므로 열효율 η는

$$\eta = \frac{15H_t - (1.12H_l + 1.92H_l + 0.05H_l)}{15H_l}$$

$$= 1 - \frac{3.09}{15} = 0.794 = 79.4\%$$ **답**

[예제 6.49] 강재가열노의 열감정을 하여 아래의 결과를 얻었다. 지금 이 노에 열교환기를 신설했던바 배가스 현열량이 반으로 되고, 또 그 신설에 의해 열교환기로부터의 방열량이 가해졌기 때문에 노 전체의 방열량이 10% 증가했다. 열교환기설치 후의 열감정표를 작성하라. 단, 강재처리량은 동일하다고 보고 또 입열은 연료의 연소열을 100%로 해서 계산하라.

항목	입열%	출열%
중유의 연소열	100.0	
강재에 준 열		45.0
배가스의 현열손실		42.2
방열		12.8
합계	100.0	100.0

해 개조 전의 중유의 연소열을 100.0이라 하면 개조 후는 다음과 같이 된다. 강재에 준 열은 강재처이량이 불변이므로 개조 전과 같이 15.0 배가스의 현열손실은 열교환기설치 때문에 양으로 되었기 때문에 21.1 방열손실은 12.8의 10% 증가 되었으므로 14.0 이상의 출열의 총화는 45.0+21.1+14.0 =80.1로 된다. 이것을 중유연소열을 100.0%로 해서 환산하면 다음과 같이 된다.

	입열%	출열%
중유의 연소열	100.0	
강재에 준 열		56.3
배가스의 현열손실		26.2
방 열		17.5
합계	100.0	100.0

[예제 6.50] 하표는 Cement Kiln에서 소성할 때의 소성물 1kg당의 열감정표이다. 이 중의 공란의 수치를 계산하라.

열감정표

입 열		출 열	
항 목	kcal/kg	항 목	kcal/kg
①연료의 연소열		② 소성물소성용열	430
		③ 소성물이 갖고 나가는 열	20
		④ 소성물냉각용여잉공기가 갖고 나가는 열	70
		⑤ 원료중수분중발열	
		⑥ 배가스가 갖고 나가는 열	
		⑦ 방산열 기타손실열	
		합 계	

단 소성물 1kg당의 중유사용량은 0.135kg, 중유의 저위발열량은 9,500kcal/kg, 중유의 연소가스양은 11.5Nm³/kg, 소성물 1kg당의 원료 중의 수분량은 0.72kg, 소성물 1kg당 원료에서 발생한 탄산가스양은 0.27Nm³로 하고, 배

가스 습도는 200℃, 외기온도는 20℃, 물의 증발열은 600kcal/kg으로 한다. 또 탄산가스, 수증기와 연소가스의 비열은 각각 0.364kcal/Nm³℃, 0.429kcal/Nm³℃와 0.332kcal/Nm³℃로 하고, 입열에 대해서 연료와 원료의 현열을 무시하며, 배가스 중에는 연료로부터의 연소가스 외에 원료에서 발생한 수분과 탄산가스도 함유된다.

[해]

① 연료의 연소열 중유의 저위발열량은 9,500kcal/kg,

　　그 사용량은 소성물 1kg당 0.135kg이므로 그의 연소열은

　　　　9,500×0.135=1,282.5 ≒ 1,283kcal/kg

⑤ 원료 중의 수분의 증발열은 수분의 양이 소성물 1kg당 0.72kg이므로

　　　　600×0.72=432kcal/kg

⑥ 배가스가 가지고 나가는 열량을 구하려면 먼저 중유의 연소가스양, 원량 중의 수증기와 원료에서 발생한 탄산가스양을 구하여, 이것에 비열과 온도 상승을 곱하여 가산하고 합한다.

　　연소가스양은 중유 1kg당 11.5Nm³이므로 소성물 1kg당의 연소가스양은

　　　　11.5×0.135=1.553Nm³

　이다. 그 비열은 0.332kcal/Nm³℃, 온도상승은 (200−20)℃이므로

　　　　0.332×1,553×(200−20)=92.8 ≒ 93kcal/kg

　　다음에 원료 중의 수분은 소성물 1kg당 0.72kg이므로 이것을 용적으로 환산하면

　　　　0.72×22.4/18=0.896Nm³

　　로 된다. 그러므로 소성물 1kg 당의 수증기의 현열은

　　　　0.429×0.896×(200−20)=69.1 ≒ 69kcal/kg

　　탄산가스의 현열은 원료 중에서 발생한 탄산가스양이 소성물 1kg당 0.27Nm³이므로

　　　　0.364×0.27×(200−20)=17.7 ≒ 18kcal/kg

　　그러므로 배가스가 가지고 나가는 열은

　　　　93+69+18=180kcal/kg

⑦ 방산열 기타의 손실열은 입열과 상기출열과의 차로서 구하면

　　　　1,283−(430+20+70+432+180)=151kcal/kg

　　이들의 숫자를 열산정표의 공란에 넣으면 다음과 같이 된다.

열감정표

입 열		출 열	
항 목	kcal/kg	항 목	kcal/kg
연료의 연소열	1283	소성물소성열	430
		소성물이 가지고 나가는 열	20
		소성물냉각용여잉공기가 갖고 나가는 열	70
		원료 중의 수분증발열	432
		배가스가 가지고 나가는 열	180
		방산열 기타손실열	151
합 계	1283	합 계	1283

[예제 6.51] 가열실에서 나가는 연소가스 온도가 1,200℃인 중유연소노가 있고 이 노에서 공기를 전혀 여열하지 않을 때의 열효율은 20%이 공기를 500℃까지 여열한 경우의 열효율은 대략 어느 정도로 되느냐?

단, 어느 경우라도 가열실에서 나오는 연소가스온도는 노로부터 동일하다고 한다. 또 연소가스와 공기의 열용량(비열과 양의 곱하기)은, 중유 1kg당 5kcal/℃와 4.5kcal/℃로 하고, 이것은 온도에 의한 변화는 없는 것으로 하고 환경온도는 0℃, 중유의 저위발열량은 10,000kcal/kg로 한다.

해 가열실에서 나가는 가스온도와 방열이 같으므로 공기를 여열하면 그 열량만큼 피열물이 받는 열이 많아진다. 다음은 중유 1kg당에 대하여 계산한다.

공기를 여열하지 않는 경우에 피열물이 받는 열은

10,000×0.20=2,090kcal

공기를 500℃까지 여열함으로써 이용되는 열량은

2,000+2,250=4,250kcal

$$\therefore 열효율 = \frac{4,250}{10,000} = 0.245$$

답 42.5%

제7장 잡제雜題

열관리기능시험에는 주로 증기보일러, 증유, 증발, 건조 등(열관리사시험에서는 열설비 등으로서 한 묶음으로 되어 있다.)에 다수의 계산문제가 출제되어 있다. 이들의 계산문제는 대략 제2장에서 제6장까지 대개 설명한 열과 증기, 전열계산, 연소계산, 열정산에 속하는 것이다. 이들 열설비 등에 포함되는 계산 문제를 제7장에 집록했다. 예제 끝에 (구일증유) 등이라 기재한 것은 일본의 구제 제1회의 시험에서 증유의 문제로서 출제된 것임을 표시하고 있다. 예제 7.22(a, d)와 같이 기재한 (a, d)는 이 문제가 a가 열과 증기, d는 즉 연소계산의 부에 속해 있음을 나타낸 것이며, a, b 등의 기호는 다음의 것을 나타낸다.

a: 열과 증기, b: 전열계산, c: 연료시험, d: 연소계산 e: 열정산

예 제

[예제 7.1] (a) 어느 증기보일러로 저위증발열량 7,000kcal/kg의 석탄을 매시 2,500 kg 연소하여 매시 20t의 증발량을 얻었다. 증기는 압력 20kg/㎠, 온도 350℃, 급수온도는 80℃이다.

이 보일러의 (1) 상당증발량(100℃의 급수에서 100℃의 건조포화증기를 발생하는 양) (2) 사용 시의 효율을 계산하라.

해 증기표(본서 권말참조)를 사용하여, 발생증기(압력 21kg/㎠ abs, 온도 350℃의 과열증기)의 엔탈피는 749kcal/kg, 급수(온도 80℃)의 엔탈피는 79.95kcal/kg이다. 또 100℃의 물의 증발량은 538.8kcal/kg이다. 그래서 제시의 증발량을 상당증발량으로 환산하면

$$20 \times \frac{949 - 79.95}{538.8} = 20 \times 1.24 = 24.8 t/h$$

다음에, 이 보일러에서 증기발생에 실제 유효하게 이용되는 열량은 (749-79.95)×20,000kcal/h이다.

연료에 의하여 공급되는 열량은 7,000×2,500kcal/h이므로, 보일러의 효율은

$$\frac{(749 - 79.95) \times 20,000}{7,000 \times 2,500} = 0.765 = 76.5\%$$

답 (1) 24.8t/h, (2) 76.5%

[예제 7.2] (a) 상압증발기로 증류수를 만들 때 10℃의 원료수를 사용하여 100 L 의 증유수를 얻으려면 발열량 3,600kcal/kg의 가열용아탄이 얼마나 필요한가? 다만 상압증발기의 열효율은 30%, 원료수의 증발열은 540kcal/kg이라 한다.

해 상압이므로 증발온도를 100℃로 취한다. 또 물의 평균비열을 1kcal/kg℃이라 해서 계산한다.

제시증발기에서 물 1kg에 대하여 가해야 할 열량은

$$1 \times (100-10)+540=630 \text{kcal/kg}$$

물의 비용적을 평균 0.001m³/kg으로 취하면 100 L의 물의 중량은 100kg 이다. 그러므로 이것에 필요로 하는 열량은

$$\frac{63,000}{3,600 \times 0.30} = 58.3 \text{kg} \quad \text{답}$$

[예제 7.3] (a) 어느 증기 보일러로 99kg/cm², 450℃의 증기를 매시 20,000kg 발생한다. 급수는 99kg/cm², 30℃로서 보일러의 절탄기로 송입되며 거기서 180℃까지 가열되며, 여기서 급수는 보일러 증발부에 이르고 포화온도(309.5℃)로 달해서 증발하고, 다시 증기는 과열기에서 450℃까지 과열된다. 이러할 때는 보일러의 각부에서 얼마만한 열량이 소화되는 셈이 되느냐? 또 보일러 효율(증발기부, 절탄기부, 과열기부를 포함함)을 85%라고 하면 발열량 5,000kcal/kg의 석탄을 매시 몇 kg 소비하게 되느냐? 다만 99 kg/cm²에서는 증발열을 317.2kcal/kg이라 하고, 이 압력에서 과열증기의 포화온도에서 450℃까지의 평균비열을 0.882kcal/kg℃라 한다.

해 보일러의 장치는 아래 그림과 같다. 물의 평균비열을 1kcal/kg℃이라 하고 계산한다.

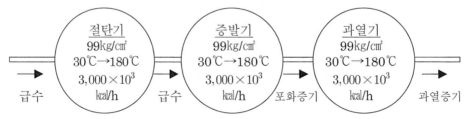

절탄기 소화열량 = 1×20,000×(180−30) = 3,000,000kcal/h

증발기 소화열량 = [1×(309.5−180)+317.2]×20,000 = 8,934,000kcal/h

과열기 소화열량 = 0.882×(450−309.5)×20,000 = 2,478,000kcal/h

그러므로 총소화열량은

3,000,000+8,934,000+2,478,000=14,412,000kcal/h   그러므로 석탄소비량은

$$\frac{14,412,000}{5,000 \times 0.85} = 3,391 kcal/h \quad \text{답}$$

[예제 7.4] (a) 건조 열원으로서 600℃의 연소 가스(비열을 0.27kcal/kg℃이라 함)에 10℃의 공기(비열을 0.247kcal/kg℃라 함)를 섞어서 400℃의 열풍으로 하기 위해서 연소가스 1kg에 대해서 몇 kg의 공기를 섞으면 되느냐?

해 구하려는 공기량을 온 kg이라 하면 제의에 따라,

0.27×1×(1000−400)=0.24×온×(400−10)

이것을 풀어서 $x = \dfrac{0.27 \times 600}{0.24 \times 390} = 1.73 kg$ **답**

[예제 7.5] (a) 중량 G=3,000kg의 물과 증기가 들어 있는 용적 v=5㎥의 증기보일러의 압력이 운전하지 않을 때 P_1=1kg/㎠로 떨어졌다. 이때 압력을 P_2=19 kg/㎠로 높이려면 보일러의 내용물에 얼마만큼의 열량을 가하면 좋은가? 또 이때 얼마만큼의 물이 증기로 되는가? 다만 압력 P1과 P2에서 포화수와 포절화증기의 비용적(v', v'')와 내부에너지(u', u'')는 다음과 같다.

$$v_1'=0.00106 \text{㎥/kg} \qquad v_2''=0.902 \text{㎥/kg}$$
$$v_2'=0.00118 \text{㎥/kg} \qquad v_2''=0.102 \text{㎥/kg}$$
$$u_1'=119.8 \text{kcal/kg} \qquad u_1''=604.6 \text{kcal/kg}$$
$$u_2'=215 \text{kcal/kg} \qquad u_2''=621 \text{kcal/kg}$$

해 먼저 내용물의 1kg에 대해서 생각하면, 그 용적은 제의에 따라,

$$v_0 = \frac{5}{3000} = 0.00167 \text{㎥/kg}$$

이 용적은 처음 상태(P_1=1+1=2kg/㎠ abs)에서나 마지막 상태(P_2=19+1=20 kg/㎠ abs)에서도 불변에 내용물 1kg 중의 증기의 중량을 처음 상태에서 x_1, 마지막 상태에서 x_2라 하면, x_1과 x_2는 내용물 전체를 습(습)포화증기도 생각했을 때의 긴조도리 보이도 된다. 따라서 식(2.25)에 의하여,

$$v_0 = v_1' + x_1(v_1'' - v_1') = v_2' + x_2(v_2'' - v_2')$$

$$\therefore x_1 = \frac{v_0 - v_1}{v_1'' - v_1'} = \frac{0.00167 - 0.00106}{0.902 - 0.00106} = 0.00068$$

$$x_2 = \frac{v_0 - v'_2}{v''_2 - v'_2} = \frac{0.00167 - 0.00118}{0.102 - 0.00118} = 0.00485$$

그래서 증발한 수량은 $x_2 - x_1 = 0.00485 - 0.00068 = 0.00417 \text{kg/kg}$

내용물의 상태에 대해서는

$0.00417 \times 3,000 = 12.51 \text{kg}$

그 다음에 내부에너지는 식 (2.26)과 같이 계산된다. 즉, 처음 상태에서는

$u_1 = u_1' + x_1(u_1'' - u_1') = 119.8 + 0.00068 \times (604.6 - 119.8) = 120.13 \text{kcal/kg}$

또 마지막 상태에서는

$u_2 = u_2' + x_2(u_2'' - u_2') = 215 + 0.00485 \times (621 - 215) = 216.97 \text{kcal/kg}$

양상태에서 내용물이 용적은 불변이므로 외부 일은 0이고, 그러므로 식 (2.19)에 의하여 가해진 열량은 내부에너지의 증가량과 같다.

즉, 가해야 할 열량은 $u_2 - u_1 = 216.97 - 120.13 = 98.84 \text{kcal/kg}$

그러므로 내용물에 대해서는

$96.84 \times G = 96.84 \times 3,000 = 290.520 \text{kcal}$

답 가하는 열량 = 290.520kcal, 증발한 수량 = 12.51kg

[예제 7.6] (a) 어느 증기보일러로 석탄 1kg당 압력 9kg/㎠, 건조도 0.99의 절화 증기 8kg을 발생한다. 급수온도는 90℃이다. 만약 석탄 1,000kg의 가격을 70,000원이라 하면 이 보일러로 온도 100℃의 물에서 같은 온도의 건절 화증기 1,000kg을 발생하는데 필요한 연료비는 얼마인가? 단, 9kg/㎠에 있어서 포화온도는 179℃, 포화수와 포화증기의 엔탈피는 각각 181과 663kcal/kg이고, 또 100℃에서의 증발열은 539kcal/kg이다. 또한 보일러의 효율은 압력과 관계없다고 생각한다.

해 급수의 평균비열을 1kcal/kg℃라 하면 90℃의 급수에서 압력 9kg/㎠, 건조도 0.99의 포화증기 1kg을 발생하는데 필요한 열량은

$(181 - 1 \times 90) + 0.99 \times (663 - 181) = 568 \text{kcal/kg}$

그래서 이 보일러에서 석탄 1kg에서 이용하고 있는 열량은 $568 \times 8 = 4.544 \text{kcal}$ 다음에 100℃의 물에서 같은 온도의 건포화증기 1,000kg를 발생하는데 필요한 열량은 $539 \times 1,000 = 539,000 \text{kcal}$이다. 그러므로 일정한 보일러효율 하에서는 이만큼의 증발량에 대해 필요한 석탄량은

$$\frac{539,000}{4,544} = 118.5 \text{kg}$$

그 가격은 $\dfrac{70,000}{1,000} \times 118.5 = 8,295$원 [답]

[예제 7.7] (a) 매시 1000kg의 석탄을 자연통풍으로 연소할 때 통풍압력을 $25\text{mm}H_2$로 유지하는 데 필요한 연돌의 높이를 구하라. 또 연돌의 소요최소단면적은 얼마인가? 다만 연소가스양은 사용석탄 1kg당 10Nm^3, 연돌가스의 평균온도를 200℃, 연돌내 가스속도는 4m/s를 초과하지 않는 것으로 한다. 또 대기온도 20℃로 하고 연돌가스의 비중은 i로 한다. 연돌의 통풍력은

다음식으로 주어진다. $Z_s = 353 \left(\dfrac{1}{Ta} - \dfrac{\delta}{Tg} \right) h$

여기서 Z_s : 통풍력(mmAq), h : 연돌의 높이(m), Ta : 외기온도($°K$)

$\quad\quad T_g$: 연돌내 가스 온도($°K$), δ : 연돌가스의 비중이다.

[해] 제의에 따라

$Z_s = 25,\ T_a = 20 + 273 = 293 °K,\ T_g = 200 + 273 = 473 °K,\ \delta = 1$

$\therefore h = \dfrac{25}{353 \left(\dfrac{1}{293} - \dfrac{1}{473} \right)} = 54.528\,(m)$

연소가스양은 $10 \times 1,000 = 10,000 N\text{m}^3/h$

이것을 연돌가스 온도와 압력에 대해 환산한다. 압력은 표준대기압과 큰 차가 없으므로 온도만의 수정으로

$10,000 \times \dfrac{Tg}{273} = 10,000 \times \dfrac{473}{273} = 17,300\,\text{m}^3/h = \dfrac{17,300}{60 \times 60} = 4.81\,\text{m}^3/s$

그러므로 최소 소요연돌단면적은

토출풍량÷토출가스속도$= 4.81\,\text{m}^3/s \div 4m/s = 1.20\,\text{m}^2$

[답] 연돌높이$= 54.528 m$, 연돌의 단면적$= 1.2\,\text{m}^2$

[예제 7.8] (a) 외경76mm, 내경68mm, 유효길이4,800mm의 수관을 96본 취부한 수관보일러가 있다. 이 보일러의 전열면적(m^2)과 매시 증발량(kg)을 계산하라. 다만 수관 이외 부분의 전열면적은 제외하고, 또 전열면적 1m^2 1시간당 증발량을 26.9kg이라 한다.

[해] 수관보일러이므로 전열면적은 수관 외면의 면적이다. 그러므로 그 값은

$\pi \times 0.076 \times 4.8 \times 96 = 110\,\text{m}^2$ 증발량은 $26.9 \times 110 = 2.959\text{kg}/h$

[답] 전열면적$=110\text{m}^2$, 증발량$=2,959\text{kg}/h$

[예제 7.9] (a) 어느 증기보일러의 효율을 72%, 이것에 사용하는 석탄의 발열량과 가격을 각각 6,500㎉/kg과 70,000원/t이라 하고, 또 증기는 압력 9kg/㎠로 발생하고, 80℃만 과열하는 것으로 하면 급수온도가 20℃일 때는 증기 1,000kg당의 석탄 가격은 얼마가 되나. 또 보일러 효율이 같고 급수온도가 95℃의 경우와 보일러효율이 82%이고 급수온도 20℃의 경우에는 이 가격은 얼마인가? 단, 9kg/㎠에 대한 건포화증기의 엔탈피를 663㎉/kg이라 하고, 물과 증기의 비열을 각각 1과 0.52㎉/kg℃로 한다.

해 (1) 증기압력 9kg/㎠, 과열온도 80℃, 급수온도 20℃, 보일러효율 72%의 경우

증기 1kg당의 필요열량 = 663-20+0.52×80=684.6㎉/kg

증기 1,000kg당의 필요열량 = 684.600㎉

석탄 1kg당의 유효열량 = $6,500 \times \dfrac{72}{100} = 4,680$㎉/kg

∴증기 1,000kg당의 석탄소요량 = $\dfrac{684,600}{4,680} = 146$kg

(2) 증기압력 9kg/㎠, 과열온도 80℃, 급수온도 95℃, 보일러효율 72%의 경우

증기 1kg당의 필요열량 = 663-95+0.52×80=609.6㎉/kg

증기 1,000kg당의 필요열량 = 609.600㎉

석탄 1kg당의 유효열량 = $6,500 \times \dfrac{72}{100} = 4,680$㎉/kg

∴증기 1,000kg당의 석탄소요량 = $\dfrac{609,600}{4,680} = 130$kg

(3) 증기압력 9kg/㎠, 과열온도 80℃, 급수온도 20℃, 보일러효율 82%의 경우 증기 1kg당의 필요열량=663 - 20+0.52×80=684.6㎉/kg 증기 1,000kg당의 필요열량[(1)이 경우와 같음]=684.600㎉

석탄 1kg당의 유효열량=$6,500 \times \dfrac{82}{100} = 5,330$㎉/kg

∴증기 1,000kg당의 석탄소요량=$\dfrac{684,600}{5,330} = 128$kg 그러므로 석탄의 가격은

(1)의 경우 $70,000 \times \dfrac{146}{1,000} = 10,220$원

(2)의 경우 $70,000 \times \dfrac{130}{1,000} = 9,100$원

(3)의 경우 $70,000 \times \dfrac{128}{1,000} = 8,960$원

[예제 7.10] (a) 어느 증기보일러로 압력 14kg/㎠, 건조도 0.98의 포화증기를 발생할 때 만약 급수온도를 절탄기에 의하여 20℃에 95℃로 높인다고 하

면, 연료는 몇 % 절약되나? 단 압력 14kg/cm²에 있어서 포화온도와 증발열을 각각 197℃와 466kcal/kg로 한다.

해 물의 평균비열을 1kcal/kg℃라 하면 급수에서 제시의 증기를 발생하는 데 필요한 열량은 (A) 급수온도 20℃일 때 197-20+466×0.98=634kcal/kg (B) 급수온도 95℃일 때 197−95+466×0.98=559kcal/kg 그러므로 (B)의 경우의 연료소비량은 (A)의 경우에 비하여

$$\frac{559}{634}=0.882$$

로 절약률은 1−0.882=0.118=11.8% **답**

[예제 7.11] (a) 2기의 증기보일러로 발생한 각각 압력 9kg/cm²의 증기를 1본의 주관에 넣어 수송할 때, 만약 1본의 보일러는 건조도 0.96의 증기를 매시 10,000kg 발생하고, 다른 1본의 보일러는 온도 260℃의 과열증기를 매시 7,000kg 발생한다고 하면, 주관 내의 혼합증기의 온도는 몇 도가 되나? 단 압력 9kg/cm²에 있어서 증기의 포화온도는 179℃, 증발열은 482kcal/kg, 과열증기의 평균정압비열은 0.554kcal/kg℃라 하고, 또 열손실은 무시한다.

해 구하는 혼합증기의 온도를 t℃라 하면, 포화증기가 t℃로 되기 위해 흡수하는 열량은

$$[482\times(1-0.96)+0.554\times(t-179)]\times 10,000\,\text{kcal}/h$$

과열증기가 t℃로 되기 위하여 방출하는 열량은

$$[0.554\times(260\text{-}t)]\times 7,000\,\text{kcal}/h$$

열손실을 무시하므로 이 양량은 서로 같지 않으면 안 된다. 즉

$$[482\times(1-0.96)+0.544\times(t-179)]\times 10,000=[0.544\times(260-t)]\times 7,000$$

이것을 t에 대해서 풀면 $\therefore t=212.35$℃ **답**

[예제 7.12] (a) 피가열물질의 표면에서 밑쪽으로 화격자가 있는 가열로에서 역청탄 90kg/m²h를 연소시키려면 탄층의 상하에서 5mm 수주의 압력차가 필요하다. 지금 작업실로 바닥의 노압을 대기압과 같도록 하려면 화격자면을 노 바닥에서 몇m 밑쪽으로 설치하면 좋은가? 단, 연소가스의 평균온도 $T_g=1,550$°K, 실온 $T_a=288$°K로 하고, 연소가스 유동에 의한 압력손실은 무시하며, 가스의 통풍력은 다음식으로 주어진다.

$$Z_S=353\left(\frac{1}{T_a}-\frac{1}{T_g}\right)h$$

여기서 h는 열가스 주의 높이(m)

해 주어진 식 중 제의에 의하여

$Z_s = 5\text{mm}\,Aq = 5\text{kg}/\text{m}^2,\ T_a = 280°\text{K},\ T_g = 1,550°\text{K}$를

위 식에서 대입 $5 = 353 \times \left(\dfrac{1}{288} - \dfrac{1}{1,550}\right) \times h$

$\therefore h = \dfrac{5}{353 \times \left(\dfrac{1}{288} - \dfrac{1}{1,550}\right)} = 5(m)$

답 화격자면을 노 바닥에서 5m 밑쪽에 위치하도록 설치할 것.

주 본 문제 중 90kg/m²h 라 하는 연소율의 숫자는 "탄층의 상하에서 5mm 수주의 압력 차가 필요하다."라는 한 가지 기초로 되어 있으나 해답의 계산에는 필요치 않다.

[예제 7.13] (a) 온도 25℃의 급수를 매시 2,000kg씩 증기보일러에 이송하고, 이것을 압력 9kg/cm², 건조도 0.98의 습 건화증기로서 발생할 때, 이 보일러에서 매시 연소해야 할 석탄량(kg)을 계산하라. 단, 압력 9kg/m²에서의 포화수의 엔탈피는 181kcal/kg,

또 $\quad Q_2 = 1.2\,Q_0 = \dfrac{1.2}{0.75}\,Q_1$

즉, $\quad k_2(\triangle\theta)_2 = \dfrac{1.2}{0.75}k_1(\triangle\theta),\quad \dfrac{k_2}{k_1} \div \dfrac{(\triangle\theta)_2}{(\triangle\theta)_1} = \dfrac{1.2}{0.75}$

그런데 제의에 따라 $\quad \dfrac{k_2}{k_1} = \dfrac{(\triangle\theta)_2}{(\triangle\theta)_1}$

그러므로 상식은 $\quad \left[\dfrac{(\triangle\theta)_2}{(\triangle\theta)_1}\right]^2 = \dfrac{1.2}{0.75} \qquad \dfrac{(\triangle\theta)_2}{(\triangle\theta)_1} = \left(\dfrac{1.2}{0.75}\right)^{\frac{1}{2}}$

$\therefore (\triangle\theta)_2 = \left(\dfrac{1.2}{0.75}\right)^{\frac{1}{2}}(\triangle\theta)_1 = 1.265(\triangle\theta)_1 = 1.265(\triangle\theta)_0$

답 온도차를 최초의 경우에 비하여 26.5 증가해야 한다.

[예제 7.18] (b) 수직인 노외벽면의 온도가 60℃이고 대기온도가 30℃일 때 벽면 1m² 당 매시 방열량을 구하라. 다만 노외벽면의 방사흑도 ε를 0.8, 대류에 의한 열전달률을 $\alpha = 2.2(\triangle t)^{\frac{1}{4}}$, 여기서 $\triangle t$는 벽면과 대기와의 온도차로 한다.

해 대류열전달률의 값은 제시의 식에서

$\alpha = 2.2(\triangle t)^{\frac{1}{4}} = 2.2 \times (60 - 30)^{\frac{1}{4}} = 5.15\text{kcal}/\text{m}^2 h\,℃$

그러므로 대류방열량은 $Q_c = \alpha \triangle t = 5.15 \times (60 - 30) \cong 154.5 \text{kcal}/\text{m}^2 h$

방사열량은 식 (3.52)에 의하여 $Q_r = \varepsilon\, C_b \left[\left(\dfrac{T_1}{100} \right)^4 - \left(\dfrac{T_2}{100} \right)^4 \right]$

여기서 $\varepsilon = 0.8,\ C_b = 4.88,\ T_1 = 60 + 273 = 333\,^\circ K,\ T_2 = 30 + 273 = 303\,^\circ K$

식(Stefan-Boltzmann법칙) (3.43)과 (3.44) 참조

$\therefore Q_r = 0.8 \times 4.88 \times \left[\left(\dfrac{333}{100} \right)^4 - \left(\dfrac{303}{100} \right)^4 \right] \cong 151 \text{kcal}/\text{m}^2 h$

그러므로 총발열량은 $Q = Q_c + Q_r = 154.5 + 151 = 305.5 \text{kcal}/\text{m}^2 h$ 답

[예제 7.19] (b) 내화벽돌, 단열벽돌, 붉은벽돌을 오른쪽 그림과 같이 구비된 요로벽에 있어서 다음 수치가 주어졌을 때 각 벽돌 접촉면의 온도 θ' 과 θ'' 를 구하라.

$\theta_1' =$요로내벽온도 1,200℃

$\theta' =$내화벽돌과 단열벽돌의 접촉면의 온도

$\theta'' =$단열벽돌과 붉은벽돌의 접촉면의 온도 ℃

$\theta_2' =$요로외벽온도 60℃ $\delta_1 \delta_2 \delta_3 =$각 벽돌벽의 두께, m

$\lambda_1 \lambda_2 \lambda_3 =$각 벽돌의 평균열전도율, kcal/m²h℃

해 면적 1m²당의 전열량 Q는 식 (3.3)과 (3.4)에 의하여

내화벽돌을 통해서 $\quad Q = \dfrac{\lambda_1}{\delta_1}(\theta_1' - \theta')$ ·······································(1)

단열벽돌을 통해서 $\quad Q = \dfrac{\lambda_2}{\delta_2}(\theta' - \theta'')$ ·······································(2)

붉은벽돌을 통해서 $\quad Q = \dfrac{\lambda_3}{\delta_3}(\theta'' - \theta_2')$ ·······································(3)

벽 전체를 통해서 $\quad Q = \dfrac{\theta_1' - \theta_2'}{\dfrac{\delta_1}{\lambda_1} + \dfrac{\delta_2}{\lambda_2} + \dfrac{\delta_3}{\lambda_3}}$ ·······································(4)

주어진 수식에서 $\quad \theta_1' - \theta_2' = 1,200 - 60 = 1,140$

$\dfrac{\delta_1}{\lambda_1} = \dfrac{0.4}{1.0} = 0.4, \quad \dfrac{\delta_2}{\lambda_2} = \dfrac{0.14}{0.2} = 0.7, \quad \dfrac{\delta_3}{\lambda_3} = \dfrac{0.25}{0.5} = 0.5$

이것을 위의 식 (4)에 대입하여 $\quad Q = \dfrac{1,140}{0.4 + 0.7 + 0.5} = 713 \text{kcal}/\text{m}^2 h$

그래서 위의 식(1)은 $713 = \dfrac{1}{0.4} \times (1,200 - \theta')$ $\therefore \theta' = 1,200 - 713 \times 0.4 ≒ 915℃$

따라서 식(2)는 $713 = \dfrac{1}{0.7} \times (915 - \theta'')$ $\therefore \theta'' = 915 - 713 \times 0.7 ≒ 416℃$

답
{ 내화벽돌과 단열벽돌의 접촉면 915℃
단열벽돌과 붉은벽돌의 접촉면 416℃

[예제 7.20] (b) 5%(중량)의 Glycerine 수용액을 60%(중량)까지 연속적으로 농축하고 있는 증발 솥이 있다. 이 솥에 있어서 열관류율 $K(\mathrm{kcal}/\mathrm{m^2}h℃)$는 일정 온도차에 대해서는 Scale 부착 때문에 다음식에 따라 시간과 함께 저하되어 간다.

$$\frac{1}{K^2} = 0.108 \times 10^{-6} + 0.527 \times 10^{-7}t$$

여기서 t는 운전개시시부터 경과한 시간 수이다. 이 경우에 K가 운전개시 시의 50%로 저하할 때까지의 필요한 시간을 계산하라. 또 이때 운전개시시와 동일량의 증발을 하기 위해서는 총괄온도차 $\triangle\theta$를 어느 정도 증가시키면 좋은가? 단 K는 동일시기에 있어서는 $\triangle\theta$에 비례해서 증대하는 것으로 한다.

해 운전개시시에 있어서 열관류율의 값을 K_0라 하면 제의에 따라

$$\frac{1}{K_0^2} = 0.108 \times 10^{-6}$$

열관류율의 값이 $K_1 = \dfrac{50}{100}K_0$로 저하될 때까지의 시간을 th이라 하면

$$\frac{1}{K_1^2} = \frac{1}{\left(\dfrac{1}{2}K_0\right)^2} = 0.108 \times 10^{-6} + 0.527 \times 10^{-7}t$$

$$\therefore t_1 = \frac{1}{0.527 \times 10^{-7}} \times \left[\frac{1}{\left(\dfrac{1}{2}\right)k_0} - 0.108 \times 10^{-6}\right] = \frac{1}{0.527 \times 10^{-7}} \times \left[\frac{4}{k_0^2} - 0.108 \times 10^{-6}\right]$$

$$= \frac{10^7}{0.527}\left[4 \times 0.108 \times 10^{-6} - 0.108 \times 10^{-6}\right] ≒ 6.15h \,(= 6.148)$$

이때 운전개시시와 같은 양의 증발을 하도록 하기 위해서는 운전개시시와 같은 양의 전열량이 필요하다. 그런데 전열량 Q는 일반적으로

$$Q = k\triangle\theta$$

여기서 $\triangle\theta$는 온도차이다. 이때 운전개시시 그대로 6.15시간 경과했을 때, 대략 그때 운전개시시와 꼭 같은 전열량을 얻을 수 있도록 했을 경우에 있어서 제량을 각각 첨자 0, 1, 2로 표시하면,

$$Q_0 = k_0(\triangle\theta)_0, \ Q_1 = k_1(\triangle\theta)_1, \ Q_2 = k_2(\triangle\theta)_2$$

제의에 따라 $k_1 = \dfrac{1}{2}k_0$ $(\Delta\theta)_1 = (\Delta\theta)_0$ $\therefore Q_1 = \dfrac{1}{2}Q_0$

또 $Q_2 = Q_0 = 2Q_1$ 즉 $k_2(\Delta\theta)_2 = 2k_1(\Delta\theta)_1, \dfrac{k_2(\Delta\theta)_2}{k_1(\Delta\theta)_1} = 2$

그러나 제의에 의하여 $\dfrac{k_2}{k_1} = \dfrac{(\Delta\theta)_2}{(\Delta\theta)_1}$

고로 상식은 $\left[\dfrac{(\Delta\theta)_2}{(\Delta\theta)_1}\right]^2 = 2, \quad \dfrac{(\Delta\theta)_2}{(\Delta\theta)_1} = \sqrt{2}$

$\therefore (\Delta\theta)_2 = \sqrt{2}\times(\Delta\theta)_1 = \sqrt{2}\times(\Delta\theta)_0$

답 { 온도차를 운전개시시의 $\sqrt{2}$ 배로 하면 된다.
열관류율이 50%로 저하될 때까지의 시간은 6.15시간이다.

[예제 7.21] (b) 압력 2kg/㎠의 증기를 사용하는 표면가열기에 의하여 급수를 15℃에서 120℃로 가열할 때 가열기의 전열면적을 50㎡라 하면 매시 몇 kg의 급수를 가열할 수 있나? 다만 압력 2kg/㎠(3kg/㎠ abs)에 상당하는 절화온도는 133℃이고, 또 열관류율은 70㎉/㎡h℃로 한다.

해 제의에 따라 이 가열기에 있어서 전열량은 식(3.34)과 식(3.38)에 의하여 구할 수 있다. 식(3.38)에 있어서 $\theta_0 =$ 증기온도(일정)$= 133℃$

$$\theta_1^1 = \text{급수입구온도} = 15℃$$

$$\theta_2^1 = \text{급수출구온도} = 120℃$$

$$\therefore 4\theta m = \dfrac{\theta_2^1 - \theta_1^1}{2.303\log\dfrac{\theta_0 - \theta_1^1}{\theta_0 - \theta_2^1}} = \dfrac{120 - 15}{2.303\log\dfrac{133 - 15}{133 - 120}} = \dfrac{105}{2.303\log\dfrac{118}{13}} = 47.6$$

$$(4\theta m : \text{대수평균온도차})$$

식(3.34)에서

$$k = 70㎉/㎡h℃, \ F = 50㎡, \ \Delta\theta m = 47.6℃$$

이므로 전열량 Q는

$$Q = k\Delta\theta mF = 70\times47.6\times50 = 166,600㎉/h$$

가열할 수 있는 급수량을 G_2 kg/h이라 하고, 이 평균 비열을 1㎉/kg℃라 하면 식 (3.33) 단위시간의 전열량은 $Q = C_1 G_1(\theta_1 - \theta_2) = C_2 G_2(\theta_2' - \theta_1')$에 의하여

$$Q = 1\times G_2(\theta_2' - \theta_1')$$

$$\therefore G_2 = \frac{Q}{\theta_2' - \theta_1'} = \frac{166,600}{120-15} = \frac{166,600}{105} = 1,587 \text{kg}/h \quad \blacksquare$$

[예제 7.22] (a, b) 어느 노의 배가스 (건)분석 결과(%)는 다음과 같다.

CO_2	O_2	CO	N_2
11.8	6.7	1.1	80.4

또 습한 배가스 $1N\text{m}^3$ 중의 수분은 $0.1N\text{m}^3$ 이다. 이 습한 가스를 몇 도까지 냉각하면 노점에 달하나? 다만 가스의 압력은 1기압(절대)이라 한다.

해 습한 배가스에 대한 비율을 건배가스에 대한 것으로 환산하면,

$$\frac{\overline{W_v}}{G_v} = \frac{\overline{W_v}}{(1-0.1)\,G_v} = \frac{0.1}{1-0.1} = \frac{1}{9} N\text{m}^3 / N\text{m}^3$$

이것은 중량비율로 고치면 $\quad \overline{Wg} = \frac{18}{22.4}\,\overline{Wv} = \frac{18}{22.4} \times \frac{1}{9}\,G_v'$

$$Gg' = \frac{Gv'}{22.4 \times 100} \times (44 \times 11.8 + 32 \times 6.7 + 28 \times 1.1 + 28 \times 80.4)$$

$$= \frac{30.15}{22.4}\,Gv'$$

$$\therefore \frac{\overline{Wg}}{Gg'} = \frac{18 \times \dfrac{1}{9}}{30.15} = 0.0664$$

이것이 습배가스의 절대온도이다. 즉

$$h = 0.0664$$

고로 예제 2.33과 같이, 절화압력은

$$Ps = \frac{Ma\,ph}{Mw + Mah}$$

여기서 Ma 는 건배가스의 분자량으로서

$$Ma = \frac{44 \times 11.8 + 32 \times 6.7 + 28 \times 1.1 + 28 \times 80.4}{100} = 30.15$$

또 물인 증기의 분자량 Mw 는

$$Mw = 18$$
$$P = 1.033 \text{kg/cm}^2 abs$$

$$\therefore Ps = \frac{1.033 \times 0.0664 \times 30.15}{18 + 0.0664 \times 30.15} = 0.1034 \text{kg/cm}^2$$

이 압력에 상당하는 포화온도 즉 노점은 증기표에서 내삽법에 의하여

$$t_s \cong 46.1℃ \; \boxed{답}$$

[예제 7.23] (a, d) 예제 4.2에 표시한 석탄을 보일러에 때어 압력 16kg/㎠, 건조도 0.95의 포화증기를 매시 10,000kg 양성하려면 보일러 몇 기가 필요한가? 다만

급수온도:	95℃
보일러효율:	75%
화격자연소율:	115kg/㎡h
보일러의 화격자면적:	2.15㎡

압력 16kg/㎠에 있어서의 절화수의 엔탈피: 207.10kcal/kg
〃 건포화증기의 엔탈피: 667.5kcal/kg
온도 95℃ 물의 엔탈피: 95kcal/kg

발열량
탄소: 8,100kcal/kg
수소: (저위) 29,000kcal/kg
유황: 2,500kcal/kg
물의 증발열(발열량 계산상의) 600kcal/kg

> **해** 예제 4.2에 의하여 수분을 함유한 석탄의 조성이 나와 있으므로, 이를 이용하여 발열량을 계산한다. 식(5.18)에 의하여

$$Hi = 8,100C + 29,000\left(H - \frac{O}{8}\right) + 2,500S - 600\overline{W}$$

$$= \frac{1}{100}\left[8,100 \times 65.18 + 29,000 \times \left(4.27 - \frac{10.15}{8}\right) + 2,500 \times 0.26 - 600 \times 3.00\right]$$

$$= 6,138kcal/kg$$

발생되어야 할 증기의 엔탈피는 식(2.26)과 주어진 수식에 의하여

$$i = i' + x(i'' - i') = 207.10 + 0.95 \times (667.5 - 207.10) = 644.48kcal/kg$$

고로 95℃의 급수에서 이 증기를 양성하는 데 필요한 열량은

$$644.48 - 95 = 549.48kcal/kg$$

그러므로 매시 필요열량은 $549.48 \times 10,000 = 5,494,800kcal/h$

보일러효율이 75%이므로 연료가 발생하는 필요 열량은

$$\frac{5,494,800}{0.75} = 7,326,400kcal/h$$

고로 소요연료 소비량은 $\dfrac{7,326,400}{6,138} = 1,194 \text{kg}/h$

그러므로 소요화격자 면적은 $\dfrac{1,194}{115} = 10.4 \text{m}^2$

보일러 소요 기수는 $\dfrac{10.4}{2.15} = 4.84$ 즉 최소한 5기가 필요하다. 답 5기

[예제 7.24] (a, d) 회분 12.5%, 발열량 6,500kcal/kg의 석탄(최고 위품)을 매시 150kg 연소하는 1m^2의 화격자가 있다. 그런데 이 고품위탄이 입수 안 되므로 41.5% 회분, 발열량 4,700kcal/kg의 석탄(저품위-B급)을 사용하려면 화격자면적과 재(회) 떨어지는 능력에 대해서 어떻게 하면 되나? B급 탄을 사용하여 고급탄의 경우와 같은 화격자 연소율(150kg/m^2h)로 똑같은 열량을 발생시키려면 화격자면적을 얼마나 증대할 필요가 있나? 또 이때의 회량은 얼마나 되나?

해 모두 연소한다고 하면

고품위탄에 의한 매시 발생열량은

$$6,500 \times 150 = 975,000 \text{kcal}/h$$

이에 상응하는 저품위탄으로 발생시키려면

$$975,000 \div 4,700 \cong 207 \text{kg}/\text{m}^2 h$$

만한 양을 연소시켜야 한다. 그러므로 같은 1m^2의 화격자면적으로는 207 kg/m^2h의 연소율로 되어 이 종류의 석탄에 대해서 자연통풍으로는 무리하므로 강제통풍을 하거나 또는 화격자면적을 증대하지 않으면 안 된다. 만약 고급탄의 경우와 같은 연소율(150kg/m^2h)을 유지하려면 화격자면적을 207/150=1.38m^2로 증대시켜야 한다. 또 연소찌꺼기(회량)는 고급탄에서는 $150 \times \dfrac{12.5}{100} = 18.75 \text{kg}/h$

저급탄에서는 $207 \times \dfrac{41.5}{100} = 85.91 \text{kg}/h$

즉 고급탄의 경우 $\dfrac{85.91}{18.75} = 4.6$배가 되므로 재 떨어지는 능력도 이것에 대하여 충분히 증대시켜야 한다.

답 { 재 떨어지는 능력 4.6배로 증대시키고, 화격자면적은 1.38m^2증대시키고, 화량은 85.91kg/h이다. 즉, 고급탄의 4.6배이다.

[예제 7.25] (a, d) 다음의 증기보일러 시험 결과에서 (ㄱ)화격자연소율, (ㄴ)전열

면증발율, (ㄷ)보일러효율을 구하라.

시험결과	사용탄 발열량	2,800kcal/kg	급수온도	15℃
	매시연소량	329kg	매시증발량	785kg
	증기 엔탈피	658kcal/kg		

단지 보일러는 코르니슈보일러고 전열면적 31㎡, 화격자면적 1.3㎡이다.

해 (ㄱ) 화격자연소율 $= \dfrac{329}{1.3} = 253 \text{kg}/\text{㎡}h$

(ㄴ) 전열면증발율 $= \dfrac{785}{31} = 25.3 \text{kg}/\text{㎡}h$

(ㄷ) 연료의 발생열량 $= 2,800 \times 329 = 922,000 \text{kcal}/h$

증기에 주어진 열량(급수의 평균 비열을 1kcal/kg℃로 하고)

$= (658 - 15) \times 785 = 505,000 \text{kcal}/h$

$\therefore Boiler$효율 $= \dfrac{505,000}{922,000} \times 100 = 54.8\%$

[예제 7.26] (a, d) 높이 80m의 연돌에서 내부 가스의 평균온도가 200℃, 외부 공기의 평균온도가 25℃일 경우에 연돌 속을 흐르는 가스의 실제 속도를 계산하라. 다만, 가스와 공기의 가스정수를 다 같이 29kgm/kg°K, 속도계수를 0.35로 한다. 여기서 속도계수란 실제 속도와 이론속도와 비로서, 이론속도는 $(2gZs/\Upsilon_g)^{\frac{1}{2}}$로 산출된다. (Zs는 이론통풍력, γ_g는 가스비중량, g는 중력가속도)

해 이론통풍력 Zs는 제의에 의하여 $R_a = R_g$이므로 다음식에 근사하다. 즉

$$Zs = \frac{P_o}{R_a}\left(\frac{1}{Ta} - \frac{1}{T_o}\right)h$$

제의에 따라 $h = 80m$, $Ta = 25 + 273 = 298°K$, $Tg = 200 + 273 = 473°K$, $Ra = 29 \text{kgm}/\text{kg}°K$, 또 $P_o = 10,332 \text{kg}/\text{㎡}$로 하면

$$Zs = \frac{10,332}{29} \times \left(\frac{1}{298} - \frac{1}{473}\right) \times 80 = 35.4 \text{kg}/\text{㎡}$$

다음에 가스의 특성식에 의하여

$$p_g v = R_g T_g$$

그래서 $\Upsilon_g = \dfrac{1}{p_g}$ 그러므로 상식으로부터

$$\Upsilon_g = \frac{p_g}{R_g T_g} \cong \frac{p_o}{R_g T_g} = \frac{10,332}{29 \times 473} = 0.753 \text{kg}/\text{㎥}$$

그래서 연돌가스의 이론속도 w_os는 제시의 식으로부터

$$w_o = \sqrt{\frac{2gZs}{\Upsilon_g}} = \sqrt{\frac{2 \times 9.8 \times 35.4}{0.753}} = 30.3 m/s \quad \text{그러므로 실제속도 } w \text{는}$$

$$w = w_o \times 0.35 = 30.3 \times 0.35 = 10.6 m/s \quad \boxed{답}$$

[예제 7.27] (a, d) 폭 2,500mm, 깊이 4,500mm의 쇄상 stocker에 있어서 주행속도 8.5m/h, Coal Gate 하의 탄층두께 110mm로 때고 있을 때 화격자연소율과 화격자열발생률(화격자열부하)을 계산하라. 다만 사용탄의 겉보기 밀도는 750kg/m³, 사용탄의 발열량은 3,800kcal/kg이라 한다.

> **해** 화격자면적 $= 2.5 \times 4.5 = 11.25\,\text{m}^2$
>
> 매시급탄량 $= 750 \times 2.5 \times 0.11 \times 8.5 = 1,753\text{kg}/h$
>
> 화격자연소율 $= \dfrac{1,753}{11.25} = 156\text{kg}/\text{m}^2 h$
>
> 화격자열부하 $= 3,800 \times 156 = 592,000\text{kcal}/\text{m}^2 h$

> **답** 화격자연소율 156kg/m²h, 화격자열부하 592,000kcal/m²h

[예제 7.28] (a, d) 높이 15m의 연돌로 자연통풍에 의하여 3m²의 화격자에서 매시 240kg의 석탄을 연소하는 요로에 있어서 연소량을 매시 360kg로 증가시키기 위해서는 연돌의 높이를 몇 m로 하면 좋은가? 다만 연돌의 굵기는 일정하며 연돌 내 연소가스의 평균온도는 400℃, 외기온도는 20℃라 한다. 또 화격자 이외의 노내부, 연도와 연돌 등의 통풍저항은 연소 가스유량의 2승에 비례하고, 연돌하의 겉보기 통풍력 Zs는

$$Zs = 353\left(\frac{1}{Ta} - \frac{1}{Tg}\right) h \text{ mm} Aq \text{로서 계산된다고 본다. 여기서 Ta와 Tg}$$

는 각각 외기와 연돌 가스의 평균온도($°K$), h는 연돌 높이(m)라 한다. 또 화격자상하의 통풍력과 석탄연소율과의 관계는 다음 표와 같다.

통풍력(mmAq)	5	7	10	13	17	20
연소율(kg/m²h)	60	80	100	120	140	160

> **해** 우선 최초의 경우에 대해서 생각하면 연소율은
>
> $$\frac{240}{3} = 80\text{kg}/\text{m}^2 h$$
>
> 이며, 이에 대한 화격자상하의 상기저항은 제시의 표로부터 7mmAq이다. 한편 연돌에 의한 통풍력은
>
> $$T_a = 20 + 273 = 293\,°K, \ T_g = 400 + 273 = 673\,°K, \ h = 15m \text{이므로}$$

$$Zs = 353 \times \left(\frac{1}{293} - \frac{1}{673} \right) \times 15 = 0.68 \times 15 = 10.2 \, \text{mm} Aq$$

그러므로 노내부, 연도, 연돌 등의 통풍저항은

　　$10.2 - 7 = 3.2 \, \text{mm} Aq$ 이다.

이 저항은 제의에 의하여 연소가스 유량의 2승에 비례한다. 그러나 석탄 연소량 1kg 당의 연소가스양을 일정하게 하면, 연소가스 유량은 매시의 석탄연소량에 비례하기 때문에 상기 저항은 또 매시의 석탄연소량의 2승에 비례한다고 보아도 좋다. 그러므로 석탄연소량이 240kg/h에서 360kg /h로 증가했을 때의 저항은

$$3.2 \times \left(\frac{360}{240} \right)^2 = 7.2 \, \text{mm} Aq \ \text{로 증대한다.}$$

석탄연소량 360kg/h일 때의 연소율은 　$\dfrac{360}{3} = 120 \text{kg} / \text{m}^2 h$

이며, 이것에 대한 화격자상하의 통풍저항은 표로부터 13mmAq이다.

그래서 석탄연소량 360kg/h의 경우 총통풍저항은

　　13+7.2=20.2mmAq

그러므로 소요연돌 높이 h는 다음식으로 구할 수 있다.

$$20.2 = 353 \left(\frac{1}{T_a} - \frac{1}{T_g} \right) h \quad T_a, T_g \text{는 최초의 경우가 같다고 생각됨으로}$$

$$20.2 = 0.68 \times h \qquad \therefore h = \frac{20.2}{0.68} = 29.7 m \quad \boxed{답}$$

[예제 7.29] (d) 저위발열량 6,000kcal/kg의 석탄을 화격자면적 10m²의 보일러에서 연소율 150kg/m²h, 공기과잉률 1.5로 때는 데 필요한 송풍량을 구하라.

[해] 석탄소비량 150×10=1,500kg/h 이 석탄의 연소에 필요한 이론공기량은 실험식 (5.27)에서 석곡씨의 값을 사용하여

$$L_{ov} = \frac{1.05 \times 6,000}{1,000} + 0.10 = 6.40 N\text{m}^3 / \text{kg}$$

그래서 공기과잉률 μ=1.5로 연소할 경우의 공기량은

$$L_v = \mu L_{ov} = 6.40 \times 1.5 = 9.60 N\text{m}^3 / \text{kg}$$

그러므로 필요한 송풍량은

$$9.60 \times 1,500 = 14,400 N\text{m}^3 / h$$

[예제 7.30] (d) 예제 7.29의 보일러에 필요한 연돌의 최소 단면적을 구하라. 다만 연돌가스의 평균온도를 200℃로 하고, 연돌 중의 가스 속도는 6m/s를 초과하지 않는 것으로 한다.

해 이 보일러의 이론연소가스양을 실험식(5.48)에 석곡씨의 값을 사용하여

계산하면 $G_{ov} = \dfrac{1.11 \times 6,000}{1,000} + 0.30 = 6.96 N\text{m}^3/\text{kg}$

그래서 실제 연소가스양은 식 (5.29)에 의하여

$G_v = G_{ov} + (\mu - 1)L_{ov} = 6.96 + 6.40 \times (1.5 - 1) = 10.16 N\text{m}^3/\text{kg}$

매시의 연소가스양은 $G_v \times 1,500 = 10.16 \times 1,500 = 15.240 N\text{m}^3/\text{kg}$

이것을 연돌 가스 온도에 있어서의 환산하면

$15.240 \times \dfrac{200 + 273}{273} = 26.400\,\text{m}^3/h$ 그래서 연돌이 최소단면적은

$\dfrac{26.400}{6 \times 60 \times 60} = 1.22\,\text{m}^2$ **답**

[예제 7.31] (d) 어느 노에 발열량 6,000㎉/kg 석탄 (이론공기량 6.5N㎥/kg, 그때 연소가스양 7.0N㎥/kg)을 사용하여 30%의 과잉공기로 1,200℃의 온도를 얻었다. 이 노에 발열량 4,500㎉/kg의 석탄 (이론공기량 4.5N㎥/kg, 그때의 연소가스양 5.6N㎥/kg)을 사용하여 60%의 과잉공기로 같이 1,200℃의 온도를 주려면 공기는 이론적으로 몇 도까지 예열할 필요가 있나?

해 이 문제를 풀려면 문제에 나타나 있지 않은 다른 여러 가지 조건을 적당히 가정할 필요가 있다. 여기서는 다음과 같은 가정하에 문제를 풀기로 한다. 즉 나타나 있는 두 가지 경우에서 연소가스의 평균정압비열, 방사율, 연소효율은 어느 것이나 모두 같고 또 평균정압비열은 공기와 연소가스가 같다. 실온을 0℃라 하고, 0℃ 기준에서 생각한다.

(1) 발열량 6,000㎉/kg의 석탄의 경우

연료나 공기도 특별히 예열하지 않으므로 연소온도는 식 (5.60)에 있어서

$t_s = 0, \quad t_f - t_s = 0, \quad t_a - t_s = 0$

$t_p = \dfrac{\eta H_i (1 - \sigma)}{c_g [G_{ov} + (\mu - 1)L_{ov}]}$

제의에 의하여 $t_g = 1,200℃ \quad L_{ov} = 6.5 N\text{m}^3/\text{kg} \quad \cdots\cdots H_i = 6,000㎉/\text{kg}$

$\mu - 1 = 0.3 \qquad G_{ov} = 7.0 N\text{m}^3/\text{kg}$

$$\therefore 1,200 = \frac{\eta(1-\sigma)}{c_g} \times \frac{6,000}{7.0+0.3\times6.5}$$

이것에서 $\dfrac{\eta(1-\sigma)}{c_g} = 1,200 \times \dfrac{7.0+0.3\times6.5}{6,000} = 1.79$

(2) 발열량 4,500kcal/kg의 석탄의 경우

이 경우는 공기를 예열하는 것이므로 연소온도는

$$t_p = \frac{\eta H_i(1-\sigma)+c_a\mu L_{ov}t_a}{c_g\left[G_{ov}+(\mu-1)L_{ov}\right]}$$

제의에 의하여 $t_g = 1,200°C$ $G_{ov} = 5.6 N\text{m}^3/\text{kg}$ $H_i = 4,500\text{kcal/kg}$

$L_{ov} = 4.5 N\text{m}^3/\text{kg}$ $\mu = 1.6,\ \mu-1 = 0.6$ t_a =구하려는 공기예열온도

$$\therefore 1,200 = \frac{\eta(1-\sigma)\times4,500+c_a\times1.6\times4.5\times t_a}{c_g\left[5.6+0.6\times4.5\right]}$$

$$= \frac{\eta(1-\sigma)}{c_g}\times\frac{4,500}{5.6+0.6\times4.5}+\frac{c_a}{c_g}\times\frac{1.6\times4.5\times t_a}{5.6+0.6\times4.5}$$

가정에 의하여 $\eta,\ \sigma,\ c_g$는 양 경우에 있어서 같고 또 $c_a = c_g$이다.

그러므로 상식에 있어서 $\dfrac{\eta(1-\sigma)}{c_g} = 1.79$ 또 $\dfrac{c_a}{c_g} = 1$

$$\therefore 1,200 = 1.79\times\frac{4,500}{5.6+0.6\times4.5}+\frac{1.6\times4.5\times t_a}{5.6+0.6\times4.5}$$

이것에서 t_a를 산출하면 $t_a = 264°C$ 답

[예제 7.32] (d, e) 가스 발생로에 있어서 다음 결과를 얻었다.

가스 분석결과 (%)	CO2 5	CO 26	H2 12	CH4 4	N2 53

가스의 현열   230kcal/N㎥ 가스

가스 중의 수증기의 전열량   160   〃

가스 중의 Tar가 보유하는 열량   50   〃

회(재)가 가지고 나가는 열량   140kcal/kg 석탄

방사손실 등   670   〃

연료석탄의 총발열량   6,500   〃

사용증기의 전열량   200   〃

사용공기량   2N㎥/kg 석탄

가스 성분의 총발열량 (kcal/N㎥)을 CO=3,034, H2=3,052, CH4=9,527이라

한다. 이상에서 다음 몇 가지 수치를 산출하라.

(ㄱ) 발생로 가스의 생성량　(ㄴ) 온가스효율　(ㄷ) 냉가스효율

해 (ㄱ) 사용석탄 1kg에 대하여 건조가스 발생량을 $G\mathrm{Nm^3/kg}$, 사용공기량을 $L\mathrm{Nm^3/kg}$로 해서 질소정산을 한다. 사용석탄 1kg에 대하여 제의에 의하여

발생 가스 중의 질소량 $= \dfrac{53}{100}G$,　사용공기 중의 질소량 $= \dfrac{79}{100}L$

석탄 중의 질소량을 공기 중의 질소량에 비해 소량이라 무시하면

$$\frac{53}{100}G = \frac{79}{100}L \qquad \therefore\ G = \frac{79}{53}L$$

그러나 제의에 의하여 $L = 2\mathrm{Nm^3/kg}$이므로 $G = 2 \times \dfrac{79}{53} = 2.98\mathrm{Nm^3/kg}$

(ㄴ) 발생노 가스의 총발열량은

$$3{,}034 \times \frac{26}{100} + 3{,}052 \times \frac{12}{100} + 9{,}527 \times \frac{4}{100} = 1{,}536\mathrm{kcal/Nm^3}$$

그러므로 총가스의 보유총열량은 $1{,}536 + 230 + 160 + 50 = 1{,}976\mathrm{kcal/Nm^3}$

입열은 공기의 현열을 무시하면 $6{,}500 + 200 = 6{,}700\mathrm{kcal/kg}$

그러므로 총가스효율은 $\dfrac{1{,}976G}{6{,}700} = \dfrac{1{,}536 \times 2.98}{6{,}700} = 0.879$

(ㄷ) 냉가스로 이용할 수 있는 것은 그 발열량뿐이다. 그러므로 그 효율

은 $\dfrac{1{,}536G}{6{,}700} = \dfrac{1{,}536 \times 2.98}{6{,}700} = 0.684$

답 (ㄱ) $2.98\mathrm{Nm^3/kg}$　　(ㄴ) 87.9%　　(ㄷ) 68.4%

주 문제에는 재가 가지고 나가는 열량과 방사손실 등의 값이 주어져 있으나 이것은 해법의 계산에는 필요 없다. 그러나 산출하여 얻은 값과 이들의 값으로 입출열의 정산을 해보면 꼭 맞아떨어지므로 하나의 험산이 된다. 정산의 방법은 독자의 연구에 맡기기로 한다.

[예제 7.33] (e) 어느 회전건조기로 1시간에 5,000kg의 염화Kali의 수분을 12%에서 1%까지 건조시킬 경우에 원료의 온도를 건조기의 입구와 출구에서 각각 0℃와 80℃, 완제품의 평균비열을 0.73kcal/kg℃라 하면 이 건조에 필요한 이론적 열량은 얼마인가? 다만 0℃ 1기압에 있어서 물의 증발열을 595kcal/kg, 증기의 평균 정압비열을 0.46kcal/kg℃라 한다.

해 이 문제는 네 가지로 해석할 수 있다. 즉 주어진 5,000kg란 것이 순수한 염화Kali의 중량을 말할 경우(건조물 기준)와 습한 염화Kali의 처음 상태의 중량을 말할 경우(원료 기준)가 있고, 그 각 경우에 대한 수분의 %가 분쇄

한 염화Kali의 중량에 대한 율일 경우(건조 기준)와 습한 염화Kali의 중량에 대한 율일 경우(습한 기준)가 있다. 이것을 표시하면 다음과 같다. 표 중 큰 글자의 숫자는 문제의 의미를 그대로 표시한 것이다.

건조기준			건조물기준				원료기준			
			(1)건조기준		(2)습한기준		(3)건조기준		(4)습한기준	
			KCl	수분	KCl	수분	KCl	수분	KCl	수분
중량	%	처음 상태	100	12	88	12	100	12	88	12
		마지막 상태	100	1	99	1	100	1	99	1
	kg	처음 상태	5,000	600	5,000	680	4,465	535	4,400	600
		마지막 상태	5,000	50	5,000	50	4,465	44.65	4,400	44.44

이것을 기초로 하여 각 경우에 계산한다.

(1) 건조물기준 건조기준

증발되는 수분량은

$$5,000 \times \frac{12-1}{100} = 550 \text{kg}$$

이만한 수분의 발열에 필요한 열량은

$$[0.46 \times (80-0) + 595] \times 550 = 347,500 \text{kcal}$$

완제품의 중량은

$$5,000 \times \frac{100+1}{100} = 5,050 \text{kg}$$

그 가열에 필요한 열량은 $0.73 \times (80-0) \times 5,050 = 295,000 \text{kcal}$

그래서 총열량은 $347,500 + 295,000 = 642,500 \text{kcal}/h$

(2) 건조물기준 습한 기준

증발되는 수분량은

$$5,000 \times \left(\frac{12}{88} - \frac{1}{99} \right) = 630 \text{kg}$$

이것에 대한 소요열량은

$$[0.46 \times (80-0) + 595] \times 630 = 397,500 \text{kcal}$$

완제품의 중량은

$$5,000 \times \left(1 + \frac{1}{99} \right) = 5,050 \text{kg}$$

이것에 대한 소요열량은

$$0.73 \times (80-0) + 5,050 = 295,000 \text{kcal}$$

그래서 총열량은

$$397,500 + 295,000 = 692,500\text{kcal}/h$$

(3) 원료기준 건조기준

처음 상태에서 순KCl의 양은

$$5,000 \times \frac{100}{100+12} = 4,465\text{kg}$$

이것은 마지막 상태에서 순KCl의 양이다.

처음 상태에서 수분량은

$$5,000 \times \frac{12}{100+12} = 535\text{kg}$$

마지막 상태에서 수분량은

$$4,465 \times \frac{1}{100} = 44.65\text{kg}$$

그래서 증발되는 수량은

$$535 - 44.65 = 490.35\text{kg}$$

이것에 대한 소요열량은

$$[0.46 \times (80-0) + 595] \times 490.35 = 309,500\text{kcal}$$

완제품의 중량은

$$4,465 + 44.65 = 4,509.65\text{kg}$$

이것에 대한 소요열량은

$$0.73 \times (80-0) \times 4,509.65 = 263,500\text{kcal}$$

그러므로 총열량은

$$309,500 + 263,000 = 572,500\text{kcal}/h$$

(4) 원료기준 습한기준

처음 상태에서 순KCl의 양은 $5,000 \times \frac{88}{100} = 4,400\text{kg}$

이것은 마지막 상태에서 순KCl의 양이다.

처음 상태에서 수분량은 $5,000 \times \frac{12}{100} = 600\text{kg}$

마지막 상태에서 수분량은 $4,400 \times \frac{1}{99} = 44.44\text{kg}$

그러므로 증발되는 수량은 $600 - 44.44 = 555.56\text{kg}$

이것에 대한 소요열량은

$$[0.46 \times (80-0) + 595] \times 555.56 = 351,000\text{kcal}$$

완제품의 중량은 $4,400 + 44.44 = 4,444.44\text{kg}$

이것에 대한 소요 열량은

$$0.73 \times (80-0) \times 4,444.44 = 259,500 \text{kcal}$$

그러므로 총열량은

$$351,000 + 259,500 = 610,500 \text{kcal}/h$$

답
- 건조물기준 건조 기준의 경우　642,500kcal/h
- 건조물기준 습한 기준의 경우　692,500kcal/h
- 원료기준 건조 기준의 경우　572,500kcal/h
- 원료기준 습한 기준의 경우　610,500kcal/h

[예제 7.34] (e) 발열량 1,400kcal/Nm³의 기체연료를 매시 1,000Nm³ 사용하는 가열실에서 처음 온도 20℃, 평균비열 0.1kcal/kg℃의 물체(무수)를 온도 500℃까지 연속적으로 가열하고 있다. 연소 가스의 용적은 연료가스 용적의 1.5배, 비열은 0.34kcal/Nm³℃, 배출온도는 800℃라면 매시 가열할 수 있는 물체의 양은 얼마인가? 다만 노벽으로부터 열손실은 없다고 한다.

해 기준온도, 실온 모두 0℃로 해서 열정산을 한다.

입열은 연료의 연소열이다. 즉 $1,400 \times 1,000 = 1,400,000 \text{kcal}/h$

출열은 제의에 의하여 유효열량과 배출 가스가 가지고 나가는 열량이다.

배출 가스의 용적은 $1,000 \times 1.5 = 1,500 N\text{m}^3/h$

그래서 배출 가스가 가지고 나가는 열량은

$$0.34 \times 1,500 \times 800 = 408,000 \text{kcal}/h$$

그러므로 유효열량은 $1,400,000 - 408,000 = 992,000 \text{kcal}/h$

제시된 물체 1kg을 제시와 같이 가열하는 데 필요한 열량은

$$0.1 \times (500 - 20) = 48 \text{kcal/kg}$$

그러므로 상기 유효열량에 의하여 가열할 수 있는 양은

$$\frac{992,000}{48} \cong 20,700 \text{kg}/h \quad \textbf{답}$$

[예제 7.35] (e) 상온의 공기를 사용하여 저위발열량 10,000kcal/kg의 중유를 완전히 연소하는 가열노에서 건조량 기준으로 10%의 수분을 함유한 물질을 건조량 6,000kg/h만큼 송입하여 상온(20℃)에서 500℃로 가열해서 꺼내려면 매시 몇 kg의 중유를 사용하면 되는가? 다만 이때의 연소배출가스의 온도는 900℃, 연료의 연소에 의한 수증기를 함유한 연소 가스의 비열은 0.34kcal/Nm³℃, 연소가스양은 13Nm³/중유 kg, 건조한 물질의 평균비열은 0.15kcal/kg℃, 수증기(과열증기)의 평균정압비열은 0.49kcal/kg℃, 벽으로부터 열손실은 사용연료의 열량에 대해서 30%, 물의 증발열은 540kcal/kg이며

계산의 기준을 20℃로 한다.

해 소요중유량을 G_f kg/h라 하고 상온(20℃) 기준으로 매시 열량에 대하여 열정산을 한다.

입 열

중유의 발생 열량=10,000 G_f kcal/h

중유의 현열=0　　공기의 현열=0

출 열

피열물(무수)의 현열=$0.15 \times 6,000 \times (500-20)$ kcal/h

피열물함유수분의 가열증발에 필요한 열량

$$= 6,000 \times \frac{10}{100}[(100-20)+540] \text{ kcal/}h$$

(수분은 100℃에서 증발하는 것으로 하고, 이 물의 평균비열을 1kcal/kg℃로 한다)

피열물에서 증발한 증기를 배출 가스 온도까지 높이는 데 필요한 열량

$$= 0.49 \times 6,000 \times \frac{10}{100} \times (900-100) \text{ kcal/}h$$

연소습한 배가스의 현열 $= 0.34 \times 13 G_f \times (900-20)$ kcal/h

노벽에서의 열손실　　　$= 10,000 G_f \times \frac{30}{100}$ kcal/h

그러므로

$$10,000 G_f = 0.15 \times 6,000 \times (500-20) + 6,000 \times \frac{10}{100} \times [(100-20)+540]$$

$$+ 0.49 \times 6,000 \times \frac{10}{100} \times (900-100)$$

$$+ 0.34 \times 13 G_f \times (900-20) + 10,000 G_f \times \frac{30}{100}$$

계산하면　　$10,000 G_f = 1,039,000 + 6,890 G_f$　　　$3,110 G_f = 1,039,000$

$$\therefore G_f = \frac{1,039,000}{3,110} \cong 334 \text{kg/}h \quad \boxed{답}$$

[예제 7.36] (e) 발열량 10,000kcal/kg의 중유를 연소하여 강괴를 가열하는 노가 있다. 이 노의 열정산 결과가 다음과 같을 때 열강괴 1,000kg 당에 필요한 중유량을 구하라. 다만 강괴의 가열평균온도를 1,250℃로 하고, 0~1,250℃의 평균비열을 0.164kcal/kg℃로 한다.

강괴가열로의 열정산 결과(0℃ 기준)

항 목	입열(%)	출열(%)
연료의 보유열	100.0	
열동괴의 보유열		51.0
동의 연소열		-7.2
배출가스에 의한 손실열		22.5
노벽에 의한 손실열		13.6
노저 기타 손실열		20.1
계	100.0	100.0

해 주어진 열정산표에 의하여 열강괴보유열 1kcal 당 필요로 하는 연료보유열은
100/51kcal이다. 그런데 강괴 1,000kg의 보유열은 0.164×1,000×1,250kcal이므로
이것에 대한 필요 연료보유열은 0.164×1,000×1,250×100/51kcal이다. 이 열정산표
에 연소용공기의 현열이 계상되어 있지 않는 것에서 실온도 0℃로 생각하고 있
음이 명백하며 연료의 현열도 0이라 생각해도 좋다. 고로 상기 연료보유열은
전부 그의 발열량에 의한 것이라 생각된다. 그래서 필요로 하는 연료의 양은

$$\frac{0.164 \times 1,000 \times 1,250 \times \dfrac{100}{51}}{10,000} = 40.2\text{kg} \quad \boxed{\text{답}}$$

[예제 7.37] (e) 발열량 5,500kcal/kg의 석탄을 사용하는 요로를 설계해서 배출 가
스 온도를 600℃로 유지하게 하고, 평균비열 0.1kcal/kg℃의 피가열물(무수)
20,000kg/h를 30℃에서 500℃까지 가열하려고 한다. 그때 사용해야 할
연료의 양은 매시 얼마나 되나? 다만 벽으로부터 열손실은 무시하고 석
탄의 연소 가스는 9Nm³/kg, 비열은 0.34kcal/Nm³℃라 한다.

해 사용해야 할 석탄의 양을 $G_f$kg/h라 하면 연소가스양은 제의에 의하여 9
$G_f$kg/h이다. 이 가스를 배출온도까지 높이는데 필요한 열량은 0℃ 기준
에서 $0.34{\times}9\,G_f{\times}600$kcal/$h$이며 이것은 손실로 된다. 석탄의 발생열량은
$5,500\,G_f$kcal/h이며, 벽으로부터 손실열은 무시한다. 이때의 유효열은
$$5,500\,G_f - 0.34 \times 9\,G_f \times 600 = (5,500 - 0.34 \times 9 \times 600)\,G_f = 3,665\,G_f\text{kcal}/h$$
피가열물을 가열하는데 필요한 열량은 $0.1{\times}20,000{\times}(500\text{-}30){=}940,000$kcal/$h$
$3,665\,G_f = 940,000$ 그래서

$$G_f = \frac{940,000}{3,665} = 256\text{kg}/h \quad \boxed{\text{답}}$$

[예제 7.38] (e) 상온의 공기를 사용해서 발열량 6,000㎉/kg의 석탄을 매시 500kg 연소하여 비열 0.1㎉/kg℃의 무수물체를 매시 10,000kg 상온 20℃에서 920℃까지 가열해서 연소가스를 1,020℃에서 배출하는 연속가열로가 있다. 지금 이 노의 연소 가스를 분석한바 CO_2 13%, O_2 7.0%, CO 0%, N_2 80% 되는 값을 얻었다. 이 로에 있어서 열효율, 연소가스 현열손실과 벽관류열손실은 각각 몇 %인가? 다만 연소가스의 비열은 0.34㎉/N㎥℃이고, 이 석탄에 대한 이론공기량과 이론 공기량을 사용했을 때의 연소가스 양은 각각 6.6N㎥/kg과 7.0N㎥/kg이며, 계산의 기준은 20℃라 한다.

해 20℃를 기준으로 하고 매시 열량에 대해서 열정산을 한다.

입열

  연료의 발생 열량 6,000×500=3,000,000kg/h

  연료의 현열

  연소용공기의 현열 $\Big\}$ 어느 것이나 상온이므로 0이다.

출열 유효열 0.1×10,000×(920-20)=900,000㎉/h

  연소배가스의 현열손실은 표 5.1의 기호를 사용하고 연소가스의 분석결과로 보아 완전연소이므로

$$L_v = \frac{100}{79}(y_o + y_e), \quad L_{ev} = \frac{100}{21}x_e$$

  그러나 $(N_2)'_v = \dfrac{y_1 + y_o + y_e}{G'_v}, (O_2)'_v = \dfrac{x_e}{G'_v}$

  통상 석탄의 경우 $y_1 = 0$로 보아

$$y_o + y_e = (N_2)'_v G'_v \text{와} \quad x_e = (O_2)'_v G'_v$$

$$\therefore L_v = \frac{100}{79}(N_2)'_v G'_v, \quad L_{ev} = \frac{100}{21}(O_2)'_v G'_v$$

$$\therefore L_{ov} = L_v - L_{ev} = \left[\frac{100}{79}(N_2)'_v - \frac{100}{21}(O_2)'_v\right]G'_v$$

$$\therefore \mu = \frac{L_v}{L_{ov}} = \frac{\dfrac{100}{79}(N_2)'_v}{\dfrac{100}{79}(N_2)'_v - \dfrac{100}{21}(O_2)'_v}$$

  제의에 의하여 $(N_2)'_v = \dfrac{80}{100}, \quad (O_2)'_v = \dfrac{7}{100}$

$$\therefore \mu = \cfrac{\cfrac{80}{79}}{\cfrac{80}{79} - \cfrac{7}{21}} = 1.5$$

제의에 의하여

$$L_{ov} = 6.6 N\mathrm{m}^3/\mathrm{kg}$$

$$\therefore L_v = \mu L_{ov} = 1.5 \times 6.6 = 9.9 N\mathrm{m}^3/\mathrm{kg}$$

$$L_{ev} = 9.9 - 6.6 = 3.3 N\mathrm{m}^3/\mathrm{kg}$$

제의에 의하여 $G_{ov} = 7.0 N\mathrm{m}^3/\mathrm{kg}$

$$\therefore G_v = G_{ov} + L_{ev} = 7.0 \times 3.3 = 10.3 N\mathrm{m}^3/\mathrm{kg}$$

그래서 배가스 현열손실은

$$0.34 \times 10.3 \times 500 \times (1,020 - 20) = 1,750,000 \mathrm{kcal}/h$$

연소 배출 가스의 잠열손실은 완전연소이므로 0이다.

따라서 열정산표는 다음과 같다.

가열로열정산표(20℃ 기준)

항목	kcal/h		%	
	입 열	출 열	입 열	출 열
(1) 연료의 발생 열량	3,000,000		100.0	
(2) 유효열량		900,000		30.0
(3) 연소비가스의 현열		1,750,000		58.3
(3) 벽관류열손실		350,000		11.7
계	3,000,000	3,000,000	100.0	100.0

즉

답 열효율 30%, 연소 가스 현열손실률 58.3%, 벽관류열손실률 11.7%

[예제 7.39] (e) Cockes로의 열정산을 하여 다음과 같은 결과를 얻었다.

입 열(%)		출 열(%)	
장입탄의 열량	89.92	Cockes의 열량	57.76
가열용 가스의 열량	9.69	동 현열	3.78
장입탄, 가열용 가스와 공기의 현열	0.39	Tar의 열량	5.08

입 열(%)		출 열(%)	
		Tar의 현열	0.17
		가스의 열량	16.83
		가스와 가스 중의 수증기 현열	3.59
		배출가스의 열량	0.06
		배출가스와 배출가스 중의 증기 현열	4.28
		방사 및 기타 열손실	8.45
계	100.00	계	100.00

이 결과에서 다음 물음에 답하라.

(ㄱ) 제품(부산물을 포함함)의 열효율(입열에 대한 것)은 얼마인가?

(ㄴ) 가열용 가스의 열량은 장입탄 열량의 몇 %에 해당하나.

(ㄷ) 배열로 손실되는 항목을 크기 순서로 배열하라.

[해] (ㄱ) 장품(부산물 공히)은 보통 노에서 나오자마자 상온까지 냉각되어버리므로 그 현열의 대부분(만약 이 열정산이 상온 기준이라면 계상되는 현열의 전부)은 제품으로써 이용되지 못한다. 그러므로 제품의 열효율은

$$57.76+5.08+16.83=79.67\%$$

(ㄴ) $$\frac{\text{가열용가스의 열량}}{\text{장입탄의 열량}} = \frac{9.69}{89.92} = 0.108 = 10.8\%$$

(ㄷ) 배출열(크기 순서로 배열한다)

  (1) 방사 및 기타 열손실

  (2) 배출 가스와 배출 가스 중의 수증기 현열

  (3) Cockes의 현열

  (4) 가스와 가스 중의 수증기의 현열

  (5) Tar의 현열

  (6) 배출가스의 열량

(부) 만일 노에서 나온 직후의 제품(부산물 공히)에 대해서 말하자면 (ㄱ)과 (ㄴ)은 다음과 같이 된다.

(ㄱ) $$57.76+3.78+5.08+0.17+16.83+3.59=87.21\%$$

(ㄴ) (1) 방사 및 기타 열손실

  (2) 배출 가스와 배출 가스 중의 수증기 현열

  (3) 배출가스의 열량

[예제 7.40] (e) 70%(중량)의 가성soda 용액을 보통의 찌는 솥(금)에 쪄서 79% (중량)의 가성soda 20,000kg을 얻으려면 몇 kg의 물을 증발하지 않으면 안 되는지 계산하라.

해 70%(중량)의 가성soda 용액이란 용액 100(중량) 중가성soda 70(중량)을 함유한 것으로서, 이것에 대해 물은 30(중량)이다. 그러므로 이 경우 가성soda 1kg에 대한 물의 양은

$$\frac{20}{70} = 0.4286\text{kg}$$

이다. 97%의 가성soda 용액중 물은 3%이고 가성soda 1kg당

$$\frac{3}{97} = 0.0309\text{kg}$$

이다. 그래서 1kg의 가성soda에 대해 증발하여야 할 수량은

$$0.4286 - 0.0309 = 0.3977\text{kg}$$

그러므로 97%의 가성soda 20,000kg을 얻기 위해 증발해야 할 물의 수량은

$$0.3977 \times \left(20,000 \times \frac{97}{100}\right) \cong 7.715\text{kg} \quad \boxed{답}$$

[예제 7.41] (e) 다음과 같은 원료탄을 사용해서 1일 120t의 cockes를 제조할 경우, cockes로 1실의 장탄량을 1일 10t이라 하면 노실의 수는 어느 정도 필요한가?

	수분	회분	휘발분	고정탄소
원료탄의 분석결과	1.20	9.56	40.82	48.42

해 원료탄 중의 고정탄소와 회분이 cockes의 주성분이 되는 것이므로, cockes 1t당 필요로 하는 원료탄량은 [1/(0.482+0.0956)] t이다. 그러므로 1일 120t의 cockes를 제조하려면 1일

$$\frac{1}{0.4842 + 0.0956} \times 120 \cong 208t \quad \text{의 석탄을 필요로 한다.}$$

cockes로 1실의 장탄량은 1일 10t이므로 노실의 필요 수는

$$\frac{208}{10} \cong 21 \text{ 실} \quad \boxed{답}$$

[예제 7.42] (e) 연소가열실에서 10,000kcal/kg의 중유를 사용해서 0.12kcal/kg°C의 무수물체 7,000kg/h를 1,120°C까지 가열한 후 외기로 냉각하고 있는 노가 있다. 지금 이 가열로에서 연속적으로 냉각부를 설치하여 4,000Nm³/h의 연소용 공기를 향류로 통과해서 피가열물의 온도를 300°C까지 냉각할 때, 개조에 의한 회수열량

은 몇 kg/h의 연료에 상당하는가? 또 이때의 공기예열온도를 구하라. 다만 기준 온도는 상온 20℃, 공기의 비열은 0.31kcal/Nm³℃이고, 냉각부의 열손실은 무시한다.

해　냉각부에 있어서 피가열부가 방출하는 열량은

$$Q_r = 0.12 \times 7,000(1,120 - 300) = 689,000 \text{kcal}/h$$

냉각부의 열손실을 무시하므로 이것은 결코 연료 회수열량이 된다. 이것에 상당하는 연료의 양은 연료발열량

$$\frac{Q_r}{연료발열량} = \frac{689,000}{10,000} = 68.9 \text{kg}/h$$

공기예열온도를 t℃라 하면　　　　$0.31 \times 4,000 \times (t - 20) = Q_r$

$$t = \frac{Q_r}{0.31 \times 4,000} + 20 = \frac{689,000}{0.31 \times 4,000} + 20 = 556 + 220 = 576 ℃$$

답　회수온도에 상당하는 연료량 68.9kg/h, 공기예열온도 576℃

[예제 7.43] (e) 온도 0℃, 발열량 1,400kcal/Nm³의 발생로 가스를 0℃의 공기를 사용해서 연소하고 있는 연속식가열로에서, 비열 0.1kcal/kg℃의 무수물체를 매시 10,000kg만을 0℃에서 800℃까지 가열해서 꺼내고, 연소가스를 1,000℃에서 배출시킬 경우, 이 로에 필요한 발생로 가스양을 구하라. 다만 연소가스양은 발생로 가스양의 2. 3배에 상당하고 연소가스비열은 0.34kcal/Nm³℃, 노저로부터의 방열손실은 전발열량의 15%라 가정한다.

해　필요한 발생로 가스양을 G_fNm³/h라 하고, 0℃ 기준에서 매시 열량에 대하여 열정산을 하면 다음과 같다.

입 열　연료의 발생 열량=$1,400\,G_f$kcal

　　　　연료의 현열=0

　　　　공기의 현열=0

출 열　유효열량=0.1×10,000×(800-0)=800,000kcal

　　　　배출손실=$0.34 \times 2.3G_f \times (1,000 - 0) = 782\,G_f$kcal

　　　　방열손실=$1,400G_f \times \dfrac{15}{100} = 210\,G_f$kcal

그러므로 $1,400G_f = 800,000 + 782G_f + 210G_f$ 이 방정식을 G_f에 대해서 풀면

$$G_f = 1,960\,N\text{m}^3/h \text{ 답}$$

[예제 7.44] (e) Ethanol 농도 10%(중량)의 수용액을 95%(중량)의 Ethanol 농도를 가진 탑정제품과 거의 Ethanol을 함유하지 않은 탑저제품 분리하고 있는 연속정유탑이 있다. 어느 운전조건의 경우, 탑정제품 1kg을 얻는 데 필요한 탑저가열열량(탑정제품 1kg당 탑저가열기에 있어서 소비열량)이 1,400kcal였다고 하면 환류비는 얼마나 되나? 다만 0℃를 기준으로 했을 때 각 부의 엔탈피는 다음과 같고, 이 장치로부터 발열량을 무시한다.

공급액의 엔탈피 66kcal/kg

탑정을 나오는 포화증기의 엔탈피 281kcal/kg

탑정제품(포화온기의 액체)의 엔탈피 53kcal/kg

탑저제품의 엔탈피 100kcal/kg

또 환류액의 엔탈피는 탑정제품의 엔탈피와 같다고 한다.

해 환류량을 탑정제품 1kg에 대하여 x kg 이라 한다. 환류량은 일정하다고 생각되며, 또 순환되고 있으므로 공급액으로서는 그 농도에서

$$1\text{kg} \times \frac{0.95}{0.1} = 9.5\text{kg}$$

제의에 의하여 장치로부터의 방열손실은 무시할 수 있으므로 열 Balance를 취하여 식을 세우면, 탑정제품 1kg 당에서

탑저가열소요열량 1,400kcal

공급액이 가지고 있는 열량 66×9.5=627kcal

탑저액이 가지고 나가는 열량 100×(9.5-1)=850kcal

탑정을 나가는 포화증기가 가지고 있는 열량 281×(1+x)kcal

환류액이 탑내에 가지고 드는 열량 53x kcal

그러므로 $850 + 281 \times (1+x) - (627 + 53x) = 1,400$

$$\therefore x = 3.93\text{kg}$$

$$\text{환류비} = \frac{\text{환류량}}{\text{탑정제품}} = \frac{3.93}{1} = 3.93 \quad \boxed{\text{답}}$$

[제 7.45] (e) 용선로에서 1시간에 10,000kg의 선철을 용해하기 위해서 cockes를 2,000kg 사용했다. 이때 cockes의 탄소함유량은 80%, 배가스의 온도는 700℃, 배가스의 성분은 CO_2 13%, CO 14%, N2 73%라 하고 다음 물음에 답하라.

(ㄱ) 용선로의 효율(용선중의 열량/연소중의 열량), %

(ㄴ) 배가스양, Nm³/h

(ㄷ) 배가스의 현열손실, %

(ㄹ) 불완전연소에 의한 열손실, %

탄소의 발열량　8,100kcal/kg　가스의 평균 비열 (kcal/N㎥℃)

용선 중의 열량　250kcal/kg　　CO, N_2　　0.303+0.000027t

가스의 kmol의 용적 22.4N㎥　　CO_2　　0.37+0.00022t

CO의 발열량 3.62kcal/N㎥라 한다.

해 용선량 10,000kg에 대하여

(ㄱ) 사용 cockes 중의 탄소량은

$$2,000 \times \frac{80}{100} = 1,600 kg$$

그래서 그의 발생열량은 $8,100 \times 1,600 = 12,960,000$kcal

용선의 보유열량은 $250 \times 10,000 = 2,500,000$kcal

그러므로 용선로의 효율은　$\dfrac{2,500,000}{13,960,000} = 0.193 = 19.3\%$

(ㄴ) 연소한 cockes와 배출 가스에 대하여 탄소정산을 한다. 배출가스 1N㎥ 중에는 0.13N㎥의 CO_2와 0.14N㎥의 CO를 함유하므로 그 중의 탄소량합계는

$$\frac{12}{22.4} \times (0.13 + 0.14) = 0.1446 kg/N㎥$$

매시 연소하는 cockes 중의 탄소는

$$2,000 \times \frac{800}{100} = 1,600 kg/h$$

이므로 매시 배출가스양은

$$\frac{1,600}{0.1446} = 11,060 N㎥/h$$

(ㄷ) 배출가스를 조성하는 각 가스의 평균비열을 주어진 식에 의하여 그 온도에서 계산하면

CO, N_2에 대하여 $0.303 + 0.000027 \times 700 = 0.3219 kcal/N㎥℃$

CO_2에 대하여 $0.37 + 0.00022 \times 700 = 0.524 kcal/N㎥℃$

그래서 배출가스 1N㎥의 현열은 0℃ 기준에서

$$[0.524 \times 0.13 + 0.3219 \times (0.14 + 0.73)] \times 700 = 243.67 kcal/N㎥$$

그러므로 매시의 배출가스 현열손실은

$$243.67 \times 11,060 = 2,696,000 kcal/㎡h$$

매시의 cockes의 발생열량은 (ㄱ)과 같은 계산에 의하여

$$8,100 \times 1,600 = 12,960,000 kcal/h$$

그리하여 손실률은

$$\frac{2,696,000}{12,960,000} = 0.208 = 20.8\%$$

(ㄹ) 불완전연소에 의한 손실열은 배가스 중의 CO의 발열량이다. 그러므로 배출가스 $1Nm^3$에 대하여

$$3,062 \times 0.14 = 429 kcal/Nm^3$$

그래서 $429 \times 11,060 = 4,740,000 kcal/h$

그러므로 손실률은 $\dfrac{4,740,000}{12,960,000} = 0.366 = 36.6\%$

답 (ㄱ) 19.3%, (ㄴ) $11,060 Nm^3/h$, (ㄷ) 20.8%,   (ㄹ) 36.6%

[예제 7.46] (e) 제선용고로의 배가스(배고로가스) 성분의 백분율이 N_2 55.4, CO 28.0 CO_2 15.5 H_2 0.1이었다. 장입물의 분석에서 다음과 같은 것을 알았다고 한다.

(ㄱ) 고형장입물에서 배가스로 들어간 산소는 선철 100kg 당 79.5kg

(ㄴ) cockes의 고정탄소 이외에 석회석으로부터 배가스에 들어간 탄소는 선철 100kg 당 15.5kg

(ㄷ) cockes의 고정탄소 90%

(ㄹ) 선철 중의 탄소 3%

이 노에서 24시간에 41,400kg의 출선이 있었다고 하고 cockes 비, (cockes 소비량: 출선량)과 평균송풍량(Nm^3/mn)을 구하라. 다만 공기 중의 이산화탄소(CO_2)와 물(H_2O)은 무시한다.

해 출선량 1kg 당의 배가스양을 $G_v Nm^3/kg$, 송풍량을 $L_v Nm^3/kg$로 하고 cockes비를 Kkg/kg이라 한다. 출선량 1kg에 대해여 물질정산을 한다.

(1) 질소정산 송입공기 중의 질소량$= \dfrac{79}{100} L_v Nm^3/kg$

배가스 중의 질소량$= \dfrac{55.4}{100} G_v Nm^3/kg$

고형장입물은 질소를 함유하지 않은 것으로 생각한다.

$$\frac{79}{100} L_v = \frac{55.4}{100} G_v \quad 79L_v = 55.4 G_v \cdots\cdots\cdots\cdots\cdots\cdots(1)$$

(2) 산소정산

고형장입물로부터 배가스에 들어간 산소량$= \dfrac{79.5}{100} \times \dfrac{22.4}{32} Nm^3/kg$

송입공기로부터 배가스에 들어간 산소량$= \dfrac{21}{100} L_v$

배가스 중의 CO_2를 생성한 산소량$= \dfrac{16.5}{100} G_v$

배가스 중의 CO를 생성한 산소량 $= \dfrac{1}{2} \times \dfrac{28.0}{100} G_v$

$\therefore \dfrac{79.5}{100} \times \dfrac{22.4}{32} + \dfrac{21}{100} L_v = \dfrac{13.5}{100} G_v + \dfrac{1}{2} \times \dfrac{28.0}{100} G_v$

즉 $55.6 + 21 L_v = 30.5 G_v$ ·······················(2)

식 (1)과 (2)를 연립방정식으로 풀면 L_v와 G_v를 구할 수 있다. 즉

(1)+(2)를 $55.6 + 100 L_v = 85.9 G_v$

$$L_v = \dfrac{85.9 G_v - 55.6}{100}$$ ·······························(3)

(1)에서 $L_v = \dfrac{55.4}{79} G_v = \dfrac{70.2}{100} G_v$ ·····················(4)

(3)과 (4)에서 $85.9 G_v - 55.6 = 70.2 G_v$

$$\therefore G_v = \dfrac{55.6}{85.9 - 700.2} = 3.54 N\text{m}^3/\text{kg}$$

그러므로 (4)에서 $\therefore L_v = \dfrac{70.2}{100} \times 3.54 = 2.48 N\text{m}^3/\text{kg}$

(3) 탄소정산

cockes 중의 고정탄소량 $= \dfrac{90}{100} K\text{kg}/\text{kg}$

석회석 등으로부터 배가스에 들어간 탄소량 $= \dfrac{15.5}{100}\text{kg}/\text{kg}$

선철 중의 탄소량 $= \dfrac{3}{100} kg/kg$

배가스 중의 CO_2를 생성한 탄소량 $= \dfrac{16.5}{100} G_v \times \dfrac{12}{22.4}\text{kg}/\text{kg}$

배가스 중의 CO를 생성한 탄소량 $= \dfrac{28.0}{100} G_v \times \dfrac{12}{22.4} kg/kg$

원료광석 중에는 탄소를 함유하고 있지 않다고 본다.

$\dfrac{90}{100} K + \dfrac{15.5}{100} = \dfrac{3}{100} + \dfrac{12}{22.4} \times \dfrac{16.5 + 28.0}{100} G_v = \dfrac{3}{100} + \dfrac{12}{22.4} \times \dfrac{44.5}{100} \times 3.54$

이것을 풀면   K=0.799kg/kg

또 평균 송풍량은 $L_v \times \dfrac{41,400}{24 \times 60} = 71.3 N\text{m}^3/mn$

답 cockes 비 0.799kg/kg, 평균 송풍량 $71.3 N\text{m}^3/mn$

[예제 7.47] (e) 발열량 7,000kcal/kg의 석탄(연소가스양 10,500N㎥/h, 10N㎥/kg 석탄의 3%는 연소되지 않고 나가는 것으로 함)을 사용하고, 매시 1,400,000 kcal의 가열을 하는 노가 있다. 지금 이 노에 발열량 4,000kcal/kg의 석탄(연소가스양 7.5N㎥/kg 석탄의 5%는 연소되지 않고 나가는 것으로 함)을 사용해서 전과 같은 가열을 하였다고 하면 발열량이 낮은 석탄으로 생성된 가스양은 발열량이 높은 석탄에 비해서 얼마나 증가하는가? 다만 열손실량은 두 경우에 있어서 동일하다고 한다.

해 먼저 발열량 7,000kcal/kg의 석탄을 "A탄", 발열량 4,000kcal/kg의 석탄을 "B탄"이라고 한다.

A탄의 매시소비량을 G_{fA}kg/h라 하면 실제로 연소한 석탄량은 $G_{fA} \times (100-3)/100$kg/h이다. 따라서 제의에 의하여

$$10 \times \frac{100-3}{100} G_{fA} = 10,500$$

$$\therefore G_{fA} = \frac{10,500}{10} \times \frac{100}{100-3} = 1,038 kg/h$$

그래서 무손실의 경우 A탄으로부터 얻을 수 있는 이상적 열량은

7,000 × 1,083 = 7,581,000kcal/h

다음에 B탄을 사용하여 같은 가열을 하여 열손실량도 같으려면 B탄에 의한 이상적 발생 열량이 상기 A탄에 의한 것과 같지 않으면 안 된다는 것을 명확히 알 수 있다. 따라서 B탄의 소비량을 G_{fB}kg/h라 하면

4,000 G_{fB}kg/h = 7,581,000 $\therefore G_{fB} = \frac{7,581,000}{4,000} = 1,895 kg/h$

실제로 연소하는 B탄의 양은 $1,895 \times \frac{100-5}{100} = 1,80 kg/h$

그래서 연소가스양은 $7.5 \times 1,800 = 13,500 N㎥/h$

그러므로 A탄의 경우에 비해 연소가스의 증가량은

13,500 - 10,500 = 3,000N㎥/h   **답**

주 문제에서 매시 1,400,000kcal의 가열이라고 주어져 있으나 이 숫자는 해법의 계산에는 필요치 않다.

[예제 7.48] (e) 어느 용선로(cuffola)에 있어서 다음의 결과를 나타낸다.

작업시간   24시간   cockes 중의 탄소량   74%
용선량   10,000kg   cockes 사용량   4,000kg
배가스의 평균성분   CO 14.0%, CO_2 12.6%, N_2 73.4%

다음에 송풍 중에 순산소를 가하여 조업했을 때에 cockes는 동일 시간에

5%만 연소하고 배가스의 평균성분은 CO 15.7%, CO_2 14.3%, N_2 70.0% 로 나타났다. 이 경우에 있어서

(ㄱ) 송풍 중에 산소는 몇 %인가

(ㄴ) 배가스와 방사, 전열 등에 의한 총손실열량은 변화가 없고, 또 용선이 보유하는 열량은 일정하며 250kcal/kg이라고 가정하면 산소를 가했을 때 용선능력은 얼마나 되나? 다만 산소의 발열량은 완전연소할 때 8,100kcal/kg, Co로 될 때 2,400kcal/kg이라 한다.

해 보통 조업의 경우를 (A), 송풍 중에 순산소를 가했을 경우를 (B)라 한다.

(ㄱ) (A)의 경우 배가스 $1Nm^3$에 대하여 생각하면 그 중의 질소량은 제의에 의하여

$$(N_2)'_A = \frac{73.4}{100} Nm^3/Nm^3$$

이것은 송풍 중의 것이 그대로 남아 있는 것이다.

다음에 CO_2와 CO를 생성한 산소의 총량은 산소정산에 의하여

$$(O_2)'_A = \frac{12.6}{100} + \frac{1}{2} \times \frac{14.0}{100} = \frac{19.6}{100} Nm^3/Nm^3$$

그러므로 양자의 비는 $(N_2)'_A : (O_2)'_A = 73.4 : 19.6 \fallingdotseq 79 : 21$

이며 사실상 공기의 조성과 같아지므로 이 산소는 전부 공기 중의 것이며 원료선이나 cockes 중에는 사실상 산소를 함유하지 않은 것을 알 수 있다. 이것은 (B)의 경우에도 적용된다.

(B)의 경우 배가스 $1Nm^3$에 대하여 생각하면 (A)의 경우와 같이

그 중의 질소량은 $(N_2)'_B = \frac{70.0}{100} Nm^3/Nm^3$

CO_2와 CO를 생성한 산소의 총량은

$$(O_2)'_B = \frac{14.3}{100} + \frac{1}{2} \times \frac{15.7}{100} = \frac{22.15}{100} Nm^3/Nm^3$$

원료선과 cockes 중에는 사실상 산소를 함유하지 않은 것을 (A) 경우의 계산에서 알 수 있으므로 이 산소는 전부 송풍 중의 것이다. 그러나 $(N_2)'_B : (O_2)'_B = 70 : 22.15 \fallingdotseq 76 : 24 \fallingdotseq 79 : 25$이므로 송풍 중의 산소량은 24%이며, 또 보통의 공기$[(N_2) : (O_2) = 79 : 21]$에 대해서는 25-21=4%의 순산소가 첨가되었음을 알 수 있다.

(ㄴ) 24시간의 용선량에 대해서 생각한다.

(A)의 경우 cockes 사용량 $= 4,000 kg$

cockes 중의 탄소량 $= 4,000 \times \frac{74}{100} = 2,960 kg$

탄소정산에 의한 배가스 $1N\textrm{m}^3$에 대하여

CO_2로 된 탄소량　　　$= \dfrac{12}{22.4} \times \dfrac{12.6}{100} kg$

CO로 된 탄소량　　　$= \dfrac{12}{22.4} \times \dfrac{114}{100} kg$

그의 비율　　　　　　$12.6 : 14.0$　그래서 상기 **2,960kg**에 대해서는

CO_2로 된 탄소량　　　$= 2,960 \times \dfrac{12.6}{12.6 + 14.0} = 1,400 kg$

CO로 된 탄소량　　　$= 2,960 \times \dfrac{14.0}{12.6 + 14.0} = 1,560 kg$

CO_2로 되기 위한 발열량 $= 8,100 \times 1,400 = 11,340,000$kcal

CO로 되기 위한 발열량 $= 2,400 \times 1,560 = 3,740,000$kcal

합계발열량　　　　　　　　　$= 15,180,000$kcal

용선의 보유열량은 250kcal/kg이므로 24시간에는

$$250 \times 10,000 = 2,500,000 \textrm{kcal}$$

그래서 배가스와 방사, 전열 등에 의한 총열손실(불완전연소에 의한 열손실은 함유하지 않음)은　　$15,180,000 - 2,500,000 = 12,680,000$kcal

(B)의 경우　　cockes 사용량　　$= 4,000 \times \dfrac{105}{100} = 4,200 kg$

　　　　　　cockes 중의 탄소량 $= 4,200 \times \dfrac{74}{100} = 3,110 kg$

(A)의 경우와 같은 탄소정산에 의한 상기 3,100kg의 탄소 중

CO_2로 된 탄소량　　　$= 3,100 \times \dfrac{14.3}{14.3 + 15.7} = 1,480 kg$

CO로 된 탄소량　　　$= 3,110 \times \dfrac{15.7}{14.3 + 15.7} = 1,630 kg$

CO_2로 되기 위한 발열량 $= 8,100 \times 1,480 = 11,980,000$kcal

CO로 되기 위한 발열량 $= 2,400 \times 1,630 = 3,910,000$kcal

합계발열량　　　　　　　　$= 15,890,000$kcal

배가스와 방사, 전열 등에 의한 총열손실은 (A)의 경우와 같다고 하므로

유효열량 $= 15,890,000 - 12,680,000 = 3,210,000$kcal

용선보유열량은 (A)와 같은 250kcal/kg이므로 용선량은

$$\dfrac{3,210,000}{250} = 12,850 kg/24h$$

답 (ㄱ)순공기에 대하여 4%(용적으로)　(ㄴ)12,850kg/24h

주 본 계산에 있어서 원료선철 중에 함유되어 있는 가능성이 있는 탄소량은

cockes 중의 탄소량에 비하여 적다고 보아 거의 무시한다.

[예제 7.49] (e) 출선량 1일 300t의 제선고로가 있다. 장입량은 선철 1,000kg 당 철광석 1,560kg, 석회석 500kg, cockes 900kg이다. 이 경우의 선철 1,000kg 당의 가스 생성량을 구하라. 다만 장입물 기타의 분석결과(%)는 다음과 같다.

철광석		석회석		cockes		선철		가스	
Fe2O2	85	CaO	51.66	C	88	Fe	94.00	CO	26.50
SiO2	8	MgO	2.50	SiO2	8	Si	2.10	CO2	13.25
Al2o3	4	SiO2	2.50	FeS	2	C	3.75	N2	60.25
H2O	3	CO2	13.34	H2O	2	S	0.10		
						Mn기타	0.05		

해 출선량 1,000kg에 대해서 탄소정산을 한다. 노에 들어가는 탄소

석회석으로부터 $\dfrac{12}{44} \times \dfrac{43.34}{100} \times 500 = 59.1 kg$

cockes로부터 $\dfrac{88}{100} \times 900 = 792 kg$

계 $= 851.1kg$

노로부터 나가는 탄소

선철 중 $\dfrac{3.75}{100} \times 1,000 = 37.5 kg$ 가스 중(차이에 따른) $= 813.6kg$

계 $= 851.1kg$

가스 1Nm³ 중의 탄소는

CO 중 $= \dfrac{12}{22.4} \times \dfrac{26.5}{100} = 0.142 kg$

CO$_2$ 중 $= \dfrac{12}{22.4} \times \dfrac{13.25}{100} = 0.071 kg$

계 $= 0.213kg$

그래서 상기 813.6kg의 탄소를 생성하기 위한 가스의 양은

$\dfrac{813.6}{0.213} = 3,820 Nm^3 / 선철\ 1,000kg$ **답**

[예제 7.50] (e) 산화아연광(아연함유량 50%)에 무연탄분을 혼합해서 Retort에 넣어 같은 무연탄을 가열에 사용해서 환원증류하는 아연정련로가 있다. 환원용탄으로서는 광석의 40%를, 가열용탄으로서는 광석의 225%를 사용하면 아연의 회수율은 82%이다. 이 경우 아연 1,000kg 당의 무연탄사용량과 가열용탄의 열효율[(유효하게 이용된 전열량)/(가열용탄의 전열량)]을

구하라. 단

무연탄은 탄소 90%, 회분 10%. 진발열량은 7,500kcal/kg

광석을 반응온도까지 가열하는데 요하는 열량은 159kcal/kg

무연탄을 반응온도까지 가열하는데 요하는 열량 $\begin{cases} \text{회분에 대해서는 } 159\text{kcal/kg} \\ \text{탄소에 대해서는 } 396\text{kcal/kg} \end{cases}$

반응온도에 있어서 반응식은 $ZnO + C = CO + Zn$(기체)=8.2489kcal/kmol
Zn의 원자량은 65라 한다.

해 우선 광석 100kg에 대해서 생각하면

함유아연=50kg,　　회수아연=$50 \times \dfrac{82}{100} = 41kg$,　　환원용탄=40kg

가열용탄=225kg　　그래서 아연회수량 1,000kg에 대해서는

$$광　　석 = 100 \times \frac{1,000}{41} = 2,440kg$$

$$함유아연 = 50 \times \frac{1,000}{41} = 1,220kg$$

$$환원용탄 = 40 \times \frac{1,000}{41} = 976kg$$

$$가열용탄 = 225 \times \frac{1,000}{41} = 5,490kg$$

즉　　　　　아연회수량 1,000kg 당의 무연탄사용량은

$$976 + 5,490 = 6,466kg$$

다음에 가열용탄 1kg에 대해서 계산하면

$$광　　석 = 2,440 \times \frac{1}{5,491} = 0,445kg$$

$$함유아연 = 1,220 \times \frac{1}{5,491} = 0,222kg$$

$$회수아연 = 1,000 \times \frac{1}{5,491} = 0,182kg$$

$$환원용탄 = 976 \times \frac{1}{5,491} = 0,178kg$$

$$내　탄소 = 0.178 \times \frac{90}{100} = 0.160kg$$

$$회분 = 0.178 \times \frac{10}{100} = 0.018kg$$

그래서 가열용탄 1kg에 대해서 열량을 계산하면

(1) 진발열량=7,500kcal

(2) 광석을 반응온도까지 가열하는데 필요한 열량=159×0.445=70.8kcal

(3) 무연탄을 반응온도까지 가열하는데 필요한 열량은

　　탄소분에 대해서 $396 \times 0.160 = 63.4$ kcal

　　회분에 대해서 $159 \times 0.018 = 2.86$ kcal

(4) 회수아연의 반응열(흡수)　　　$= 8.2489 \times \dfrac{0.445}{81} = 0.0453$ kcal

　　　　　　　　　　　　　　　(81은 ZnO의 분자량=65+16)

　　그래서　　　유효하게 이용된 전열량

　　　　　　　$=(2)+(3)+(4) = 70.8+63.4+2.86+0.0453 = 137.105$ kcal

　　그러므로　　구하는 열효율은　　$\dfrac{137.105}{7,500} = 0.0183$

답　아연 1,000kg (회수율) 당 무연탄사용량 6,466kg

　　　가열용탄의 열효율 1.83%

제8장 열정산의 항목 및 계산방법

열정산은 다음 표의 왼쪽 항목에 대하여 각각 같은 표의 오른쪽 항목의 계산 방법에 의하여 한다.

도자기, 벽돌, 숫돌 등 요업제품을 소성하는 터널요의 열정산

표

항 목		계산방법
1. 입열 Q_1[kcal(kj)]	(1) 연료의 연소점 Q_4[kcal(kj)]	$Q_4 = m_f \times H_4$ 여기서 m_f: 소성품 1t당의 연료의 사용량 (kg 또는 m^3x) H_l: 연료의 저발열량[kcal/kg[k]/kg] 또는 [kcal/m^3x[k]m^3x] 비고 예: 어느 조성의 기체연료일 때는 차식에서 연료의 저발열량 H_l[kcal/m^3x[k]m^3x]를 산출할 수 있다. 단 괄호 내는 기체연료 조성의 용적백분율(%)을 나타낸다. H_l=30.(CO)+25.7(H_2)+85.5(CH_4)+153.7(C_2H_4) +222.8(C_3H_3)+292(C_4H_{10})
	(2) 연료의 현열 Q_4[kcal(kj)]	$Q_4 = m_f \times C_f \times (t_f - t)$ 여기서 m_f: 소성품 1t당의 연료의 사용량 (kg 또는 m^3x) C_f: 연료의 비점[kcal/kg℃[k]/kg℃] 또는 [kcal/m^3x℃[k]m^3x℃] t_f: 연료의 온도(℃) t: 상온(℃) 비고: 액체연료의 비열은 0.45kcal/kg℃(1.88kj/kg℃)로 하고 기체연료의 비열은 그의 조성으로부터 계산한다.

항 목		계산방법
1. 입열 Q_1 [kcal(kj)]	(3)미소성품 갑(감)과 도구가 흡수하는 열 Q_4[kcal(kj)]	(a) 미소성품이 흡수하는 열 Q_4[kcal(kj)] $\qquad Q_4=m_a \times C_a \times (t_a-t)$ 여기서 m_a: 소성품1t당의 미소성품의 질량(kg) $\qquad C_a$: 소성품의 평균비열[kcal/kg℃[k]kg℃] $\qquad t_m$: 열 입구에서의 미소성품의 온도(℃) $\quad t$: 상온(℃) (b)갑과 도구가 흡수하는 열 Q_a[kcal(kj)] $\qquad Q_a=m_a \times C_a \times (t_a-t)$ 여기서 m_a: 소성품 1t당 갑과 도구의 질량(kg) $\qquad C_a$: 갑과 도구의 비열[kcal/kg℃[k]kg℃] $\qquad t_a$: 열 입구에서의 미소성품의 온도(℃) $\quad t$: 상온(℃) (c) 미소성품 갑과 도구가 흡수하는 열 Q_4[kcal(kj)] $Q_e=Q_a+Q_a$ 여기서 Q_a: 미소성품이 흡수하는 열 [kcal(kj)] $\qquad\qquad\qquad Q_a$: 갑과 도구가 흡수하는 열 [kcal(kj)]
	(4) 태차가 흡수하는 열 Q_4[kcal(kj)]	(a) 태차(주화물부)가 미소성품이 흡수하는 열 Q_4[kcal(kj)] $\quad Q_4=m_a \times C_a \times (t_a-t)$ 여기서 m_a: 소성품1t당의 미소성품의 질량(kg) $\qquad C_a$: 태차(주화물부)의 비열[kcal/kg℃[k]kg℃] $\qquad t_m$: 열 입구에서의 태차(철화물부)의 온도(℃) t: 당온(℃) (b) 태차(철부)가 흡수하는 열 Q_a[kcal(kj)] $\qquad Q_a=m_a \times C_a \times (t_a-t)$ 여기서 m_a: 소성품 1t당 갑과 태차(철부)의 질량(kg) $\qquad C_a$: 태차(결부)의 비열[kcal/kg℃[k]kg℃] $\qquad t_a$: 열 입구에서의 태차(결부) 온도(℃) $\qquad t$: 상온(℃) 비고: 결의 비열은 0.12kcal/kg℃[0.50 kj/kg℃]라 한다. (c) 태차가 흡수하는 열 Q_4[kcal(kj)] $\quad Q_4=Q_a+Q_a$ 여기서 Q_a: 태차(철화물부)가 흡수하는 열[kcal(kj)] $\qquad\qquad\qquad Q_a$: 태차(철부)가 흡수하는 열[kcal(kj)]
	(5) 미소성품에 함유된 가연성분의 연소열 Q_4[kcal(kj)]	$Q_4=m_a \times H_a$ 여기서 m_a: 소성품 1t당 미소성품에 함유하는 가연성분의 질량(kg) $\qquad H_a$: 가연성분의 유효발열량[kcal/kg[k]kg]
	(6) 전입열 Q_1 [kcal(kj)]	$Q_1=Q_a+Q_b+Q_c+Q_d+Q_e$ 여기서 Q_a: 연료의 연소열[kcal(kj)] $\qquad Q_b$: 연료의 현열[kcal(kj)] $\qquad Q_c$: 미소성품 갑과 도구가 흡수하는 열[kcal(kj)] $\qquad Q_d$: 태차가 흡수하는 열[kcal(kj)] $\qquad Q_e$: 미소성품에 함유하는 가연성분의 연소열[kcal(kj)]
2. 출열 Q_1 [kcal(kj)]	(1) 소성품 갑과 도구가 가지고 나가는 열 Q_f[kcal(kj)]	(a) 소성품이 가지고 나가는 열 Q_{f1}[kcal(kj)] $Q_{f1}=1000+C'_m \times (t'_m-t)$ 여기서 C'_m: 소성품의 평균비열[kcal/kg℃[h]/kg℃] $\qquad t'_m$: 열 출구에서의 소성품의 온도(℃) $\qquad t$: 상온(℃) (b) 갑과 도구가 가지고 나가는 비열 Q_{f2}[kcal(kj)] $\quad Q_{f2}=m_a \times C'_m \times (t'_a-t)$ 여기서 m_a: 소성품의 1t당 갑과 도구의 질량(kg) $\qquad C'_m$: 갑과 도구의 비열[kcal/kg℃[h]/kg℃] $\qquad t'_a$: 열 출구에서의 갑과 도구의 온도(℃) $\qquad t$: 상온(℃)

항 목		계산방법
2. 출열 $Q_1[\text{kcal(kj)}]]$	(1)소성품 갑과 도구가 가지고 나가는 열 $Q_f[\text{kcal(kj)}]$	(a) 소성품 갑과 도구가 가지고 나가는 열 $Q_f[\text{kcal(kj)}]$ $Q_f=Q_{f1}+Q_{f2}$ 여기서 Q_{f1}: 소성품이 가지고 나가는 열[kcal(kj)] $\quad\quad Q_{f2}$: 갑과 도구가 가지고 나가는 열[kcal(kj)]
	(2) 태차가 가지고 나가는 열 $Q_a[\text{kcal(kj)}]$	(a) 태차(주화물부)가 가지고 나가는 열 $Q_{a1}[\text{kcal(kj)}]$ $\quad Q_{a1}=m_a\times C_{ab}^{f}\times(t_{ab}{}'-t)$ 여기서 m_{4b}: 소성품1t당의 태차(주화물부)의 질량(kg) $\quad\quad C_{ab}^{f}$: 태차(주화물부)의 비열[kcal/kg℃[kj/kg℃] $\quad\quad t_{ab}{}'$: 요 입구에서의 태차(주화물부)의 온도(℃) $\quad t$: 상온 (℃) (b) 태차(철부)가 가지고 나가는 열 $Q_{a2}[\text{kcal(kj)}]$ $\quad Q_{a2}=m_a\times C_{a2}\times(t'_{a2}-t)$ 여기서 m_a: 소성품 1t당 갑과 태차(철부)의 질량(kg) $\quad\quad C'_{a1}$: 태차(철부)의 비열[kcal/kg℃[k]kg℃] $\quad\quad t_a{}'$: 요 출구에서의 태차(철부) 온도(℃) $\quad\quad t$: 상온 (℃) 비고: 철의 비열은 0.12kcal/kg℃[0.50 kj/kg℃]라 한다. (c) 태차가 가지고 나가는 열 $Q_4[\text{kcal(kj)}]$ $\quad Q_4=Q_{a1}+Q_{a3}$ 여기서 Q_{a1}: 태차(주화물부)가 가지고 나가는 열[kcal(kj)] $\quad\quad\quad Q_a$: 태차(철부)가 가지고 나가는 열[kcal(kj)]
	(3) 냉각용 공기 미소성품에 함유된 가연성분의 연소열 $Q_4[\text{kcal(kj)}]$	$Q_4=V_a\times C_a\times(t_a-t)$ V_a: 소성품 1t당 냉각용 공기의 용량(m^3x) C_a: 공기의 비열[kcal/m^3x ℃[k]/m^3x ℃] t_a: 요 출구에서의 냉각용공기의 온도(℃) $\quad t$: 상온(℃) 비고: 공기의 비열은 0.31kcal/m^3x ℃[0.50 kj/m^3x ℃]라 한다.
	(4) 연소배가스가 가지고 나가는 열 $Q_l[\text{kcal(kj)}]$	(2) 건연소배가스와 현열 $Q_{l1}[\text{kcal(kj)}]$ $\quad Q_{l1}=m_f\times G'\times G_a\times(t_a-t)$ 여기서 m_f: 소성품 1t당 또는 $1m^3x$ 당 건연소배가스양(kg또는는m^3x) $\quad\quad C_a$: 연소배가스의 비열[kcal/m^3x ℃[k]/m^3x ℃] $\quad\quad t_s$: 연소배가스의 습도(℃) $\quad\quad t$: 상온(℃) 비고 1. 건연소배가스의 비열은 간략계산의 경우에는 0.33kcal/m^3x $\quad\quad$[1.38kj/kcal/m^3x]로 한다. $\quad\quad$2. 미소성품에 가소성분이 있는 경우는 따로 가산할 필요가 있다. $\quad\quad$3. 연료 1kg당 또는 $1m^3x$ 당 와 건연소배가스양 $G'(m^3x)$를 연소 $\quad\quad$배가스의 조성 및 연료의 조성에서 구할 때는 다음식을 사용할 $\quad\quad$수 있다. (1) 액체연료의 경우 $\quad G'=(\text{m}-0.21)A_a+1.867\times\dfrac{C}{100}+0.7\times\dfrac{S}{100}+0.8\times\dfrac{n}{100}$ 또는 $G'=\dfrac{1.867C+0.7S}{(CO_2)+(CO)}$ $\quad m=\dfrac{(N_2)}{(N_2)-3.76[(O_2)-0.5(CO)]}$ $A_a=\dfrac{1}{100}\left[6.89c+26.7\left(h-\dfrac{o}{8}\right)\div3.33s\right]$ 따라서 c: 연료 중의 탄소의 질량 백분율(%) $\quad\quad$ s: 연료 중의 연소의 질량 백분율(%) $\quad\quad$ n: 연료 중의 질소의 질량 백분율(%) $\quad\quad$ o: 연료 중의 산소의 질량 백분율(%) $\quad\quad$ h: 연료 중의 수소의 질량 백분율(%) $\quad\quad$ m: 공기과잉계수 $\quad A_a$: 혼합공기량(m^3x/kg)

항 목		계산방법
2. 출열 Q_1 [kcal(kj)]	(4)연소배가스 가 가지고 나가는 열 Q_4 [kcal(kj)]	(CO_2): 연소배가스 중의 이산화탄소(이산화탄소를 함유)의 용량백분율(%)

(CO): 연소배가스 중의 일산화탄소의 용량 백분율(%)

(O_2): 연소배가스 중의 산소의 용량백분율(%)

(N_2): 연소배가스 중의 질소의 용량백분율(%)

또한 소성품 1t당의 공기과잉계수 m, 이론공기량 A_a 및 연소건배가스양 G' (m^3x), 관계식을 액체 산출할 수 있다. 다만 표준연료가 연소배가스 중의 최대이산화탄소량의 용량백분율(%) $(CO_2)_{max}$는 15.3%로 한다.

$$m = \frac{(CO_2)_{max}}{(CO_2)} \qquad\qquad A_a = \frac{0.85}{1000}H_l + 2.0$$

$$G' = G_a + (m-1)A_a - \frac{22.4}{18}\left(\frac{w+9h}{100}\right) \qquad G_a = \frac{1.11}{1000}H_l$$

여기서 H_l: 액체연료의 저발열량 [kcal/kg(kj)kg]

　　　w: 연료 중의 수분의 질량백분율(%)

　　　h: 연료 중의 수소의 질량백분율(%)

　　　G_a: 이론연소배가스 중의 이산화탄소의 용량백분율(%)

(ii) 기체연료일 때

$$G' = G - (H_2 + 2CH_4 + 3C_2H_4 + 4C_2H_4 + 5C_4H_4)$$

$$G = 1 + m_{A_a} - 0.5(H_2 + CO - C_2H_{10} - 2C_2H_2 - 3C_4H_{10})$$

또는 $G' = \dfrac{CO + CO_2 + CH_4 + 2C_2H_4 + 3C_3H_4 + 4C_4H_{10}}{(CO_2) + (CO)}$

$$m = \frac{(O_2) - 0.5(CO)}{(0.5H_2 + 0.5CO + 2CH_4 + 3.5C_3H_4 + 5C_3H_4 + 6.5C_4H_{10} - O_2)}$$

$$\times \frac{1}{\dfrac{(CO_2)+(CO)}{CO + CO_2 + CH_4 + 2C_2H_4 + 3C_2H_4 + 4C_4H_{10}}} + 1$$

$$A_a = \frac{1}{0.21}(0.5H_2 + 0.5CO + 2CH_4 + 3.5C_2H_4 + 5C_2H_4$$

$$+ 6.5C_2H_{10} - O_2)$$

여기서 　H_2: 기체연료의 $1m^3x$ 중의 수소의 용량(m^3x)

　　　　CO: 기체연료의 $1m^3x$ 중의 일산화탄소의 용량(m^3x)

　　　　CH_4: 기체연료의 $1m^3x$ 중의 메탄의 용량(m^3x)

　　　　C_3H_4: 기체연료의 $1m^3x$ 중의 에탄의 용량(m^3x)

　　　　C_2H_4: 기체연료의 $1m^3x$ 중의 프로판의 용량(m^3x)

　　　　C_4H_{10}: 기체연료의 $1m^3x$ 중의 부탄의 용량(m^3x)

　　　　O_2: 기체연료의 $1m^3x$ 중의 산소의 용량(m^3x)

　　　　N_2: 기체연료의 $1m^3x$ 중의 공기의 용량(m^3x)

　　　　CO_2: 기체연료의 $1m^3x$ 중의 이산화탄소의 용량(m^3x)

　　　　(O_2): 연소배가스 중의 산소의 용량백분율(%)

　　　　(CO_2): 연소배가스 중의 이산화탄소의 용량백분율(%)

　　　　(CO): 연소배가스 중의 일산화탄소의 용량백분율(%)

　　　　m: 공기과잉계수　　　A_a: 이론공기량(m^3x/m^3x)

또한 기체연료의 저발열량 H_l[kcal/m^3x [kj/m^3x]]에서 이론공기량 $A_a(m^3x/m^3x)$ 및 건연소배가스로 $G_a(m^3x/m^3x)$을 산출 할 경우에는 다음 간략식을 사용할 수 있다.

$$A_a = \frac{1.09}{1000}H_l - 0.25[H_l = 4000[\text{kcal}/m^3x [\text{kj}/m^3x]]\text{이상}]$$

$$G' = G_a + (m-1)A_a - (H_2 + 2CH_4 + 3C_2H_4 + 3C_2H_4 + 4C_2H_3 + 5C_4H_{t0})$$

$$G_a = \frac{1.14}{1000}H_l + 0.25[H_l = 4000[\text{kcal}/m^3x [\text{kj}/m^3x]]\text{이상}]$$

여기서 G_a: 이론연소배가스양(m^3x/m^3x)

항 목		계산방법
2. 출열 Q_1 [kcal(kj)]	(4)연소배가스 가 가지고 나가는 열 Q_4 [kcal(kj)]	H_2: 기체연료 $1m^3x$ 중의 수소의 질량(m^3x) CH_4: 기체연료 $1m^3x$ 중의 메탄의 질량(m^3x) C_3H_4: 기체연료 $1m^3x$ 중의 에탄의 질량(m^3x) C_2H_4: 기체연료 $1m^3x$ 중의 프로판의 질량(m^3x) C_4H_{10}: 기체연료 $1m^3x$ 중의 부탄의 질량(m^3x) (b) 연소배가스 중의 수소기의 Q_{12}[kcal[kj]] $Q_{12} = m_f \times S_t \times C_{10} \times (t_a - t)$ 여기서 m_f: 소성품 1t당 연료의 사용량(kg또는m^3x) 　　　S_t: 연료 1t당 또는 $1m^3x$당의 연료배가스 중의 수소기량(kg) 　　　C_{10}: 수소기의 비열[kcal/m^3x℃[k]/m^3x℃] 　　　t_s: 연료배가스의 온도(℃)　　　t: 상온(℃) 비고 1. 기체기의 비열은 0.45 kcal/kg℃[1.88 kj /kg℃]로 한다. 　　2. 연소 1kg당 또는 $1m^3x$당의 연소배가스 중의 수소기량 S_t(kg)은 다음식으로 구할 수 있다. 　　(i) 액체연료의 총합 $$S_t = \frac{29}{22.4}AZ + \frac{w}{100} + \frac{9h}{100}$$ 여기서 A: 연료 1kg당의 공기사용량(m^3x) 　　　Z: 절대온도 　　　w: 중유 중의 수분의 질량백분율(%) 　　　h: 중유 중의 수소분의 질량백분율(%) 　　(ii) 기체연료일 때 $$S_t = \frac{29}{22.4}AZ + \frac{18}{22.4}(H_2 + 2CH_4 + 3C_2H_4 + 4C_2H_4 + SC_4H_{14})$$ $$A = mA_a \qquad Z = \frac{0.62\varphi P_1}{P - \varphi P_1}$$ 여기서 A: 연료 1kg당의 공기사용량(m^3x)　　　Z: 절대온도 　　　H_2: 기체연료의 $1m^3x$ 중의 수소의 용량(m^3x) 　　　CH_4: 기체연료의 $1m^3x$ 중의 메탄의 용량(m^3x) 　　　C_3H_4: 기체연료의 $1m^3x$ 중의 에탄의 용량(m^3x) 　　　C_2H_4: 기체연료의 $1m^3x$ 중의 프로판의 용량(m^3x) 　　　C_4H_{10}: 기체연료의 $1m^3x$ 중의 부탄의 용량(m^3x) 　　　m: 공기과잉계수　　　A_a: 이론공기량(m^3x/m^3x) 　　　φ: 상대온도　　　　　P: 대기압[mmHg[Pa]] 　　　P_l: 포화증기압력[mmHg[Pa]] (c) 연소배가스가 가지고 나가는 열 Q_4[kcal[kj]] $Q_l = Q_{l1} + Q_{l2}$ 여기서 Q_{l1}: 건연소배가스의 현열[kcal[kj]] 　　　Q_{l2}: 연소배가스 중의 수증기의 현열[kcal[kj]]
	(5)불완전연소 내연의 손실열 Q_4 [kcal(kj)]	$$Q_l = m_f \times G' \times \frac{(CO)}{100} \times 3050$$ 여기서 m_f: 소성품 1t당의 연료의 사용량(kg 또는 m^3x) 　　　G': 연료 1kg 또는 m^3x당의 건연소배가스양(m^3x) 　　　(CO): 연소배가스 중의 일산화탄소의 용량 백분율(%) 비고: 연소배가스 중의 끄럼을 정량했을 경우는 그 발열량을 8100kcal/kg [33910kj/ltg]로 해서 손실열에 더한다.
	(6)미소성품의 수분에서 증 발하는 증기 가 가지고 나가는 열 Q_4 [kcal(kj)]	$$Q_l = (m_s \div m_t) \times (I - I')$$ 여기서 m_s: 소성품 1t당의 소성품의 부착수분(kg) 　　　m_t: 소성품 1t당의 미소성품의 길품수분(kg) 　　　I: 연소배가스 온도에 있어서 증기의 엔탈피[kcal/kg[k]/kg] 　　　I': 상온의 물에 탈피[kcal/kg[k]/kg]

항 목		계산방법
2. 출열 Q_1 [kcal(kj)]	(7)냉각수가 가지고 나가는 열 Q_4[kcal(kj)]	$Q_l = m_m \times 1 \times (t'_m - t''_m)$ 여기서 m_m: 소성품 1t당의 냉각수의 사용량(kg) t'_m: 냉각수의 출구온도(℃)　　　t''_m: 냉각수의 입구온도(℃)
	(8)불완전연소에 의한 손실열 Q_m[kcal(kj)]	$Q_m = Q_t - (Q_f + Q_s + Q_a + Q_i + Q_p + Q_t + Q_l)$ 여기서 Q_t: 전입열[kcal(kj)]　　　Q_f: 소성품이 가지고 나가는 열[kcal(kj)] 　Q_s: 태차가 가지고 나가는 열[kcal(kj)] 　Q_a: 냉각공기가 가지고 나가는 열[kcal(kj)] 　Q_i: 연소가스가 가지고 나가는 열[kcal(kj)] 　Q_l: 불완전연소에 의한 손실열[kcal(kj)] 　Q_s: 미소성품의 수분에서 증발하는 증기가 가지고 나가는 열[kcal(kj)] 　Q_p: 냉각수가 가지고 나가는 열[kcal(kj)] 노벽 외 방사전도에 의한 손실열 Q_{m1}[kcal(kj)] 　$Q_{m1} = \dfrac{Q_{m2}}{m'_m}$　　　$Q_{m2} = \sum (h_s + h_t)\Delta_s + \Delta_t$ 　$h_s = 2.1 \times \sqrt[4]{\Delta_t}$ (노벽이 수평상향일 때) 　$h_t = 1.5 \times \sqrt[4]{\Delta_t}$ (노벽이 수직상향일 때) 　$h_r = 4.80 \left\{ \left(\dfrac{T_a}{100}\right)^4 - \left(\dfrac{T_a}{100}\right)^4 \right\} \times 0.8 / \Delta_t$ 여기서 m_m^t: 1시간 당 소성품의 질량(t) 　Q_{m2}: 1시간 당 전노벽으로부터 방사전열량[kcal(kj)] 　h_s: 자연대류전열계수[kcal/m²h℃[kj/m²h℃]] 　h_r: 방사전열계수[kcal/m²h℃[kj/m²h℃]] 　Δ_t: 노외열의 온도와 실내공기온도와의 차(℃) 　A: 노벽의 표이적(m²) 　T_s: 절대온도로 표시된 노의 외열온도(K) 　T_a: 절대온도로 표시한 실내온도(K) 비고: 노벽의 방사전도에 의한 손실열의 계산식은 참고로 표시한다.
	(9)전출열 Q_a: [kcal(kj)]	$Q_z = Q_f + Q_a + Q_h + Q_i + Q_s + Q_g + Q_l + Q_m$ 여기서 Q_f: 소성품이 가지고 나가는 열 [kcal(kj)] 　Q_a: 태차가 가지고 나가는 열 [kcal(kj)] 　Q_h: 냉각용공기가 가지고 나가는 열 [kcal(kj)] 　Q_i: 연소배가스가 가지고 나가는 열 [kcal(kj)] 　Q_f: 불완전연소에 의한 손실열 [kcal(kj)] 　Q_h: 미소성품의 수분에서 증발하는 증기가 가지고 나가는 열 [kcal(kj)] 　Q_l: 냉각수가 가지고 나가는 열 [kcal(kj)] 　Q_m: 방사전도 기타에 의한 손실열 [kcal(kj)]
3. 환경열 Q_s[kcal(kj)]	(1) 연소용공기에 의한 회수열 Q_a: [kcal(kj)]	$Q_a = V_m \times C_m(t_m - t)$ 여기서 V_m: 소성품1t당의 잠원연료가스양($m^3 x$) 　C_m: 공기의 비열[kcal/$m^3 x$℃[kj/$m^3 x$℃]] 　t_m: 여열공기의 온도(℃)　　　t: 상온(℃) 비고: 연소가스의 비열은 0.31kcal/$m^3 x$℃ [1.30kj/$m^3 x$℃]로 한다.
	(2) 형경연소가스가 보유하는 열 Q_a: [kcal(kj)]	$Q_a = V_m \times C_m(t_m - t)$ 여기서 V_m: 소성품1t당의 잠원연료가스양($m^3 x$) 　C_m: 연소가스의 비열[kcal/$m^3 x$℃[kj/$m^3 x$℃]] 　t_m: 형경연소가스의 온도(℃)　　　t: 상온(℃) 비고: 연소가스의 비열은 0.33kcal/$m^3 x$℃ [1.38kj/$m^3 x$℃]로 한다.
4. 유효열 Q_4[kcal(kj)]	(1) 소성품만 경우의 소성품 1t당: 유효열 Q_l: [kcal(kj)]	(a) 미소성품의 부착수분과 증기 열 Q_f[kcal(kj)] 　$Q_f = m_s \times (I_s - I'_s)$ 여기서 m_s: 소성품 1t당 미소성품의 부착수분(kg) 　I_s: 부착수분에서 증발한 증기의 엔탈피[kcal/kg[kj/kg]]

항 목		계산방법
4. 유효열 Q_4[kcal(kj)]	(1)소성품만의 경우는 1t당의 유효열 Q_4[kcal(kj)]	I_s': 요 입구에서의 미소성품의 부착수분의 엔탈피[kcal/kg[kj/kg]] 비고: 부착수분에서 증발한 증기의 엔탈피는 125℃에 있어서의 증기의 엔탈피 618 kcal/kg [2713 kj/kg]로 한다. (b) 미소성품의 갈품수분을 증발하는데 요하는데 Q_t[kcal(kj)] $Q_f = m_s \times (I_s - I'_s)$ 여기서 m_m: 소성품 1t당의 미소성품의 갈품수분(kg) I_s: 갈품수분에서 증발한 증기의 엔탈피[kcal/kg[kj/kg]] I'_s: 요 입구에 있어서 미소성품 갈품수분 증발한 엔탈피[kcal/kg[kj/kg]] 비고: 갈품수분에서 증발하는 증기의 엔탈피는 550℃에 있어서의 증기의 엔탈피 859kcal/kg[3,596kj/kg]로 한다. (c) 적토의 분해에 요하는 열 Q_f[kcal(kj)] $Q_r = m_{rt} \times q_r$ 여기서 m_{rt}: 소성품 1t당 미소성품 중의 적토량(kg) q_r: 적토 1kg의 분해에 든 열 [kcal(kj)] 비고: 적토의 분해에 요한 증기, 260kcal/kg[1,088 kj/kg]로 한다. (d) 미소성품의 소성에 든 열 Q_s[kcal(kj)] $Q_s = 1000 \times G''_m \times (t''_m - t_m)$ G''_m: 소성품의 비열[kcal/kg℃[kj/kg℃]] t''_m: 소성품의 소성온도(℃) t_m: 요 입구에서의 미소성품의 온도(℃) (e) 소성품 1t당의 유효열 Q_s[kcal(kj)] $Q_s = Q_f + Q_s + Q_r + Q_a$ 여기서 Q_f: 미소성품의 부착수분을 증발하는데 요한 열[kcal(kj)] Q_s: 미소성품의 갈품수분을 증발하는데 요한 열[kcal(kj)] Q_r: 점토의 분해에 요한 열[kcal(kj)] Q_a: 미소성품의 소성에 요한 열[kcal(kj)]
	(2)갑 및 도구를 포함할 경우의 소성품 1t당의 유효열 Q_t[kcal(kj)]	(a) 갑 및 도구의 가열에 요한 열[kcal(kj)] $Q_t = m_a \times C'_m \times (t''_m - t_m)$ 여기서 m_a: 소성품 1t당이의 갑 및 도구의 질량(kg) C'_a: 갑 및 도구의 평균비열[kcal/kg℃[kj/kg℃] t''_a: 갑 및 도구의 소성온도(℃) t_a: 요 입구에 있어서의 갑 및 도구의 온도(℃) (b) 갑 및 도구를 포함할 경우의 소성품 1t당의 유효열 Q_t[kcal[kj]] $Q_l = Q_s + Q_i$ 여기서 Q_l: 소성품 1t당의 유효열[kcal(kj)] Q_i: 갑 및 도구의 가열에 요한 열[kcal(kj)]
5. 열효율 η_1(%)	(1)소성품의 열효율 η_1(%)	$\eta_1 = \dfrac{Q_1}{m_f \times H_t} \times 100$ 여기서 Q_1: 소성품의 1T당의 유효열[kcal(kj)] m_f: 소성품 1당 연료의 사용량[kg 또는 $m^3 x$] H_t: 연료의 저발열량[kcal/kg[kj/kg] 또는 kcal/$m^3 x$[kj/$m^3 N$] 비고: 연료 및 연소용공기가 다른 연소를 여열 되었을 때는 그 열량을 상식의 분량에 더해준다.
	(2) 갑 및 도구를 포함한 열효율 η_1(%)	$\eta_1 = \dfrac{Q_1}{m_f \times H_l} \times 100$ 여기서 Q_1: 갑 및 도구를 포함한 경우의 소성품 1t당의 유효열[kcal(kj)] m_f: 소성품 1당 연료의 사용량[kg 또는 $m^3 x$] H_t: 연료의 저발열량[kcal/kg[kj/kg] 또는 kcal/$m^3 x$[kj/$m^3 N$] 비고: 연료 및 연소용공기가 다른 열원으로 여열 되었을 경우는 그 열량을 상식의 분량에 더해준다.

비고 $m^3 N$는 기체의 표준상태[0℃, 760mmHg{10}.3kPa]]에 있어서 체의 단위를 나타낸다.

단위 $kcal/m_N^{3\prime}C[kj/m_N^{3\prime}C]$

온도t(℃)	CO_2	H_2O	공기	CO	공기중 N_2	연소가스	
						중유	석탄
0	0.387 [1,619]	0.356 [1.490]	0.311 [1.301]	0.311 [1.301]	0.310 [1.297]	0.326 [1.364]	0.326 [1.361]
100	0.411 [1.720]	0.359 [1.502]	0.312 [1.305]	0.312 [1.305]	0.311 [1.301]	0.331 [1.385]	0.331 [1.305]
200	0.432 [1.807]	0.363 [1.519]	0.313 [1.310]	0.313 [1.310]	0.311 [1.301]	0.331 [1.397]	0.335 [1.402]
300	0.450 [1.883]	0.368 [1.540]	0.315 [1.318]	0.315 [1.318]	0.313 [1.310]	0.338 [1.411]	0.310 [1.422]
400	0.467 [1.954]	0.373 [1.561]	0.318 [1.331]	0.318 [1.331]	0.315 [1.318]	0.313 [1.435]	0.315 [1.443]
500	0.482 [2.017]	0.379 [1.586]	0.321 [1.313]	0.321 [1.343]	0.318 [1.331]	0.318 [1.456]	0.350 [1.461]
600	0.494 [2.067]	0.385 [1.611]	0.321 [1.356]	0.325 [1.360]	0.320 [1.339]	0.352 [1.473]	0.351 [1.481]
700	0.506 [2.117]	0.391 [1.636]	0.328 [1.372]	0.328 [1.373]	0.321 [1.356]	0.357 [1.491]	0.360 [1.506]
800	0.516 [2.159]	0.397 [1.661]	0.331 [1.385]	0.332 [1.389]	0.327 [1.368]	0.361 [1.510]	0.361 [1.523]
900	0.525 [2.197]	0.403 [1.686]	0.334 [1.397]	0.335 [1.402]	0.329 [1.377]	0.365 [1.527]	0.367 [1.536]
1000	0.533 [2.230]	0.410 [1.715]	0.337 [1.410]	0.338 [1.414]	0.332 [1.389]	0.369 [1.514]	0.372 [1.536]
1200	0.547 [2.289]	0.422 [1.766]	0.313 [1.435]	0.344 [1.439]	0.339 [1.418]	0.378 [1.582]	0.380 [1.590]
1400	0.558 [2.335]	1.434 [1.816]	0.318 [1.456]	0.319 [1.460]	0.314 [1.439]	0.384 [1.607]	0.387 [1.619]
1600	0.568 [2.377]	0.445 [1.862]	0.352 []1.473	0.353 [1.477]	0.318 [1.456]	0.390 [1.632]	0.393 [1.610]
1800	0.576 [2.410]	0.455 [1.904]	0.356 [1.490]	0.357 [1.494]	0.352 [1.473]	0.395 [1.653]	0.397 [1.661]
2000	0.583 [2.439]	1.465 [1.916]	0.359 [1.502]	0.360 [1.506]	0.351 [1.481]	0.399 [1.669]	0.104 [1.678]

비고 1. 이 표의 CO_2, H_2O, 공기, CO 및 N_2의 평균정압비열의 수치는 W. Heiligenstaedt: Warmetechnishe Rechnungen Filt Industrieufen, 4 Auflage, Stahlcisen-Bucher Band 2, p 58(1966)에 딴 것이다.

이 표에 표시된 N_2의 비열은 순수한 N_2의 비열이 아니고 공기 중의 O_2를 뺀 나머지(Ar 등 함유함)의 비열이다. 연소가스의 비열은 중유에 대해서는 C=86%, H=12%로 하고 mt=1.0의 경우를 석탄에 대해서는 w: 2%, a: 14%, c: 70%, h: 5%, o: 2%, n: 2%, 연료비 1.25로 해서 계산한 것이다.

2. 0℃ 기준의 평균비열표를 사용했을 경우 평균비열 $C\prime$ 는

$$C\prime = \frac{\int_n^1 C_p dt}{t}$$ 이므로 외기온도(t_s) 기준의 열정산을 할 때는

$$C\prime = \frac{\int_n^1 C_p dt - \int_n^{tr} C_p dt}{t - tr}$$ 를 사용하지 않으면 안 된다. 그러나 여기서 간략하게 하기 위하여 C, 0℃ 기준을 사용한다. 0℃ 기준의 평균비열표(위의 표)를 참조 바람.

여러 가지 턴넬요(도자기, 벽돌, 소성용)의 실례

(미궁요업회 발행 Cermic Data Book에서)

K.No.	Type	Productor	Firing Methord	Length m	Cross Section of ierspace m^3	Volume of ierspace	Car Nu	Volume of put on one car		Bumer Properties	
								m^3	kg		
1	kerra	Diner	Firing	7.87	3.07	241.8	42	3.00	274	28	Reduction
2	"	"	Biscating	53.5	1.61	86.2	35	1.50	148	16	Oxidation
3	hirlope	"	Firing	22.2	0.82	18.0	15	1.18	153	2	"
4	"	"	Blscating	63.1	1.45	91.0	34	2.64	156	12	Reducion
5	"	"	Firing	61.7	2.12	44.5	45	1.10	150	10	Oxidation
6	"	"	Biscating	30.2	2.12	24.5	24	-	-	1	"
7	Direct Firing	Tile	-	94.0	1.96	18.5	55	1.84	-	28	nutral
8	"	"	Firing	82.0	1.20	98.4	52	1.83	652	8	Oxidation
9	"	"	Graging	65.0	1.56	105.3	45	-	554	6	"
10	"	"	Firing	51.8	1.50	81.0	36	2.00	300	6	-
11	Dressler	"	"	65.0	1.58	96.7	35	2.76	1244	12	Oxidation
12	Semi muffle "	"	Graging	57.0	1.11	62.0	32	1.93	1134	4	nutral
13	Dressler	hygiens Earthwase Insulation	-	90.0	1.43	128.7	53	2.43	200	2	Oxidation
14	Harlope	"		120.8	3.33	392.0	59	6.65	2665	16	Reduciton
15	Dressler	"		110.0	2.10	231.0	59	3.89	500	-	"
16	"	"		110.0	2.10	232.0	59	3.05	527	12	"
17	Horrope	FireBrick		95.0	2.00	190.0	50	3.50	3000	18	nutral
18	"	"		65.0	1.20	65.0	50	1.50	800	-	"
19	Dressler	"		90.0	11.80	153.0	48	3.42	-	32	Oxidation
20	"	"		141.0	3.80	545.7	72	-	5800	48	"
21	"	"		159.0	3.89	615.0	81	-	6500	48	"

표 세라믹 발열체와 금속 발열체의 특성 비교

분류	표 시	안전사용온도 이하	주성분	안전사용분위기	전기사용 (Ω cm)
세라믹발열체	탄 화 규 소	1600℃	Sic	산화환원	$10{\sim}20\times10^{-2}$(1000℃)
	탄소(흑연)	3000℃	C(인조흑연)	환원	$10{\sim}50\times10^{-4}$(20℃)
	지르코니아	2000℃	$ZrO_2(Y_2O_2, CaO)$	산화	10×10^{12}(20℃)
	$MoSi_2$-Sic	1700℃	$MoSi_2$, 30, SiC 70	산화환원	5.5×10^{-2}(1000℃)
	몰리브덴실리 사 이 드	1600℃	$MoSi_2,(SiO_2, Al_2O_2)$	산화환원	$20{\sim}25\times10^{-4}$(20℃)
금속발열체	니 크 롬 선 (1 종)	이하 1100℃	Ni 75~79, Cr 17~21 (Fe 1.5이하, Mn 2.5이하	산화	$108\pm7\times10^{-6}$(20℃)
	니 크 롬 선 (2 종)	900℃	Ni 57이상, Cr 15~18 (Mn3.0이하 기타 Fe)	산화	$112\pm7\times10^{-6}$(20℃)
	철 크 롬 선 (1 종)	1200℃	Cr 23~27 Al 4~6 (Mn 1.0이하 기타 Fe)	산화	$140\pm8\times10^{-6}$(20℃)
	철 크 롬 선 (2 종)	1100℃	Cr 17~21 Al 2~4 (Mn 1.0이하 기타 Fe)	산화	$128\pm7\times10^{-6}$(20℃)
	칸 탈 선 D S	1150℃		산화	$135\pm7\times10^{-6}$(20℃)
	칸 탈 선 A-1	1350℃	Al 35~6 Cr 19~25 Co 0.3~3 기타 Fe	산화	145×10^{-6}(20℃)
	백 금 선	1500℃	Pt	산화	$10.5{\sim}10.9\times10^{-6}$(20℃)
	몰리브덴선	1800℃	Mo	환원	5.4×10^{-6}(18℃)
	텅 스 텐 선	1800℃	W	환원	5.5×10^{-6}(20℃)

(주) 노의 부하율은 설계식 또는 실적의 기준능력에 대한 실재의 조업대차수에 적재질량을 곱한 것의 비율

(6) 소성시간 및 냉각시간

(7) 소성대내의 분위기(분위기)

(8) 연료의 종류, 성분, 조성, 발열량, 온도 및 사용량

(9) 연소용 1, 2차 공기량, 온도, 압력 바닥면적

    기울기: 100/3~100/4

    회전수: 3/2~2 RPM이다.

시멘트 원료는 50~60m의 높은 Silo(pre~Heater)에서 공급되어 가마의 회전으로 차츰 아래쪽(Burner쪽)으로 이동되면서 미얼존 → 소성존 → 냉각존을 거쳐 Cooler에 떨어져 마지막 냉각된 크링커는 다시 저장 Silo 들어간다.

즉 시멘트 원료와 연소가스의 이동 방향은 서로 반대인 향류식이므로 열교환이 잘되어 sodrr대에서의 배출가스는 200℃ 이하이다.

습식 (습식 · Wet Process)인 경우 (현재 우리나라에는 한 곳도 없음) 원료는 수분이 약 30~40% 함유(함유)한 스러리 (Slurry)를 사용함으로써 건조대, 예열대 , 체인부분을 거쳐서 건조를 해주어야 하므로 가마의 길이가 길며(100~200m), 크링커소성에 사용되는 열량이 많아 크링커 1kg 1300 ~1400kcal이다. 건식은(건식 -DRY Process) 마른 원료를 사용하므로 크링커 1kg당 1100kcal만이 사용되어 우수하나 원료의 균일한 혼합은 습식보다 못하다.

시멘트 소성용 회전로의 일반적인 구조와 온도 분포는 아래 그림과 같다.

또 이 두 가마의 열량 소비비율은 다음 표와 같다.

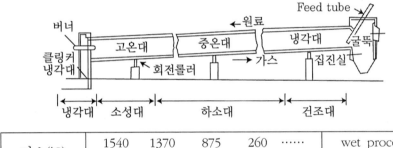

가스('C)	1540	1370	875	260	……	wet process
			815	455	……	dry process
Feed('C)	1455	1370	230	260	……	wet process
			705	455	……	dry process

그림 회전가마의 일반적 구조와 온도 분포

가마 내의 반응 온도는 원료 내의 자유수분증발 ------ 100℃이고 결정수의

증발 ------ 500~900℃

석회석중의 CO_2의 분해발생 ------850℃

즉 $CaCO_3 \rightarrow CaO + CO_2 \uparrow$

건식과 습식회전가마의 열량 소비비율(%)

	건식가마	습식가마
수 분 증 발	9	37
복 사 손 실	25	18
출 구 연 소 가 스	25	8
냉 각 대 손 실	3	3
하 소 및 과 소	3	2
클 링 커 소 성	35	32
계	100	100

8.1 시멘트 소성용 열

시멘트 소성에 선가마(Shaft Kiln)와 회전가마(Rotary Kiln)가 있으나 현대에는 대량생산이 요구되어 회전가마가 주로 사용된다.

회전가마는 온도분포가 균일하여 품질이 좋고 생산능률이 높으나 설비비와 연료비 및 운전용 전기료 등의 유지비가 많이 든다.

1) 선가마(Shaft Kiln)

시멘트 소성용 새로운 선가마에 대해서 설명하고자 한다.

과거 유럽에서 많이 사용하던 아래와 같은 그림의 선가마는 연료비가 적게 들고 건설비가 매우 싸서 좋다. 그러나 역시 회전로에 비해서 품질이 떨어지고 대량생산이 곤란한 것이 결함이다. 이 결점 중 품질면만을 계량한 새로운 선가마를 착안한 것이 아래 그림과 같다. 같은 용량의 회전로의 1/2~2/3 정도의 건설비면 된다.

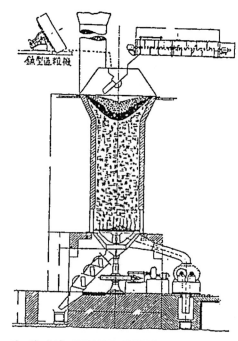

그림 최신식 SHAFT KILN

신형 선가마의 크기는 대개 2.3~3m 정도, 높이는 10~12m 정도이다.

2) 회전가마(Rotary Kiln)

시멘트 소성용 회전가마는 처음 영국 (1885년)에서부터 시작하여 약 100여년간 발전하여 근대에 이르렀다. 크기는

　　　　내경: 2~3.5 mØ

　　　　길이: 40~90 m L

또 C_3AF의 생성 ······ 1095~1205℃

즉　　　$3\,CaO + Al_2O_3 \rightarrow C_3A$

　　　　$4\,CaO + Al_2O_3 + Fe_2O_3 \rightarrow C_4AF$

가마의 소성 능력은 18kg clinker/m^3 hr이다.

가마 내에서 원료의 통과 시간은 다음식으로 나타낸다.

$$t = k \degree \frac{L}{D \degree n \degree \theta}$$

여기서

　　　　t; 원료 통과 시간 (h)

　　　　L; 가마 길이 (m)

　　　　D; 가마의 애경 (m)

　　　　n; 회전수 (rpm)

　　　　Ø; 경수 (%)

　　　　k; 상수 (0.15~0.5)

　　(주) k는 제조방법, 원료, 가마 내 충진율 등에 따라 정해지는 상수 병각기 (Cooler) 종류는 under cooler와 다통식 cooler는 가마의 드래프트에 의하여 공기를 Cooler에 넣어서 Clinker를 떨어뜨려서 격자 콘 베어 밑에 냉공기를 불어넣어 가제 냉각시킨다.

회전가마의 종류는 그 특징에 따라 아래 몇 가지를 소개한다.

a) 폐열 보일러 부설 회전가마

　　이 회전가마는 길이가 40~80m의 짧은 편이라 배출되는 가스의 온도가 800~900℃ 정도로 높은 열(전체의 약 30~40%)을 이용 입구 쪽 Hood끝의 배기 연통에 보일러를 설치 폐열발전을 하여 전기를 이용한다. 이로 회수되는 열량은 60~70%로서 Cllinker의 120~150Kwh/t 정도이다.

아래 그림과 같다.

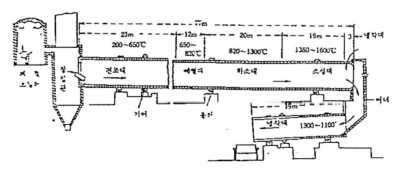

그림 폐열 보일러 부설 회전가마

b) Lepol 가마

이 가마는 방면자 독일의 Otto Lellep와 개발회사인 Polysius의 이름을 따서 Lepoly(레폴) 가마라 한다.
아래 그림과 같다.

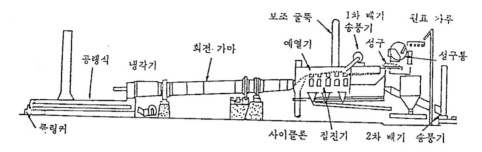

그림 Lepol(레폴) 가마

이 가마의 소비열량은 수분증발에 15.4% CO_2 분해에 1.9% 소성에 51.1% 폐가스 열 6.1% 복사열 21.1% 크링커 함유열이 4.4%로 구분된다.

이 가마의 특징은 수분 10~15%인 원료 분말을 직경 7~15mm의 nodule 상으로 만들어 lepol grate 위에 200mm 정도의 두께로 깔고 이동시키면서 약 950℃의 회전가마의 폐열로 약 25% 열분해 되도록 예열한 후 회전가마로 보내진다. 폐열을 lepol grate로 보내는 방법은 단식통과형과 복식통과형으로 구분되나 모두 가스를 FAN으로 lepol grate를 통과시키며 이때 가스 중의 미립자는 제거된다.

소성에 쓰이는 열량은 크링커 1kg당 약 840~950kcal이며 소성 능력은 50~70kg/㎥hr이다. 이 가마는 반건식 (Semi dry Process)으로서 grate process Kiln이라고도 한다. 이 가마의 특징은 크링커의 크기가 균일한 장점이 있으나 nodule 제조에 노동력이 다른 가마이다.

c) 서스펜션 예열기(Suspension Preheater Kiln)

원료가루를 회전가마에서 배출되는 배기가스 중에 부유시켜 열교환 (heat exchange) 함으로써 약 40%가 열분해하여 탈탄산 반응되도록 예열, 가소하는 Suspesion Preheater가 설치된 회전가마이다. 이 서스펜션 예열기에는 Humboldt식과 Dopol식이 있는데 그 구조는 원료 가루가 일종의 열교환기인 여러 개의 Cyelone을 거쳐 아래쪽으로 흘러내려 오고, 반대로 약 950℃의 가마 배기가스는 Cyclon 아래쪽에서 올라가므로 약 40~60초 동안 서로 접촉되어 열교환이 일어나서 원료는 예열된 상태로 가마에 들어간다. 이 가마의 소성에 쓰이는 열량은 크링커 1kg당 약 830kcal이며 소성능력은 50~60kg/

㎡.hr이다

Humbolt식과 Dopol식 가마의 예는 아래와 같다.

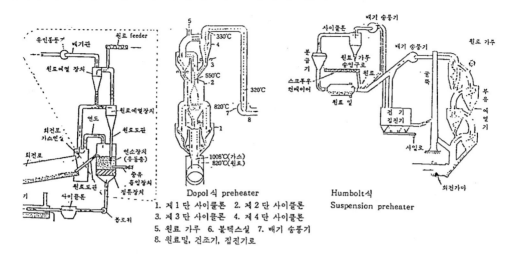

1. 제1단 사이클론 2. 제2단 사이클론
3. 제3단 사이클론 4. 제4단 사이클론
5. 원료 가루 6. 볼텍스실 7. 배기 송풍기
8. 원료밀, 건조기, 집진기로

그림 ROTARY KILN(회전로)

d) 새로운 서스펜션 예열기부설 회전가마(NSP Kiln)

이 가마는 1971년에 개발된 것으로 소성능력이 재래식의 SP 가마의 2~3배
가 되며 예열기와 가마 사이에 조연장치(조연장치)로서 유동매연 장치가 설
치되어 있다.

이 장치에서 원료의 탈산산반응을 85% 이상 시켜 회전가마에 보내므로 이
NSP 가마 1기당 50t/h~35t/h의 생산이 가능하다. 이러한 조연장치의 제조회
사에 따라 SF, NFC, RSP, KSV, DD, FLS 등의 형식이 있으나 대체적인 모
양은 아래 그림과 같다.

건조대, 예열대의 내화물은 SK 32~34의 내화점토질벽돌이 많이 사용되고 있
으나 내화단열 벽돌을 직접 내장하기도 한다. 이 부분의 소모는 비교적 적고
2~5년 동안 사용하면 조직적 스포링 또는 알카리 침식에 의한 Poeling이 일
어나서 소모된다. SP 가마와 NSP 가마에서는 예열기 내에서 거의 탈탈산이
일어나므로 내부의 온도도 약 1100℃까지 올려준다. 따라서 내화물도 SK 34
의 점토질벽돌 또는 SK 35의 고알루미나벽돌을 사용하고 있다.

하소대의 내화물은 SK 35~37의 고알루미나벽돌이 사용되고 있으나 천이대
부근에는 염기성 벽돌을 사용한다. 이 부분의 소모원인은 스포링이지만
Burnerdml 변동에 따라 용손을 받기도 한다.

소성대 및 전이대에는 예부터 규산염 결합 $MgO \cdot Cr_2O_3$계(마그 ·크로계) 내화물을 사용해 오다가 direct bond $Mgo \cdot CrO_2$를 사용함으로써 수면연장에 크게 기여하였다.

최근에는 합성 스피넬(MgO, Al_2O_3)을 사용하는 경향이며 특히 이 내화물은 전이대 또는 냉각대에 많이 사용된다. 소성대에 있어서 염기성벽돌의 손모배기구는 시멘트 구성물질의 액상성분이나, 알칼리 증기 등이 벽돌 속에 침입하여 생기는 조직적 스폴링 또는 용손이다.

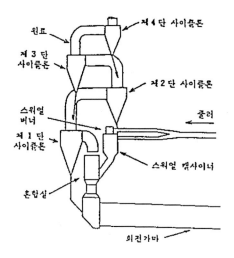

그림 새로운 부유 예열기 부설 가마의 예

전이대에서 코팅층이 설착이 일어나서 내화벽돌면에 온도 또는 분위기의 변화에 의하여 산화철의 전이가 조직의 약화를 가져와서 소모의 원인이 되고 있다.

스피넬$(MgO \cdot Al_2O_3)$ 벽돌에는 철분이 극히 적으므로 소모현상이 적다.

소성대용 내화물의 원단위는 NSP 가마에서 0.3~0.7 kg/t 크링커 이외의 가마에서는 0.8~1.0kg/t 크링커이고 대개의 수명은 2,000~6,000시간인데 이것은 코팅층을 안정적으로 유지할 수 있느냐에 크게 좌우된다. 냉각대에는 시멘트 크링커에 의한 마모가 손양의 큰 원인인데 silicate bonded MgO-Cr$_2O_3$ 벽돌, 스피넬 벽돌, SK 39-40의 고알미나벽돌 염기성벽돌, 내마모성 고알미나질 캐스 터블이 쓰여지고 중고온부 이하의 부분에는 점토질벽돌 또는 저번 캐스터블을 쓴다.

NSP 가마의 예열기의 cyclone과 Duct에도 점토질벽돌, 캐스터블이 쓰이나 단열이 요구된다. 아래에 시멘트 소성용 회전가마의 열정산 방법을 기술 소개한다.

1. 적용범위

포르트란트 시멘트 크링카를 소성하는 요로[Rotary Kiln(이하 Kiln이라함) 및 그 부속설비의 열정산방법에 대하여 기술한다.

2. 기준

2-1 정산은 킬튼의 정상운전할 때 연속 24시간 이상 운전실적에 의해 실시한다.

2-2 정산은 포르트란트 시멘트 크링커(이하 크링커) 1t당에 실시함.

2-3 정산의 기준온도는 외기온도로 한다.

2-4 연료의 발열량은 사용 시의 저발열량을 취한다.

3. 기록측정사항

3.1 설비에 관한 기록

  1) 공장과 그 소재지여

  2) 킬튼 번호

  3) 제조방법

    (주) 건식 (여열 보일러, 서스펜션 예열기, 가소장치의 유무) 반건식, 습식 (폐열보일러 및 필터의 유무) 등의 구분

  4) 크기 (내경과 전장)

  5) 유효내용적

    (주) 벽돌을 쌓지 않은 내용적, 다통식 냉각기일 때는 크링커 떨어지는 구멍의 중심까지의 용적으로 한다.

  6) 사용 연료의 종류

  7) 버너의 형식

  8) Cooler의 형식 및 크기

    (주) Air quenching cooler의 경우는 grate의 크기(유효길이와 폭) 다통식 cooler의 경우는, 각통의 크기(직경의 길이) 및 본수(본수)

9) 서스펜션 예열기의 형식 및 Cyclone의 단수와 각단의 직경

10) 가소로의 형식, 기수, 크기(내경 및 높이)와 유효내용적

　　(주) 벽돌을 쌓지 않은 내용적, 다만 다통식 cooler의 경우는 떨어
　　　지는 출구까지의 내용적

11) Lepol-Preheater의 형식과 grate의 크기(길이와 폭)

12) 이력: 건설 및 개조의 연월일 및 개조의 개요 등

3.2 측정 사항

1) 측정기간 (연월일, 시각) 및 측정자명

2) 기후, 기압, 풍속 및 외기의 온도 및 습도

3) 크링커의 생산량

4) 크링커의 입출구 온도

5) 건원료에서 발생하는 배기량.

6) 원료의 사용량, 수분 및 온도

7) 원료의 종류, 성분(사용 시), 발열량

　　(주) 연료의 성분은 사용연료에 따라 다음과 같다. 다만 ( ) 내는,
　　　원소분석했을 때만 기록한다.

　　a) 중유일 때: 수분, 회분, 유황, (탄소), (수소), (산소) 및 (질소)

　　b) 석탄일 때: 습분 (moisture), 수분, 회분, 휘발분, 고정탄소, 연소
　　　　성유황, (탄소), (수소), (산소) 및 (질소)

8) 연소용 일차와 이차공기량, 온도, 일차공기의 정압

9) 가로소용 유동화공기의 용량, 온도 및 정압

10) 예열기 입구의 배가스용량, 온도, 정압, 조성 및 공기비

11) 킬른 배가스의 용량, 온도, 정압, 조성 및 공기비

12) Air quenching Cooler의 냉각공기, 냉각기 배기통에서의 배기의 용량
　　및 온도

13) 예열기 출구(예열기 없을 때는 킬른 출구)에서의 비산(飛散) Dust의 양

4. 측정 방법

4.1 크링커의 생산량, 조성, 석회포화도 및 온도

1) 생산량은 실측한다. 다만 송입견 원료의 양에서 계산할 수도 있다.

2) 조성 및 석회포화도는

a) 조성은 KS분석법(국립시험원 포르트란트 시멘트 화학분석법)에 의한다.

b) 석회포화도 L.S.D는 크링커 조성에서 다음에 의하여 구한다.

$$L.S.D = \frac{(CaO)}{2.8\,(SiO_2) + 1.2\,(Al_2O_3) + 0.65\,(Fe_2O_3)}$$

여기서

(CaO): 크링커 중의 산화칼슘(%)

(SiO$_2$): Clinker 중의 SiO_2(%)

(Al$_2$O$_3$): Clinker의 Al_2O_3(%)

여기서

MgO: Clinker 중의 MgO(%)

CaO: Clinker 중의 Cao(%)

(비고)

1. Slag를 원료의 일부로 사용했을 때는 CaO와 Al_2O_3의 양은 다음과 같이 Slag에서 오는 (CaO)와 (Al_2O_3)를 뺀 값에 의하여 위와 같은 계산을 한다.

a) (CaO)가 석회석과 Slag에서 오는 비율 R는 아래 식으로 구한다.

$$R = \frac{C_1 \times m_2}{C_2 \times m_2}$$

여기서

C_1: 석회석 중의 (CaO)의 양(%)

C_2: Slag 중의 (CaO)의 양(%)

m_1: 원료 중의 석회석 배합 비율(%)

m_2: 원료 중의 Slag 배합 비율(%)

b) 석회석에서 오는 (CaO)의 양은 a)의 식으로부터 다음식을 이용하여 구해진다.

$$[CaO] = (CaO) \times \frac{R}{1 \times R}$$

c) 점토에서 오는 [Al_2O_3]의 양은 a)의 식으로부터 다음에 의하여 구할 수 있다.

$$[Al_2O_3] = (Al_2O_3) - (CaO) \times \frac{R}{1 \times R} \times \frac{A}{C_2}$$

여기서

A: Slag 중의 Al_2O_3의 양(%)

(Al_2O_3): Clinker 중의 Al_2O_3량(%)

(CaO): Clinker 중의 CaO량(%)

3) 온도는 Cooler입구와 출구의 가장 가까운 위치에서 측정한다.

4.2 건원료에서 발생하는 배가스양(수증기 및 CO_2량) 크링커 1kg당의 건원료에서 발생하는 배가스양은 크링커 조성에서 다음식에 의하여 구한다.

1) 크링커 중의 Al_2O_3가 점토 Cy로부터 온다고 가정하면 점토량 (Cy) (kg)은

$$Cy = \frac{258}{102} \times \frac{(Al_2O_3)}{100} = 2.53 \times \frac{(Al_2O_3)}{100}$$ 이 되고, 이것에서 발생

하는 수증기의 질량 및 용량[mH_2O(kg) 및 VH_2O (m^3N)]은 다음식에 의하여 구할 수 있다.

$$mH_2O = \frac{36}{102} \times \frac{(Al_2O_3)}{100} = 0.353 \times \frac{(Al_2O_3)}{100}$$

$$VH_2O = \frac{44.8}{102} \times \frac{(Al_2O_3)}{100} = 0.439 \times \frac{(Al_2O_3)}{100}$$

여기서 Al_2O_3: 크랑커 중의 산화알미늄(%)

2) 크링커 중의 CaO 및 MgO가 $CaCo_3$(kg)와 $CaCo_3$(kg)로부터 생긴 것으로 생각하면, $CaCo_3$(kg)와 $MgCo_3$의 양은

$$(CaCo_3) = \frac{100}{56} \times \frac{(CaO)}{100} = 2.10 \times \frac{(CaO)}{100}$$

$$(MgCo_3) = \frac{84}{40} \times \frac{(MgO)}{100} = 2.10 \times \frac{(MgO)}{100}$$ 로 되고, 이것에서 발생하는

CO_2의 질량과 용량(MCO_2(kg)와 Vco_2 (m^2N)는 다음식에 의하여 구해진다.

$$mco_2 = \frac{44}{56} \times \frac{(Cao)}{100} + \frac{44}{40} \times \frac{(MgO)}{100} = 0.786 \times \frac{(CaO)}{100} + 1.1\frac{(MgO)}{100}$$

$$Vco_2 = \frac{22.4}{56} \times \frac{(Cao)}{100} + \frac{22.4}{40} \times \frac{(MgO)}{100} = 0.40 \times \frac{CaO}{100} + 0.56 \times \frac{(MgO)}{100}$$

2. 연료 중의 회분에 의한 성분 보정(보정)은 슬래그에 준해서 한다.

3. m^3N는 기체의 표준 상태 [0℃ 760mmHg(101.3kpa)]에 있어서 체적의 단을 나타낸다.

4.3 원료 사용량, 수분 온도 및 발열량의 측정은 다음과 같다.

    1) 건원료의 사용량: 크링커 1kg당 발생하는 가스양이 4.2에 의하여 [mH_2O+mCO_2]kg이므로 1kg당의 건원료의 사용량 Mm(kg)은 다음 식에 의하여 구한다. $Mm=1.0+[mH_2O+mCO_2]$

    2) 원료의 수분 및 온도: Kiln의 입구, Suspension preheater 또는 Lepal preheater의 입구에서 Sampling해서 측정한다.

    3) 원료의 발열량: 원료에 가연물이 함유할 경우의 발열량은 4.4에 준하여 측정한다.

4.4 연료의 조성, 발열량 및 사용량: 연료의 조성, 발열량 및 사용량의 측정은 다음과 같이 한다.

    1) 연료의 조성 시험 방법은 공진청 국립 시험원의 방법(KS)에 의한다. 또는 석탄의 시료는 흡입하는 가까운 위치에서 채취한다.

    2) 발열량의 측정 방법은 공진청 시험원(KS) 시험 방법에 의한다.

    3) 사용량

    a) 중유의 사용량은 용적식 유량계 또는 연료 Tank에서 용량을 측정하고, 그 비중으로 질량을 환산한다.

    b) 석탄의 사용량은 흡입 때 상태의 질량을 나타낸다.

4.5 연소용 공기의 용량 및 온도

    1) 용량

    a) 1차 공기량, 가소로용 유동화 공기량 및 가소로용 cooler 공기량은 오피리스, 넨츄리관 또는 피드관 등으로 측정한다.

    b) 2차 공기량은 연료의 조성 및 사용량 아울러 Kiln 배가스의 조성으로부터 계산에 의하여 구한 총량과 1차 공기량과의 차이에서 구한다.

    2) 온도

    a) 1차 공기는 연료와 혼합되기 전에 측정한다.

    b) 2차 공기는 흡입식 고온계를 사용한다.

4.6 Pre heater 배가스의 용량, 온도, 압력, 조성 및 공기비

   1) 용량은 원료와 연료의 사용량, 조성 및 Pre heater 배가스의 조성
     으로부터 구한다.

   2) 온도와 정압은 Pre heater의 출구 가까운 곳에서 측정한다.

   3) 조성은 시료를 Pre heater의 출구 가장 가까운 곳에서 채취하고 오
     르잣드 분석기로 분석한다.

   4) 공기비는 배가스의 조성에서 계산에 의하여 구한다.

4.7 Kiln 배가스의 용량, 온도, 압력 조성 및 공기비

  Kiln 배가스의 용량, 온도, 압력 조성 및 공기비는 Kiln 출구에서 4.6
에 준하여 측정한다.

4.8 Cooler 냉각 공기 및 배기량과의 온도

  Cooler 냉각공기 및 배기량과의 온도는 4.5의 1차 공기량에 준하여 측
정한다.

4.9 Pre heater 또는 Kiln 출구에 있어서의 비산 Dust양

  Pre heater 출구에서 비산 DUST양은 Pre heater 출구의 가까운 위치에서
KS(배가스 중의 DUST 농도 측정 방법-환경청 공진청) 시험법에 의하여 함
유한 DUST양 측정 결과와 4.6에서 구하는 Pre heater 배가스양에서 계산에
의하여 구한다. Pre heater가 없는 Kiln의 Kiln 출구의 비산 DUST양은 보일
러 DUST양과 집진기 먼지량을 측정하여 크링커 1kg당으로 환산한다.

8.2 열정산의 항목과 계산방법

정산은 아래 표의 왼쪽란의 항목에 대해서 각각의 이 표의 오른쪽란의 방법
으로 한다. 이 계산은 편의상 크링커 1kg당에 대하여 하고 수치는 10^3을 곱
해서 1kg당으로 해서 표시한다. 여열 보일러의 정산은 따로 한다.

즉 1. Kiln의 열정산

   2. COOLER의 열정산으로 구분하여 아래 실시한다.

1) Kiln

항 목		계 산 방 법
1. 입열 $Q_1[$kcal$\{$kj$\}]$	(1)연료의 연소열 $Q_a[$kcal$\{$kj$\}]$	$Q_a = m_f \times H_l$ 여기서 m_f: clinker 1kg당 연료사용량(kg) H_l: 연료의 저발열량[kcal$\{$kj$\}]$ 비고: 1. 신 Suspension식(이하 NSP라 함)일 때 Klin과 가소노 각각 에 대하여 구한다. 2. 연료의 분석치와 발열량을 사용할 때의 Base로 환산하는 방법 (1) 조성: 전수분 w(%), 회분 a(%), 탄소 c(%), 수소 h(%), 연소성 유 황 s(%), 질소 n(%) 및 산소 0(%)는 다음식에 의하여 환산한다. $$w = w_2 + \frac{100-w_2}{100} \times a_1$$ $$c = \frac{100-w_1}{100} \times \frac{100-w_2}{100} c_0 = \frac{100-w}{100} c_0$$ $$h = \frac{100-w_1}{100} \times \frac{100-w_2}{100} h_0 = \frac{100-w}{100} h_0$$ $$h = \frac{100-w_1}{100} \times \frac{100-w_2}{100} s_0 = \frac{100-w}{100} s_0$$ $$n = \frac{100-w_1}{100} \times \frac{100-w_2}{100} n_0 = \frac{100-w}{100} n_0$$ $$o = 100 - (w + a + c + h + s + n)$$ 여기서 w_2: 습분(%) $\quad w_1$: 공업분석(항온 Base)에 의한 수분(%) $\quad a_1$: 〃 (〃) 〃 회분(%) $\quad c_0$: 원소분석(무수Base) 〃 탄소(%) $\quad h_0$: 〃 (〃) 〃 수소(%) $\quad s_0$: 〃 (〃) 〃 연소성 유황(%) $\quad n_0$: 〃 (〃) 〃 질소(%) (2) 발열량: 고발열량 H_h [kcal$\{$kj$\}]$ 및 저발열량 H_l [kcal$\{$kj$\}]$은, 다음 식에 의해 환산한다. $$H_h = \frac{100-w_2}{100} H_0 \qquad H_l = H_h - b(9h + w)$$ 여기서 H_0: 고발열량(항습기준) [kcal$\{$kj/kg$\}]$ $\quad w_2$: 습분(습분 - moisture)(%) $\quad h$: 수분 (%) $\quad w$: 전수분 (%) 3. 중유의 경우는 습분 w_2(%)를 O으로 하고, 사용 시 연료의 조성 및 고발열량은 시료에 의한 측정치를 그대로 사용한다. 4. 중유의 원소분석을 하지 않을 때는 탄소86%, 수소12%로 한다.
	(2)연료의 현열 $Q_b[$kcal$\{$kj$\}]$	$Q_b = m_f \times c_f \times (t_f - t)$ 여기서 m_f: clinker 1kg당의 연료사용량(kg)

항 목		계 산 방 법
1. 입열 Q_1[kcal{kj}]	(2)연료의 현열 Q_b[kcal{kj}]	C_f: 연료의 비열 [kcal/kg℃{kjkg℃}] t_f: 연료의 온도(℃) t: 외기 온도(℃) 비고: 1. C_f는 중유일 때는 0.45kcal/kg℃{1.88kj/kg℃/}, 석탄의 경우는 0.25kcal/kg℃{1.05kj/kg℃}로 한다. 2. NSP의 경우 KILN과 가소노의 각각에 대해서 구한다.
	(3)연료의 연소열 Q_c[kcal{kj}]	$Q_c=m_m \times H_{ml}$ 여기서 m_m: clinker 1kg당의 건원료의 질량(kg) (4.3에 의하여 구한다.) H_{ml}: 원료의 저발열량[kcal/kg{kj/kg}]

	(4)연료의
	현열
	Q_c[kcal{kj}]
		(a) 건원료의 현열 Qd_1[kcal{kj}] $Qd_1=m_m \times c_m \times (t_m-t)$
		여기서 m_m: clinker 1kg당 건원료의 질량(kg)(4.3m의하여 구한다.)
		    c_m: 원료의 비열 [kcal/kg℃{kj/kg℃}]
		    t_m: preheater 입구 또는 KILN 입구의 원료 온도(℃)
		    t: 외(기℃온도)
		비고: c_m는 0.20kcal/kg℃{0.84kj/kg℃}
		(b) 원료 중의 수분의 현열 Qd_2[kcal{kj}] $Qd_2 = m_r(t_m-t)$
		여기서 m_r: clinker 1kg당 건원료의 질량(kg)
		    t_m: Preheater 입구 또는 klin 입구의 원료의 온도(℃)
		    t: 외기온도(℃)
		비고: 1 m_r는 다음식에 의하여 구한다.
		(i) Dust를 첨가하지 않을 때, 수분을 측정한 경우 $m_r = \dfrac{m_m \times w_m}{100-w_m}$
		(ii) Dust를 첨가했을 때 수분을 측정한 경우
		    $m_r{}' = \dfrac{m_m \times (1+d) \times w_m{}'}{100-w_m{}'}$
		여기서 m_m: 크링커 1kg당 직(直)은 원료의 질량(kg)
		    w_m: Preheater 입구 또는 kiln 입구에서 Dust
		      첨가치 않는 원료의 수분(%)
		    $w_m{}'$: Preheater 입구 또는 kiln 입구에서 Dust 첨가
		      치 않는 원료의 수분(%)
		    d: Dust 첨가율(건원료에 대한 Dust양의 비)
		2. 원료 중에 수분이 적을 때는 생략해도 된다.
		(c) 원료의 현열 Qd[kcal{kj}] $Qd=Qd_1 + Qd_2$
		    여기서 Qd_1: 건원료의 현열[kcal{kj}]
		    Qd_2: 원료 중의 수분의 현열[kcal{kj}]

	(5)일차
	공기의 현열
	Q_e[kcal{kj}]
		$Q_e = A_1 \times C_a \times (t_{a1}-t)$
		여기서 A_1: 크링커 1kg당 예열 일차 공기의 양(m^3N)
		    c_a: 공기의 비열 [kcal/kg℃{kj/kg℃}]
		    t_{a1}: 공기의 예열온도 (℃) t_{a1}: 외기온도 (℃)
		비고 1. 이 열은 일차공기를 Kiln과 Cooler 이외의 것으로 예열한 경우에만 계상함
		2. 일차공기를 Kiln과 Cooler로 예열했을 때는 순환열로서 계상한다.
		3. NSP의 경우 KILN과 가소노 각각에 대해서 구한다.

항 목		계 산 방 법
1. 입열 Q_1[kcal{kj}]	(6)Cooler 냉각 공기의 현열 Q_f[kcal{kj}]	$Q_f = A_c \times C_a \times (tac - t)$ 여기서 A_c: 크링커 1kg당 냉각공기량(m^3N) 　　　c_a: 공기의 비열 [kcal{kj}] 　　　tac: 공기의 예열온도(℃) 　　　t: 외기온도(℃) 비고: 1. 이 열은 냉각공기를 KILN과 Cooler 이외의 것으로 예열했을 때 　　　　만 계상함. 　　　2. 냉각공기를 KILN과 Cooler로 예열했을 때는 순환열로서 계상함.
	(7)전입열 Q_1[kcal{kj}]	$Q_1 = Q_a + Q_b + Q_c + Q_d + Q_e + Q_f$ 여기서 Q_a: 연료의 연소열[kcal{kj}] 　　　Q_b: 연료의 현열　　″ 　　　Q_c: 원료의 연소열　″ 　　　Q_d: 원료의 현열　　″ 　　　Q_e: 일차공기의 현열 ″ 　　　Q_f: Cooler 냉각공기의 현열 ″
2. 출열 Q_2[kcal{kj}]	(1)크링커 소성용 열 Q_g[kcal{kj}]	(a) 건원료의 900℃까지 가열하는데 필요한 Q_{g1}[kcal{kj}] 　　$Q_{g1} = m_m \times c_m \times 900$ 여기서 m_m: Clinker 1kg당의 건원료의 질량(kg) 　　　C_m: 원료의 비열 [kcal/kg℃{kj/kg℃}] 비고 1. 원료의 비열은 점토배합의 경우는 0.26kcal/kg℃{1.105kj/kg℃} 　　　　로 하고, Slag 배합의 경우에는 Slag의 비열을 0.243kcal/ 　　　　kg℃{1.017kj/kg℃}로 해서 그 배합비율에서 구한다. 　　　2. 이 계산에서는 상온을 기준으로 했을 때와 0℃를 기준으로 　　　　했을 때의 큰 차가 없어 0℃ 기준으로 한다. (b) 탄산칼슘, 탄산마그네슘 및 점토의 분해에 필요한 열 　　Q_{g2}[kcal{kj}] 　　$Q_{g2} = 400 \times (CaCo_3) + 280 \times (Mgco_3) + 223 \times (cy)$ $\left\{ \begin{array}{l} Q_{g2} = 1674 \times (CaCo_3) + 1172 \times (MgCo_3) + 933 \times (cy) \\ = 2989 \times (Cao) + 2461 \times (MgO) + 2361 \times (Al_2O_3) \end{array} \right\}$ 여기서 $(CaCo_3)$: Clinker 1kg당의 $CaCo_3$의 질량(kg) 　　　$(Mgco_3)$:　″　　″　$Mgco_3$의 ″(″) 　　　(cy):　　″　　″　점토의　″(″) 　　　(Cao):　　″　　″　Cao의　″(″) 　　　(Mgo):　　″　　″　Mgo의　″(″) 　　　(Al_2O_3):　　″　　″　Al_2O_3의　″(″) 비고: Slag를 원료로 사용했을 때는 4.2에 의하여 구한다. (c) 분해된 원료를 900℃에서 1,450℃까지 가열하는 데 필요한 열 　　Q_{g3}[kcal{kj}] 　　$Q_{g3} = 0.265 \times 1450 - 0.234 \times 900 = 173$kcal 　　$\{ Q_{g3} = 1.107 \times 1450 - 0.980 \times 900 = 726kj\}$ 비고: 900℃에서 1450℃까지에 있어서 Clinker의 비열과 동일하다고 　　　보고, 또 분해원료량은 Clinker량과 같다고 본다.

항 목		계 산 방 법
2. 출열 $Q_2[\text{kcal}\{kj\}]$	(1)크링커 소성용 열 $Qg[\text{kcal}\{kj\}]$	(d) 크링커 생성열 $Q_{g4}[\text{kcal}\{kj\}]$ $\qquad Q_{g4}=100\text{kcal}\{418.6kj\}$ 비고 이 수치는 Nacken의 문헌에서 구했다. (l) 900℃에서 분해한=산화탄소와 수소기의 현열 $Q_{g5}[\text{kcal}\{kj\}]$ $\qquad Q_{g5}=(Vco \times Cco + V_{H_2O} \times C_{H_2O}) \times 900$ $\qquad\quad =187 \times (Cao) + 262 \times (MgO) + 159 \times (Al_2O_3)$ $\qquad \{Q_{g5}=(Vco \times Cco + V_{H_2O} \times C_{H_2O}) \times 3768$ $\qquad\quad =783 \times (Cao) + 1097 \times (MgO) + 666 \times (Al_2O_3)\}$ 여기서 Vco: Clinker 1kg당의 원료에서 발생한 이산화탄소의 양(m^3N) $\qquad V_{H_2O}$: 〃 〃 〃 〃 수소기량(m^3N) $\qquad$ Cco: 이산화탄소의 비열 $[\text{kcal}/m^3N℃\{kj/m^3N℃\}]$ $\qquad C_{H_2O}$: 수증기의 비열 $[$ 〃 〃 $]$ $\qquad$ (Cao): Clinker 1kg당의 Cao의 량(kg) $\qquad$ (Mgo): 〃 〃 Mgo의 〃(〃) $\qquad (Al_2O_3)$: 〃 〃 Al_2O_3의 〃(〃) 비고 V_{co}와 V_{H_2O}는 4.2에 의하여 (CaO), (MgO) 및 (Al_2O_3)는 4.1.2)에 $\qquad$ 의하여 구한다. (f) 1,450℃에 있어서 Cliker가 보유하는 현열 $Q_{gc}[\text{kcal}\{kj\}]$ $Q_{g6}=0.265 \times 1450=384\text{kcal} \quad \{Q_{g6}=1.109 \times 1450=1608kj\}$ 비고 Clinker의 1450℃에서의 평균비열은 0.265kcal/kg℃{1.109kj/kg℃}이다. (g) Clinker 소성용열 $Q_g[\text{kcal}\{kj\}]$ $\qquad Q_g=Q_{g1}+Q_{g2}+Q_{g3}+Q_{g4}+Q_{g5}+Q_{g6}$ 여기서 Q_{g1}: 건원료를 900℃까지 가열하는 데 필요한 현열$[\text{kcal}\{kj\}]$ $\qquad Q_{g2}$: $CaCo_3$, $MgCo_3$ 및 점토의 분해에 필요한 열 $[$ 〃 $]$ $\qquad Q_{g3}$: 분해된 원료를 900℃에서 1,450℃까지 가열하는 데 필요한 $\qquad\qquad$ 열$[\text{kcal}\{kj\}]$ $\qquad Q_{g4}$: Clinker 생성열 $[\text{kcal}\{kj\}]$ $\qquad Q_{g5}$: 900℃에서 분해된 이산화탄소와 수증기의 현열$[\text{kcal}\{kj\}]$ $\qquad Q_{g6}$: 1,450℃에서의 Clinker가 보유하는 현열$[\text{kcal}\{kj\}]$ 비고 1. 원료에 점토를 사용했을 경우의 Clinker 소성용열 $Q_g[\text{kcal}\{kj\}]$ $\qquad$ 는 다음식에 의하여 산출해도 된다. $\qquad Q_g=Q_{g1}+527 \times (CaO)+326 \times (MgO)+105 \times (Al_2O_3)-311$ $\qquad \{Q_g=Q_{g1}+2206 \times (CaO)+1364 \times (MgO)+1695 \times (Al_2O_3)-1302\}$ 또 Q_{g1}에 대해서는 $\qquad m_m=1+0.353 \times (Al_2O_3)+0.786 \times (CaO)+1.10 \times (MgO)$ $\qquad C_m=0.264(\text{kcal}/kg℃), \{C_m=1.105(kj/kg℃)\}$라 하면 $\qquad Q_{g1}=238+84 \times (Al_2O_3)+187 \times (CaO)+261 \times (MgO)$ $\qquad \{Q_{g1}=976+352 \times (Al_2O_3)+783 \times (CaO)+1093 \times (MgO)\}$ 그러므로 Q_g는 $\qquad Q_g=489 \times (Al_2O_3)+714 \times (CaO)+587 \times (MgO)-73$ $\qquad \{Q_g=2047 \times (Al_2O_3)+2989 \times (CaO)+2457 \times (MgO)-306\}$

항 목		계 산 방 법
2. 출열 $Q_2[\text{kcal}\{kj\}]$	(1)크링커 소성용 열 $Q_g[\text{kcal}\{kj\}]$	계산예: Clinker 1kg당의 소성용열 Clinker의 조성을 다음과 같다고 하면 (Al_2O_3)=5.2% (Cao)=65.8% } 일 때 (MgO)=1.3% Q_g=(25+470+8-73)=430kcal $\{Q_g$=(106+1967+32-306)=1.799kj\} 비고 2. Clinker의 생성반응은 매우 복잡하다. 이를테면 $CaCO_3$에 　　　대해서 말하면 　　　$CaCO_3 \rightarrow CaO+CO_2+\alpha_1$ 　　　$CaO+CO_2+\alpha_1$ CaO+Al_2O_3, SiO_2, $Fe_2O_3 \rightarrow$Clinker철물+d_2의 반응과정을 생각할 수 있고, 각 온도에서의 반응열 α_1, α_2를 산출하여 그의 평균반응열을 취해야 하나, Clinker 생성반응의 복잡성을 고려해서 편의상 900℃의 반응열을 구했다.
	(2)Cooler에 들어가는 Clinker의 현열 $Q_h[\text{kcal}\{kj\}]$	$Q_h=C_{cl} \cdot t$ 여기서 C_{cl}: Clinker의 비열[kcal/kg℃{kj/kg℃}] t_{cl}: Cooler 입구에서의 Clinker의 온도(℃) t: 외기온도(℃) 비고 Q_h는 출열의 합계에는 더하지 않는다.
	(3)Cooler에 배기가 가지고 나가는 현열 $Q_h[\text{kcal}\{kj\}]$	$Q_i=C_{cl} \times (t_{c2}-t)$ 여기서 C_{cl}: Clinker의 비열[kcal/kg℃{kj/kg℃}] t_{cl2}: Cooler의 출구에서의 Clinker의 온도(℃) t: 외기온도(℃)
	(4)Cooler에 배기가 가지고 나가는 현열 $Q_h[\text{kcal}\{kj\}]$	a) Cooler 배가스가 가지고 나가는 현열 $Q_{J1}[\text{kcal}\{kj\}]$ $Q_{J1}=A_2 \times C_a \times (t_2-t)$ 여기서 A_2: Clinker 1kg당, Cooler배 가스양(m^3N) C_a: 공기의 비열[kcal/kg℃{kj/kg℃}] t_2: Cooler의 배기온도(℃) t: 외기온도(℃) m_c: Cooler 배기 중의 Dust양(kg/kg Clinker (c) Cooler 배기가 가지고 나가는 현열 $Q_J[\text{kcal}\{kj\}]$ $Q_J =Q_{J1}+Q_{J2}$ 여기서 Q_{J1}: Cooler 배가스가 가지고 나가는 현열[kcal{kj}] Q_{J2}: Cooler 배기 중의 Dust가 가지고 나가는 현열[kcal{kj}]

항 목		계 산 방 법
2. 출열 $Q_2[\text{kcal}\{kj\}]$	(5)원료 중의 수분의 증발열 $Qk[\text{kcal}\{kj\}]$	$Q_k = m_r \times r$ 여기서 m_r: Clinker 1kg당 원료 중의 수분량(kg) [1,(4) 원료의 　　　　　현열에 의하여 구한다] 　　　r: 외기온도에서의 물의 증발열[kcal/kg{kj/kg}] 비고: 외기온도에서의 물의 증발열은 다음식에 의하여 구한다. 　　　r=597-0.55t, $\{r$=2499-2.30t$\}$ 　　　단, 소수점 이하는 0으로 한다. 　　　여기서 t: 외기온도(℃)
	(6)Preheater 또는 Kiln 배 가스가 가지고 나가는 현열 $Ql[\text{kcal}\{kj\}]$	(a) 원료에서 발생한 수증기의 현열 $Q_{l1}[\text{kcal}\{kj\}]$ $Q_{l1}=\dfrac{22.4}{18}\times(m_r+m_{H_2O})\times C_{H_2O}\times(t_g-t)$ 여기서 m_r: Clinker 1kg당 원료 중의 수분량(kg), Dust를 첨가한 것에 　　　　　대해서 수분을 측정했을 때는 $m_r{'}$를 사용하는 　　　　　[1.(4) 원료의 현열에 의하여 구한다.] 　　　m_{H_2O}: 점토에서 발생한 수증기량(kg) [4.2.1]에 의하여 구한다. 　　　C_{H_2O}: 수증기의 비열 [kcal/kg℃{kj/kg℃}] 　　　t_g: Kiln 또는 Preheater 배가스 온도(℃) 　　　t: 외기온도(℃) (b) 원료에서 발생한=산화탄소의 현열 $Q_{l2}[\text{kcal}\{kj\}]$ 　Q_{l2}=V$_{CO_2}$×C$_{CO_2}$×(t_g-t) 여기서 V$_{CO_2}$: 크링커 1kg당 원료로부터 발생한 이산화탄소량(m^3N) 　　　　　[4.2. (2)에 의하여 구한다.] 　　　C$_{CO_2}$: CO_2의 비열 [kcal/kg℃{kj/kg℃}] 　　　t_g: Kiln 또는 Preheater 배가스 온도(℃) 　　　t: 외기온도(℃) (c) 연소가스의 현열 $Q_{l3}[\text{kcal}\{kj\}]$ 　Q_{l3}=[G_0×C$_a$+A_0×$(m-1)$×C$_a$]×m_f×(t_g-t) 여기서 G_0: 연료 1kg당 이론연소가스양(m^3N) 　　　C$_G$: 연소 가스의 비열[kcal/kg℃{kj/kg℃}] 　　　A_0: 연료 1kg당 연소용 이론 공기량(m^3N) 　　　m: 공기비 　　　C$_a$: 공기의 비열[kcal/kg℃{kj/kg℃}] 　　　m_f: 크링커 1kg당 연료 사용량(kg) 　　　t_g: Kiln 또는 Preheater 배가스 온도(℃) 　　　t: 외기온도(℃) 비고: 연료 1kg당 이론 연소 가스양 $G_0(m^3N$/kg 연료), 공기비 m 와 　　　연소용 이론공기량 $A_0(m^3N$/kg 연료)의 계산방법 　　　G_0=(1-.0.21)A_0+[1.87C+11.2h+0.7S+1.24W+0.8n]×$\dfrac{1}{100}$ 　　　A_C=[6: 89C+26.7$(h-\dfrac{o}{8})$+3.33s]×$\dfrac{1}{100}$ 　　　m=$\dfrac{(N_2)}{(N_2)-3.76[(O_2-0.5(CO))]}$

항 목		계 산 방 법

2. 출열
$Q_2[\text{kcal}\{\text{kj}\}]$
	(6)Preheater
	또는 Kiln
	배 가스가
	가지고
	나가는 현열
	$Q_l[\text{kcal}\{\text{kj}\}]$
		여기서 w: 사용 시의 연료의 전수분(%)
		    c: ″ ″ 탄소 (%)
		    h: ″ ″ 수소 (%)
		    s: ″ ″ 연소성유황(%)
		    n: ″ ″ 질소(%)
		    (N_2): 건배 가스 중의 질소의 용량(%)
		    (O_2): ″ ″ 산소의 용량(%)
		    (CO): ″ ″ 일산화탄소의 용량(%)
		연료의 저발열량 H_l에서 이론연소가스양 $G_0(m^3N/\text{kg}$ 연료) 및 연소용 이론공기량 $A_0(m^3N/\text{kg}$ 연료)를 구할 경우는 편의상 다음식을 이용할 수 있다.
		(i) 중유일 때
		$$G_0=\frac{15.75(H_l-1100)}{10000}-2.18 \qquad A_0=\frac{12.38(H_l-1100)}{10000}$$
		(ii) 석탄일 때
		$$G_0=\frac{a905(H_l+550)}{1000}+1.17 \qquad A_0=\frac{1.01(H_l+550)}{1000}$$
		(d) Kiln 또는 Preheater 배가스가 가지고 나가는 현열 $Q_i[\text{kcal}\{\text{kj}\}]$
		$Q_l = Q_{l1} + Q_{l2} + Q_{l3}$
		여기서 Q_{l1}: 원료에서 발생한 수증기의 현열 [$\text{kcal}\{\text{kj}\}$]
		    Q_{l2}: 원료에서 ″ 이산화탄소의 현열 [$\text{kcal}\{\text{kj}\}$]
		    Q_{l3}: 연소 가스의 현열 [$\text{kcal}\{\text{kj}\}$]

	(7)Dust가
	가지고
	나가는 현열
	$Q_l[\text{kcal}\{\text{kj}\}]$
		$Q_m = C_d \times (t_g - t) \times m_d$
		여기서 C_d: Dust의 t_g에서의 평균비열 [$\text{kcal/kg}℃\{\text{kj/kg}℃\}$]
		    t_g; Kiln 또는 Heater 배가스 온도(℃)
		    t: 외기온도(℃)
		    m_d: Kiln 또는 Preheater 출구에서 비산Dust양(kg/kg 크링카)
		비고: Dust의 비열은 공업요노의 참고표2에 의한다.

	(8)방사,
	기타
	손실열
	$Q_n[\text{kcal}\{\text{kj}\}]$
		$Q_n = Q_1-(Q_g+Q_i+Q_j+Q_k+Q_l+Q_m)$
		여기서 Q_1: Kiln의 전입열
		    Q_g: ClinKer 소성용 열
		    Q_i: ClinKer가 가지고 나가는 현열
		    Q_j: Cooler 배기가 가지고 나가는 현열
		    Q_k: 원료 중의 수분의 증발열
		    Q_l: Preheater 배 가스가 가지고 나가는 현열
		    Q_m: Dust가 가지고 나가는 현열
		비고 1. 배가스의 미연소실(미연손실)은 거의 느끼지 못하므로 열정산에는 제외했으나 측정결과표에는 CO의 항을 일단 있으므로 만일 미연손실이 있으면 이 항에 포함한다.
		    2. 냉각기와 예열기 등에 수냉벽의 물이 가지고 나가는 열 또 이들에서의 뿌리는 물 등 필요에 따라 독립(독립) 항목으로 계산한다.

항 목		계 산 방 법
2. 출열 Q_2[kcal{kj}]	(9)전출열 Q_2[kcal{kj}]	$Q_2 = Q_g + Q_i + Q_j + Q_k + Q_l + Q_m + Q_n$ 여기서 Q_g: ClinKer 소성용 열 Q_i: ClinKer가 가지고 나가는 현열 Q_j: Cooler 배기가 가지고 나가는 현열 Q_k: 원료 중의 수분의 증발열 Q_l: Preheater 배 가스가 가지고 나가는 현열 Q_m: Dust가 가지고 나가는 현열 Q_n: 방사, 기타의 손실열
3. 순환열 Q_3[kcal{kj}]	(1)일차공기 에 의한 회수열 Q_0[kcal{kj}]	$Q_0 = A_1 \times C_a \times (t_{a1} - t)$ 여기서 A_1: 크링커 1kg당의 일차공기량(m^3N) C_a: 공기의 비열[kcal/kg℃{kj/kg℃}] t_{a1}; 일차공기의 예열온도(℃) t: 외기온도(℃) 비고 1. 이 계산은 일차공기에 Kiln과 Cooler의 여열을 이용했을 때만 한 다. 2. NSP의 경우 Kiln과 가소노 각각에 대해서 구한다.
	(2)Kiln 기타 손실열 Q_n[kcal{kj}]	(a) Kiln 이차공기에 의한 회수열 Q_{PK}[kcal{kj}] $Q_{PK} = A_2 \times C_a \times (t_{a2} - t)$ 여기서 A_2: 크링커 1kg당 이차공기(m^3N) C_a: 공기의 비열 [kcal/kg℃{kj/kg℃}] t_{a2}; 이차공기의 예열온도(℃) t: 외기온도(℃) (b) 가소노용 Cooler 신기에 의한 회수열 Q_{PC}[kcal{kj}] $Q_{PC} = A_3 \times C_a \times (t_{a3} - t)$ 여기서 A_3: Clinker 1kg당 Cooler 신기량(m^3N) C_a: 공기의 비열 [kcal/kg℃{kj/kg℃}] t_{a3}; Cooler 신기온도(℃) t: 외기온도(℃) (c) Kiln 이차공기와 가소노용 Cooler 신기에 의한 회수열 Q_P[kcal{kj}] $Q_P = Q_{PK} + Q_{PC}$ 여기서 A_C: Clinker 1kg당의 냉각공기량 (m^3N) C_a: 공기의 비열 [kcal/kg℃{kj/kg℃}] t_{ac}; Cooler 냉각공기의 온도(℃) t: 외기온도(℃) 비고 이 계산은 Cooler 냉각공기에 Kiln과 Cooler의 여열을 이용했을 때 만 한다.

항 목		계 산 방 법
4. 열효율 $\eta(\%)$	소성효율 $7p(\%)$	$7p = \dfrac{Q_q - Q_d{'}}{Q_a + Q_c}$

여기서 Q_a: 연료의 소성열[㎉{kj}]

$\qquad\quad Q_c$: 연료의 〃 [〃]

$\qquad\quad Q_d$: 연료의 현열 [〃]

$\qquad\quad Q_g$: Clinker 소성용 열 [〃]

비고 1. Kiln의 열효율을 생각할 때, 습식(습식)과 Lepol과 같이 수분이 많은 원료를 사용하는 Kiln에 있어서는 Clinker의 소성열만을 유효열로써 구할 경우와 수분의 증발열에 보태어 구하기도 한다. 전자를 소성효율, 후자를 Kiln 효율이라 한다. 수분이 적은 원료를 사용할 경우에는 양자 모두 거의 같다.

2) Cooler

항 목		계 산 방 법
1. 입열 $Q_4[\text{kcal}\{\text{kj}\}]$	(1) Cooler에 들어가는 Clinker의 현열$Q_h[\text{kcal}\{\text{kj}\}]$	$Q_h = C_{cl} \times (t_{cl1} - t)$ 여기서 C_{cl}: Clinker의 비열 $[\text{kcal/kg℃}\{\text{kj/kg℃}\}]$ t_{cl1}: Cooler 입구에 있어서 Clinker의 온도(℃) t: 외기온도(℃)
	(2)Cooler 냉각공기의 현열 $Q_f[\text{kcal}\{\text{kj}\}]$	$Q_f = A_c \times C_a \times (t_{ac} - t)$ 여기서 A_c: 크링커 1kg당의 냉각공기량(m^3N) C_a: 공기의 비열 $[\text{kcal/kg℃}\{\text{kj/kg℃}\}]$ t_{ac}; 공기의 예열온도(℃)　　　t: 외기온도(℃) 비고 1. 이 열은 냉각공기를 Kiln과 Cooler 이외의 것으로 예열할 때에만 계산한다. 　　 2. 냉각공기를 Kiln과 Cooler로 예열했을 때는 순환열로서 계산한다.
	(3)전입열 $Q_4[\text{kcal}\{\text{kj}\}]$	$Q_4 = Q_h + Q_f$ 여기서 Q_h: Cooler에 들어가는 Clinker의 현열$[\text{kcal}\{\text{kj}\}]$ Q_f: Cooler 냉각공기의 현열
2. 출열 $Q_5[\text{kcal}\{\text{kj}\}]$	(1)Klin이차 공기와 가소 노용 cooler 신기에 의한 현열 $Q_p[\text{kcal}\{\text{kj}\}]$	(a)Kiln 이차공기에 의한 현열 $Q_{PK}[\text{kcal}\{\text{kj}\}]$ $Q_{PK} = A_2 \times C_a \times (t_{a2} - t)$ 여기서 A_2: 크링커 1kg당 이차공기(m^3N) C_a: 공기의 비열 $[\text{kcal/kg℃}\{\text{kj/kg}m^3N℃\}]$ t_{a2}; 이차공기의 예열온도(℃)　　　t: 외기의 온도(℃) (b) 가소노용 Cooler 신기에 의한 현열 $Q_{PC}[\text{kcal}\{\text{kj}\}]$ $Q_{PC} = A_3 \times C_a \times (t_{a3} - t)$ 여기서 A_3: Clinker 1kg당 Cooler 신기량(m^3N) C_a: 공기의 비열 $[\text{kcal/kg℃}\{\text{kj/kg℃}\}]$ t_{a3}; Cooler 신기온도(℃)　　　t: 외기온도(℃) (c) Kiln이차공기와 가소노용 Coole신기에 의한 현열$Q_P[\text{kcal}\{\text{kj}\}]$ $Q_P = Q_{PK} + Q_{PC}$ 여기서 Q_{PK}: Kiln 이차공기에 의한 현열$[\text{kcal}\{\text{kj}\}]$ Q_{PC}: 가소노용 Cooler 신기에 의한 현열[〃]
	(2)크링커가 가지고 나가 는 현열 $Q_L[\text{kcal}\{\text{kj}\}]$	$Q_l = C_{cl} \times (t_{cl2} - t)$ 여기서 C_{cl}: 크링커의 비열$[\text{kcal/kg℃}\{\text{kjkg℃}\}]$ t_{cl2}: Cooler 출구에서의 크링커의 온도(℃) t: 외기온도(℃)
	(3)Cooler 배 기가 가지고 나가는 현열 $Q_j[\text{kcal}\{\text{kj}\}]$	(a) Cooler 배 가스가 가지고 나가는 현열 Q_{jt} $Q_{jl} = A_l \times C_a \times (t_l - t)$ 여기서 A_l: 크링커 1kg당의 cooler 배기량 (m^3N) C_a: 공기의 비열 $[\text{kcal/kg℃}\{\text{kj/kg}m^3N℃\}]$ t_l; cooler의 배기온도(℃)　　　t: 외기의 온도(℃)

항　　목		계　산　방　법
2. 출열 $Q_5[kcal\{kj\}]$	(3) Cooler 배기가 가지고 나가는 현열 $Q_j[kcal\{kj\}]$	(b) cooler 배기 중의 Dust가 가지고 나가는 현열[kcal{kj}] $Q_{j2}=C_d\times(t_2-t)\times m_c$ 여기서 C_d: Dust의 t_2에 있어서의 평균비열[kcal/kg℃{kj/kg℃}] 　　　　t_2: Cooler 배기온도(℃)　　　　t: 외기온도(℃) 　　　　m_c: cooler 배기 중의 Dust양 [kg/kg clinker] (c) cooler 배기가 가지고 나가는 현열 $Q_j[kcal\{kj\}]$ $Q_j=Q_{j1}+Q_{j2}$ 여기서 Q_{j1}: cooler 배 가스가 가지고 나가는 현열[kcal{kj}] 　　　　Q_{j2}: cooler 배 가스 중의 Dust가 가지고 나가는 현열[kcal{kj}]
	(4)가소노 이외의 cooler 신기가 가지고 나가는 현열 $Q_w[kcal\{kj\}]$	$Q_w=A_4\times C_a\times(t_{a4}-t)$ 여기서 A_4: 크링커 1kg당, 가소노 이외의 cooler 신기량(m^3N) 　　　　C_a: 공기의 비열 [kcal/kg℃{kj/kg℃}] 　　　　t_{ac}; 공기의 예열온도(℃)　　　　t: 외기온도(℃) 비고: 위에서 말한 가소노 이외의 cooler 신기에는 원료 건조 등에 　　　이용한 경우의 cooler 배기도 포함한다.
	(5)방사 기타의 손실열 $Q_x[kcal\{kj\}]$	$Q_x=Q_4-(Q_p+Q_i+Q_j+Q_w)$ 여기서 Q_4: cooler의 전입열[kcal{kj}] 　　　Q_p: kiln 이차공기와 가소노용 cooler 신기에 의한 현열[kcal{kj}] 　　　Q_i: Clinker가 가지고 나가는 현열[kcal{kj}] 　　　Q_j: cooler 가지고 나가는 현열[kcal{kj}] 　　　Q_w: 가소노 이외의 cooler 신기가 가지고 나가는 현열[kcal{kj}] 비고 cooler 수냉벽의 물이 가지고 나가는 현열, cooler에서 산수에 　　의한 손실열 등은 필요에 따라 독립된 항목으로써 계산한다.
	(6)전출열 $Q_5[kcal\{kj\}]$	$Q_5=Q_p+Q_i+Q_j+Q_w+Q_x$ 여기서 Q_p: kiln이차공기와 가소노용 cooler신기에 의한 현열[kcal{kj}] 　　　Q_i: Clinker가 가지고 나가는 현열[kcal{kj}] 　　　Q_j: cooler 가지고 나가는 현열[kcal{kj}] 　　　Q_w: 가소노 이외의 cooler신기가 가지고 나가는 현열[kcal{kj}] 　　　Q_x: 방사기타의 손실열[kcal{kj}] 비고: 이 계산은 cooler 냉각공기에 Klin과 cooler의 여열을 이용했을 때 　　만 한다.
3. 순환열 $Q_b[kcal\{kj\}]$	cooler 냉각공기에 의한 회수열 Q_q [kcal{kj}]	$Q_q=A_c\times C_a\times(t_{ac}-t)$ 여기서 A_c: 크링커 1kg당의 냉각공기량 (m^3N) 　　　C_a: 공기의 비열 [kcal/m^3N℃{kj/m^3N℃}] 　　　t_{ac}: cooler 냉각공기의 온도(℃) 　　　t: 외기온도(℃) 비고: 이 계산은 cooler 냉각공기에 Kiln과 cooler의 여열을 이용했을 때만 한다.
4. 이차공기에 의한 회수 효율 $\eta c(\%)$	이차공기에 의한 회수효율 $\eta c(\%)$	$\eta c=\dfrac{Q_P}{Q_h+Q_f}\times100$ 여기서 Q_h: cooler에 들어가는 크링커의 현열[kcal{kj}] 　　　Q_f: cooler에 냉각공기의 현열[kcal{kj}] 　　　Q_p: Kiln 이차공기와 가소노용 cooler 신기에 의한 현열 　　　[kcal{kj}]

8.3 석탄 소성로

고체연료인 석탄의 소성로는 소성제품의 종류와 성질에 따라 선별적으로 하고 있다.

취급상의 불편과 또 산지에서 사용처까지의 수송상의 불편 등으로 선호도가 적으며 화염의 길이가 짧은 결점이 있고 연소 후의 회분 등의 처리의 곤란과 연소 중의 먼지 발생에 따른 집진설비의 과다 등의 여러 가지 결점으로 선별적으로 사용하고 있다. 그래서 수입 유연탄 또는 중유 등과의 혼소를 하는 곳도 있다. 우리나라에서는 화력발전소 보일러, 시멘트 공장, 보통벽돌 공장 (Hoffman-윤요) 등에 사용하고 있다.

연소방법은 아래와 같다.

1) 버너 분사식

처음 점화를 오열로 어느 정도 연소실에서 열(온도)을 올린 후 미분탄을 분사시켜서 소성한다.

보조용 오일버너를 설치해야 하는 번거롭고 또 미분쇄용 튜브 밀(Tube-Mill) 의 설치와 버너로 보내는 공급장치(컨베이어와 흡퍼) 등의 이외의 설비가 필요하다. 다만 보통 벽돌의 소송용 고리 가마는 천정의 탄투입 구멍에 투입하므로 미분쇄하지 않고 투입한다.

2) 로스톨(격자)
(연소실)

20여 년 전 우리나라의 도자기의 벽돌(내화벽돌, 보통벽돌)의 단독 가마(도염식 가마)가 대부분 이런 방법의 연실로 되어 있었다. 이 방법은 괴탄 또는 분탄을 타루피치 등 유기 바인다(결합제)로 주먹 크기로 뭉쳐서 로스톨 위에 20cm 정도로 펼쳐 깔고 로스톨 위에서 송풍기로 연소공기를 불어넣어 연소시켰다. 이 방법은 현재에도 표면색상에 관계없는 제품 소성에 이용하고 있다.[주로 보통 벽돌(오지 벽돌) 소성에 이용됨]

3) 화격자 이동식
(연소실)

이동식 화격자 위에 살포기로 고루 살포하여 연소하는 방법으로 최근에는 연료비가 싸게 드는 관계로 이 방법을 이용하고 있다. 아래에 미분탄을 무식 연소 버너

의 그림을 소개한다. 이 미분탄 버너는

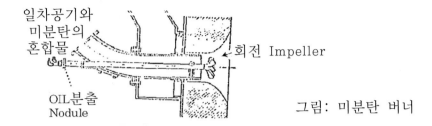

이차공간

일차공기와
미분탄의
혼합물

회전 Impeller

OIL분출
Nodule

그림: 미분탄 버너

대형 보일러, 시멘트의 회전가마, 철강, 화학 공업의 가열로 등에 사용되고
있으나, 오일 또는 가스버너보다 사용처가 적다. 그러나 화격자 연소와 비교
하면 연소 온도가 높고, 연소 효율도 좋고, 또 연소 조절이 쉽고, 화염이 길
고 커서 좋은 점이 많다. 미분탄 연소기구는 매우 복잡하나, 기본적으로는 가
스 연소와 고제 연소의 복합형이라 생각하면 된다.

즉 1차 공기와 같이 분출한 미분탄은 고온의 노벽과 화염으로부터 복사율이
큰 이점이 있다. 다시 말하면 화염으로부터의 복사열을 받아 급속이 가열되
어 건류 가스와 코크스로 분리되어, 착화, 연소되나 입자가 아주 작아 산소의
확산이 잘 될 경우에는 휘발 물이 전부 분해하기 전에 표면 연소가 시작되기
도 한다. 미분탄 버너는 미분탄을 1차 공기와 미리 혼합하여 노 내로 분사하
고 있으나 2차 공기는 유인통풍 될 경우와 강제 통풍할 때가 있다. 위 그림
의 계에서 미분탄을 함유한 1차 공기는 중아의 관의 끝 Nodule에서 분출하
여 그 출구에 붙은 선회(회전) Impeller에 의해 선회하게 된다. 2차 공기는
그 주위의 환상통로에서 송풍된다. 이 버너에는 미분탄 Nodule의 중심부에
오일 분사변이 부착되어 점화용 또는 혼소가 될 수 있게 고안되었다.

A: 이 장점은 아래와 같다.
1) 연료의 표면적이 커서 공기의 접촉이 좋으므로 과잉 공기가 적어도 완전연소가 된다.
2) 사용연료의 폭이 넓다.
   화격자 연소에서 사용 불가능한 점결탄, 저 발열량탄 등이 사용 가능하다.
3) 연소의 조절이 쉬워, 점화, 소회 시의 손실이 적고 부하의 변동에도 쉽게 조성이 가능
   하다.
4) 일반적으로 연소 속도가 커서 연소효율도 좋고 예열 공기의 사용도 가능하다.

B. 단점:
1) 설비비, 유지비가 많이 든다.
2) 연돌로 배출되는 분진이 많아 집진 장치를 완비할 필요가 있다.
3) 폭발 위험이 있어, 허용 최소 열부는(연소실 용적)장치에도 기인되나, 40 이하에서는 완전연소가 곤란하다.

8.4 축로의 설계

내화물의 선정, 벽돌의 크기, 모양, 축로 방법 등이 요구된다.
1) 벽돌손상에 대한 안전책으로서 내화도와 내압 강도 등에 필요 이상의 수치를 요구하는 사양서가 나오는 경우가 있다. 그런데 이러한 요구는 한편으로 벽돌의 품질범위를 제한하게 되므로 오히려 내구성이 좋은 벽돌을 만들기 어려울 때가 있다.
2) 벽돌을 만들기 쉽고, 어려운 모양이 있는데 이것을 충분히 고려하여 지나치게 어려운 모양의 벽돌은 성질을 저하시키고, 또 제조에 헛된 노력, 비용과 제조 기간이 필요하다.
3) 벽돌 종류에 따라 몰타르 두께와 팽공의 닐비 등을 고려하여 크기 값을 결정하여야 한다. 이때 허용 치수를 잘 선정하여 검사하지 않고 무리하게 불합격 판정하면 벽돌의 제조 원가가 높아진다.
4) 벽돌 쌓기나 Castable의 사양이 적당하지 못하면 그 재료의 성능 발휘를 못하고, 노의 손상이 빨리 온다. 그래서 축로의 그 사용 목적에 맞고 또 경제적인 설계가 필요하나 여기서는 노제의 사용법과 직접 관계가 있는 사항만 간략하게 설명한다.

(1) 국부 가열을 피할 것
일반적으로 어느 온도 이상이 되면 갑자기 손상하게 되므로 사용 목적에 지장이 없는 한 국부 가열을 피하도록 설계하여야 한다.
열이 연소실에 가면 내화물 온도는 화염온도에 접근하여 급속히 손상하게 된다.
버너 위치가 적당하여야 하고 그렇지 못하면 내화물은 국부가열과 회분의 매용작용을 받으므로 버니의 맞춘 편벽은 화염의 최고 부분보다 멀게 충분한 간격을 띄워야 하고 천정은 좀 높게 잡는다.

(2) 내화물 간의 반응을 피할 것

화학성분이 다른 내화물 예를 들면, 점토질 벽돌과 염기성 벽돌(마그네시아)를 서로 접촉시켜 고온에 사용하면 서로 반응하여 손상된다.

이종내화물 간의 반응온도의 예는 아래 표와 같다.

표. 이종 내화물 간의 반응온도(℃)

종류	규석	점토질	고알미나질	크롬	페르스테라이트	크로마2	마그크로	마그네시아
규석		1500 1600	1600 -	1650 -	1700 -	1600 -	1600 -	1500 1700
점토질	1500 1600		- -	1600	1500 1600	1600	1600 1650	1400 1500
고알미나질 (100%Al-O₃)	1600 -	- -		1600 1600	1650 1700	1600 1700	1600 1700	1500 1700
크롬	1650 -	1600 -	1600 1600		1600 1650	1700	1700 -	1700 1700
페루스테라이트	1700 -	1500 1600	1650 1700	1600 1650		1700 -	1700 -	1700 1700
크로마2	1600 -	1600 -	1600 1700	1700 -	1700 -		- -	- -
마그크로	1600 1700	1600 1650	1600 1700	1700 -	1700 -	- -		- -
마그네시아	1500 1600	1400 1500	1500 1700	1700 -	1700 1700	- -	- -	

(3) 팽창대를 둘 것. 팽창대의 간격 치수의 예는 아래와 같다.

벽돌종류	팽창대(mm/m)
규석벽돌	13-15
점토질벽돌	6-8
Silimanite질 벽돌(Al₂O₃6)	7
고일미나(Al₂O₃6)	8
Cr, Cr-Mg(소성품)	11
Cr, Mg(불소성품)	18
Mg-Cr	21
마그네시아	21

내링로는 2 2.5m마다 팽창대를 낸다.

팽창대 공간은 내열성 섬유로 충전하여 방열을 막고 누꺼운 빅은 지그제그를 낸다.

원통상로에 내화물을 내장했을 때는 원통과 내화물 간의 사이에 압면, 유리솜, 규조토 등을 신축성 재료를 충전시킨다. 이때 팽창대 공간은 메우는 것 때문에 다소 적게 취한다.

(4) 연와적 치수는 몰타르 두께를 고려한다. 몰타르 두께는 내외연와는 3㎜, 적벽돌은 7.5
㎜를 표준으로 하나 이는 광재나 가스의 침투에 약하므로, 경우에 따라서는 2㎜로 할
수도 있는 한편, 벽돌의 치수나 모양이 고르지 못할 때 조정하는 목적도 있으므로,
큰 이형 벽돌은 5㎜ 정도가 필요할 때도 있다.(예를 들면 터널요의 카톱
벽돌 등)

이는 이형 벽돌치수를 결정할 때, 또 반대로 노 치수에서 연회적을 결정할 때
꼭 고려하려야 한다.

또 벽돌의 너무 무리한 가공치수 맞추기는 피할 필요가 있으므로 설계에서
약간의 치수 조정이 허용될 때는 노 각부의 치수는 KS표준 치수나 몰타르 두
께로 나누어지는 치수를 취하면 편리하다. 몰타르는 과열로(유리용해로 전주
내화물) 내장등록수한 경우에는 않을 때도 있다.

노 벽돌 온도와 전열손실, 축열손실의 계산 알맞은 노재의 선택 또는 노벽의
두께 등의 목적 때문에 노 벽의 각부(내화재의 계면) 온도, 노벽을 통해서 흐
르는 열량(축열 손실)을 계산해야 한다.

이 계산은 노재의 열전도율의 정확한 측정의 곤란함과, 노재가 사용 중에 감
모(감모) 변질을 일으키고 혹은 먼지 등이 부착하는 등 때문에 은밀한 값을
구하기가 곤란하므로 공업적 목적으로 대략 계산한다.

1) 측벽

열전도율 λ(kcal/mhC)
벽두께 l (m)
로벽을 흐르는 열량율 Q_1(kcal/m²h)

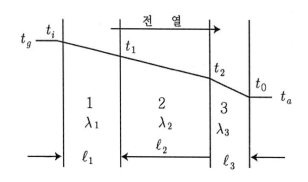

t_i : 벽 내면 온도(℃)
t_1 : 1층 로제의 외면 온도(℃)
t_2 : 2층 로제의 외면 온도(℃)
t_{n-1} : n-1층 로제의 외면 온도(℃)
t_o : 벽 내면 온도(℃)

$\lambda_1, \lambda_2, \cdots\cdots \lambda_m$는 그로 즈에 받는 온도 범위에서의 평균 전도율 또 측벽 이벽에서 대기 중에 방산하는 열량 Q_2(kcal/m²h)는 대류 전류량과 방사전류량의 합계이고 다음식으로 계산한다.

$$Q_1 = (ti - t_1)(\lambda_1/\iota_1)$$
$$= (t_1 - t_2)(\lambda_2/\iota_2)$$

$$= (t_{m_{-1}} - t_o)(\lambda_m/\iota_m)$$
$$= (t_i - t_o)/\left(\frac{\iota_1}{\lambda_1} + \frac{\iota_2}{\lambda_2} + \cdots\cdots + \frac{\iota_n}{\lambda_n}\right)$$
$$Q_2 = (hc + hr)(t_o - t_a)$$

여기서

hc; 자연 대류 계수 (kcal/m²h℃)$= 2.2\sqrt[2]{t_0 - t_a}$

    (다만 정지 공기 중의 전열)

hr; 방사 전열 계수 (kcal/m²h℃)

$$= \frac{4.96 \times \left[\left(\frac{273 + t_o}{100}\right)^4 - \left(\frac{273 + t_a}{100}\right)\right]}{t_o - t_a}$$

p_s: 흑도
t_a: 외기온도

이 방사 열량 Q_2는 (1)식에서 계산한 Q_1의 값과 같아야 할 것이다.

여기서 계산한 Q_1이 (2)식에서 구한 값보다 작거나 크면 가정한 t_o의 값이 너무 높거나 낮기 때문에 t를 좀 더 낮거나 높여서 온도를 가정해서 (1)식의 계산을 되풀이한다.

이렇게 하여 (1)식에서의 Q_1의 값과 Q_2의 값이 같아질 때까지 계산을 반복하면 정확한 외벽온도 (t_o)와 외벽에서 방산되는 열량(Q)을 구할 수 있다.

또 계면 정도의 계산은 다음식으로 할 수 있다

$$t_1 = t_i - (t_i - t_0)\iota_1/\lambda_1/\iota_1/\lambda_1 + \cdots\cdots \iota_n/\lambda_n$$
$$t_2 = t_i - (t_i - t_0)\iota_2/\lambda_2/\iota_2/\lambda_2 + \cdots\cdots \iota_n/\lambda_n$$

$\Big\}$ ……(3)

계산 식 대신에 다음 그림에서도 쉽게 구할 수 있다.

그림: 외벽 온도와 방산 열량과의 관계(외기온도 30℃)

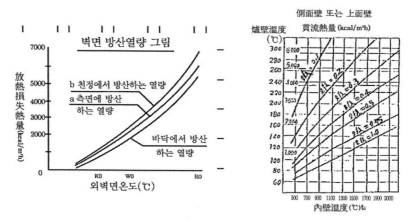

다음에 축열 손실 H($\text{kcal}/\text{m}^2\text{h}℃$)는 측벽을 구성하는 각 노재의 두께, 밀도, 비열과 벽계면 온도의 곱의 합계로 되고, 다음식에 의하여 계산된다.

$$H = L_1 \cdot P_1 \cdot C_1 \left(\frac{t_i + t_1}{2} - t_a \right) +$$

$$L_2 \cdot P_2 \cdot C_2 \left(\frac{t_1 + t_2}{2} - t_a \right) +$$

$$L_n \cdot P_n \cdot C_n \left(\frac{t_1 + t_2}{2} - t_a \right) + \cdots\cdots (4)$$

여기서 P_n=각 노재의 밀도(kg/m^2)

C_n=각 노재의 밀도($\text{kcal}/\text{kg}℃$)

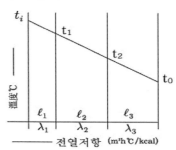

아래 표는 내화벽돌, 단열벽돌과 보통 벽돌을 맞추어 축로 했을 때의 온도 구배, 노 외벽으로부터의 방산 열량과 축열량을 표시한 것이다.

표

구조					노내벽면온도1200℃				방사 열량 kcal/m²h
구조 번호	내화 벽돌 mm	내화 단열 벽돌 mm	단열 벽돌 mm	보통 벽돌 mm	합계 mm	내화벽돌 외벽면 온도 ℃	내화단열 벽돌 외벽면 온도℃	단열벽돌 외벽면 온도 ℃	보통벽돌 외벽면 온도℃	
1	230	-	-	210	440	825	-	-	110	1,944
2	-	230	-	210	440	-	482	-	88	933
3	344	-	-	210	554	723	-	-	124	1,601
4	230	-	114	210	554	1014	-	504	91	1,008
5	-	230	114	210	554	-	790	328	67	607

2) 천정벽

측벽의 계산 방법과 같이할 수 있으나 다만 자연대류 계수 hc의 값으로써

$\dfrac{hc}{2.8\sqrt[4]{t_0-t_a}}$ 를 취하 같은 방법으로 계산하면 된다. 이때의 천정 외벽으로부

터 대기 중에 방산하는 열량 Q_2(kcal/m²h)와의 관계는 위그림(벽면 방산 열량 그림)의 b 곡선에 표시되어 있고 또 그 옆의 그림을 보면 내 벽면 온도에서 직접 외 벽면온도와 관류 열량을 구할 수 있다.

천정 아치의 경우는 층별로 평균 면적이 다르므로 계산이 다소 복잡하다.

일반적으로 측면 A_1(m²)와 외벽면 면적 A_2(m²)의 tt가

$A_2/A_1 \leqq 2$ 이면 $\qquad A_{aw} = \dfrac{A_2+A_1}{2}$

$A_2/A_1 \leqq 2$ 이면 $\qquad A_{aw} = \dfrac{A_2+A_1}{2.3\log(A_2/A_1)}$ 이 된다.

아치 천정을 관류하는 열량 QR(kcal/m²h)는 다음식으로 구한다.

$QR = q_1 = q_2 \cdots\cdots q_n$

$q_1 = A_{av1}(t_i-t_1)(\lambda_1/\iota_1)$ 여기서

$q_2 = A_{av2}(t_i-t_2)(\lambda_2/\iota_1)$ $\qquad$ qn: 각층을 관류하는 열량(kcal/h)

$q_n = A_{avn}(t_n-t_0)(\lambda_n/\iota_n)$ $\qquad$ QR: 아치 천정벽을 통해서 흐르는 열량(kcal/h)

$= (t_i-t_0)\left(\dfrac{\iota_1}{\lambda_1 A_{av1}} + \dfrac{\iota_2}{\lambda_2 A_{av2}} + \cdots\cdots + \dfrac{\iota_n}{\lambda_n A_{avn}}\right)$ $\quad A_{avr}$: 각 층의 평균 면적(m²)

따라서 (5)식과 (2)식 또는 그림(벽면 방산 열량 그림)의 b 곡선으로부터 측

벽의 경우에 준해서 온도 구배와 전열 손실을 구할 수 있고 또 축열 손실도 (4)식에 준해서 계산할 수 있다.

3) 원통벽
원통벽일 때는 아치 천정벽의 경우와 같고 층별로 평균 면적이 다르므로 관류 열량은 아치 천정벽의 경우와 같은 방법으로 (5)식을 사용하여 구할 수 있다.

아치에 걸리는 힘

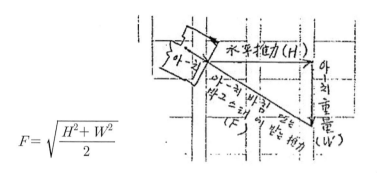

$$F = \sqrt{\frac{H^2 + W^2}{2}}$$

또 측벽에 걸리는 측 압력은

$$H = \frac{W}{2} cot \frac{\theta}{2}$$

　　θ: 중심각

아치연와는 노의 내측부분은 온도의 상승에 따라 팽창하는 반면 외측은 팽창이 적으므로 노온이 상승함에 따라 박스테볼트를 늦추어도 아직 바깥쪽의 벽돌의 틈은 벌어져, 하중은 안쪽에 집중하게 된다.(아래 그림)

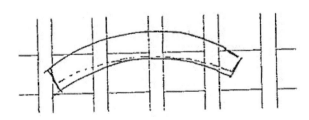

그림: 고온에서의 아치의 추력(가정)

8.5 축로의 시공

대개 축로 시공은 일반적으로 설계, 재료, 예비준비, 시공으로 대별하나, 시공에는 재료관리가 중요하고, 정리 정돈이 공정 추진의 원활도를 좌우한다. 건설 대공사는 공기는 물론 또 긴급로 보수는 우선 생산성에 지장을 주지 않도록 공기에 중점을 둔다. 그래도 축로 책임자는 설계에 충실하고, 공정, 재료 사용구분, 축로 방법 등에 유의하고 그 책임을 다하여 한다.

1. 기획, 설계
2. 구입, 수급 업무
3. 축로 시공
   1) 공사상의 재계획   2) 공사 청부 계약 업무 3) 납품 인수, 검사 작업
   4) 재료 관공사용 직접 재료, 간접 재료 5) 선별 작업
   6) 가적작업   ① 각 부위별 가적 ② 절삭 가공 작업과 가적 ③ 단분할과 시험적
   7) 가설 작업(준비작업)
       ① 축로용 재료, 기구, 공구류   ② 가설 공사도(준비작업도)
       ③ 작업 구역의 구분, 범위, 통로   ④ 각종 발판의 설정확인
       ⑤ 안전상의 각종 협정사항과 설비
       ⑥ 운반과 재료 받아두는 방법의 설정
       ⑦ 조명, 신호, 동력, 수도설비
       ⑧ 높은 곳 특수 설비(윈치, 호이스트 등 중장비 설치)
       ⑨ 대형벽돌의 취급상 주의와 설비
   8) 목수 작업 벽돌 쌓기 치수 매기기(가설물)
       ① 연와적 작업의 치수매기기의 목적과 방법   ② 먹줄내기 작업
       ③ 윈도, 형틀조립 해체 작업, 전개 도법   ④ 형틀제작 방법
       ⑤ 각종 축로용 공구와 도구   ⑥ 각종 발판과 준비 작업의 설치 방법
       ⑦ 측량과 눈금 매기기, 검측 작업   ⑧ 기타 관련 작업과의 연계 방법
   9) 발판법(일반 건설법에 준한다)
       ① 일반 발판법   ② 특수 발판법
   10) 벽돌쌓기 작업
       ① 벽돌 쌓기 작업 기본   ② 벽돌 절삭 가공의 기본
       ③ 벽 쌓기   ④ 아치 쌓기
       ⑤ 몰타르 누지르기   ⑥ 캬스 타블 치기 작업

⑦ 콤프레셔, 스프레, 코팅 작업

11) 조력공 배치 작업

　　① 벽돌의 노 내의 운반 작업(소운반) 작업　② 벽돌의 노 내에서 배열 작업

　　③ 쌓은 뒤 몰타르 누르기 작업　　④ 몰타르, 캬스타블 훈련 작업

　　⑤ 소재, 팽창공 충전작업(몰타르 떼어낸 후)

12) 벽돌의 운반작업

　　① 운반 구분에 대하여

　　② 크레인 등의 운반 설비를 이용할 경우

　　③ 크레인 등의 운반 설비를 이용하지 못할 경우

　　④ 컨베이어, 호크 리프트의 이용

　　⑤ 엘리베이터, 호이스트의 이용

　　⑥ 인력 운반 작용　　⑦ 비개 작업의 기본

　　⑧ 운반 능률과 각종표

13) 공장에서의 벽돌 절삭가공 작업

　　① 먹줄내기 작업　　② 쌓기 실습 작업

　　③ 고속도 연마기에 의한 절삭 작업

　　④ 고속도 절삭기에 의한 절삭 작업

　　⑤ 뉴메틱 란마에 의한 절삭 작업

　　⑥ 각종 절삭법 조립에 의한 절삭 작업

14) 축로용 제기계에 대하여

15) 부정형의 내화물의 공법에 대하여

16) 노체취 작업에 대하여

17) 각종 마무리 작업

　　① 발판 구멍 메꾸기 작업　　② 검측 작업의 각종

　　③ 부스러기 벽돌 조각과 각종 폐제의 회수

　　④ 사용기재의 모으기 작업　　⑤ 입회 검사

　　⑥ 공사 기록과 정산

18) 축로 작업의 관리

19) 축로 작업상의 안전위생, 마음가짐

예제 증보

제2장

[예제 2.50] 압력 7kg/cm² 건조도 0.9의 습한 증기를 대기압까지 감압하여 온도 20℃의 물에 넣어 50℃의 온수를 만들 경우에 1,000kg을 만드는 데 필요한 증기량은 얼마나 되나? 단, 압력 7kg/cm² 포화수의 건조포화증기 엔탈피는 각각 166kcal/kg과 660kcal/kg이다.

해 압력 7kg/cm², 건조도 0.9의 습한 증기의 엔탈피는 식 (2.26)에 의하여

$$i = i' + x(i'' - i') = 166 + 0.9(660 - 166) = 610.6\text{kcal/kg}$$

이 증기를 대기압까지 줄여도(교) 엔탈피 변화는 없으므로 소요증기량을 Gkg이라 하면 다음식이 성립한다.

$$610.6\,G + 20(1,000 - G) = 50 \times 1,000$$

그러므로

$$G = \frac{50,000 - 20,000}{610.6 - 20} = 50.8\text{kg}$$

답 50.8kg

[예제 2.51] 압력 10kg/cm², 온도 250℃의 과열증기의 흐름에 동일 압력으로 온도 50℃의 물을 혼입해서 증기의 온도를 240℃로 저감하려면 증기 1kg 당 혼입하여야 할 수량은 얼마인가? 또 같은 압력으로 온도 250℃의 증기 1kg당에 온도 50℃의 물 0.1kg을 혼입했을 경우에 발생하는 습한 증기의 건조도는 얼마나 되나? 단, 압력 10kg/cm²에 있어서

온도 50℃ 물의 엔탈피는	50.2kcal/kg
포화수의 엔탈피는	181.2 〃
건조포화증기(179℃)의 엔탈피는	663.2 〃
240℃의 과열증기의 엔탈피는	697.7 〃
250℃의 과열증기의 엔탈피는	703.0 〃 이다.

해 압력 10kg/cm², 온도 250℃의 과열증기의 엔탈피를 i_1 kcal/kg, 240℃의 증기의 엔탈피를 i_2 kcal/kg이라 하고, 증기 1kg당 혼입해야 할 수량을 x kg, 그의 엔탈피를 i_w kcal/kg라 하면 다음식이 성립한다.

$$i_1 + i_w = (1 + x)i_2$$

$$\therefore x = \frac{i_1 + i_2}{i_2 + i_w}$$

제의에 의하여

$$i_1 = 703\text{kcal/kg}, \ i_2 = 607.7\text{kcal/kg}, \ i_w = 50.2\text{kcal/kg}$$

$$\therefore \ x = \frac{703.0 - 697.7}{697.7 - 50.2} = \frac{5.3}{647.5} = 0.0082\text{kg}$$

다음에 압력 10kg/㎠, 온도 250℃의 과열증기 1kg당에 50℃의 물 0.1kg을 혼입했을 때 발생하는 습한 증기의 건조도를 x라 하고, 압력 10kg/㎠의 포화수와 건조포화증기의 엔탈피를 각각 $i_1{}'$과 $i_1{}''$라 하면 다음식이 성립된다.

$$i_1 + 0.1i_w = (1 + 0.1)[i_1{}' + x(i_1{}'' - i_1{}')]$$

$$\therefore \ x = \frac{\dfrac{1}{1.1}(i_1 + 0.1i_w) - i_1{}'}{i_1{}'' - i_1{}'} = \frac{i_1 + 0.1i_w - 1.1i_1{}'}{1.0(i_1{}'' - i_1{}')}$$

제의에 의하여　　　$i_1{}'' = 663.2\text{kcal/kg}, \ i_1{}' = 181.2\text{kcal/kg}$

이들의 값을 위의 식에 대입하면

$$x = \frac{702.0 + 0.1 \times 50.2 - 1.1 \times 181.2}{1.1(663.2 - 181.2}= \frac{508.7}{530.2} = 0.959$$

답 혼입되는 수량 0.0082kg/kg, 건조도 95.9%

[예제 2.52] 압력 10kg/㎠, 온도 400℃의 과열증기 50kg에 온도 20℃의 물 10kg을 주입했던바 동압에서 179℃의 습한 증기를 얻었다. 이 증기의 건조도는 얼마인가? 단, 압력 10kg/㎠에 있어서 온도 400℃의 엔탈피는 780kcal/kg, 증발열은 482kcal/kg이라 하고, 물의 비열은 1.0kcal/kg℃라 한다.

해 혼합 후의 습한 증기의 건조도를 x라 하면, 이 습한 증기 60kg의 엔탈피는 $(179 + 482x) \times 60\text{kcal}$이다.

이 엔탈피는 외부에서의 열손실이 없으면 10kg/㎠, 400℃의 과열증기 50kg의 엔탈피와 20℃의 물 10kg의 엔탈피와의 합계와 같아야 하므로 다음의 관계가 성립한다.

$$(179 + 482x) \times 60 = 780 \times 50 + 20 \times 10 = 39,200$$

$$\therefore \ x = 0.984$$

답 건조도 98.4%

[예제 2.53] 압력 60kg/㎠, 온도 400℃의 과열증기가 터빈에 유입하여, 압력 30kg/㎠, 건조도 97%의 습한 증기로 되어 유출한다. 증기유량이

50t/h일 경우 이 터빈의 압력(kW)를 구하여라. 단, 1kW는 860㎉/h와 같고, 압력 60kg/㎠, 온도 400℃의 과열증기의 엔탈피는 759.5㎉/kg, 압력 3.0kg/㎠의 포화수와 포화증기의 엔탈피는 각각 133.4㎉/kg과 650.5㎉/kg이다. 또 터빈 입구, 출구에 있어서 증기의 속도 에너지와 터빈으로부터의 방열은 무시할 수 있다고 한다.

해 터빈의 입구에 있어서 증기의 엔탈피는 759.5㎉/kg이며, 터빈 출구의 증기의 엔탈피는

$$133.4 + (650.5 - 133.4) \times 0.97 = 635.0㎉/kg$$

이므로 터빈의 입구와 출구와의 엔탈피의 차가 전부 출력으로 되었다고 하면, 그 출력 P는

$$P = \frac{(759.5 - 635.0) \times 50,000}{860} 7,238 \cong 7,240kW$$

답 출력 7,240Kw

[예제 2.54] 내용적 100㎥의 밀폐된 실내 공기의 온도와 노점을 측정했더니 압력 25℃와 18℃이었다. 이때 실내에 물을 담은 접시를 두어 정온 25℃ 이하에서 공기가 포화할 때까지 물을 증발시킨 것으로 하면 접시 위의 물의 증발량은 얼마인가? 또 처음의 실내 공기의 상대습도와 절대온도는 얼마인가? 단, 실내공기의 처음의 전압은 760mmHg, 25℃와 18℃에 있어서 수증기의 포화압력은 각각 23.7mmHg와 15.5mmHg이며, 또 공기와 수증기의 가스정수를 29.27kgm/kg ° K와 47.06kgm/kg ° K로 한다.

해 접시 위의 물 증발량은 수증기에 완전가스의 법칙을 적용해서 구하면 다음과 같이 된다.

$$\Delta G_w = G_{w2} - G_{w1} = \frac{V}{R_w T}(p_{w2} - p_{w1})$$

이 식으로 $R_w = 47.06$kgm/kg ° K, $T = 273.2 + 25 = 298.2$ ° K

$$p_{w2} - p_{w1} = 1.033 \times 10^4 \frac{23.7 - 15.5}{760} = 111.4kg/㎡$$

$$V = 100㎥$$

$$\therefore \Delta G_w = \frac{100 \times 111.4}{47.06 \times 298.2} = 0.795kg$$

처음 공기의 상대습도 φ_1는 식 (2.39)에 의하여

$$\varphi_1 = \frac{p_{w1}}{p_s}$$

여기서 p_{w1}은 처음 공기 중의 수증기 압력이 $p_{w1} = 15.5mmHg$, p_s는 온도 25℃에 대한 수증기의 포화압력이 $p_s = 23.7mmHg$이므로

$$\varphi_1 = \frac{15.5}{23.7} = 0.654$$

다음에 처음 공기의 절대습도 h_1은 식 (2.42)에 의하여

$$h_1 = 0.622\frac{\varphi_1 p_s}{p - \varphi_1 p_s} = 0.622 \times \frac{15.5}{760 - 15.5} = 0.01295 kg/kg$$

답 물의 증발량 0.975kg

처음 공기의 상대습도 65.4%

처음 공기의 절대습도 0.01295kg/kg 공기

[예제 2.55] 건조도 0.95, 온도 38℃의 습한 증기가 정상적으로 500kg/h의 비율로 열교환기(복수기)로 유입하고, 기내 압력 일정하에 냉각수와 열을 교환해서 그 대부분이 응축되어 유출된다고 한다. 만약 이 습한 증기의 흐름 속에 공기가 5kg/h의 비율로 혼합되었을 때 유출구 부근에 채인 공기를 그것에 혼합되어 있는 포화증기와 흡출된다고 하면 이 열교환기 내의 압력(전압), 흡출하는 혼합기체의 용적(㎥/h)과 공기와 함께 흡출되는 포화증기량(kg/h)은 얼마나 되나? 단, 증기와 공기의 혼합 기체에 대해서 Delton법칙이 성립된다고 하고, 공기의 가스정수는 29.27kgm/kg°K, 열교환기의 유출구에 있어서 공기와 포화증기의 온도는 35℃라 한다. 더욱이 증기의 온도와 포화압력과 비용적과의 관계는 다음과 같다.

비용적 ㎥/kg

온도 ℃	포화압력 kg/㎠	포화수 v'	포화증기 v''
38	0.06755	0.001007	21.63
35	0.05732	0.001006	25.25

해 열교환기 내의 전압 p는 이르는 곳마다 동일하나 증기와 공기의 분압은 장소에 따라 다르므로 첨자에 의하여 다음과 같이 나타낸다.

입구에서 공기의 분압을 p_{a1}, 증기의 분압을 p_{s1}

출구에서 공기의 분압을 p_{a2}, 증기의 분압을 p_{s2}

이러할 때는 문제의 부표에 의하여

$$p_{a1} = 0.06755 kg/㎠, \quad p_{a2} = 0.05732 kg/㎠$$

유입구에서 증기의 비용적 v_{s1}

$v_{s1} = v_1' + x_1(v_1'' - v_1') = 0.001007 + 0.95(21.63 - 0.001007) = 20.55\text{m}^3/\text{kg}$

그러므로 유입구에서 증기의 용적 V_1은

$V_1 = 5{,}000 v_{s1} = 5{,}000 \times 20.55 = 102{,}750\text{m}^3/\text{kg}$

유입구에서는, 이 용적 V_1의 속에 공기가 **5kg** 혼입되어 있으므로 공기의 가스정수를 R_a, 입구온도를 T_1이라 하면, 유입구에서 공기의 분압 p_{a1}은 다음과 같이 된다.

$$p_{a1} = \frac{G_a R_a T_1}{V_1} = \frac{5 \times 29.27 \times (38 + 273)}{102.750} = 0.443\text{kg/m}^2$$

그러므로 전압 p는

$$p = p_{s1} + p_{a1} = 0.06755 + 0.0000443 = 0.067594\text{kg/cm}^2$$

유입구에서 공기의 분압 p_{a2}는

$$p_{a2} = p - p_{s2} = 0.06759 - 0.05732 = 0.01027\text{kg/cm}^2$$

그러므로 유출구에서 흡출되는 혼합기체의 용적 V_2는

$$V_2 = \frac{G_a R_a T_2}{p_{a2}} = \frac{5 \times 29.27(35 + 273)}{0.01027 \times 10^4} = 438.9\text{m}^3/h$$

이 속에 포함되어 있는 포화증기량 G_{s2}는

$$G_{s2} = \frac{V_3}{v_2''} = \frac{438.9}{25.25} = 17.38\text{kg}/h$$

답 전압 0.06759kg/㎠ 흡출하는 혼합기체의 용적 438.9㎥/h
흡출되는 포화증기량 17.38kg/h

[예제 2.56] 내용적 $10^4 m^3$의 기구에 공기가 차 있다. 그 공기의 온도와 압력은 외기온도 20℃와 그 압력 760㎜Hg에 가까웠다. 이 기구 내에서 연료를 연소해서 105㎉의 열을 발생하고, 이 열이 전부 기구 내의 공기에 전달되어 그 온도를 상승시켰다고 하면 기구 내 공기의 온도와 기구의 부력(기구를 포함한 외피, 승원, 화물 등을 부상시키는 힘)은 얼마나 되나?
단, 기구와 외기와 사이에 열의 이동은 없는 것으로 하고, 기구 내에서 연료를 연소시켜도 기구 내 공기의 조성과 압력은 변하지 않는다고 한다. 또 공기의 정압비율과 가스정수는 각각 0.24㎉/kg℃와 29.27kgm/kg°K이다.

해 최초 공기의 중량 $G_1\,\mathrm{kg}$는 $G_1 = \dfrac{p_1 V_1}{RT_1} = \dfrac{1.033 \times 10^4 \times 10^4}{29.27 \times (20 + 273.2)} = 12.047\,\mathrm{kg}$

$\because\ p_1 = 760\,\mathrm{mm}Hg = 1.033 \times 10^4\,\mathrm{kg/m^2}$

연료의 연소에 의해 가해지는 열량 $Q = 10^5\mathrm{kcal}$에 의하여 공기의 온도는 $t_1\,℃$에서 $t_2\,℃$로 상승하므로 $Q = G_1 C_p (t_2 - t_1) = 10^5\mathrm{kcal}$

그러므로 $t_2 = t_1 + \dfrac{Q}{G_1 C_p} = 20 + \dfrac{10^5}{12{,}040 \times 0.24} = 54.7\,℃$

기구 내 연료의 연소에 의하여 기구 내 공기의 조성과 압력은 변하지 않으므로 연소가열에 의해 공기의 일부가 팽창에 의하여 기구 밖으로 배출되어 그 압력이 감소해서 $G_2\mathrm{kg}$으로 된다.

$$G_2 = \frac{p_2 V_2}{RT_2} = \frac{p_1 V_1}{RT_2} = \frac{1.033 \times 10^4 \times 10^4}{29.27 \times (54.7 + 273.2)} = 10{,}730\,\mathrm{kg}$$

그러므로 기구의 부력은 공기의 감소량 ΔG이며

$$\Delta G = G_1 - G_2 = 12{,}040 - 10{,}730 = 1{,}310\,\mathrm{kg}$$

답 부력 1,310kg

[예제 2.57] 단열된 DUCT 내를 온도 5℃의 건조공기가 정상적으로 흐르고 있고, 그 유량은 1kg/s이다. 이 DUCT에 온도 100℃의 건조포화증기(엔탈피 h=639kcal/kg)를 불어넣어 DUCT 출구의 공기온도를 30℃로 높이면 출구공기는 포화상태에 있고, 물방울을 함유한 상태로 된다. DUCT 출구의 압력은 1kg/cm²이라고 해서, DUCT 출구에 있어서 증기의 유량과 물방울의 유량을 구하라. 단, 공기의 등압비열 $c_{pa} = 0.24\,\mathrm{kcal/kg℃}$, 공기의 가스정수 $R_a = 29.27\,\mathrm{kgm/kg°K}$, 증기의 가스정수 $R_s = 47.06\,\mathrm{kgm/kg°K}$라 한다. 또, 30℃의 증기의 포화압력 $p_s = 0.043\,\mathrm{kg/cm^2}$, 30℃의 포화수와 포화증기의 엔탈피는 각각 $h' = 30\,\mathrm{kcal/kg}$, $h'' = 610\,\mathrm{kcal/kg}$이고, 속도 에너지는 어느 단면에도 적어도 무시할 수 있다고 본다.

해 지금 DUCT 출구로부터 유출하는 공기량을 $G_a\,\mathrm{kg}/s$, 증기유량을 $G_s\,\mathrm{kg}/s$, 물방울의 유량을 $G_w\,\mathrm{kg}/s$라 한다. 그 온도는 모두 30℃이며, 증기와 물방울을 포화온도에 있으므로 증기의 엔탈피는 $610\mathrm{kcal/kg}$, 물방울의 엔탈피는 $30\mathrm{kcal/kg}$이다.

유출공기량은 유입공기량과 같으므로 $G_a = 1\mathrm{kg}/s$, 출구의 전압은 1.0kg/cm²이고, 그 중 증기의 분압 p_s는 30℃의 포화압력 0.043kg/cm²이므로 공기

의 분압 p_a는 1.0-0.043=0.957kg/cm²이다.

그러므로 유출공기의 용적 v는 $v = \dfrac{R_a T}{p_a} = \dfrac{29.27 \times (273 + 30)}{0.957 \times 10^4} = 0.927\,\mathrm{m^3/kg}$

유출공기 중 증기의 용적은 물론 v이므로 그 유량은 다음식으로 구해진다.

$$G_s = \frac{p_s v}{R_s T} = \frac{0.043 \times 10^4 \times 0.927}{47.06\,(273 + 30)} = 0.028\,\mathrm{kg}/s$$

다음에 DUCT는 단열되어 있으므로 유입유체의 엔탈피와 유출유체의 엔탈피는 같으므로 유입증기량을 G_{so}라 하면

$$G_a c_{pa} t_a + G_{so} h = G_a c_{pa} t + G_s h'' + G_w h'$$

의 관계가 있다. 또 $G_{so} = G_s + G_w$이므로

$$G_w = \frac{G_a c_{pa}\,(t - t_a) - G_s\,(h - h'')}{h - h'}$$

$$= \frac{1 \times 0.24\,(30 - 5) - 0.028\,(639 - 610)}{639 - 30} = 0.0085\,\mathrm{kg}/s$$

답 증기유량 0.028kg/s, 물방울유량 0.0085kg/s

제3장

[예제 3.55] 그림과 같이 증기관에 보온을 시공했을 경우, 그 보온재의 열전도를 구하기 위해 보온층의 외측에 두께 3mm의 Gum판을 감아 붙였을 때 Gum판의 온도 (t)는 양면에서 각각 $t_1 = 42℃$, $t_2 = 40℃$ 이었다.

이때 Gum판의 열전도율 λ를 $\lambda(kcal/mh℃) = 0.185 + 0.00027t$ 로 나타낸다고 하면 보온재의 열전도율은 얼마인가? 단, 이때 관의 표면온도(t_0)는 150℃라 하고, 또 $\log_e 55 = 4,007$,

$$\log_e = 4,654 이다.$$

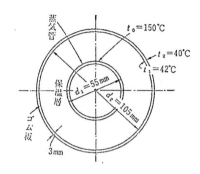

해 우선 방산열량을 구한다. Gum판의 통과열량을 q kcal/m^2h라 하면 식 (3.7)에 있어서 $F = 1$이라 해서

$q = \dfrac{\lambda}{\delta}(t_1 - t_2)$이다. 이 식은 평면판에 대한 식이고, 엔관의 경우의

식 (3.12)을 사용하지 않으면 안 되나 관의 직경에 비하여 두께가 얇을 경우에는 근사치로 사용하여도 무방하다.

위 식에 있어서 $t_1 = 42℃$, $t_2 = 40℃$, $\delta = 0.003m$로 하고, δ의 값은 42℃와 40℃의 평균 41℃에 대한 값

$$\lambda = 0.185 + 0.00027 \times 41 = 0.1961$$

를 사용하면 $\qquad q = \dfrac{0.1961}{0.003}(42 - 40) = 131 kcal/m^2h$

그러므로 관장의 1m에서의 방열량을 Q라 하면

$$Q = \pi d_2 q = 3.14 \times 0.105 \times 131 = 43.2 kcal/mh \text{ 로 된다.}$$

다음 보온재의 열전도율을 λkcal/$mh℃$라 하면, 보온층의 통과열량은 식 (3.9)에 의하여 다음식으로 주어진다.

$$Q = \frac{2.729(t_0 - t_1)l}{\dfrac{1}{\delta'} log \dfrac{d_2}{d_1}} = \frac{2\pi\lambda'(t_0 - t_1)}{\log_c(d_2/d_1)}l$$

$l = 1m$에 대해서는

$$Q = \frac{2\pi\lambda'(t_0 - t_1)}{\log_c(d_2/d_1)} \qquad\qquad \lambda_1 = \frac{\log_c(d_2/d_1)}{2\pi(t_0 - t_1)} = \frac{43.2 \times (4.654 - 4.007)}{2 \times 3.14(150 - 42)}$$

$$= \frac{43.2 \times 0.647}{6.28 \times 108} = 0.041 \mathrm{kcal}/mh\,\text{℃}$$

답 $0.041 \mathrm{kcal}/mh\,\text{℃}$

[예제 3.56] 커다란 진공 용기의 중심부에 외경 2cm, 길이 31.9cm의 탄화규소발열체를 매달아 놓고 이것에 직류 전류를 통하게 했다. 정상상태에 달했을 때의 전압이 100Volt, 전류는 10.2암페어이고, 용기의 내벽 온도가 27℃이었다. 이때의 발열체 표면온도는 몇 도로 되나? 다만 발열체 표면의 방사율은 0.9, 용기 내 표면의 방사율은 1.0, 1kWh는 860kcal이고, 장치계산상 1% 이하의 값은 0으로 해도 된다.

해 탄화규소발열체의 표면적 F1은 그 직경을 d, 길이를 l이라 하면

$$F_1 = \pi dl = 3.14 \times 0.02 \times 0.319 = 0.02\,\text{m}^2$$

사용전력 kW는 $100 \times 10.2 = 1{,}020\,W = 1.02\text{kW}$

1kWh는 860kcal이므로 탄화규소발열체가 1시간에 방사한 열량 Q는

$$Q = 860 \times 1.02 = 877 \mathrm{kcal}/h$$

발열체의 표면적에 비해서 용기의 내면적이 현저하게 클 경우의 방사전열량은 식 (3.52)에 의하여

$$Q = \epsilon_1 C_b F_1 \left[\left(\frac{T_1}{100}\right)^4 - \left(\frac{T_2}{100}\right)^4\right]$$

로 주어진다. 여기서 ϵ_1은 발열체의 방사율로서 0.9, C_b는 절대흑체의 방사정수로서 $4.88\mathrm{kcal}/\text{m}^2 h°K^4$, T_1은 발열체표면의 절대온도, T_2는 용기내면의 절대온도이며, $T_2 = 273 + 27 = 300°K$이다. 그러므로

$$877 = 0.9 \times 4.88 \times 0.02 \left[\left(\frac{T_1}{100}\right)^4 - \left(\frac{300}{100}\right)^4\right]$$

이것에서 T_1을 구하면

$$T_1 = 1{,}000°K$$

그러므로 발열체표면의 표면온도 1,000-273=727℃이다.

답 727℃

[예제 3.57] 열전도율이 λ_1과 λ_2 2종의 보온재가 각각 일정량씩 있어, 이것을 관에 보온시공할 경우, 그림 A와 같이 λ_1의 보온재를 내층에 λ_2의 보온재를 외층에 시공했을 때, 동일 관에 대해 이것과 역으로 그림 B와 같이 λ_2의 보온재를 내층에, λ_1의 보온재를 외층 시공했을 때와는 어느 쪽이 보온효과가 좋은가? 수식에 의하여 증명하라. 단, $\lambda_1 < \lambda_2$라 하고, 양쪽 보온재는 어느 것이든 관의 표면온도에 충분히 견디는 것으로 본다.

log 1.3=0.114, log 2=0.301, log 3=0.447이다.

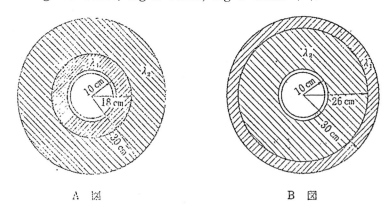

A 圖   B 圖

해 그림 A의 열저항을 R_A, 그림 B의 열저항을 R_B라 하면, R_A와 R_B는 식 (3.9)에 의하여 각각 다음과 같이 된다.

$$R_A = \frac{1}{2.729}\left(\frac{1}{\lambda_1}log\frac{18}{10}+\frac{1}{\lambda_2}log\frac{30}{18}\right)$$

$$R_B = \frac{1}{2.729}\left(\frac{1}{\lambda_2}log\frac{26}{10}+\frac{1}{\lambda_1}log\frac{30}{26}\right)$$

그러므로 R_A와 R_B의 차는

$$R_A - R_B = \frac{1}{2.729}\left[\frac{1}{\lambda_1}\left(log\frac{18}{10}-log\frac{30}{26}\right)+\frac{1}{\lambda_2}\left(log\frac{30}{18}-log\frac{26}{10}\right)\right]$$

$$= \frac{1}{2.729}\left(\frac{1}{\lambda_1}-\frac{1}{\lambda_2}\right)log\frac{18\times26}{10\times30}$$

$$= \frac{1}{2.729}\frac{\lambda_2-\lambda_1}{\lambda_1\lambda_2}log\frac{1.3\times2^2\times3}{10}$$

$$= \frac{0.163}{2.729}\frac{1}{\lambda_1\lambda_2}(\lambda_2-\lambda_1) = \frac{0.0597}{\lambda_1\lambda_2}(\lambda_2-\lambda_1)$$

제의에 의하여 $\lambda_1 < \lambda_2$이므로 R_A-R_B>0이 되고, R_A의 편이 크다. 그러므

로 그림 A 쪽이 보온효과가 좋다.

답 그림 A의 보온효과

[예제 3.58] 공기가 열교환기를 통하여 정상적으로 흐르고 있다. 그 유량은 1kg/s, 온도와 압력은 입구에서 127℃와 2.0kg/㎠, 출구에서 27℃와 1.4kg/㎠이다. 또 입구와 출구에서 유로의 단면적을 0.02㎡, 공기의 가스정수 $R = 29.27$kgm/kg°K, 공기의 정용비율 $c_v = 0.17$kcal/kg°K이라고 하면, 입구와 출구에서 공기의 속도와 이 열교환기에서 매시간 교환되는 열량은 얼마인가? 단, 열손실은 없는 것으로 하고, 일의 열당량은 $\frac{1}{427}$kcal/kgm 라 한다.

해 공기의 유량을 Gkg/s, 온도를 T°K, 압력을 $p$kg/㎡, 가스정수를 Rkgm/kg°K, 비용적을 v㎥/kg, 유로의 단면적을 F㎡, 속도를 wm/s 라 하고, 열교환기 입구와 출구의 상태에 첨자 1과 2를 붙여 표시하면

$$w_1 = \frac{Gv_1}{F_1} = \frac{G}{F_1}\frac{RT_1}{p_1} = \frac{1}{0.02}\frac{29.27 \times (127+273)}{2.0 \times 10^4} = 29.27 m/s$$

$$w_2 = \frac{Gv_2}{F_2} = \frac{G}{F_2}\frac{RT_2}{p_2} = \frac{1}{0.02}\frac{29.27 \times (27+273)}{1.4 \times 10^4} = 31.35 m/s$$

다음 열교환기에서 교환되는 열량 Q는 열손실이 없을 경우에는 입구와 출구에서 공기의 엔탈피 i의 차와 같다.

$$Q = G(i_1 - i_2) = Gc_p(t_1 - t_2)$$

여기서 c_p는 정압비열로서 식 (2.11)에 의하여

$$c_p = c_v + R/J = 0.17 + 29.27/427$$
$$= 0.239 kcal/kg°K$$

그러므로 $\qquad Q = 1 \times 0.239(127-27) = 23.9 kcal/s$

매시간 열교환량은 $\quad 23.9 \times 3,600 = 86,100 kcal/h$

답 입구의 공기속도 29.27m/s

출구의 공기속도 31.35m/s

열교환량 $\qquad$ 86,100kcal/h

[예제 3.59] 내부에 전열기가 있는 직경 20cm의 금속구를 공기온도 27℃의 넓은 상자 안에 매달아 놓고 정상상태에서 구의 표면온도를 측정할 경우에 대해서 다음 물음에 답하라.

(ㄱ) 구의 표면이 연마되어 있어 표면으로부터 열방사가 무시할 수 있을 경우,

전열기에 0.1256kW의 전력을 가했을 때 표면온도가 113℃이었다. 표면에 있어서 열전달률을 구하라.

(ㄴ) 다음에 이 구의 표면에 도료를 칠하고 진공펌프로 상자 안을 진공으로 만든 뒤 전열기에 0.35kW의 전력을 가했을 때 표면온도가 227℃로 되었다. 구의 표면에 칠한 도료의 방사율을 구하라. 이때 상자의 안쪽 면은 검게 칠해 있고, 그 온도는 27℃이었다.

단, 1kWh의 전기 에너지는 860kcal와 같다.

해 구의 표면적 F는 그 직경을 d라 하면 $F = \pi d^2$이므로 열전달률 α는 $Q = \alpha F(t_1 - t_2)$로 구할 수 있다. 여기서 Q는 전달열량으로서, 제의에 의하여 열방사가 없으므로 공급열량 860×kcal/h와 같다. 그러므로

$$\alpha = \frac{108.0}{\pi \times 0.2^2 \times (113 - 27)} = 10 \text{kcal m}^2 h\,℃$$

(ㄴ)의 경우 공급열량은 모두 방사에 의하여 전달되므로 방사율을 ϵ라 하면 식 (3.52)에 의하여 다음 관계가 성립된다.

$$Q = \epsilon C_b F\left[\left(\frac{T_1}{100}\right)^4 - \left(\frac{T_2}{100}\right)^4\right]$$

그러므로 $\epsilon = \dfrac{860 \times 0.35}{4.38\pi \times 0.2^2} \times \dfrac{1}{\left(\dfrac{227+273}{100}\right)^4 - \left(\dfrac{27+273}{100}\right)^4} = 0.905$

답 열전달률 $10 \text{kcal m}^2 h\,℃$

방사율 0.905

[예제 3.60] 어느 향유식열교환기에서 가열관은 처음 온도 500℃의 열가스가 2,000kg/h의 비율로 흐르고 있고, 피열측은 압력 5kg/㎠의 포화수가 240kg/h의 비율로 흐르고 있다. 열교환기를 유출할 때의 열가스의 온도와 습한 증기의 건조도는 얼마나 되나? 또 교환된 열량은 얼마인가?

단, 열교환기의 전열면적은 10㎡, 열관류율 k는 일정하며 k=8.0kcal /㎡h℃, 열가스의 정압비열은 0.24kcal/kg℃이며, 압력 5kg/㎠의 포화수 온도는 151.1℃, 증발열은 504kcal/kg이라 한다. 또 열교환기의 평균온도차는 간단하게 하기 위하여 산술평균을 사용하여도 좋다.

해 열교환기를 유출할 때의 열가스 온도를 $t\,℃$ 르 하면, 열교환기에서 열가스의 방열량 Q_1kcal/h는

$$Q = 0.24 \times 2,000 \times (500 - t) = 240,000 - 480t \text{ 이다.}$$

열교환기의 평균온도차를 $\Delta t\,℃$라 하면, 전열면에서 전열량 $Q_2\text{kcal}/h$는 $Q_2 = 8.0\Delta t \times 10 = 80\Delta t$이다.

온도차 Δt는 제의에 의하여 산술평균을 사용하면

$$\Delta t = \frac{(500-151.1)+(t-151.1)}{2} = 98.9 + \frac{t}{2}$$

그러므로, $Q = 80 \times \left(98.9 + \frac{t}{2}\right) = 7{,}912 + 40t$

$Q_1 = Q_2$의 관계에서 t를 구하면   240,000-480t=7,912+40t

$\therefore t = 446.3\,℃$

그러므로 교환열량 $Q_2\text{kcal}/h$는

$$Q_2 = 7{,}912 + 40 \times 446.3 = 25{,}764 \cong 25{,}800\text{kcal}/h$$

다음에 열교환기를 유출할 때의 습한 증기의 건조도를 x라 하면, 이 증기의 수열량 $Q_3\text{kcal}/h$는 다음식으로 주어진다.

$$Q_3 = 504x \times 240 = 120{,}960x$$

이 열량 Q_3는 교환열량 Q_2와 같으므로 다음과 같은 관계가 성립된다.

$$120{,}960x = 25{,}764$$

$$\therefore x = 0.213$$

답 열가스의 유출온도 446℃

유출증기의 건조도 21.3%

교환열량 25,800kcal/h

주 제20회 일본 열관리사 시험문제에서는 열관류율 $k = 80\text{kcal}/\text{m}^2 h℃$가 주어져 있으나, 이 값을 사용하면 유출증기의 건조도가 100% 이상이 되기 때문에 여기서 $k = 8.0\text{kcal}/\text{m}^2 h℃$라 하고 계산했다. k의 값으로서는 이 면이 실제에 가까운 것이라 생각된다.

[예제 3.61] 그림 1, 그림 2와 같이 보온시공한 증기관에 있어서, 시공한 외측의 일부에 Gum판을 밀착시켜 Gum판의 내측 온도 $\theta_2{}'$를 측정했더니 36℃이었고, 외측의 온도 $\theta_3{}'$는 33.4℃이었다. Gum판의 열전도율을 0.15kcal/mh℃, 그 두께를 3mm, 또 Gum판을 밀착시킴에 따라 시공보온부분의 열류는 Gum판 밀착 전과 변화가 없는 것으로 하고, 이 보온시행관으로부터 방열량을 구하라. 또, $\theta_1 = 200℃, \theta_2 = \theta_2{}' = 36℃, d_1 = 100\text{mm}, d_2 = 200\text{mm}$로서 이 시행보온재

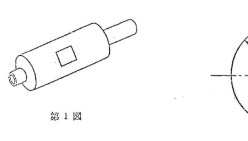

第 1 圖

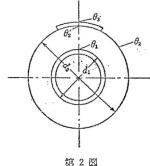

第 2 圖

의 열전도율을 구하라. 또 $\log_e^2 2 = 0.6932$이다.

해 관 외측의 일부에 밀착된 Gum판의 두께를 s, 그 열전도율을 λ라 하면, Gum판을 흐르는 열량 q는 다음식으로 주어진다.

$$q = \frac{\lambda(\theta_2{}' - \theta_{3)}}{s}$$

제의에 의하여 $\lambda = 0.15mh℃$, s=3mm, $\theta_2{}' = 36℃$, $\theta_3{}' = 33.4℃$ 이므로

$$q = \frac{0.15(36 - 33.4)}{0.003} = 130 kcal/㎡ h$$

그러므로 보온 된 증기관의 길이 1m로부터 발산하는 열량 Q는

$$Q = q\pi d_2 = 130 \times 3.1416 \times 0.2 = 81.68 kcal/mh$$

다음에 열전도율을 λ′라 하면 다음식이 성립한다.

$$Q = \frac{2\pi\lambda'(\theta_1 - \theta_2)}{\log_e d_2/d_1}$$

그러므로 $\qquad \lambda' = \dfrac{Q\log_e d_2 d_1}{2\pi(\theta_1 - \theta_{2)}} = \dfrac{81.68\log_e 0.2/0.1}{2 \times 3.1416(200 - 36)}$

$$= \frac{81.68 \times 0.6932}{6.2832 \times 164} = 0.0549 kcal/mh℃$$

답 방열량 $81.68 kcal/mh$

시공보온재의 열전도율 $0.0549 kcal/mh℃$

[예제 3.62] 방사율 0.80, 온도 1,000°K의 평면벽과 온도 500°K의 수열평면벽이 좁은 간격으로 평면으로 놓여 있다. 수열평면벽이 1.0일 경우와 0.65일 경우에 대하여 각각 수열평면벽에 전달하는 단위면적 당의 방사열량을 구하라.

해 좁은 간격으로 평면으로 놓여 있는 2평면 간의 방사전열량은 식 (3.49)와 (3.51)에 의하여 다음식으로 주어진다.

$$Q-C_b\left[\left(\frac{T_1}{100}\right)^4-\left(\frac{T_2}{100}\right)^4\right]\Big/\left(\frac{1}{\epsilon_1}+\frac{1}{\epsilon_2}-1\right)$$

여기서 C_b는 절대흑체의 방사정수이며 $4.88\text{kcal}/\text{m}^2\text{h}°\text{K}4$

ϵ_1과 ϵ_2는 2평면의 방사율이다. 방열평면벽의 방사율 ϵ_1은 제의에 의하여 0.80, 그 온도 T_1은 1,000°K이다. 수열평면벽의 온도 T_2는 500°K이므로 방사전열량은 다음과 같다.

$\epsilon_1=0.1$의 경우

$$Q_1=4.88\left[\left(\frac{1000}{100}\right)^4-\left(\frac{500}{100}\right)^4\right]\Big/\left(\frac{1}{0.80}+\frac{1}{1}-1\right)$$

$$=3.66\times10^4\text{kcal}/\text{m}^2h\mathbf{r}$$

$\epsilon_2=0.65$의 경우

$$Q_1=4.88\left[\left(\frac{1000}{100}\right)^4-\left(\frac{500}{100}\right)^4\right]\Big/\left(\frac{1}{0.80}+\frac{1}{0.65}-1\right)$$

$$=2.56\times10^4\text{kcal}/\text{m}^2h\mathbf{r}$$

답 수열평면벽의 방사율이 1일 때의 방사전열량 $3.66\times10^4\text{kcal}/\text{m}^2h$

수열평면벽의 방사율이 0.65일 때의 방사전열량 $2.56\times10^4\text{kcal}/\text{m}^2h$

[예제 3.63] 어느 평판의 편면 A의 온도가 θ_1, 타면 B의 온도가 θ_2, 그 두께가 t이다. 이 평판의 열전도율 λ를 다음식으로 나타낼 때, 이 평판을 직각으로 전도에 의하여 전달되는 단위면적 당 열량은 얼마나 되나?

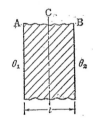

$\lambda=0.045+0.0001\,\theta\,\text{kcal}/mh℃$

단, $\theta_1=300℃$, $\theta_2=100℃$, $t=0.1m$라 한다.

또 A, B의 중앙면 C의 온도는 $(\theta_1+\theta_2)/2$보다도 높은지 낮은지 답하라.

해 전열량 Q는 식 (3.1)에 의하여 $\qquad Q=-\lambda F\dfrac{d\theta}{dx}$

문제에 의하여 $\lambda=0.045+0.0001\,\theta\,\text{kcal}/mh℃$ 이므로 F=1이라 하면

$$Q=-(0.045+0.0001\,\theta)\frac{d\theta}{dx}$$

혹은 $\quad Q\displaystyle\int_0^t dx = -\int_{\theta_1}^{\theta_2}(0.045+0.0001\,\theta)\,d\theta$

$Q(0.1-0) = -0.045(\theta_2-\theta_1)-0.0001(\theta_2^2-\theta_1^2)/2$

$\therefore\ Q = \dfrac{1}{0.1}\left[-0.045(100-300)-0.0001(100^2-300^2)/2\right]$

$= 90+40 = 130\text{kcal}/\text{m}^2$

AB 간은 CB보다도 온도가 높으므로 λ의 값은 크다. 그러므로 AB 간의 온도균배는 CB 간의 온도균배보다 작다. 여기서 C면의 온도를 θ_c라 하면

$$\theta_1-\theta_c < \theta_c-\theta_2 \qquad\qquad \therefore \theta_c > (\theta_1+\theta_2)/2$$

즉 C면의 온도는 $(\theta_1+\theta_2)/2$보다 높다.

답 전열량 130kcal/m²h, C면의 온도는 $(\theta_1+\theta_2)/2$보다도 높다.

[예제 3.64] 직경 60mm의 동관이 커다란 실내에 수평으로 배치되어 있고, 동관 표면의 온도는 140℃, 방사율은 0.65, 실내의 온도는 25℃이라고 한다. 이때의 동관의 단위 길이, 단위 시간당 방열량을 구하여라.

단, 동관과 주변의 공기 사이의 자연대류에 의한 평균열전달률은 12.0kcal/m²h℃라 한다.

해 넓은 실내에 놓인 물체로부터 방사열량 Qr는 식 (3.52)에 의하여

$$Q_r = \epsilon_1 C_v F_1\left[\left(\frac{T_1}{100}\right)^4-\left(\frac{T_2}{100}\right)^4\right]\text{kcal}/h$$

C_v는 4.88이고 ϵ_1은 문제에 의하여 0.65이다.

$F_1 = \pi dl = \pi\times0.060\times1.0 = 0.183\text{m}^2$

$\qquad\qquad T_1 = 140+273 = 413°K, \cdots\cdots\cdots\cdots T_2 = 25+273 = 298°K$

$F_1 = \pi dl = \pi\times0.06\times1.0 = 0.183\text{m}^2$

$\qquad\therefore\ Q_r = 0.65\times4.48\left[(4.13)^4-(298)^4\right]\times0.188 = 126\text{kcal}/h$

자연대류에 의한 방열량 Q_c는 식 (3.13)에 의하여

$$Q_c = \alpha(\theta_1-\theta_2)F = 12.0(140-25)\times0.188 = 260\text{kcal}/h$$

그러므로 동관의 단위 길이, 단위시간당 방열량 Q는

$Q = Q_r+Q_c = 126+260 = 386\text{kcal}/h$

답 $386\text{kcal}/h$

[예제 3.65] 지금 이 그림과 같이 건조실에 시공한 보온층의 표면온도를 측정했던바 50℃였고, 따로 열유량계로 보온층의 통과열량을 측정했던바 q=112 kcal/㎡h이었다. 보온층의 내면 온도 θ_1은 대략 얼마나 되나?

단, 보온층의 두께는 200mm라 하고, 보온층의 열전도율 λ_θ는 다음식으로 표시된다.

$$\lambda_\theta = 0.04 + 0.00009\theta\,\text{kcal}/mh℃$$

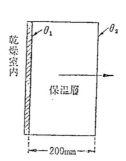

해 보온층의 평균열전도율 λ_m는 λ_θ의 θ_1과 θ_2의 평균치에서

$$\lambda_m = 0.04 + 0.00009(\theta_1 + 50)/2$$
$$= 0.04225 + 0.000045\theta_1\,\text{kcal}/mh℃$$

그러므로 보온층의 두께를 s_m이라 하면

$$q = \lambda_m(\theta_1 - \theta_2)/s$$
$$112 = (0.04225 + 0.000045\theta_1)(\theta_1 - 50)/0.2$$

혹은　　$4.5\theta_1^2 + 4.0 \times 10^3\theta_1 - 24.5 \times 10^5 = 0$

$$\therefore\quad \theta_1 = \frac{-4 \times 10^3 \pm \sqrt{(-4 \times 10^3)^2 + 4 \times 4.5 \times 24.5 \times 10^5}}{2 \times 4.5}$$

$\therefore\quad \theta_1 = 417$　　또는　$-1,306$

답　$\theta_1 = 417℃$

제5장

[예제 5.55] C=86%, H=14%의 중유를 산소첨가공기를 사용하여 연소했을 때의 $(CO_2)_{max}$을 구하여라. 다만 첨가한 산소량은 공기량의 5%(용량기준)로 한다.

해 중유의 연소에 필요한 이론산소량 $O_{ov} Nm^3/kg$은 식 (5.23)에 의하여

$$O_{ov} = 1.867C + 5.6H + 0.7S - 0.7O$$

이 식에 있어서 C=0.86, H=0.14, S=0, O=0

$$\therefore \quad O_{ov} = 1.867 \times 0.86 + 5.6 \times 0.14 = 1.606 + 0.784$$
$$= 2.390 Nm^3/kg$$

공기 중 산소의 양은 $0.12 Nm^3/Nm^2$이나 사용하는 공기는 5%의 산소첨가 공기이므로, 이 공기 $1 Nm^3$ 중의 산소의 양은 0.210+0.05=0.260Nm^3 이다. 그러므로 중유 1kg의 연소에 필요한 이론공기량 $L_{ov} Nm^3/kg$

$$L_{ov} = O_{ov}/0.260 = 2.390/0.260 = 9.19 Nm^3/kg$$

$(CO_2)_{max}$는 식 (5.38)에 의하여

$$(CO_2)_{max} = \frac{1.867C}{G_{ov}{}'} = \frac{1.867C}{1.867C + 0.79 L_{ov}}$$

$$= \frac{1.606}{1.606 + 0.79 \times 9.19} = \frac{1.606}{1.606 + 7.260} = \frac{1.606}{8.866} = 0.181$$

답 18.1%

[예제 5.56] 아래 적은 조성의 cockes노가스를 $100 Nm^3$ 연소했을 때의 습한 연소가스양과 건조연소가스양과의 차를 산출하라.

cockes노가스의 조성(용량 %)

CO_2	CO	CH_4	C_2H_4	H_2	N_2
3	8	30	4	50	5

해 습한 연소가스양을 $G_{ov} Nm^3/Nm^3$ 연료, 건조연소가스양을 $G_{ov}{}' Nm^3/Nm^3$ 연료라 하면 식 (5.42), (5.43)에 의하여

$$G_{ov}{}' = G_{ov} - \left[(H_2)_v + 2(CH_4)_v + 2(C_2H_4)_v \right]$$ 이다.

$$\therefore \quad G_{ov} - G_{ov}{}' = (H_2)_v + 2(CH_4)_v + 2(C_2H_4)_v$$

제의에 의하여 $(H_2)_v = 0.50$, $(CH_4)_v = 0.30$, $(C_2H_4)_v = 0.04$

$$G_{ov} - G_{ov}{}' = 0.50 + 2 \times 0.30 + 2 \times 0.04$$

$$= 0.50 + 0.60 + 0.80 = 1.18 \, N\text{m}^3/N\text{m}^3$$

그러므로 $100 \, N\text{m}^3$ 의 cockes노가스를 $100 \, N\text{m}^3$ 연소시켰을 때의 습한 가스와 건조가스와의 차는

$$1.18 \times 100 = 118 \, N\text{m}^3 \qquad \text{답} \quad 118 \, N\text{m}^3$$

[예제 5.57] Propane(C_3H_8)을 연료로 하는 가열로가 있어 Burner에서 50 $N\text{m}^3/h$의 Propane과 $1,400 \, N\text{m}^3/h$의 공기를 공급하고 있다. 연돌 하부의 가스온도를 측정했던바 150℃이었다. 이때의 건조와 습한 연소가스에 의한 열손실은 각각 1시간당 어느 정도 되느냐?

단, 연소가스의 평균정압비열은 어느 경우도 0.33kcal/N㎥℃라 하고, 연소가스 중에는 미연분은 없으며 기준온도는 0℃라 한다.

해 Propane의 연소반응은 식 (5.10)에 있어서 m=3, n=8이라 하면

$$C_3H_8 + 5O_2 = 3CO_2 + 4H_2O$$

이므로 그 용적비율은 C_3H_8의 1용적에 대해 $O_2 = 5, CO_2 = 3, H_2O = 4$이다. 그러므로 이 연소에 필요한 이론공기량은 C_3H_8의 $1N\text{m}^3$ 에 대해

$$\frac{5}{0.21} = 23.8 \, N\text{m}^3 \text{ 이다.}$$

(과잉공기량)=(공급공기량)-(이론공기량) =1,400-23.8×50=210N㎥/h

(연소생성탄산가스양)=3×50=150 $N\text{m}^3/h$

(연소생성수증기량)=4×50=200 $N\text{m}^3/h$

(이론공기 중의 질소량)=23.8×50×0.79=940 $N\text{m}^3/h$

건조연소가스양=(과잉공기량)+(탄산가스양)+(질소량)

$$=210+150+940=1,300 \, N\text{m}^3/h$$

습한연소가스양=(건조연소가스양)+(수증기량)

$$=1,300+200=1,500 \, N\text{m}^3/h$$

∴ 건조연소가스에 의한 손실열

$$=1,300×0.33(150\text{-}0)=64,350\text{kcal/h}$$

습한연소가스에 의한 손실열

$$=1,500×0.33(150\text{-}0)=74,250\text{kcal/h}$$

답 건조연소가스에 의한 손실열 64,350kcal/h
습한연소가스에 의한 손실열 74,250kcal/h

[예제 5.58] 수소 13%, 탄소 87%의 중유를 공기비 0.9로 연소하여, 피열물을 가열하고 있는 로가 있어서 배가스에 다시 공기를 가해서 재연소를 하여 완전연소를 했다. 이때 연소배가스 중의 CO2가 10%였다고 하면, 재연소에 사용된 공기량과 처음의 공기량과의 비는 얼마나 되는가?

해 이론공기량 L_0 Nm^3/kg는 식 (5.24)에 있어서 S=0, O=0으로 해서

$$L_0 = \frac{1.867C + 5.6H}{0.210} = \frac{1.867 \times 0.87 + 5.6 \times 0.13}{0.210} = 11.20 Nm^3/kg$$

그래서 최초의 연소에 사용한 공기량 L_1 Nm^3/kg은

$$L_1 = 0.9L_0 = 0.9 \times 11.20 = 10.08 \ Nm^3/kg$$

재연소에 사용된 공기량을 연료 1kg당 L_2 Nm^3라 하면 전공기량 L은 $L = L_1 + L_2$이다. 이론공기량 L_0, 사용공기량 L, 연소가스 중의 탄산가스양 $(CO_2)_v'$과 최대 탄산가스양 $(CO_2)_{v\,max}'$와의 사이에 식 (5.55)에 의하여 다음 관계가 성립된다.

$$\mu = \frac{L}{L_0} = \frac{(CO_2)_{v\,max}'}{(CO_2)_v'}$$

이 식에서 $L_0 = 11.20 Nm^3/kg$, $(CO_2)_v' = 0.10$이므로 $(CO_2)_{v\,max}'$를 알아내면 L을 구할 수 있다. $(CO_2)_{v\,max}'$는 식 (5.37)과 (5.32)에 있어서 O=0, N=0, S=0라 하고

$$(CO_2)_{v\,max}' = \frac{1.867C}{8.89C + 21.06H} = \frac{1.867 \times 0.87}{8.89 \times 0.87 + 21.06 \times 0.13} = 0.1551$$

$$\therefore \ L = \frac{0.1551}{0.10} \times 11.20 = 17.37 \ Nm^3/kg \ \ \therefore \ L_2 = 17.37 - 10.08 = 7.29$$

공기량의 비 $= \dfrac{7.29}{10.08} = 0.723$　　**답** 0.723

[예제 5.59] 이론공기량 $10.2 Nm^3/kg$, 이론연소가스양 $11.0 Nm^3/kg$, 저위발열량 9.560kcal/kg의 중유를 사용하고 있는 노에 있어서, 다음 조건으로 연소시켰을 때의 연소온도를 구하여라. 다만 기준온도는 0℃라 한다.

a 공기비는 1.20이라 한다.

b 일차공기로서 전소요공기량의 15%를 사용하고, 예열하지 않는다.

c 이차공기는 400℃로 예열되어 있다.

d 중유온도는 100℃, 비열은 0.45kcal/kg℃라 한다.

e 전입열의 10%가 연소실로부터 방산열로 손실되고 있다.

f 400℃ 공기의 평균비열을 0.32kcal/Nm³℃, 고온에 있어서 연소가스의 평

균비열 0.40kcal/Nm³℃라 하고, 열해리는 없는 것으로 한다.

해 연소가스 온도 t_g℃는 다음식으로 구할 수 있다.

$$t_g = \frac{\eta_c H_l + Q_f + Q_a - Q_r}{G_g c_p} \quad 18)$$

$t_g \eta_c H_l + Q_f + Q_a - Q_r \ G_g c_p$

이 식으로 η_c는 연소효율로서 열해리, 연소가스 중의 미연탄소와 CO의 양 등에 의하여 정해지나, 본 문제에서는 열해리는 없고, 미연탄소와 CO의 양이 주어져 있지 않으므로 이것들을 영(0)이라 하고 η_c=1.0이라 한다. η_c는 중유의 발열량으로 9,560kcal/kg이다. 그래서 연소에 의한 발생열 $\eta_c H_l$는 9,560kcal/kg로 된다. Q_f는 연료의 현열이며

$$Q_f = 비열 \times (예열온도 - 기준온도) \ = 0.45 \times (100 - 0) = 54 kcal/kg$$

Q_a는 공기의 현열로 1차공기와 2차공기의 현열의 합계이다. 1차공기는 예열하지 않으므로 그 현열은 0이다. 2차공기는 전소요공기량 10.2×1.20=12.24 Nm³/kg의 (1-0.15)=0.85의 배이며, 이것은 400℃까지 예열하므로 그 현열은

$$Q_a = 12.24 \times 0.85 \times 0.32(400 - 0) = 1,332 kcal/kg$$

Q_r은 방산열이며 전입열의 15%이므로

$$Q_r = (9,560 + 45 + 1,332) \times 0.15 = 1,640 kcal/kg$$

Q_g는 연소가스양이며, 이론가스양과 과잉공기량과 합계이므로

$$G_g = 11.0 + 10.2(1.20 - 1) = 13.0 Nm³/kg$$

c_p는 연소가스의 평균비열로서 0.40kcal/Nm³℃. 그러므로

$$t_g = \frac{9,560 + 45 + 1,332 - 1,640}{13.0 \times 0.40} = \frac{9,297}{5.2} = 1,788℃$$

답 1,788℃

[예제 5.60] C 중유를 연소하고 있는 가열로가 있다. 로 밑에 흡수법에 의한 가스분석계를 취부하여 CO_2를 측정했더니 15%였다. 이 경우의 공기비를 구하여라. 다만 미연분은 없는 것으로 하고, 중유의 성분은 탄소 86%, 수소 12%, 유황 2%이다.

해 연소가스는 건조되어 있다고 생각하면, 연소가스양 G_v'는 식 (5.29)에 의하여

$$G_v' = G_{ov}' + (\mu - 1)L_{ov}$$

---

18) 식(5.60)참조

로 주어진다. 여기서 $G_{ov}{}'$는 이론건조연소가스, L_{ov}는 이론공기량이고, μ는 공기비이다. $G_{ov}{}'$는 식 (5.32)에 의하여

$$G_{ov}{}' = 8.89C + 21.06H - 2.63O + 0.8N + 3.33S$$

제의에 의하여 $C = 0.86,\ H = 0.12,\ S = 0.02,\ O = N = 0$

$$\therefore\ G_{ov}{}' = 8.89 \times 0.86 + 21.06 \times 0.12 + 3.33 \times 0.02$$

$$= 7.6454 + 2.5272 + 0.0666 = 10.24 N\text{m}^3/\text{kg}$$

이론공기량 L_{ov}는 식 (5.24)에 의하여 $L_{ov} = \dfrac{1.867C + 5.6H + 0.7S - 0.7O}{0.210}$

$$= \frac{1.867 \times 0.86 + 5.6 \times 0.12 + 0.7 \times 0.02}{0.210} = \frac{2.279}{0.210} = 10.85 N\text{m}^3/\text{kg}$$

흡수법에 의한 가스분석계에서는 CO_2의 흡수제로 보통 KOH를 사용한다. 이 경우 KOH는 엄밀히는 $CO_2 + SO_2$의 양이다. CO_2의 양은 식 (5.34)에 의하여 $1,867C/G_v'$이며, SO_2의 양은 식 (5.36)에 의하여 $0.7S/G_v'$이다. 그러므로 제의에 의하여 다음 관계가 성립한다.

$$0.15G_v' = 1.867 \times 0.86 + 0.7 \times 0.02 = 1.6056 + 0.014 = 1.6196$$

$$\therefore\ G_v' = 10.80 N\text{m}^3/\text{kg}$$

그러므로 $10.80 = 10.24 + (\mu - 1) \times 10.85$

$$\therefore\ \mu = 1.05$$

답 공기비 1.05

[예제 5.61] 갑을 2종류의 중유가 있다. 이것을 혼합해서 1.1로 연소하고, 연도건배 가스 중의 $SO_2 + SO_3$의 농도를 0.18%(용량비)로 하려면, 갑과 을 양 중유의 비를 얼마로 하면 좋은가?
중유의 조성(%)

	C	H	S
갑 중유	84.0	12.0	4.0
을 중유	87.0	12.0	1.0

단, 유황의 분자량은 32이다.

해 갑 중유를 사용했을 때의 건연소가스양을 G_v'(갑)라 하면 식 (5.30)에서
$C = 0.84,\ H = 0.12,\ S = 0.04,\ O = 0,\ N = 0$ 라 두고,

$$G_v'{}_{(갑)} = 8.89 \times 1.1 \times 0.84 + (4.76 \times 1.1 - 1) \times 5.6 \times 0.12 + 3.33 \times 1.1 \times 0.04$$

$$= 8.21 + 2.84 + 0.147 = 11.2 N\text{m}^3/\text{kg}$$

같이해서 을 중유를 사용했을 때의 건연소가스양을 G_v'(을)는

$$G_v'_{(乙)} = 8.89 \times 1.1 \times 0.87 + (4.76 \times 1.1 - 1) \times 5.6 \times 0.12 + 3.33 \times 1.1 \times 0.01$$
$$= 11.5 N\text{m}^3/\text{kg}$$

다음에 유황이 연소해서 SO_2로 될 때는 $S + O_2 = SO_2$

이고, SO_3로 될 때는 $2S + 3O_2 = 2SO_3$

이며, 어느 경우도 1kmol의 유황의 연소에 의하여 1kmol의 가스를 발생하므로

그 양은 $\dfrac{22.4}{32} S = 0.7 N\text{m}^3/\text{kg}$로 된다.

그래서 갑 중유의 경우 $SO_2 + SO_3$는

$$(SO_2 + SO_3)_{(甲)} = 0.7 \times 0.04 = 0.028 N\text{m}^3/\text{kg}$$

을 중유의 경우는 $(SO_2 + SO_3)_{(乙)} = 0.7 \times 0.01 = 0.007 N\text{m}^3/\text{kg}$

지금 갑 중유와 을 중유의 양을 각각 x와 y라 하면 x+y=1이므로
y=1-x이다. 그러므로 다음식이 성립한다.

$$\frac{0.028x + 0.007(1-x)}{11.2x + 11.5(1-x)} = 0.0018 \qquad \therefore \quad x = 0.636 \qquad y = 0.364$$

답 갑 중유 63.6%   을 중유 36.4%

[예제 5.62] $(CO_2)_{max}$ 16%의 연료를 완전연소해서 노출구와 연돌하부의 연소가
스를 분석했던바 CO_2가 각각 12%와 10%이었다. 연도에서 새어나간 공
기의 양은 연소에 사용된 공기 1에 대하여 대략 어느 정도인가?

해 고체와 액체연료가 완전연소했을 때의 공기비(공기과잉률) μ의 값은, 연
료의 $(CO_2)_{max}$(이 책에서는 $(CO_2)_{v\,max}'$로 표기한다)와 건조연소가스 중
의 CO_2의 양(이 책에서는 $(CO_2)_v'$로 표시한다)에 의하여 다음식으로 주
어진다.   즉, 식 (5.53)에 의하여,

$$\mu = \frac{0.79(CO_2)_{v\,max}'}{1 - (CO_2)_{v\,max}'} \times \frac{1 - (CO_2)_v'}{(CO_2)_v'} + 0.21$$

이 문제에서는 $(CO_2)_{v\,max}' = 0.16$, 노출구에서는 $(CO_2)_v' = 0.12$, 연돌하
부에서는 $(CO_2)_v' = 0.10$이므로 노출구의 공기비 μ_1은

$$\mu_1 = \frac{0.79 \times 0.16}{1 - 0.16} \times \frac{1 - 0.12}{0.12} + 0.21 = 1.103 + 0.21 = 1.313$$

연돌하부의 공기비 μ_2는

$$\mu_2 = \frac{1.79 \times 0.16}{1 - 0.16} \times \frac{1 - 0.10}{0.10} + 0.21 = 1.354 + 0.21 = 1.564$$

그러므로 연도에서 새어나간 공기비는 연소에 사용한 공기량에 대하여

$$\frac{\mu_2 - \mu_1}{\mu_1} = \frac{1.564 - 1.313}{1.313} = 0.191$$

답 19.1%

[예제 5.63] propane C_3H_8 (저발열량 22,390kcal/Nm³로 한다)을 공기비 1.1로 연소했을 때의 이론상 도달할 수 있는 최고온도와 그 경우의 연소가스의 조성을 구하여라. 단, 기준온도는 0℃ 수증기를 함유한 배가스 중의 평균비열은 0.395kcal/Nm³℃라 하고 고온에 있어서 열분해는 없는 것으로 해서 계산하라.

해 해) propane C_3H_8의 연소반응식은 식 (5.10)에 의하여 다음과 같이 된다.

$$C_3H_8 + 5O_2 = 3CO_2 + 4H_2O + 22,390\text{kcal}/Nm^3\ C_3H_8$$

그러므로 propane $1Nm^3$를 연소시키는 데 필요한 이론공기량은 5/0.21=23.8Nm^3이다. 공기비 1.1로 연소하는 것이므로 실제로 사용하는 공기량은 23.8×1.1=26.2$Nm^3/Nm^3\ C_3H_8$이다. 그러므로 위의 반응식에 의하여 propane $1Nm^3$ 당의 연소가스 중의 CO_2, H_2O, O_2와 N_2를 구하면

$$CO_2 = 3.0 Nm^3$$

$$H_2O = 4.0 Nm^3$$

$$O_2 = 0.21 \times (26.2 - 23.8) = 0.5 Nm^3$$

$$N_2 = 0.79 \times 26.2 = 20.7 Nm^3$$

그러므로 전연소가스양 G는 $G = 3.0 + 4.0 + 0.5 + 20.7 = 28.2 Nm^3/Nm^3\ C_3H_8$

이론 최고온도 t는 발열량을 H, kcal/Nm³, 가스의 평균비열을 c kcal$/Nm^3$ ℃라 하면 기준온도는 0℃이므로

$$t = \frac{H_1}{cG} = \frac{22,390}{0.395 \times 28.2} = 2,010℃$$

연소가스의 조성은
$$CO_2 = 3 \div 28.2 = 10.6\%$$
$$H_2O = 4 \div 28.2 = 14.2\%$$
$$O_2 = 0.5 \div 28.2 = 1.8\%$$
$$N_2 = 20.7 \div 28.2 = 73.4\%$$

답 최고온도 2,010℃

조성 $CO_2 = 10.6\%$, $H_2O = 14.2\%$,

$$O_2 = 1.8\%, \quad N_2 = 73.4\%$$

[예제 5.64] 어느 연소의 이론연소온도가 2000℃(0℃ 기준)였다. 이때의 사용공기는 산소 21.0%, 질소 79.0% (각 용량)였다. 지금 공기에 소량의 산소를 첨가해서 산소 22.0%, 질소 78.0% (각 용량)의 공기를 사용한다고 하면 이론연소온도는 대개 몇 도 상승하느냐?

단, 2000℃의 질소의 비열은 0.42kcal/Nm³℃, 연소가스의 0℃~2000℃의 평균비열은 0.45kcal/Nm³℃, 보통의 공기를 사용하였을 때의 연료 1kg당의 이론공기량은 11.0Nm³, 이론연소가스양은 12.0Nm³이다.

해 보통 공기를 사용하였을 대의 이론공기량은 11.0Nm³/kg 연료이므로 이 안의 질소의 양 N_2는

$$N_2 = 11.0 \times 0.79 = 8.69 Nm^3/kg \text{ 연료}$$

산소를 가한 공기 중 산소의 양은 22%, 질소의 양은 78%이므로 이때의 연소가스 중의 질소의 양 N_2'는

$$N_2' = 11.0 \times 0.21 \times \frac{78}{22} = 8.19 Nm^3/kg \text{ 연료}$$

그러므로 산소첨가 공기를 사용함에 따른 연소가스 중의 질소의 함량은

$$8.69 - 8.19 = 0.50 Nm^3/kg$$

보통 공기를 사용하였을 때의 이론연소온도는 1000℃이므로 연료의 발열량 H는

$$H = 0.45 \times 12.0 \times 2000 = 10,800 kcal/kg$$

그러므로 산소첨가공기를 사용하였을 때의 이론연소온도 t는

$$t = \frac{10800}{0.45 \times 12.0 - 0.42 \times 0.5} = 2081℃$$

산소첨가에 의한 온도상승은 $2081 - 2000 = 81℃$

답 81℃

[예제 5.65] 탄소 87.0%, 수소 13.0%, 저발열량 9,700kcal/kg의 중유를 연소하고 있는 노가 있어서, 20℃의 연소용 공기를 사용하였을 때의 노출구의 배가스 중의 산소를 흡수법으로 분석했던바 3%였다.

지금 이 노에서 연소용공기에 300℃의 예열공기를 사용한다고 하면 중유의 절약률은 몇 %로 되는가? 단, 노에서 같은 열량을 공급하는 것으로 하며, 또 중유의 현열은 무시하고, 20℃와 300℃의 공기의 비열은 각각 0.31kcal/Nm³℃와 0.315kcal/Nm³℃로 한다.

해 중유의 연소에 필요한 이론공기량 L_{ov}는 식 (5.24)에 의하여

$$L_{ov} = \frac{1.867C + 5.6H}{0.210} = \frac{1.867 \times 0.87 + 5.6 \times 0.13}{0.21} = 11.2 N\text{m}^3/\text{kg}$$

이론건조연소가스양 L_{ov}'는 식 (5.32)에 의하여

$$L_{ov}' = 8.89C + 21.06H = 8.89 \times 0.87 + 21.06 \times 0.13 = 10.5 N\text{m}^3/\text{kg}$$

과잉공기량을 $x N\text{m}^3/\text{kg}$이라 하면 건조배가스 중의 산소가 3%인 것에서

$$\frac{0.21x}{G_{ov}' + x} = 0.03 \qquad \therefore x = 1.75 N\text{m}^3/\text{kg}$$

그러므로 공급공기량 L_v는

$$L_v = 11.2 + 1.75 = 12.95 N\text{m}^3/\text{kg}$$

다음에 20℃의 공기를 사용할 때의 공급열량 Q_1은

$$Q_1 = 9,700 + 0.31 \times 20 \times 12.95 = 9,780 \text{kcal}/\text{kg}$$

300℃의 예열공기를 사용할 때의 공급열량 Q_2은

$$Q_2 = 9,700 + 0.315 \times 300 \times 12.95 = 10,940 \text{kcal}/\text{kg}$$

그러므로 중유의 절약률은

$$t = \frac{9,780}{10,940} = 1 - 0.894 = 0.106$$

답 10.6%

[예제 5.66] 탄소(85%) 이외에 수소와 유황에서 되는 중유를 공기비 1.2로 연소
해서 배가스를 분석했던바, SO_2로서 0.23%(건가스 기준)의 값을 얻었다.
이 중유 중에 함유되어 있는 유황은 몇 %인가?
단, 연료의 유황분은 전부 연소해서 SO_2로 된다고 본다.

해 건조연소가스 양 G_v'는 이론건조연소가스양을 G_{ov}', 이론공기량을 L_{ov},
공기비를 μ라 하면 식 (5.29)에 의하여

$$G_v' = G_{ov}' + (\mu - 1)L_{ov}$$

로 주어진다. 이론건조연소가스양을 G_{ov}'는 식 (5.32)에 의하여

$$G_{ov}' = 8.89C + 21.06H + 3.33S$$

또 이론공기량 L_{ov}는 식 (5.24)에 의하여

$$L_{ov} = \frac{1}{0.210}(1.807C + 5.6H + 0.7S)$$

이 문제에서 탄소가 85%이므로 수소와 유황의 합계는 15%가 된다. 그러므로 H=0.15-S이다. 이 관계에서 G_{ov}'와 L_{ov}를 구하면

$$G_{ov}' = 8.89 \times 0.85 + 21.06(0.15 - S) + 3.33S = 10.73 - 17.8S$$

$$L_{ov}' = \frac{1}{0.210}(1.867 \times 0.85 + 5.6 \times 0.15 - 5.6S + 0.7S = 11.56 - 23.3S$$

공기비 1.2로 연소한 것이므로 건조연소가스양을 G_v'는

$$G_v' = G_{ov}' + (\mu - 1)L_{ov} = 10.73 - 17.8S + (1.2 - 1)(11.56 - 23.3S)$$

$$= 12.04 - 22.5S$$

연소가스 중의 유황 S는 SO_2로서 0.23%이므로

$$\frac{0.7S}{G_v'} = \frac{0.23}{100}$$

$$\therefore \quad 0.7S = 0.0023(12.04 - 22.5S)$$

$$\therefore \quad S = 0.037$$

답 유황 분은 3.7%

제6장

[예제 6.52] 압력 7kg/㎠의 건조포화증기(엔탈피 660kcal/kg)를 발생하고 있는 중유 연소 보일러가 있다. 지금 저위발열량 9,500kcal/kg의 중유 (이론공기량 10.0N㎥/kg, 이론습한 연소가스양 10.5N㎥/kg)를 사용해서 공기비(공기과잉률) 1.30으로 연소시켰을 때의 배가스온도가 180℃였다. 이 경우, 증기 1t당 몇 kg의 중유가 필요한가? 또 그 열효율을 구하라. 단, 배가스의 평균비열은 0.33kcal/N㎥℃, 중유 급수 및 대기의 온도는 각각 20℃라 한다. 또 방산열 등에 의한 잡손실열로서 입열의 15%에 상당하는 출열이 있다.

해 연료 1kg당의 이론연소가스양을 G_{ov}N㎥, 이론공기량을 L_{ov}N㎥, 공기비 μ, 연소가스양을 G_vN㎥라 하면 식 (5.29)에 의하여

$$G_v = G_{ov} + (\mu - 1)L_{ov}$$

여기서 $G_{ov} = 10.5$N㎥/kg, $\mu = 1.30$, $L_{ov} = 10.0$N㎥/kg

$$G_v = 10.5(1.30 - 1) \times 10.0 = 13.4 \text{N㎥/kg} \quad \text{연료}$$

연료 1kg당의 발생증기량을 Wkg이라 하고, 온도 20℃를 기준으로 해서 이 보일러의 열정산을 한다. 입열은 연료의 연소열이며 그 값은 9,500kcal/kg이다. 이것에 대해 출열은 발생증기의 보유열, 배가스가 가지고 나가는 현열, 방산열에 의한 열손실이며, 그 값은 각각 다음과 같다.

발생증기의 보유열 $(660 - 20)W = 640 W$kcal/kg 연료

배가스의 현열 $0.33(180 - 20) \times 13.5 = 712.8$kcal/kg 연료

발열량 $9,500 \times 0.15 = 1,425.0$kcal/kg 연료

그러므로 출열의 합계는 $640 W + 712.8 + 1,425.0$kcal/kg 연료

이고 이것이 입열량 9,500kcal/kg 연료에 상등하므로 발생증기량 Wkg/kg 연료를 구하면

$$W = \frac{9,500 - 712.8 - 1,425.0}{640} = \frac{7,362.2}{640} = 11.5 \text{kg/kg} \quad \text{연료}$$

그러므로 증기 1t당의 소요 중유량을 G kg이라 하면

$$G = \frac{1}{11.5} \times 1,000 = 87.0 \text{kg}$$

열효율 η는 $\eta = \dfrac{640 \times 11.5}{9,500} = 0.775$

답 중유량 87.0kg

열효율 77.5%

[예제 6.53] 발생건조용 회전로가 있다. 그의 열감정을 하기 위한 측정결과는 다음과 같다. 연료 1t당의 열감정표를 작성하라.

기준온도 20℃

연료(중유)

사용량 200kg/h, 저위발열량 9,500kcal/kg, 온도 100℃, 비열 0.45kcal/kg℃

이론공기량 10.0Nm³/kg

공기비 1.4

공기온도 20℃

점토(원료)

공급량 13t/h, 온도 20℃, 수분 10%

점토(건조 후)

수분 0%, 온도 120℃, 비열 0.2kcal/kg℃

배가스온도 180℃

연소가스의 비열 0.33kcal/Nm³℃

수증기의 비열 0.36kcal/Nm³℃   0.455kcal/kg℃

20℃ 물의 증발열 586kcal/kg

입열과 출열의 차는 방사열 기타의 손실열로 한다.

해 중유 1kg당의 열감정표(열정산표)를 작성하는 것이므로 먼저 중유 1kg당의 점토건조량은 18,000÷200=90kg/kg이며, 그 안에 10%가 수분, 90%가 건조점토이므로 중유 1kg 당의 물증발량은 90×0.1=9kg/kg이며, 건조점토량은 90×0.9=81kg/kg이다.

다음에 중유 1kg 당의 연소가스양은 식 (5.29)에 의하여

연소가스양=이론연소가스양+이론공기량×(공기비-1.0)

$= 10.5 + 10.0(1.4 - 1.0) = 14.5 Nm^3/kg$

여기서 기준온도를 20℃로 해서 입열과 출열을 구하면

입열

1. 중유의 현열

   $0.45 \times 1 \times (100 - 20) = 36 kcal/kg$

2. 중유의 발열량

   9,500kcal/kg

출열

1. 건조점토의 현열

$$0.20 \times 81 \times (120 - 20) = 1,620 \text{kcal/kg}$$

2. 수분의 증발열

$$586 \times 9 = 5,274 \text{kcal/kg}$$

3. 수증기의 현열

$$0.455 \times 9 \times (180 - 20) = 655 \text{kcal/kg}$$

4. 연소가스의 현열

$$0.33 \times 14.5 \times (180 - 20) = 766 \text{kcal/kg}$$

5. 방사열 기타의 열손실

입열과 출열의 차로서

$$(36 + 9,500) - (1,620 + 5,274 + 655 + 766) = 1,222 \text{kcal/kg}$$

이상의 수식에서 열감정표는 다음과 같이 된다.

열 감 정 표

입 열			출 열		
항목	kcal/kg	%	항 목	kcal/kg	%
중유의 현열	36	3.8	건조점토의 현열	1,620	17.0
중유의 발열량	9,500	96.2	수분의 증발열	5,274	55.3
			수증기의 현열	655	6.9
			연소가스의 현열	766	8.0
			기타 열손실	1,222	12.8
계	9,536	100	계	9,536	100

[예제 6.54] 저위발열량 $Hi = 9700 \text{kcal/kg}$의 중유를 연소해서 다음의 가스 분석결과를 얻었다.

$$CO_2 = 14\%, \quad O_2 = 2.0\%, \quad CO = 1.0\%, \quad N_2 = 83.0\%$$

이것으로부터 중유 1kg 당의 CO에 의한 불완전연소손실열량을 구하라. 또 그것은 중유 발열량의 몇 %가 되나.

단, 연소가스 중의 N_2는 공기 이외로부터는 유입되지 않는다고 보고 중유의 이론공기량 L_o의 계산은 다음식을 사용한다.

$$L_o = \frac{0.85 Hi}{1000} + 2.0 \quad N\text{m}^3/\text{kg}$$

또 CO의 발열량은 3,020kcal/Nm³

해 CO의 존재에 의한 불완전연소손실열량은 연소가스양과 CO%와 CO의 발열량의 적이다.

건조연소가스양 $G_v{}'$는 N_2의 Balance에서 다음식으로 구할 수 있다.

$$G_v{}' = \frac{0.79\mu L_o}{(N_2)'{}_v}$$

이 식에서 L_o는 이론공기량이며

$$L_o = \frac{0.35H_i}{1000} + 2.0 = \frac{0.85 \times 9700}{1000} + 2.0 = 10.245$$

μ는 공기과잉률로서 식 (5.58)에 의하여

$$\mu = \frac{(N_2)_v{}'}{(N_2)_v{}' - 3.76\left[(O_2)_v{}' - 0.5(CO)_v{}'\right]}$$

제의에 의하여 $(N_2)_v{}' = -0.83$, $(O_2)_v{}' = 0.02$, $(CO)_v{}' = 0.01$

$$\mu = \frac{0.83}{0.83 - 3.76(0.02 - 0.5 \times 0.01)} = \frac{0.83}{0.7736} = 1.073$$

그러므로 건조연소가스양 $G_v{}'$는

$$G_v{}' = \frac{0.79 \times 1.073 \times 10.245}{0.83} = 10.46 N\text{m}^3/\text{kg} \text{ 유}$$

탄소의 불완전연소에 의한 손실 Qkcal/kg 유는

$$Q = 3020 \times 10.46 \times 0.01 = 315.9\text{kcal}/\text{kg} \text{ 유}$$

중유의 발열량에 대한 손실비율은

$$\frac{Q}{H_i} = \frac{315.9}{9700} = 0.0326$$

■ 답 불완전연소손실 316kcal/kg 유

손실할합 3.3%

[예제 6.55] Butane 가스(C_4H_{10} 저발열량 25,000kcal/$N\text{m}^3$)를 연소하고 있는 동재가열로가 있어, 열감정을 하여 다음의 결과를 얻었다.

열감정표(동재 t당)

		$\times 10^3$kcal	%
입 열	연 료 발 열 량		
	농 재 힘 열 량	200	40
출 열	건 조 배 가 스 의 현 열	160	
	배 가 스 수 중 증 기 의 현 열		
	냉 각 수 가 가 지 고 나 가 는 열	90	
	방 사 , 전 도 , 기 타 열		

다음 열감정표의 공란에 수치를 넣어서 완성하라.

단, 배가스온도는 600℃, 수증기의 평균비열은 0.38kcal/Nm³℃로 한다.

해 동재의 함열량은 200×10³kcal이며 이것이 입열의 40%에 해당되므로 입열량은

$$입열량 = 200 \times 10^3 \div 0.40 = 500 \times 10^3 kcal$$

이 입열량은 Butane 가스의 연소에 의하여 발생한 것이므로 Butane 가스의 소비량은

$$Butane\ 가스의\ 소비량 = 500 \times 10^3 \div 25 \times 10^3 = 20 Nm^3/t\ 동재$$

Butane 가스의 연소에 의하여 발생하는 수증기는 Butane 가스의 연소반응식

$$C_4H_{10} + 6.5O_2 = 4CO_2 + 5H_2O$$

즉, 1m³의 C_4H_{10}의 연소에 의하여 5m³의 H_2O를 발생한다. 그러므로 배가스 중의 수증기량은 $5 \times 20 = 100 Nm^3/t$ 동재이고, 그 온도는 600℃, 평균비열은 0.38kcal/Nm³℃이므로 배가스 중의 수증기의 현열은

$$0.38 \times 600 \times 100 = 22,800 \cong 23 \times 10^3 kcal$$

방사, 전도, 기타의 열손실은 입열에서 출열의 통계를 뺀 것이므로

$$열손실 = 500 \times 10^3 - (200 + 160 + 23 + 90) \times 10^3 = 27 \times 10^3 kcal$$

그러므로 열감정표는 다음과 같이 된다.

		$\times 10^3 kcal$	%
입열	연 료 발 열 량	500	100
	동 재 함 열 량	200	40
출열	건 조 배 가 스 의 현 열	160	32
	배 가 스 수 중 증 기 의 현 열	23	5
	냉 각 수 가 가 지 고 나 가 는 열	90	18
	방 사 , 전 도 , 기 타 열	27	5

[예제 6.56] 공기예열을 하지 않는 노가 있다. 연료(저발열량 10,000kcal/kg)의 소비량이 100kg/h, 연소 시의 공기비(1은 아니다)에 있어서 이론연소가스온도가 2,000℃, 실온이 0℃, 연료 1kg당의 연소용공기량이 11.0Nm³, 습한 연소가스양이 12.5Nm³일 때 그 열감정결과가

입열: 연료의 보유열 100%

출열: 유효열 30%, 배가스손실 40%, 방열손실 등 30%이었다.

이 노에 공기예열기를 설치하여 사용공기를 500℃로 예열했을 때 피열물

의 양과 공기예열 전후의 피열물의 상태가 변하지 않는다고 했을 때, 연료의 소요량을 다음의 가정하에 대략 계산하라.

ㄱ. 실온, 노 본체에서 나가는 배가스온도와 그의 조성은 변하지 않는다.

ㄴ. 연소가스 중에 미연분은 없다.

ㄷ. 노벽으로부터 방열량은 이론연소가스온도와 실온과의 차에 비례한다.

ㄹ. 연소가스와 공기의 비열은 온도에 무관계로 각각 $0.40\mathrm{kcal/Nm^3℃}$와 0.30 $\mathrm{kcal/Nm^3℃}$로 한다.

해 우선 공기예열을 하지 않는 최초의 열감정을 kcal로 나타내면

입열: 연료의 보유열 Q_0

$$Q_0 = 10,000 \times 100 = 1,000,000 \mathrm{kcal}/h$$

출열: 유효열 $Q_1 = 1,000,000 \times 0.3 = 300,000 \mathrm{kcal}/h$

배가스손실 $Q_2 = 1,000,000 \times 0.4 = 400,000 \mathrm{kcal}/h$

방열손실 등 $Q_3 = 1,000,000 \times 0.3 = 300,000 \mathrm{kcal}/h$

다음에 500℃까지 공기예열을 할 때의 열감정을 한다.

연료 1kg당 노에 공급되는 열량은 연료의 발열량과 예열공기의 현열의 합계이므로 소요 연료량을 $x\mathrm{kg}/h$라 하면

$$Q_0' = (10,000 + 0.30 \times 500 \times 11.0)x = 11,650x \mathrm{kcal}/h$$

가정에 의한 유효열은 변하지 않으므로

$$Q_1' = 300,000 \mathrm{kcal}/h$$

배가스손실은 그 온 $Q_2' = 400,000 \times \dfrac{x}{100} = 4,000x\mathrm{kcal}/h$도와 성분이 변하지 않으므로 연료소비량에 비례한다. 그러므로

방열손실 등은 연소가스온도에 비례한다. 연소가스온도는 노로의 공급열량에 비례하므로

$$t' = 2,000 \times \frac{11,650}{10,000} = 2,330℃$$

$$\therefore \ Q_3' = 300,000 \times \frac{2,330}{2,000} = 350,000 \mathrm{kcal}/h$$

그러므로 $Q_0' - Q_1' + Q_2' + Q_3'$

$$11,650x = 300,000 + 4,000x + 350,000$$

$$\therefore \ x = 85\mathrm{kg}/h$$

답 $85\mathrm{kg}/h$

제7장

[예제 7.51] 보일러에 아래 조건의 통풍기를 설치할 경우, 그 소요마력을 산출하라.

연소에 필요한 전공기량	62,000kg/h
공기예열기누설공기량	5,000kg/h
기타필요공기량	$20 N\text{m}^3/\text{min}$
공기의 비중량	$1.29\text{kcal/N}\text{m}^3$
사용공기온도	32℃
보일러의 전풍압손실	400mm Aq
통풍기효율	83.5%

해 송풍기의 소요이론마력 $N_0 HP$은 다음식으로 주어진다.(관원저, 신판열관리요설 7.14 참조)

$$N_0 = \frac{hV}{60 \times 75\eta}$$

여기서 h는 송풍기의 출구풍압 mmAq, V는 흡입상태에서의 송풍량 m^3/min, η는 송풍기의 효율이다. 이 문제에서는

$$V = \left(\frac{62,000+5,000}{1.29 \times 60} + 20 \right) \times \frac{273+32}{273} = 885.6 \times 1.117 = 989 \text{m}^3/\text{min}$$

그러므로 $\quad N_0 = \dfrac{hV}{60 \times 75\eta} = \dfrac{400 \times 989}{60 \times 75 \times .835} = 105.3 HP$

실제의 원동기 마력은 다소의 여유를 둔다. 지금 이 여유율을 20%라 하면 소요마력 N은 N=105.3×1.2=126HP

답 126마력

[예제 7.52] 마력 35,000kW의 중유전소화력발전소가 있다. 사용중유의 발열량 10,000kcal/kg, 보일러의 연소실용적을 586㎥로 해서 이 보일러의 연소실열발생률(kcal/㎥h)을 구하라.

단, 발전소효율을 28%, 외기온도를 20℃, 예열공기온도를 235℃, 공기의 정압비열을 0.31kcal/N㎥℃, 중유 1kg 당의 연소용공기량을 12.6N㎥/kg이라 한다.

해 연소소비량은 다음식으로 주어진다.

$$연소소비량 = \frac{발전전력량 \times 860}{연료발열량 \times 발전효율} = \frac{35,000 \times 860}{10,000 \times 0.28} = 10,750\text{kg}/h$$

연소실열발생률은 다음식으로 주어진다.[19]

$$연소실열발생률 = \frac{(연료소비량)\left[H_i + L_{cp}(t_a - t)\right]}{(연소실용적)}$$

여기서 연료소비량= 10,750kg/h

H_i =연료 발열량= 10,000kcal/kg

L =연료단위중량 당의 공기량= 12.6Nm³/kg

cp =공기의 정압비열= 0.31kcal/Nm³℃

t_a =공기의 예열온도= 235℃

t =대기온도=20℃, 연소실용적= 586m³

그러므로   연소실열발생률 = $\dfrac{10,750\left[10,000 + 12.6 \times 0.31(235 - 20)\right]}{586}$

$$= \frac{10,750 \times 10,839.89}{586} = 199,000kcal/m³h$$

답 199,000kcal/m³h

[예제 7.53] 물의 증발부에 있어서 증기실의 압력이 400mmHg, 물의 깊이가 0.5m일 때의 부저에 있어서 비점상승을 구하라. 단, 물이 포화증기압력과 온도와의 관계는 다음의 Graph에서 추정해서 구하고 계산은 소수점 이하 2자리의 항은 버린다. 또 물의 비중은 1kg/dm³라 한다.

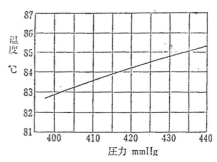

해 증기실의 압력 400mmHg에 상당하는 포화압력(비점)을 그림에서 구하면 약 82.9℃로 된다. 수은주의 높이 760mm에 대응하는 수주의 높이는 10m이므로 수심 0.5m에 대응하는 수은주의 높이는

$$700 \times \frac{0.5}{10} = 38mm$$

이다. 그러므로 부저에 있어서의 압력은

400+38=438mmHg

이다. 이것에 대히는 비점을 그림에서 구하면 약 85.2℃로 된다. 그러므로 비점의 상승은

85.2-82.9=2.3℃이다.

답 약 2.3℃

---

19) 관원관웅편, 신판열관리요설 386 공식(11.20) 참조

[예제 7.54] 오른쪽 그림과 같은 정류탑이 있어, Benzene 40% (중량), Toluene 60% (중량)의 혼합물을 매시 30,000kg의 비율로 이 정류탑으로 보내어 연속운전을 한다. 탑정 제품으로서 Benzene 농도 97% (중량), 탑 저제품으로서 Toluene 농도 98% (중량)의 것으로 하고자 한다. 양 제품의 매시 발출하는 양을 구하라.

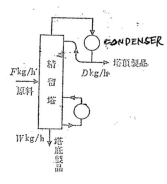

해 원료, 탑정제품과 탑저제품 중의 Benzene과 Toluene의 혼합비율은 다음과 같다.

원료	탑정제품	탑저제품
0.40	0.97	0.02
0.60	0.03	0.98

원료, 탑정제품과 탑저제품의 중량을 각각 매시, F, D와 Wkg이라 하면

F=D+W=30,000···(1)

Benzene   0.40 F=0.97 D+0.02 W ·····························(2)

Toluene   0.60 F=0.03 D+0.98 W ·····························(3)

식 (1)과 (2)에서   0.40×30,000=0.97 D+0.02 (30,000-D)

$$\therefore \ D = \frac{12,000-600}{0.95} = 12,000 \text{kg}/h$$

W=30,000-12,000=18,000kg/h

답 탑정제품의 발출량   12,000kg/h

   탑저제품의 발출량   18,000kg/h

주 식 (1)과 (3)에서도 같은 답을 얻을 수 있다. 이 문제는 물질정산의 문제이다.

[예제 7.55] 열처리용 환원성 가스를 발생시키기 위해 변성로를 사용하여 Buntan 가스(C_4H_{10})를 공기비 0.7로 부분연소시켰다. 생성 가스는 $CO_2 = 6.8\%, H_2O = 12.8\%$, $N_2 = 65.5\%$이며 나머지는 CO와 H_2라 할 때

ㄱ. 생성 가스 중의 CO%,   ㄴ. 생성 가스 중의 H_2%   ㄷ. Buntan 가스 1Nm³ 당의 생성 가스양을 산출하라.

해 우선 생성가스양을 구한다.

C_4H_{10}의 연소반응식은 (5.11)에 의하여

$$C_4H_{10} + 6.5O_2 = 4CO + 5H_2O + 2O_2$$

그러므로 C_4H_{10} 1Nm³를 연소시키는 데 필요한 공기량은 L_{ov}

$$L_{ov} = \frac{6.5}{0.21} = 30.95 N\text{m}^3/N\text{m}^3$$

그러므로 공기비 0.7이라 할 때의 공기 중의 N_2의 양은

$$30.95 \times 0.7 \times 0.79 = 17.1 N\text{m}^3/N\text{m}^3$$

생성가스 중의 N_2의 농도는 65.5%이므로 생성가스양은

$$17.1/0.655 = 26.1 N\text{m}^3/N\text{m}^3$$

다음에 생성가스의 성분은 CO를 x%, H_2를 y%라 하면

CO_2	H_2O	N_2	CO	H_2	합계
6.8%	12.8%	65.5%	x%	y%	100%

그러므로 $x + y = 14.9\%$

CO와 H_2의 양은 물질정산을 하여 구한다. 물질정산은 C, H_2, O_2와 N_2 정산의 어느 것이든 하면 된다. 지금 C 정산을 한다.

연료 중의 C의 중량=(CO_2 중의 C의 중량)+(CO 중의 C 중량)

연료 C_4H_{10} 1Nm³ 중의 C 중량은

$$\frac{58}{22.4} \times \frac{48}{58} = 2.14 kg$$

생성가스 중의 CO_2의 양은   0.068×26.1=1.77Nm³

그러므로 CO_2 중의 C의 중량은   1.77×12/22.4=0.948kg

그래서 CO 중의 C의 중량은   2.14-0.948=1.192kg

그러므로 CO의 양은 1.192×22.4/12=2.23Nm³

그래서 생성가스 중의 CO의 농도는

                2.23/26.1=0.0853=8.53%

그러므로 H_2의 농도는

                14.9-8.53=6.37%

답 생성가스양 26.1Nm³/Nm³ Buntan 가스

생성가스 중의 CO 8.53%, H_2 6.37%

[예제 7.56] Benzene (C_6H_6) 40% (중량), Toluene ($C_6H_5CH_3$) 60% (중량)의 혼합액이 있다. 이 혼합액의 90℃에 있어서 증기압력과 그 외 평형에 있

어야 할 증기의 mol 조성을 구하라.

단, 90℃에 있어서 순 Benzene과 순 Toluene의 증기압력은 각각 1,008mmHg와 405mmHg이다.

해 Benzene의 분자량을 M_B, 분압을 P_B, Toluene의 분자량을 M_T, 분압을 p_T라하면

$$M_B = 12 \times 6 + 1 \times 6 = 78, \quad M_T = 12 \times 6 + 5 + 12 + 3 = 92$$

이며, 혼합물의 전압 p는 $p = p_B + p_T$

혼합액 100kg 중에 있어서 각 mol 수는

Benzene: $\dfrac{40}{78} = 0.513 \cong 0.51 kmol$

Toluene: $\dfrac{60}{92} = 0.652 \cong 0.65 kmol$

그러므로 혼합액의 mol 조성은 다음과 같이 된다.

Benzene: $\dfrac{0.51}{0.51 + 0.65} = 0.44$

Toluene: $\dfrac{0.65}{0.51 + 0.65} = 0.56$

그래서 각 성분의 분압은

$$p_B = 1,008 \times 0.44 = 443.5 mmHg$$

$$p_T = 405 \times 0.56 = 226.8 mmHg$$

그러므로 혼합물의 전압 p는

$$p = p_B + p_T = 443.5 + 226.8 = 670.3 mmHg$$

그래서 증기의 mol 조성은

Benzene: 443.5/670.3=0.66=66%

Toluene: 226.8/670.3=0.34=34%

답 Benzene 66%, Toluene 34%

제2편

열관리와
열관리 계산에
필요한 기술자료

상용대수표

항수	0	1	2	3	4	5	6	7	8	9
1.00	0.0000	0004	0009	0013	0017	0022	0026	0030	0035	0039
1.01	0043	0048	0052	0059	0060	0065	0069	0073	0077	0082
1.02	0086	0090	0095	0099	0103	0107	0111	0116	0120	0124
1.03	0128	0133	0137	0141	0145	0149	0154	0158	0162	0166
1.04	0170	0175	0179	0183	0187	0191	0195	0199	0204	0208
1.05	0212	0216	0220	0224	0228	0233	0237	0241	0245	0249
1.06	0253	0257	0261	0265	0269	0273	0278	0282	0286	0290
1.07	0294	0298	0302	0306	0310	0314	0318	0322	0326	0330
1.08	0334	0338	0342	0346	0350	0354	0358	0362	0366	0370
1.09	0374	0378	0382	0386	0390	0394	0398	0402	0406	04100
1.10	0414	0418	0422	0426	0430	0434	0438	0441	0445	0449

항수	0	1	2	3	4	5	6	7	8	9	차의평균치
1.0	0.0000	0043	0086	0128	0170	0212	0253	0294	0334	0374	
1.1	0414	0453	0492	0531	0569	0607	0645	0682	0719	0755	
1.2	0792	0828	0864	0899	0934	0969	1004	1038	1072	1106	
1.3	1139	1173	1206	1239	1271	1303	1335	1367	1399	1430	
1.4	1461	1492	1523	1553	1584	1614	1644	1673	1703	1732	
1.5	1761	1790	1818	1847	1875	1903	1931	1959	1987	2014	
1.6	2041	2068	2095	2122	2148	2175	2201	2227	2253	2279	
1.7	2304	2330	2355	2380	2405	2430	2455	2480	2504	2529	
1.8	2553	2577	2601	2625	2648	2672	2695	2718	2742	2765	
1.9	2788	2810	2833	2856	2878	2900	2923	2945	2967	2989	
2.0	3010	3032	3054	3075	3096	3118	3139	3160	3181	0301	21
2.1	3222	3243	3263	3284	3304	3324	3345	3365	3385	3404	20
2.2	3424	3444	3464	3483	3502	3522	3541	3550	3579	3598	19
2.3	3617	3636	3655	3674	3692	3711	3729	3747	3766	3784	19
2.4	3802	3820	3838	3856	3824	3892	3909	3927	3945	3962	17
2.5	3979	3997	4014	4031	4048	4065	4082	4099	4116	4133	17
2.6	4050	4166	4183	4200	4216	4232	4249	4265	4281	4298	16
2.7	4314	4330	4346	4362	4378	4393	4409	4425	4440	4456	16
2.8	4472	4487	4502	4518	4533	4548	4564	4579	4594	4609	15
2.9	4624	4639	4654	4669	4683	4698	4713	4728	4742	4757	15
3.0	0.4771	4786	4800	4814	4829	4843	4357	4871	4886	4900	14
3.1	4914	4928	4942	4955	4969	4983	4997	5011	5024	5038	14
3.2	5051	5065	5079	5092	5105	5119	5132	5145	5159	5172	13
3.3	5185	5198	5211	5224	5237	5250	5263	5276	5289	5302	13
3.4	5315	5328	5340	5253	5466	5378	5391	5403	5416	5428	13
3.5	5441	5453	5465	5478	5490	5502	5514	5527	5539	5551	12
3.6	5563	5575	5587	5599	5611	5623	5635	5647	5658	5670	12
3.7	5682	5694	5705	5717	5729	5740	5752	5763	5775	5786	12
3.8	5798	5809	5821	5832	5843	5855	5866	5877	5888	5899	11
3.9	5911	5922	5933	5944	5955	5966	5977	5988	5999	6010	11
4.0	6021	6031	6042	6053	6064	6075	6085	6096	6107	6117	11
4.1	6128	6138	6149	6160	6170	6180	6191	6201	6212	6222	10
4.2	6232	6243	6253	6263	6274	6284	6294	6304	6314	6325	10
4.3	6335	6345	6355	6365	6375	6385	6395	6405	6415	6425	10
4.4	6435	6444	6454	6464	6474	6484	6493	6503	6513	6522	10
4.5	6532	6542	6551	6561	6571	6580	6595	6599	6609	6618	10
5.6	6628	6637	6646	6656	6665	6675	6684	6693	6702	6712	10
4.7	6721	6730	6739	6749	6758	6767	6776	6785	679	6803	9
4.8	6812	6821	6830	6839	6848	6857	6866	6875	6984	6893	9
4.9	6902	6911	6920	6928	6937	6946	6955	6964	6972	6981	9

$\log \pi = 0.4971$, $\log \pi/2 = 0.1961$, $\log \pi^2 = 0.9943$, $\log \sqrt{\pi} = 0.2486$, $\log e = 0.4343$, $\log 0.4343 = =0.6378\text{-}1$

항수	0	1	2	3	4	5	6	7	8	9	차의평균치
5.0	0.6990	6998	7007	7016	7024	7033	7042	7050	7059	7067	9
5.1	7076	7084	7093	7101	7110	7118	7126	7135	7143	7152	8
5.2	7160	7168	7177	7185	7193	7202	7210	7218	7226	7235	8
5.3	7243	7251	7259	7267	7275	7284	7292	7300	7308	7316	8
5.4	7324	7332	7340	7348	7356	7354	7372	7380	7388	7396	8
5.5	7404	7412	7419	7427	7435	7443	7451	7459	7466	7474	8
5.6	7482	7490	7497	7505	7513	7520	7528	7536	7543	7551	8
5.7	7559	7566	7574	7582	7589	7597	7604	7612	7619	7627	8
5.8	7634	7642	7649	7657	7664	7672	7679	7686	7694	7701	7
5.9	7709	7716	7723	7731	7738	7745	7752	7760	7767	7774	7
6.0	0.7782	7789	7796	7803	7810	7818	7825	7882	7839	7816	7
6.1	7853	7860	7868	7875	7882	7889	7896	7903	7910	7917	7
6.2	7924	7931	7938	7945	7952	7959	7966	7973	7980	7987	7
6.3	7993	8000	8007	8014	8021	8028	8035	8041	8048	8055	7
6.4	8062	8069	8075	8082	8089	8096	8102	8109	8116	8122	7
6.5	8129	8136	8142	8149	8156	8162	8169	8176	8182	8189	7
6.6	8195	8202	8209	8215	8222	8228	8235	8241	8248	8254	7
6.7	8261	8267	8274	8280	8287	8293	8299	8306	8312	8319	6
6.8	8325	8331	8338	8344	8351	8357	8368	8370	8376	8382	6
6.9	8388	8395	8401	8407	8414	8420	8426	8432	8439	8445	6
7.0	0.8451	8457	8463	8470	8476	8482	8488	8494	8500	8506	6
7.1	8513	8519	8525	8531	8537	8543	8549	8555	8561	8567	6
7.2	853	8579	8585	8591	8597	8603	8609	8615	8621	8627	6
7.3	8633	8639	8645	8651	8657	8663	8669	8675	8681	8686	6
7.4	8692	8698	8704	8710	8716	8722	8727	8733	8739	8745	6
7.5	8751	8756	8762	8768	8774	8779	8785	8791	8797	8802	6
7.6	8808	8814	8820	8825	8831	8837	8842	8848	8854	8859	6
7.7	8865	8871	8876	8882	8887	8893	8899	8904	8910	8915	6
7.8	8921	8927	8932	8938	8943	8949	8954	8950	8965	8971	6
7.9	8976	8982	8987	8993	8998	9004	9009	9015	9020	9025	5
8.0	0.9031	9036	9042	9047	9053	9058	9063	9069	9074	9079	5
8.1	9085	9090	9096	9101	9106	9112	9117	9122	9128	9133	5
8.2	9138	9143	9149	9154	9159	9165	9170	9175	9180	9186	5
8.3	9191	9196	9201	9206	9212	9217	9222	9227	9232	9238	5
8.4	9243	9248	9253	9258	9263	9269	9274	9279	9284	9289	5
8.5	9294	9299	9304	9309	9315	9320	9325	9330	9335	9340	5
8.6	9345	9350	9355	9360	9365	9370	9375	9380	9385	9390	5
8.7	9395	9400	9405	9410	9415	9420	9425	9430	9435	9440	5
8.8	9445	9450	9455	9460	9465	9469	9474	9479	9484	9489	5
8.9	9494	9499	9504	9509	9513	9518	9523	9528	9533	9538	5
9.0	0.9542	9547	9552	9557	9562	9566	9571	9576	9581	9586	5
9.1	9590	9595	9600	9605	9609	9614	9619	9624	9628	9633	5
9.2	9638	9643	9647	9652	9657	9661	9666	9671	9675	9680	5
9.3	9685	9689	9694	9699	9703	9708	9713	9717	9722	9727	5
9.4	9731	9736	9741	9745	9750	9754	9759	9763	9768	9773	5
9.5	9777	9782	9786	9791	9795	9800	9805	9809	9814	9818	5
9.6	9823	9827	9832	9836	9841	9845	9850	9854	9859	9863	4
9.7	9868	9872	9877	9881	9886	9890	9894	9899	9903	9908	4
9.8	9912	9917	9921	9926	9930	9934	9839	9943	9948	9952	4
9.9	9956	9961	9965	9969	9974	9978	9983	9987	9991	9996	4

log 582=2+log 5.82=2+0.7649=2.2659

log 0.00582=-3+log 5.82=-3+0.7649=3.7649

log xy=log x+log y log(x/y)=logx-log y log x^n=n log x

국제원자량표(1971) ($^{12}C=12$)

본 표의 치는 지구기원의 시료 중의 원소 아울러 약간의 인공원소에 적용된다. 치의 신뢰도는 최접의 자리에서 최소활자일 때는 ±3 이다.

원소명	원소기호	원자번호	원자량	원소명	원소기호	원자번호	원자량
Hydrogen	H	1	$1.0079^{b,d}$	Iodine	I	53	126.9045^{a}
Helium	He	2	$4.00260^{b,c}$	Xenon	Xe	54	131.30
Lithium	Li	3	$6.94_1{}^{c,d,e,g}$	Caesium	Cs	55	132.9054^{a}
Beryllium	Be	4	9.01218^{a}	Barium	Ba	56	137.3_4
Boron	B	5	$10.81^{e,d,e}$	Lanthanoids	La	57	138.905_5^{b}
Carbon	C	6	$12.011^{b,d}$	Cerium	Ce	58	140.12
Nitrogen	N	7	$14.0067^{b,c}$	Praseodymium	Pr	59	140.9077^{a}
Oxygen	O	8	$15.999^{b,c,d}$	Neodymium	Nd	60	144.2_4
Fluorine	F	9	18.99840^{a}	Promethium	Pm	61	------
Neon	Ne	10	$20.17_9{}^{c}$	Samarium	Sm	62	150.4
Sodium	Na	11	22.9877^{a}	Europium	Eu	63	151.96
Magnesium	Mg	12	$24.305^{c,g}$	Gadolinium	Gd	64	157.2_5
Aluminium	Al	13	26.98154^{a}	Terbium	Tb	65	158.9254^{a}
Silicon	Si	14	$28.08_6{}^{d}$	Dysprosium	Dy	66	162.5_0
Phosphorus	P	15	30.97376^{a}	Holmium	Ho	67	164.9304^{a}
Sulfur	S	16	32.06_4	Erbium	Er	68	167.2_6
Chlorine	Cl	17	35.453^{e}	Thulium	Tm	69	168.9342^{a}
Argon	Ar	18	$39.94_8{}^{b,c,d,g}$	Ytterbium	Yb	70	173.0_4
Potassium	K	19	39.09_8	Lutetium	Lu	71	174.97
Calcium	Ca	20	40.08^{g}	Hafnium	Hf	72	178.4_9
Scandium	Se	21	44.9559^{a}	Tantalim	Ta	73	$180.947_9{}^{b}$
Titanium	Ti	22	47.9_0	Wolfram (Tungsten)	W	74	183.8_5
Vanadium	V	23	$50.941_4{}^{b,c}$				-----
Chromium	Cr	24	51.996^{c}	Rhenium	Re	75	186.2
Manganese	Mn	25	54.9380^{a}	Osmium	Os	76	190.2
Iron	Fe	26	55.84_7	Iridium	Ir	77	192.2_2
Cobalt	Co	27	58.9332^{a}	Platinum	Pt	78	195.0_9
Nickel	Ni	28	58.7_1	Gold	Au	79	196.9665^{a}
Copper	Cu	29	$63.54_6{}^{c,d}$	Mercury	Hg	80	200.5_9
Zinc	Zu	30	65.38	Thallium	Tl	81	204.3_7
Gallium	Ca	31	69.72	Lead	Pb	82	$20.7.2^{d,g}$
Germanium	Ge	32	72.5_9	Bismuth	Bi	83	208.9804^{a}
Arsenic	As	33	74.9216^{a}	Polonium	Po	84	-----
Selenium	Se	34	78.9_6	Astatine	At	85	-----
Bromine	Br	35	79.904^{c}	Radon	Rn	86	-----
Krypton	Kr	36	83.80	Francium	Fr	87	-----
Rubidium	Rb	37	$85.467_8{}^{c}$	Radium	Ra	88	$226.0254^{a,f,g}$
Strontium	Sr	38	87.62^{g}	Actinium	Ac	89	-----
Yttrium	Y	39	88.9059^{a}	Thorium	Th	90	$232.0381^{a,f}$
Zirconium	Zr	40	91.22	Protactinium	Pa	91	$231.0359^{a,f}$
Niobium	Nb	41	92.9064^{a}	Uranium	U	92	$238.029^{b,c,e}$
Molybdenum	Mo	42	95.9_4	Neptunium	Np	93	$237.0482^{b,f}$
Technetium	Te	43	---	Plutonium	Pu	94	-----
Ruthenium	Ru	44	101.0_7	Americium	Am	95	-----
Rhodium	Rh	45	102.9055^{a}	Curium	Cm	96	-----
Palladium	Pb	46	106.4	Berkelium	Bk	97	-----
Silver	Ag	47	107.868^{c}	Californium	Cf	98	-----
Cadmium	Cd	48	112.40	Einsteinium	Es	99	-----
Indium	In	49	114.82	Fermium	Fm	100	-----
Tin	Sn	50	118.6_9	Mendelevium	Md	101	-----
Antimony	Sb	51	121.7_5	Nobelium	No	102	-----
Tellurium	Te	52	127.6_0	Lawrencium	Lr	103	-----

주요 기체의 성질

명칭	기호	분자량	분자용 $\left(\dfrac{Nm^3}{kmol}\right)$	밀도 $\left(\dfrac{kg}{Nm^3}\right)$	비중 (℃, 760 mmHg)	비점 (℃)	임계 압력 (atm)	임계 온도 (℃)
염 소	Cl	35.457	---	3.220	2.48	- 34		
불 소	F	19.009	---	1.71	1.22	- 188.9		
수 소	H_2	2.016	22.43	0.0899	0.0695	- 252.8	12.8	- 239.9
질 소	N_2	28.016	22.40	1.2567	0.9721	- 195.8	33.5	- 147.1
산 소	O_2	32.000	22.39	1.4289	1.1053	- 183	49.7	- 118.8
일산화탄소	CO	28.010	22.40	1.2500	0.9669	- 191.5	34.6	- 140.2
탄 산 가 스	CO_2	44.010	22.26	1.97680.7	1.5291	- 73.5	72.9	- 31
암 모 니 아	NH_3	17.032	22.08	714	0.6967	- 33.4	112	132.4
유 화 수 소	H_2S	34.08	22.14	1.5329	1.1906	- 60.2	89	100.4
아유산가스	SO_2	64.06	21.89	2.9263	2.2635	- 10	77.8	157.2
공 기		28.96	22.40	1.2928	1.0000	- 190	37.2	- 140.7

증 기 표 (기계학회 개정증기표에서 발췌)

포화표(1)

온도 (℃)	포화압력 kg/cm²	비용적 m³/kg		엔탈피 kcal/kg		증발열 kcal/kg	엔트로피 kcal/kg °K		
t	p_s	$10^3 v'$	v''	i'	i''	r	s'	s''	r/T
0	0.006228	1.0002	206.3	0.00	597.1	597.1	0.0000	2.1860	2.1860
5	0.008891	1.0000	147.1	5.03	599.3	594.3	0.0182	2.1549	2.1367
10	0.012513	1.0004	106.4	10.04	601.5	591.5	0.0361	2.1250	2.0889
15	0.017378	1.0010	77.94	15.04	603.8	588.7	0.0535	2.0965	2.0430
20	0.023830	1.0018	57.81	20.03	605.9	585.9	0.0708	2.0693	1.9935
25	0.032291	1.0030	43.37	25.02	608.1	583.1	0.0876	2.0431	1.9555
30	0.043261	1.0044	32.91	30.00	610.2	580.2	0.1042	2.0182	1.9140
35	0.057337	1.0061	25.23	34.99	612.4	577.4	0.1207	1.9943	1.8736
40	0.075220	1.0079	19.54	39.98	614.5	574.5	0.1366	1.9713	1.8347
45	0.097729	1.0099	15.26	44.96	616.6	571.7	0.1524	1.9492	1.7968
50	0.12581	1.0121	12.04	49.95	618.8	568.8	0.1680	1.9281	1.7601
55	0.16054	1.0145	9.572	54.94	620.8	565.9	0.1834	1.9078	1.7244
60	0.20316	1.0171	7.675	59.94	622.9	563.0	0.1984	1.8883	1.6899
65	0.25506	1.0198	6.198	64.93	625.0	560.0	0.2133	1.8895	1.6562
70	0.31780	1.0228	5.043	69.93	627.0	557.1	0.2280	1.8514	1.6234
75	0.39313	1.0258	4.132	74.94	629.1	554.1	0.2424	1.8340	1.5916
80	0.48297	1.0290	3.408	79.95	631.1	551.1	0.2568	1.8173	1.5605
85	0.58947	1.0324	2.828	84.96	633.0	548.1	0.2708	1.8011	1.5303
90	0.71493	1.0359	2.361	89.98	635.0	545.0	0.2847	1.7855	1.5008
95	0.86193	1.0397	1.981	95.00	636.9	54109	0.2985	1.7705	1.4720
100	1.03323	1.0435	1.673	100.04	638.8	538.8	0.3121	1.7560	1.4439
105	0.2318	1.0474	1.419	105.07	640.7	535.6	0.3255	1.7419	1.4164
110	1.4609	1.0515	1.210	110.12	642.5	532.4	0.3388	1.7283	1.3895
115	1.7239	1.0558	1.036	115.18	644.4	529.2	0.3519	1.7151	1.3632
120	2.0245	1.0603	0.8916	120.25	646.1	525.9	0.3648	1.7023	1.3375
125	2.3666	1.0649	0.7704	125.33	647.9	522.5	0.3776	1.6899	1.3123
130	2.7544	1.0697	0.6683	130.42	649.5	519.1	0.3903	1.6778	1.2875
135	3.1923	1.0746	0.5816	135.54	651.2	515.6	0.4029	1.6661	1.2632
140	3.6848	1.0798	0.5087	140.641	652.8	512.1	0.4153	1.6547	1.2394
145	4.2369	1.0850	0.4462	45.80	654.3	508.5	0.4276	1.6436	1.2160
150	4.8535	1.0906	0.3927	150.92	655.8	504.9	0.4398	1.6436	1.1930
155	5.5401	1.0962	0.3466	156.05	657.2	501.2	0.4518	1.6222	1.1704
160	6.3021	1.1021	0.3069	161.26	658.6	497.3	0.4638	1.6119	1.1481
165	7.1454	1.1081	0.2726	166.47	659.9	493.4	0.4757	1.6018	1.1261
170	8.0759	1.1144	0.2427	171.68	661.1	489.5	0.4875	1.5919	1.1044
175	9.1000	1.1208	0.2167	176.93	662.3	485.4	0.4992	1.5822	1.0888
180	10.224	1.1275	0.1939	182.18	663.4	481.2	0.5108	1.5727	1.0619
185	11.455	1.1343	0.1740	187.46	664.4	477.0	0.5223	1.5633	1.0410
190	12.799	1.1415	0.1564	192.78	665.4	472.6	0.5337	1.5541	1.0204
195	14.263	1.1489	0.1410	199.11	666.3	468.1	0.5450	1.5450	1.0000
200	15.856	1.1565	0.1273	203.49	667.0	463.5	0.5564	1.5361	0.9797
210	19.456	1.1726	0.1043	214.32	668.3	454.0	0.5789	1.5185	0.9393
220	23.660	1.1900	0.18611	225.29	669.2	443.9	0.6011	1.5012	0.9001
230	28.534	1.2087	0.17151	236.41	669.7	433.3	0.6231	1.4842	0.8611
240	34.144	1.2291	0.05970	247.72	669.7	421.9	0.6451	1.4673	0.8222
250	40.564	1.2512	0.05007	259.23	669.1	409.9	0.6671	1.4505	0.7834
260	47.868	1.2755	0.04215	270.97	668.0	397.0	0.6889	1.4335	0.7446
270	54.137	1.3023	0.03560	282.98	666.3	383.3	0.7107	1.4163	0.7056
280	65.456	1.3321	0.03012	295.30	663.8	368.5	0.7326	1.3987	0.6661
290	77.915	1.3655	0.02553	307.99	660.5	352.5	0.7547	1.3807	0.6260
300	87.611	1.4036	0.02163	320.98	656.3	335.3	0.7769	1.3620	0.5851

포화표(2)

압력 kg/cm²	포화온도 ℃	비용적 m³/kg		엔탈피 kcal/kg		증발열 kcal/kg	엔트로피 kcal/kg°K		
p	t_s	$10^3 v'$	v''	i'	i''	r	s'	s''	r/T
0.1	45.45	1.0101	14.94	45.41	616.8	571.4	0.1538	1.9473	1.7935
0.2	59.66	1.0169	7.787	59.60	622.7	563.1	0.1974	1.8895	1.6921
0.3	68.67	1.0220	5.323	68.60	626.5	557.9	0.2242	1.8562	1.6320
0.4	75.41	1.0261	4.066	75.35	629.2	553.9	0.2437	1.8328	1.5890
0.5	80.86	1.0296	3.300	80.81	631.4	550.6	0.2592	1.8145	1.5553
0.6	85.45	1.0327	2.782	85.41	633.2	547.8	0.2721	1.7997	1.5276
0.7	89.45	1.0355	2.407	89.43	634.8	545.4	0.2832	1.7872	1.5040
0.8	92.99	1.0381	2.125	92.98	363.2	543.2	0.2930	1.7764	1.4834
0.9	96.18	1.0405	1.904	96.19	637.4	54102	0.3017	1.7670	1.4653
1.0	99.09	1.0428	1.725	99.12	638.5	539.4	0.3096	1.7586	1.4490
1.1	101.76	1.0448	1.578	101.81	639.5	537.7	0.3168	1.7509	1.4341
1.2	104.25	1.0468	1.454	104.32	640.4	536.1	0.3234	1.7439	1.4205
1.3	106.56	1.0486	1.350	106.65	641.3	534.6	0.3296	1.7376	1.4080
1.4	108.74	1.0505	1.259	108.86	642.1	533.2	0.3354	1.7317	1.3963
1.5	110.79	1.0523	1.180	110.92	642.8	531.9	0.3408	1.7262	1.3854
1.6	112.73	1.0538	1.111	112.89	643.5	530.7	0.3459	1.7211	1.3752
1.8	116.33	1.0570	0.9954	116.53	644.8	528.3	0.3553	1.7117	1.3564
2.0	119.62	1.0600	0.9018	119.86	646.0	526.1	0.3638	1.7033	1.3395
2.2	122.64	1.0627	0.8249	122.92	647.0	524.1	0.3715	1.6957	1.3242
2.4	125.46	1.0653	0.7604	125.84	648.0	522.2	0.3787	1.6888	1.3101
2.6	128.08	1.0679	0.7054	128.45	648.9	520.4	0.3854	1.6824	1.2971
2.8	130.55	1.0702	0.6581	130.98	649.7	518.7	0.3917	1.6765	1.2848
3.0	132.88	1.0725	0.6166	133.36	650.5	517.1	0.3975	1.6710	1.2735
3.2	135.08	1.0747	0.5804	135.61	651.2	515.6	0.4031	1.6659	1.2628
3.4	137.18	1.0768	0.5483	137.76	651.9	514.1	0.4083	1.6611	1.2528
3.6	139.18	1.0789	0.5198	139.80	652.5	512.7	0.4133	1.6566	1.2433
3.8	141.09	1.0809	0.4942	141075	653.1	511.3	0.4180	1.6523	1.2343
4.0	142.92	1.0828	0.47090.	143.63	653.7	510.0	0.4225	1.6482	1.2257
4.4	146.38	1.0865	4395	147.21	654.7	507.5	0.4310	1.6406	1.2096
5.0	151.11	1.0918	0.3817	152.04	656.1	504.1	0.4425	1.6305	1.1880
6	158.08	1.0998	0.3215	159.25	658.1	498.8	0.4592	1.6158	1.1566
7	164.17	1.1070	0.2779	165.60	659.7	494.1	0.4737	1.6034	1.1297
8	169.61	1.1139	0.2449	171.26	661.0	489.8	0.4866	1.5927	1.1061
9	174.53	1.1202	0.2190	176.45	662.2	485.8	0.4981	1.5831	1.0850
10	179.04	1.1262	0.1981	181.19	663.2	482.0	0.5086	1.5745	1.0659
11	183.20	1.1318	0.1808	185.55	664.1	478.5	0.5182	1.5667	1.0485
12	187.08	1.1373	0.1664	189.67	664.8	475.2	0.5269	1.5593	1.0324
13	190.71	1.1425	0.1541	193.53	665.5	472.0	0.5353	1.5528	1.0175
14	194.13	1.1476	0.1435	197.18	666.1	468.9	0.5430	1.5466	1.0036
15	197.36	1.1524	0.1343	200.63	666.6	466.0	0.5504	1.5408	0.9904
16	200.43	1.1571	0.1262	203.96	667.1	463.1	0.5574	1.5353	0.9779
17	203.36	1.1618	0.1190	207.10	667.5	460.4	0.5640	1.5302	0.9662
18	206.15	1.1662	0.1126	210.14	667.9	457.7	0.5703	1.5253	0.9550
19	208.82	1.1766	0.1068	213.04	668.2	455.1	0.5763	1.5206	0,9443
20	211.38	1.1749	0.1016	215.82	668,5	452.7	0.5820	1.5161	0.9341
25	222.90	1,1953	0.08153	228.52	669.4	440.9	0.6074	1.4961	0.8889
30	232.75	1.2141	0.06801	239.51	669.7	430.2	0.6292	1.4795	0.8503
35	241041	1.2321	0.05822	249.35	669.6	420.3	0.6482	1.4649	0.8167
40	249.17	1.2492	0.05082	258.25	669.2	410.9	0.6652	1.4518	0.7865
45	256.22	1.2660	0.04497	266.52	668.5	402.0	0.6806	1.4399	0.7594
50	262.70	1.2826	0.04026	274.15	667.6	393.5	0.6947	1.4288	0.7341

過熱蒸氣比(1)

壓力kg/cm² (飽和溫度 °C)		100	110	120	130	140	150	160	170	180	190	200	210	220	230	240	壓力 kg/cm²
1 (99.1)	υ	1.792	1.779	1.829	1.878	1.927	1.975	2.023	2.072	2.120	2.168	2.216	2.263	2.311	2.359	2.406	υ
	i	638.9	643.9	648.8	653.8	658.4	663.2	667.9	672.7	677.4	682.1	686.8	691.5	696.3	701.0	705.7	i
	s	1.7598	1.7729	1.7855	1.7968	1.8094	1.8208	1.8319	1.8427	1.8532	1.8635	1.8736	1.8835	1.8931	1.9026	1.9119	s
2 (119.6)	υ			0.9028	0.9285	0.9539	0.9790	1.004	1.029	1.053	1.078	1.102	1.126	1.151	1.175	1.199	υ
	i			646.2	651.3	656.4	661.4	666.3	671.2	676.1	680.9	685.7	690.5	695.3	700.1	704.9	i
	s			1.7038	1.7167	1.7291	1.7410	1.7526	1.7637	1.7746	1.7851	1.7954	1.8054	1.8153	1.8249	1.8343	s
3 (132.9)	υ					0.6294	0.6468	0.6639	0.6809	0.6976	0.7143	0.7308	0.7473	0.7637	0.7800	0.7962	υ
	i					654.3	659.5	664.6	669.7	674.7	679.6	684.6	689.4	694.3	699.2	704.0	i
	s					1.6802	1.6928	1.7048	1.7163	1.7275	1.7383	1.7488	1.7591	1.7691	1.7788	1.7884	s
4 (142.9)	υ						0.4805	0.4938	0.5068	0.5197	0.5325	0.5452	0.5577	0.5702	0.5826	0.5949	υ
	i						657.5	662.9	668.1	673.3	678.3	683.4	688.3	693.3	698.3	703.2	i
	s						1.6574	1.6699	1.6818	1.6933	1.7045	1.7152	1.7257	1.7358	1.7457	1.7554	s
5 (151.1)	υ							0.3916	0.4023	0.4129	0.4234	0.4337	0.4439	0.4540	0.4641	0.4741	υ
	i							661.0	666.5	671.8	677.0	682.2	687.3	692.3	697.3	702.3	i
	s							1.6420	1.6544	1.6662	1.6776	1.6886	1.6993	1.7096	1.7197	1.7295	s
6 (158.1)	υ							0.3232	0.3326	0.3416	0.3505	0.3593	0.3680	0.3766	0.3851	3.3945	υ
	i							659.2	664.8	670.3	675.7	680.9	686.1	691.3	696.4	701.4	i
	s							1.6184	1.6313	1.6435	1.6552	1.6665	1.6774	1.6879	1.6981	1.7081	s
7 (164.2)	υ								0.2827	0.2907	0.2985	0.3062	0.3137	0.3212	0.3286	0.3360	υ
	i								663.1	668.7	674.3	679.7	685.0	690.3	695.4	700.5	i
	s								1.6112	1.6238	1.6359	1.6474	1.6585	1.6693	1.6797	1.6898	s
8 (169.6)	υ								0.2452	0.2524	0.2594	0.2663	0.2730	0.2797	0.2863	0.2928	υ
	i								661.3	667.1	672.8	678.4	683.8	689.1	694.4	699.6	i
	s								1.5932	1.6063	1.6187	1.6305	1.6419	1.6528	1.6634	1.6737	s
9 (174.5)	υ									0.2226	0.2290	0.2352	0.2413	0.2474	0.2533	0.2592	υ
	i									665.5	671.3	677.0	682.6	688.0	693.4	698.7	i
	s									1.5904	1.6032	1.6153	1.6270	1.6381	1.6489	1.6593	s
10 (179.0)	υ									0.1987	0.2046	0.2103	0.2160	0.2215	0.2269	0.2323	υ
	i									663.8	669.8	675.7	681.3	686.9	692.4	697.7	i
	s									1.5758	1.5890	1.6015	1.6134	1.6247	1.6357	1.6463	s
11 (183.2)	υ										0.1846	0.1900	0.1952	0.2003	0.2053	0.2102	υ
	i										668.3	674.3	680.1	685.8	691.3	696.8	i
	s										1.5758	1.5886	1.6008	1.6124	1.6236	1.6343	s
12 (187.1)	υ										0.1679	0.1729	0.1778	0.1826	0.1873	0.1919	υ
	i										666.7	672.9	678.8	684.6	690.3	695.8	i
	s										1.5635	1.5767	1.5891	1.6010	1.6123	1.6233	s
13 (190.7)	υ											0.1585	0.1631	0.1676	0.1720	0.1763	υ
	i											671.4	677.5	683.4	689.2	694.8	i
	s											1.5654	1.5781	1.5902	1.6018	1.6129	s
14 (194.1)	υ											0.1462	0.1505	0.1548	0.1589	0.1630	υ
	i											669.9	676.2	682.2	688.1	693.8	i
	s											1.5547	1.5678	1.5802	1.5919	1.6032	s
15 (197.4)	υ											0.1354	0.1396	0.1436	0.1476	0.1514	υ
	i											668.4	674.8	681.0	686.9	692.8	i
	s											1.5445	1.5579	1.5706	1.5826	1.5941	s

蒸氣溫度 °C

蒸 氣 溫 度 ℃

壓力kg/cm² (飽和溫度℃)		250	260	270	280	290	300	310	320	330	340	350	400	450	500	550	壓力 kg/cm²
1 (99.1)	v	2.454	2.501	2.549	2.596	2.644	2.691	2.738	2.786	2.833	2.880	2.928	3.164	3.400	3.636	3.872	1
	i	710.4	715.2	719.9	724.7	729.5	734.3	739.0	743.9	748.7	753.5	758.3	782.8	807.5	832.7	858.2	
	s	1.9210	1.9300	1.9388	1.9475	1.9561	1.9645	1.9728	1.9810	1.9890	1.9970	2.0048	2.0425	2.780	2.1116	2.1436	
2 (119.6)	v	1.225	1.247	1.271	1.295	1.319	1.342	1.365	1.390	1.414	1.433	1.461	1.580	1.698	1.817	1.935	2
	i	709.7	714.5	719.3	724.1	723.9	733.7	733.5	743.3	748.2	753.0	757.9	782.4	807.3	832.4	858.0	
	s	1.8435	1.8526	1.8515	1.8703	1.8789	1.8874	1.8957	1.9039	1.9120	1.9200	1.9279	1.9657	2.0013	2.0350	2.0670	
3 (132.9)	v	0.8127	0.8286	0.8447	0.8608	0.8768	0.8928	0.9088	0.9248	0.9408	0.9567	0.9726	1.052	1.131	1.210	1.289	3
	i	708.9	713.7	718.6	723.4	728.3	733.1	738.0	742.8	747.7	752.6	757.5	782.1	807.0	832.2	857.8	
	s	1.7977	1.8069	1.8159	1.8247	1.8334	1.8419	1.8503	1.8586	1.8667	1.8748	1.8827	1.9206	1.9563	1.9901	2.0222	
4 (142.9)	v	0.6072	0.6194	0.6416	0.6438	0.6559	0.6680	0.6801	0.6922	0.7042	0.7162	0.7282	0.7880	0.8476	0.9069	0.9662	4
	i	708.1	713.0	717.9	722.8	727.6	732.5	737.4	742.3	747.2	752.1	757.0	781.7	806.7	832.0	857.6	
	s	1.7649	1.7741	1.7832	1.7921	1.8009	1.8095	1.8179	1.8262	1.8344	1.8425	1.8505	1.8886	1.9244	1.9582	1.9903	
5 (151.1)	v	0.4840	0.4939	0.5038	0.5136	0.5234	0.5332	0.5429	0.5526	0.5623	0.5719	0.5816	0.6296	0.6774	0.7250	0.7725	5
	i	707.3	712.2	717.2	722.1	727.0	731.9	735.9	741.8	746.7	751.6	756.6	781.4	806.4	831.7	857.4	
	s	1.7391	1.7485	1.7576	1.7666	1.7755	1.7841	1.7926	1.8010	1.8092	1.8173	1.8253	1.8636	1.8995	1.9334	1.9655	
6 (158.1)	v	0.4019	0.4103	0.4186	0.4268	0.4350	0.4432	0.4514	0.4595	0.4676	0.4757	0.4838	0.5240	0.5640	0.6037	0.6434	6
	i	706.5	711.5	716.5	721.4	726.4	731.3	736.2	741.3	746.2	751.2	756.1	781.0	806.1	831.5	857.2	
	s	1.7178	1.7273	1.7366	1.7456	1.7545	1.7633	1.7718	1.7802	1.7885	1.7967	1.8047	1.8431	1.8791	1.9130	1.9453	
7 (164.2)	v	0.3432	0.3505	0.3576	0.3648	0.3719	0.3790	0.3860	0.3930	0.4000	0.4070	0.4140	0.4486	0.4829	0.5171	0.5511	7
	i	705.6	710.7	715.7	720.8	725.8	730.8	735.7	740.7	745.7	750.7	755.7	780.6	805.8	831.3	857.0	
	s	1.6996	1.7092	1.7186	1.7277	1.7367	1.7455	1.7541	1.7626	1.7709	1.7791	1.7872	1.8257	1.8618	1.8958	1.9281	
8 (169.6)	v	0.2992	0.3056	0.3120	0.3183	0.3245	0.3308	0.3370	0.3482	0.3498	0.3555	0.3616	0.3920	0.4221	0.4521	0.4820	8
	i	704.8	709.9	715.0	720.1	725.1	730.1	735.2	740.2	745.2	750.2	755.2	780.3	805.5	831.0	856.8	
	s	1.6837	1.6934	1.7028	1.7121	1.7211	1.7300	1.7387	1.7472	1.7556	1.7638	1.7719	1.8106	1.8468	1.8809	1.9132	
9 (174.5)	v	0.2650	0.2707	0.2764	0.2821	0.2877	0.2933	0.2988	0.8044	0.3099	0.3154	0.3209	0.3480	0.3749	0.4016	0.4282	9
	i	703.9	709.1	714.3	719.4	724.5	729.5	734.6	739.6	744.7	749.7	754.8	779.9	805.2	830.8	856.6	
	s	1.6694	1.6792	1.6888	1.6981	1.7073	1.7162	1.7250	1.7335	1.7419	1.7502	1.7584	1.7972	1.8335	1.8677	1.9001	
10 (179.0)	v	0.2376	0.2428	0.2480	0.2531	0.2582	0.2633	0.2683	0.2733	0.2783	0.2833	0.2883	0.3128	0.3371	0.3611	0.3851	10
	i	703.0	708.3	713.5	718.7	723.8	728.9	734.0	739.1	744.2	749.2	754.3	779.6	805.0	830.6	856.4	
	s	1.6565	1.6665	1.6761	1.6856	1.6948	1.7033	1.7126	1.7212	1.7297	1.7380	1.7462	1.7852	1.8216	1.8558	1.8883	
11 (183.2)	v	0.2151	0.2199	0.2247	0.2294	0.2341	0.2387	0.2434	0.2479	0.2525	0.2571	0.2616	0.2840	0.3061	0.3281	0.3499	11
	i	702.2	707.5	712.7	718.0	723.1	728.3	733.4	738.5	743.7	748.7	753.8	779.2	804.7	830.3	856.2	
	s	1.6447	1.6548	1.6646	1.6741	1.6834	1.6925	1.7013	1.7100	1.7186	1.7269	1.7351	1.7743	1.8108	1.8451	1.8776	
12 (187.1)	v	0.1964	0.2009	0.2053	0.2097	0.2140	0.2183	0.2225	0.2268	0.2310	0.2352	0.2394	0.2600	0.2803	0.3005	0.3205	12
	i	701.3	706.6	712.0	717.2	722.5	727.7	732.8	738.0	743.1	748.2	753.4	778.8	804.4	830.1	856.0	
	s	1.6338	1.6440	1.6539	1.6635	1.6729	1.6820	1.6910	1.6997	1.7083	1.7167	1.7250	1.7643	1.8009	1.8353	1.8678	
13 (190.7)	v	0.1806	0.1847	0.1889	0.1929	0.1970	0.2010	0.2049	0.2089	0.2128	0.2167	0.2205	0.2397	0.2585	0.2772	0.2957	13
	i	700.3	705.8	711.2	716.5	721.8	727.0	732.2	787.4	742.6	747.7	752.9	778.5	804.1	829.8	855.8	
	s	1.6236	1.6339	1.6439	1.6537	1.6631	1.6723	1.6814	1.6902	1.6988	1.7073	1.7156	1.7551	1.7918	1.8262	1.8588	
14 (194.1)	v	0.1670	0.1709	0.1748	0.1786	0.1824	0.1861	0.1898	0.1935	0.1972	0.2008	0.2044	0.2223	0.2398	0.2572	0.2744	14
	i	699.4	704.9	710.4	715.8	721.1	726.4	731.6	736.9	742.1	747.2	752.4	778.1	803.8	829.6	855.6	
	s	1.6141	1.6245	1.6347	1.6445	1.6540	1.6633	1.6724	1.6813	1.6900	1.6985	1.7069	1.7465	1.7833	1.8178	1.8505	
15 (197.4)	v	0.1552	0.1589	0.1626	0.1662	0.1697	0.1732	0.1767	0.1802	0.1836	0.1870	0.1904	0.2072	0.2236	0.2399	0.2560	15
	i	698.5	704.1	709.6	716.0	720.4	725.7	731.0	736.8	741.5	746.7	751.9	777.7	803.5	829.4	855.4	
	s	1.6051	1.6157	1.6259	1.6358	1.6455	1.6549	1.6640	1.6730	1.6817	1.6903	1.6987	1.7385	1.7754	1.8100	1.8427	

過熱蒸氣表 (3)

蒸氣溫度 ℃

壓力kg/㎠ (飽和溫度℃)		210	220	230	240	250	260	270	280	290	300	310	320	330	340	350	壓力 kg/㎠
16 (200.4)	v	0.1300	0.1339	0.1376	0.1413	0.1449	0.1484	0.1519	0.1553	0.1586	0.1620	0.1653	0.1685	0.1718	0.1750	0.1782	16
	i	673.4	679.7	685.8	691.7	697.5	703.2	708.8	714.3	719.7	725.1	730.4	735.7	741.0	746.2	751.5	
	s	1.5485	1.5614	1.5737	1.5854	1.5965	1.6073	1.6177	1.6277	1.6374	1.6469	1.6561	1.6651	1.6739	1.6826	1.6910	
17 (203.4)	v	0.1215	0.1252	0.1288	0.1323	0.1358	0.1391	0.1424	0.1457	0.1489	0.1520	0.1552	0.1583	0.1613	0.1644	0.1674	17
	i	672.0	678.4	684.6	690.7	696.6	702.3	708.0	713.5	719.0	724.4	729.8	735.2	740.5	745.7	751.0	
	s	1.5395	1.5527	1.5652	1.5771	1.5884	1.5993	1.6098	1.6199	1.6298	1.6393	1.6486	1.6577	1.6666	1.6752	1.6837	
18 (206.2)	v	0.1140	0.1176	0.1210	0.1244	0.1277	0.1309	0.1340	0.1371	0.1402	0.1432	0.1462	0.1491	0.1520	0.1549	0.1578	18
	i	670.5	677.1	683.5	689.6	695.6	701.4	707.1	712.8	718.3	723.8	729.2	734.6	739.9	745.2	750.5	
	s	1.5307	1.5443	1.5570	1.5691	1.5807	1.5917	1.6023	1.6126	1.6225	1.6322	1.6415	1.6507	1.6596	1.6683	1.6768	
19 (208.8)	v	0.1072	0.1107	0.1140	0.1173	0.1204	0.1235	0.1265	0.1295	0.1324	0.1353	0.1381	0.1409	0.1437	0.1465	0.1492	19
	i	669.0	675.8	682.3	688.5	694.6	700.3	706.3	712.0	717.6	723.1	728.6	734.0	739.4	744.7	750.0	
	s	1.5223	1.5362	1.5492	1.5615	1.5732	1.5844	1.5952	1.6055	1.6156	1.6253	1.6348	1.6440	1.6529	1.6617	1.6703	
20 (211.4)	v		0.1045	0.1077	0.1108	0.1139	0.1168	0.1197	0.1226	0.1254	0.1282	0.1309	0.1336	0.1362	0.1389	0.1415	20
	i		674.4	681.1	687.4	693.6	699.6	705.4	711.2	716.9	722.4	728.0	733.4	738.8	744.2	749.5	
	s		1.5283	1.5416	1.5541	1.5661	1.5774	1.5883	1.5988	1.6089	1.6187	1.6283	1.6375	1.6466	1.6554	1.6640	
21 (213.9)	v		0.09882	0.1020	0.1050	0.1080	0.1108	0.1136	0.1164	0.1191	0.1217	0.1243	0.1269	0.1295	0.1320	0.1345	21
	i		673.0	679.8	686.3	692.6	698.7	705.0	710.4	716.1	721.7	727.3	732.8	738.2	743.6	749.0	
	s		1.5207	1.5343	1.5470	1.5591	1.5707	1.5817	1.5923	1.6025	1.6125	1.6221	1.6314	1.6405	1.6494	1.6581	
22 (216.2)	v		0.09269	0.09676	0.09970	0.1026	0.1053	0.1080	0.1107	0.1133	0.1158	0.1184	0.1208	0.1233	0.1257	0.1281	22
	i		671.6	678.5	685.2	691.5	697.7	703.7	709.6	715.4	721.1	726.7	732.2	737.7	743.1	748.5	
	s		1.5132	1.5271	1.5402	1.5525	1.5641	1.5758	1.5861	1.5964	1.6064	1.6161	1.6255	1.6347	1.6436	1.6523	
23 (218.5)	v		0.08990	0.09199	0.09486	0.09763	0.1003	0.1029	0.1055	0.1080	0.1105	0.1129	0.1153	0.1177	0.1200	0.1223	23
	i		670.2	677.3	684.0	690.5	696.8	702.8	708.8	714.6	720.4	726.0	731.6	737.1	742.6	748.0	
	s		1.5060	1.5202	1.5335	1.5460	1.5578	1.5692	1.5800	1.5905	1.6006	1.6103	1.6198	1.6290	1.6380	1.6468	
24 (220.8)	v			0.08761	0.09041	0.09311	0.09572	0.09826	0.1008	0.1032	0.1056	0.1079	0.1102	0.1125	0.1148	0.1170	24
	i			676.0	682.8	689.4	695.8	702.0	708.0	713.9	719.7	725.4	731.0	736.5	742.0	747.5	
	s			1.5134	1.5269	1.5397	1.5517	1.5632	1.5742	1.5847	1.5949	1.6048	1.6143	1.6236	1.6327	1.6415	
25 (222.9)	v			0.08357	0.08631	0.08895	0.09149	0.09396	0.09637	0.09873	0.1010	0.1033	0.1056	0.1078	0.1099	0.1121	25
	i			674.6	681.6	688.3	694.8	701.1	707.2	713.1	719.0	724.7	730.4	736.0	741.5	747.0	
	s			1.5068	1.5206	1.5335	1.5458	1.5574	1.5685	1.5792	1.5895	1.5994	1.6090	1.6184	1.6275	1.6364	
30 (232.8)	v				0.06928	0.07221	0.07450	0.07670	0.07883	0.08090	0.08292	0.08490	0.08684	0.08876	0.09063	0.09249	30
	i				675.3	682.7	689.7	696.4	702.9	709.2	715.2	721.3	727.1	733.0	738.8	744.4	
	s				1.4906	1.5048	1.5181	1.5305	1.5424	1.5536	1.5645	1.5748	1.5849	1.5946	1.6040	1.6131	
35 (241.4)	v					0.06015	0.06226	0.06428	0.06624	0.06812	0.06994	0.07171	0.07345	0.07514	0.07681	0.07845	35
	i					676.6	684.3	691.5	698.4	705.1	711.6	717.8	724.0	730.1	734.9	741.8	
	s					1.4784	1.4929	1.5063	1.5190	1.5309	1.5423	1.5532	1.5636	1.5737	1.5834	1.5929	
40 (249.2)	v					0.05097	0.05301	0.05493	0.05675	0.05849	0.06017	0.06179	0.06337	0.06494	0.06643	0.06791	40
	i					669.9	678.4	686.3	693.7	700.8	707.6	714.2	720.6	726.9	733.0	739.0	
	s					1.4535	1.4693	1.4840	1.4975	1.5102	1.5222	1.5336	1.5445	1.5550	1.5651	1.5748	
45 (256.2)	v						0.04571	0.04757	0.04931	0.05095	0.05253	0.05405	0.05551	0.05694	0.05833	0.05970	45
	i						672.0	680.6	688.7	696.3	703.5	710.4	717.1	723.7	730.0	736.2	
	s						1.4465	1.4626	1.4772	1.4908	1.5035	1.5155	1.5269	1.5378	1.5483	1.5584	
50 (263.9)	v							0.04160	0.04329	0.04488	0.04638	0.04782	0.04921	0.05054	0.05184	0.05311	50
	i							674.5	683.3	691.5	699.2	706.5	713.5	720.3	726.9	733.4	
	s							1.4417	1.4577	1.4724	1.4859	1.4985	1.5105	1.5219	1.5327	1.5432	

과열증기비(4)

蒸氣溫度 ℃

壓力kg/cm²(飽和温度℃)	記號	360	370	380	390	400	410	420	430	440	450	460	480	500	550	600	壓力 kg/cm²
16 (200.4)	v	0.1814	0.1846	0.1877	0.1908	0.1939	0.1971	0.2002	0.2033	0.2063	0.2094	0.2125	0.2186	0.2247	0.2398	0.2549	16
	i	756.7	761.8	767.0	772.2	777.4	782.5	787.7	792.9	798.0	803.2	808.7	818.7	829.1	856.2	881.6	
	s	1.6993	1.7074	1.7154	1.7232	1.7310	1.7386	1.7461	1.7535	1.7608	1.7680	1.7750	1.7890	1.8026	1.8354	1.8665	
17 (203.4)	v	0.1704	0.1735	0.1764	0.1794	0.1823	0.1852	0.1882	0.1911	0.1940	0.1969	0.1998	0.2056	0.2113	0.2256	0.2398	17
	i	756.2	761.4	766.6	771.8	777.0	782.2	787.4	792.5	797.7	802.9	808.1	818.5	828.9	855.0	881.5	
	s	1.6921	1.7002	1.7083	1.7161	1.7239	1.7315	1.7391	1.7465	1.7538	1.7610	1.7681	1.7821	1.7957	1.8285	1.8597	
18 (206.2)	v	0.1607	0.1635	0.1663	0.1691	0.1719	0.1747	0.1775	0.1803	0.1830	0.1858	0.1885	0.1940	0.1994	0.2129	0.2263	18
	i	755.7	761.0	766.2	771.4	776.6	781.8	787.0	792.2	797.4	802.6	807.8	818.2	828.6	854.8	881.3	
	s	1.6852	1.6934	1.7015	1.7094	1.7172	1.7248	1.7324	1.7398	1.7472	1.7544	1.7615	1.7755	1.7892	1.8221	1.8529	
19 (208.8)	v	0.1519	0.1547	0.1573	0.1600	0.1627	0.1653	0.1680	0.1708	0.1732	0.1758	0.1784	0.1836	0.1888	0.2016	0.2143	19
	i	755.3	760.5	765.8	771.0	776.2	781.5	786.7	791.9	797.1	802.3	807.5	817.9	828.4	854.6	881.1	
	s	1.6787	1.6869	1.6950	1.7030	1.7108	1.7185	1.7261	1.7335	1.7409	1.7481	1.7553	1.7693	1.7830	1.8159	1.8465	
20 (211.4)	v	0.1441	0.1467	0.1492	0.1518	0.1543	0.1569	0.1594	0.1619	0.1644	0.1669	0.1693	0.1743	0.1792	0.1914	0.2035	20
	i	754.8	760.1	765.4	770.6	775.9	781.1	786.3	791.6	796.8	802.0	807.2	817.7	828.1	854.4	880.9	
	s	1.6725	1.6808	1.6889	1.6969	1.7047	1.7125	1.7201	1.7275	1.7349	1.7422	1.7494	1.7634	1.7771	1.8101	1.8413	
21 (213.9)	v	0.1370	0.1395	0.1419	0.1444	0.1468	0.1492	0.1516	0.1540	0.1564	0.1588	0.1611	0.1658	0.1705	0.1822	0.1937	21
	i	754.3	759.7	765.0	770.2	775.5	780.7	786.0	791.2	796.5	801.7	806.9	817.4	827.9	854.2	880.8	
	s	1.6666	1.6749	1.6831	1.6911	1.6989	1.7067	1.7143	1.7218	1.7292	1.7365	1.7437	1.7578	1.7715	1.8045	1.8358	
22 (216.2)	v	0.1305	0.1329	0.1353	0.1376	0.1399	0.1422	0.1445	0.1468	0.1491	0.1514	0.1537	0.1582	0.1627	0.1738	0.1848	22
	i	753.9	759.2	764.5	769.8	775.1	780.4	785.6	790.9	796.1	801.4	806.6	817.1	827.6	854.0	880.6	
	s	1.6609	1.6692	1.6774	1.6855	1.6934	1.7012	1.7088	1.7163	1.7237	1.7311	1.7383	1.7524	1.7662	1.7992	1.8305	
23 (218.5)	v	0.1246	0.1269	0.1292	0.1314	0.1337	0.1359	0.1381	0.1403	0.1425	0.1447	0.1468	0.1512	0.1555	0.1661	0.1767	23
	i	753.4	758.8	764.1	769.4	774.7	780.3	785.3	790.6	795.8	801.1	806.4	816.9	827.4	853.8	880.4	
	s	1.6554	1.6638	1.6720	1.6801	1.6881	1.6959	1.7035	1.7111	1.7185	1.7258	1.7331	1.7472	1.7610	1.7941	1.8256	
24 (220.8)	v	0.1192	0.1214	0.1236	0.1258	0.1279	0.1300	0.1322	0.1343	0.1364	0.1385	0.1406	0.1447	0.1489	0.1591	0.1693	24
	i	752.9	758.3	763.7	769.0	774.3	779.7	784.9	790.2	795.5	800.8	806.1	816.6	827.2	853.6	880.3	
	s	1.6501	1.6586	1.6669	1.6750	1.6830	1.6908	1.6985	1.7060	1.7135	1.7208	1.7281	1.7423	1.7561	1.7892	1.8207	
25 (222.9)	v	0.1142	0.1164	0.1185	0.1205	0.1226	0.1247	0.1267	0.1288	0.1308	0.1328	0.1348	0.1388	0.1428	0.1527	0.1624	25
	i	752.5	757.9	763.3	768.6	774.0	779.3	784.6	789.9	795.2	800.5	805.8	816.3	826.9	853.4	880.1	
	s	1.6451	1.6536	1.6619	1.6700	1.6780	1.6859	1.6936	1.7012	1.7084	1.7160	1.7233	1.7375	1.7514	1.7846	1.8160	
30 (232.8)	v	0.09431	0.09612	0.09791	0.09970	0.1015	0.1032	0.1050	0.1067	0.1084	0.1101	0.1118	0.1152	0.1185	0.1268	0.1350	30
	i	750.0	755.6	761.1	766.6	772.0	777.4	782.8	788.2	793.6	799.0	804.3	815.0	825.7	852.4	879.2	
	s	1.6220	1.6308	1.6393	1.6476	1.6557	1.6637	1.6716	1.6793	1.6869	1.6943	1.7017	1.7161	1.7301	1.7635	1.7952	
35 (241.4)	v	0.08007	0.08166	0.08323	0.08479	0.08634	0.08787	0.08939	0.09089	0.09239	0.09388	0.09535	0.09829	0.1012	0.1081	0.1155	35
	i	747.5	753.3	758.9	764.5	770.0	775.6	781.1	786.5	792.0	797.4	802.8	813.6	824.4	851.3	878.3	
	s	1.6021	1.6110	1.6197	1.6282	1.6365	1.6447	1.6526	1.6605	1.6682	1.6757	1.6832	1.6977	1.7119	1.7456	1.7775	
40 (249.2)	v	0.06937	0.07080	0.07221	0.07361	0.07499	0.07636	0.07771	0.07905	0.08038	0.08170	0.08302	0.08562	0.08819	0.09453	0.1008	40
	i	745.0	750.8	756.6	762.3	768.0	773.6	779.2	784.8	790.3	795.8	801.3	812.3	823.2	850.3	877.5	
	s	1.5843	1.5934	1.6023	1.6110	1.6195	1.6278	1.6360	1.6439	1.6517	1.6594	1.6669	1.6817	1.6959	1.7300	1.7620	
45 (256.2)	v	0.06103	0.06234	0.06363	0.06490	0.066176	0.06739	0.06862	0.06983	0.07104	0.07222	0.07341	0.07576	0.07807	0.08376	0.08935	45
	i	742.4	748.4	754.3	760.2	765.9	771.7	777.4	783.0	788.7	794.2	799.8	810.9	821.9	849.3	876.6	
	s	1.5681	1.5775	1.5867	1.5956	1.6024	1.6127	1.6210	1.6294	1.6370	1.6448	1.6524	1.6673	1.6817	1.7161	1.7483	
50 (252.7)	v	0.05435	0.05556	0.05675	0.05793	0.05908	0.06022	0.0613	0.06246	0.06356	0.06465	0.06573	0.06787	0.06998	0.07515	0.08021	50
	i	739.7	745.8	751.9	757.9	763.8	769.7	775.5	781.2	786.9	792.6	798.3	809.5	820.6	848.2	875.7	
	s	1.5532	1.5629	1.5723	1.5812	1.5902	1.5989	1.6073	1.6155	1.6236	1.6316	1.6392	1.6943	1.6689	1.7035	1.7359	

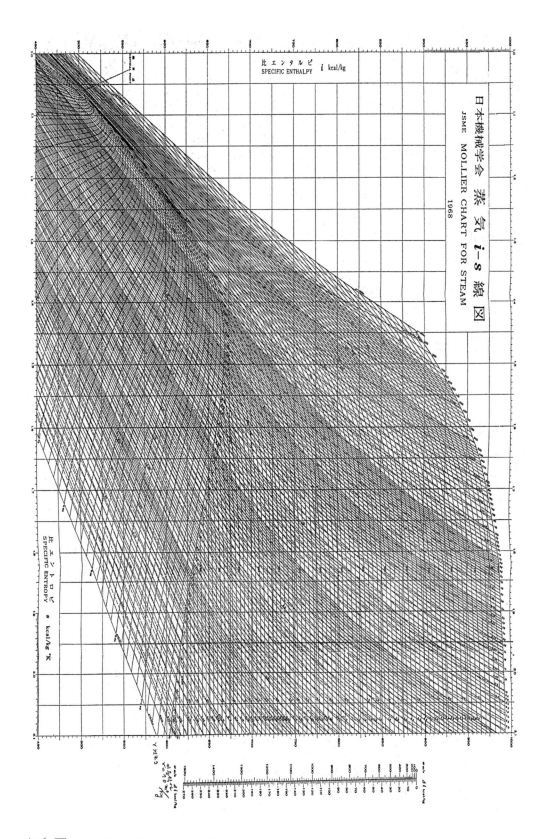

日本機械学会 蒸気 $i-s$ 線図
JSME MOLLIER CHART FOR STEAM
1968

比エンタルピ　i kcal/kg
SPECIFIC ENTHALPY

比エントロピ　s kcal/kg °K
SPECIFIC ENTROPY

주요단위환산표

동력

kW	IP(조국마력)	PS (METER마력)	kg·m/sec	ft·lb/sec	kcal/sec	10^{1G}·MeV/sec
1	1.3405	1.3596	101.97	737.6	0.2386	0.6242
0.746	1	1.0143	76.07	550.2	0.1782	1.4656
0.7355	0.9853	1	75.00	542.5	0.1757	0.4591
$9.81×10^{-3}$	$1.315×70^{-2}$	$1.333×10^{-2}$	1	7.233	$2.343×10^{-3}$	$6.12×10^{-3}$
$1.36×10^{-3}$	$1.315×70^{-3}$	$1.843×10^{-3}$	0.1383	1	$3.239×10^{-4}$	$8.48×10^{-4}$
4.186	5.611	5.611	426.9	3.087	1	1.613
1.602	2.148	2.148	163.36	118.17	0.38225	1

에너지

kgm	ftlb	kWh	kcal(평균)	B.t.u.(평균)	C.H.U.(평균)	kJ
1	7.233	$2.724×10^{-5}$	$2.343×10^{-3}$	$9.297×10^{-3}$	$5.166×10^{-3}$	$9.807×10^{-3}$
0.1383	1	$3.766×10^{-7}$	$3.239×10^{-4}$	$1.285×10^{-3}$	$7.142×10^{-4}$	$1.356×10^{-4}$
$3.671×10^{-5}$	$2.655×10^{-5}$	1	860.0	3.413	1.896	3.600
126.9	3.087	$1.1628×10^{-3}$	1	3.968	2.205	4.1868
107.63	778.0	$2.930×10^{-4}$	0.2520	1	0.5555	1.0551
193.6	1.400	$5.274×10^{-4}$	0.4536	1.800	1	1.899
101.97	737.5	$2.778×10^{-4}$	0.2388	1.948	0.5267	1

1 C.H.U(Calorific Heat Unit): '1lb의 물 물 1℃만큼 올리는데 필요하는 열량

1 kj(kilo-joule): 국제도량술회의 「Calory」 대신에 되도록 「Joule」을 사용하도록 결의되었다.

1 Mev=10^6 eV(electron volt)=1,602×10^6 erg

1 J=1Wsec(watt sec)=10^7 erg 1mass unit=931 Mev=$1.49×10^{-3}$ erg=3.5610^{-11} J

1 Q=10^{18}Btu=$1.05×10^{21}$J=$2.93×10^{14}$Kwh(th)=$2.52×10^{17}$kcal

단위의 배수

명칭	기호	크기	명칭	기호	크기
(tera)	T	10^{12}	(deci)	d	10^{-1}
(giga)	G	10^9	(centi)	c	10^{-2}
(maga)	M	10^6	(milli)	m	10^{-3}
(kilo)	k	10^3	(micro)	μ	10^{-6}
(hecto)	H	10^2	(nano)	n	10^{-9}
(daca)	D	10	(pico)	p	10^{-12}

열전도율

kcal/m·hr·℃	cal/cm·sec·℃	B.t.u./ft·hr·°F	kJ/m·hr·℃	C·H·U·/in ft²·hr·℃
1	0.002778	0.6720	4.1868	8.064
360.	1	241.9	1505.3	2902.8
1.4881	0.004136	1	6.223	12.00
2.2389	0.0006637	0.1605	1	1.9265
0.1239	0.0003441	0.08333	0.5186	1

1 C.H.U./ft.hr.deg C=1 b.t.u./ft.hr.deg F

$$1\ \frac{C.H.U./in}{ft^2.hr.\deg C}=1\ \frac{B.t.u./in}{ft^2.hr.\deg F}=0.0003445\frac{cal}{cm.\sec.\deg C}$$

전열계수

kcal/m²·hr·℃	cal/cm²·sec·℃	B.t.u./ft·hr·°F	kJ/m²·hr·℃	C·H·U·/ft²·hr·℃
1	2.778×10^{-5}	0.2048	4.1868	0.2048
3.6×10^4	1	7.374	1.5053×10^5	7.374
4.883	1.3562×10^{-4}	1	20.440	1
0.2389	6.637×10^{-6}	0.04892	1	0.04892

발열량

kcal/kg	B.t.u./lb	C·H·U·/lb
1	1.8	1
0.5556	1	0.5556

kcal/m³	B.t.u./ft³	C·H·U·/ft³
1	0.1123	0.06239
8.889	1	0.5556
16.018	1.800	1

비 열

kcal/m³·℃	B.t.u./ft³·°F	C·H·U·/ft³·℃
1	0.06241	0.06241
16.02	1	1

1kcal/kg·deg C=1B.t.u./1b·dag F
=C.H.U./1b· deg C

열 부 하

kcal/m³·hr	B.t.u./ft³·hr	C·H·U·/ft³·hr
1	0.1123	0.06239
8.899	1	0.5556
16.818	1,800	1

연소율

kg/m²·hr	1b/ft²hr
1	0.2048
4.883	1

전 열 부 하

kcal/m²·hr	B.t.u./ft²·hr	C·H·U·/ft²·hr
1	0.3687	0.2048
2.710	1	0.5556
4.883	1.800	1

주요단위환산표(5)

에너지 환산에 필요한 수치

1. ELECTRON·VOLT(eV)의 에너지=1.60210×10^{-12}erg=hc×8065.73cm^{-1}
$$=h \times 2.41804 \times 10^{14} s^{-1} = k \times 11604.9k$$

1. ELECTRON·VOLT의 광의 파장=12398.10^{-8}cm

1. ELECTRON·VOLT N_A=9.64868×10^{11}erg·mol^{-1}=23049.6cal·mol^{-1}

=23061cal$_{th}$·mol^{-1}=23045cal I.T.·mol^{-1}

1. 원자질량단위(u)의 에너지=931.478Mev

전자질량(me)의 에너지=511006Mev

KIDOBERG 정수 $R\infty hc = 2.17971 \times 10^{-11} erg = 13.60535 eV$

에너지 환산표

	(eV)	(cm^{-1})	(Hz)	(G)	(K)	(erg)	비고
leV	1	8.06573×10^3	2.41804×10^{14}	1.72767×10^8	1.16049×10^4	1.60210×10^{-12}	eV
1cm^{-1}	1.23981×10^{-4}	1	2.99791×10^{10}	2.14198×10^4	1.43879	1.98631×10^{-16}	hc(1/λ)
1Hz	4.13558×10^{-15}	3.33566×10^{-11}	1	7.14492×10^{-7}	4.79930×10^{-11}	6.62562×10^{-27}	hv
1G	5.78814×10^{-9}	4.66857×10^{-5}	1.39960×10^6	1	6.71708×10^{-5}	9.2732×10^{-21}	μnH
1K	8.61705×10^{-5}	6.95030×10^{-1}	2.08364×10^{10}	1.48874×10^4	1	1.38054×10^{-16}	kT
I$\int$·mol^{-1}	1.03641×10^{-5}	8.35943×10^{-2}	2.50608×10^9	1.79058×10^3	1.20274×10^{-1}	1.66043×10^{-17}	구성요소 1개에 대해서의 에너지
Ikcal·mol^{-1}	4.33847×10^{-2}	3.04906×10^{13}	1.04906×10^{13}	7.49545×10^6	5.03475×10^2	6.95066×10^{-14}	

주요단위환산도

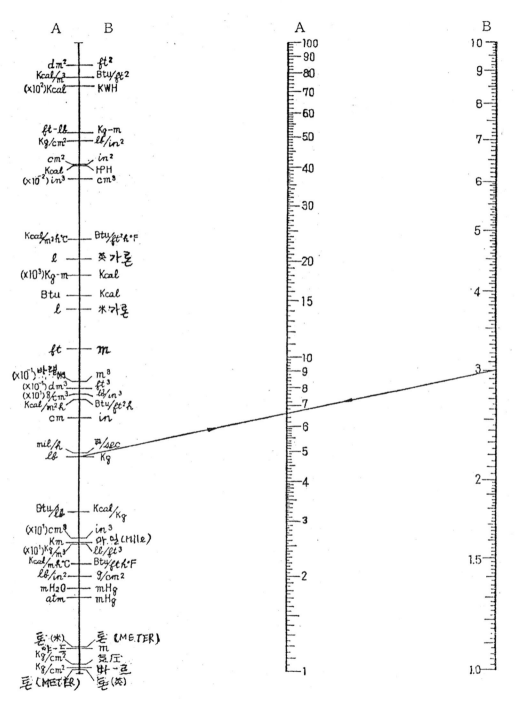

온도환산도

$$씨\ \ C=\frac{5}{9}(F-32) \qquad 화씨\ \ F=\frac{5}{9}\times C+32$$

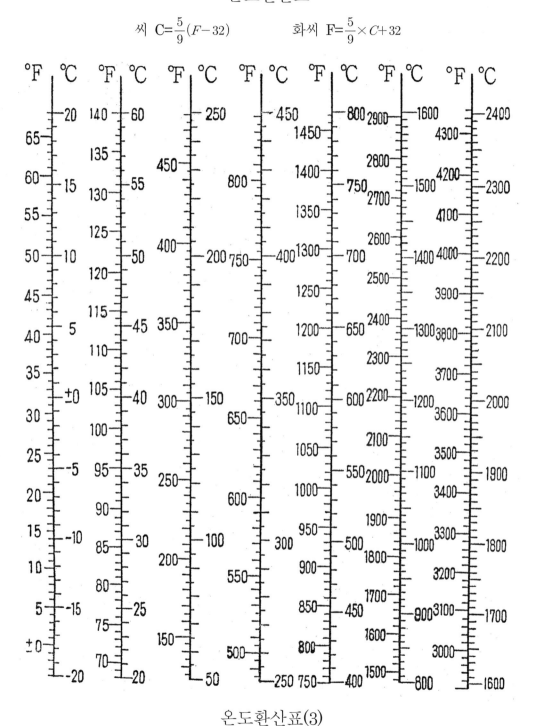

온도환산표(3)

C. F.			C. F.			C. F.		
1,227	2,240	4,064	1,393	2,540	4,604	1,560	2,840	5,144
1,232	2,250	4,082	1,399	2,550	4,622	1,566	2,850	5,162
1,238	2,260	4,100	1,404	2,560	4,640	1,571	2,860	5,180
1,243	2,270	4,118	1,410	2,570	4,658	1,577	2,870	5,198
1,249	2,280	4,136	1,416	2,580	4,676	1,582	2,880	5,216
1,254	2,290	4,154	1,421	2,590	4,694	1,588	2,890	5,234
1,260	2,300	4,172	1,427	2,600	4,712	1,593	2,900	5,252
1,266	2,310	4,190	1,432	2,610	4,730	1,599	2,910	5,270
1,271	2,320	4,208	1,438	2,620	4,748	1,604	2,920	5,288
1,277	2,330	4,226	1,443	2,630	4,766	1,610	2,930	5,306
1,282	2,340	4,244	1,449	2,640	4,784	1,616	2,940	5,324
1,288	2,350	4,262	1,454	2,650	4,802	1,621	2,950	5,342
1,293	2,360	4,280	1,460	2,660	4,820	1,627	2,960	5,360
1,299	2,370	4,298	1,466	2,670	4,838	1,632	2,970	5,378
1,304	2,380	4,316	1,471	2,680	4,856	1,638	2,980	5,396
1,310	2,390	4,334	1,477	2,690	4,874	1,643	2,990	5,414
1,316	2,400	4,352	1,482	2,700	4,892	1,649	3,000	5,432
1,321	2,410	4,370	1,488	2,710	4,910			
1,327	2,420	4,388	1,493	2,720	4,928			
1,332	2,430	4,406	1,499	2,730	4,946			
1,338	2,440	4,424	1,504	2,740	4,964			
1,343	2,450	4,442	1,510	2,750	4,982			
1,349	2,460	4,460	1,516	2,760	5,000			
1,354	2,470	4,478	1,521	2,770	5,018			
1,360	2,480	4,496	1,527	2,780	5,036			
1,366	2,490	4,514	1,532	2,790	5,054			
1,371	2,500	4,532	1,538	2,800	5,072			
1,377	2,510	4,550	1,543	2,810	5,090			
1,382	2,520	4,568	1,549	2,820	5,108			
1,388	2,530	4,586	1,554	2,830	5,126			

내 삽 계 수

C. F.			C. F.			C. F.		
0.56	1	1.8	2.78	5	9.0	4.44	8	14.1
1.11	2	3.6	3.33	6	10.6	5.00	9	16.2
1.67	3	5.4	3.89	7	12.6	5.56	10	18.0
2.22	4	7.2						

중앙태자은 좌우각종의 F, C 환산치이다. 예: 1,099C=2010F,
3,650F=2,010C 내삽계수의 사용법: 중앙태자는 내삽계수, 좌우의
각치는 내삽계수에 대한 C, F의 치이다. 3F 1.67C, 3C 5.4F

점도환산표

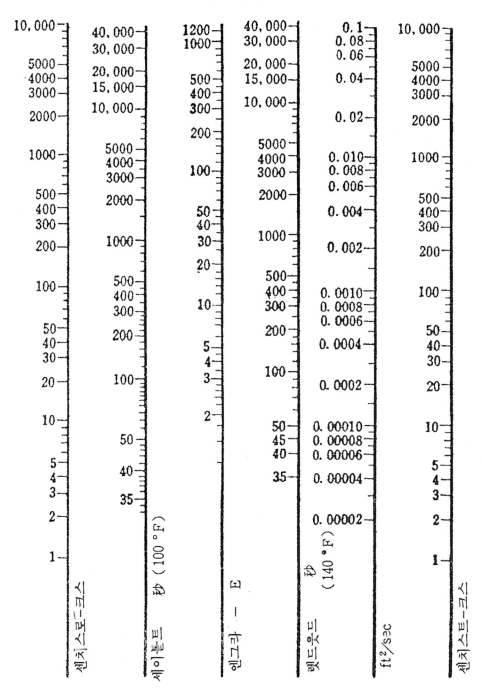

기체의 물리적 성질

기체의 분자량, 표준상태의 밀도·융점·비점과 임계치

		분자량	밀도 kg/m_n^3	분자용 $m_n^3/kmol$	대기압력하의		임계		
					융점	비점	압력 ata	온도 ℃	밀도 kg/m^3
공기		28.96	1.2928	22.40	-	-190	37.2	-140.7	0.31
해리움	He	4.002	0.1785	22.42		-269.9	2.26	-267.9	0.066
수소	H_2	2.0156	0.08987	22.43	-257	-252.8	12.8	-239.9	0.031
질소	N_2	28.016	1.2567	22.40	-210.5	195.8	33.5	-147.1	0.311
산소	O_2	32.0000	1.42895	22.39	-219	-183	49.7	-118.8	0.430
일산화탄소	CO	28.00	0.2500	22.40	-207	-190	34.6	-140.2	0.311
탄산가스	CO_2	44.00	0.9768	22.26	*-57	**-78.5	72.9	31.0	0.460
아황산가스	SO_2	64.06	2.9263	21.89	-72.7	-10	77.8	+157.2	0.52
METHANE	CH_4	16.03	0.7168	22.36	-184	-164	45.7	-82.5	0.162
ACETYLENE	C_2H_2	26.02	1.1709	22.22	*-81.8	*83.6	61.6	35.9	0.231
ETHYLENE	C_2H_4	28.03	1.2605	22.24	-169.4	-103.9	50.7	9.5	-
ETHANE	C_2H_6	30.05	1.356	22.16	-172	-88.3	48.8	32.1	0.21
PROPANE	C_3H_8	44.06	2.019	21.82	-190.0	-44.5	45	95.6	-
BEZOL 증기	C_6H_6	78.05	(3.48)	(22.4)	+5.5	+80.5	49.5	288.5	0.305
AMONIA	NH_3	17.031	0.7714	22.08	-77.7	-33.4	112	132.4	0.236
유화수소	H_2S	34.08	1.5392	22.14	-83	-61	89	100.4	-
수증기	H_2O	18.0156	(0.804)	(22.4)	0.000	+100.0	218.5	374.1	0.324
n BUTANE	C_4H_{10}	58.08			-135	+0.6	35.7	153.2	-
NAPHTHALENE	$C_{10}H_8$	136.13			+80.1	+217.7	39.2	+468.2	-

*는 3중점 *는 승화점

기체	ata	0℃	200℃	400℃	기체	ata	25℃	100℃
H^2	50	1.03	1.02	1.015	CO^2	50	0.97	0.88
	300	1.195	1.16	1.085		100	fl.	0.76
N^2	50	0.985	1.025	1.02	NH_3	50	fl.	0.74
	300	1.12	1.16	1.135	CH_4	50	0.92	0.975

액체연료의 비중과 발열량(1)

		비중 (20℃)	발열량 kcal/kg	
			고	저
METHANOL		0.792	5.330	4.660
ETHYL ALCOHOL	CH_3OH	0.794	7.100	6.400
ETHYL ALCOHOL	C_2H_5OH	0.823	6.350	5.700
ETHYL ETHER	90%	0.714	8.850	8.120
GLYCERINE	$(C_2H_5)_2O$	1.260	4.320	3.850
n-PENTHANE	C_3H_8O	0.626	11.620	10.720
BENZOL	C_5H_{12}	0.879	10.020	9.610
PHENOL(40˚)	C_6H_6	1.06	7.800	7.460
PHYLIGINE	C_6H_6O	0.981	8.415	8.075
n-HEXANE	C_5H_5N	0.660	11.500	10.600
TOLUOLE	C_6H_{14}	0.867	10.150	9.680
O HEXYROL	C_7H_8	0.863	10.230	9.720
NAPHTHARINE	C_8H_{10}	1.15	9.680	9.340
이산화탄소	$C_{10}H_8$	1.26	3.400	3.400
석탄	CS_2	0.96~1.20	8.100~8.800	7.800~8.400
석탄	TAR 유	1.04~1.10	9.300~9.600	9.000~9.300
원유	TAR 유	0.75~1.00	9.700~10.800	9.300~10.400
가스OLINE		0.65~0.68	11.200	10.400

액체연료의 비중과 발열량(2)

석유계연료의 발열량(저)과 비중과의 관계(일본석유주식회사 Technical Bulletin M-7C)

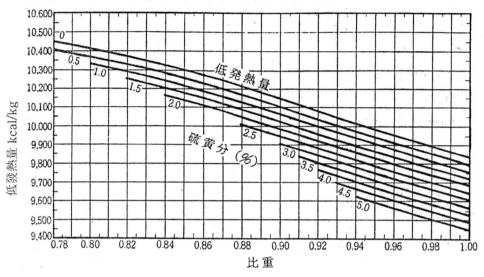

석유계연료의 비중.유황분.평균발열량

	比　重　d_{15}	硫　黄　分　%	平均発熱量(低) kcal/kg
灯　　油	0.79〜0.85	0.5以下	10,400
軽　　油	0.82〜0.86	1.2以下	10,300
重　油　全　般			9,850
A　重　油	0.84〜0.86	0.5〜1.5	10,200
B　重　油	0.88〜0.92	0.5〜3.0	9,900
C　重　油	0.90〜0.95	1.5〜3.5(以上)	9,750

경험식

항용소열(총) = 1,200-2,100 d^2 kcal/kg

증기의 비용적 = $\dfrac{0.821(t+273)}{p}\ \dfrac{1.03-d}{d}$ m³/kg

액상의 열전도도 = $\dfrac{0.01008}{p}\ (1-0.00054t)$ kcal/mh℃

〃 의 비열 = $\dfrac{1}{\sqrt{d}}(0.403+0.00081)$ t)kcal/kg℃

증발잠열= $\dfrac{1}{d}(60-0.09t)$　　　 kcal/kg

석유의 물리적 성질

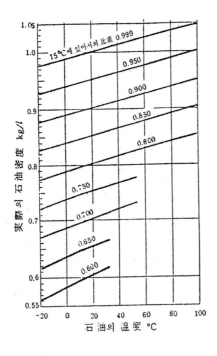

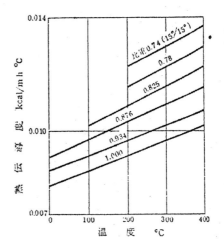

Paraffin . Wax   0. 0202 (0 °~融点)
Asphalt   0. 0144 (0 °~融点)

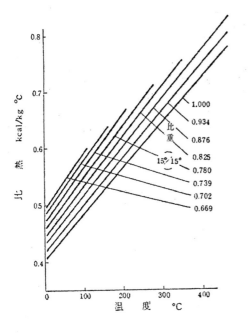

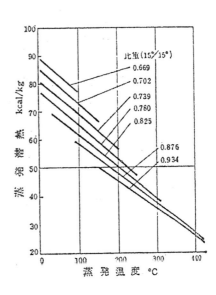

연료유의 점도와 온도의 관계

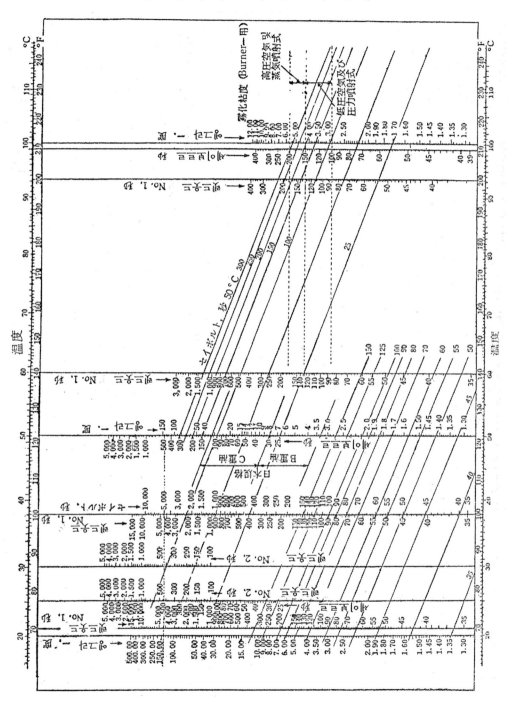

액체연료의 인화점, 착화온도, 증기의 착화범위

물질	인화점 ℃	착화온도 ℃	착화범위 (증기용적할합)
P e n t a n e	55	550	1.3~
M e t h a n o l		500	7~37
Ethylacohol	12	450	3.5~20
A c e t o n e		500	
이 산 화 탄 소		100	1~50
B e n z o l	-16。	700	1.4~9.5
T o l u o l	5。	620	1.3~7
X y z o l	20	580	
Naphthalene	80	700	
T e t r a l e n e	79	520	
석 탄 산	80~90	700	
피 리 진		680	
휘 발 유	-60~10℃	480~550	1.2~7
가 스 유	50~120	330~350	
P a r a f f i n e	190~220	400	
윤 골 유	150~300	380~420	
원 유		400~450	
석 탄 T a r 유	20~40	600~700	
정 유	20~60℃		
경 유	80~100		
중 유	120~240		

(주) 착화온도는 1ata의 공기중에 있어서의 온도

착화범위는 1ata 20℃의 공기와 혼합했을 경우의 값이다.

중유의 발열량, 수소함유량과 $(CO_2)_{max}$

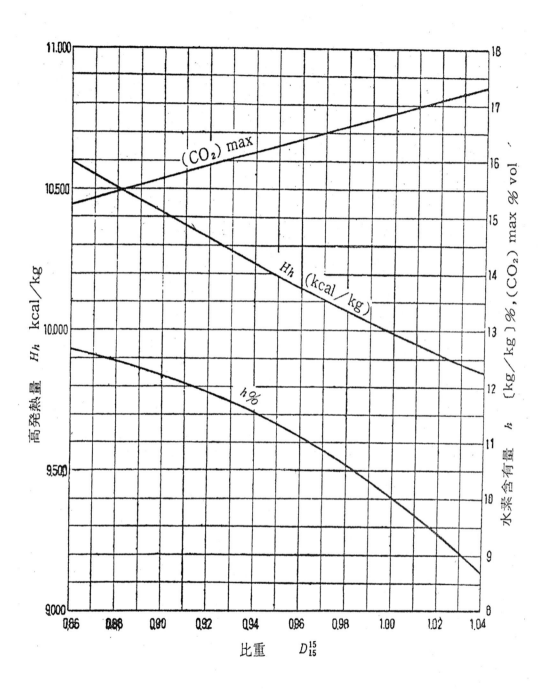

LPG의 물리적 성질

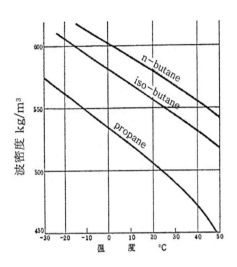

	Propane	iso-butane	butane
Gas 密度 kg/m³ₙ	1,968	2,595	2,595
液으로부터의 氣化量 m³/kg	0.533	0.406	0.406
高發熱量 kcal/kg	12,000	11,500	11,770
蒸發熱 kcal/kg	103	88	93
液의 比熱 kcal/kg ℃	0.588	0.560	0.549
Gas의 比熱 kcal/kg ℃	0.390	0.406	0.396

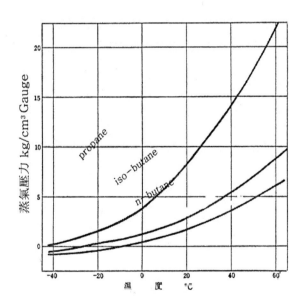

높은 발열량 가스의 _{연소용공기량}
연소생성가스양

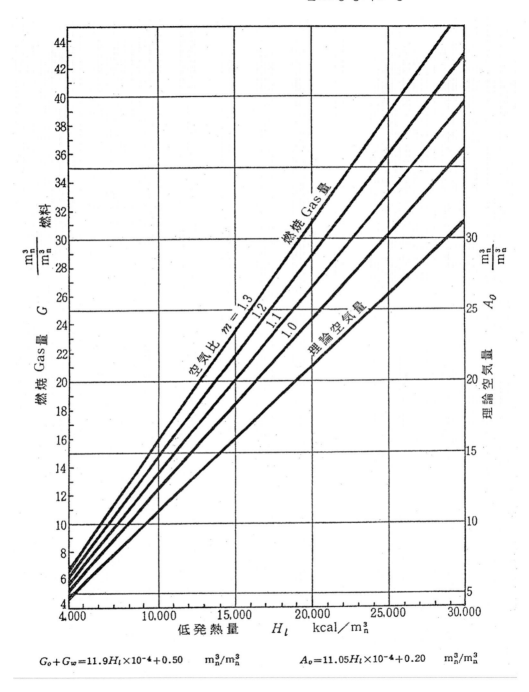

$$G_o + G_w = 11.9 H_l \times 10^{-4} + 0.50 \quad m_n^3/m_n^3 \qquad A_o = 11.05 H_l \times 10^{-4} + 0.20 \quad m_n^3/m_n^3$$

저질연료가스의 연소용공기량

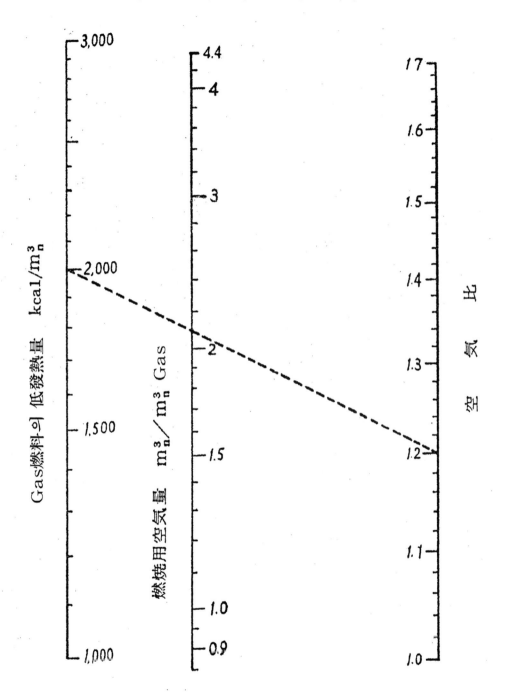

중유의 연소용공기량

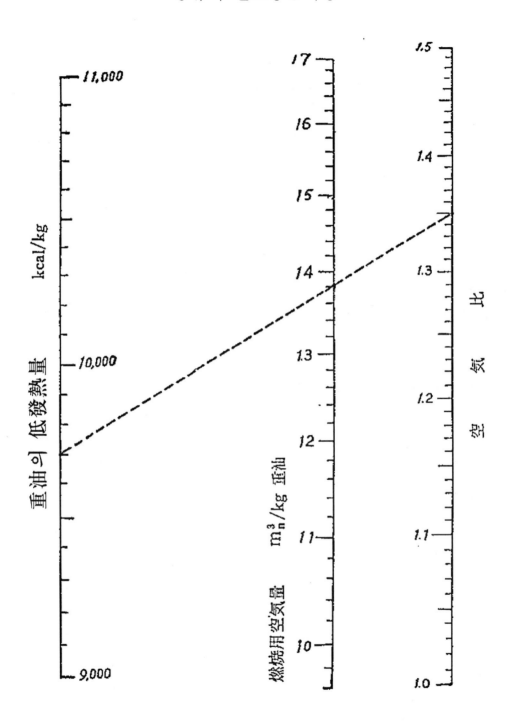

고체 및 액체연료의 이론공기량

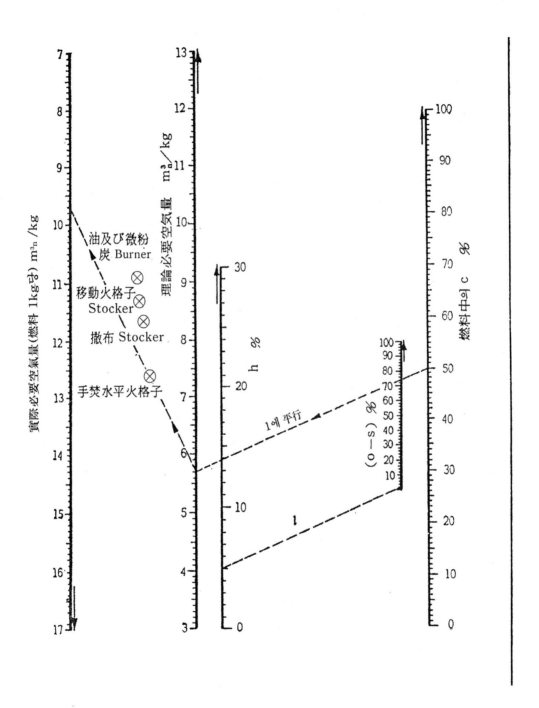

공업로의 열소비량기준치

가열목적	처리물질(온도)		열소비량kcal/t 제품	
			평균	최저기록
소둔 (Anegling)	(자동차체)강판	종의 노	950,000	500,000*
	Stainless강판	연통	1,400,000	‡
〃	강판	연통	790,000	340,000§
소입	강	Batch노	730,000	
〃	〃	연통	390,000	
Doleuing 또는Tempering	〃	Batch	420,000	
		연통	250,000	170,000
가스 내삼탄	〃	Batch 노	2,240,000	‖
법랑부	강	연통, 향류	1,070,000	560,000¶
〃	강하지피hook	Muffle, Batch형	2,520,000	2,240,000**
〃	강사상피hook	연통	1,260,000	††
압연	황동	연통	930,000	††
〃	동	연통압출식	250,000	200,000
Anealing	황동	연통압출식	310,000	250,000
〃	〃	Batch식	390,000	310,000
〃	동	전기 Roller Hearth		84,000‡‡
〃	〃	Box Annealing(광휘)	1,540,000	
양도금	석도금판	연통광휘소둔	252,000	
소성	Cement Clinker	열침Process	240,000	
			1,100,000	850,000

(주)

* 강과 Tray의 비=2:1

* Seat(Box+Cap)=1:1

‡ Seat와 Rider의 비 1:1

§ 용기없이 경사노상상을 굴리다.

‖ 강과(삼탄제+용기)의 비 1:1

¶ 강과(삼탄제+용기)의 비 1:1$\frac{1}{2}$

** 제품과 tool의 비 1:3

†† 제품과 tool의 비 1:1

‡‡ 황동과 도가니의 중량비 10:1

Batch 식 노爐의 열효율(참고치)

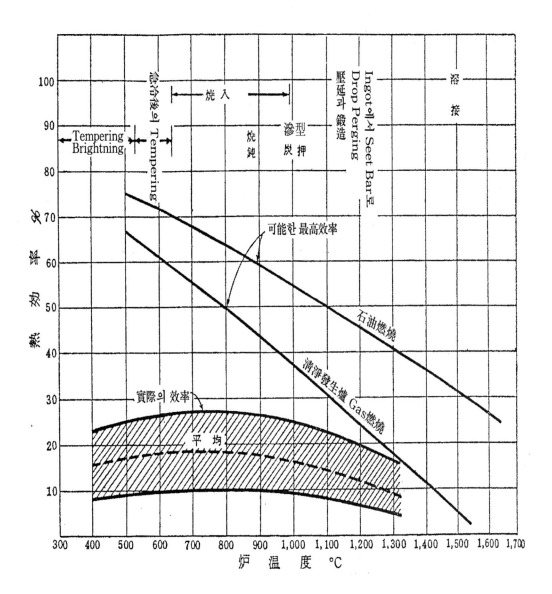

(주) 가능한 최고효율은, 배가스 온도가 장입물보다 28℃ 높다고 보고 구한 것이며, 거의 직선이다.

노벽방산열량

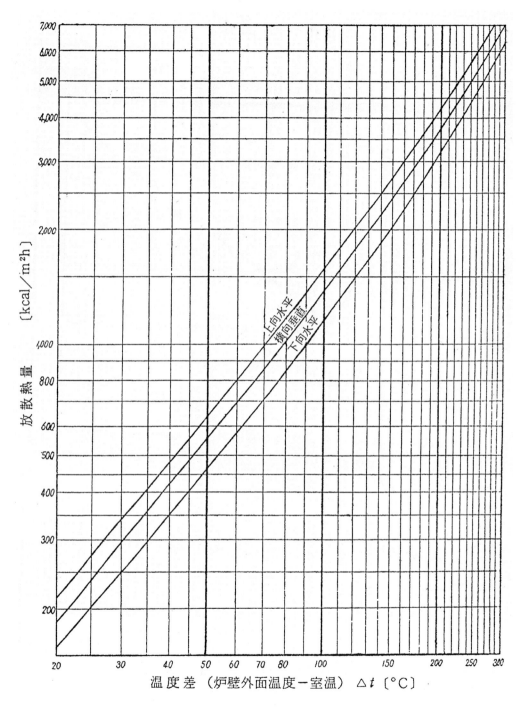

Δt 〔℃〕

放散熱量 〔kcal／m²h〕

溫度差 (炉壁外面溫度－室温) Δt 〔℃〕

上向水平
橫向垂直
下向水平

경량내화연호 노벽의 정상방열량

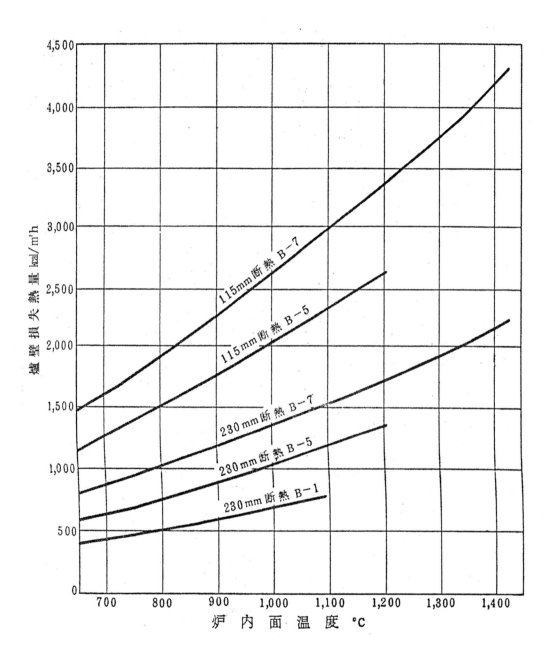

간헐적 조업로의 냉각

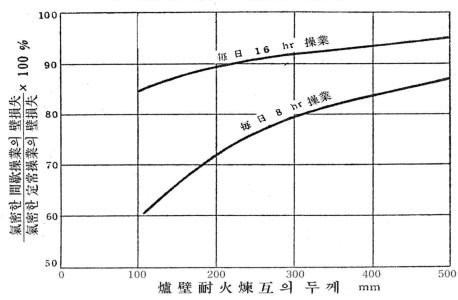

間歇的 操業 의 爐 의 壁損失 (相對値)

세로축: $\dfrac{氣密한 間歇操業의 壁損失}{氣密한 定常操業의 壁損失} \times 100 \%$

每日 16 hr 操業

每日 8 hr 操業

가로축: 爐壁耐火煉瓦의 두께 mm

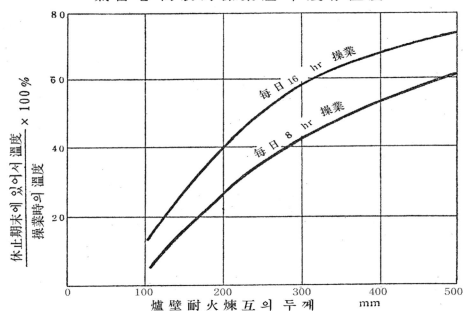

氣密한 間歇的 操業爐 의 殘存溫度

세로축: $\dfrac{休止期末에 있어서 溫度}{操業時의 溫度} \times 100 \%$

每日 16 hr 操業

每日 8 hr 操業

가로축: 爐壁耐火煉瓦의 두께 mm

경량연호 노벽의 승온시간

상온에서 소정내면온도로 달하는 소요시간

炉壁內面이 1,500℃에 達하는 時間

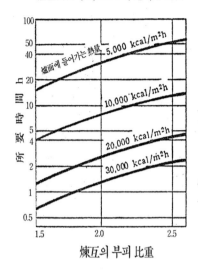

炉壁內面이 1,200℃에 達하는 時間

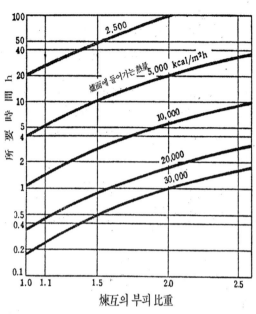

炉壁內面이 900℃에 達하는 時間

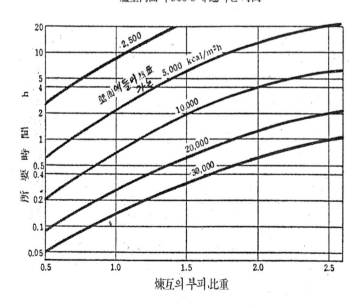

주기로에 있어서 노벽 연호의 축열에 의한 손실

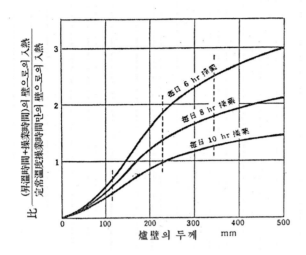

夜間休止에 의한 爐壁損失의 影響
(左圖)
爐壁은 耐火煉瓦로 되어 있다.

爐는 日中만 操業하고 夜間은 休止
하는 것으로 한다.

周期爐의 蓄熱에 의한 損失

蓄熱因数

$$= \frac{加熱冷却周期中의 \ 蓄熱損失}{爐壁을 \ 定常溫度까지 \ 올리는데 \ 要하는 \ 熱}$$

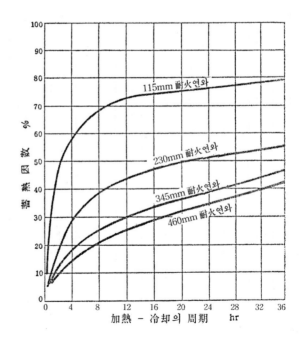

노爐 문틈으로부터의 잠입공기량

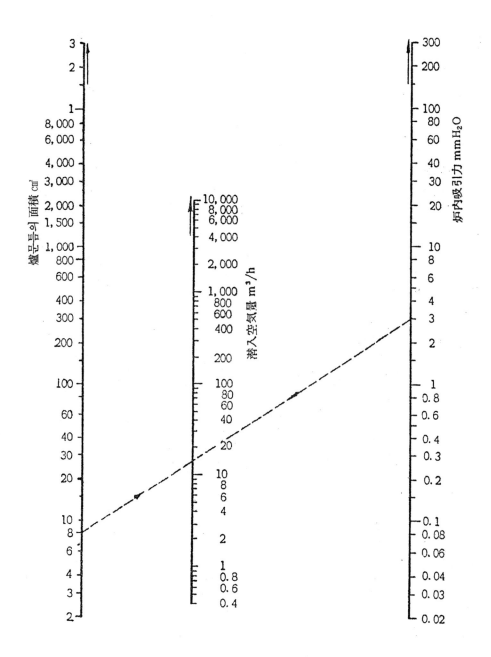

연속추출로 조업기준치

基準排 Gas 溫度 ℃

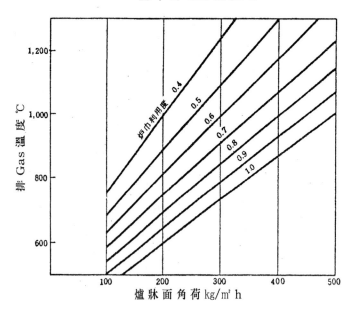

$$炉床面負荷 = \frac{鋼材裝入量 \ kg/h}{炉床面積 \ m^2}$$

$$炉巾利用度 = \frac{鋼材가 占有하는 巾 \ m}{炉 \ 巾 \ m}$$

鋼材kg當 使用熱量과 角荷의 關係

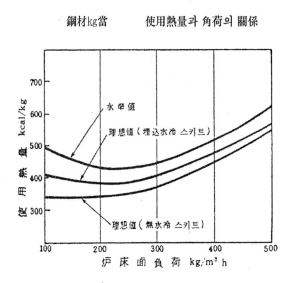

使用熱量과 操業時間의 關係

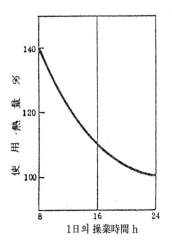

강편가열로효율

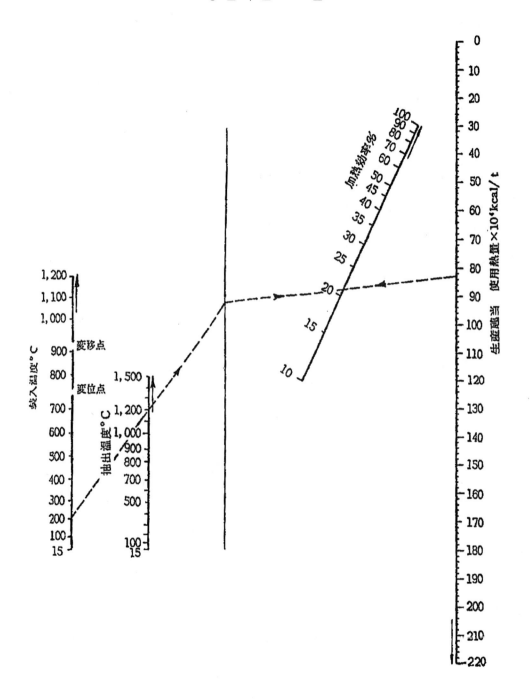

ROTARY KILN의 계산
재노시간의 계산

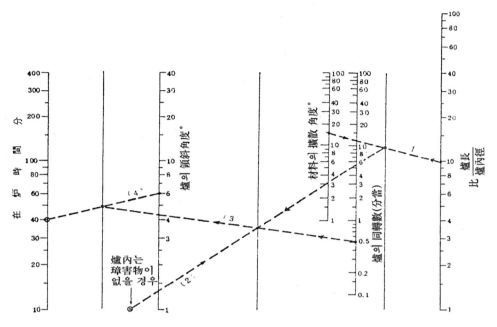

일 산 양 계 산 식

$$G(t/d) = KLD^2$$

L: 노의 길이(m)
D: 노의 내경(m)
K: 차표와 같다.

	K의 치		
	최저	평균	최고
석탄	0.25	0.32	0.40
Dolomite	0.24	0.32	0.37
Alumina		0.32	0.35
세멘트키른 원료예열(650~820℃)	0.7	0.9	1.15
습식 Process	0.42	0.50	0.67
건식 Process		0.57	0.67

계 산 예

노 장 　15m
노내경 　1.5m,
재료의 확산 각도 15°
노의 회전수 　　0.5rpm
노의 경사 　　6°
노내에 Chaine 하·드르 등의 장해
물이 없을 경우
재노시간 　　　40분

재료의 확산 각도

재료 형·립	각 도
구상입자	24°
비구상입자	32.8~55.6°
10mesh 이하에서는 입도는 관계없고 입자가 클수록 각도는 커진다.	

풍로가열효율

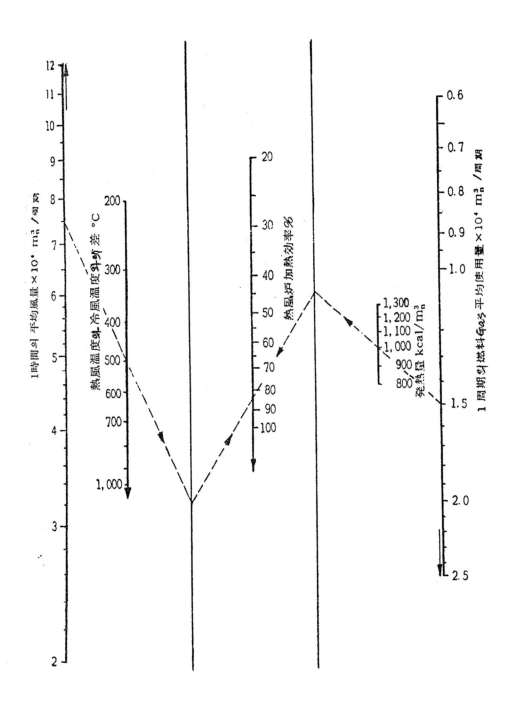

보온재의 경제 두께

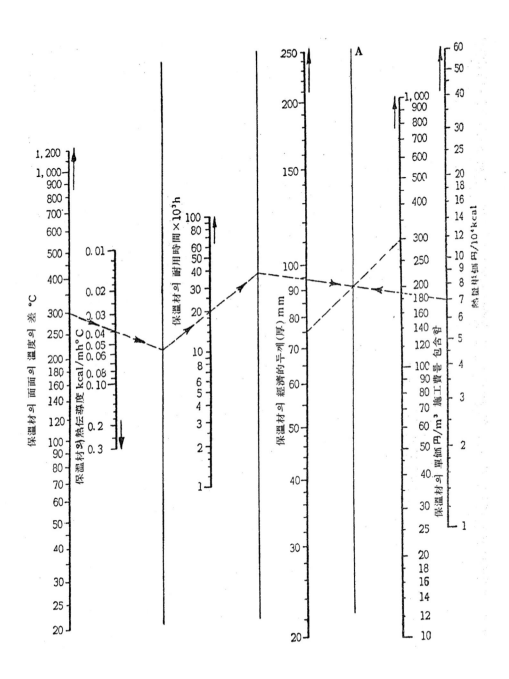

보온재의 내열 두께

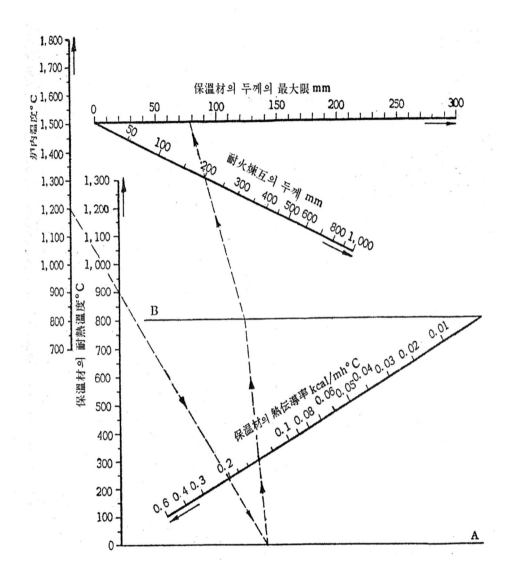

(주) 노체의 내화연호는 Schamette 혹은 규석을 사용한다고 가정한다.
　　　Crome 연호라면 보온재는 두께의 60% 이하로 된다.
　　　Magnesite 연호라면 50% 이하를 채용하지 않으면 안 된다.
　　　내열온도는 연화점보다 200℃ 낮은 온도를 취하면 안전하다.

전기로의 분류

가열방식	종별	온도℃	비고
직접저항가열	흑연화로	2,500	단상 2,000~4,000kVA, 역률65~85% 전압 100~120V
	Carborandum로	2,000	단상 1,500~2,000kVA, 역률90~95% 전압 130~290V
	Carbide로	2,200	삼상 3,000~20,000kVA, 역률75~90% 전압 100~200V
	Feloaloy로	1,500~2,000	삼상 1,000~7,000kVA, 역률80~90% 전압 80~90V
	제선로	1,600	삼상 1,000~5,000kVA, 역률80~90% 전압 40~90V
	Glass 용해로	1,400	례 삼상90kW, 전압220V
	Alminium전해로	1,000	직류, 전기분해병용
	특수내화물제조로	2,000 이상	삼상 300~600kVA, 역률80~90% 전압 40~90V
	린비제조로	1,500 이상	삼상 600~12,000kVA, 역률75~90% 전압 80~250V
간접저항가열	Ni-cr 선발열체로	~1,100	
	부-cr 선발열체로	~1,200	
	탄화규소발열체로	~1,400	1,000~1,400℃의 범위의 가열에 적합하다.
	탄소입전기로	~2,000	실험실고온용
	흑연저항로, 단만로	~2,500	난용금속용해용
	진공전기로	~3,000	실험실특별고온용(산화방지)
	염욕로	~1,400	} 금속열처리에 사용한다. 균열, 급열, 급냉을 특징으로 한다.
	유침로	~ 200	
	수소로	~1,500	열처리 및 소결합금의 제조
아크/가열	제강로	1,600 이상	삼상 600~1,500kVA, 역률85~90% 전압 80~250V
	요동 arc로 등	3,000 이상 (arc/온도)	간접arc가열, 동Aluminiam합금용해용, 단상 100~460kVA, 전압80~140V, 노용량0.1~1t
	시엔해르로 등	동상	공중질소고정용
유도가열	저주파유도로	~1,600	동합금, 아연, 경합금, 주철 등의 용해용
	고주파유도로	~1,800	특수강, 합금의 제조 및 용해, 귀금속의 용해, 진공용해

저주파로 참고치

저주파로표준용량

용도	용해량 kg	전력 kW	피상전력 kVA
황동,아연용	300	60	100
포 금 용	500	80	133
경 합 금 용	100	60	100
주 철 용	500	120	200

저주파로용해특성

용해금속	전력 kW	용해량 kg	1h당 용해량 kg	1t당 용해소요전력 kWh
황동	60	300	90	195
	80	500	200	
아연	60	300	200	90
	80	500	440	
Aluminium	60	100	120	480

금속열처리용상형저항로

노내촌법 (주×고×장) cm	전기용량 kW 고온로 900℃	중온로 600℃
30×20×60	15	10
45×40×90	30	20
60×40×210	50	30
80×50×150	80	50
100×60×200	120	80

염욕로

노내촌법 (종×횡×심) cm	용해량 kg	전기용량 kW 240~550℃	550~900℃	900~1,350℃
$(15)^3$	15	4	7~8	15~20
$(25)^3$	60	10	19~23	40~50
$(35)^3$	180	20	35~43	75~95
$(50)^3$	500	43	70~85	145~195

장방형동모선의 전류용량 A
(주파수 60c/s, 간격 60mm)

모선촌법 ㎜×㎜ / 모선매수	6×100	10×100	10×150	10×200	10×250	15×250	15×300
1	1,100	1,475	2,100	2,690	3,200	3,650	4,220
2	1,820	2,410	3,540	4,390	5,260	5,960	6,900
3	2,150	2,860	4,360	5,240	6,240	7,100	8,220
4	2,440	2,440	4,610	5,890	7,040	8,020	-

저항선의 직경의 결정

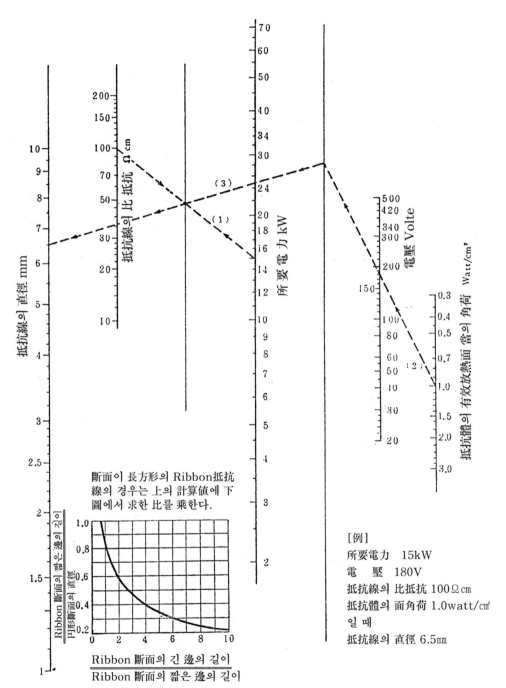

断面이 長方形의 Ribbon抵抗
線의 경우는 上의 計算値에 下
圖에서 求한 比를 乘한다.

$\dfrac{\text{Ribbon 斷面의 짧은 邊의 길이}}{\text{円形斷面의 直徑}}$

$\dfrac{\text{Ribbon 斷面의 긴 邊의 길이}}{\text{Ribbon 斷面의 짧은 邊의 길이}}$

[例]
所要電力　15kW
電　壓　180V
抵抗線의 比抵抗 100Ω㎝
抵抗體의 面角荷 1.0watt/㎠
일 때
抵抗線의 直徑 6.5㎜

저항선의 길이의 결정

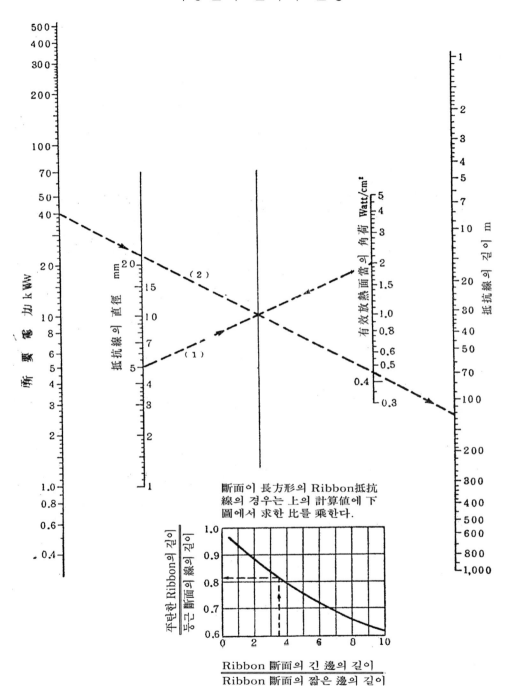

제2편 열관리와 열관리 계산에 필요한 기술자료 | 443

평형함수율

재 료	평형함수율(%)				온도 (℃)	재 료	평형함수율(%)				온도 (℃)
	습도 의 20	40	60	80			습도 의 20	40	60	80	
Pulp	5.3	7.2	8.6	11.5	25	소변	7.8	10.4	12.7	16.2	30
지	4.3	6.1	8.4	12.0	〃	전분	3.9	6.5	8.5	10.5	25
신문지	3.3	4.7	6.2	8.9	〃	목재	5.0	7.4	10.2	14.2	20
양모	7.5	10.6	14.7	19.6	〃	〃	4.2	6.7	9.8	13.6	40
견	6.0	8.8	11.3	17.5	〃	〃	3.2	6.0	8.9	13.0	60
인견	7.0	11.0	12.5	18.5	〃	〃	2.4	4.8	7.1	11.0	80
선화	4.5	5.5	7.2	11.0	〃	영국도토	2.5	3.5	4.3	6.0	25
〃	3.9	6.1	9.0	13.2	35	규조토	0.7	1.1	1.7	2.5	〃
〃	3.6	5.7	8.2	12.3	45	Kaoline	0.6	0.9	1.0	1.1	〃
〃	3.2	5.2	7.6	11.5	58	Asbesters섬유	0.4	0.4	0.4	0.7	〃
〃	3.0	4.9	7.1	10.6	75	Glass섬유	0.2	0.2	0.2	0.2	〃
〃	2.7	4.4	6.4	9.4	90	석회와 점토를 섞어 이긴 것	0.6	1.2	1.6	2.4	〃
〃	2.1	3.8	5.8	8.8	105	(태식) 석제	0.25	0.35	0.55	1.0	〃
목선직물	3.6	5.8	8.0	11.3	25	석선	0	0.1	0.2	0.3	〃
초화선	5.0	7.5	11.0	14.0	〃	석고 보-드	6.5	8.0	10.0	16.0	〃
초징판유소	1.2	2.4	3.0	4.5	〃	〃	4.0	5.0	6.0	7.0	〃
피혁	12.2	15.2	17.5	22.5	〃	연와(연와)	0.3	0.3	0.3	0.5	〃
Gum	0.8	1.0	1.5	2.8	〃	CORK	0.7	1.2	1.5	2.0	〃
동료(glui)	5.0	6.9	8.6	11.1	〃	해선	8.6	11.5	15.2	21.2	〃
macarcni(서양우동)	7.2	10.1	14.0	18.5	〃	목탄	3.0	4.8	6.0	8.0	〃
Cracker(비스켓과자)	2.5	4.2	7.0	10.8	〃	COCKER	0.5	0.8	1.2	1.5	〃
마령밀	9.0	13.0	17.0	26.0	0	활성탄	1.7	2.7	8.5	38.0	〃
〃	8.0	11.5	16.4	23.3	20	Carbon black	3.0	3.7	3.9	4.9	〃
〃	6.5	9.5	13.0	20.0	40	산화아연	0.4	0.4	0.4	0.7	〃
〃	4.7	7.5	11.0	18.0	60	Silice Gel	9.8	15.5	19.0	21.5	〃
〃	3.0	5.5	8.0	15.0	80	담배	9.0	13.2	19.5		〃
〃	2.3	4.0	6.0	12.0	100	엽연포(입담배)	4.0	9.0	11.2	25.0	30
조변	8.0	12.0	14.5	20.0	10	린타-	2.4	2.5			〃
소변	8.8	11.2	14.0	17.8	10	비누	3.9	6.6	10.6	17.7	25
소변	8.5	10.8	13.4	16.8	20						

항률건조속도

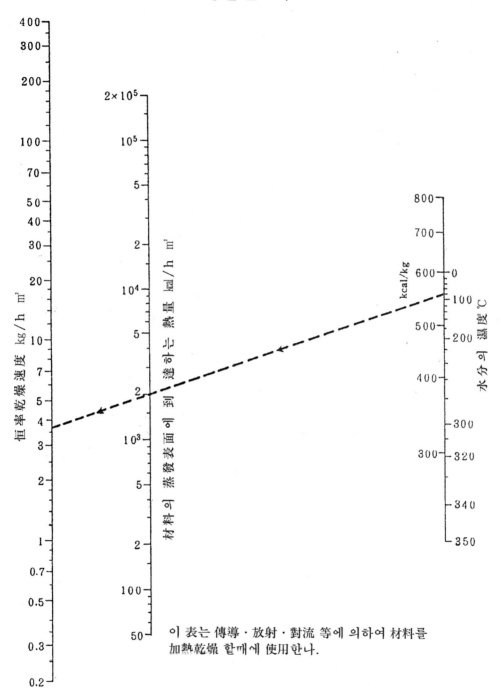

이 表는 傳導·放射·對流 等에 의하여 材料를
加熱乾燥 할때에 使用한다.

열풍에 의한 항률건조속도

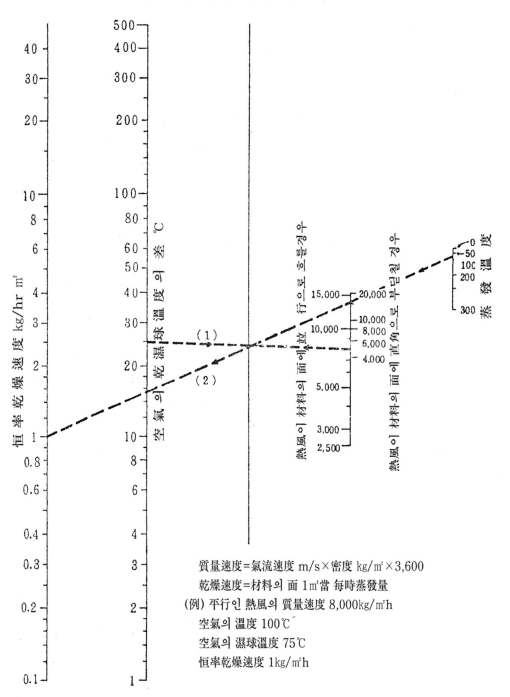

質量速度＝氣流速度 m/s×密度 kg/㎥×3,600
乾燥速度＝材料의 面 1㎡當 每時蒸發量
(例) 平行인 熱風의 質量速度 8,000kg/㎡h
空氣의 溫度 100℃
空氣의 濕球溫度 75℃
恒率乾燥速度 1kg/㎡h

기류반송에 의한 소립자의 건조(개산도)

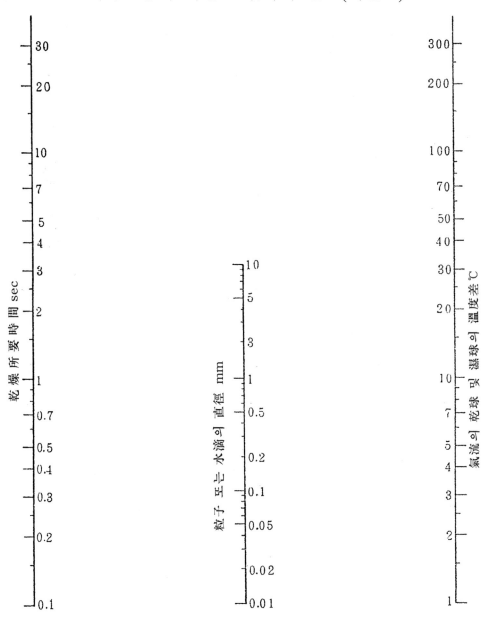

이 표는 건조소요시간을 지극히 개략적으로 구하는 표이다.
상세히는 기류상대속도, 함수율 등을 고려하지 않으면 안 된다.

평행류건조 특성치(1)

재 료	재료두께 (㎜)	최초함수율 (%)	건조조건			건조속도[kg/hr·㎡] 상단( )내함수율 하단 건조속도						한계함수율(%)	비고
			온도 (%)	습도 φ (%)	풍속 (m/sec)								
Beech Tree	1.575	70	30	60	2.0	(60) 0.201	(40) 0.162	(30) 0.11	(20) 0.07	(10) 0		54.6	
Dirch Tree(목양)	1	60	20	60	2.0	(50) 0.13	(40) 0.11	(30) 0.036	(20) 0.01	(11.5) 0		43.5	
참소나무	1.5	70	30	60	2.0	(70) 0.20	(60) 0.20	(50) 0.175	(40) 0.162	(30) 0.13	(20) 0.065	60	
Milk Casein합판	2.95	60	30	62.4	2.0	(60) 0.186	(50) 0.152	(40) 0.132	(30) 0.104	(20) 0.05	(10) 0	56	
테고막합판	2.09	60	30	69.3	2.0	(35) 0.163	(25) 0.10	(20) 0.049	(10.5) 0			30	
육송적속재	135	50	30	54.8	2.0	(50) 0.23	(30) 0.185	(20) 0.12	(10) 0			40	
증적속재	55	50	30	50.2	2.0	(40) 0.5	(30) 0.185	(20) 0.12	(10) 0			35	
소나무	30	180	40	40	2.14	(140) 0.5	(100) 0.5	(75) 0.4	(50) 0.15	(25) 0.06		105	
소나무	47.5	180	40	40	2.14	(100) 0.5	(60) 0.28	(40) 0.17	(20) 0.1			81	
증	30	150	30	60	1.42	(150) 0.17	(100) 0.095	(50) 0.04	(0) 0				
목절점토	30	40	45	37.3	2.14	(20) 0.54	(15) 0.41	(10) 0.23	(5) 0.09			18	
〃	30	40	15	37.3	2.14	(15) 0.23	(10) 0.10	(5) 0.03				15	
백도토	10	30	35	22.5	1.8	(30) 0.42	(20) 0.39	(15) 0.37	(10) 0.29	(5) 0.12		26	
규노	30	22	40	40	2.14	(6) 0.83	(4) 0.69	(2) 0.47				6	20~35 mesh
蛙木粘土와 良石 等分混合物	10	24	30	30	2.14	(18) 0.98	(14) 0.87	(10) 0.60	(6) 0.42	(2) 0.08		16.7	
	60	24	30	30	2.14	(20) 0.97	(14) 0.50	(10) 0.16	(6) 0.05	(2) 0.015		18.0	

평행류건조 특성치(2)

재료	재료두께 (㎜)	최초함수율 (%)	온도 (%)	습도 φ(%)	풍속 (m/sec)	건조속도[kg/hr·㎡] / 상단( )내함수율 하단 건조속도							한계함수율(%)	비고
점 토	38.53φ	40	55	H=0.0147	1.0	(40)1.04	(30)1.02	(25)0.965	(20)0.90	(15)0.795	(10)0.62	(5)0.237	30.6	구
점 토	19.82φ	40	55	H=0.0147	1.0	(30)1.41	(25)1.40	(20)1.30	(15)1.19	(10)0.865	(5)0.36		27.4	〃
점 토	8.37φ	40	55	H=0.0147	1.0	(40)2.16	(30)1.98	(25)1.88	(20)1.80	(15)1.72	(10)1.50	(5)1.00	35.0	〃
흑아조 염료	5	50	80	45	1.4	(120)1.47	(100)1.47	(80)0.025	(60)0.10	(40)0.33	(20)0.33	(10)0.21		금속류
흑아조 염료	20	50	80	45	1.4	(120)1.35	(100)0.06	(80)0.20	(60)0.33	(40)0.42	(20)0.34	(10)0.10		금속류
분말경유 원료	10	60	80		1.7	(60)1.85	(50)1.75	(40)1.25	(30)0.8	(20)1.25	(10)0.9			금속류
땅콩(cocoon)	일입	170	80	20	2.0	(140)0.27	(120)0.245	(100)0.245	(80)0.22	(60)0.20	(40)0.175	(20)0.01	87	
땅 콩	일입	170	60	31	0.9	(120)0.09	(100)0.075	(80)0.07	(60)0.06	(40)0.053	(20)0.035		120	
탄산 Magnecium	130	400	80	15	1.5	(400)1.63	(300)1.45	(200)1.25	(100)0.5	(0)0			170	저면금속류
탄산 Magnecium	50	400	80	15	1.5	(400)1.9	(300)1.5	(200)1.3	(100)0.65	(0)0			140	〃
아류산soda(7H$_2$O)	10	5.5	25	82	2.0	(5)1.5	(4)1.0	(3)0.8	(2)0.7	(1)0.5				금속류
Poly염화venyl	10	200	70	70	1.25	(200)1.9	(150)1.9	(100)1.85	(50)1.35	(0)0			125	충전밀도 1.48g/㎤(wet)
Poly염화venyl	20	200	70	70	1.25	(150)1.9	(100)1.65	(50)1.15	(0)0				135	충전밀도 1.45g/㎤(wet)
염기성류산동	10	40	80	5.63	0.93	(30)1.3	(20)1.1	(10)0.55					23	〃
이 - 스 트	2.6φ	240	30	40	1.5	(200)1.95	(150)1.45	(100)0.9	(50)0.4	(0)0				비나무 판상 술세우기
국 수		35	64.5	12.5	1.1	(30)1.0	(20)0.47	(10)0.31						건조속도는 (%/min)

제철소의 전열 흐름도

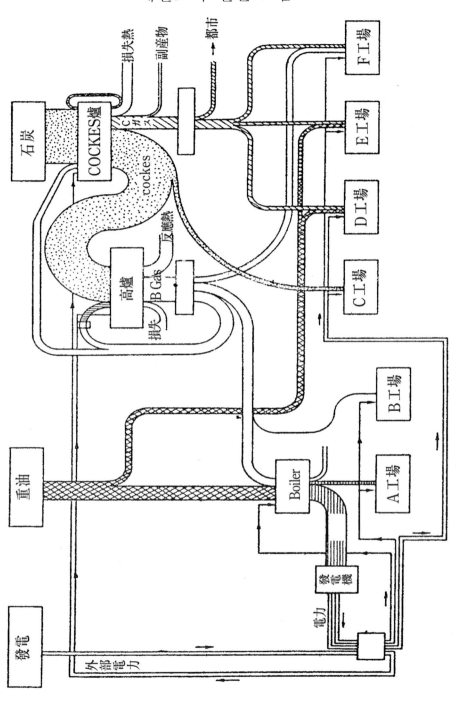

공기의 比엑세르기

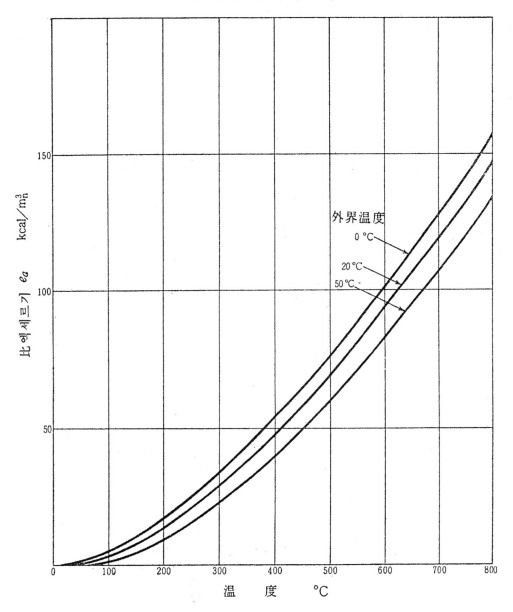

(주) 공기에는 수증기가 함유되어 있지 않은 것으로 한다.

압력 1atm

근사계산식

$$ea = (h - h_0).\lambda \quad \lambda = 1 - \frac{T_0}{T - T_0} \in \frac{T}{T_0}$$

연소가스의 比엑세르기

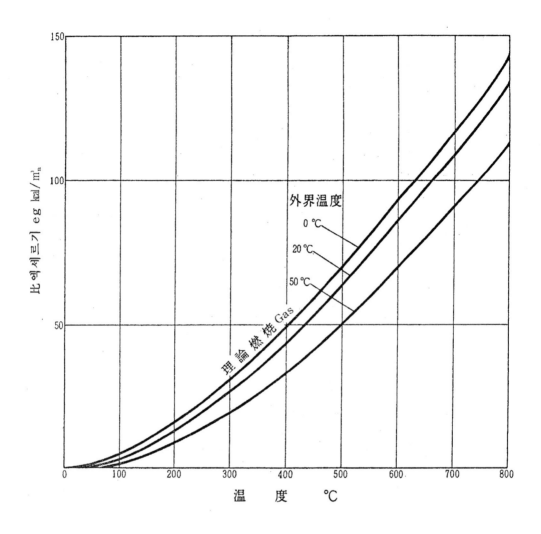

연료(석유)　　c　h　s
　　　　　　　85.4　13.5　0.1

타의 석유계연료에는 오차 0.4% 이내 적용된다.

연소 가스 압력 1atm

근사계산식

$$eg = (h - h_0) . \lambda$$

공기와 연소가스의 比엑세르기(석유)

석유의 대표조성 c85.4, h 13.5, s 0.1

외계온도   0℃

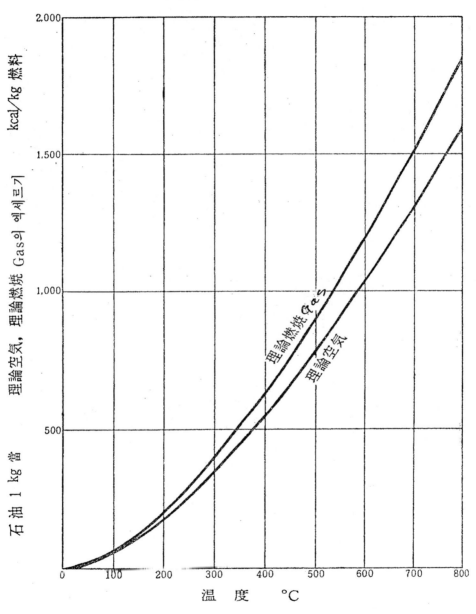

메틸클로라이드의 엔트로피 선도

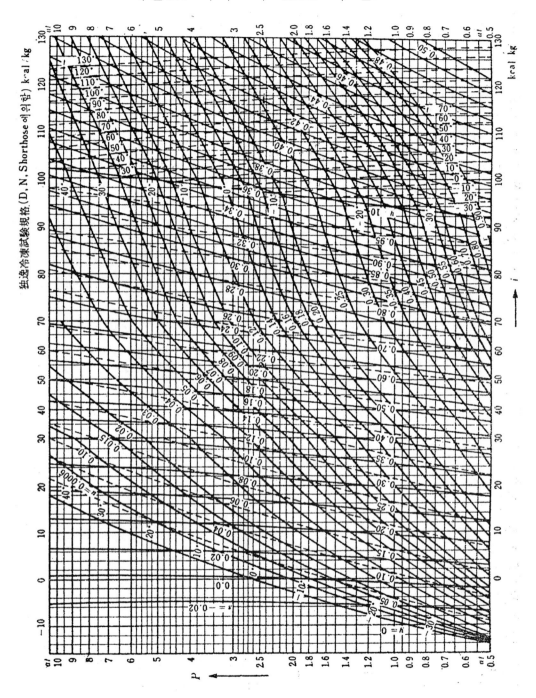

공기의 엔트로피 선도(저압)

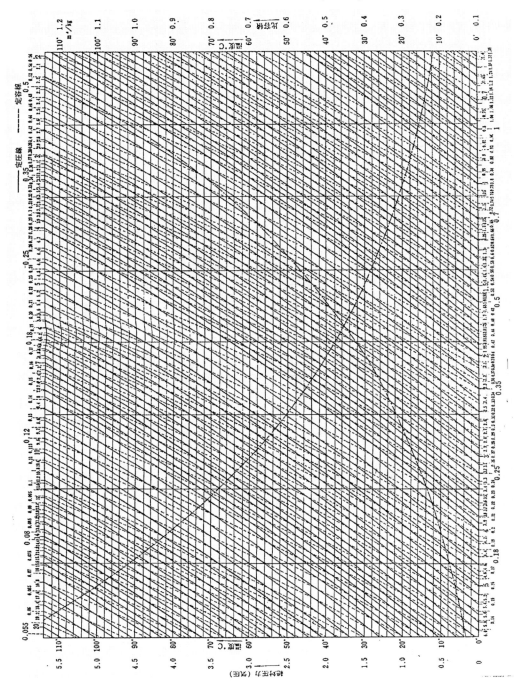

공기의 엔트로피 선도(고압)

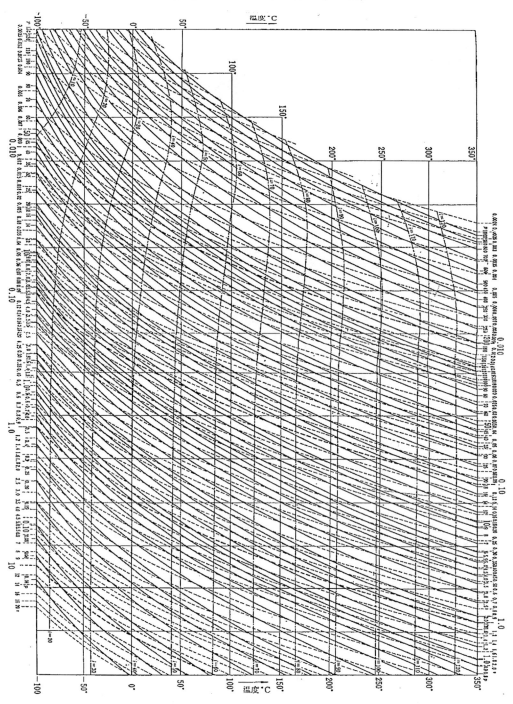

암모니아의 엔트로피 선도

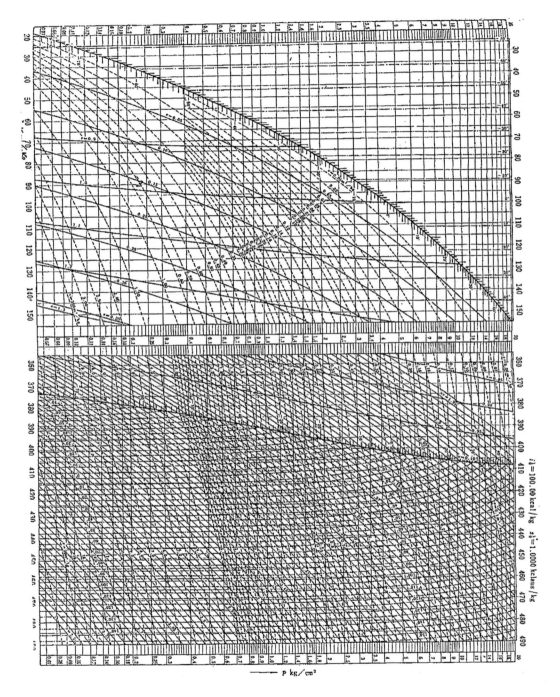

$i_0^* = 100.00 \ kcal/kg \quad s_0^* = 1.0000 \ kcalus/kg$

$p \ kg/cm^2$

탄산의 가스엔트로피 선도

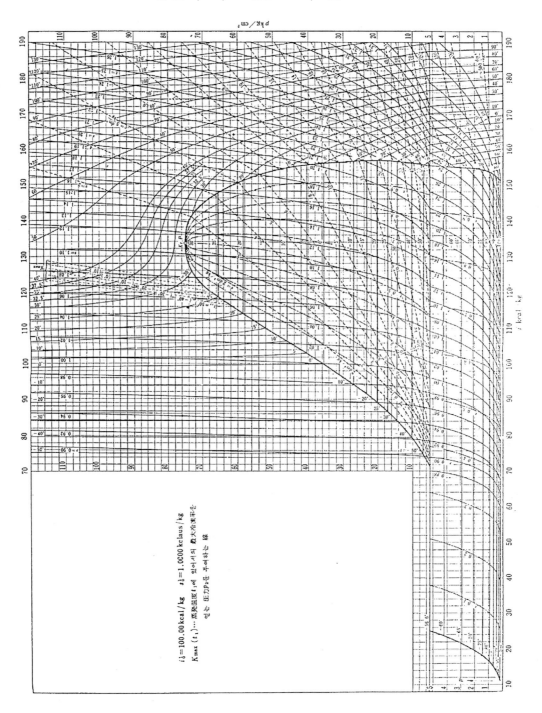

$i_0^i = 100.00\,\mathrm{kcal/kg}$ $s_0^i = 1.0000\,\mathrm{kclaus/kg}$

$K_{max}\,(t_s)\cdots$ 蒸發溫度 t_s에 있어서의 最大比熱比은

압 축 壓力 p_2로 부 의하는 線

아황산 가스엔트로피 선도

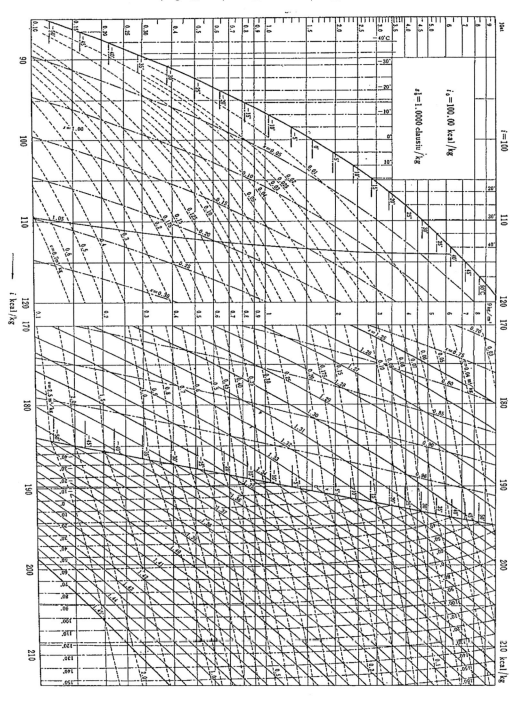

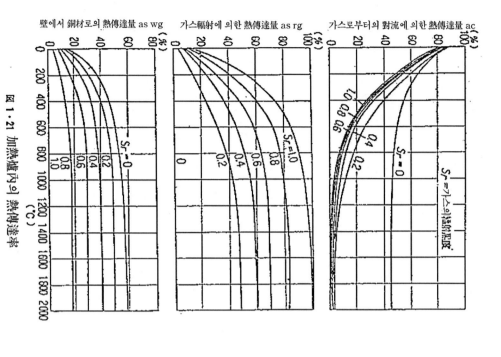

壁에서 鋼材로의 熱傳達量 as wg

가스輻射에 의한 熱傳達量 as rg

가스로부터의 對流에 의한 熱傳達量 ac

S_r=가스의輻射率

図 1・21 加熱爐内의 熱傳達率

H. Schwiedepen : Temperatur-und Wärmeübergangsverhältniss iner Arbeitssaum des Industrieofens Archiv für das Eisenhüttenwesen. Tahrgang Heht 9/märz・1938.

平均比熱 (kcal/kg/℃)

図 1・20 銑鐵(3.0C%)과 鋼(0.2C%)의 平均比熱

燃 料 의 着 火 溫 度

燃料	着火溫度(°C)	燃料	着火溫度(°C)
新(硬木)	250~300	重　油	530~580
木炭(黑炭)	320~370	역靑炭TAR油	580~650
〃 (白炭)	350~400	水　素	580~600
泥炭(空氣乾燥)	225~280	一酸化炭素	580~650
褐炭(〃)	250~450	METHANE	650~750
저감 靑炭	325~400	ETHYLENE	525~540
無 煙 炭	410~500	ACETYLENE	400~440
半成cockes	400~450	TAR 蒸氣	250~400
Gas cockes	500~600	發生爐Gas	700~800
炭　素	約 800	cockes 爐Gas	650~750
硫　黃	630	鎔鑛爐Gas	700~800

가스溫度 (℃)

가스 膨脹係數

공장로의 기종별, 수요부문별 생산고구성비

炉의 種類	年	鉄鋼	鋳鍛造	非鉄金属	金属製品	機械	造船	輸送機器	電機電子	化学石油	窯業	金属熱処理	官公庁	輸出	同業者	基他	合計
高炉	1967	98.3	—	—	—	—	—	—	—	—	—	—	—	1.7	—	—	100.0
	1971	80.3	—	—	—	—	—	—	—	—	—	—	—	19.7	—	—	100.0
	1976	92.8	—	—	—	—	—	—	—	—	—	—	—	7.2	—	—	100.0
	1979	84.0	—	—	—	—	—	—	—	—	—	—	—	16.0	—	—	100.0
転炉	1967	100.0	—	—	—	—	—	—	—	—	—	—	—	—	—	—	100.0
	1971	100.0	—	—	—	—	—	—	—	—	—	—	—	—	—	—	100.0
	1976	58.7	—	—	—	—	—	—	—	—	—	—	—	41.3	—	—	100.0
	1979	86.3	—	—	—	—	—	—	—	—	—	—	—	13.7	—	—	100.0
焼結炉	1967	—	—	—	—	—	—	—	—	—	—	—	—	—	—	—	
	1971	100.0	—	—	—	—	—	—	—	—	—	—	—	—	—	—	100.0
	1976	100.0	—	—	—	—	—	—	—	—	—	—	—	—	—	—	100.0
	1979	—	—	—	—	—	—	—	—	—	—	—	—	—	—	—	
燃焼炉	1967	70.5	1.1	8.2	1.0	4.4	0.2	4.5	1.9	0.7	3.8	0.3	0.2	2.9	0.1	0.2	100.0
	1971	67.8	4.6	7.3	1.2	2.2	0.8	8.1	0.5	1.8	3.3	0.8	0.2	0.8	0.2	0.4	100.0
	1976	67.0	2.0	7.9	1.6	2.5	0.2	5.0	1.2	2.5	0.3	0.5	0.4	4.3	1.3	3.3	100.0
	1979	41.6	1.9	7.7	5.0	2.5	1.2	4.8	1.3	1.4	1.2	1.1	0.6	28.4	0.5	0.8	100.0
抵抗炉	1967	11.5	0.4	14.	5.3	14.7	0.5	14.2	19.1	2.1	3.0	3.3	1.9	6.4	0.4	2.6	100.0
	1971	13.0	1.0	7.0	10.1	14.0	2.2	16.3	16.0	2.2	1.3	9.2	1.3	3.0	0.3	3.1	100.0
	1976	4.2	0.5	5.5	9.0	20.1	0.4	9.4	19.9	1.1	3.2	10.1	0.3	11.5	1.6	3.2	100.0
	1979	4.0	1.3	5.9	10.9	15.4	0.8	17.6	14.1	1.6	0.9	10.3	0.6	13.9	0.8	1.9	100.0
誘導炉	1967	13.1	13.4	12.1	1.9	18.3	—	28.0	0.4	—	0.7	0.2	3.9	4.6	—	3.4	100.0
	1971	6.1	24.3	4.0	1.7	16.8	1.1	32.1	0.5	1.2	—	—	1.2	—	—	11.0	100.0
	1976	17.4	24.0	3.6	5.7	8.9	1.0	30.7	0.9	—	0.4	0.8	0.6	5.5	0.1	0.4	100.0
	1979	15.1	33.8	5.8	3.6	3.2	0.8	17.4	1.6	0.4	0.1	2.3	1.9	12.8	—	1.2	100.0
아-크爐	1967	72.6	—	13.2	—	0.9	—	0.6	—	—	—	—	0.1	2.6	—	—	100.0
	1971	85.4	—	1.4	0.3	1.0	—	0.7	—	1.3	—	—	—	9.9	—	—	100.0
	1976	54.4	—	—	—	0.2	—	—	—	—	0.2	—	—	45.2	—	—	100.0
	1979	51.8	—	—	—	—	—	0.2	—	—	—	—	—	48.0	—	—	100.0

〈出所 日本工業炉協会統計資料〉

공업로 및 화열응용 시설의 수와 시설별 에너지 소비량

施　設　名	施　設　数	ENERGY消費量 (重油換算千㎘)	施　設　名	施　設　数	ENERGY消費量 (重油換算千㎘)
1. 電力業用 Boiler	2,033	94,854	13. 石油加熱炉	1,764	12,382
2. 産業用 Boiler	32.350 } 77,189	38,028 } 145,059	14. 焼　成　炉		
3. 暖房用 Boiler	42.806	12,177	14.1 페렛트用	28	454
4. Gas 発生・加熱炉	511	2,072	14.2 세 멘 트用	213	9,124
5. 焙　焼　炉 (無機化学・非鉄金属用)	362	672	14.3 石　灰　用	313 } 5,215	2,221 } 16,940
			14.4 耐火物用	596	614
6. 焼　結　炉			14.5 其　　他 (炭素, 陶磁器その他)	4,065	4,527
6.1 鉄　鋼　用	132 } 322	5,373 } 5,722	15. 反応炉ほか (無機化学, 食品用)	1,030	1,290
6.2 非鉄金属・無機化学用	190	349	16. 乾　燥　炉		
7. 仮　焼　炉 (鉄鋼・非鉄・無機化学用)	200	750	16.1 窯　業　用	1,590 } 5,845	1,703 } 4,845
			16.2　　　用	4,255	3,142
8. 熔　鉱　炉			17. 電　気　炉 (鉄鋼用 아크 炉 誘導炉, 抵抗炉)	936	4,831
8.1 鉄鋼用(熱風炉 包含)	96 } 243	10,133 } 10,711			
8.2 非鉄金属用	147	578	18. 電　気　炉 (Carbit Arc　炉 Carbit 抵抗炉)	25	770
9. 転　　炉					
9.1 鉄　鋼　用	122 } 206	3,538 } 3,777	19. 廃棄物焼却炉		
9.2 非鉄金属用	84	239	19.1 都市쓰레기用	2,666 } 5,123	2,444 } 5,202
10. 溶　解　炉			19.2 廃棄物用	2,457	2,758
10.1 鉄　鋼　用	1,230	802	20. 코크스 炉	131	4,220
10.2 非鉄金属用	2,695 } 4,323	1,501 } 3,785	21. 그 의 他 (無機化学, 其 他)	5,044	7,157
10.3 유 리 用	398	1,482			
11. 圧延加熱炉			合　計	116,547	238,972
11.1 鉄　鋼　用	2,114 } 2,475	6,054 } 6,183			
11.2 非鉄金属, 基 他用	361	129			
12. 熱処理・鍛造炉					
12.1 鉄　鋼　用	4,850 } 5,603	2,406 } 2,604			
12.2 非鉄金属用	753	198			

[注] 1. 高炉用熱風炉는 鐵鋼用 鎔鐵炉에 包含함)

2. 觸媒再生塔은 石油加熱炉에 包含됨)

(1975年 資源ENERGY 廳調査資料에 의함)

(B) 物質의 熱傳導率 및 比熱

物 質 名	比 熱 [kJ/(kg·K)]	熱 伝 導 率 [W/(m·K)]
알미늄(純)	0.896	228
鉛	0.130	35
鐵(純)	0.452	72.7
鋼(純)	0.383	386
Nickel(99.9%)	0.420	90
銀(純)	0.234	419
金	0.129	311
Uranium	0.115	32.9
Phenal 樹脂	1.591	0.233
Gum (고무)	1.130~2.010	0.128
유리(溫度計用)	0.779	0.97
石英유리	0.729	1.35
羊毛(織物)	1.633	0.050
물(水)	4.183	0.602
	4.216	0.682
Ethylalcolol	2.416	0.183
空 気	1.005	0.0257
	1.013	0.0316
水 蒸 気	2.098	0.0241

(出所 : 日本機械学会編 「機械工学便覧」)

(C) 諸材料의 熱傳導率 및 比熱

品 名 \ 單 位	熱伝導率 cal (cm·s·℃)	比 熱 [cal/g℃]
木粉充塡, 成形品	2.3~7.5×10⁻⁴	0.35~0.36
紙基材, 積層品	7	0.3~0.4
織布基材. 積層品	8.2	0.3~0.4
無充塡, 鑄造品	5~6.5	0.3~0.4
포리스릴렌 無充塡	3.2~3.8	0.32
포리메타크리트 酸메칠無充塡, 成形品	4	0.4~0.5
포리메타리르 酸메칠無充塡, 鑄造品		
鹽化Vinyl.酢酸.Vinyl 共重合體		0.24
caseirv. 樹脂	4	
硝酸 Cellulose		0.34~0.38
酢酸 Cellulose	5~6	0.3~0.4

付表. 鋼의 含熱量 (kcal/kg)

溫度 (℃)	리무드鋼 (0.06%C)	미루드鋼 (0.08%C)	軟鋼 (0.23%C)	中炭素鋼 (0.4%C)	共折鋼 (0.80%C)	1.5% Mn 鋼	3.5% Ni 鋼	1% Cr-Mo 鋼	18-8 Stainless 鋼	12% Cr. Stainless鋼
0	0.0	0.0	0.0	0.0	0.0	0.0	0.0	0.0	0.0	0.0
50	5.6	5.6	5.6	5.3	5.4	5.5	5.6	5.5	5.9	5.2
100	11.4	11.4	11.4	11.0	11.2	11.2	11.4	11.2	12.0	10.8
150	17.4	17.4	17.4	17.1	17.4	17.1	17.4	17.1	18.3	16.8
200	23.6	23.6	23.6	23.3	23.8	23.2	23.6	23.3	24.7	23.0
250	30.0	30.1	30.0	29.7	30.3	29.5	30.0	29.6	31.1	29.3
300	36.6	36.7	36.6	36.3	37.1	36.0	36.6	36.1	37.7	35.9
350	43.4	43.5	43.5	43.2	44.1	42.7	43.4	42.9	44.3	42.8
400	50.5	50.6	50.6	50.3	51.3	49.8	50.4	50.0	51.1	50.0
450	58.0	58.1	58.1	57.6	58.8	57.1	57.8	57.3	58.1	57.6
500	65.9	66.0	66.0	65.3	66.8	64.9	65.7	65.1	65.2	65.8
550	74.3	74.3	74.4	73.3	75.1	73.2	74.1	73.4	72.7	74.4
600	83.3	83.2	83.3	81.9	83.6	82.1	83.0	82.2	80.5	83.8
650	92.9	92.6	92.7	91.0	92.3	91.3	92.5	91.4	88.0	93.5
700	103.2	102.8	102.8	101.2	101.5	101.3	112.0	101.3	95.5	104.0
750	116.4	116.4	119.9	123.1	126.3	118.7	123.4	120.5	102.9	114.8
800	126.8	127.9	131.3	133.4	133.6	128.5	130.6	131.1	110.6	123.0
850	136.4	138.2	140.1	140.7	141.5	135.1	138.1	137.9	118.3	132.6
900	146.4	147.9	147.8	147.7	148.9	141.5	145.8	144.9	126.0	140.6
950	154.3	155.7	155.6	155.2	156.3	148.5	153.5	152.0	133.7	148.4
1000	162.3	163.5	163.3	162.7	163.9	155.7	161.2	159.2	141.5	156.1
1050	170.3	171.4	171.1	170.2	171.5	162.9	168.9	166.5	149.3	163.9
1100	178.3	179.3	178.8	177.7	179.3	170.3	176.6	173.8	157.2	171.7
1150	186.3	187.2	186.7	185.4	137.2	177.7	184.2	181.3	165.2	179.5
1200	194.3	195.1	194.6	193.2	195.2	185.3	192.0	188.9	173.2	187.2
1250	202.3	203.0	202.7	201.2	203.3	192.9	199.8	196.5	181.3	195.0
1300	210.3	211.0	210.9	209.3	211.4	200.6	207.7	204.2	189.4	202.8
1350	218.3	219.1	219.2	217.5	219.5	208.4	215.7	212.0	197.5	210.6
1400	226.3	227.3	227.6	225.8	227.6	216.3	223.8	219.9	205.6	218.4
1450	234.3	235.6	236.1	234.2	235.7	224.3	232.0	227.9	213.7	226.2

(出所 : 工業炉·Hand Book)

부표

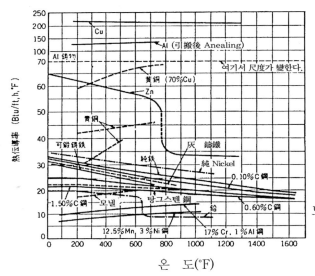

도 금속재료의 열전도율-온도의 관계

온 도(°F)

표(부표) 열전도율계산식의 예

조 건	열전도율(a)의 계산식
엔관 내의 난류열전달	$a = 0.023 \dfrac{\lambda}{d} R_{ed}^{0.8} P_r^{0.4}$
강제대류에 의한 평활한 평판의 열전달 (평판전체가 난류의 경우)	$a = 0.036 \dfrac{\lambda}{x} R_{ed}^{0.8} P_r 1/3$
평면벽과 그 주위의 공기와의 자연대류 (1) 수평상향평면벽 (2) 수평하향 〃 (3) 수직평면벽	$a = 2.1 \sqrt[4]{\triangle t}$ $a = 1.1 \sqrt[4]{\triangle t}$ $a = 1.5 \sqrt[4]{\triangle t}$

표 열전도율의 개략치

조 건	h(kcal/m²h .℃)
정지공기(자연대류)	1~20
흐르고 있는 공기, 과열증기(강제대류)	10~250
흐르고 있는 유(기름)	50~1,500
흐르고 있는 수(물)	250~5,000
응축(막상) 중의 수증기	5,000~15,000
비승 중의 물	1,500~50,000

(출소 공업 Hand Book)

$$\epsilon = \frac{Fin\text{으로부터의 실제의 방열량}}{\left(\begin{array}{c} Fin\text{전체가 근원온도 } T_u\text{와}\\ \text{같다고 가정했을때의 방열량}\end{array}\right)}$$

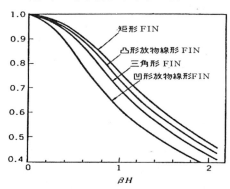

도 각종 Fin의 Fin 효율

$\beta : \sqrt{\dfrac{2a}{\lambda b}}$
$\quad a$: Fin 표면과 유체와의
$\qquad$ 열전달률
$\quad \lambda$: Fin의 열전달률
$\quad b$: Fin의 두께
$\qquad H$: Fin의 높이

Fin에 의하여 방열면적은 증대하나, Fin 자체의 온도는 선단으로 나아감에 따라 떨어짐으로 너무 높은 Fin을 설치해도 효과는 없음을 특히 주의할 것.

표 (부표) 각종 물질의 방사율

재 료	표면상태	온도범위℃	방사율ε
Aluminiam	조 면 산 화 면	25 198~600	0.055 0.11~0.19
동	연 마 면 산 화 면	100 198~600	0.952 0.57
강	용 촉 동 고도연마면 압정강판 산 화 면	1075~1275 200 21 199~600	0.16~0.13 0.21 0.657 0.79
벽돌	적 연 와 내 화 연 와	21 1000	0.93 0.8
Asbestor		38~370	0.93~0.95
유 리	평 골 면	22	0.937

(출소 공업로 Hand Book)

표 (부표) 연통강편 가열로의 총괄열흡수율 (ϕcc)치

대수	여열대	가열대	균열대
5	0.6~0.85	0.6~0.8	0.3~0.5

대수	여열대		균열대
3	0.6~0.85		0.3~0.5

(출소 공업노 Hand Book)

방열, 전열 등에 의한 열손실의 방지에 대한 개선조치

(1) 열이용설비의 단열성의 향상
(2) 개구부로부터의 열손실방지
(3) 회전부분, Seal 부분으로부터의 새어나옴을 방지
(4) 배관경로합리화에 의한 방열면적의 저감화 등의 개선처치에 있어서 여기서는 손실열량에 현상분석으로부터, 예를 들면 단열강화에 의한 연료절약률, 경제적인 보온 두께 등, 개선처치검토에 필요한 계산식 아울러 개선실시에 필요한 제자료를 모아 정돈하고 아래와 같이 제시한다. 여러 분야 관련사항과 병행하여 충분한 활용을 도모하기 바란다.

分類	種類		SiO_2	Al_2O_3	Fe_2O_3	CaO	MgO	基他	耐火度 SK
SiO_2系 연와	珪石연와 (羊珪石을 包含)	超耐熱性	96~97	0.4~0.6	1.1~1.3	1.7~2.7			33
		高耐熱性	94~96	0.5~1.5	0.8~2.0	1.6~2.8			32~33
	溶触Silica 연와	一般	90>					SiC 5>	33~34
		高級	90>						33~34
Al_2O_3系 연와	Alumina 및 高Alumina연와	焼成 Mulite質	15~51	45~80	0.5~3			TiO_2 0~0.25	35~37
		Corandom質	0.3~15	80~99	0.1~0.8				38~42
	Alumina 炭素연와		1~9	45~65				C+SiC 11~45	
SiO_2-Al_2O_3系 연와	납석연와 造塊用	高珪酸質	70~82	15~25	0.7~2			R_2O 0.4~2.0	26~30
		軟質	65~75	21~28	1~2			" 2~3	26~27
		普通質	54~75	30~45	1~2			" 1~3	30~34
	Schamotte 연와 構造用	中耐熱質	65~75	20~30	1.5~2.0				23~32
		高耐熱質	53~65	30~41	1.0~3.0				32~34
		超耐熱質	48~53	41~48	1.0~2.0				35~35
ZrO_2系 연와	Zirconia 연와		28~52	0.1~20	0~1.5			ZrO_2 38~65	27~38
	Zirconia 연와	一般質	1<	0.5<				ZrO_2 93~95	>38
		緻密質						" 92~95	>38
SiC系 연와	炭化珪素 연와							SiC >85	
	炭化珪素含有 연와	粘土·SiC(不焼)	50~70	10~25	0.5~1.5			SiC 10~30	26~29
		粘土-C-SiC	35~57	10~35				C+SiC 15~44	29~34
C系연와	炭素 연와							C F 94~99	
MgO系 연와	Magnesia 연와	焼成	0.1~6				90~99	Ig. Loss	>40
		不焼成	2~4				92~95		>40
	Magnesia Carbon 연와		0.5<				>79	Ig. Loss 20%<	
Cr_2O_3系 연와	Crom 연와		5~9	22~26	12~15		15~25	Cr_2O_3 30~35	>36
MgO-Cr_2O_3系 연와	Crom-Magnesia 연와	焼成	1~6	5~20	3~10		22~80	Cr_2O_3 7~22	>42
		不焼成	3~6				35~80	"	>40
MgO-CaO系 연와	Dolomite 연와	Tar Bond質	0.6~1.7	0.2~0.5	0.7~2.0	15~33	55~80	Ig. Loss 5.5~9.0	
		焼成 Dolomite質 天然	0.5~2	0.2~0.4	0.5~1.0	18~32	59~69	5~6	
		合成	0.2~1.3	0.1~0.3	0.2~1.0	5~18	74~90	4~6	
	安定化焼成		8~15	1.1~1.3	3.5~3.9	20~40	40~65		>37
MgO Al_2O_3系 연와	Spinel(尖晶石) 연와		0.3	19.5	0.1	(MgO) 79.0			>40
	Magnesia-spinel 연와		·	14.5			84.0		
不定形 연와	Alumina-silica 연와		16~30	65~79	0~2				>36
	Crom-Magnesia 연와		1~5	3~16	8~11		54~60	Cr_2O_3 10~20	>40
	Alumina-Zirconia-silica 연와		10~16	45~51	0.05~0.15			ZrO_2 32~41	
	Alumina 연와		0~1.5	93~99	0~0.5			Na_2O 0.1~7.0	>38

* 본 표의 물성 외에 Spalling, 열간 Cleave특성, 각종 손상기구 등 조로 관리상 중요한 문제가 있으나, 내용이 다양 광범하므로 전문서(예를 들면 화물 전문서 응용)를 참조할 것.

내화·단열연와의 품질특싱

연와의 품질

겉보기비중	부피 비중	겉보기기공률(%)	압축강도 (kg/㎠)	열간선팽창률 1000℃%	잔존선팽창 장축수율 1500℃2hr%	하중연화점 T_2,℃	비 고
2.3~2.5	1.9~2.0	16~20	200~600	1.3~1.5	0~1	1600~1700	T_1
2.3~2.4	1.8~1.9	19~25	300~650	1.1~1.4	0~1.2	1550~1650	〃
2.2	1.85	18	250	0.11		1390	T_3-
	1.94	11	600	0.03		1340	〃2kg/㎠1700℃
2.8~3.5	2.2~2.7	12~26	200~1000	0.4~0.6	-1.2~+3.5	1400~1700↑	
3.3~3.8	2.5~3.4	10~24	400~1500	0.6~0.8	0~0.6	1500~1750↑	
2.6~3.1	2.1~2.7	14~20	280~430	0.3~0.6		>1600	T_1
2.5~2.7	2.0~2.4	10~20	200~600	0.4~0.8	-0.4~+5	1300~1500	
0.45~2.55	1.9~2.1	15~25	190~450	0.45~0.65	0~10	1150~1250	
2.6~2.8	1.9~2.4	14~18	250~1200	0.3~0.6	-1~0	1240~1400	Semi silica질 포함
2.5~2.6	1.8~2.1	20~30	150~400	0.4~0.7		1250~1400	
2.55~2.7	1.9~2.2	20~25	200~450	0.5~0.6		1350~1500	
2.65~2.8	2.1~2.4	12~20	300~800	0.5~0.6		1450~1520	
3.3~4.8	2.7~4.0	12~25	250~1100	0.3~0.6	-1~+2	1400~1700↑	
5.5~5.6	4.2~4.4	20~24	>600	0.65		>1700	
5.4~5.5	>5.1	0~7	>2500				
3.0~3.06	2.55~2.62	13~16	1000~1200	0.44		1800	T_1
2.6~2.8	2.0~2.4	13~24	150~500	0.5~1.0		1230~1500	
2.4~3.0	1.8~2.3	8~26	100~700	0.4~1.0		1350~1600	
1.9~2.1*	1.5~1.8		300~600	0.3~0.4		극고	*진비중
3.45~3.55	2.8~3.0	15~21	600~1100	1.25~1.35		>1650	
3.35~3.45	2.9~3.1	8~13	500~1000	1.2~1.3		1450~1560	
	2.82~2.98	3.3~3.5	>400				열간굴곡(kg/㎠) at1400℃>30
3.8~40	2.8~3.1	20~25	300~600	0.8~0.9		>1500	
3.6~4.0	2.9~3.3	13~23	300~900	0.8~1.2	-0.2~+0.4	>1600	
3.2~3.6	2.9~3.2	9~14	500~900	0.8~1.2		1550~1600	
	2.9~3.0	5~7	350~450	1.2~1.4		>1650	
	3.1~3.15	1~2	400~800	1.2~1.4		>1650	}Tar 함침품
	3.15~3.2	1~2	500~800	1.2~1.4		>1700	
3.3~3.5	2.6~2.8	16~22	600~800	1.2~1.3	-0.1~0	1700	
3.54~3.56	2.96~3.00	15~17	430~700	1.0	0		열간굴곡(kg/㎠) at1400℃ 45~70
	2.98	16.0	450	1.2		>1700	
2.9~3.2	3.0~3.4		2000~4000	0.5~0.6		>1700	
3.3~3.5	3.8~4.0*		800~3000	1.5~1.10		>1700	*진비중
3.8~4.2	3.4~3.7	0.1~0.15	>3000	0.7~0.8		>1700	
3.2~4.0	2.7~3.5		200~3000	0.65~0.9		1600~200	

(출소 내화물가 공응용 내기협 p184~)

내화단열 연와의 품질

표 2.28 내화단열연와 일본공업규격(KS R 2611)

종류		략호	재가열수축율2%를 초과치 않는 온도(℃)	부피 비중	압축강도 (kg/㎠)	열전도율(평균온도350 ±10℃,kcal/m.h.℃)
A류	1종	A1	900	0.50 이하	5 이상	0.13 이하
	2종	A2	1000	0.50 이하	5 이상	0.14 이하
	3종	A3	1100	0.50 이하	5 이상	0.15 이하
	4종	A4	1200	0.55 이하	8 이상	0.16 이하
	5종	A5	1300	0.60 이하	8 이상	0.17 이하
	6종	A6	1400	0.70 이하	10 이상	0.20 이하
	7종	A7	1500	0.75 이하	10 이상	0.22 이하
B류	1종	B1	900	0.70 이하	25 이상	0.17 이하
	2종	B2	1000	0.70 이하	25 이상	0.18 이하
	3종	B3	1100	0.75 이하	25 이상	0.20 이하
	4종	B4	1200	0.80 이하	25 이상	0.22 이하
	5종	B5	1300	0.80 이하	25 이상	0.23 이하
	6종	B6	1400	0.90 이하	30 이상	0.27 이하
	7종	B7	1500	0.90 이하	30 이상	0.31 이하
C류	1종	C1	1300	1.10 이하	50 이상	0.30 이하
	2종	C2	1400	1.20 이하	70 이상	0.38 이하
	3종	C3	1500	1.25 이하	100 이상	0.45 이하

표 2.29 내화단열연와 품질의 일례

		A	B	C	D	E	F
재가열수축률이 우기 %를 초과하지 않는 온도	온도(℃)	900	1300	1500	1300	1800	1550
	수축률(%)	2	2	0.5	0.5	±0.5	±0.5
부피 비중	(g/㎤)	0.65	0.78	0.74	0.51	1.28	1.10
기 공 률	(%)	71	71	72	81	63	53
압 축 강 차	(kg/㎠)	34	28	16	10	65	74
열 전 도 율	(kcal/m.h.℃) at 350℃	0.14	0.22	0.22	0.14	0.61	0.36
재가열수축률	(%) ℃×18 hrs	at 900℃ 0.57	at 1300℃ 0.53	at 1500℃ 0.25	at 1300℃ 0.08	at 1800℃ -0.30	at 1550℃ 0.17
열간선팽창률	(%)	at 900℃ 0.10	at 1000℃ 0.47	at 1000℃ 0.36	at 1000℃ 0.45	at 1000℃ 0.66	at 1000℃ 1.18
화학성분(%)	SiO_2	76.9	62.3	52.0	43.8	13.6	93.0
	Al_2O_3	13.8	33.2	47.0	39.9	85.7	1.2
	Fe_2O_3	3.2	2.3	0.8	0.7	0.1	1.5
비 고		규조토질	Schamotte질	Schamotte질	Anosite질	Alumine 중 공구질	규 산질

주: 내화단열연와는 KS이외, 특수용도목적에 따라 그 외에 품질이 있고, 그 목적에 합당한 선택이 요성된다. 사용 온도에 대해서는 재가열수축률을 우선 쉽게 보고 있으나, 직접 내벽에 사용할 때는 200℃ 전후 안전하다고 보며, 리면 사용할 때는 단락 또는 Leak 또 표면벽의 침식 등에 의한 온도상승분을 각각 고려할 필요가 있다.

경량 Castable의 품질

표 2·30 경량Castable의 내화물(KS R 2641~1976)

종류	항목	3시간소성 후의 변화율±1.5%를 초과하지 않는 온도	105~110℃ 건조의 부피 비중	105~110℃ 건조 후의 강도		열전도율(참고치) 350℃에 있어서
				굴곡강도 kgf/㎠{MPa}	압축강도 kgf/㎠{MPa}	kcal/m·h·℃(W/m·k)
A류	1종	1400℃	1.2 이하	10 이상(0.98)	20 이상(2.94)	(0.25~0.30){0.29~0.35}
	2종	1300℃	1.2 이하	10 이상(0.98)	20 이상(2.94)	
	3종	1200℃	1.0 이하	7 이상(0.687)	30 이상(1.96)	(0.25~0.30){0.29~0.35}
	4종	1100℃	1.0 이하	7 이상(0.687)	30 이상(1.96)	
	5종	1000℃	0.7 이하	5 이상(0.490)	15 이상(1.47)	(0.15~0.20){0.17~0.23}
	6종	900℃	0.5 이하	-	5 이상(0.49)	(0.10~0.15){0.11~0.17}
B류	1종	1400℃	1.5 이하	20이상(1.961)	60 이상(5.88)	(0.35~0.40){0.41~0.47}
	2종	1300℃	1.5 이하	20이상(1.961)	60 이상(5.88)	
	3종	1200℃	1.3 이하	12이상(1.177)	40 이상(3.92)	(0.30~0.35){0.34~0.40}
	4종	1100℃	1.3 이하	12이상(1.177)	40 이상(3.92)	
	5종	1000℃	1.0 이하	10이상(0.98)	25 이상(2.45)	(0.20~0.25){0.23~0.29}
	6종	800℃	0.8 이하	5이상(0.490)	15 이상(1.47)	(0.15~0.20){0.17~0.23}

표 2.31 경량Castable의 품질 예

부 호		A	B	C	D	E	F
최고사용온도(℃)		900	1000	1000	1100	1300	1450
105℃건조후수부피비중		0.91	-	0.65	0.98	1.27	1.25
소성후수부피비중		0.87	-	-	0.94	1.19	1.15
압축 강도 kg/㎠	105℃ 건 조 후	34	-	15	36	35	60
	500℃ 소 성 후	30	-	12	24	3	40 (at 600℃)
	1000℃ 〃	-	-	-	36	26	
	최고사용온도	29	-	10	40	120	60 (at 1200℃)
절곡 강도 kg/㎠	105℃ 건 조 후	10	17	10	8	14	20
	500℃ 소 성 후	8	-	9	6	7	15 (at 600℃)
	1000℃소 성 후	-	-	-	12	8	
	최고사용온도	8	10 (800)	8	13	40	20 (at 1200℃)
선변 화율%	105℃ 건 조 후	-0.14	-0.3	-	-0.16	-0.06	-
	500℃ 소 성 후	-0.42	-	-	-0.37	-0.19	-
	1000℃소 성 후	-	-	-	-0.72	-0.31	-
	최고사용온도	-1.29	-0.8 (800)	1.2>	-0.85	-0.70	-1.0
열전도율 kcal·m·h·℃		0.19 at 350℃	-	0.15> at 400℃	0.20 at 350℃	0.25 at 350℃	0.23 at 400℃
화학 성분%	SiO₂	57	27	59>	36	41	40
	Al₂O₃	21	32	26	38	41	44
	Fe₂O₃	61	-	-	-	-	-
재 질		규조토질	Vermiculite질	동 좌	점 토 질	점 토 질	점 토 질

(출소: 내화물과 그 응용 · 내기협 P327)

주: 경량Castable은 KS 이외특수용도목적에 따라 각품질이 있으므로 그 목적에 맞는 선택을 하여야 한다.

각종내화물단열재의 열전도율, 열용량 및 사용온도범위

(1) 열전도율

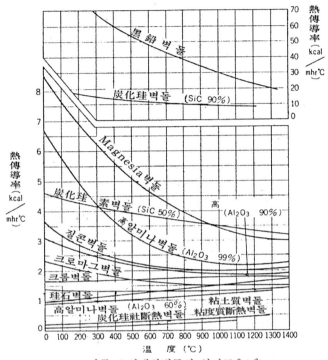

도 각종 소성내화벽돌의 열전도율(예)

(출소 내화물수장 1976)

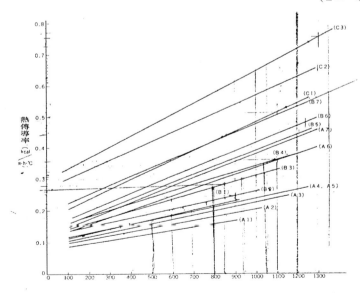

도 내화단열벽돌 (KS, A, B, C류)의 열전도율(예)

내화・단열재의 품질특성

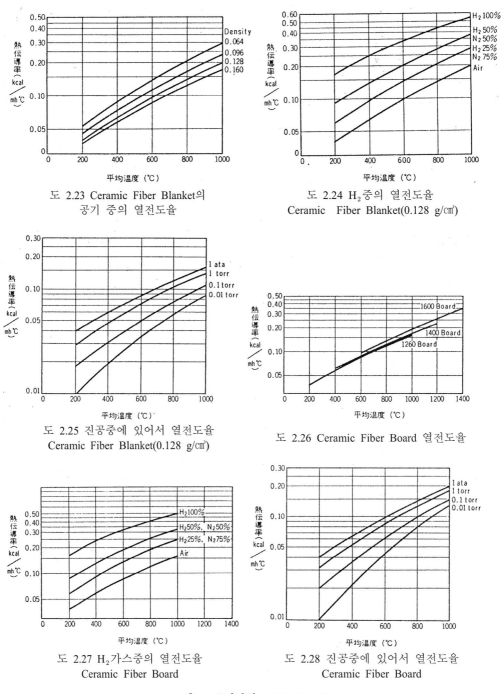

도 2.23 Ceramic Fiber Blanket의
공기 중의 열전도율

도 2.24 H₂중의 열전도율
Ceramic Fiber Blanket(0.128 g/㎤)

도 2.25 진공중에 있어서 열전도율
Ceramic Fiber Blanket(0.128 g/㎤)

도 2.26 Ceramic Fiber Board 열전도율

도 2.27 H₂가스중의 열전도율
Ceramic Fiber Board

도 2.28 진공중에 있어서 열전도율
Ceramic Fiber Board

(출소 공업가열 vol.16, No. 5)

각종 단열구성례와 관련제원비교

표 태다음식열처리로

		내화단열벽돌로	Koowool Lining노
처 리 목 적		주철의 열처리	
노내유효촌법		600W×600H×1,000L(mm)	
처리량(함치구)		340kg/회	
가 열 조 건		1000℃ / 25℃ / 5h / 6h	
출 력		36kW(100)	27kW(75)
전력소비량		245kW(100)	167kW(68)
분 위 기 가 스		없음	
단 열 방 안	천 정 mm	LBK-28 115	Cermic Fiber Blanket 75
		규산 Calcium 보온판 150	특수규산Calcium 보온재 100
			광제선 100
		합 계 265	합 계 275
	측 면 mm	LBK-28 115	Cermic Fiber Blanket 62.5
		규산 Calcium 보온판 175	특수규산Calcium 보온재 65
			규산 Calcium 보온판 150
		합 계 290	합 계 277.5
	태 차 mm	LBK-28 130	Cermic Fiber Blanket 20
		규산 Calcium 보온판 150	CI 115
			규산 Calcium 보온판 130
		합 계 280	합 계 265

(공업가열 vol. 16, No. 5(79/9))

* B는 Batch Type, C는 연속로이며, 다가열은
전열이다. 에너지절약 개조는 양자 모두 섬유
계단열재구성으로 되어 있으나 그 효과는 표
2-25, 27에 표시된 것과 같고 Batch Type 노가
큼을 나타내고 있다.

표 Roller Hearth 식 연통소입로

		개조 전	개조 후
처 리 목 적		Dish spring 소입	
노 내 촌 법		340W×600H×3,000L(mm)	
처 리 량		45.5kg/h	
처 리 온 도		830℃	
출 력		35kW	35kW
전 력 소 비 량 kWh/월		17,102	13,718
분 위 기 가 스		RX 가스	
단 열 방 안	천 정 mm	LBK-23 115	Cermic Fiber Blanket 50
		LBK-20 115	특수규산Calcium 보온재 65
			규산 Calcium 보온판 50
		Silica Board 50	광제선 65
		합 계 280	합 계 230
	측 면 mm	LBK-23 115	Cermic Fiber Board 50
		LBK-20 115	규산 Calcium 보온판 65
		Silica Board 50	규산 Calcium 보온판 115
		합 계 280	합 계 230
	노 광 mm	LBK-20 65	LBK-23 115
		LBK-20 65	특수규산Calcium 보온재 50
		LBK-20 65	규산 Calcium 보온판 25
		합 계 280	합 계 265

(주) 1) LBK23, LBK20은 부피 비중 0.55, 0.50
의 내화단열벽돌

2) Silica Board는 규산 Calcium 보온판2호

(출소 공업가열 vol. 16, No. 5(79/9))

각종단열구성례와 관련제원비교

5. 열손실방지례
(1) 노벽단열강화
(i) Venyering 공법

　하도 A는 기존 내화물에 Start Bolt를 박아 Ceramic Fiber를 시공한 예. B는 기존 내화물에 접착제로 Ceramic Fiber를 시공한 예.

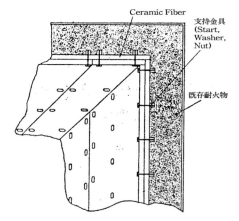

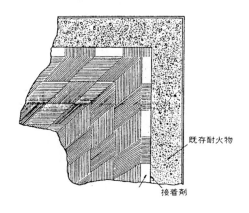

　　도 Blanket를 사용한 Venyer Lining의 예　　　도 Felt Block를 사용한 Venyer Lining의 예
　　　(출소 공업로 Hand Book p565~566)

(u) 효과의 일례
A 저항로

　도 2.56(B)의 승온 특성비교는 도 2,56(A) 실험로 단면에서 나타낸 벽돌 구성과 Ceramic Fiber - 구성의 비교이다.

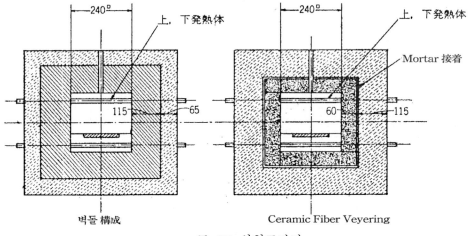

도 (A) 실험로단면

각종단열구성례와 관련제원비교

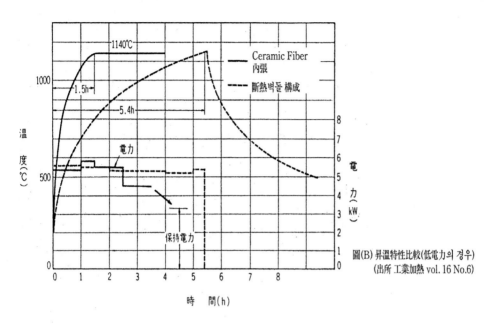

圖(B) 昇溫特性比較(低電力의 경우)
(出所 工業加熱 vol. 16 No.6)

B. 燃燒炉

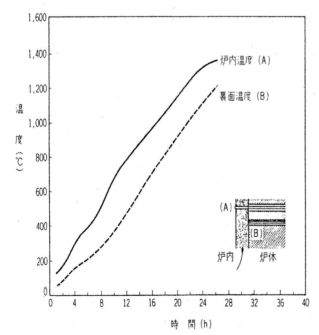

圖(B) Alumine Fiber: 一表裏의 溫度上昇曲線

각종단열구성례와 관련제원비교

표 Alumina Fiber- 사용 전후의 단독 Kiln의 열감정비교

항목		사용전				사용후			
		입열		출열		입열		출열	
		10^3 kcal	%	10^3 kcal	%	10^3 kcal	%	10^3 kcal	%
입열	연료의 연소열	3,715.3	98.4			2,838.9	96.9		
	연료의 현열	1.8	0.0			1.4	0.0		
	연소용 공기와 지입하는 열	14.9	0.4			11.5	0.4		
	노 본체가 축열하고 있는 열	45.6	1.2			80.1	2.7		
	전 입 열	3,777.6	100.0			2,929.8	100.0		
출열	소성에 필요한 열			370.5	9.8			370.5	12.7
	노 본체에 축열된 열			1,000.1	26.5			949.1	32.4
	연소배가스의 현열			1,529.6	40.5			1,161.6	39.6
	방사전도 기타에 의한 손실열			877.4	23.2			448.6	15.3
	전 출 열			3,777.6	100.0			2,929.8	100.0
소성품 열효율		10.0%				13.1%			

표 Alumina Fiber 사용 전후의 연료비교

Alumina Fiber	소성중량	사용연료	소성1kg당 연료	비율
사용전	1,333kg	398kg	0.299kg/kg	100
사용후	1,220kg	294kg	0.241kg/kg	81

Ceramic Fiber에 의한 Venyering 효과는 주로 축열량의 저멸에 있고, 연속로보다 Batch로 또는 휴지율이 높은 노에 성 에너지 효과가 크다.

(2) 가열로의 장입·추출문을 친자식으로서 방사열량을 저멸시킨 예

종래형의 장입문에는 장입하는 강편의 길이와 문의 복에 차가 있기 때문에 강편이 없는 부분으로부터의 방사, 배가스, 혹은 냉공기흡인에 의한 열손실을 낸다. 도 2.58과 같이 문을 친자식으로 하고 문과 강편과의 틈을 개지했다.

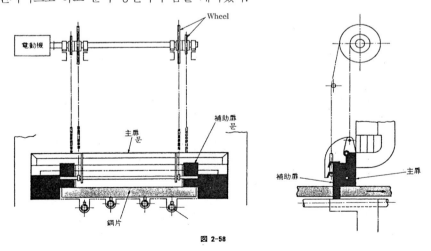

図 2-58

각종단열구성례와 관련제원비교

(c) 엔형단면과 상형단면의 비교
(상형단면의 100으로 했을 경우)

Alumina Fiber	상형단면로	엔형단면로
표 면 적	100	86.1
노 벽 방 열 량	100	78.6
연 료 원 단 위	100	93.1

노의 단면은 종래, 상자형이 많았다. 이것은 단열 Board나 병형벽돌의 형상에서 시공하기 쉬운 것이 한가지 이유이었다. 도 2.60는 Ceramic Fiber를 유효하고 경제적으로 이용하여 성에너지를 꾀하여 단면을 엔형으로한 예이다. 이 예에서는 표(c)에 나타냄과 같이 방열량이 감소했으므로 연료원단위가 약 7% 저감했다.

이 외에 노벽철물에 걸리는 응력이 균등하게 됨으로 강판을 얇게(경량화) 할 수 있다. 또 엔형이므로 노벽방사가 중심에 모여 노내온도포가 개선되었다는 큰 효과를 보았다.

(출소: 「공업가열」 vol. 15, No. 3, 1978. 5월)

방사, 전도 등에 의한 열손실의 방지

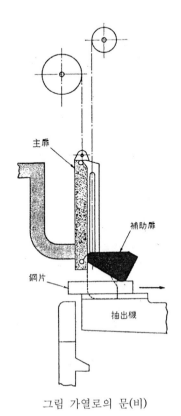

主扉

補助扉

鋼片

抽出機

그림 가열로의 문(비)

결과로서 이 예(가열능력 100t/h)에서는 연료원단위가 0.5~0.8만 kcal/t 저감했다.

왼쪽 그림은 동양의 친자비를 추출측에 설치했을 경우이다.
보조비에는 Level 조정용의 Wintch가 붙어 있다.
100t/h의 가열로의 경우, 연료원단위를 0.2~0.5만 kcal/t 저하시킬 수 있었다.
장입·추출비 어느 것이나, 이 merit에 의하여 설비비증가분을 1~1.3년으로 회수할 수가 있었다.
(출소 내화물기술협회, 제39회 축노전문위원회 자료)

(3) 연속식 가스 침탄로의 노형변경에 의한 방열저감례

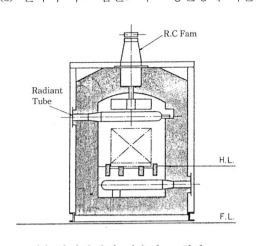

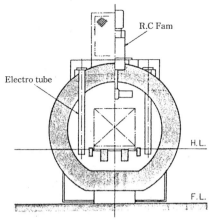

(a) 상형단면의 연속가스 침탄로   (b) 환형단면의 연속가스 침탄로

폐열의 회수이용

5.1 폐열의 회수이용에 관한 판단기준의 골자와 대응책

공업로로부터의 폐열의 발생원은, 노내에서 배출하는 폐열가스와 가열된 물체로부터의 방열로 대별할 수 있다. 이것들은 공업로에 있어서 성에너지의 중요한 대상이다. 이 열량의 회수와 유효이용을 도모하기 위해서의 판단기준을 설정하고 있다.(참조 에너지 합리화법 및 각 노의 검사기준법) 그 골자는 다음과 같다. 아래 항에서 폐열회수의 실례, 회수의 방법과 회수장치 등에 대해서 해설한다.

1. 폐열의 회수이용의 표준
(1) 폐가스의 폐열회수이용은 폐가스를 배출하는 설비에 따라 폐가스의 온도 또는 폐열회수율에 대한 표준을 설정한다.
그의 보기 편한 것은 판단기준별표(권말, 부록)를 잘 참조하라.
(2) 가열된 고체의 현열, 기체의 압력, 가열 성성분의 폐기된 것의 회수이용은 회수한 범위에 대해 표준을 설정한다.
폐열의 발생 예를 5.2항에 표기했다.

2. 계측과 기록등
(1) 폐열의 온도, 열량, 폐열을 배출하는 열매체의 성분 등에 대해서 폐열의 상황을 파악하기 위해 계측한다. 결과를 기록한다. 계측의 방법에 대해서는 전문서를 참조하기 바람. 배가스의 성분에 대해서 평균비열 및 함열량을 표2.59 및 표 2.60에 표시했다.
(2) 폐열의 배출상황에 응해서 그 유효이용 방법을 검토하기 위하여 5.2 항에 이용 결과를 표시하고, 5.3항 1.2에 일람표로서 간추렸다. 5.4항에 폐열회수System 례를 나타내었다.

3. 폐열회수설비의 보수 및 점검
폐열회수이용을 위한 열교환기 등은 전열면의 오손의 제거, 열매체의 루설 부분의 보집 등을 행하고, 폐열회수이용효율을 유지할 것. 보수에 있어서는 가열연료 및 피가열재료, 분위기에 의하여 달라짐으로 종래의 실적에서 판단하여 점검을 할 필요가 있다.

4. 폐열회수이용을 위한 개선조치
(1) 폐열의 배출하는 설비에서 회수이용하는 설비까지 연도·관등에는 공기의 침입을 방지하고, 단열의 강화(제4장참조) 기타 폐열의 온도를 높게 유지할 것,
(2) 폐열을 회수하는 설비는 폐열회수율을 높일 수 있도록 전열면의 성상과 형상, 전열면을 고려해서 선택할 것 4에 회수장치의 해설을 표시한다.

5. 폐열을 회수이용하는 설비의 설치
폐열의 종류 및 배출의 상황 아울러 총합적인 열효율을 감안해서 연소용공기 또는 원재료의 여열, 증기 또는 온수의 제조, 동력의 발생에 이용하기 위한 열교환기, 폐열 보일러, 흡수냉온수기, 폐하력회수장치 기타의 회수설비를 설치할 것. 연속폐열이 발생하거나, 단시간만의 발생인가를 고려하여 5.2의 이용효과, 5.4의 System 예를 참조해서 설비를 선택하여야 한다.

5.2 폐열발생례와 회수효과
1. 폐열의 발생례
폐열의 종류 및 아울러 에너지양의 1례로서 제철소의 예를 나타낸다. 더구나 연속가열로, Batch 식가열로, Cement Kiln 및 내화물소성용 Tunel 요등의 예에 대해서는 1.4 열감정의 항을 참조하라.

폐열의 회수이용에 관한 판단기준의 골자의 대응책

(1) 일관철소에 있어서 폐열의 발생

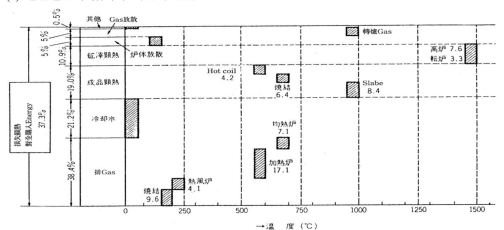

도 손실현열의 형태별, 온도별 할합

(출소: 제39회서산기념강좌(51.5.26))

(2) 제철소제선부문의 폐열발생량

표 제선부문의 회수가능하다고 생각되는 배 에너지

	배 에너지의 종류	배 에너지 양(kcal/t-제품)	배 에너지 양(kcal/t-선철)
Cockes 노	Cockes 의 현열	$390×10^3$ kcal	$181×10^3$ kcal/t-선철
	부 생 품 현 열	$337×10^3$ kcal	$157×10^3$ kcal/ 〃
	배 가 스 현 열	$98×10^3$ kcal	$64×10^3$ kcal/ 〃
소 결 노	소 결 광 현 열	$750×10^3$ kcal/t-연결광	$195×10^3$ kcal/ 〃
	소 결 Main 배 가 스	$92×10^3$ 〃	$120×10^3$ kcal/ 〃
고 노	SLABE 현 열	$134×10^3$ kcal/t-선철	$134×10^3$ kcal/ 〃
	노 정 가 스 현 열	$56×10^3$ kcal/ 〃	$56×10^3$ kcal/ 〃
	노 정 가 스 압 력	$100×10^3$ kcal/ 〃	$100×10^3$ kcal/ 〃
	냉 각 수 손 실	$82×10^3$ kcal/ 〃	$782×10^3$ kcal/ 〃
열 풍 노	배 가 스 현 열	$74×10^3$ kcal/ 〃	$73×10^3$ kcal/ 〃
	냉 각 수 손 실	$33×10^3$ kcal/ 〃	$33×10^3$ kcal/ 〃
합 계			$1,177×10^3$ kcal/ 〃

(단, 고노 Cookes비 400kg/t 선철, 소결광원단위 1,200kg/t 선철)라 했다.(출소: 철과 동 64(1979)13)

2. 폐열회수이용에 의한 효과

(1) 연료절감률의 계산법

Recuperator 등을 설치했을 때의 연료의 절약률은 이하의 방법으로 계산할 수 있다.

도 2.62에서 연료절감률을 이론적으로 고제하면

(i) 냉풍(여열없이)으로 조업할 경우

$$B \cdot H_u = Q_N + Q_W + B \cdot V_{Rg} \cdot i_{Rg} \cdots(1)$$

(ii) 열풍(여열공기)으로 조업할 경우

$$B' \cdot (H_u + V_l \cdot i_l)$$
$$= Q_N + Q_W + B' \cdot V_{Rg} \cdot i_{Rg} \cdots(2)$$

(1),(2)식에서 $Q_N + Q_W = const.$ 라 하면

$$B \cdot (H_u - V_{Rg} \cdot i_{Rg}) =$$
$$B'(H_u - V_{Rg} \cdot i_{Rg} + V_l \cdot i_l)$$
$$\therefore \frac{B'}{B} = \frac{H_u - V_{Rg} \cdot i_{Rg}}{H_u - V_{Rg} \cdot i_{Rg} + V_l \cdot i_l} \cdots(3)$$

따라서 연료절감률은

$$\triangle B = \frac{B - B'}{B} = \frac{V_l \cdot i_l}{(H_u - V_{Rg} \cdot i_{Rg}) + V_l \cdot i_l}(4)$$

단, B, B' : 매시 당 연료소비량 kg/h or Nm³/h

폐열의 회수이용

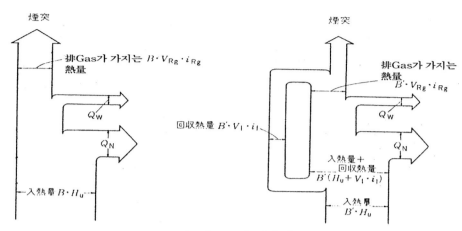

그림 연소로의 열수지

H_u: 연료의 저발열량 kcal/kg or kcal/Nm³

Q_N: 노내유효열량 kcal/h

Q_w: 벽손실 kcal/h

V_{Rg}: 단위연료당 배가스양

  Nm³/kg or Nm³/Nm³

i_{Rg}: 노바닥의 배가스함열량 kcal/Nm³

V_l: 단위연료당 공기량

  Nm³/kg or Nm³/Nm³

i_l: 여열공기의 함열량 kcal/Nm³

[계산례]

연료의 발열량: H_u=10,000 kcal/kg

공기과잉률: n=1.2

노바닥 배가스온도: t_1=450℃

이때 V_l=13.1Nm³/kg,

  i_l=144kcal/Nm³

  V_{Rg}=13.8Nm³/kg

  i_{Rg}=366kcal/Nm³

라 하면 연료절감율은 $\triangle B = \dfrac{B-B'}{B}$

$= \dfrac{13.1 \times 144}{10,000 - 13.8 \times 366 + 13.1 \times 144}$

$\times 100 = 27.5\%$

(2) 연료설약의 실례

열처리로(철강 및 비철금속로)

철강 및 비철금속열처리로용
(폐열회수하지 않을 경우를 0%라 한다.)

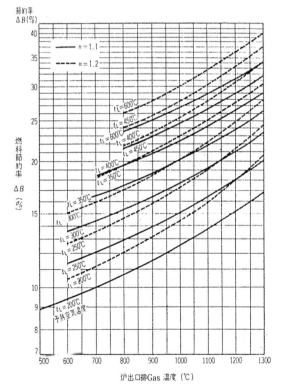

그림. 열처리로의 열회수 Graphy

폐열발생의 회수효과

용에 Recuperator를 사용했을 때 노의 배가스온도에 대해서 연소용여열공기온도로부터 도 2.63에 표시하는 바와 같이 연료절약률을 구할 수 있다.(중유의 발열량 10,000㎉/kg, Recuperator 공기 입구온도: 0℃)

다음에 LPG, 고노가스, 혼합가스, Cockes노가스, 중유에 대해서 연료절약의 실례를 각각 도 2.64, 65, 66, 67, 68에 표시한다.

L.P.G

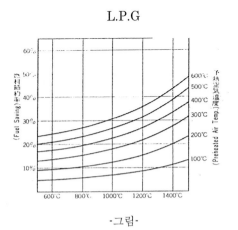

-그림-

(출소: 공업노성에너지 편관p121)

고노가스(Blast Furnace 가스)

-그림-

(출소: 공업노성에너지 편관p121)

혼합가스(Mixed 가스) Hu=2500㎉/Nm³

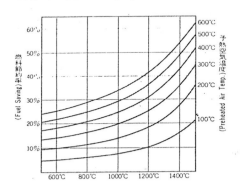

폐가스온도(Temp of 가스 leaving furnace)

-그림-

(출소: 공업노성에너지 편관p121)

cocked 노가스(Coke-Oven 가스)

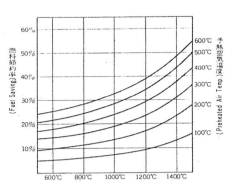

폐가스온도(Temp of 가스 leaving furnace)

-그림-

(출소: 공업노성에너지 편관121)

폐열의 회수이용

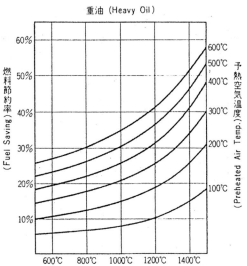

重油 (Heavy Oil)

폐가스온도(Temp of 가스 leaving furnace)
-그림- (출소: 공업노성에너지 편관p121)

천연가스를 이론공기비로 연소시켰을 때의
Recuperator에 의한 열회수율을 도
2.65 표시한다.

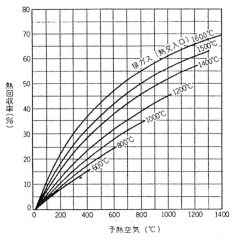

(주) 천연가스의 이론공기비연소배가스로
부터의 열회수율
-그림- (출소: 공업노성에너지 편관p121)

배가스의 열회수전의 손실률에 대해서 열의
회수율을 알면 도2.70에 의하여 연료절약률을
구할 수 있다.
(3) 여열연소공기온도와 이론연소온도
  연소공기온도를 높임에 따라 도 2.71, 72에
  나타내는 바와 같이 연소온도를 상승시킬
  수 있다.

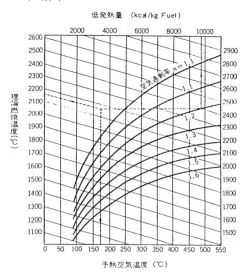

-그림- 공기여열온도에 대한 이론연소온도의 관계
(출소: Fuzi Fexnosystem 자료)
저발열량의 연량에 있어서 이론연소온도

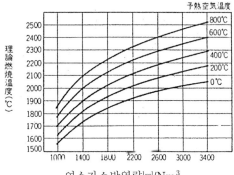

연소가스발열량kcal/Nm^3
-그림- (출소: 공업노성 에너지 편관)

폐열회수장치

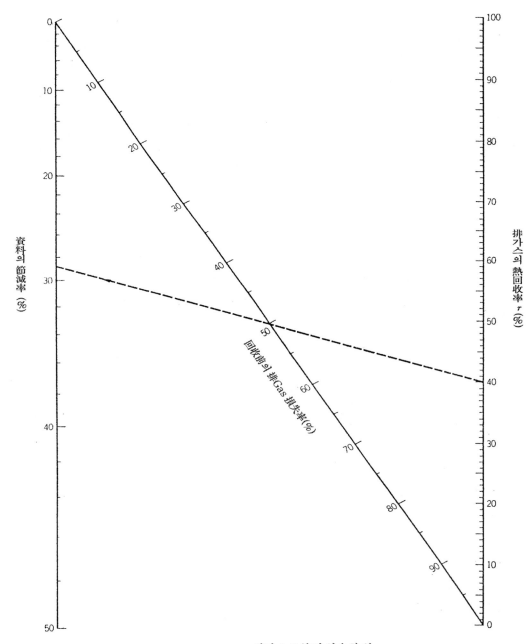

$$\text{배가스의 열회수율} = \frac{\text{배가스로부터 회수한 열}}{\text{종래의 배가스가 지출하는 열}}$$

그림: 배가스의 열회수에 의한 연료의 절약률

(출소: 실용열관리계산도표집, 연료와 연소 53.5)

폐열의 회수이용

(4) 폐열회수의 경제효과

폐열회수설치를 함으로써 얻어지는 회수에너지로 설비Cost를 나누어 회수율을 구함으로써

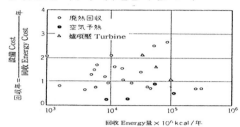

그림: 폐열이용-System 도입의 현황

주: 계산의 전제조건

　　폐열회수에 의하여 절약되는 에너지-단가

　　　증　　기: 4엔/10³kcal

　　　전　　력: 10엔/kWh

　　　중　　유: 24~28엔/l

　　　L　P　G: 44엔/kg

폐열회수장치

1. 폐열회수요소기기

도 2.73와 같이 현상이 평가되고 도 2.74와 같은 동향에 있다. 도 2.74의 폐열회수형태별의

우하향의 실인은, 회수년이 연과 더불어 저하하는 경향에 있음을 나타내고 있으며 이것은

(i) 에너지 Cost 연율 10%로 상승한다.

(ii) 폐열회수설비 Cost는 에너지 Cost상승의 영향을 받아 연율 5%로 상승한다.

이런 이유에 의하는 것이며, 같은 설비라면 년과 함께 회수년이 내려가게 된다.

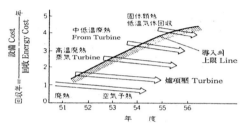

그림: 투자회수년변화의 동향

(인용문헌: 일본기계학회83(1980)740p.37)

공업로의 폐열은 주로 연소배가스나 기타 종의 폐열에 대해서 회수요소로서의 기기의 일람표를 표 2.52에 나타낸다.

표 폐열회수요소기기일람

기 기		대상폐열	회수에너지 매체	특 징	검토점	적용례
폐열보일러		폐가스	증기 또는 열수	300℃이상으로서 고효율	Dust,부식, 변동	가열로,전로 등
간접열교환기	shell와 tube	가스 또는 액체	가스 또는 수	가장 일반적 U≒20kcal/m²h·℃		
	shell와 tube (Gloss피복강관0)	부식성 가스	가스 또는 수	SO_x 대책	가공상의 문제, 내구성	
	shell와 tube (Pipe에 세구)	가스	가스	상변화로 전열향상		
	축열회전식	가스	가스	내부식재료선정 max450℃, U≒25	Leak 약 2%, 회전동력요	연소용공기여열
	Plate식	가스	가스	Arange용이, ConBact max850℃,U≒20	Dust, 대책요	
	Heat Pipe식	액체	가스 또는 액체	Seal성·응답량호 conbact·중저온,U≒50	Dust, 부식대책요	
	Recuperator	연소배	연소용여열공기			연소용공기여열
직접열교환기		열수	저비점매체	Tubeless이기 때문에 안가	비체의열화·소모	
각종 보일러		성품현열	증기 또는 열수	300℃ 이상에서 고효율	DST 부식, 변동, 설비규모대	Cockes 건식소화(CDQ) 소결광 Glage Slabe
Cooler		제품현열	연소용공기			Cement Cincker
Sclape 여열기		Arc, 노배가스	Sclape 여열			Arc 로

폐열회수장치

(계속)

기 기		대상폐열	회수에너지 매체	특 징	검 토 점	적 용 례
열저장	고압열수Tank	열수			단시간으로 대량증기발생	
	폐불 현열	폐불	가스	Alumina 폐불로 1700~2000℃	연속식·Batch 식	
	염류의 용해열	화학물질		매체에 의하여 각종온도	용기내식,열의 출입	
	염류회석	농후수용액	농도차에너지	폐열로서 포척액을 농축	발전Cost 높다.	
	농축액의 농담전지		수소발생	〃	안가인 교환막의 실용	
에네루기 변환	라인킨사이클	증기(고압·저압)	회전동력	실용		고압은 발전소 저압은1,500kW 5만kW발전 수백~수만kW발전 고노
	〃	포화증기또는 매체	〃	중저온		
	〃	열수	〃	열수 Turbine총합효율높다.		
	〃	저비점기매체	〃	후론 계·ISO Bottone 계등 복류, 축류	온도 적 매체	
	엑스펜다	가스압력(가열·비열)	〃		Dust·내식성	
	〃	증기 또는 열수 (150~300℃)	〃	Screw 일식	용도선정요(소)형	
	흡수냉동기 (2중효용)	배가스배증기 (>250℃)	냉수(~7℃)	저온배열유효이용	냉각원과의 배관cost	
	〃 (1중효용)	배증기·온배수 (>100℃)	〃	〃	〃	
	〃	온배수(80~90℃)	〃	〃	〃	
	Heat Pump	온배수(10~30℃)	온수(60℃)			
	〃	〃 (~70℃)	〃 (160℃)	전단압축·후단흡수		

2. 각종 Recuyerator·Regenerator 비교

Recuyerator등의 선정에 있어서 주된 손실비교를 일람표(아래표)에 표시한다.

표

장치별		사용재	형식	장소	단소	사용노
	금속	내열강	복사식	고온배가스에 사용, 가스측 압손의 소, Dust 부착의 소	저온배가스에는 부적 (800℃ 이상)	cuffola, 단조로,균열로, 배가스가 고온이고 Dust가 많은 노
		내열강 내열주철	대류식	저온배가스로부터의 열회수에 적합. 내외면에 Fin을 붙임으로써 전열면적을 증대 가능. CHANEL(다관)형의 것은 Dust의 추적이 소 사용온도1000℃ 이하	Dust가 많은 배가스에는 부적	가열로,열처리로,소성로
	세라믹	Schamotle질 Hi·Alumina질 Carborundam 질 등의 Tube	아무고 형, 스타인 형, 칼 후란켄 형	내열성이 양호1000℃이상의 배가스에 사용,700℃이상의 공기여열이 가능	기밀성에 난점, 열전도율	요업용고온소성로, 소형가스s Tank로 , 초자 Pote로, 입형아연 증유로, 균열로
Regenertor	세라믹	Magnesia 및 Hi·Alimina계 내화물	Checker방식	배열회수효율량 고온용1200℃이상의 노에 사용가능	배가스, 여열공기의 양쪽다 압손대, 설치장소가 넓다. Damper 절환이 필요.	용광노용열풍노, 균열로, cockes로, Glass Tank로
폐불 Heater		〃	〃	충전방식	〃	
축열회전식		Ceram 금속	음그스트롬 로·트 외 뮤래	저온배가스로부터의 열회수에 적	회전동력이 필요, 기밀성에 난점	보일러 외
진공대류식		금 속	바그덴 Heater등		온수회수뿐	

폐열의 회수이용

3. Recuperator

Recuperator를 사용할 경우의 기체의 흐름은 3종으로 생각할 수 있다. 이것들을 온도분포와 함께 도 2.75에 표시한다.

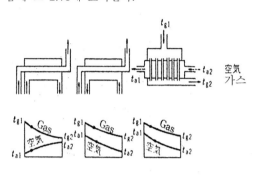

- 그림 -

a) 평행류 b) 향류   c) 십자류

가스=연소가스 공기=연소용공기 또는 연료 가스

Recuperator의 형식과 장점을 이하에 기술한다.

(1) 방사식 Recuperator는 주로 방사열에 의한 열전도 형태에 의하여 열회수하는 것이다.

배가스측의 열전달률은 다음식으로 주어진다.

$$\alpha = \frac{4.88\phi\left\{\left(\frac{T_{Rg}}{100}\right)^4 - \left(\frac{T_W}{100}\right)^4\right\}}{t_{Rg} - t_W} \text{ kcal/m}^2 \cdot \text{h} \cdot \text{℃}$$

여기서, ϕ: 방사계수

T_{Rg}, T_W: 배가스 및 관벽의 온도(。 K)

t_{Rg}, t_W: 배가스 및 관벽의 온도(℃)

이고, (a) 배가스 온도와 관벽온도의 차

(b) 배가스 괴의 크기

(c) 배가스 조성분압(P_{CO_2}, P_{H_2O})

이 크면 클수록 기능이 커진다.

(1) Stack 형방사식 Recuperator(주사양)

1) 배가스 온도 최고 100~1300℃

2) 공기여열온도최고 500~5500℃

(특장)

1) 평골한 강판제이기 때문에 Dust의 부착이 없다.

(Dust의 양이 많은 균열로에는 최적)

2) 최고배가스를 희척함이 없이 이용할 수 있다.

3) 연돌과 겸용되고 장치자체의 가스 측압손실 없음

4) 보수를 요할 때는 작업이 어렵다.

5) 저온배가스에는 적용할 수 없다.

(방사전열량은 가스 온도가 저하하면 급격히 감소한다. 통상 800℃ 이하의 배가스에는 방사형식이 채용되지 않는 것은 이 때문이며 방사형만으로는 비교적 고온 배가스가 쓸모 없으므로 버리게 된다)

6) 대류형 Recuperator와 Conbination

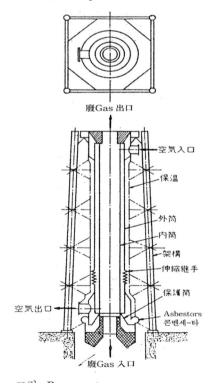

-그림- Recuperator

Type로서 사용하면 유효하다.

폐열회수장치

(ii) Tube 형방사식 Recuperator 아래 그림에 표시한 바와 같이 내화물로 내장한 Duct 중에 열교환 Tube를 상자상으로 배열한 것이며, 사용조건은 Stack식과 같다.

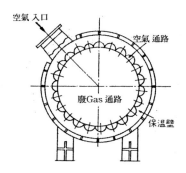

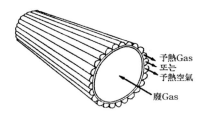

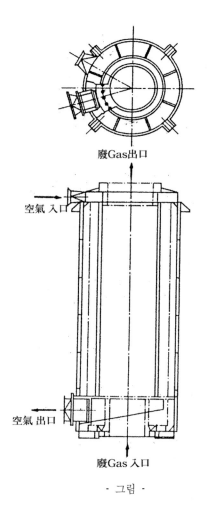

- 그림 -

(ii) 마루치 홈 Duct형 Recuperator 바름쪽 그림은 새로 개발된 마루치 홈 Duct형 Rcuperator로서 그림과 같이 여열공기류로인 외간을 배가스 류로로서의 내간(Duct형)으로 하고, Duct자신을 Recuperator로서 사용가능하게 함과 동시에 종래의 복사형이 수직방향으로 밖에 설치할 수 없었음에 비하여, 수평으로 설치할 수 있는 등 여러 모양의 설치자세도 가능한 기종이다.

(주사양)
1) 배가스온도 최고 1200℃
2) 공기 여열 온도 450℃

(특장)
1) 수직·수평·경사설치 등 전자세의 설치가 가능하며 거부장소의 제약을 받지 않음
2) 방사형이기 때문에 가스측압손극소
3) 취부공기 짧고, 연도건설비를 최소로 절감
4) 보수점검이 용이

폐열의 회수이용

(ⅳ) 방사식 Unite Recuperator 구조가 Compac한
Recuperator로서 Unit로 한 Recuperator가
있다. 도 2.79과 2.80에 표시한다. 취부례를
도 2.81로 표시한다.

그림: 방사식 Unite의 외   그림: 방사식 Unite의 내측
친   Shell

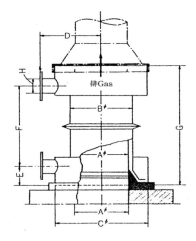

·그림· 조립도

표 방사식 Unite의 종류

	위 우그림에 의한 촌법(mm)							공기량	cockes 가스	수성가스	중유
	A	B	C	D	E	F	G	H	Nm³/h	Nm³/h	Nm³/h	Nm³/h

	A	B	C	D	E	F	G	H	공기량 Nm³/h	cockes가스 Nm³/h	수성가스 Nm³/h	중유 Nm³/h
Ⅰ	300	352	520	340	130	540	800	100	115~300	28~73	100~200	6.5~12
Ⅰa						795	1050		115~300	28~73	100~260	6.5~12
Ⅱ	400	452	620	390	145	910	1200	125	170~500	41~122	145~430	12~24
Ⅲ	500	552	720	440	170	1060	1400	151	220~630	53~155	190~550	24~40
Ⅳ	600	652	820	500	205	1090	1500	216	280~750	68~183	215~650	40~60
Ⅴ	800	852	1020	630	210	1180	1600	250	375~1000	91~245	285~870	54~80

(주사양)
1) 배가스온도   최고1400℃
2) 공기여열온도   최고600℃
3) 공기측압력손실 약 120mm 수성
(특징)
1) 구조가 Compact하여 취소가 용이하다.
2) 배가스 희석·소제의 필요가 없다.

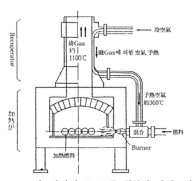

그림: 방사식 Unite를 취부한 가열노의 례
(출소: 공업가열 Vol.11, No.3)

(2) 방사·대류식 Recupeator

아래 그림에 표시하는 바와 같이 공기는 우선 이중엔간간에서 방사에 의하여 열교환되고, 다음에 내측에 배치된 열교환 Tube에 들어가 이 부분에서 방사·대류에 의하여 열교환된다.

(특징)

1) Compact한 대신 열교환량이 크게 취해진다.
2) 방사식으로서는 다소 저온배가스에도 적용가

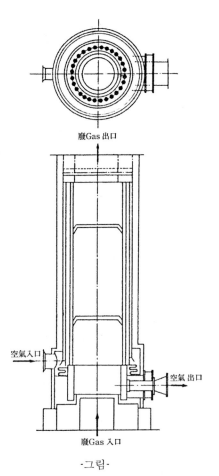

-그림-

(3) 대류식 Recuperator

대류형 Recuperator는 주로 대류식열전도형태에 의한 열회수를 하는 것으로 배가스 측열전도율을 개선하기 위해 관관에 Fin 또는 Dust를 설치한 것이 예부터 채용되고 있다. 방사형 Recuperator의 후면에 설치하는 Conbination

Type 또는 단독설치형으로서 채용되어 가동기수는 아주 많다. 후관열정가열로·Bilet 가열로, 형강선재가열로용의 Recuoerator의 주요부의 태양은 본 형식과 같다.

'대류' 열전도이기 때문에 배가스 중에 Dust를 다량함유할 경우 V(Vanadium), S(유황), Na (Natorium)가 함유할 경우에는 '오손'에 의한 성능 저하, 또는 V_2O_5에 의한 'Vanadium attack'에 대한 충분한 배려가 필요하다.

(1) Fin 부다관형 Recuperator

철강업계에 가장 많이 사용되어 신뢰성이 큰 기종으로 통상 아래 그림에 표시하는 바와 같이 노 저근방의 연도 중에 수 Unite를 매달아 설치한다. Tube를 수평방향으로 Duct 내에 조립하는 상상방식(그림S)도 가능하며 내외면에 Fin이 붙은 내열주물제열교환 Tube(그림 A)를 통상 Element라 칭한다)를 (그림 B)와 같이 Unit 조립하여 (COMPOSITE TYPE RECUPERATO R)라 한다.

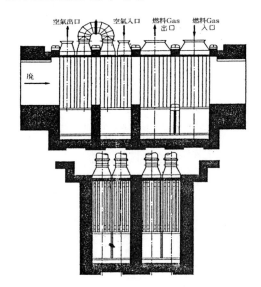

그림: 수평연도내에 배치한 공기, 고노가스 여열용 Composite Tube형 Recuperator(Fin 부다관식)

폐열의 회수이용

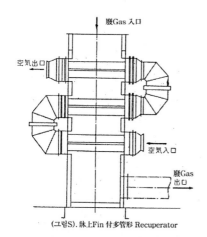

(그림S). 脈上Fin 付多管形 Recuperator

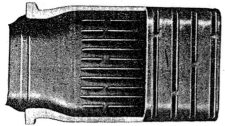

(그림A). Element 斷面圖

Element는
1) 길이
2) Fin의 고저와 Pitch
3) 구성 Flange의 복
4) 기본형상과 재질에 각각 수종류의 것이 준비되어 있고 노형식, 사양조건에 응해 선밀한 고려에 기준하여 최고의 것이 공급된다. 통상 1Unite는 대략 10본의 Element를 상한으로 해서 구성되며, 대용량의 경우에는 같은 Unite를 여러 수개 병례로 두는 형식이 취해진다. Element의 취부형상부는 대개 동일하므로 보수 바꾸어치기가 편리하다.

(주사양)
1) 배가스 온도 최고 1000℃
2) 공기여열온도 최고 500℃

(특징)
1) 내외면에 Fin을 가지며 열교환면직이 크므로 나관식에 비하여 장치가 Compact
2) Dust가 많을 경우

Fin부에의 Dust 퇴적, 가스 측압손의 증가, Fin의 손상으로 인한 장치성능의 저하, 조로 조건의 영향을 충분고려할 것

(ii) 다층형 Recuperator

도 2.88와 같이 열교환면을 내열나관으로 구성하고 조업 시의 열교환 Tube의 열팽창을 고려해서 일단을 자유롭게 하게나 (A)"<" 형으로 처음부터 구부린(B)의 것으로, 사양적으로는 Fin부와 동정도의 조건까지 사용가능하다. Fin부에 비하여 안가·경량·Dust의 퇴적이 적다는 이점이 있다.

Element의 外觀

(그림 B)煙道組口形 Composite Tube形 Recuperator

폐열회수장치

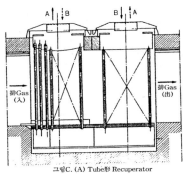

그림C. (A) Tube形 Recuperator

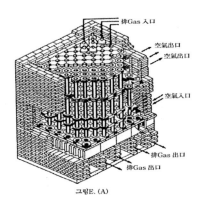

그림E. (A)

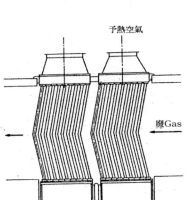

그림D. (B)

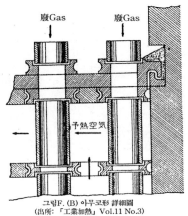

그림F. (B) 아무코形 詳細圖
(出所:「工業加熱」 Vol.11 No.3)

(특징)

1) Dust의 퇴적이 적다.

2) 관배열은 자유로 결정할 수 있으므로 설계자유도대

3) 나관 때문에 Fin부에 대해 설치면적이 대구성단위
   가 나관이기 때문에 구성배열, Pitch의 선정, 절곡
   가공이 자유롭게 된다.

   대 Dust 퇴적문제에 있어서는 관배열은 천조배열
   보다도 기반배열쪽이 우수하다.

4) Ceramic Recuperator

   금속 Recuperator는 기밀한 점에 우월하여 배가스
   온도가 높으면, 700℃ 이상의 공기여열이 가능하
   여 배열의 유효이용·열효율의 상승이 기대되나,
   항상 혼실에 대한 보수·점검을 요하고, 정확한 노
   압제어를 행하려면 다소의 곤란이 따른다.

   그림 F,G에 CeramicRecuperator의 구조를 나타
   낸다.

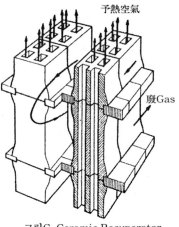

그림G. Ceramic Recuperator
(스타인 形)

폐열의 회수이용

4. Regenerator(축열실)

(1) Regenerator (축열 재생식 폐열회수기)에
는 축열실을 고정해서 Damper로 가스 통
로를 바꾸는 것(그림H)

통로를 회전하는 것 (그림I)축열실을 회전하는
것(그림J)이 있다.

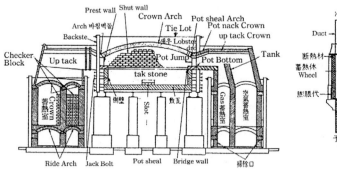

(그림H): 축열식여열기
(출소: 일본공업노협회 「성에너지 일공업노 촉진」 53.3)

(그림J): 회전재생식공기여열기
(Angstrom)

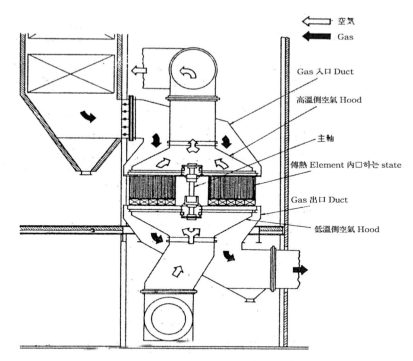

(그림I): 회전재생식공기여열기 (Lot mill)
(출소: 일공공업 Catalog)

폐열회수장치

(2) Regenerator를 Glass로에 적용한 구성례

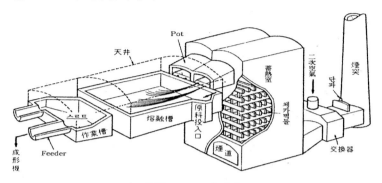

그림K 중형TANK 노의 개략도

(3) Glass로에 Regenerator를 설치했을 때의 열정산

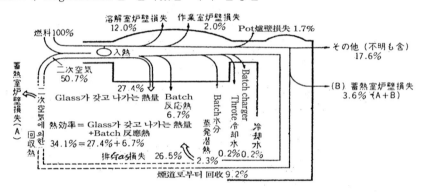

그림L TANK로의 열정산도개의 일례

Glass 용융로에서는 연료비의 제조원가에 점유하는 비율은 대량생산품에서 5~20%로 높고, 연료원 단위를 작게 하는 고려가 연구되고 있으나 그림 K에 표시한 바와 같은 축 열실(소형의 노에서는 조작의 간단화 및 투자액의 감소에서 효율은 나머지나 환열장치)을 반드시 부속하여 이차공기온도를 1200℃ 부근까지 승온시키고 있다. 그림 L에 표시한 예에서는 필요열량의 약 1/3 절약되고 있다. 축적실 관계의 건설비는 본체의 노에 필적할 수 있게 되어 있으며 Layout의 관계도 있어 크게 하는 것은 어렵게 되어 오고 있다. 그러나 체카벽돌을 고성능인 전주벽돌로 하는 등의 시행이 진행되고 있다.

(4) 축열실출구배가스의 현열의 유효이용

축열실출구의 배가스온도는 일반적으로 700~800℃ 보다 더 높게 이 열의 유효이용도 성에너지의 입장에서 무시할 수 없으나 일부 자가용의 배열보일러에 사용되고 있는 정도이다. 유효하게 이용하기 어려운 이유로 배가스 중에 Dust의 혼재량이 현저하게 많음을 들 수 있다. 최근의 Glass 용융로에서는 이 Dust를 전기집진기 등으로 제거한 후에 배가스를 대기 중에 방출하고 있으나, 전기집진기 이전의 700~800℃의 온도이며 그러나, Dust가 많은 배가스로부터 열회수방법의 개발을 서두르고 있다.

(출)소: 공업가열, Vol. 17(1980), No.4)

부표1 과열증기표(Entalpy i_5)

單位 kcal/kg {MJ/kg}

壓 力 [kgf/cm² {kPa}]	蒸氣溫度 °C							
	100	150	200	250	300	350	400	450
0.05 { 5}	642 {2.69}	665 {2.78}	688 {2.88}	711 {2.98}	735 {3.08}	759 {3.18}	783 {3.28}	808 {3.38}
0.1 { 20}	642 {2.69}	665 {2.78}	688 {2.88}	711 {2.98}	735 {3.08}	759 {3.18}	783 {3.28}	808 {3.38}
0.2 { 30}	642 {2.69}	665 {2.78}	688 {2.88}	711 {2.98}	735 {3.08}	759 {3.18}	783 {3.28}	808 {3.38}
0.5 { 50}	641 {2.68}	664 {2.78}	687 {2.88}	711 {2.98}	735 {3.08}	759 {3.18}	783 {3.28}	808 {3.38}
1.0 { 98}	639 {2.68}	663 {2.78}	687 {2.88}	710 {2.97}	734 {3.07}	758 {3.17}	783 {3.28}	808 {3.38}
2.0 {196}		661 {2.77}	686 {2.87}	710 {2.97}	734 {3.07}	758 {3.17}	782 {3.27}	807 {3.38}
3.0 {294}		660 {2.76}	685 {2.87}	709 {2.97}	733 {3.07}	758 {3.17}	782 {3.27}	807 {3.38}
4.0 {392}		658 {2.75}	683 {2.86}	708 {2.96}	733 {3.07}	757 {3.17}	782 {3.27}	807 {3.38}
5.0 {490}			682 {2.86}	707 {2.96}	732 {3.06}	757 {3.17}	781 {3.27}	806 {3.37}
6.0 {588}			681 {2.85}	707 {2.96}	731 {3.06}	756 {3.17}	781 {3.27}	806 {3.37}
7.0 {678}			680 {2.85}	706 {2.96}	731 {3.06}	756 {3.17}	781 {3.27}	806 {3.37}

부표2 석회와 석회석의 비열표

溫 度 t (°C)	比 熱 C_m kcal/kg°C {kJ/kg°C}	
	石 灰	石 灰 石
0	0.178 {0.745}	0.190 {0.795}
50	0.183 {0.766}	0.200 {0.837}
100	0.188 {0.787}	0.209 {0.875}
150	0.193 {0.808}	0.215 {0.900}
200	0.196 {0.821}	0.222 {0.929}
250	0.199 {0.833}	0.229 {0.959}
300	0.201 {0.842}	0.234 {0.980}
350	0.203 {0.860}	0.240 {1.005}
400	0.204 {0.854}	0.244 {1.022}

Seger Cone과 Orton의 용도온도비교

Seger Cone S.K °F	°C	Cone 番號	Orton Cone PCE °C	°F
1112	600	022	605	1121
1202	650	021	615	1139
1238	670	020	650	1202
1274	690	019	660	1220
1310	710	018	720	1328
1346	730	017	770	1418
1382	750	016	796	1463
1454	790	015a		
		015	805	1481
1490	815	014a		
		014	830	1526
1535	835	013a		
		013	860	1580
1571	855	012a		
		012	875	1607
1616	880	011a		
		011	895	1643
1652	900	010a		
		010	905	1661
1688	920	09a		
		09	930	1706
1724	940	08a		
		08	950	1742
1760	960	07a		
		07	990	1814
1796	980	06a		
		a06	1015	1859
1832	1000	05a		
		05	1040	1904
1868	1020	04a		
		04	1060	1940
1904	1040	03a		
		03	1115	2039
1940	1060	02a		
		02	1125	2057
1976	1080	01a		
		01	1145	2093
2012	1100	1a		
		1	1160	2120
2048	1120	2a		
		2	1165	2129
2084	1140	3a		
		3	1170	2138

Seger Cone S.K °F	°C	Cone 番號	Orton Cone PCE °C	°F
2120	1160	4a		
		4	1190	2174
2156	1180	5a		
		5	1205	2201
2196	1200	6a		
		6	1230	2246
2246	1230	7	1250	2282
2282	1250	8	1260	2300
2336	1280	9	1285	2345
2372	1300	10	1305	2381
2408	1320	11	1325	2417
2462	1350	12	1337	2439
2516	1380	13	1349	2460
2570	1410	14	1398	2548
2615	1435	15	1430	2606
2660	1460	16	1491	2716
2696	1480	17	1512	2754
2732	1500	18	1522	2772
2768	1520	19	1541	2806
2786	1530	20	1564	2847
		23	1605	2921
2876	1580	26	1621	2950
2930	1610	27	1640	2984
2966	1630	28	1646	2995
6002	0650	29	1659	3018
3038	1670	30	1665	3029
3074	1690	31	1683	3061
		$31\frac{1}{2}$	1699	3090
3110	1710	32	1717	3123
	1	$32\frac{1}{2}$	1724	3135
3146	1730	33	1743	3169
3182	1750	34	1763	3205
3218	1770	35	1785	3245
3254	1790	36	1804	3279
3317	1825	37	1820	3308
3362	1850	38	1835	3335
3416	1880	39	1865	3389
3488	1920	40	1885	3425
3560	1960	41	1970	3578
3632	2000	42	2015	3659

위의 溫度는 標準熔倒溫度로서 溫度上昇速度를 150°C/hr일 때를 기준한 것임.

여러 모양의 넓이와 부피 계산

直4角形 (Rectangle)		넓이 $= ab$
正3角形 (Triangle)		넓이 $= \dfrac{ah}{2}$
正多角形 (Regular polygon)		넓이 5角形 $1.720 \times S^2$ 6角形 $2.598 \times S^2$ 7角形 $3.634 \times S^2$ 8角形 $4.828 \times S^2$ 9角形 $6.182 \times S^2$ 10角形 $7.694 \times S^2$ 11角形 $9.366 \times S^2$
원 (Circle)		원둘레 $C = \pi d = 2\pi r$ 지름 $d = 2r = \dfrac{C}{\pi} = 2\sqrt{\dfrac{A}{\pi}}$ 반지름 $r = \dfrac{d}{2} = \dfrac{C}{2\pi} = \sqrt{\dfrac{A}{\pi}}$ 넓이 $A = \dfrac{\pi d^2}{4} = \pi r^2 = 0.7854 d^2$ 弦의 길이 $x = 2\sqrt{a(d-a)^2} = 2r(\sin 1/2\theta)$
弓形 (Segment)		넓이 $A = \dfrac{rl - x(r-a)}{2}$ 弧의 높이 $a = r - \sqrt{r^2 - (x/2)^2}$ 반지름 $r = \dfrac{(x/2)^2 + a^2}{2a}$ 弧의 길이 $l = 2\pi r \dfrac{\theta}{360} = \pi r \dfrac{\theta}{180}$
부채꼴 (Sector)		넓이 $A = \dfrac{1}{2} lr = \pi r^2 \dfrac{\theta}{360}$ 반지름 $r = \dfrac{2A}{l}$
고리形(環形) (Annulus)		넓이 $A = \pi(r_2^2 - r_1^2)$ $= \pi(r_2 + r_1)(r_2 - r_1)$ $= 0.7854(d_2^2 - d_1^2)$

타원 (Ellipse)		넓이 $A = \dfrac{\pi}{4}Dd = 0.7854Dd$ 타원둘레 $C = 2\pi\sqrt{\dfrac{D^2+d^2}{8}}$
스큐백 (Skewback)		强에 대한 角度 θ를 구하기 위하여 $H =$ 아취의 두께 $\times \sin\dfrac{\theta}{2}$ $V =$ 아취의 두께 $\times \cos\dfrac{\theta}{2}$ 傾斜 $= 90° - \dfrac{\theta}{2}$
원형벽돌 (Circle brick)		원형벽돌의 반지름 $r = \dfrac{cT}{(C-c)}$ 한 둘레에 필요한 벽돌수 $n = \dfrac{2\pi r}{C}$
원기둥 (Cylinder)		부피 $V = \pi r^2 a$ $\qquad = 0.7854 d^2 a$ 벽 겉넓이 $S = \pi da$ 총 겉넓이 $A = 2\pi r(r+a)$
3角기둥 (Triangular prism)		부피 $V = 1/2\,bha$ 벽 겉넓이 $A = (b+m+n)a$

角錐 (Pyramid)		부피 $V = \dfrac{\text{바닥면적} \times a}{3}$ 錐 표면적 $A = \dfrac{\text{바닥의 둘레} \times s}{2}$
원뿔(圓錐) (Cone)		부피 $V = \dfrac{\pi r^2 a}{3}$ $\quad = 0.2618 d^2 a$ 원뿔표면적 $A = \pi r s$ $\qquad s = \sqrt{r^2 + a^2}$
截頂角錐 (Frustum of cone)		벽 표면적 $A = \dfrac{(P+p)s}{2}$ 부피 $V = \dfrac{a}{3}(b + B + \sqrt{Bb})$ $\quad P = $ 바닥면의 둘레 $\quad p = $ 윗면의 둘레 $\quad B = $ 바닥면의 넓이 $\quad b = $ 윗면의 넓이
截頂角錐 (Frustum of pyramid)		부피 $V = \dfrac{a}{3}(b + B + \sqrt{Bb})$ $\quad = \dfrac{\pi}{12}a(d_1^2 + d_1 d_2 + d_2^2)$
공(球) (Sphere)		표면적 $A = 4\pi r^2 = \pi d^2 = 12.566 r^2$ 부피 $V = \dfrac{4\pi r^3}{3} = 4.1888 r^3$ $\quad = \dfrac{\pi d^3}{6} = 0.5236 d^3$
球欠 (Segment of sphere)		표면적 $A = 2\pi r h = \dfrac{\pi}{4}(d^2 + 4h^2)$ 부피 $V = \pi h^2 \left(r \quad \dfrac{h}{3}\right)$

내화재료에 관련된 공업규격

K. S 番號	規 格
K. S. L. 3101	내화 벽돌의 형상 및 치수
〃 3102	평노용 축열실 내화 벽돌의 형상 및 치수
〃 3103	큐플라용 내화 벽돌의 모양 및 치수
〃 3104	표준형 내화 벽돌 치수의 검사 방법
〃 3105	표준형이 아닌 내화 벽돌의 치수검사 방법
〃 3110	내화 벽돌의 꺾임 강도 시험 방법
〃 3111	내화 벽돌의 치수 측정 방법
〃 3112	내화 벽돌의 뒤틀림(Warpage) 측정방법
〃 3113	내화 벽돌의 내화도 시험 방법
〃 3114	내화 벽돌의 겉보기 기공률·흡수율 및 비중 측정방법
〃 3115	내화 벽돌의 압축강도 시험 방법
〃 3116	내화 벽돌의 열간선 팽창율 시험 방법
〃 3117	내화 벽돌의 잔존선 팽창 수축률 시험 방법
〃 3118	내화 벽돌의 클레이브 시험 방법
〃 3119	내화 벽돌의 하중 연화점 시험 방법
〃 3120	내화 벽돌의 화학 분석 방법
〃 3121	내화 단열 벽돌의 열전도도 측정방법
〃 3122	탄소질 벽돌의 재가열 시험 방법
〃 3123	염기성 내화물의 수화도 시험 방법
〃 3124	점토질 내화 벽돌의 작업성 치수 측정 방법
〃 3125	내화 모르터의 접착시간 시험 방법
〃 3126	내화 모르터의 분말도 시험 방법
〃 3127	내화 모르터의 주도 시험 방법
〃 3128	내화 모르터의 화학 분석 방법
〃 3129	내화 모르터의 건조 및 가열선 변화율 시험 방법
〃 3130	내화 벽돌의 도가니법에 의한 슬랙 침식 시험 방법
〃 3201	내화 점토질 벽돌
〃 3202	내화 모르터
〃 3203	단열 모르터
〃 3204	규석 벽돌
〃 3205	고 알루미나질 내화 벽돌
〃 3206	크롬 마그네시아질 벽돌

K. S 番號		規　　　格
K. S. L.	3207	코오크스 가마용 규석 벽돌
〃	3208	도관(직관)
〃	3209	도관(이형관)
〃	3301	내화 단열 벽돌의 벽돌
〃	3302	내화 단열 벽돌의 형상및 치수
〃	3303	내화 단열 벽돌의 재가열 수축률 시험 방법
〃	3304	내화 단열 벽돌의 비중 및 기공류 측정 방법
〃	3305	내화 단열 벽돌의 압축강도 시험 방법
〃	3307	내화 단열 벽돌의 열간선 팽창 수축률 시험 방법
〃	3308	화학 공업용 내산 벽돌
〃	3309	크롬 벽돌
〃	3310	마그네시아 벽돌
〃	3311	팔프 증해조용 내열 내산 벽돌
〃	3401	유리용 도가니
〃	3402	흑연도가니 및 그 부속품
〃	3404	인조 흑연 전극
〃	3405	카본 블록
〃	3407	고 순도 탄산 소재
〃	3408	영사용 카아본
〃	3410	고 순도 카아본 소재의 화학 분석 방법
〃	3411	카아본 벽돌의 시험 방법
〃	3502	캐스타블 내화물의 시료 채취 방법
〃	3503	캐스타블 내화물의 강도 시험 방법
〃	3504	캐스타블 내화물의 입도 시험 방법
〃	3505	캐스타블 내화물의 선 변화율 시험 방법
〃	3506	내화 원료의 내화도 시험 방법
〃	3511	고 알루미나질 및 점토질 캐스터블 내화물
〃	3513	고 알루미나질 및 점토질 플라스틱 내화물
〃	3513	고 알루미나질 및 점토질 플라스틱 내화물의 열간 선 팽창률 시험방법
〃	3516	경량캐스터블 내화물의 입도시험 방법
〃	3517	경량캐스터블 내화물의 강도시험 방법
〃	3518	경량캐스터블 내화물의 선 변화율 시험방법
〃	3519	경량캐스터블 내화물의 부피 비중 시험방법(성형품에 의한 방법)

K. S 番號	規　　格
K. S. L.　3521	경량캐스터블 내화물
〃　3522	소각로 및 보일러용 내화물
〃　3523	내화재료의 첨가름 및 함수율 측정 방법
〃　3524	마그네시아 또는 페리클레스 입자의 수화율 시험방법
〃　5206	내화물용 알루미나 시멘트의 화학 분석방법
〃　5207	내화물용 알루미나 시멘트의 물리 시험방법
〃　5208	내화물용 크롬광석의 화학 분석방법
〃　5501	고 알루미나질 및 점토질 플라스틱 내화물의 시료 채취방법
〃　5502	고 알루미나질 및 점토질 플라스틱 내화물의 함수율 시험방법
〃　5503	점토질 플라스틱 내화물의 내화도 시험방법
〃　5504	점토질 플라스틱 내화물의 강도 시험방법
〃　5505	점토질 플라스틱 내화물의 선 변화율 시험방법

내화 점토질 벽돌(KSL 3201)

항목 \ 종류	1종 1급 N_{1-1}	1종 2급 N_{1-2}	2종 1급 N_{2-1}	2종 2급 N_{2-1}	3종 1급 N_{3-1}	3종 2급 N_{3-2}	4종 1급 N_{4-1}	4종 2급 N_{4-2}	5종 N_5	6종 1급 N_{6-1}	6종 2급 N_{6-2}	7종 N_7
내화도(SK)	34이상	34이상	33이상	33이상	32이상	32이상	31이상	31이상	30이상	28이상	28이상	26이상
겉보기 기공률(%)	24이하	28이하	24이하	28이하	26이하	28이하	26이하	28이하	26이하	26이하	28이하	28이하
부피 비중	2.00이상	—	1.95이상	—	1.90이상	—	1.90이상	—	1.85이상	1.80이상	—	—
압축 강도 (kgf/cm²)	200이상	150이상	200이상	150이상	200이상	150이상	200이상	150이상	200이상	180이상	150이상	150이상
하중 연화점 $_{-2}$(℃)	1350이상	—	1350이상	—	1350이상	—	—	—	—	—	—	—
잔존 선팽창 수축률(%)	+0.1 ~ −0.5 (1400℃)	—	+0.1 ~ −0.6 (1400℃)	—	+0.5 ~ −0.5 (1350℃)	—	+0.5 ~ −0.5 (1350℃)	—	—	—	—	—

비고 : 특수한 것에 대하여는 당사자 사이의 협정에 따른다.

고 알루미나질 내화벽돌(KSL 3205)

항목 \ 종류	1종 (전주품)	2종 (소성품) 특급	1급	2급	3급	4급
내화도(SK)	—	—	38 이상	37 이상	36 이상	35 이상
부피 비중	2.8 이상	2.4 이상	2.3 이상	2.2 이상	2.1 이상	2.1 이상
압축 강도(kg/cm²)	1000 이상	300 이상	300 이상	300 이상	250 이상	200 이상
잔존 선팽창 수축률(%) (1500℃)	—	+0.3 ~ −0.5	+0.3 ~ −0.6	+0.2 ~ −0.6	+0.2 ~ −0.6	+0.2 ~ −0.6
화학 성분[Al_2O_3(%)]	70 이상	80 이상	70 이상	60 이상	50 이상	45 이상
겉보기 기공률(%)	—	27 이하	27 이하	27 이하	27 이하	28 이하

비고 : 1. 2종의 특수한 것에 대하여는 당사자 사이의 협정에 의한다.
2. 알루미나나 성분 90% 이상의 것에 대하여는 당사자 간의 협정에 따른다.

물라이트 내화물(KSL 3302)

Al_2O_3(%)	56~79
불순물(%)	5이하
하중 연화점 (2kg/cm², T_2℃)	1400이상

규석 벽돌(KSL 3204)

항목 \ 종류	1 종	2 종	3 종
내화도(SK)	32이상	32이상	32이상
겉보기기공율(%)	20이하	28이하	24이하
겉보기비중	2.36이하	2.35이하	2.36이하
열간선팽창율(1000℃)(%)	—	1.2이하	1.3이하
하중연화점(2kg/cm²T_1℃)	1580이상	1550이상	1580이상
화학 SiO_2(%)	95이상	93이상	93이상
Fe_2O_3(%)	2.0이하	2.5이하	
성분 Al_2O_3(%)	0.7이하	—	—

마그네시아 벽돌(KSL 3310)

항목 \ 종류	1 종(소성품)			2 종(불소성품)		
	1급, MB_1	2급, MB_2	3급, MB_3	1급, M_1	2급, M_2	3급, M_3
겉보기 기공율(%)	26 이하	23 이하	20 이하	—	—	—
부피 비중	2.70 이상	2.75 이상	2.80 이상	2.75 이상	2.80 이상	2.80 이상
압축 강도 (kgf/cm²{MPa})	300{29.4} 이상	350{34.3} 이상	400{39.2} 이상	300{29.4} 이상	300{29.4} 이상	300{29.4} 이상
하중 연화점 T_2(℃)	1450 이상	1550 이상	1550 이상	1350 이상	1400 이상	1450 이상
화학 성분 MgO(%)	85 이상	92 이상	95 이상	85 이상	89 이상	93 이상

크롬마그네시아질 벽돌(KSL 3206) 1 종(소성품)

	1 급	2 급	3 급	4 급	5 급
MgO(%)	30 이상	40 이상	50 이상	60 이상	70 이상
겉보기 기공율(%)	25 이하	25 이하	25 이하	25 이하	25 이하
부피 비중	2.90 이상	2.90 이상	2.85 이상	2.85 이상	2.80 이상
압축 강도(kgf/cm²)	200 이상	200 이상	200 이상	250 이상	250 이상
하중 연화점 T_2(℃)	1500 이상	1500 이상	1500 이상	1500 이상	1500 이상
SiO_2(%)	7.0 이하	7.0 이하	7.0 이하	7.0 이하	7.0 이하

	1 급	2 급	3 급	4 급	5 급
MgO(%)	30 이상	40 이상	50 이상	60 이상	70 이상
부피 비중	2.95 이상	2.95 이상	2.90 이상	2.90 이상	2.85 이상
압축 강도(kgf/cm²)	300 이상	300 이상	350 이상	350 이상	350 이상
하중 연화점 T_2(℃)	1450 이상	1450 이상	1450 이상	1450 이상	1450 이상
SiO_2(%)	7.0 이하	7.0 이하	7.0 이하	6.5 이하	6.5 이하

크롬 벽돌(KSL 3309)

압축강도(kg/cm²)	300 이상
걸보기 기공율(%)	25 이하
부피 비중	2.90 이상
하중 연화 온도 (2kg/cm², T_2℃)	1450 이상
Cr_2O_3(%)	27 이상

내화단열 벽돌(KSL 3301)

종 류		재가열수축률 2%를 초과하지 않는 온도 (℃)	부피비중	압축강도 (kg/cm²)	열전달률(평균온도 350±10℃) (kcal/mh℃)
A류	1종	900	0.50 이하	5 이상	0.13 이상
	2종	1000	0.50 이하	5 이상	0.14 이상
	3종	1100	0.50 이하	5 이상	0.15 이상
	4종	1200	0.55 이하	8 이상	0.16 이하
	5종	1300	0.60 이하	8 이상	0.17 이하
	6종	1400	0.70 이하	10 이상	0.20 이하
	7종	1500	0.75 이하	10 이상	0.22 이하
B류	1종	900	0.70 이하	25 이상	0.17 이하
	2종	1000	0.70 이하	25 이상	0.18 이하
	3종	1100	0.75 이하	25 이상	0.20 이하
	4종	1200	0.80 이하	25 이상	0.22 이하
	5종	1300	0.80 이하	25 이상	0.23 이하
	6종	1400	0.90 이하	30 이상	0.27 이하
	7종	1500	1.00 이하	30 이상	0.31 이하
C류	1종	1300	1.10 이하	50 이상	0.30 이하
	2종	1400	1.20 이하	70 이상	0.38 이하
	3종	1500	1.25 이하	100 이상	0.45 이하

캐스터블 내화물의 분류(KSL 3501)

종 류		등 급	약 호
캐스터블 내 화 물	보통 강도 캐스터블 내화물	A	N C A
		B	N C B
		C	N C C
		D	N C D
		E	N C E
		F	N C F
	고강도 캐스터블 내화물	A	H C A
		B	H C B
		C	H C C
		D	H G D
		E	H C E
		F	H C F
단열 캐스터블 내화물		N	I C N
		O	I C O
		P	I C P
		Q	I C Q

캐스터블 내화물의 품질(KSL 3501)

종 류 \ 품 질	항절 강도 (kg/cm²)	영구선 수축률 (%)
보통 강도 캐스터블 내화물	21 이상	각급 1.5 이하
고강도 캐스터블 내화물	42 이상	각급 1.5 이하

캐스터블 내화물의 영구선 수축률 시험 온도

등 급	A 급	B 급	C 급	D 급	E 급	F 급
영구선 수축률 시험 온도 ℃ (5시간 유지)	1095	1260	1370	1480	1595	1705

고 알루미나질 및 점토질 캐스터블 내화물(KSL 3511)

종류 \ 항목	최고 사용 온도에서 3시간 소성후의 선 변화율		105℃~110℃ 건조 후의 강도		화학 성분 Al_2O_3 (%)
	최고 사용 온도 (℃)	선 변 화 율 (%)	꺾임강도(kg/cm²) {MPa}	압축강도(kg/cm²) {MPa}	
1 종	1700	+1~-1	25 이상 (2.45)	80 이상 (7.85)	80 이상
2 종	1600	+1~-1	25 이상 (2.45)	80 이상 (7.85)	55 이상
3 종	1500	+1~-1	25 이상 (2.45)	80 이상 (7.85)	45 이상

4 종	1400	+1~-1	35 이상 {3.43}	100 이상 {9.81}	—
5 종	1300	+1~-1	35 이상 {3.43}	100 이상 {9.81}	—
6 종	1200	+1~-1	35 이상 {3.43}	100 이상 {9.81}	—

비 고 : 1종의 선 변화율의 소성 온도는 1600℃로 한다.

경량 캐스터블 내화물(KSL 3521)

종류 \ 항목		3시간 소성 후의 변화율 ±1.5%를 초과하지 않는 온도	105~110℃ 건조 후의 부피 비중	105~110℃ 건조 후의 강도		열 전 달 률 (350℃) (참고치) kcal/mh℃ {W/m·K}
				꺾 임 강 도 kgf/cm² {MPa}	압 축 강 도 kgf/cm² {MPa}	
A 류	1 종	1400℃	1.2 이하	10 이상 {0.98}	30 이상 {2.94}⎱	(0.25~0.30)
	2 종	1300℃	1.2 이하	10 이상 {0.98}	30 이상 {2.94}⎰	{0.29~0.35}
	3 종	1200℃	1.0 이하	7 이상 {0.687}	20 이상 {1.96}⎱	(0.20~0.25)
	4 종	1100℃	1.0 이하	7이상 {0.687}	20 이상 {1.96}⎰	{0.23~0.29}
	5 종	1000℃	0.7 이하	5 이상 {0.490}	15 이상 {1.47}	(0.15~0.20) {0.17~0.23}
	6 종	800℃	0.5 이하	—	5 이상 {0.49}	(0.10~0.15) {0.11~0.17}
B 류	1 종	1400℃	1.5 이하	20 이상 {1.961}	60 이상 {5.88}⎱	(0.35~0.40)
	2 종	1300℃	1.5 이하	20 이상 {1.961}	60 이상 {5.88}⎰	{0.40~0.46}
	3 종	1200℃	1.3 이하	12 이상 {1.177}	40 이상 {3.92}⎱	(0.30~0.35)
	4 종	1100℃	1.3 이하	12 이상 {1.177}	40 이상 {3.92}⎰	{0.34~0.40}
	5 종	1000℃	1.0 이하	10 이상 {0.98}	25 이상 {2.45}	(0.20~0.25) {0.23~0.29}
	6 종	800℃	0.8 이하	5 이상 {0.490}	15 이상 {1.47}	(0.15~0.20) {0.17~0.23}

주 : 1MPa=1N/mm²

내화 모르터(KSL 3202)

종류	내화도 (세벨콘 번호)	분말도	화학 성분	가열 후의 선변화			(참고) 접착시간 min (줄눈두께 3mm)
				온도 °C	시간 h	선변화율 %	
점토질 내화 모르터 1종	34 이상	1000μ의 표준체를 전부 통과하고, 74μ의 표준체를 25% 이상 통과할 것.	—	1400	3		1~3
2종A	33 이상			1400			
2종B	33 이상						
3종	32 이상	1410μ의 표준체를 전부 통과하고, 74μ의 표준체를 20% 이상 통과할 것.		1350			
4종	31 이상						
5종	30 이상			1300		0~-5	
6종	28 이상						
7종	26 이상						
고알루미나질 내화 모르터 1종	38 이상	1000μ의 표준체를 전부 통과하고, 74μ의 표준체를 25% 이상 통과할 것.		1400			
2종	37 이상						
3종	36 이상						
4종	35 이상						
규석질 내화 모르터 1종	32 이상			1400		0~+5	
2종	30 이상						
3종	28 이상						
4종	26 이상						
크롬질내화모르터	33 이상		Cr_2O_3 20%이상	1300			
마그네시아질 내화 모르터 1종	35 이상		MgO 80% 이상	1400			
2종			MgO 70% 이상				
크롬 마그네시아질 내화 모르터 1종			MgO 50% 이상				
2종			MgO 50% 미만				
내화 단열 모르터 1종	—			800		0~-5	
2종				900			
3종				1000			
4종				1100			
5종				1200			
6종				1300			
7종				1400			

단열 모르터(KSL 3203)

종 류	분 말 도 1,000μ표준체 통과량	부피 비중
1 종	전 통	0.90 이하
2 종	전 통	0.95 이하

(규조토를 주원료로 한다)

보통벽돌(KSL 4201)

1. 치수

(단위 mm)

종 류	길 이	너 비	두 께
1 종	210±6.0	100±3.0	60±2.5
2 종	190±6.0	90±3.0	57±2.5
3 종	5160±75	2460±45	1560±45

2. 품질

등 급	압축강도(kg/cm²)	흡수율(%)
특 급	200 이상	17 이하
1 급	150 이상	20 이하
2 급	100 이상	23 이하

물 성 표

각종 물질의 열적 성질

금속의 열적 성질

물 질	온 도 [℃]	밀 도 $\gamma\,[kg/m^3]$	비 열 c [kcal/kg℃]	열전도율 λ [kcal/$m\cdot h\cdot$℃]	온도전도율 $a\,[m^2/h]$
알루미늄(순)	20	2 710	0.214	196	0.340
듀랄루민 94~96 Al, 3~5 Cu, 0.5 Mg	〃	2 790	0.211	141	0.240
히드로나륨 91~95 Al, 5~9 Mg	〃	2 610	0.216	97	0.173
실루민 87 Al, 13 Si	〃	2 660	0.208	141	0.258
실루민 86.5 Al, 12.5 Si, 1 Cu	〃	2 660	0.207	118	0.215
납 (순)	〃	11 370	0.031	30	0.086
철 (순)	〃	7 900	0.108	42	0.073
연철 (C<0.5%)	〃	7 850	0.11	51	0.059
주철 (C 4%)	〃	7 270	0.10	45	0.062
강 (C<1.5%)					
탄소강 0.5C	〃	7 830	0.111	46	0.053
1.0C	〃	7 800	0.113	37	0.042
1.5C	〃	7 750	0.116	31	0.035
니켈강 미량 Ni	〃	7 900	0.108	62	0.073
10 Ni	〃	7 950	0.11	22	0.026
20 Ni	〃	7 990	0.11	16	0.019
50 Ni	〃	8 270	0.11	12	0.013
80 Ni	〃	8 620	0.11	30	0.032
인바아 36 Ni	〃	8 140	0.11	9.2	0.010
크롬강 미량 Cr	〃	7 900	0.108	62	0.073
1 Cr	〃	7 870	0.11	52	0.060
2 Cr	〃	7 870	0.11	45	0.052
10 Cr	〃	7 790	0.11	27	0.031
크롬니켈 18 Cr, 8 Ni	〃	7 820	0.11	14	0.016
니켈크롬 80 Ni, 15 Cr	〃	8 520	0.11	15	0.016
시클로알 86 Cr, 1.5 Al, 0.5 Si	〃	7 720	0.117	19	0.022
망간강 1 Mn	〃	7 870	0.11	43	0.050
2 Mn	〃	7 870	0.11	33	0.035
10 Mn	〃	7 800	0.11	15	0.018
텅스텐강 2 W	〃	7 960	0.106	54	0.063
규소강 1 Si	〃	7 770	0.11	36	0.042
2 Si	〃	7 670	0.11	27	0.032
5 Si	〃	7 420	0.11	16	0.020
구리(순)	〃	8 960	0.0915	332	0.404
알루미늄청동 95 Cu, 5 Al	〃	8 670	0.098	71	0.084
청동 75 Cu, 25 Sn	〃	8 670	0.082	22	0.031
황동(7·3황동) 85 Cu, 9 Sn, 6 Zn	〃	8 710	0.092	52	0.065
7·3황동 70 Cu, 30 Zn	〃	8 520	0.092	95	0.123
양은 62 Cu, 15 Ni, 22 Zn	〃	8 620	0.094	21	0.027
콘스탄탄 60 Cu, 40 Ni	〃	8 920	0.098	19	0.022
마그네슘(순)	〃	1 750	0.242	147	0.349
몰리브덴	〃	10 220	0.062	118	0.193
니켈 (99.9%)	〃	8 910	0.1005	77	0.082
니켈 (99.2%)	〃	9 910	0.106	60	0.063
니켈크롬 90 Ni, 10 Cr	〃	8 670	0.106	15	0.016
은 (순)	〃	10 530	0.0559	360	0.613
은 (99.9%)	〃	10 530	0.0559	350	0.596
텅스텐	〃	19 350	0.0321	140	0.226
아연	〃	7 140	0.0918	96	0.148
주석	〃	7 310	0.0541	55	0.140
금	〃	19 290	0.0309	267	0.448
백금	0	21 450	0.0313	60	0.088
	1 020		0.0383	77	
백금이리듐 90 Pt, 10 Ir	0	21 615		26.6	
알루멜 95 Ni, 2 Al, 2 Mg, 1 Si	100	8 150		25.5	
크로멜 A 80 Ni, 20 Cr	100	8 300		11.9	

비금속 고체의 열적 성질

물 질	온 도 [°C]	밀 도 r [kg/m³]	비 열 c [kcal/kg·°C]	열전도율 r [kcal/m·h·°C]	온도전도율 a [m²/h]
메논수지	20	1270	0.38	0.200	0.00041
고무	20	920~1230	0.27~0.48	0.204	
종이(보통)	20			0.12	
종이(경질백색)	20	1300		0.179	
거울용 유리	0	2550	0.182	0.67	0.00143
온도계용 유리	20	2590	0.186	0.83	0.00172
석영유리	0	2210	0.174	1.16	0.00301
셀룰로이드	20	1400		0.185	
식탄	20	1200~1500	0.30	0.22	0.0005~0.0006
물때	100	300~2700		0.7~ 2	
운모	20	1900~2300	0.21	0.7~1.2	0.0018~0.0025
콘크리이트	20	2600~3200	0.20	0.4~0.5	
샤모트벽돌	200	1830	0.210	0.77	0.0020
63SiO₂, 30Al₂O₃, 기타	1000		0.295	1.1	0
규석벽돌	200	2040	0.237	0.95	0.0020
97SiO₂, 1.6Al₂O₃, 기타	1000			1.44	
마그네슘벽돌	200	2350	0.253	0.33	0.00056
89MgO, 9Fe₂O₃, 기타	1000	1700~2100	0.324	0.56	
빨간 벽돌(보통벽돌)	200		0.236	0.48~0.93	0.0012~0.0019
	1000			0.70~1.20	
석면	20	470	0.19	0.134	0.0015
		700		0.202	
코르크	20	100	0.4~0.5	0.036	0.00090~0.00072
		300		0.054	
탄화코르크판(洋코르크100%)		135		0.045	
탄화코르크판 (非코르크 50%					
(일본산) 50%		168		0.048	
암면		240		0.046	
광재면		250		0.048	
양모펠트		200		0.042	
우모펠트		150		0.045	
미네럴펠트		142		0.048	
파이버		1220		0.24	
셀로텍스		301		0.068	
인슐라이트		190		0.059	
아스팔트		1047		0.139	
아스팔트루우핑		1030		0.106	
무명(포)	30	330		0.080	
솜(푼것)	30	81		0.051	
비단(복지)	30	300		0.036	
인조견	30	170		0.042	
양모(편물)	30	176		0.034	
양모(직물)	30	380		0.043	
목재(열전도율은 섬유에 시각 방향의 값, 섬유방향은 이 2배)					
오동나무	29	254	0.3(건조)	0.075	0.00098
삼목	29	341	0.3(건조)	0.091	0.00080
노송나무	29	377	0.3(건조)	0.091	0.00080
소나무	29	527	0.3(건조)	0.116	0.0074
톱밥	22			0.045	
케이폭	80	71		0.037	
풀				0.14	
화강암	20	2600~2900	0.18	2.5	0.0051
회 대리석	20	2700	0.21	2.5	0.0044
점토질 흙	20	1450	0.21	1.10	0.0036
모래질 흙	20	1800		0.92	0.00050
흙	20	2040	0.41	0.45	
규조토(담황색)	80	439		0.084	
85% 탄산마그네슘	80	217		0.061	
포유리	200			0.055~0.085	
포오스렌	-80			0.03	
	100			0.065	
실리카에어로겔	-73			0.174	

용융금속의 열적 성질

금 속	비 점 (°C)	용 점 (°C)	온 도 (°C)	밀 도 [g/cm³]	점 성 계 수 [centi poise]	비 열 [kcal/kg °C]	열전도율 [ckal/ m·h·°C]	프 란 틀 수 $\bar{P}_r$	열중성자 흡수 단 면적 [barn]	추장할 수 있는 용 기 재 료
비스무트	1 477	271	300	10.03	1.665	0.0343	14.78	0.01395	0.032	Mo, W, Ta, Be
			400	9.91	1.373	0.0354	13.33	0.01320		
			600	9.66	0.996	0.0376	13.33	0.01015		
납	1 737	327.4	400	10.51	......	0.037	13.69	......	......	Mo, Ta, Cb, 베릴리아, 석영
			500	10.39	1.83	0.037	13.33	0.0188	0.17	
			700	10.15	1.350	......	12.97			
Pb-Bi공융 (중량비44.5% 납)	1 670	125	200	10.46	......	0.035	8.29	......	......	Ti-4% Cr 합금 : Be : 고 Cr 강
			300	10.32	......	0.035	9.36	......	0.087	
			400	10.19	1.43	0.035	10.42			
리 튬	1 317	179	200	0.507	0.5644	1.00	39.58	0.0513	67	Mo, Cb, Ta, 아암코철, 베릴리아
			600	0.474	......	1.00				
			1 000	0.441	......	1.00				
수 은	357	-38.87	100	13.352	1.21	0.03279	8.05	0.01775	360	Cr, Si 및 Ti의 합금강
			200	13.115	1.01	0.03245	9.21	0.01281		
			300	12.881	0.92	0.03234	10.12	0.01059		
칼 륨	760	63.7	200	0.795	0.290	0.1887	38.69	0.00509	2.0	스테인리스강 Ni 및 Ni합금. Zr
			400	0.747	9.191	0.1826	34.37	0.00365		
			600	0.700	0.150	0.1825	30.5	0.00323		
나 트 륨	883	97.8	200	0.903	0.440	0.3166	70.09	0.00715	0.49	스테인리스강, Ni 및 Ni합금
			400	0.854	0.269	0.3031	61.31	0.00479		
			600	0.805	0.202	0.2982	53.57	0.00405		
나트륨-칼 륨 합 금 (중량비 78%칼륨)	784	-11	100	0.847	0.475	0.227	20.98	0.0185	1.27	스테인리스강 Ni 및 Ni합금
			500	0.751	0.180	0.2095	23.36	0.0058		
			700	0.703	0.146	0.211				
나트륨-칼 륨 합 금 (중량비 44% 칼륨)	825	19	100	0.867	0.50	0.255	19.49	0.0235	0.96	스테인레스강, Ni 및 Ni합금
			500	0.768	0.18	0.235	23.66	0.0064		
			700	0.727	0.15	0.236	23.36	0.0055		
주 석	2 770	231.9	400	6.841	1.38	0.061	28.42	0.0107	0.6	Be, Ti, Cr 흑연
			600	6.709	1.05	0.065	27.38	0.0090		

포화액체의 열적 성질

물 질	온 도 [℃]	밀 도 r [kg/m³]	정압비열 c_p [kcal/kg·℃]	동점성계수 [cm²/s]	열전도율 λ [kcal/m·h·℃]	온도전도율 a [m²/h]	프란들수 P_r	팽창계수 β [1/℃]	증발열 r [kcal/kg]
벤 젠	20	879	0.415	0.00740	0.132	3.62×10^{-4}	7.36	0.00106	
스펀들유	20	871	0.442	0.150	0.124	3.22	168	0.00074	
	60	845	0.482	0.0495	0.122	3.00	59.4	0.00075	
	110	820	0.522	0.0244	0.120	2.80	31.4	0.00077	
트랜스유	20	866	0.452	0.365	0.107	2.73	481	0.00069	
	60	842	0.500	0.087	0.105	2.49	126	0.00070	
	100	818	0.548	0.038	0.102	2.27	60.3	0.00072	
메 질 클로라이드	−50	1 053	0.353	0.00320	0.185	5.00	2.31		
	−30	1 017	0.356	0.00314	0.174	4.81	2.35		103.8
	0	962	0.367	0.00302	0.153	4.37	2.49		96.9
	20	923	0.379	0. 0293	0.140	4.01	2.63		91.8
	40	883	0.394	0.00281	0.124	3.59	2.83		86.2
프 레 온	−50	1 547	0.209	0.00310	0.0581	1.80	6.20		
	−30	1 490	0.214	0.00253	0.0596	1.90	4.79		40.0
	0	1 397	0.223	0.00214	0.0626	2.01	3.83		37.0
	20	1 330	0.231	0.00198	0.0626	2.02	3.53		34.6
	40	1 257	0.239	0.00191	0.0596	2.00	3.44		31.6
아황산무수물 (SO₂)	−50	1 561	0.325	0.00484	0.209	4.11	4.24		100.0
	−30	1 513	0.325	0.00371	0.198	4.02	3.31		97.8
	0	1 438	0.326	0.00257	0.182	3.89	2.33	0.00172	90.8
	20	1 386	0.326	0.00210	0.171	3.78	2.00	0.00194	83.9
	40	1 329	0.327	0.00173	0.159	3.67	1.70		75.0
암모니아 (NH₃)	−50	704	1.066	0.00434	0.471	6.27	2.60		338
	−30	679	1.069	0.00387	0.472	6.48	2.15		325
	0	640	1.107	0.00373	0.465	6.55	2.05		302
	20	612	1.146	0.00359	0.448	6.39	2.02	2.45×10^{-3}	284
	40	581	1.194	0.00340	0.425	6.12	2.00		263
탄산가스 (CO₂)	−50	1 156	0.44	0.00119	0.0736	1.447	2.96		80.6
	−30	1 077	0.47	0.00117	0.0961	1.898	2.22		72.4
	0	927	0.59	0.00109	0.0900	1.648	2.83		56.1
	20	773	1.20	0.00091	0.0751	0.799	4.10	6.61×10^{-3}	37.1
글리세린	0	1 276	0.540	83.1	0.243	3.54	84.7		229.9 (75℃)
	20	1 264	0.570	11.3	0.246	3.41	12.5	0.504×10^{-3}	
	40	1 252	0.600	2.23	0.246	3.29	2.45		
에틸렌 글리콜	0	1 131	0.548	0.575	0.209	3.36	615	0.648×10^{-3}	240.8 (90.8℃)
	20	1 117	0.569	0.192	0.215	3.38	204		
	40	1 101	0.591	0.0869	0.221	3.38	93		
윤활유	0	899	0.429	42.8	0.127	3.28	47 100	$0.702 \times 10^{-3*}$	
	40	876	0.469	2.42	0.124	3.00	2 870		
	80	852	0.509	0.375	0.119	3.77	490		
	120	829	0.551	0.124	0.116	2.55	175		
수 은	0	13 628	0.0335	0.00124	7.06	154.0	0.0288	$82 \times 10^{-3*}$	69.7 (357℃)
	50	13 506	0.0331	0.00104	8.09	180.8	0.0207		
	100	13 384	0.0328	0.00093	9.04	205.8	0.0162		

＊는 20℃에서의 값

물의 열적 성질

온도 t[°C]	정압비열 c_p [kcal/kg·°C]	밀도 γ[kg/m³]	열전도율 λ[kcal /m·h·°C]	점성계수 $\eta \cdot 10^6$ [kg·s/m²]	온도전도율 $a=\lambda/c_p\gamma$ [cm²/s]	동점성계수 $\nu=\eta/\rho$ (cm²/s)	부피 팽창률 β [1/°C]
0	1.0093	999.8	0.480	182.9	0.001322	0.01794	
5	1.0047	1000.0	0.488	156.5	0.001352	0.01535	0.000015
10	1.0019	999.6	0.496	132.2	0.001377	0.01297	0.000090
15	1.0000	999.1	0.505	115.8	0.001403	0.01137	0.000154
20	0.9988	998.2	0.513	101.3	0.001430	0.00996	0.000208
25	0.9980	997.1	0.521	89.8	0.001457	0.00884	0.000256
30	0.9975	995.6	0.529	80.8	0.001480	0.00796	0.000302
35	0.9973	994.1	0.537	73.4	0.001505	0.00724	0.000344
40	0.9973	992.2	0.544	67.1	0.001529	0.00663	0.000386
45	0.9975	990.2	0.550	61.7	0.001550	0.00611	0.000422
50	0.9978	988.0	0.556	56.6	0.001568	0.00562	0.000457
55	0.9982	985.7	0.561	52.0	0.001585	0.00518	0.000490
60	0.9978	983.2	0.566	48.1	0.001604	0.00480	0.000522
65	0.9993	980.5	0.570	44.4	0.001618	0.00444	0.000554
70	1.0000	977.7	0.574	41.2	0.001633	0.00413	0.000584
75	1.0008	974.9	0.577	38.4	0.001645	0.00386	0.000614
80	1.0017	971.8	0.579	35.9	0.001655	0.00362	0.000642
85	1.0026	968.7	0.581	35.5	0.001665	0.00339	0.000670
90	1.0036	965.3	0.583	31.5	0.001675	0.00320	0.000697
95	1.0046	961.9	0.585	29.8	0.001885	0.00304	0.000723
100	1.0057	958.3	0.586	28.3	0.001690	0.00290	0.000749
120	1.0108	943.1	0.589	24.0	0.001707	0.00250	0.000853
140	1.0167	926.1	0.588	20.5	0.001719	0.00217	0.000966
160	1.0234	907.4	0.585	17.5	0.001720	0.00189	0.001098
180	1.050	886.9	0.579	15.5	0.00172	0.00172	0.001256
200	1.075	864.7	0.572	14.2	0.00172	0.00161	0.001451
220	1.10	840.3	0.561	12.7	0.00169	0.00149	
240	1.13	813.6	0.545	11.6	0.00165	0.00141	
260	1.19	748.0	0.527	10.7	0.00159	0.00140	
280	1.25	750.7	0.506	10.0	0.00151	0.00135	
300	1.36	712.5		9.4	0.00140	0.00138	
325	1.60	638.6	0.485	9.1			
350	2.22	572.4		8.8			
374		358.4		8.5			

기체의 열적 성질

물 질	온 도 [℃]	밀 도 r [kg/m³]	정압비열 c_p[kcal/ kg℃]	동점성계수 ν [cm²/s]	열전도율 λ[kcal/ m·h·℃]	온도전도율 a [m²/h]	프란틀수 Pr
수 소 (H₂)	−50	0.1064	3.30	0.691×10^{-4}	0.121	0.344	0.72
	0	0.0869	3.39	0.968	0.144	0.486	0.72
	50	0.0734	3.44	1.28	0.165	0.653	0.71
	100	0.0636	3.46	1.62	0.184	0.840	0.69
	150	0.0560	3.46	1.99	0.203	1.05	0.68
	200	0.0500	3.47	2.37	0.221	1.28	0.66
	250	0.0453	3.47	2.79	0.237	1.52	0.66
	300	0.0415	3.48	3.21	0.254	1.78	0.65
질 소 (N₂)	−50	1.485	0.249	0.095×10^{-4}	0.0172	0.0465	0.74
	0	1.211	0.249	0.138	0.0207	0.0687	0.72
	50	1.023	0.249	0.185	0.0246	0.0942	0.71
	100	0.887	0.249	0.238	0.0269	0.122	0.70
	150	0.782	0.250	0.295	0.0299	0.153	0.69
	200	0.699	0.252	0.355	0.0328	0.186	0.69
	250	0.631	0.253	0.423	0.0355	0.221	0.69
	300	0.577	0.256	0.491	0.0380	0.257	0.69
탄산가스 (CO₂)	−50	2.373	0.183	0.048×10^{-4}	0.0095	0.022	0.78
	0	1.912	0.198	0.072	0.0125	0.033	0.78
	50	1.616	0.209	0.100	0.0157	0.047	0.77
	100	1.400	0.220	0.131	0.0191	0.062	0.76
	150	1.235	0.229	0.165	0.0226	0.080	0.74
	200	1.103	0.238	0.203	0.0263	0.101	0.72
	250	0.996	0.246	0.243	0.0302	0.123	0.71
	300	0.911	0.254	0.285	0.0343	0.148	0.69
산 소 (O₂)	−100	2.192	0.219	0.059×10^{-4}	0.0126	0.027	0.80
	−50	1.694	0.219	0.096	0.0162	0.044	0.79
	0	1.382	0.219	0.139	0.0197	0.065	0.77
	50	1.168	0.221	0.188	0.0231	0.089	0.76
	100	1.012	0.223	0.243	0.0261	0.116	0.76
일산화탄소 (CO)	−100	1.920	0.250	0.054×10^{-4}	0.0131	0.027	0.72
	−50	1.482	0.249	0.089	0.0166	0.047	0.71
	0	1.210	0.249	0.129	0.0200	0.066	0.70
	50	1.022	0.249	0.179	0.0234	0.092	0.70
	100	0.886	0.250	0.234	0.0262	0.118	0.71
암 모 니 아 (NH₃)	0	0.746	0.512	0.125×10^{-4}	0.0188	0.049	0.91
	50	0.626	0.521	0.177	0.0235	0.072	0.89
	100	0.540	0.535	0.241	0.0286	0.099	0.88
	150	0.476	0.555	0.315	0.0347	0.131	0.86
	200	0.425	0.578	0.390	0.0417	0.170	0.83
아황산가스 (SO₂)	0	2.88	0.149	0.0408×10^{-4}	0.0072	0.0171	0.86
	100	2.06	0.161	0.0806	0.0103	0.0310	0.94
프 레 온 R₁₂ (CF₂Cl₂)	30	5.02	0.147	0.0243×10^{-4}	0.0072	0.0098	0.89
프 레 온 R₂₁ (CHFCl₂)	30	4.57	0.140	0.0253	0.0085	0.0133	0.68

건조공기의 1ata(735.5mmHg)에서의 열적 성질

온도 [°C]	점성계수 $\eta \cdot 10^6$ [kg·s/m²]	밀도 r [kg/m³]	동점성계수 ν cm²/s [stokes]	정압비열 c_p [kcal/kg·°C]	열전도율 λ[kcal/ m·h·°C]	온도전도율 $a=\dfrac{\lambda}{c_p r}$ [cm²/s]
−190					0.0065	
−150	0.876	2.817	0.0305		0.010	
−100	1.21	1.984	0.0598		0.014	
− 50	1.51	1.534	0.0973		0.017	
− 20	1.66	1.365	0.1193		0.0194	
0	1.78	1.252	0.1396	0.241	0.0204	0.1878
10	1.82	1.206	0.1482	0.2413	0.0210	0.201
20	1.86	1.164	0.1568	0.2416	0.0216	0.2133
30	1.905	1.127	0.1660	0.2419	0.0222	0.226
40	1.95	1.092	0.1752	0.2422	0.0228	0.2394
50	1.99	1.057	0.1847	0.2426	0.0234	0.2535
60	2.03	1.025	0.1943	0.2429	0.0240	0.2678
70	2.08	0.996	0.2045	0.2432	0.0246	0.2827
80	2.12	0.968	0.215	0.2435	0.0252	0.2958
90	2.165	0.942	0.2258	0.2438	0.0258	0.3125
100	2.21	0.916	0.237	0.2441	0.0264	0.3281
120	2.30	0.870	0.259	0.2447	0.0275	0.3589
140	2.38	0.827	0.282	0.2453	0.0286	0.3917
160	2.46	0.789	0.306	0.2460	0.0296	0.4236
180	2.54	0.755	0.330	0.2466	0.0307	0.4581
200	2.62	0.723	0.356	0.2472	0.0318	0.4942
250	2.81	0.653	0.422	0.249	0.0344	0.588
300	2.99	0.596	0.492	0.250	0.0369	0.687
350	3.16	0.549	0.565	0.252	0.0393	0.789
400	3.34	0.508	0.645	0.253	0.0417	0.901
500	3.65	0.442	0.810	0.257	0.0464	1.135
600	3.94	0.391	0.989	0.260	0.050	1.363
800	4.45	0.318	1.37	0.266	0.0575	1.89
1 000	4.94	0.268	1.81	0.272	0.0655	2.496
1 200	5.37	0.232	2.27	0.278	0.0727	3.13
1 400	5.79	0.204	2.78	0.284	0.080	3.835
1 600	6.16	0.182	3.32	0.291	0.087	4.577
1 800	6.51	0.165	3.87	0.297	0.094	5.34

과열증기의 1ata(735.5mmHg)에서의 열적 성질

온도 [°C]	점성계수 $\eta \cdot 10^6$ [kg·s/m²]	밀 도 γ [kg/m³]	동점성계수 ν [cm²/s]	정압비열 c_p [kcal/ kg·°C]	열전도율 λ [kcal/ m·h·°C]	온도전도율 $a = \lambda/c_p\gamma$ [cm²/s]	[m²/h]
100	1.28	0.5775	0.2174	0.486	0.0201	0.1992	0.0717
150	1.465	0.5065	0.2834	0.472	0.0229	0.2660	0.0958
200	1.664	0.451	0.3621	0.469	0.0258	0.3390	0.1220
250	1.854	0.4075	0.4465	0.473	0.0286	0.412	0.1484
300	2.040	0.3020	0.538	0.477	0.0315	0.493	0.1776
350	2.220	0.3415	0.6375	0.484	0.0343	0.5765	0.2074
400	2.400	0.316	0.745	0.490	0.0372	0.6667	0.2400
450	2.575	0.2940	0.860	0.4985	0.0400	0.7585	0.2730
500	2.750	0.2753	0.980	0.506	0.0429	0.8560	0.3080
550	2.920	0.2585	0.109	0.515	0.0457	0.9530	0.3430

중요 가스의 정수와 비열의 값

주요 가스의 여러 정수와 저온에 있어서의 비열의 값

기체의 종류	분자 기호	원자수	분자량 M		가스정수 R [kg·m/°K·kg]	비중량(0°C, 760 mmHg에서의) [kg/m³]		공기에 대한 비중	비열(0°C 및 낮은 압력에서의) [kcal/kg·°C]		[kcal/kmol·°C]		$\kappa = \dfrac{c_p}{c_v}$
			개략값	정밀값		계산값	실측값		c_p	c_v	C_p	C_v	
헬 륨	He	1	4	4.003	211.9	0.1786	0.1785	0.1381	1.251	0.755	5.00	3.01	1.66
아 르 곤	Ar	1	40	39.944	21.23	1.7821	1.7834	1.379	0.125	0.076	5.00	3.01	1.66
수 소	H₂	2	2	2.016	420.3	0.0899	0.08994	0.0695	3.403	2.417	6.84	4.85	1.409
질 소	N₂	2	28	28.016	30.26	1.2499	1.2505	0.068	0.2482	0.1774	6.96	4.97	1.400
산 소	O₂	2	32	32.016	26.49	1.4276	1.42895	1.105	0.2184	0.1562	6.99	5.00	1.399
공 기	—	—	29	32.964	29.27	1.2922	1.2928	1.000	0.240	0.171	6.95	4.96	1.402
일산화탄소	CO	2	28	28.01	30.28	1.2495	1.2500	0.967	0.2486	0.1775	6.96	4.97	1.400
일산화질소	NO	1	30	30.008	28.25	1.3388	1.3402	1.037	0.2384	0.1722	7.16	5.17	1.385
염 화 수 소	HCl	2	36.5	36.465	23.25	1.6265	1.6391	1.268	0.191	0.136	6.96	4.97	1.40
탄 산 가 스	CO₂	3	44	44.01	19.25	1.9634	1.9768	1.530	0.1957	0.1505	8.62	6.63	1.301
산 화 질 소	N₂O	3	44	44.016	19.26	1.9637	1.9878	1.538	0.2131	0.1680	9.36	7.47	1.270
아황산가스	SO₂	3	64	64.06	13.24	2.8581	2.9265	2.264	0.1453	0.1143	9.29	7.30	1.272
암 모 니 아	NH₃	4	17	17.032	49.78	0.7598	0.7713	0.596	0.491	0.374	8.36	6.37	1.313
아 세 틸 렌	C₂H₂	4	26	26.036	32.5ɔ	1.1607	1.1709	0.906	0.3613	0.2904	10.13	8.14	1.255
메 탄	CH₄	5	16	16.042	52.89	0.7152	0.7163	0.545	0.515	0.390	8.27	6.28	1.319
메 틸 클로라이드	CH₃Cl	5	50.5	50.491	16.79	2.2522	2.3084	1.785	0.176	0.137	8.87	6.88	1.29
에 틸 렌	C₂H₄	6	28	28.052	30.25	1.2506	1.2604	0.975	0.385	0.308	10.02	8.03	1.249
에 탄	C₂H₆	8	30	30.068	28.22	1.3406	1.3560	1.049	0.413	0.345	12.41	10.34	1.20
에 틸 클로라이드	C₂H₅Cl	8	64.5	64.511	13.14	2.8776	2.8804	2.228	0.32	0.276	20.3	17.8	1.16

주요 가스의 정압 몰비열(眞比熱)의 값

〔kcal/kmol·℃〕

t°C	H₂	D₂	N₂	O₂	HD	OH	CO	NO	H₂O	D₂O	CO₂	N₂O	SO₂	공 기
0	6.84	6.97	6.96	6.99	6.97	7.16	6.96	7.15	8.00	8.10	8.60	9.39	9.29	6.94
100	6.96	6.98	6.98	7.14	6.98	7.09	6.99	7.15	8.14	8.40	9.63	10.05	10.16	6.99
200	6.99	7.01	7.04	7.36	7.00	7.05	7.09	7.25	8.35	8.76	10.46	10.77	10.92	7.09
300	7.00	7.06	7.16	7.61	7.03	7.05	7.28	7.42	8.61	8.14	11.15	11.40	11.52	7.23
400	7.03	7.16	7.31	7.83	7.07	7.07	7.40	7.62	8.88	9.55	11.72	11.89	12.00	7.40
500	7.07	7.27	7.47	8.02	7.13	7.13	7.58	7.79	9.17	9.95	12.18	12.37	12.35	7.56
600	7.12	7.39	7.63	8.17	7.21	7.21	7.76	7.95	9.48	10.34	12.58	12.73	12.63	7.72
700	7.19	7.52	7.78	8.30	7.31	7.30	7.90	8.09	9.79	10.68	12.91	13.07	12.85	7.86
800	7.28	7.67	7.91	8.41	7.42	7.42	8.03	8.22	10.09	11.02	13.19	13.28	13.01	7.99
900	7.38	7.81	8.03	8.51	7.53	7.53	8.14	8.32	10.39	11.31	13.43	13.48	13.14	8.10
1 000	7.48	7.94	8.14	8.59	7.65	7.64	8.24	8.41	10.68	11.57	13.63	13.66	13.25	8.20
1 100	7.58	8.06	8.23	8.66	7.76	7.75	8.33	8.43	10.95	11.81	13.80	13.79	13.33	8.29
1 200	7.69	8.16	8.31	8.72	7.88	7.85	8.40	8.55	11.20	12.01	13.96	13.92	13.40	8.37
1 300	7.79	8.26	8.38	8.78	7.98	..95	8.46	8.61	11.43	12.20	14.10	14.02	13.46	8.43
1 400	7.89	8.34	8.44	8.84	8.08	8.04	8.52	8.65	11.64	12.34	14.21	14.11	13.51	8.49
1 500	7.98	8.43	8.50	8.90	8.17	8.13	8.57	8.69	11.84	12.48	14.31	14.19	13.55	8.55
1 600	8.07	8.51	8.55	8.95	8.25	8.22	8.62	8.73	12.02	12.60	14.40	14.25	13.59	8.60
1 700	8.15	8.58	8.59	9.01	8.33	8.30	8.66	8.77	12.20	12.71	14.48	14.31	13.62	8.65
1 800	8.23	8.64	8.63	9.07	8.41	8.36	8.69	8.80	12.35	12.81	14.55	14.36	13.65	8.69
1 900	8.31	8.71	8.66	9.13	8.48	8.43	8.72	8.82	12.50	12.89	14.62	14.40	13.67	8.73
2 000	8.38	8.76	8.69	9.18	8.55	8.49	8.75	8.85	12.64	12.97	14.68	14.44	13.69	8.76
2 100	8.45	8.82	8.72	9.23	8.62	8.55	8.78	8.87	12.76	13.03	14.74	14.47	13.70	8.79
2 200	8.51	8.87	8.75	9.28	8.68	8.60	8.80	8.89	12.87	13.09	14.79	14.50	13.72	8.82
2 300	8.57	8.91	8.78	9.33	8.74	8.65	8.82	8.91	12.97	13.15	14.84	14.53	13.73	8.85
2 400	8.63	8.96	8.80	9.37	8.79	8.69	8.84	8.93	13.06	13.20	14.88	14.56	13.74	8.88
2 500	8.68	9.00	8.82	9.42	8.84	8.74	8.86	8.95	13.14	13.24	14.92	14.59	13.76	8.91
2 600	8.73	9.04	8.84	9.46	8.88	8.78	8.88	8.96	13.22	13.29	14.96	14.61	13.77	8.94
2 700	8.78	9.08	8.86	9.50	8.92	8.83	8.90	8.98	13.28	13.32	15.00	14.62	13.77	8.96
2 800	8.83	9.11	8.88	9.55	8.97	8.88	8.91	8.99	13.34	13.36	15.04	14.64	13.78	8.98
2 900	8.87	9.14	8.89	9.59	9.00	8.92	8.92	9.01	13.40	13.39	15.08	14.66	13.79	9.00
3 000	8.91	9.16	8.90	9.63	9.05	8.97	8.94	9.02	13.46	13.42	15.12	14.67	13.79	9.02
M=	2.016	4.03	28.02	32.00	3.03	17.01	28.01	30.01	18.02	20.03	44.01	44.02	64.06	28.964

주 : 1kg당의 정압비열(Kcal/kg·℃)을 구하려면, 표의 정압 몰비열의 값을 최하단의 분자량 M으로 나누면 된다.
    D₂는 중수소를 나타내고 D₂O는 무거운 물을 표시한다.

E.m.f., millivolts	Reference junction at 0°C.					
	0	10	20	30	40	50
	Temperature, 0°C.					
0	0	246	485	720	966	1232
0.2	5	251	490	725	972	1237
.4	10	256	494	730	977	1243
.6	15	261	499	735	982	1249
.8	20	266	504	740	987	1254
1.0	25	271	508	744	992	1260
1.2	30	276	513	749	997	1266
1.4	35	280	518	754	1002	1271
1.6	40	285	523	759	1007	1277
1.8	45	290	527	764	1012	1283
2.0	50	295	532	· 768	1018	1288
2.2	54	300	537	773	1023	1294
2.4	59	305	541	778	1028	1300
2.6	64	310	546	783	1033	1306
2.8	69	315	551	788	1038	1311
3.0	74	319	555	792	1044	1317
3.2	79	324	560	797	1049	1323
3.4	83	329	565	802	1054	1329
3.6	88	334	570	807	1059	1334
3.8	93	338	574	812	1065	1340
4.0	98	343	579	817	1070	1346
4.2	102	348	584	822	1075	1352
4.4	107	353	588	827	1081	1358
4.6	112	358	593	832	1086	1364
4.8	117	362	598	837	1091	1370
5.0	122	367	602	841	1096	1376
5.2	127	372	607	846	1102	1382
5.4	132	376	612	851	1107	1388
5.6	137	381	616	856	1112	1394
5.8	142	386	621	861	1118	1400
6.0	147	391	626	866	1123	
6.2	152	396	631	871	1128	
6.4	157	400	635	876	1134	
6.6	162	405	640	881	1139	
6.8	167	410	645	886	1144	
7.0	172	414	649	891	1150	
7.2	177	419	654	896	1155	
7.4	182	424	659	901	1161	
7.6	187	429	664	906	1166	
7.8	192	433	668	911	1171	
8.0	197	438	673	916	1177	
8.2	202	443	678	921	1182	
8.4	207	448	683	926	1188	
8.6	212	452	687	931	1193	
8.8	217	457	692	936	1199	
9.0	222	462	697	941	1204	
9.2	227	466	701	946	1210	
9.4	232	471	706	951	1215	
9.6	237	476	711	956	1221	
9.8	241	480	716	961	1226	
10.0	246	485	720	966	1232	

크로멜 알부멜 熱電對의 標準補正데이타

| E.m.f. millivolts | Reference junction at 32°F. | | | | | |
	0	10	20	30	40	50
	Temperature, °F.					
0	32	475	905	1329	1772	2250
0.2	41	484	913	1338	1781	2260
0.4	50	493	922	1346	1790	2270
0.6	59	502	930	1355	1799	2280
0.8	68	510	939	1363	1808	2290
1.0	77	519	947	1372	1818	2300
1.2	86	528	956	1380	1827	2310
1.4	95	537	964	1389	1836	2320
1.6	104	546	973	1398	1845	2331
1.8	113	554	981	1407	1855	2341
2.0	121	563	990	1415	1864	2351
2.2	130	572	998	1424	1873	2362
2.4	139	580	1006	1433	1882	2372
2.6	147	589	1015	1441	1892	2382
2.8	156	598	1023	1450	1901	2393
3.0	165	607	1032	1459	1911	2403
3.2	173	615	1040	1467	1920	2413
3.4	182	624	1049	1476	1930	2424
3.6	190	632	1057	1485	1939	2434
3.8	199	641	1065	1494	1949	2445
4.0	208	650	1074	1503	1958	2455
4.2	217	658	1083	1511	1967	2466
4.4	225	667	1091	1520	1977	2476
4.6	234	675	1099	1529	1986	2487
4.8	243	684	1108	1538	1996	2497
5.0	251	593	1116	1547	2005	
5.2	260	701	1125	1555	2015	
5.4	269	710	1133	1564	2024	
5.6	278	718	1142	1573	2034	
5.8	287	727	1150	1582	2044	
6.0	296	735	1158	1591	2053	
6.2	305	744	1167	1600	2063	
6.4	314	752	1175	1609	2072	
6.6	323	760	1184	1618	2082	
6.8	332	769	1193	1627	2092	
7.0	341	778	1201	1636	2101	
7.2	350	786	1210	1645	2111	
7.4	359	795	1218	1654	2121	
7.6	368	803	1227	1663	2130	
7.8	377	812	1235	1672	2140	
8.0	386	820	1243	1680	2150	
8.2	395	829	1252	1689	2160	
8.4	404	838	1260	1698	2170	
8.6	413	846	1269	1708	2180	
8.8	422	855	1278	1717	2190	
9.0	431	863	1286	1726	2200	
9.2	440	872	1295	1735	2210	
9.4	449	880	1303	1744	2220	
9.6	457	889	1312	1753	2230	
9.8	466	897	1320	1762	2240	
10.0	475	905	1329	1772	2250	

白金-白金로듐(13%) 熱電對의 標準補正 데이타

To convert millivolts to degrees centigrade; cold junction at 0°C. Type Q. R.

Millivolts	0	0.05	0.10	0.15	0.20	0.25	0.30	0.35	0.40	0.45	0.50	0.55	0.60	0.65	0.70	0.75	0.80	0.85	0.90	0.95	1.00
							Degrees Centigrade														
0	0	9	18	26	34	42	50	58	65	73	80	87	94	101	107	114	120	127	133	139	145
1	145	152	158	164	169	175	181	187	193	198	204	210	215	221	226	232	237	243	248	253	259
2	259	264	269	275	280	285	290	295	301	306	311	316	321	326	331	336	341	346	351	356	361
3	361	366	371	376	381	386	390	395	400	405	410	415	419	424	429	434	439	443	448	453	458
4	458	462	467	472	476	481	486	490	495	500	504	509	513	518	523	527	532	536	541	545	550
5	550	554	559	563	568	572	577	581	586	590	595	599	603	608	612	617	621	625	630	634	638
6	638	643	647	651	656	660	664	669	673	677	681	686	690	694	698	703	707	711	715	719	724
7	724	728	732	736	740	744	749	753	757	761	765	769	773	777	781	786	790	794	798	802	806
8	806	810	814	818	822	826	830	834	838	842	846	850	854	858	862	866	870	874	878	882	886
9	886	890	894	898	902	906	910	914	918	921	925	929	933	937	941	945	949	953	956	960	964
10	964	968	972	976	979	983	987	991	995	998	1002	1006	1010	1014	1017	1021	1025	1029	1032	1036	1040
11	1040	1044	1047	1051	1055	1059	1062	1066	1070	1073	1077	1081	1084	1088	1092	1096	1099	1103	1107	1110	1114
12	1114	1118	1121	1125	1129	1132	1136	1139	1143	1147	1150	1154	1158	1161	1165	1169	1172	1176	1180	1183	1187
13	1187	1191	1194	1198	1201	1205	1209	1212	1216	1220	1223	1227	1230	1234	1238	1241	1245	1249	1252	1256	1259
14	1259	1263	1267	1270	1274	1277	1281	1285	1288	1292	1295	1299	1303	1306	1310	1314	1317	1321	1324	1328	1332
15	1332	1335	1339	1343	1346	1350	1353	1357	1361	1364	1368	1372	1375	1379	1383	1386	1390	1393	1397	1401	1404
16	1404	1408	1412	1415	1419	1422	1426	1430	1433	1437	1441	1444	1448	1452	1455	1459	1462	1466	1470	1473	1477
17	1477	1481	1484	1488	1492	1495	1499	1502	1506	1510	1513	1517	1521	1524	1528	1532	1535	1539	1543	1546	1550
18	1550	1554	1557	1561	1565	1568	1572	1576	1579	1583	1587	1590	1594	1598	1602	1605	1609	1613	1616	1620	1624
19	1624	1627	1631	1635	1638	1642	1646	1650	1653	1657	1661	1664	1668	1672	1675	1679	1683	1687	1690	1694	1698

Millivolts	°C. per 0.005 mv.
0	0.73
1	0.57
2	0.52
3	0.48
4	0.47
5	0.44
6	0.43
7	0.42
8	0.40
9	0.39
10	0.38
11	0.37
12	0.37
13	0.37
14	0.36
15	0.36
16	0.36
17	0.37
18	0.37
19	0.37

To interpolate between two printed values, add the increase per 0.005 mv (shown in the right-hand column) for each 0.005 mv above the lower printed value.
Example: 11.47 mv = 11.45 mv + 0.02 mv

$$0.02 \text{ mv} = \frac{0.020}{0.005} \times 0.37° = 1.48°$$

11.45 mv = 1073°C

11.47 mv = 1073° + 1.48° = 1074.48°C   (1075°C)

* The Brown Instrument Co.

銅－콘스탄탄熱電對의 標準補正데이타

E.m.f., microvolts	0	1,000	2,000	3,000	4,000	5,000	6,000	7,000	8,000	9,000
	Temperatures °C.									
0	0.0	25.3	49.2	72.1	94.1	115.3	135.9	155.9	175.5	194.6
100	2.6	27.7	51.5	75.3	96.2	117.4	137.9	157.0	177.4	196.5
200	5.2	30.2	53.9	76.5	98.4	119.5	140.0	159.9	179.4	198.4
300	7.7	32.6	56.2	78.8	100.5	121.6	142.0	161.9	181.3	200.3
400	10.3	35.0	58.5	81.0	102.7	123.6	144.0	163.8	183.2	202.2
500	12.8	37.4	60.8	83.2	104.8	125.7	146.0	165.8	185.1	204.0
600	15.3	39.8	63.0	85.4	106.9	127.7	148.0	167.7	187.0	205.9
700	17.8	42.2	65.3	87.6	109.0	129.8	150.0	169.7	188.0	207.8
800	20.3	44.5	67.6	89.7	111.1	131.8	152.0	171.6	190.8	209.8
900	22.8	46.9	69.8	91.9	113.2	133.9	154.0	173.6	192.7	211.5
1,000	25.3	49.2	72.1	94.1	115.3	135.9	155.9	175.5	184.6	213.4

E.m.f., microvolts	10,000	11,000	12,000	13,000	14,000	15,000	16,000	17,000	18,000
	Temperatures °C.								
0	213.4	231.7	249.8	267.6	285.1	302.4	319.5	336.4	353.1
100	215.2	233.6	251.6	269.4	286.9	304.1	321.2	338.0	
200	217.2	235.4	253.4	271.1	288.6	305.9	322.9	339.7	
300	218.9	237.2	255.2	272.9	290.3	307.6	324.6	341.4	
400	220.8	239.0	257.0	274.6	292.1	309.3	326.3	343.1	
500	222.6	240.8	258.7	276.4	293.8	311.0	327.9	344.7	
600	224.4	242.6	260.5	278.2	295.5	312.7	329.6	346.4	
700	226.3	244.4	262.3	279.9	297.3	314.4	331.3	348.1	
800	228.1	246.2	264.1	281.6	299.0	316.1	333.0	349.7	
900	229.9	248.0	265.8	283.4	300.7	317.8	334.7	351.4	
1,000	231.7	249.8	267.6	285.1	302.4	319.5	336.4	353.1	

銅－콘스탄탄熱電對의 標準補正데이타

E.m.f., microvolts	0	1,000	2,000	3,000	4,000	5,000	6,000	7,000	8,000	9,000
					Temperatures °F.					
0	33.0	77.5	120.6	161.7	201.3	239.6	276.6	312.7	347.9	382.3
100	36.7	81.9	124.8	165.7	205.2	243.3	280.3	314.6	351.4	385.7
200	41.4	86.3	128.9	169.8	209.1	247.1	283.9	319.8	354.8	389.1
300	45.9	90.6	133.1	173.9	212.9	250.8	287.6	323.3	358.3	392.5
400	50.5	95.0	137.2	177.7	216.8	254.5	291.2	326.9	361.8	395.9
500	55.0	99.3	141.4	181.7	220.6	258.2	294.8	330.4	365.2	399.3
600	59.5	103.9	145.5	185.7	224.4	261.9	298.4	333.9	368.6	402.6
700	64.0	107.9	149.5	189.6	228.2	265.6	302.0	337.4	370.4	406.0
800	68.5	112.1	153.6	193.5	232.0	269.3	305.6	340.9	375.6	409.3
900	73.0	116.3	157.7	197.4	235.8	273.0	309.1	344.4	378.9	412.7
1,000	77.5	120.6	161.7	201.3	239.6	276.6	312.7	347.9	382.3	416.0

E.m.f., microvolts	10,000	11,000	12,000	13,000	14,000	15,000	16,000	17,000	18,000
					Temperatures °F.				
0	416.0	449.1	481.7	513.7	545.2	576.4	607.1	637.4	667.6
100	419.4	452.4	484.9	516.8	548.4	579.4	610.1	640.5	
200	423.0	455.7	488.1	519.0	551.5	582.5	613.2	643.5	
300	426.0	459.0	491.3	523.2	554.6	585.6	616.2	646.5	
400	429.3	462.2	494.5	526.4	557.7	588.7	619.3	649.5	
500	432.7	465.5	497.7	529.5	560.8	591.8	622.3	652.5	
600	436.0	468.7	500.9	532.7	564.0	594.8	625.4	655.5	
700	439.3	472.0	504.1	535.8	567.1	597.9	628.4	658.5	
800	442.6	475.2	507.3	539.0	570.2	601.0	631.4	661.6	
900	445.9	478.4	510.5	542.1	573.6	604.0	634.4	664.6	
1,000	449.1	481.7	513.7	545.2	576.4	607.1	637.4	667.6	

(6) 壓力單位

[bar/cm²]·[megadyne/cm²]	[kg/cm²]	[lb/in²] (psi)	氣壓 (atm)	水 銀 柱 (0℃)		水 柱 (℃)	
				[m]	[in]	[m]	[in]
1	1.0197	14.50	0.9869	0.7500	29.53	10.21	401.8
0.980667	1	14.223	0.9678	0.7355	28.96	10.01	394.0
0.06895	0.07031	1	0.06804	0.05171	2.0355	0.7037	27.70
1.0133	1.0333	14.70	1	0.760	29.92	10.34	407.2
1.3333	1.3596	19.34	1.316	1	39.37	13.61	535.67
0.03386	0.03453	0.4912	0.03342	0.02540	1	0.3456	13.61
0.09798	0.09991	1.421	0.09670	0.07349	2.893	1	39.37
0.002489	0.002538	0.03609	0.002456	0.001867	0.07349	0.0254	1

(7) 에너지單位

[kg·m]	[ft·lb]	[kw·hr]	[PS·hr]	[HP·hr]	[l·atm]	[kcal]	[B·T·U]
1	7.23314	0.0_527241	0.0_537037	0.0_636528	0.09678	0.0_22342	0.0_29293
0.13825	1	0.0_637661	0.0_651203	0.0_550503	0.01338	0.0_33239	0.0_21285
367.1×10^3	$2.655.2\times10^3$	1	1.35963	1.34102	35.528×10^3	859.98	3.412×10^3
27×10^4	$1.952.9\times10^3$	0.73549	1	0.98635	26.1306×10^3	632.54	2.5097×10^3
273.75×10^3	198×10^4	0.74569	1.01387	1	26.494×10^3	641.33	2.544×10^3
10.344	74.819	0.0_428178	0.0_43832	0.0_437748	1	0.024231	0.96153
426.85	3,087.4	0.0_211628	0.0_215809	0.0_215576	41.29	1	3.96831
107.58	778.12	0.0_329305	0.0_334853	0.0_335258	10.40	0.2520	1

(8) 工率單位

[kw](1000J/sec)	[kg·m/sec]	[ft·lb/sec]	[PS]	[HP 英]	[kcal/sec]	[B·T·U/sec]
1	101.97	736.56	1.3596	1.3410	0.2389	0.9486
0.0_298067	1	7.23314	0.013333	0.01315	0.0_22342	0.0_29293
0.0_213558	0.13825	1	0.0_218433	0.0_218182	0.0_33289	0.0_212851
0.7355	75	542.3	1	0.98635	0.17565	0.69686
0.74569	76.0375	550	1.01383	1	0.17803	0.70675
4.1860	426.85	3,087.44	5.69133	5.6135	1	3.9683
1.0550	107.58	778.168	1.4344	1.4148	0.251996	1

(9) 熱傳道率 單位

[kcal/m/hr·℃]	[cal/cm·sec·℃]	B·T·U/ft·hr·°F	B·T·U/in·hr°F
1	0.002778	0.67196	8.0635
360	1	241.9	2,903
1.488	0.004134	1	12
0.124	0.0_33445	0.8333	1

(10) 電熱係數 單位

[kcal/m²·hr·℃]	[cal/cm²·sec·℃]	[B·T·U/ft²·hr·°F]
1	0.0_42778	0.2048
36,000	1	7,373
4.88257	0.0_31356	1

接頭語와 單位

接 頭 語	單 位	接 頭 語	單 位
T (tera)	10^{12}	c (centi)	10^{-2}
G (giga)	10^{9}	m (milli)	10^{-3}
M (mega)	10^{6}	μ (micro)	10^{-6}
K (kilo)	10^{3}	n (nano)	10^{-9}
h (hecto)	10^{2}	p (piko)	10^{-12}
da (deca)	10	f (femto)	10^{-15}
d (deci)	10^{-1}	a (atto)	10^{-18}

接 頭 語	單 位	單 位	單 位
Å (angstrom)	10^{-10}m	mm(millimeter)	10^{-3}m
pm (pikometer)	10^{-12}m$(=\mu\mu)$	cm(centimeter)	10^{-2}m
nm (nanometer)	10^{-9}m$(=m\mu)$	m(meter)	10^{2}m
μm (micrometer)	10^{-6}m	km(kilometer)	10^{3}m

각종 환산예

$1\overset{0}{A}=10^{-4}\mu=10^{3}m\overset{0}{A}=10^{6}\mu\overset{\triangledown}{A}$

$\quad=10^{-8}cm=10^{-1}m\mu$

$1N\,(Newton)=10^{5}dyne$

$1J\,(joule)=10^{7}erg$

$1W\,(watt)=1J/s=10^{7}erg/s$

$\quad=1volt-ampere=\dfrac{1}{736}HP$

$1HP=75kg\text{-}m/sec$

$1g/cm^{3}=62.43Ib/ft^{3}$

$1MPa=1MN/m^{2}=145PSi$

$\quad=10.2kg/cm^{2}$

$1in\text{-}Ib=1.152cm\text{-}kg\,(충격강도)$

$1Kp=980665dyne\,(힘)$

$1kwh=3.6\times10^{6}joule$

$1Mn/h=1000kWh$

$1kcal=426.9kgm=4184joule$

$1Torr=1333.22dyne/cm^{2}$

$1ha=100a=100\times10^{2}m^{2}$

$1Btu/hr\cdot ft\cdot°F=12Btu$

$\quad-in/hr\,ft^{2}\cdot F$

$\quad=4.13\times10^{-3}g\text{-}cal\text{-}cm/sec\,cm^{2}C$

$\quad=14.88g\text{-}cal\cdot cm/hr\cdot cm^{2}C$

$\quad=0.0713W\,cm/cm^{2}\cdot C$

酸化物의 分子量·比重 및 熔融點

酸化物	分子量	比重	熔融點(℃)	酸化物	分子量	比重	熔融點(℃)
Al_2O_3	101.9	3.79	2050	Nb_2O_5	265.8	4.47	1520
B_2O_3	69.6	1.84	577	NiO	74.7	6.66	2090
BaO	153.4	5.72	1923	PbO	223.2	9.53	888
BeO	25.0	3.03	2570	SiO_2	60.1	2.65	1713
CaO	56.1	3.40	2572	SnO_2	150.7	6.95	1900
CeO_2	172.1	7.13	2600	SrO	103.6	4.7	2430
CoO	74.9	6.47	1935	Ta_2O_5	441.9	8.74	1740
Cr_2O_3	152.0	5.21	2275	ThO_2	264.1	9.96	3200
FeO	71.8	5.6	1355	TiO_2	79.9	4.26	1821
Fe_2O_3	159.7	5.24	1576	UO_2	270.1	10.9	2800
HfO_2	210.6	9.68	2900	V_2O_5	181.9	3.36	690
MgO	40.3	3.58	2800	Y_2O_3	225.8	5.05	2410
Li_2O	29.9	2.01	1270	ZnO	81.4	5.57	1970
MnO	70.9	5.43	1790	ZrO_2	123.2	5.17	2950

그리이스 文字

A	α	Alpa	a	I	ι	Iota	i	P	ρ	Rho	r
B	β	Beta	b	K	κ	Kappa	k	Σ	σ	Sigma	s
Γ	γ	Gamma	g	Λ	λ	Lamda	l	T	τ	Tau	t
Δ	δ	Delta	d	M	μ	Mu	m	Γ	υ	Upsilon	u
E	ε	Epsilon	e	N	ν	Nu	n	Φ	ϕ	Phi	ph, f
Z	ζ	Zeta	z	Ξ	ξ	Xi	x	X	χ	Chi	ch
H	η	Eta	e	O	o	Omicron	o	Ψ	φ	Psi	ps
θ	θ	Theta	th	Π	π	Pi	p	Ω	ω	Omega	o

각종 화학장치용 재료표

무기산류
염산
[증발기]; 시리카, 유리(송풍기), 고무내장(65℃ 이하), [까스용관]; 시리카, [충진물]; {석기류, 옹기, 용융 시리카}
[반응기]; 타이루, 벽돌, 옹기, [증유관]; 시리카, [저장조]; 고무 내장 (65℃ 이하), F.R.P(120℃ 이하) 목재(20%, 100℃ 이하), 고농도에는 PITCH 또는 ASPHALT코팅, [침척조]; 모네루, [교반기]; 코팅강, 경질고무, [여과기]; 옹기, 고무코팅, 목재(20% 이하), [관(管)]; 경질고무, 유리, 시리카, 타이루, 고무코팅 감
[펌푸, AIR LIFT]; 고무코팅 강, 경질고무, FRP코팅 강(20%, 120℃ 이하) 도자기(농산용), 청동 알루미청동(희산용)

불화수소산
(수송에는 드람을 HF로 처리해서 스케르가 끼인 것을 사용한다.)
[침척조]; 6%산, 인청동, 목재, 모네루, 자기, 납(연)내장, 알루미청동, 콘크리트, [여과기]; 경질납(연)(70% 이하산)
[관(管)]; 납(연)(75% 이하산), 모네루(10%, 200℃ 이하), 철(90~98%산), 14% 규소철, 경질 고무 및 목재(희산)

유산(접촉)
[흡수기]; 주철(90~98%) 강(90%) [충진물, 탑]; 자기, 핵탄 [파이루]; 주철, 강, 연철, [펌푸];강, 18-8 Cr, Ni 강, 14% 규소철, [반응기]; 주철, [저장조]; 강(90% 이상) *철, 강은 90% 이하의 산에는 부적합.
발연유산
[펌푸], [반응기], [파이루]; 강, 연철, 14% 규소철, [저장조]; 강

아류산
[흡수기] 자기(100℃ 이하) [끓이는기] 납 내장, 내산벽돌 내장(강쪽) 자기(일반적)